小波与量子计算

Wavelets and Quantum Computations

● 冉冉　张海莹　冉启文　著

内 容 简 介

小波理论是20世纪下半叶出现的科学思想和分析方法，享有数学显微镜的美誉。本书研究小波核心理论、量子比特小波计算方法及其在量子计算机上的实现。全书共5章：第1章介绍小波基本理论，第2章介绍多分辨率分析与小波，第3章介绍多分辨率分析与小波包理论，第4章介绍图像小波与小波包理论，第5章介绍量子小波与量子计算。

本书可供理学、工学、管理学和其他相关领域科研人员、工程师和工程技术人员参考，也可作为高等院校相关专业研究生和本科生的教材和参考书。

图书在版编目(CIP)数据

小波与量子计算/冉冉，张海莹，冉启文著．
哈尔滨：哈尔滨工业大学出版社，2025．3．—ISBN
978－7－5767－1549－1

Ⅰ．O174．22

中国国家版本馆 CIP 数据核字第 2024KL6174 号

策划编辑　杜　燕
责任编辑　庞亭亭
出版发行　哈尔滨工业大学出版社
社　　址　哈尔滨市南岗区复华四道街10号　邮编150006
传　　真　0451－86414749
网　　址　http://hitpress.hit.edu.cn
印　　刷　黑龙江艺德印刷有限责任公司
开　　本　787 mm×1 092 mm　1/16　印张15.75　字数374千字
版　　次　2025年3月第1版　2025年3月第1次印刷
书　　号　ISBN 978－7－5767－1549－1
定　　价　88.00元

前　言

小波理论是20世纪下半叶出现的科学思想和分析方法，其博采数学、物理学、计算机科学、信息科学、视觉科学、生命科学、医学、脑科学、经济学和管理学等学科之众长。小波思想和方法具有极其广泛的普遍适用性，而且，其在萌芽、产生、发展、完善及最终获得广泛应用的过程中，深深受惠于哲学、自然科学、信息科学和社会科学等领域众多科学家和工程师的卓绝智慧，演绎成为小波时代人类智慧千锤百炼、鸿篇铸就的科学交响篇章，盛享"数学显微镜"之美誉。本书选择小波的核心理论知识和量子小波的量子计算方法等最新发展进行介绍，全书包含5章。

第1章介绍小波基本理论。探索连续小波变换及其正交性质、正交小波理论、连续单位算子正交投影分解理论、函数完美采样插值理论，并介绍这些深刻的科学思想向其他学科领域渗透和延伸获得的典型应用。例如，小波思想对量子力学不确定性原理的深度解构，深入剖析基本科学概念"频率"所包含的哲学、逻辑学、物理学和数学含义；连续小波规范正交基和正交小波规范正交基为函数、信号和算子分析提供的具体化直角坐标系，这些直角坐标系的坐标轴"只在局部时间和局部空间存在，在其他空间和时间是消失或者接近消失的"，丰富了坐标轴的逻辑内涵。

第2章介绍多分辨率分析与小波。研究信号空间伸缩嵌套闭子空间序列与伸缩正交闭子空间序列的转换方法，获得正交小波规范正交基的构造途径。通过正交共轭滤波器组方法，建立正交小波构造的充分必要条件。奠定多分辨率分析思想在信号处理、图像处理、动物视觉和机器视觉、人工智能等领域应用的理论基础。

第3章介绍多分辨率分析与小波包理论。建立信号、函数、算子和采样序列的小波算法、小波链算法、小波包算法、小波包链算法和小波包金字塔算法，提供信号、函数、算子和无穷维向量的正交分解/合成表达方式。

第4章介绍图像小波与小波包理论。建立张量积形式的二维正交尺度、二维正交小波和二维正交小波包理论，获得图像小波算法、图像小波包算法和图像小波包金字塔算法。发展以图像尺度函数和图像小波函数为光源的小波光场理论，为图像处理、算子分析提供新颖的表示方法和滤波方法。这些研究成果为开辟光信息处理新途径奠定了坚实的理论基础。

第5章介绍量子小波与量子计算。利用量子比特傅里叶算子、交叠置换算子、翻转置换算子等已知量子酉算子，建立高效物理可行量子计算，实现小波包算法和金字塔算法的量子计算线路和网络。按照克罗内克矩阵乘积或者算子乘积方法，以及矩阵或者算子直和的方法，解决小波包算法、小波包金字塔算法的量子计算问题和在量子计算机上的计算实现问题,同时尝试为大规模数字图像量子小波包和量子小波包金字塔的并行快速量子计算问题提供新颖高效且物理可实现的解决途径。

本书所包含的内容在20世纪90年代以来的三十多年时间里,一直被用于为研究生开设的课程“小波理论与应用”的课堂教学,从2013年开始在“超星学术网”上作为网络公开课程“小波理论及应用”的主要内容实现网络公开授课,从2015年开始被用于为本科生开设的暑期创新课程“小波方法及其在现代科学研究中的应用”的课堂教学,从2016年开始作为慕课课程“小波与科学”的主要内容在“学堂在线”版块实现线上授课,2019年该课程被认证“2019年黑龙江省精品在线开放课程”,2021年“小波与科学数字课程”在高等教育出版社和高等教育电子音像出版社正式出版发行。本书凝聚了三位作者多年科学研究和教学的成果,融合了多年教学工作积累的纸质印刷和电子笔记资源、线下线上课堂授课资源、视频课程和数字课程资源等丰富教学资源。相比国内外小波理论研究学术著作和小波课程教学著作,本书首次将量子小波、量子比特小波计算方法及其在量子计算机上实现的量子线路和量子网络方法与技术等最新研究成果,在与经典小波理论相容的统一理论框架下,引入研究生小波理论课堂教学之中,最终形成本书。国内外未见风格相同或者相近的小波理论教学著作出版发行,作者也是首次尝试这种著述风格撰写书稿,唯愿本书的出版能够对相关领域科学研究人员和学生理解及应用小波有所裨益。

本书的第1~2章,即小波基本理论、多分辨率分析与小波部分内容由张海莹撰写;第3章,即多分辨率分析与小波包理论部分内容由冉启文撰写;第4~5章,即图像小波与小波包理论、量子小波与量子计算部分内容由冉冉撰写。全书由冉启文统稿。

本书在撰写过程中,得到了哈尔滨工业大学研究生院的资助和大力支持,吕春玲女士为本书的相关资料搜集整理以及巨量数学公式和符号的编排工作付出了大量的时间和精力,在此一并表示感谢!

受限于作者的能力和精力,书中不足之处在所难免,谨乞读者谅解并不吝赐教。

作　者

2025年1月

目　　录

第 1 章　小波基本理论

小波思想简单、优美且普适,其数学理论是从一个或少数几个特别的函数出发,经过简单的“伸缩” 和/或“平移” 构造函数空间的规范正交基,其科学理念一脉相承于放大镜和显微镜的思想精华,以任意的伸缩倍数聚焦于研究对象的任意局部,获得任意层次相互独立的局部细节。小波在科学界享有“数学显微镜” 的美誉。

小波是一些特别的函数,以它们中的一个或几个函数通过尺度伸缩和位置平移产生的函数为基本单元,能够把数据、函数、信号、声音、乐曲、图像、算子和量子态等数学、物理、工程等科学技术的对象有效解剖成随尺度伸缩和位置平移变化而且特征鲜明的成分,同时保证利用这些成分能够如实重塑被解剖的各种研究对象。小波理论的任务是,针对科学技术的研究对象及研究目的,构造或寻找合适的小波,能够充分突出研究对象小波成分的特征,形成和/或获得对研究对象更深刻的认识,或者,能够快速提供便于进一步分析处理和/或高效表达研究对象的小波成分。这是小波和小波理论的形式化解释。

本书重点研究自变量同时具有尺度伸缩和位置移动的小波,一般称为时间 - 尺度小波或时间 - 频率小波。

1.1　小波与小波变换

为了方便,一般用小写字母,比如 $f(x)$ 表示时间信号或函数,其中括号里的小写英文字母 x 表示时间域自变量或空间域位置变量,对应的大写字母,这里用 $F(\omega)$ 表示相应函数或信号 $f(x)$ 按照如下形式定义的傅里叶(Fourier) 变换:

$$F(\omega) = (\mathcal{F}f)(\omega) = (2\pi)^{-n/2}\int_{\mathbf{R}^n} f(x)\mathrm{e}^{-\mathrm{i}x\cdot\omega}\mathrm{d}x,\quad \omega \in \mathbf{R}^n$$

式中,ω 为频率域自变量,或简称为频率;$\mathbf{R}^n = \mathbf{R}\times\mathbf{R}\times\cdots\times\mathbf{R}$ 表示 n 维实数空间。

傅里叶变换满足如下逆变换关系:

$$f(x) = (\mathcal{F}^{-1}F)(x) = (2\pi)^{-n/2}\int_{\mathbf{R}^n} F(\omega)\mathrm{e}^{\mathrm{i}x\cdot\omega}\mathrm{d}\omega,\quad x \in \mathbf{R}^n$$

式中,维数 n 是自然数,在每个出现的地方按照上下文关系都有明确的含义,当可能出现混淆时,应适当地进行必要的说明。另外,符号 $\mathcal{F}$ 和 $\mathcal{F}^{-1}$ 分别表示傅里叶变换算子和傅里叶逆变换算子。

尺度函数总是写成 $\varphi(x)$(时间域) 和 $\Phi(\omega)$(频率域);小波函数总是写成 $\psi(x)$(时间域) 和 $\Psi(\omega)$(频率域)。则有如下关系成立:

$$\Phi(\omega) = (\mathcal{F}\varphi)(\omega) = (2\pi)^{-n/2}\int_{\mathbf{R}^n} \varphi(x)\mathrm{e}^{-\mathrm{i}x\cdot\omega}\mathrm{d}x$$

$$\varphi(x) = (2\pi)^{-n/2}\int_{\mathbf{R}^n}\Phi(\omega)\mathrm{e}^{\mathrm{i}x\cdot\omega}\mathrm{d}\omega$$

$$\Psi(\omega) = (\mathcal{F}\psi)(\omega) = (2\pi)^{-n/2}\int_{\mathbf{R}^n}\psi(x)\mathrm{e}^{-\mathrm{i}x\cdot\omega}\mathrm{d}x$$

$$\psi(x) = (2\pi)^{-n/2}\int_{\mathbf{R}^n}\Psi(\omega)\mathrm{e}^{\mathrm{i}x\cdot\omega}\mathrm{d}\omega$$

考虑函数空间$\mathcal{L}^2(\mathbf{R}^n)$，必要的时候就是一维函数空间$\mathcal{L}^2(\mathbf{R})$，它是能量有限信号或平方可积函数构成的空间：

$$\mathcal{L}^2(\mathbf{R}^n) = \{f(x);\int_{\mathbf{R}^n}|f(x)|^2\mathrm{d}x < +\infty\}$$

式中自带习惯的函数运算和内积定义，$\mathcal{L}^2(\mathbf{R}^n)$ 是一个希尔伯特空间，直观地说，就是在远离原点的地方衰减得比较快的那些函数或者信号构成的空间。

1.1.1 小波

小波是函数空间$\mathcal{L}^2(\mathbf{R})$ 中满足下述条件的一个函数或者信号 $\psi(x)$：

$$C_\psi = 2\pi\int_{\mathbf{R}^*}|\omega|^{-1}|\Psi(\omega)|^2\mathrm{d}\omega < +\infty$$

式中，$\mathbf{R}^* = \mathbf{R} - \{0\}$ 表示非零实数全体；$\Psi(\omega)$ 是 $\psi(x)$ 的傅里叶变换。

有时 $\psi(x)$ 也称为小波母函数，前述条件即$C_\psi < +\infty$ 称为容许性条件，因此，$\psi(x)$ 也被称为容许小波，简称小波。对于任意的实数组(s,μ)，其中，参数 s 必须为非零实数，称为尺度参数；μ 是任意实数，称为移动参数。如下形式的函数：

$$\psi_{(s,\mu)}(x) = \frac{1}{\sqrt{|s|}}\psi\left(\frac{x-\mu}{s}\right),\quad s\in\mathbf{R}^*,\mu\in\mathbf{R}$$

被称为由小波母函数 $\psi(x)$ 生成的依赖于参数组(s,μ) 的连续小波函数，简称小波。

1. 小波的含义

如果小波母函数$\psi(x)$ 的傅里叶变换 $\Psi(\omega)$ 在频率域原点 $\omega = 0$ 是连续的，那么，容许性条件$C_\psi < \infty$ 保证 $\Psi(0) = 0$，即$\int_{\mathbf{R}}\psi(x)\mathrm{d}x = 0$。这说明函数 $\psi(x)$ 有“波动”的特点，另外，函数空间本身的要求又说明小波函数 $\psi(x)$ 只有在原点的附近，其波动才会明显偏离水平轴，在远离原点的地方函数值将迅速衰减为零，整个波动趋于平静。这样，小波就是在远离原点的地方衰减为零的“波”，这是称函数 $\psi(x)$ 为“小波”的基本原因。

2. 小波的要求

按照傅里叶变换的酉性可知，当小波母函数 $\psi(x)\in\mathcal{L}^2(\mathbf{R})$ 时，有

$$\int_{-\infty}^{+\infty}|\psi(x)|^2\mathrm{d}x = \int_{\mathbf{R}}|\Psi(\omega)|^2\mathrm{d}\omega < +\infty$$

因此，按照定义，小波母函数 $\psi(x)$ 需要满足的两个要求可以用它的傅里叶变换 $\Psi(\omega)$ 表示为

$$\|\Psi\|^2 = \int_{\mathbf{R}}|\Psi(\omega)|^2\mathrm{d}\omega = \|\psi\|^2 < +\infty$$

$$C_\psi = 2\pi\int_{\mathbf{R}^*}|\omega|^{-1}|\Psi(\omega)|^2\mathrm{d}\omega < +\infty$$

总之，$\|\Psi\|^2 = \|\psi\|^2 < +\infty$ 表明，小波母函数 $\psi(x)$ 在时间域体现为远处速降，在频率域体现为高频速降。同时因为

$$0 \leqslant \int_{-1}^{+1} |\psi(x)|^2 \mathrm{d}x \leqslant \int_{-\infty}^{+\infty} |\psi(x)|^2 \mathrm{d}x < +\infty$$

$$0 \leqslant \int_{-1}^{+1} |\Psi(\omega)|^2 \mathrm{d}x \leqslant \int_{-1}^{+1} |\omega|^{-1} |\Psi(\omega)|^2 \mathrm{d}\omega \leqslant \int_{\mathbf{R}^*} |\omega|^{-1} |\Psi(\omega)|^2 \mathrm{d}\omega < +\infty$$

所以小波母函数 $\psi(x)$ 在时间(空间)域原点附近体现为慢增，在频率域体现为低频慢增；而且，在 $\omega = 0$ 附近，$\Psi(\omega)$ 必须较快地趋近于 0 以保证在包括 $\omega = 0$ 的闭区间(如$[-1, +1]$)上满足要求 $0 \leqslant \int_{|\omega| \leqslant 1} |\omega|^{-1} |\Psi(\omega)|^2 \mathrm{d}\omega < +\infty$，即小波母函数 $\psi(x)$ 的低频成分很少，等价地 $\Psi(\omega)$ 在 $\omega = 0$ 附近的模数值 $|\Psi(\omega)|$ 应该很小。

3. 小波与连续小波

如果函数 $\psi(x)$ 是一个小波母函数，那么，对于任意的参数组(s,μ)，连续小波 $\psi_{(s,\mu)}(x)$ 也满足小波的两个要求。首先，$\psi_{(s,\mu)}(x) \in \mathcal{L}^2(\mathbf{R})$，因为

$$\|\psi_{(s,\mu)}\|^2 = \int_{-\infty}^{+\infty} \left| |s|^{-0.5} \psi[s^{-1}(x-\mu)] \right|^2 \mathrm{d}x = \int_{-\infty}^{+\infty} |\psi(x)|^2 \mathrm{d}x < +\infty$$

且 $\psi_{(s,\mu)}(x)$ 的傅里叶变换$(\mathcal{F}\psi_{(s,\mu)})(\omega)$ 可以直接演算得到

$$(\mathcal{F}\psi_{(s,\mu)})(\omega) = (2\pi)^{-0.5} \int_{-\infty}^{+\infty} |s|^{-0.5} \psi[s^{-1}(x-\mu)] \mathrm{e}^{-\mathrm{i}x\cdot\omega} \mathrm{d}x = |s|^{0.5} \Psi(s\omega) \mathrm{e}^{-\mathrm{i}\omega\mu}$$

从而

$$C_{\psi_{(s,\mu)}} = |s| \, C_\psi < +\infty$$

所以，连续小波 $\psi_{(s,\mu)}(x)$ 也是小波。

4. 小波的波形

如果小波母函数 $\psi(x)$ 的傅里叶变换 $\Psi(\omega)$ 在频率域原点 $\omega = 0$ 是连续的，那么，容许性条件 $C_\psi < +\infty$ 保证对于任意的参数组(s,μ)，$\int_{\mathbf{R}} \psi_{(s,\mu)}(x) \mathrm{d}x = 0$。这时 $\psi_{(s,\mu)}(x)$ 也具有波动的特点，只不过是在 $x = \mu$ 的附近才存在明显的波动，而且有明显波动存在的范围完全依赖于参数 s 的变化，同时小波的波形也随之产生明显的变化：

① 当 $s = 1$ 时，这个范围和波形与原来的小波函数 $\psi(x)$ 都是一致的。

② 当 $s > 1$ 时，这个范围比原来的小波函数 $\psi(x)$ 的范围要大一些，小波的波形变得“矮胖”，而且，当 $s > 1$ 且越来越大时，小波的波形变得越来越“胖”、越来越“矮”，整个函数的形状表现出来的变化越来越缓慢。

③ 当 $0 < s < 1$ 时，$\psi_{(s,\mu)}(x)$ 在 $x = \mu$ 附近存在明显波动的范围比原来的小波母函数 $\psi(x)$ 的要小，小波的波形变得尖锐而“瘦高”，当 $0 < s < 1$ 且越来越小时，小波的波形渐渐地接近于脉冲函数，整个函数的形状表现出来的变化越来越快，颇有瞬息万变之态。

连续小波 $\psi_{(s,\mu)}(x)$ 的波形随参数组(s,μ) 的变化规律可以总结如下：

$$\begin{cases} 1 \geqslant s \downarrow 0 & \psi_{(s,\mu)}(x) \uparrow \text{瘦、高} & \Uparrow \text{快成分} \\ s = 1 & \psi_{(1,\mu)}(x) = \psi(x-\mu) & \text{平移} \\ 1 < s \uparrow +\infty & \psi_{(s,\mu)}(x) \downarrow \text{胖、矮} & \Downarrow \text{慢成分} \end{cases}$$

此后的研究表明，正是小波 $\psi_{(s,\mu)}(x)$ 随参数组 (s,μ) 中的尺度参数 s 的这种变化规律，决定了小波变换能够对函数和信号进行任意指定点处的任意精细结构的分析，同时，这也决定了小波在对非平稳信号进行时－频分析时具有时－频同时局部化的能力，以及二进小波具有巧妙的对频域二进频带的分割能力。更重要的是，正交小波实现了函数空间的完美正交直和分解、函数空间中的函数和信号在各个正交小波子空间上的正交投影，以及它们在相邻尺度小波子空间上正交投影之间的完美关联关系。

1.1.2 小波变换

1. 小波变换定义

当小波母函数 $\psi(x)\in\mathcal{L}^2(\mathbf{R})$ 给定后，对于任意函数或者信号 $f(x)\in\mathcal{L}^2(\mathbf{R})$，将其小波变换（wavelet transform）$W_f(s,\mu)$ 定义为

$$W_f(s,\mu)=C_\psi^{-0.5}\langle f,\psi_{(s,\mu)}\rangle=C_\psi^{-0.5}|s|^{-0.5}\int_{-\infty}^{+\infty}f(x)\psi^*[s^{-1}(x-\mu)]\mathrm{d}x$$

由此可以看出，对任意的函数 $f(x)$，它的小波变换 $W_f(s,\mu)$ 是一个二元函数。这是小波变换和傅里叶变换很不相同的地方。

另外，因为小波母函数 $\psi(x)$ 只在原点附近才会有明显偏离水平轴的波动，在远离原点的地方函数值将迅速衰减为0，这样，对于任意的参数组 (s,μ)，小波 $\psi_{(s,\mu)}(x)$ 只在 $x=\mu$ 点附近才存在明显的波动，在远离 $x=\mu$ 的地方将迅速衰减为0，因而，从形式上可以看出，函数 $f(x)$ 的小波变换 $W_f(s,\mu)$ 在数值上表明的是原来的函数或者信号 $f(x)$ 在 $x=\mu$ 点附近按 $\psi_{(s,\mu)}(x)$ 进行加权的平均，体现的是以 $\psi_{(s,\mu)}(x)$ 为标准快慢的 $f(x)$ 的变化情况。

这样，参数 μ 表示分析的时间中心或时间点，而参数 s 体现的是以 $x=\mu$ 为中心的附近范围的大小。这就是称参数 s 为尺度参数，而称参数 μ 为移动参数的理由，后者即 μ 有时候被称为时间（位置）中心参数。因此，当时间中心参数 μ 固定不变时，小波变换 $W_f(s,\mu)$ 体现的是原来的函数或信号 $f(x)$ 在 $x=\mu$ 点附近随着分析和观察的范围逐渐变化时表现出来的变化情况。

2. 小波变换是线性算子

定义二元函数线性空间 $\mathcal{L}^2(\mathbf{R}^2,s^{-2}\mathrm{d}s\mathrm{d}\mu)$ 如下：

$$\mathcal{L}^2(\mathbf{R}^2,s^{-2}\mathrm{d}s\mathrm{d}\mu)=\left\{\vartheta(s,\mu);\int_{\mathbf{R}^2}|\vartheta(s,\mu)|^2s^{-2}\mathrm{d}s\mathrm{d}\mu<+\infty\right\}$$

其中，函数相同的定义是

$$\begin{aligned}(\vartheta=\varsigma)&\Leftrightarrow(\vartheta(s,\mu)=\varsigma(s,\mu),\text{a. e. }(s,\mu)\in\mathbf{R}^2)\\&\Leftrightarrow\int_{\mathbf{R}^2}|\vartheta(s,\mu)-\varsigma(s,\mu)|^2s^{-2}\mathrm{d}s\mathrm{d}\mu=0\end{aligned}$$

在这个函数线性空间中，按照如下方式定义内积：

$$\langle\vartheta,\varsigma\rangle_{\mathcal{L}^2(\mathbf{R}^2,s^{-2}\mathrm{d}s\mathrm{d}\mu)}=\int_{\mathbf{R}^2}\vartheta(s,\mu)\overline{\varsigma}(s,\mu)s^{-2}\mathrm{d}s\mathrm{d}\mu$$

由此诱导的范数 $\|\cdot\|_{\mathcal{L}^2(\mathbf{R}^2,s^{-2}\mathrm{d}s\mathrm{d}\mu)}$ 满足如下方程：

$$\|\vartheta\|^2_{\mathcal{L}^2(\mathbf{R}^2,s^{-2}\mathrm{d}s\mathrm{d}\mu)}=\langle\vartheta,\vartheta\rangle_{\mathcal{L}^2(\mathbf{R}^2,s^{-2}\mathrm{d}s\mathrm{d}\mu)}=\int_{\mathbf{R}^2}|\vartheta(s,\mu)|^2s^{-2}\mathrm{d}s\mathrm{d}\mu$$

在函数的常规运算和数乘运算意义下，这实际上构成一个希尔伯特空间。在上下文关系和含义清晰的条件下，这个空间上的内积和由此诱导的范数记号中的空间下标 $\mathcal{L}^2(\mathbf{R}^2, s^{-2}\mathrm{d}s\mathrm{d}\mu)$ 会被省略。

给定小波 $\psi(x)$ 后，小波变换可写成算子

$$\boldsymbol{W}: \mathcal{L}^2(\mathbf{R}) \to \mathcal{L}^2(\mathbf{R}^2, s^{-2}\mathrm{d}s\mathrm{d}\mu)$$

$$f(x) \mapsto (\boldsymbol{W}f)(s,\mu) = W_f(s,\mu) = C_\psi^{-0.5}\int_{-\infty}^{+\infty} f(x)\psi_{(s,\mu)}^*(x)\,\mathrm{d}x$$

这样，可以证明关于小波变换算子是线性算子的定理。

定理 1.1（小波变换是线性变换）　给定小波 $\psi(x)$，如果 $f(x), g(x) \in \mathcal{L}^2(\mathbf{R})$，而且 $\xi, \varsigma \in \mathbf{C}$（即全体复数），那么，如下公式成立：

$$[\boldsymbol{W}(\xi f + \varsigma g)](s,\mu) = \xi(\boldsymbol{W}f)(s,\mu) + \varsigma(\boldsymbol{W}g)(s,\mu)$$

或者简写为

$$W_{\xi f+\varsigma g}(s,\mu) = \xi W_f(s,\mu) + \varsigma W_g(s,\mu)$$

证明　按照小波变换的定义可得

$$\begin{aligned}[\boldsymbol{W}(\xi f + \varsigma g)](s,\mu) = W_{\xi f+\varsigma g}(s,\mu) &= C_\psi^{-0.5}\int_{-\infty}^{+\infty}[\xi f(x) + \varsigma g(x)]\psi_{(s,\mu)}^*(x)\,\mathrm{d}x \\ &= \xi C_\psi^{-0.5}\int_{-\infty}^{+\infty} f(x)\psi_{(s,\mu)}^*(x)\,\mathrm{d}x + \varsigma C_\psi^{-0.5}\int_{-\infty}^{+\infty} g(x)\psi_{(s,\mu)}^*(x)\,\mathrm{d}x \\ &= \xi W_f(s,\mu) + \varsigma W_g(s,\mu) = \xi(\boldsymbol{W}f)(s,\mu) + \varsigma(\boldsymbol{W}g)(s,\mu)\end{aligned}$$

定理证明完毕。

3. δ 函数的小波变换

在这里作为一个函数小波变换的计算实例，计算狄拉克函数即 δ 函数的小波变换。在信号处理和滤波器设计研究中，狄拉克函数即 δ 函数也被称为脉冲函数或冲激函数。这个特殊函数的小波变换将在研究任意函数的小波变换重建公式时发挥重要作用。

狄拉克定义的 δ 函数是一个形式上具有如下性质的非平常函数 $\delta(x - x')$：

$$\delta(x - x') = \begin{cases}\infty, & x = x' \\ 0, & x \neq x'\end{cases}$$

这不是一个经典意义下的函数，但可以用分布理论对其进行严格论证。简略地说，它具有如下积分性质，即

$$\int_{x'-\varepsilon}^{x'+\varepsilon}\delta(x - x')\,\mathrm{d}x = 1$$

式中，ε 是任意大小的正数，而且

$$\int_{x'-\varepsilon}^{x'+\varepsilon} f(x)\delta(x - x')\,\mathrm{d}x = f(x')$$

这里使用更一般的表达形式，即

$$\int_{-\infty}^{+\infty}\delta(x - x')\,\mathrm{d}x = 1$$

而且

$$\int_{-\infty}^{+\infty} f(x)\delta(x - x')\,\mathrm{d}x = f(x')$$

其中允许$f(x)$是一个平方可积函数或者分布。

小波变换算例:在小波$\psi(x)$给定后,函数$\delta(x-x')$的小波变换$W_\delta(s,\mu)$是

$$W_\delta(s,\mu)=C_\psi^{-0.5}\psi^*_{(s,\mu)}(x')=|s|^{-0.5}C_\psi^{-0.5}\overline{\psi}[s^{-1}(x'-\mu)]$$

实际上,由小波变换的定义知

$$W_\delta(s,\mu)=C_\psi^{-0.5}\int_{-\infty}^{+\infty}\delta(x-x')\psi^*_{(s,\mu)}(x)\mathrm{d}x=C_\psi^{-0.5}\psi^*_{(s,\mu)}(x')$$
$$=|s|^{-0.5}C_\psi^{-0.5}\overline{\psi}[s^{-1}(x'-\mu)]$$

1.2 小波变换性质

按照上述方式定义小波变换之后,很自然就会关心如下问题:它具有什么性质?同时,作为一种变换工具,小波变换能否像傅里叶变换那样在变换域对信号进行有效的分析?说得具体一些,利用函数或信号的小波变换$W_f(s,\mu)$进行分析所得到的结果,对于原来的信号$f(x)$来说是否是有效的?这样的问题涉及小波变换是否可逆。

1.2.1 小波变换的酉性

在小波$\psi(x)$给定后,可以证明小波变换$\mathbf{W}:\mathcal{L}^2(\mathbf{R})\to\mathcal{L}^2(\mathbf{R}^2,s^{-2}\mathrm{d}s\mathrm{d}\mu)$作为线性变换,能够保持变换前后两个函数的内积不变,即小波变换是酉算子。

1. 小波变换内积恒等式

定理1.2(小波变换的酉性) 给定小波$\psi(x)$,对任意$f(x),g(x)\in\mathcal{L}^2(\mathbf{R})$,如果它们的小波变换表示如下:

$$\mathbf{W}:\mathcal{L}^2(\mathbf{R})\to\mathcal{L}^2(\mathbf{R}^2,s^{-2}\mathrm{d}s\mathrm{d}\mu)$$
$$f(x)\mapsto(\mathbf{W}f)(s,\mu)=W_f(s,\mu)$$
$$g(x)\mapsto(\mathbf{W}g)(s,\mu)=W_g(s,\mu)$$

那么,成立如下恒等式:

$$\int_{\mathbf{R}}f(x)\overline{g}(x)\mathrm{d}x=\int_{\mathbf{R}^2}(\mathbf{W}f)(s,\mu)(\mathbf{W}g)^*(s,\mu)s^{-2}\mathrm{d}s\mathrm{d}\mu$$
$$=\int_{\mathbf{R}^2}W_f(s,\mu)W_g^*(s,\mu)s^{-2}\mathrm{d}s\mathrm{d}\mu$$

或者利用内积简写为

$$\langle f,g\rangle_{\mathcal{L}^2(\mathbf{R})}=\langle\mathbf{W}f,\mathbf{W}g\rangle_{\mathcal{L}^2(\mathbf{R}^2,s^{-2}\mathrm{d}s\mathrm{d}\mu)}=\langle W_f,W_g\rangle_{\mathcal{L}^2(\mathbf{R}^2,s^{-2}\mathrm{d}s\mathrm{d}\mu)}$$

这就是小波变换的帕塞瓦尔(Parseval)恒等式。

证明 小波$\psi_{(s,\mu)}(x)=|s|^{-0.5}\psi[s^{-1}(x-\mu)]$的傅里叶变换$(\mathcal{F}\psi_{(s,\mu)})(\omega)$可以直接演算得到

$$(\mathcal{F}\psi_{(s,\mu)})(\omega)=|s|^{0.5}\Psi(s\omega)\mathrm{e}^{-\mathrm{i}\omega\mu}$$

利用傅里叶变换的内积恒等式将小波变换改写为

$$W_f(s,\mu)=C_\psi^{-0.5}\langle f,\psi_{(s,\mu)}\rangle=C_\psi^{-0.5}\langle\mathcal{F}f,\mathcal{F}\psi_{(s,\mu)}\rangle$$
$$=C_\psi^{-0.5}\int_{-\infty}^{+\infty}(\mathcal{F}f)(\omega)(\mathcal{F}\psi_{(s,\mu)})^*(\omega)\mathrm{d}\omega$$

$$= \mathcal{C}_{\psi}^{-0.5}\int_{-\infty}^{+\infty}(\mathcal{F}f)(\omega)\,|s|^{0.5}[\Psi(s\omega)]^{*}\mathrm{e}^{+\mathrm{i}\omega\mu}\mathrm{d}\omega$$

$$= \mathcal{C}_{\psi}^{-0.5}|s|^{0.5}\int_{-\infty}^{+\infty}(\mathcal{F}f)(\omega)\Psi^{*}(s\omega)\mathrm{e}^{+\mathrm{i}\omega\mu}\mathrm{d}\omega$$

为了行文方便,引入记号

$$\Delta(f,\psi,s;\omega)=(\mathcal{F}f)(\omega)\Psi^{*}(s\omega),\quad \Delta(g,\psi,s;\omega)=(\mathcal{F}g)(\omega)\Psi^{*}(s\omega)$$

这样可以进一步改写小波变换 $W_f(s,\mu)$ 如下:

$$W_f(s,\mu)=\sqrt{2\pi}\,\mathcal{C}_{\psi}^{-0.5}|s|^{0.5}\cdot\frac{1}{\sqrt{2\pi}}\int_{-\infty}^{+\infty}\Delta(f,\psi,s;x)\mathrm{e}^{-\mathrm{i}(-\mu)x}\mathrm{d}x$$

$$=\sqrt{2\pi}\,\mathcal{C}_{\psi}^{-0.5}|s|^{0.5}(\mathcal{F}\Delta)(f,\psi,s;-\mu)$$

总结可得

$$W_f(s,\mu)=\sqrt{2\pi}\,\mathcal{C}_{\psi}^{-0.5}|s|^{0.5}(\mathcal{F}\Delta)(f,\psi,s;-\mu)$$

$$W_g(s,\mu)=\sqrt{2\pi}\,\mathcal{C}_{\psi}^{-0.5}|s|^{0.5}(\mathcal{F}\Delta)(g,\psi,s;-\mu)$$

下面演算在二元函数线性空间 $\mathcal{L}^2(\mathbf{R}^2,s^{-2}\mathrm{d}s\mathrm{d}\mu)$ 中的内积:

$$\langle \boldsymbol{W}f,\boldsymbol{W}g\rangle_{\mathcal{L}^2(\mathbf{R}^2,s^{-2}\mathrm{d}s\mathrm{d}\mu)}=\langle W_f,W_g\rangle_{\mathcal{L}^2(\mathbf{R}^2,s^{-2}\mathrm{d}s\mathrm{d}\mu)}$$

$$=\int_{\mathbf{R}^2}W_f(s,\mu)W_g^{*}(s,\mu)s^{-2}\mathrm{d}s\mathrm{d}\mu$$

$$=\int_{-\infty}^{+\infty}\left[\int_{-\infty}^{+\infty}W_f(s,\mu)W_g^{*}(s,\mu)\mathrm{d}\mu\right]s^{-2}\mathrm{d}s$$

$$=\int_{-\infty}^{+\infty}\left[\int_{-\infty}^{+\infty}\sqrt{2\pi}\,\mathcal{C}_{\psi}^{-0.5}|s|^{0.5}(\mathcal{F}\Delta)(f,\psi,s;-\mu)\times\right.$$

$$\left.\sqrt{2\pi}\,\mathcal{C}_{\psi}^{-0.5}|s|^{0.5}(\mathcal{F}\Delta)^{*}(g,\psi,s;-\mu)\mathrm{d}\mu\right]s^{-2}\mathrm{d}s$$

$$=2\pi C_{\psi}^{-1}\int_{-\infty}^{+\infty}\left[\int_{-\infty}^{+\infty}(\mathcal{F}\Delta)(f,\psi,s;\mu)(\mathcal{F}\Delta)^{*}(g,\psi,s;\mu)\mathrm{d}\mu\right]\mathrm{d}s/|s|$$

$$=2\pi C_{\psi}^{-1}\int_{-\infty}^{+\infty}\left[\int_{-\infty}^{+\infty}\Delta(f,\psi,s;\omega)\Delta^{*}(g,\psi,s;\omega)\mathrm{d}\omega\right]\mathrm{d}s/|s|$$

上述推演中的最后一个步骤利用了傅里叶变换的内积恒等式。

将符号 $\Delta(f,\psi,s;\omega)$,$\Delta(g,\psi,s;\omega)$ 的定义代入上式,进一步演算得

$$\langle \boldsymbol{W}f,\boldsymbol{W}g\rangle_{\mathcal{L}^2(\mathbf{R}^2,s^{-2}\mathrm{d}s\mathrm{d}\mu)}$$

$$=2\pi C_{\psi}^{-1}\int_{-\infty}^{+\infty}\int_{-\infty}^{+\infty}(\mathcal{F}f)(\omega)\Psi^{*}(s\omega)(\mathcal{F}g)^{*}(\omega)\Psi(s\omega)\mathrm{d}\omega\mathrm{d}s/|s|$$

$$=2\pi C_{\psi}^{-1}\int_{-\infty}^{+\infty}\int_{-\infty}^{+\infty}(\mathcal{F}f)(\omega)(\mathcal{F}g)^{*}(\omega)|\Psi(s\omega)|^2\mathrm{d}\omega\mathrm{d}s/|s|$$

$$=C_{\psi}^{-1}\int_{-\infty}^{+\infty}(\mathcal{F}f)(\omega)(\mathcal{F}g)^{*}(\omega)\mathrm{d}\omega\cdot 2\pi\int_{-\infty}^{+\infty}|s|^{-1}|\Psi(s\omega)|^2\mathrm{d}s$$

对于任意的 $\omega\in\mathbf{R}$,简单计算可得

$$2\pi\int_{-\infty}^{+\infty}|s|^{-1}|\Psi(s\omega)|^2\mathrm{d}s=2\pi\int_{-\infty}^{+\infty}|u|^{-1}|\Psi(u)|^2\mathrm{d}u=\mathcal{C}_{\psi}$$

于是得到欲证明的公式

$$\langle \boldsymbol{W}f,\boldsymbol{W}g\rangle_{\mathcal{L}^2(\mathbf{R}^2,s^{-2}\mathrm{d}s\mathrm{d}\mu)}=\int_{-\infty}^{+\infty}(\mathcal{F}f)(\omega)(\mathcal{F}g)^{*}(\omega)\mathrm{d}\omega$$

$$= \int_{-\infty}^{+\infty} f(x) g^*(x) \mathrm{d}x = \langle f,g \rangle_{\mathcal{L}^2(\mathbf{R})}$$

这个推演的第二个步骤再次利用了傅里叶变换内积恒等式。

小波变换的内积恒等式有时也称为小波变换的帕塞瓦尔恒等式。

2. 小波变换的保范性

在小波变换内积恒等式中，利用内积运算中函数的任意性，当参与内积的两个函数相同时，就得到小波变换的范数恒等式，即小波变换是保范线性变换。

定理 1.3（小波变换的保范性） 在小波 $\psi(x)$ 给定后，对任意的 $f(x) \in \mathcal{L}^2(\mathbf{R})$，如果它的小波变换定义如下：

$$\boldsymbol{W}: \mathcal{L}^2(\mathbf{R}) \to \mathcal{L}^2(\mathbf{R}^2, s^{-2}\mathrm{d}s\mathrm{d}\mu)$$

$$f(x) \mapsto (\boldsymbol{W}f)(s,\mu) = W_f(s,\mu)$$

那么，如下的恒等式成立：

$$\int_{\mathbf{R}} |f(x)|^2 \mathrm{d}x = \int_{\mathbf{R}^2} |(\boldsymbol{W}f)(s,\mu)|^2 s^{-2}\mathrm{d}s\mathrm{d}\mu = \int_{\mathbf{R}^2} |W_f(s,\mu)|^2 s^{-2}\mathrm{d}s\mathrm{d}\mu$$

或者等价地简写为

$$\| f \|_{\mathcal{L}^2(\mathbf{R})} = \| \boldsymbol{W}f \|_{\mathcal{L}^2(\mathbf{R}^2, s^{-2}\mathrm{d}s\mathrm{d}\mu)} = \| W_f \|_{\mathcal{L}^2(\mathbf{R}^2, s^{-2}\mathrm{d}s\mathrm{d}\mu)}$$

这就是小波变换的范数恒等式，物理学家有时也把它称为小波变换的普朗克（Planck）能量守恒定理。

3. 小波变换是酉算子

此前论述表明，小波变换把一元函数的平方可积函数空间 $\mathcal{L}^2(\mathbf{R})$ 变换为二元函数构成的尺度平方压缩测度意义下平方可积函数空间 $\mathcal{L}^2(\mathbf{R}^2, s^{-2}\mathrm{d}s\mathrm{d}\mu)$ 的一个闭线性子空间 $\mathcal{L}^2_{\mathrm{Loc}}(\mathbf{R}^2, s^{-2}\mathrm{d}s\mathrm{d}\mu)$，即

$$\mathcal{L}^2_{\mathrm{Loc}}(\mathbf{R}^2, s^{-2}\mathrm{d}s\mathrm{d}\mu) = \{(\boldsymbol{W}f)(s,\mu) = W_f(s,\mu); f(x) \in \mathcal{L}^2(\mathbf{R})\}$$

小波变换内积恒等式和范数恒等式具有某种局部性质，只在这个局部范围内小波变换才保证内积不变和范数不变。以后当小波 $\psi(x)$ 给定时，小波变换理解为如下算子形式：

$$\boldsymbol{W}: \mathcal{L}^2(\mathbf{R}) \to \mathcal{L}^2_{\mathrm{Loc}}(\mathbf{R}^2, s^{-2}\mathrm{d}s\mathrm{d}\mu)$$

$$f(x) \mapsto (\boldsymbol{W}f)(s,\mu) = W_f(s,\mu)$$

$$W_f(s,\mu) = C_\psi^{-0.5} \langle f, \psi_{(s,\mu)} \rangle = C_\psi^{-0.5} \int_{-\infty}^{+\infty} f(x) |s|^{-0.5} \psi^*[s^{-1}(x-\mu)] \mathrm{d}x$$

这样，小波变换算子的线性性、保内积恒等和保范数恒等的范围就是清晰的，小波变换就是一个酉算子。

注释 根据子空间 $\mathcal{L}^2_{\mathrm{Loc}}(\mathbf{R}^2, s^{-2}\mathrm{d}s\mathrm{d}\mu)$ 的定义和 $\mathcal{L}^2(\mathbf{R})$ 的完备性，容易得到 $\mathcal{L}^2_{\mathrm{Loc}}(\mathbf{R}^2, s^{-2}\mathrm{d}s\mathrm{d}\mu)$ 的完备性。

如果 $\{W^{(m)}(s,\mu); m = 0,1,2,\cdots\}$ 是 $\mathcal{L}^2_{\mathrm{Loc}}(\mathbf{R}^2, s^{-2}\mathrm{d}s\mathrm{d}\mu)$ 中的柯西（Cauchy）序列，即对于任意的正实数 $\varepsilon > 0$，存在 m_0，使得当 $m, m' > m_0$ 时

$$\| W^{(m)} - W^{(m')} \|^2_{\mathcal{L}^2(\mathbf{R}^2, s^{-2}\mathrm{d}s\mathrm{d}\mu)} = \int_{\mathbf{R}^2} |W^{(m)}(s,\mu) - W^{(m')}(s,\mu)|^2 s^{-2}\mathrm{d}s\mathrm{d}\mu < \varepsilon$$

那么，必然存在 $W(s,\mu) \in \mathcal{L}^2_{\mathrm{Loc}}(\mathbf{R}^2, s^{-2}\mathrm{d}s\mathrm{d}\mu)$，使得

$$\lim_{m\to\infty}\|W^{(m)}-W\|^2_{\mathcal{L}^2(\mathbf{R}^2,s^{-2}\mathrm{d}s\mathrm{d}\mu)}=\lim_{m\to\infty}\int_{\mathbf{R}^2}|W^{(m)}(s,\mu)-W(s,\mu)|^2s^{-2}\mathrm{d}s\mathrm{d}\mu=0$$

另一种比较简单的表述是,在线性空间$\mathcal{L}^2_{\mathrm{Loc}}(\mathbf{R}^2,s^{-2}\mathrm{d}s\mathrm{d}\mu)$中,如果二元函数序列$\{W^{(m)}(s,\mu);m=0,1,2,\cdots\}$在$\mathcal{L}^2(\mathbf{R}^2,s^{-2}\mathrm{d}s\mathrm{d}\mu)$中是柯西序列,即

$$\lim_{\substack{m\to\infty\\m'\to\infty}}\|W^{(m)}-W^{(m')}\|^2_{\mathcal{L}^2(\mathbf{R}^2,s^{-2}\mathrm{d}s\mathrm{d}\mu)}=\lim_{\substack{m\to\infty\\m'\to\infty}}\int_{\mathbf{R}^2}|W^{(m)}(s,\mu)-W^{(m')}(s,\mu)|^2s^{-2}\mathrm{d}s\mathrm{d}\mu=0$$

那么,必然存在$W(s,\mu)\in\mathcal{L}^2_{\mathrm{Loc}}(\mathbf{R}^2,s^{-2}\mathrm{d}s\mathrm{d}\mu)$,使得

$$\lim_{m\to\infty}\|W^{(m)}-W\|^2_{\mathcal{L}^2(\mathbf{R}^2,s^{-2}\mathrm{d}s\mathrm{d}\mu)}=\lim_{m\to\infty}\int_{\mathbf{R}^2}|W^{(m)}(s,\mu)-W(s,\mu)|^2s^{-2}\mathrm{d}s\mathrm{d}\mu=0$$

即线性子空间$\mathcal{L}^2_{\mathrm{Loc}}(\mathbf{R}^2,s^{-2}\mathrm{d}s\mathrm{d}\mu)$是完备的。

这样,因为算子$\mathbf{W}:\mathcal{L}^2(\mathbf{R})\to\mathcal{L}^2_{\mathrm{Loc}}(\mathbf{R}^2,s^{-2}\mathrm{d}s\mathrm{d}\mu)$的保范性和保内积性,两个函数空间$\mathcal{L}^2(\mathbf{R})$和$\mathcal{L}^2_{\mathrm{Loc}}(\mathbf{R}^2,s^{-2}\mathrm{d}s\mathrm{d}\mu)$可以视为相同(即同构),这时,函数子空间$\mathcal{L}^2_{\mathrm{Loc}}(\mathbf{R}^2,s^{-2}\mathrm{d}s\mathrm{d}\mu)$是$\mathcal{L}^2(\mathbf{R})$在$\mathcal{L}^2(\mathbf{R}^2,s^{-2}\mathrm{d}s\mathrm{d}\mu)$中的局部同构子空间,任何问题的研究都可以在$\mathcal{L}^2_{\mathrm{Loc}}(\mathbf{R}^2,s^{-2}\mathrm{d}s\mathrm{d}\mu)$和$\mathcal{L}^2(\mathbf{R})$之间自由转换完成必要的讨论。

1.2.2　小波逆变换

在小波函数$\psi(x)$给定之后,小波变换$\mathbf{W}:\mathcal{L}^2(\mathbf{R})\to\mathcal{L}^2(\mathbf{R}^2,s^{-2}\mathrm{d}s\mathrm{d}\mu)$完全理解为按照局部化处理后的$\mathbf{W}:\mathcal{L}^2(\mathbf{R})\to\mathcal{L}^2_{\mathrm{Loc}}(\mathbf{R}^2,s^{-2}\mathrm{d}s\mathrm{d}\mu)$,今后不加区分地使用小波变换的这两种表达形式,它是保内积不变和保范数不变的线性变换,即小波变换是酉算子,小波变换的逆变换将可以得到简洁的表达,同时,小波函数系作为完全规范正交基的性质也可以得到充分展现。

1. 小波变换重建公式

利用小波变换的帕塞瓦尔恒等式,容易获得从函数的小波变换$W_f(s,\mu)$重建函数$f(x)\in\mathcal{L}^2(\mathbf{R})$的小波变换反演公式。

定理1.4(小波逆变换)　在小波$\psi(x)$给定后,对任意的$f(x)\in\mathcal{L}^2(\mathbf{R})$,如果它的小波变换表示如下:

$$\mathbf{W}:\mathcal{L}^2(\mathbf{R})\to\mathcal{L}^2(\mathbf{R}^2,s^{-2}\mathrm{d}s\mathrm{d}\mu)$$
$$f(x)\mapsto(\mathbf{W}f)(s,\mu)=W_f(s,\mu)$$

那么,在函数空间$\mathcal{L}^2(\mathbf{R})$中有如下恒等式成立:

$$f(x)=C_\psi^{-0.5}\iint_{\mathbf{R}^2}W_f(s,\mu)\psi_{(s,\mu)}(x)s^{-2}\mathrm{d}s\mathrm{d}\mu$$

证明　利用小波变换的内积恒等式可知,在小波$\psi(x)$给定后,对任意两个函数$f(x),g(x)\in\mathcal{L}^2(\mathbf{R})$,如果

$$\mathbf{W}:\mathcal{L}^2(\mathbf{R})\to\mathcal{L}^2(\mathbf{R}^2,s^{-2}\mathrm{d}s\mathrm{d}\mu)$$
$$f(x)\mapsto(\mathbf{W}f)(s,\mu)=W_f(s,\mu),\quad g(x)\mapsto(\mathbf{W}g)(s,\mu)=W_g(s,\mu)$$

那么,如下恒等式成立:

$$\int_{\mathbf{R}}f(x)\overline{g}(x)\mathrm{d}x=\int_{\mathbf{R}^2}W_f(s,\mu)\overline{W}_g(s,\mu)s^{-2}\mathrm{d}s\mathrm{d}\mu$$

对于任意的 $x' \in \mathbf{R}$,取函数 $g(x)=\delta(x-x')$,其小波变换是

$$W_g(s,\mu)=W_\delta(s,\mu)=\mathcal{C}_\psi^{-0.5}\psi^*_{(s,\mu)}(x')=|s|^{-0.5}\mathcal{C}_\psi^{-0.5}\overline{\psi}[s^{-1}(x'-\mu)]$$

这时,小波变换内积恒等式具体形式为

$$\int_{\mathbf{R}} f(x)\overline{\delta}(x-x')\mathrm{d}x=\mathcal{C}_\psi^{-0.5}\int_{-\infty}^{+\infty}\int_{-\infty}^{+\infty}W_f(s,\mu)\psi_{(s,\mu)}(x')s^{-2}\mathrm{d}s\mathrm{d}\mu$$

在上述公式左边利用 δ 函数 $g(x)=\delta(x-x')$ 的积分性质,最后得到公式

$$f(x')=\mathcal{C}_\psi^{-0.5}\int_{-\infty}^{+\infty}\int_{-\infty}^{+\infty}W_f(s,\mu)\psi_{(s,\mu)}(x')s^{-2}\mathrm{d}s\mathrm{d}\mu$$

注释 按照 δ 函数的积分性质,在函数空间或者分布空间 $\mathcal{L}^2(\mathbf{R})$ 中,对任意的平方可积函数或者分布 $f(x)$,几乎处处成立如下等式:

$$\int_{-\infty}^{+\infty}f(x)\delta(x-x')\mathrm{d}x=f(x')$$

因此,这里出现的小波逆变换公式是几乎处处成立的。

2. 点态小波反演公式

如果函数 $f(x)$ 在某一点 $x=x'$ 是连续的,利用 δ 函数的积分性质可得如下数值等式:

$$\int_{-\infty}^{+\infty}f(x)\delta(x-x')\mathrm{d}x=f(x')$$

这样可以直接推证得到如下点态小波反演公式定理。

定理 1.5(点态小波反演公式) 在 $\psi(x)$ 给定后,对任意的 $f(x)\in\mathcal{L}^2(\mathbf{R})$,假定 $\boldsymbol{W}$: $f(x)\mapsto(\boldsymbol{W}f)(s,\mu)=W_f(s,\mu)$,如果 $f(x)$ 在某一点 $x=x'$ 是连续的,那么,如下数值等式形式的点态小波反演公式成立:

$$f(x')=\mathcal{C}_\psi^{-0.5}\iint_{\mathbf{R}^2}W_f(s,\mu)\psi_{(s,\mu)}(x')s^{-2}\mathrm{d}s\mathrm{d}\mu$$

3. 小波正逆变换组

现在研究小波正逆变换对称性问题。

给定小波 $\psi(x)$ 后,小波变换算子表示为

$$\boldsymbol{W}:\mathcal{L}^2(\mathbf{R})\to\mathcal{L}^2(\mathbf{R}^2,s^{-2}\mathrm{d}s\mathrm{d}\mu)$$

$$f(x)\mapsto(\boldsymbol{W}f)(s,\mu)=W_f(s,\mu)=\mathcal{C}_\psi^{-0.5}\int_{-\infty}^{+\infty}f(x)|s|^{-0.5}\psi^*[s^{-1}(x-\mu)]\mathrm{d}x$$

定义如下线性算子:

$$\widetilde{\boldsymbol{W}}:\mathcal{L}^2_{\mathrm{Loc}}(\mathbf{R}^2,s^{-2}\mathrm{d}s\mathrm{d}\mu)\to\mathcal{L}^2(\mathbf{R})$$

$$W(s,\mu)\mapsto w(x)=\mathcal{C}_\psi^{-0.5}\iint_{\mathbf{R}^2}W(s,\mu)\psi_{(s,\mu)}(x)s^{-2}\mathrm{d}s\mathrm{d}\mu$$

利用小波变换算子反演公式以及内积恒等式、范数恒等式可以证明,这里定义的算子 $\widetilde{\boldsymbol{W}}:\mathcal{L}^2_{\mathrm{Loc}}(\mathbf{R}^2,s^{-2}\mathrm{d}s\mathrm{d}\mu)\to\mathcal{L}^2(\mathbf{R})$ 是线性算子(这就是此前把它称为线性算子的理由),它保持内积恒等式和范数恒等式。可以证明的最主要结果是,算子 $\widetilde{\boldsymbol{W}}:\mathcal{L}^2_{\mathrm{Loc}}(\mathbf{R}^2,s^{-2}\mathrm{d}s\mathrm{d}\mu)\to\mathcal{L}^2(\mathbf{R})$ 是 $\boldsymbol{W}:\mathcal{L}^2(\mathbf{R})\to\mathcal{L}^2_{\mathrm{Loc}}(\mathbf{R}^2,s^{-2}\mathrm{d}s\mathrm{d}\mu)$ 的逆算子,而且,因为它们都是保范保内积的酉算子,因此,它们互为伴随算子、共轭算子和逆算子,即 $\boldsymbol{W}\widetilde{\boldsymbol{W}}:\mathcal{L}^2_{\mathrm{Loc}}(\mathbf{R}^2,s^{-2}\mathrm{d}s\mathrm{d}\mu)\to\mathcal{L}^2_{\mathrm{Loc}}(\mathbf{R}^2,s^{-2}\mathrm{d}s\mathrm{d}\mu)$ 是单位算子,而且,$\widetilde{\boldsymbol{W}}\boldsymbol{W}:\mathcal{L}^2(\mathbf{R})\to\mathcal{L}^2(\mathbf{R})$ 也是单位算子,即可以表达如下:

$$\widetilde{\boldsymbol{W}}=\boldsymbol{W}^{-1}=\boldsymbol{W}^*$$

$$\boldsymbol{W}\widetilde{\boldsymbol{W}} = \boldsymbol{I}_{\mathcal{L}^2_{\mathrm{Loc}}(\mathbf{R}^2, s^{-2}\mathrm{d}s\mathrm{d}\mu)} : \mathcal{L}^2_{\mathrm{Loc}}(\mathbf{R}^2, s^{-2}\mathrm{d}s\mathrm{d}\mu) \to \mathcal{L}^2(\mathbf{R}) \to \mathcal{L}^2_{\mathrm{Loc}}(\mathbf{R}^2, s^{-2}\mathrm{d}s\mathrm{d}\mu)$$

$$\boldsymbol{W} = \widetilde{\boldsymbol{W}}^{-1} = \widetilde{\boldsymbol{W}}^*$$

$$\widetilde{\boldsymbol{W}}\boldsymbol{W} = \boldsymbol{I}_{\mathcal{L}^2(\mathbf{R})} : \mathcal{L}^2(\mathbf{R}) \to \mathcal{L}^2_{\mathrm{Loc}}(\mathbf{R}^2, s^{-2}\mathrm{d}s\mathrm{d}\mu) \to \mathcal{L}^2(\mathbf{R})$$

利用空间$\mathcal{L}^2(\mathbf{R})$，$\mathcal{L}^2_{\mathrm{Loc}}(\mathbf{R}^2, s^{-2}\mathrm{d}s\mathrm{d}\mu)$ 中的函数进行表达，具体形式是

$$f(x) = C_\psi^{-0.5} \iint_{\mathbf{R}^2} W_f(s,\mu)\psi_{(s,\mu)}(x) s^{-2}\mathrm{d}s\mathrm{d}\mu$$

$$W_f(s,\mu) = C_\psi^{-0.5} \int_{-\infty}^{+\infty} f(x)\psi^*_{(s,\mu)}(x)\mathrm{d}x$$

或者反过来表示为

$$W_f(s,\mu) = C_\psi^{-0.5} \int_{-\infty}^{+\infty} w(x)\psi^*_{(s,\mu)}(x)\mathrm{d}x$$

$$w(x) = C_\psi^{-0.5} \iint_{\mathbf{R}^2} W(s,\mu)\psi_{(s,\mu)}(x) s^{-2}\mathrm{d}s\mathrm{d}\mu$$

小波的正变换和逆变换之间的互逆酉变换关系如图 1.1 所示。

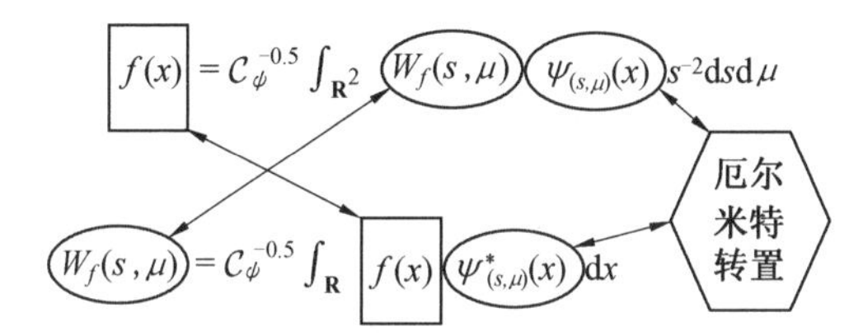

图 1.1　小波正变换和逆变换之间的互逆酉变换关系

这些研究结果说明小波正变换和小波逆变换都是酉变换，而且形式上具有完美的对称性，只不过在这些公式中出现的与小波 $\psi(x)$ 有关的标准化因子$C_\psi^{-0.5}$显得稍微有些不协调。实际上，如果有必要，完全可以把这个因子吸收到小波函数中去，这时候小波函数被表示成$\xi(x) = C_\psi^{-0.5}\psi(x)$，而且 $C_\xi = 1$。这样，各个公式中出现的常数因子就完全消失。

注释　作为对比回顾傅里叶变换组的对称性：

$$\mathscr{F}: f(x) \mapsto F(\omega) = (2\pi)^{-0.5} \int_{-\infty}^{+\infty} f(x)\mathrm{e}^{-\mathrm{i}\omega x}\mathrm{d}x$$

$$\Updownarrow \quad \mathscr{F}^*\mathscr{F} = \mathscr{F}\mathscr{F}^* = \mathscr{I}$$

$$\mathscr{F}^*: F(\omega) \mapsto f(x) = (2\pi)^{-0.5} \int_{-\infty}^{+\infty} F(\omega)\mathrm{e}^{\mathrm{i}\omega x}\mathrm{d}\omega$$

其中，傅里叶变换算子 $\mathscr{F}: \mathcal{L}^2(\mathbf{R}) \to \mathcal{L}^2(\mathbf{R})$ 是定义在空间$\mathcal{L}^2(\mathbf{R})$ 上的酉算子，此时，平方可积的一元函数的傅里叶变换仍然是平方可积的一元函数。这里傅里叶变换算子使用的符号 $\mathscr{F}$ 与此前正文中出现的$\mathcal{F}$是不一样的，略有区别。同时，它们涵盖了傅里叶积分变换、傅里叶级数变换以及有限傅里叶变换，具体含义随上下文关系而确定。

4. 小波完全规范正交性

小波的正变换和逆变换具有的互逆酉变换关系保证它们最终显示出优美的对称性，容易想到一定是小波函数系作为分析的基函数，它本身具备的某些特殊性质决定了这一结果。事实上，让这些得以实现的根本原因就是小波函数系的完全规范正交性质。

利用小波的正变换和逆变换之间互逆酉变换关系容易得到小波函数系的如下两个恒

等式，即小波函数系的完全规范正交关系。

定理 1.6（小波隐式完全规范正交性） 在小波 $\psi(x)$ 给定后，函数空间 $\mathcal{L}^2(\mathbf{R})$ 中的任何函数 $f(x)$ 都满足如下的恒等式：

$$f(x)=\int_{-\infty}^{+\infty}f(x')\mathrm{d}x'\left[\int_{-\infty}^{+\infty}\int_{-\infty}^{+\infty}C_\psi^{-0.5}\psi_{(s,\mu)}^*(x')\cdot C_\psi^{-0.5}\psi_{(s,\mu)}(x)s^{-2}\mathrm{d}s\mathrm{d}\mu\right]$$

而且，函数空间 $\mathcal{L}^2_{\mathrm{Loc}}(\mathbf{R}^2,s^{-2}\mathrm{d}s\mathrm{d}\mu)$ 中的任何函数 $W(s,\mu)$ 都满足如下恒等式：

$$W(s,\mu)=\int_{-\infty}^{+\infty}\int_{-\infty}^{+\infty}W(s',\mu')s'^{-2}\mathrm{d}s'\mathrm{d}\mu'\left[\int_{-\infty}^{+\infty}C_\psi^{-0.5}\psi_{(s',\mu')}(x)\cdot C_\psi^{-0.5}\psi_{(s,\mu)}^*(x)\mathrm{d}x\right]$$

这就是小波函数系的完全规范正交性的隐式关系式。

定理 1.7（小波显式完全规范正交性） 在小波 $\psi(x)$ 给定后，按照如下方式定义的函数是狄拉克 δ 函数：

$$\begin{aligned}E(x,x')&=\int_{-\infty}^{+\infty}\int_{-\infty}^{+\infty}C_\psi^{-0.5}\psi_{(s,\mu)}^*(x')\cdot C_\psi^{-0.5}\psi_{(s,\mu)}(x)s^{-2}\mathrm{d}s\mathrm{d}\mu\\&=\left\langle\left[C_\psi^{-0.5}\psi_{(\cdot,\cdot)}(x)\right],\left[C_\psi^{-0.5}\psi_{(\cdot,\cdot)}(x')\right]\right\rangle_{\mathcal{L}^2_{\mathrm{Loc}}(\mathbf{R}^2,s^{-2}\mathrm{d}s\mathrm{d}\mu)}\\&=\delta(x-x')\end{aligned}$$

而且，按照如下方式定义的函数是二维的狄拉克 δ 函数：

$$\begin{aligned}\boldsymbol{E}(s,\mu,s',\mu')&=\int_{-\infty}^{+\infty}C_\psi^{-0.5}\psi_{(s',\mu')}(x)\cdot C_\psi^{-0.5}\psi_{(s,\mu)}^*(x)\mathrm{d}x\\&=\left\langle\left[C_\psi^{-0.5}\psi_{(s',\mu')}(\cdot)\right],\left[C_\psi^{-0.5}\psi_{(s,\mu)}(\cdot)\right]\right\rangle_{\mathcal{L}^2(\mathbf{R})}\\&=\delta(s-s',\mu-\mu')\end{aligned}$$

这样，在函数空间 $\mathcal{L}^2_{\mathrm{Loc}}(\mathbf{R}^2,s^{-2}\mathrm{d}s\mathrm{d}\mu)$ 中，小波函数系 $\{C_\psi^{-0.5}\psi_{(s,\mu)}(x);x\in\mathbf{R}\}$ 是这个空间的完全规范正交基，对任意的 $W(s,\mu)\in\mathcal{L}^2_{\mathrm{Loc}}(\mathbf{R}^2,s^{-2}\mathrm{d}s\mathrm{d}\mu)$，如下公式成立：

$$W(s,\mu)=\int_{-\infty}^{+\infty}w(x)\left[C_\psi^{-0.5}\psi_{(s,\mu)}(x)\right]^*\mathrm{d}x$$

式中，系数 $w(x)$ 是函数 $W(s,\mu)$ 在基函数 $[C_\psi^{-0.5}\psi_{(s,\mu)}(x)]^*$ 上的正交投影，有

$$\begin{aligned}w(x)&=\left\langle W(s,\mu),\left[C_\psi^{-0.5}\psi_{(s,\mu)}(x)\right]^*\right\rangle_{\mathcal{L}^2_{\mathrm{Loc}}(\mathbf{R}^2,s^{-2}\mathrm{d}s\mathrm{d}\mu)}\\&=\int_{-\infty}^{+\infty}\int_{-\infty}^{+\infty}W(s,\mu)\left[C_\psi^{-0.5}\psi_{(s,\mu)}(x)\right]s^{-2}\mathrm{d}s\mathrm{d}\mu\end{aligned}$$

同样，在函数空间 $\mathcal{L}^2(\mathbf{R})$ 中，小波函数系 $\{C_\psi^{-0.5}\psi_{(s,\mu)}(x);(s,\mu)\in\mathbf{R}^*\times\mathbf{R}\}$ 是这个空间的完全规范正交基，对任意的 $f(x)\in\mathcal{L}^2(\mathbf{R})$，如下公式成立：

$$f(x)=\int_{-\infty}^{+\infty}\int_{-\infty}^{+\infty}W_f(s,\mu)\left[C_\psi^{-0.5}\psi_{(s,\mu)}(x)\right]s^{-2}\mathrm{d}s\mathrm{d}\mu$$

式中，系数 $W_f(s,\mu)$ 正好是函数 $f(x)$ 在基函数 $[C_\psi^{-0.5}\psi_{(s,\mu)}(x)]$ 上的正交投影，有

$$W_f(s,\mu)=\left\langle f(x),\left[C_\psi^{-0.5}\psi_{(s,\mu)}(x)\right]\right\rangle_{\mathcal{L}^2(\mathbf{R})}=\int_{-\infty}^{+\infty}f(x)\left[C_\psi^{-0.5}\psi_{(s,\mu)}(x)\right]^*\mathrm{d}x$$

5. 单位算子小波正交分解

在小波的显式完全规范正交性定理中，在小波 $\psi(x)$ 给定后，出现两个狄拉克函数 $E(x,x')=\delta(x-x')$ 和 $\boldsymbol{E}(s,\mu,s',\mu')=\delta(s-s',\mu-\mu')$，它们分别是一维狄拉克函数和二维狄拉克函数。

$E(x,x')=\delta(x-x')$ 说明在函数空间 $\mathcal{L}^2_{\mathrm{Loc}}(\mathbf{R}^2,s^{-2}\mathrm{d}s\mathrm{d}\mu)$ 中小波函数系

$$\{\mathcal{C}_{\psi}^{-0.5}\psi_{(s,\mu)}(x)=\mathcal{C}_{\psi}^{-0.5}|s|^{-0.5}\psi[s^{-1}(x-\mu)];x\in\mathbf{R}\}$$

是规范正交基。

$\boldsymbol{E}(s,\mu,s',\mu')=\delta(s-s',\mu-\mu')$ 说明在函数空间$\mathcal{L}^2(\mathbf{R})$ 中小波函数系

$$\{\mathcal{C}_{\psi}^{-0.5}\psi_{(s,\mu)}(x)=\mathcal{C}_{\psi}^{-0.5}|s|^{-0.5}\psi[s^{-1}(x-\mu)];s\in\mathbf{R}^*,\mu\in\mathbf{R}\}$$

是规范正交基。

因此,这两个函数系的定义表达式可以十分自然地诱导出相应函数空间的单位算子的正交分解。容易证明,在这里它们分别诱导得到函数空间$\mathcal{L}^2(\mathbf{R})$ 和函数空间$\mathcal{L}^2_{\mathrm{Loc}}(\mathbf{R}^2,s^{-2}\mathrm{d}s\mathrm{d}\mu)$ 的单位算子的小波正交分解。

定理 1.8(单位算子小波分解 1)　在小波$\psi(x)$ 给定后,在函数空间$\mathcal{L}^2(\mathbf{R})$ 中定义线性算子

$$\boldsymbol{E}:\mathcal{L}^2(\mathbf{R})\to\mathcal{L}^2(\mathbf{R})$$

$$f(x)\mapsto(\boldsymbol{E}f)(x')=E_f(x')=\int_{-\infty}^{+\infty}f(x)\boldsymbol{E}(x,x')\mathrm{d}x$$

那么

$$\boldsymbol{E}:\mathcal{L}^2(\mathbf{R})\to\mathcal{L}^2(\mathbf{R})$$

$$\mathcal{C}_{\psi}^{-0.5}\psi_{(s,\mu)}(x)\mapsto(\boldsymbol{E}\,\mathcal{C}_{\psi}^{-0.5}\psi_{(s,\mu)})(x')=\mathcal{C}_{\psi}^{-0.5}\psi_{(s,\mu)}(x'),\quad s\in\mathbf{R}^*,\mu\in\mathbf{R}$$

即算子$\boldsymbol{E}$ 把$\mathcal{L}^2(\mathbf{R})$ 的规范正交基$\{\mathcal{C}_{\psi}^{-0.5}\psi_{(s,\mu)}(x);s\in\mathbf{R}^*,\mu\in\mathbf{R}\}$ 映射为其本身,有

$$\boldsymbol{E}:\mathcal{C}_{\psi}^{-0.5}\psi_{(s,\mu)}(x)\mapsto\mathcal{C}_{\psi}^{-0.5}\psi_{(s,\mu)}(x'),\quad s\in\mathbf{R}^*,\mu\in\mathbf{R}$$

另外,如果将$\boldsymbol{E}(x,x')$ 改写为

$$\boldsymbol{E}(x,x')=\int_{-\infty}^{+\infty}\int_{-\infty}^{+\infty}[\mathcal{C}_{\psi}^{-0.5}\psi_{(s,\mu)}(x)][\mathcal{C}_{\psi}^{-0.5}\psi_{(s,\mu)}(x')]^*s^{-2}\mathrm{d}s\mathrm{d}\mu$$

那么,这相当于把单位算子$\boldsymbol{E}$按照指标(s,μ),$s\in\mathbf{R}^*,\mu\in\mathbf{R}$分解为大量单维正交投影算子$[\mathcal{C}_{\psi}^{-0.5}\psi_{(s,\mu)}(x)][\mathcal{C}_{\psi}^{-0.5}\psi_{(s,\mu)}(x')]^*$ 的正交和。

注释　从形式上看,二元函数$\boldsymbol{E}(x,x')=\delta(x-x')$ 直观上表现为单位矩阵或单位算子的矩阵元素(狄拉克测度),即主对角线元素恒等于 1,其他元素恒等于 0。当把$\boldsymbol{E}(x,x')=\delta(x-x')$ 视为一个算子核时,这个算子$\boldsymbol{E}$ 把一个一元函数变换成其本身,这是一个单位算子,而函数$\boldsymbol{E}(x,x')$ 的定义表达式就是单位算子的单维正交投影算子分解公式。

定理 1.9(单位算子小波分解 2)　在小波$\psi(x)$ 给定后,在函数空间$\mathcal{L}^2_{\mathrm{Loc}}(\mathbf{R}^2,s^{-2}\mathrm{d}s\mathrm{d}\mu)$ 中定义线性算子

$$\boldsymbol{E}:\mathcal{L}^2_{\mathrm{Loc}}(\mathbf{R}^2,s^{-2}\mathrm{d}s\mathrm{d}\mu)\to\mathcal{L}^2_{\mathrm{Loc}}(\mathbf{R}^2,s^{-2}\mathrm{d}s\mathrm{d}\mu)$$

$$W(s,\mu)\mapsto(\boldsymbol{E}W)(s',\mu')=\mathscr{E}_W(s',\mu')$$

$$(\boldsymbol{E}W)(s',\mu')=\mathscr{E}_W(s',\mu')=\int_{-\infty}^{+\infty}\int_{-\infty}^{+\infty}W(s,\mu)\boldsymbol{E}(s,\mu,s',\mu')s^{-2}\mathrm{d}s\mathrm{d}\mu$$

那么

$$\boldsymbol{E}:\mathcal{L}^2_{\mathrm{Loc}}(\mathbf{R}^2,s^{-2}\mathrm{d}s\mathrm{d}\mu)\to\mathcal{L}^2_{\mathrm{Loc}}(\mathbf{R}^2,s^{-2}\mathrm{d}s\mathrm{d}\mu)$$

$$\mathcal{C}_{\psi}^{-0.5}\psi_{(s,\mu)}(x)\mapsto(\boldsymbol{E}\,\mathcal{C}_{\psi}^{-0.5}\psi_{(s,\mu)})(x)=\mathcal{C}_{\psi}^{-0.5}\psi_{(s',\mu')}(x),\quad x\in\mathbf{R}$$

即算子$\boldsymbol{E}$ 把$\mathcal{L}^2_{\mathrm{Loc}}(\mathbf{R}^2,s^{-2}\mathrm{d}s\mathrm{d}\mu)$ 的规范正交基$\{\mathcal{C}_{\psi}^{-0.5}\psi_{(s,\mu)}(x);x\in\mathbf{R}\}$ 映射为其本身,有

$$\boldsymbol{E}:\mathcal{C}_{\psi}^{-0.5}\psi_{(s,\mu)}(x)\mapsto\mathcal{C}_{\psi}^{-0.5}\psi_{(s',\mu')}(x),\quad x\in\mathbf{R}$$

另外,如果将$\boldsymbol{E}(s,\mu,s',\mu')$改写为

$$\boldsymbol{E}(s,\mu,s',\mu')=\int_{-\infty}^{+\infty}[\mathcal{C}_{\psi}^{-0.5}\psi_{(s',\mu')}(x)][\mathcal{C}_{\psi}^{-0.5}\psi_{(s,\mu)}(x)]^{*}\mathrm{d}x$$

那么,这相当于大量单维正交投影算子$[\mathcal{C}_{\psi}^{-0.5}\psi_{(s',\mu')}(x)][\mathcal{C}_{\psi}^{-0.5}\psi_{(s,\mu)}(x)]^{*}$按照指标$x\in\mathbf{R}$构成了单位算子$\boldsymbol{E}:\mathcal{L}_{\mathrm{Loc}}^{2}(\mathbf{R}^{2},s^{-2}\mathrm{d}s\mathrm{d}\mu)\to\mathcal{L}_{\mathrm{Loc}}^{2}(\mathbf{R}^{2},s^{-2}\mathrm{d}s\mathrm{d}\mu)$的正交分解。

注释 从形式上看,四元函数$\boldsymbol{E}(s,\mu,s',\mu')=\delta(s-s',\mu-\mu')$在直观上也表现为单位矩阵或单位算子的矩阵元素,即$s=s',\mu=\mu'$对应的主对角线元素恒等于1,其他元素恒等于0。当把$\boldsymbol{E}(s,\mu,s',\mu')=\delta(s-s',\mu-\mu')$视为一个算子核时,这个算子$\boldsymbol{E}$把一个二元函数映射为另一个二元函数,把$\mathcal{L}_{\mathrm{Loc}}^{2}(\mathbf{R}^{2},s^{-2}\mathrm{d}s\mathrm{d}\mu)$的规范正交基$\{\mathcal{C}_{\psi}^{-0.5}\psi_{(s,\mu)}(x);x\in\mathbf{R}\}$中的每一个基函数映射为其本身,因此,它是一个单位算子,函数$\boldsymbol{E}(s,\mu,s',\mu')$的定义表达式给出单位算子的单维正交投影算子分解。

1.2.3 吸收小波理论

在研究小波变换的过程中,参数组(s,μ)中的尺度参数$s\neq0$,从尺度的物理意义可知,真正有价值的应该是$s>0$。但是,此前的所有定义和分析除了包含$s>0$之外,也包含了$s<0$这种情况。

回顾傅里叶变换巧妙地只使用正的频率就实现全体平方可积周期函数和平方可积非周期函数的分析技巧,将傅里叶变换表示为

$$\mathscr{F}:\mathcal{L}^{2}(\mathbf{R})\to\mathcal{L}^{2}(\mathbf{R})$$

$$f(x)\mapsto F(\omega)=(2\pi)^{-0.5}\int_{-\infty}^{+\infty}f(x)\mathrm{e}^{-\mathrm{i}\omega x}\mathrm{d}x$$

那么,在对称函数、反对称函数和实数值函数条件下,如下将频率轴对折转换为正频率轴的公式成立:

$$\boxed{\begin{array}{lll}f(x)=f(-x) & \Rightarrow & F(\omega)=F(-\omega)\\ f(x)=-f(-x) & \Rightarrow & F(\omega)=-F(-\omega)\\ f(x)=\overline{f}(x) & \Rightarrow & F(\omega)=\overline{F}(-\omega)\end{array}}$$

$$\Downarrow$$

$$-\infty<\omega<+\infty\mapsto0\leqslant\omega<+\infty$$

此外,对于任意的函数$f(x)$,如下奇偶函数分解表达式成立:

$$f(x)=f^{(\mathrm{E})}(x)+f^{(\mathrm{O})}(x)$$

式中

$$f^{(\mathrm{E})}(x)=\frac{f(x)+f(-x)}{2},\quad f^{(\mathrm{O})}(x)=\frac{f(x)-f(-x)}{2}$$

因此,频率轴对折$-\infty<\omega<+\infty\mapsto0\leqslant\omega<+\infty$的傅里叶变换方法可以完全分析任意的平方可积函数。

这里研究将小波的尺度参数对折仅限于$s>0$的处理方法。

1. 吸收空间

定义二元函数线性空间$\mathcal{L}^{2}(\mathbf{R}^{+}\times\mathbf{R},s^{-2}\mathrm{d}s\mathrm{d}\mu)$为

$$\mathcal{L}^2(\mathbf{R}^+\times\mathbf{R},s^{-2}\mathrm{d}s\mathrm{d}\mu)=\left\{\vartheta(s,\mu);\int_{\mathbf{R}^+\times\mathbf{R}}|\vartheta(s,\mu)|^2s^{-2}\mathrm{d}s\mathrm{d}\mu<+\infty\right\}$$

其中函数相同的定义是

$$\begin{aligned}(\vartheta=\varsigma)&\Leftrightarrow(\vartheta(s,\mu)=\varsigma(s,\mu),\text{a. e. }(s,\mu)\in\mathbf{R}^+\times\mathbf{R})\\&\Leftrightarrow\int_{\mathbf{R}^+\times\mathbf{R}}|\vartheta(s,\mu)-\varsigma(s,\mu)|^2s^{-2}\mathrm{d}s\mathrm{d}\mu=0\end{aligned}$$

在这个函数线性空间中,按照如下方式定义内积:

$$\langle\vartheta,\varsigma\rangle_{\mathcal{L}^2(\mathbf{R}^+\times\mathbf{R},s^{-2}\mathrm{d}s\mathrm{d}\mu)}=\int_{\mathbf{R}^+\times\mathbf{R}}\vartheta(s,\mu)\overline{\varsigma}(s,\mu)s^{-2}\mathrm{d}s\mathrm{d}\mu$$

由此诱导的范数 $\|\cdot\|_{\mathcal{L}^2(\mathbf{R}^+\times\mathbf{R},s^{-2}\mathrm{d}s\mathrm{d}\mu)}$ 满足如下方程:

$$\|\vartheta\|^2_{\mathcal{L}^2(\mathbf{R}^+\times\mathbf{R},s^{-2}\mathrm{d}s\mathrm{d}\mu)}=\langle\vartheta,\vartheta\rangle_{\mathcal{L}^2(\mathbf{R}^+\times\mathbf{R},s^{-2}\mathrm{d}s\mathrm{d}\mu)}=\int_{\mathbf{R}^+\times\mathbf{R}}|\vartheta(s,\mu)|^2s^{-2}\mathrm{d}s\mathrm{d}\mu$$

在函数的常规运算和数乘运算意义下,这实际上构成一个希尔伯特空间。在上下文关系和含义清晰的条件下,这个空间上的内积和由此诱导的范数记号中的空间下标 $\mathcal{L}^2(\mathbf{R}^+\times\mathbf{R},s^{-2}\mathrm{d}s\mathrm{d}\mu)$ 会被省略。

2. 吸收小波

如果 $\psi(x)\in\mathcal{L}^2(\mathbf{R})$ 满足下述吸收条件:

$$\int_0^{+\infty}|\omega|^{-1}|\Psi(\omega)|^2\mathrm{d}\omega=\int_0^{+\infty}|\omega|^{-1}|\Psi(-\omega)|^2\mathrm{d}\omega<+\infty$$

其中 $\Psi(\omega)$ 是 $\psi(x)$ 的傅里叶变换,则称函数 $\psi(x)$ 是一个吸收小波。容易验证,如果函数 $\psi(x)$ 是一个吸收小波,那么,它一定满足小波容许性条件

$$C_\psi=2\pi\int_{\mathbf{R}^*}|\omega|^{-1}|\Psi(\omega)|^2\mathrm{d}\omega<+\infty$$

即它是一个合格的小波母函数。

因此,如果 $\psi(x)$ 是一个吸收小波,那么,此前关于小波和小波变换的全部研究结果必然都成立。在这里将研究在吸收小波条件下必然会更特别的内积恒等式、范数恒等式以及特殊形式的小波逆变换或函数小波重建公式。

3. 吸收小波变换

当吸收小波 $\psi(x)$ 给定后,按照如下算子形式定义吸收小波变换:

$$\begin{aligned}\boldsymbol{W}:\mathcal{L}^2(\mathbf{R})&\to\mathcal{L}^2(\mathbf{R}^+\times\mathbf{R},s^{-2}\mathrm{d}s\mathrm{d}\mu)\\f(x)&\mapsto(\boldsymbol{W}f)(s,\mu)=W_f(s,\mu),\quad(s,\mu)\in\mathbf{R}^+\times\mathbf{R}\end{aligned}$$

$$W_f(s,\mu)=C_\psi^{-0.5}\langle f,\psi_{(s,\mu)}\rangle=C_\psi^{-0.5}|s|^{-0.5}\int_{-\infty}^{+\infty}f(x)\psi^*[s^{-1}(x-\mu)]\mathrm{d}x$$

在这样的定义下,容易证明吸收小波变换算子是线性算子,即如下定理成立。

定理 1.10　在吸收小波 $\psi(x)$ 给定后,如果 $f(x),g(x)\in\mathcal{L}^2(\mathbf{R})$,而且 $\xi,\varsigma\in\mathbf{C}$,那么,如下公式成立:

$$[\boldsymbol{W}(\xi f+\varsigma g)](s,\mu)=\xi(\boldsymbol{W}f)(s,\mu)+\varsigma(\boldsymbol{W}g)(s,\mu)$$

或者简写为

$$W_{\xi f+\varsigma g}(s,\mu)=\xi W_f(s,\mu)+\varsigma W_g(s,\mu)$$

4. 吸收内积恒等式

如果 $\psi(x)$ 是吸收小波,仿照小波变换内积恒等式可得在变换域中吸收内积恒等式

或尺度折叠的内积恒等式，这就是如下的尺度折叠保内积性定理。

定理 1.11（尺度折叠保内积性） 如果 $\psi(x)$ 是吸收小波，那么，对于任意的两个函数 $f(x),g(x)\in\mathcal{L}^2(\mathbf{R})$，如果它们的吸收小波变换表示为

$$\boldsymbol{W}:\mathcal{L}^2(\mathbf{R})\to\mathcal{L}^2(\mathbf{R}^+\times\mathbf{R},s^{-2}\mathrm{d}s\mathrm{d}\mu)$$

$$f(x)\mapsto(\boldsymbol{W}f)(s,\mu)=W_f(s,\mu),\quad(s,\mu)\in\mathbf{R}^+\times\mathbf{R}$$

$$g(x)\mapsto(\boldsymbol{W}f)(s,\mu)=W_g(s,\mu),\quad(s,\mu)\in\mathbf{R}^+\times\mathbf{R}$$

则如下恒等式成立：

$$\begin{aligned}\int_{\mathbf{R}}f(x)\overline{g}(x)\mathrm{d}x&=2\int_{\mathbf{R}^+\times\mathbf{R}}(\boldsymbol{W}f)(s,\mu)(\boldsymbol{W}g)^*(s,\mu)s^{-2}\mathrm{d}s\mathrm{d}\mu\\&=2\int_{\mathbf{R}^+\times\mathbf{R}}W_f(s,\mu)W_g^*(s,\mu)s^{-2}\mathrm{d}s\mathrm{d}\mu\end{aligned}$$

或者简写为

$$\langle f,g\rangle_{\mathcal{L}^2(\mathbf{R})}=2\langle\boldsymbol{W}f,\boldsymbol{W}g\rangle_{\mathcal{L}^2(\mathbf{R}^+\times\mathbf{R},s^{-2}\mathrm{d}s\mathrm{d}\mu)}=2\langle W_f,W_g\rangle_{\mathcal{L}^2(\mathbf{R}^+\times\mathbf{R},s^{-2}\mathrm{d}s\mathrm{d}\mu)}$$

这就是吸收小波变换的帕塞瓦尔恒等式。

证明 容易验证，吸收小波函数与其傅里叶变换的关系如下：

$$\mathcal{F}:\psi_{(s,\mu)}(x)\mapsto(\mathcal{F}\psi_{(s,\mu)})(\omega)=s^{0.5}\Psi(s\omega)\mathrm{e}^{-\mathrm{i}\omega\mu}$$

同时，引入如下两个记号：

$$\Delta(f,\psi,s;\omega)=(\mathcal{F}f)(\omega)\Psi^*(s\omega),\quad\Delta(g,\psi,s;\omega)=(\mathcal{F}g)(\omega)\Psi^*(s\omega)$$

之后，函数 $f(x)$、$g(x)$ 的吸收小波变换可以在频域重新表示为

$$W_f(s,\mu)=\sqrt{2\pi}\,C_\psi^{-0.5}s^{0.5}(\mathcal{F}\Delta)(f,\psi,s;-\mu)$$

$$W_g(s,\mu)=\sqrt{2\pi}\,C_\psi^{-0.5}s^{0.5}(\mathcal{F}\Delta)(g,\psi,s;-\mu)$$

在这些演算结果基础上，可以逐步完成尺度折叠内积公式的演算。

在半平面上的二元函数空间 $\mathcal{L}^2(\mathbf{R}^+\times\mathbf{R},s^{-2}\mathrm{d}s\mathrm{d}\mu)$ 中演算内积：

$$\begin{aligned}2\langle\boldsymbol{W}f,\boldsymbol{W}g\rangle_{\mathcal{L}^2(\mathbf{R}^+\times\mathbf{R},s^{-2}\mathrm{d}s\mathrm{d}\mu)}&=2\langle W_f,W_g\rangle_{\mathcal{L}^2(\mathbf{R}^+\times\mathbf{R},s^{-2}\mathrm{d}s\mathrm{d}\mu)}\\&=2\int_{s\in\mathbf{R}^+}s^{-2}\mathrm{d}s\int_{\mu\in\mathbf{R}}W_f(s,\mu)W_g^*(s,\mu)\mathrm{d}\mu\end{aligned}$$

代入前述符号并利用傅里叶变换的内积恒等式可得

$$\begin{aligned}&2\langle\boldsymbol{W}f,\boldsymbol{W}g\rangle_{\mathcal{L}^2(\mathbf{R}^+\times\mathbf{R},s^{-2}\mathrm{d}s\mathrm{d}\mu)}\\&=4\pi C_\psi^{-1}\int_0^{+\infty}s^{-1}\mathrm{d}s\int_{-\infty}^{+\infty}(\mathcal{F}\Delta)(f,\psi,s;\mu)(\mathcal{F}\Delta)^*(g,\psi,s;\mu)\mathrm{d}\mu\\&=4\pi C_\psi^{-1}\int_0^{+\infty}s^{-1}\mathrm{d}s\int_{-\infty}^{+\infty}\Delta(f,\psi,s;\omega)\Delta^*(g,\psi,s;\omega)\mathrm{d}\omega\end{aligned}$$

再次利用傅里叶变换的内积恒等式可得

$$\begin{aligned}&2\langle\boldsymbol{W}f,\boldsymbol{W}g\rangle_{\mathcal{L}^2(\mathbf{R}^+\times\mathbf{R},s^{-2}\mathrm{d}s\mathrm{d}\mu)}\\&=4\pi C_\psi^{-1}\int_0^{+\infty}s^{-1}\mathrm{d}s\int_{-\infty}^{+\infty}(\mathcal{F}f)(\omega)\Psi^*(s\omega)(\mathcal{F}g)^*(\omega)\Psi(s\omega)\mathrm{d}\omega\\&=4\pi C_\psi^{-1}\int_0^{+\infty}s^{-1}\mathrm{d}s\int_{-\infty}^{+\infty}(\mathcal{F}f)(\omega)(\mathcal{F}g)^*(\omega)|\Psi(s\omega)|^2\mathrm{d}\omega\\&=C_\psi^{-1}\int_{-\infty}^{+\infty}(\mathcal{F}f)(\omega)(\mathcal{F}g)^*(\omega)\mathrm{d}\omega\times4\pi\int_0^{+\infty}s^{-1}|\Psi(s\omega)|^2\mathrm{d}s\end{aligned}$$

$$= \int_{-\infty}^{+\infty} (\mathcal{F}f)(\omega)(\mathcal{F}g)^*(\omega)\mathrm{d}\omega$$

$$= \int_{-\infty}^{+\infty} f(x)g^*(x)\mathrm{d}x = \langle f,g\rangle_{\mathcal{L}^2(\mathbf{R})}$$

其中利用了如下演算结果：

$$4\pi\int_0^{+\infty} s^{-1}|\Psi(s\omega)|^2\mathrm{d}s = 2\pi\int_{-\infty}^{+\infty}|\omega|^{-1}|\Psi(\omega)|^2\mathrm{d}\omega = \mathcal{C}_\psi$$

5. 吸收范数恒等式

在吸收小波变换内积恒等式中，利用内积运算中函数的任意性，当参与内积的两个函数相同时，就得到吸收小波变换的范数恒等式，即尺度折叠保范性定理。

定理 1.12（尺度折叠保范性）　假设 $\psi(x)$ 是吸收小波，$f(x)$ 是函数空间 $\mathcal{L}^2(\mathbf{R})$ 中的任意函数，如果 $f(x)$ 的吸收小波变换表示为

$$\boldsymbol{W}:\mathcal{L}^2(\mathbf{R}) \to \mathcal{L}^2(\mathbf{R}^+\times\mathbf{R}, s^{-2}\mathrm{d}s\mathrm{d}\mu)$$

$$f(x) \mapsto (\boldsymbol{W}f)(s,\mu) = W_f(s,\mu),\quad (s,\mu)\in\mathbf{R}^+\times\mathbf{R}$$

那么，如下的恒等式成立：

$$\int_{\mathbf{R}}|f(x)|^2\mathrm{d}x = 2\int_{\mathbf{R}^2}|(\boldsymbol{W}f)(s,\mu)|^2 s^{-2}\mathrm{d}s\mathrm{d}\mu = 2\int_{\mathbf{R}^2}|W_f(s,\mu)|^2 s^{-2}\mathrm{d}s\mathrm{d}\mu$$

或者等价地简写为

$$\|f\|_{\mathcal{L}^2(\mathbf{R})} = \sqrt{2}\ \|\boldsymbol{W}f\|_{\mathcal{L}^2(\mathbf{R}^+\times\mathbf{R},s^{-2}\mathrm{d}s\mathrm{d}\mu)} = \sqrt{2}\ \|W_f\|_{\mathcal{L}^2(\mathbf{R}^+\times\mathbf{R},s^{-2}\mathrm{d}s\mathrm{d}\mu)}$$

6. 吸收逆变换

利用吸收小波变换的帕塞瓦尔恒等式，容易获得从函数的吸收小波变换 $W_f(s,\mu)$ 重建函数 $f(x)\in\mathcal{L}^2(\mathbf{R})$ 的吸收小波反演公式。

定理 1.13（吸收小波反演公式）　假设 $\psi(x)$ 是吸收小波，$f(x)\in\mathcal{L}^2(\mathbf{R})$ 是任意函数，如果将 $f(x)$ 的吸收小波变换表示如下：

$$\boldsymbol{W}:\mathcal{L}^2(\mathbf{R}) \to \mathcal{L}^2(\mathbf{R}^+\times\mathbf{R}, s^{-2}\mathrm{d}s\mathrm{d}\mu)$$

$$f(x) \mapsto (\boldsymbol{W}f)(s,\mu) = W_f(s,\mu)$$

那么，在函数空间 $\mathcal{L}^2(\mathbf{R})$ 中几乎处处成立如下恒等式：

$$f(x) = 2\,\mathcal{C}_\psi^{-0.5}\int_0^{+\infty} s^{-2}\mathrm{d}s\int_{-\infty}^{+\infty} W_f(s,\mu)\psi_{(s,\mu)}(x)\mathrm{d}\mu$$

如果函数 $f(x)$ 在某一点 $x=x'$ 是连续的，那么，如下数值等式形式的点态吸收小波反演公式成立：

$$f(x') = 2\,\mathcal{C}_\psi^{-0.5}\int_0^{+\infty} s^{-2}\mathrm{d}s\int_{-\infty}^{+\infty} W_f(s,\mu)\psi_{(s,\mu)}(x')\mathrm{d}\mu$$

7. 折叠同构子空间

上述研究过程表明，吸收小波变换只是把一元平方可积函数空间 $\mathcal{L}^2(\mathbf{R})$ 变换为由二元函数构成的尺度折叠，而且尺度平方压缩测度意义下的平方可积函数空间 $\mathcal{L}^2(\mathbf{R}^+\times\mathbf{R}, s^{-2}\mathrm{d}s\mathrm{d}\mu)$ 的一个闭线性子空间 $\mathcal{L}^2_{\mathrm{Loc}}(\mathbf{R}^+\times\mathbf{R}, s^{-2}\mathrm{d}s\mathrm{d}\mu)$：

$$\mathcal{L}^2_{\mathrm{Loc}}(\mathbf{R}^+\times\mathbf{R}, s^{-2}\mathrm{d}s\mathrm{d}\mu) = \{(\boldsymbol{W}f)(s,\mu) = W_f(s,\mu);f(x)\in\mathcal{L}^2(\mathbf{R})\}$$

吸收小波变换的内积恒等式和范数恒等式具有某种局部性质，利用这些记号，当吸收

小波 $\psi(x)$ 给定时，在研究吸收小波逆变换时，相应的吸收小波变换理解为如下算子形式：

$$W:\mathcal{L}^2(\mathbf{R}) \to \mathcal{L}^2_{\text{Loc}}(\mathbf{R}^+ \times \mathbf{R}, s^{-2}\mathrm{d}s\mathrm{d}\mu)$$

$$f(x) \mapsto (Wf)(s,\mu) = W_f(s,\mu)$$

$$W_f(s,\mu) = \mathcal{C}_\psi^{-0.5}\langle f,\psi_{(s,\mu)}\rangle = \mathcal{C}_\psi^{-0.5}\int_{-\infty}^{+\infty} f(x)\ |s|^{-0.5}\psi^*[s^{-1}(x-\mu)]\mathrm{d}x$$

这样，吸收小波变换算子的线性性、保折叠内积恒等和保折叠范数恒等的范围就清晰了。因此，闭线性子空间 $\mathcal{L}^2_{\text{Loc}}(\mathbf{R}^+\times \mathbf{R}, s^{-2}\mathrm{d}s\mathrm{d}\mu)$ 是函数空间 $\mathcal{L}^2(\mathbf{R})$ 在希尔伯特空间 $\mathcal{L}^2(\mathbf{R}^2, s^{-2}\mathrm{d}s\mathrm{d}\mu)$ 中的尺度折叠局部同构子空间。

在这样的准备之后，就可以仔细论述吸收小波变换算子的逆算子等各种问题，可以仿照此前相似的内容逐步完成，此处不赘述。

总之，在吸收小波的条件下，函数空间 $\mathcal{L}^2(\mathbf{R})$ 中的全部函数映射到希尔伯特空间 $\mathcal{L}^2(\mathbf{R}^2, s^{-2}\mathrm{d}s\mathrm{d}\mu)$ 中的像可以被折叠局部化在子空间 $\mathcal{L}^2_{\text{Loc}}(\mathbf{R}^+\times\mathbf{R}, s^{-2}\mathrm{d}s\mathrm{d}\mu)$ 之中，而这一切都仅仅表现为将尺度参数 $s \neq 0$ 对折吸收为 $s > 0$。

1.3 二进小波理论

在小波函数 $\psi(x)$ 给定的条件下，小波的正变换和逆变换之间互逆酉变换关系充分展示了小波函数系的完全规范正交性质。设有如下形式的完全规范正交小波函数系：

$$\mathscr{Z} = \{\mathcal{C}_\psi^{-0.5}\psi_{(s,\mu)}(x) = \mathcal{C}_\psi^{-0.5}|s|^{-0.5}\psi[s^{-1}(x-\mu)];s\in\mathbf{R}^*,\mu\in\mathbf{R}\}$$

因为特殊函数 $\boldsymbol{E}(s,\mu,s',\mu')$ 可以表示为

$$\boldsymbol{E}(s,\mu,s',\mu') = \langle[\mathcal{C}_\psi^{-0.5}\psi_{(s',\mu')}(\cdot)],[\mathcal{C}_\psi^{-0.5}\psi_{(s,\mu)}(\cdot)]\rangle_{\mathcal{L}^2(\mathbf{R})} = \delta(s-s',\mu-\mu')$$

所以这个函数系 $\mathscr{Z}$ 构成空间 $\mathcal{L}^2(\mathbf{R})$ 的规范正交基。

在这个规范正交基的基础上，函数空间的分析本质上是酉的线性变换，但是，指明规范正交基中的每个函数或基的两个指标 (s,μ) 是连续取值，这产生一个问题，即是否存在有效的途径将这两个指标 (s,μ) 或其中的一个指标（比如 s）离散化为可列或可数个取值，同时保证由此得到的函数系 $\mathscr{Z}$ 的子函数系 $\mathscr{Z}'$ 仍然构成空间 $\mathcal{L}^2(\mathbf{R})$ 的规范正交基，或者降低一些要求，希望这个子函数系构成 $\mathcal{L}^2(\mathbf{R})$ 的基或者框架？

在如下傅里叶变换 $\mathscr{F}:\mathcal{L}^2(\mathbf{R}) \to \mathcal{L}^2(\mathbf{R})$ 定义中：

$$f(x) \mapsto F(\omega) = (\mathscr{F}f)(\omega) = (2\pi)^{-0.5}\int_{-\infty}^{+\infty} f(x)\mathrm{e}^{-\mathrm{i}\omega x}\mathrm{d}x$$

出现了完全规范正交函数系 $\{\varepsilon_\omega(x) = (2\pi)^{-0.5}\mathrm{e}^{\mathrm{i}\omega x};\omega\in\mathbf{R}\}$，它是非周期能量有限信号空间或平方可积函数空间 $\mathcal{L}^2(\mathbf{R})$ 的规范正交基，被称为傅里叶变换基。如果将这个函数系的指标 $\omega\in\mathbf{R}$ 等间隔离散化为 $\omega = k, k = 0, \pm 1, \pm 2,\cdots$，得到函数系

$$\{\varepsilon_k(x) = (2\pi)^{-0.5}\mathrm{e}^{\mathrm{i}kx};k\in\mathbf{Z}\}$$

这个函数系是规范正交函数系，它是周期为 2π 的能量有限信号空间或平方可积函数空间 $\mathcal{L}^2(0,2\pi)$ 的规范正交基，就是傅里叶级数基。在这个具体的酉变换中，前述问题的答案是否定的。容易证明，傅里叶变换基指标 $\omega\in\mathbf{R}$ 的等间隔离散化将导致分析范围从函数

空间$\mathcal{L}^2(\mathbf{R})$退化为周期平方可积函数空间。

但是,这个问题在小波理论研究中却获得了意外的肯定答案。比如二进小波就是一个可行的有效途径:当小波函数满足某些更苛刻的条件时,小波规范正交基的两个指标(s,μ)之一的尺度参数$s>0$按照对数等间隔离散化,如$s=2^{-j}$,其中$j\in\mathbf{Z}$,这时,函数系$\mathscr{Z}$的子函数系$\mathscr{Z}'$构成空间$\mathcal{L}^2(\mathbf{R})$的某种意义下的分析基,这就是二进小波理论。

1.3.1　二进小波

本小节研究二进小波函数以及它与容许小波和吸收小波的关系。

1. 二进小波的定义

假设$\psi(x)$是函数空间$\mathcal{L}^2(\mathbf{R})$中的一个函数,如果存在两个正的实数$A$和$B$满足如下的频域不等式:

$$0<A\leqslant\sum_{j=-\infty}^{+\infty}|\Psi(2^{-j}\omega)|^2\leqslant B<+\infty,\quad \text{a.e.}\,\omega\in\mathbf{R}$$

式中,$\Psi(\omega)$是函数$\psi(x)$的傅里叶变换,这时,称函数$\psi(x)$是一个二进小波,上式中的不等式称为稳定性条件。正因如此,有时也把二进小波称为稳定小波。

注释　在二进小波稳定性条件中,如果定义函数

$$\Omega(\omega)=\sum_{j=-\infty}^{+\infty}|\Psi(2^{-j}\omega)|^2$$

那么,函数$\Omega(\omega)$的取值完全由它在区间$[-2^{k+1},-2^k]\cup[2^m,2^{m+1}]$上的取值决定,其中$m$、$k$是两个任意的整数。实际上,对于任意的整数$m'\in\mathbf{Z}$,有

$$\Omega(\omega)=\Omega(2^{m'}\omega),\quad \omega\in\mathbf{R}$$

因为容许小波理论和吸收小波理论已经得到充分详细的研究并明确证明了它们具有的各种性质,因此在二进小波定义之后,自然会关心容许小波和吸收小波的相关理论对于二进小波是否还继续成立。这个问题本质上就是二进小波与容许小波和吸收小波的关系问题。

2. 二进小波是容许小波

这里研究二进小波与容许小波的关系问题。根据二进小波定义之后的注释容易证明二进小波必为容许小波,即如下定理成立。

定理1.14　如果函数$\psi(x)\in\mathcal{L}^2(\mathbf{R})$是一个二进小波,那么,它必然满足容许性条件$C_\psi<+\infty$,即$\psi(x)$是容许小波。

证明　因为$\psi(x)$是一个二进小波,那么,必然存在两个正的实数A和B,满足频域不等式

$$0<A\leqslant\sum_{j=-\infty}^{+\infty}|\Psi(2^{-j}\omega)|^2\leqslant B<+\infty,\quad \text{a.e.}\,\omega\in\mathbf{R}$$

其中,$\Psi(\omega)$是函数$\psi(x)$的傅里叶变换,于是如下演算成立:

$$C_\psi=2\pi\int_{\mathbf{R}^*}|\omega|^{-1}|\Psi(\omega)|^2\mathrm{d}\omega=2\pi\int_1^2\xi^{-1}\sum_{k\in\mathbf{Z}}[|\Psi(2^k\xi)|^2+|\Psi(-2^k\xi)|^2]\mathrm{d}\xi$$

利用二进小波的稳定性条件给出的不等式,得到最终演算结果为

$$4\pi A\ln 2 \leqslant \mathcal{C}_\psi \leqslant 4\pi B\ln 2 < +\infty$$

这个定理保证对于容许小波成立的一切结论对于二进小波都成立。

3. 实二进小波是吸收小波

这里研究二进小波与吸收小波的关系。可以利用实数值函数傅里叶变换的性质证明如下的定理。

定理 1.15 如果实数值函数 $\psi(x) \in \mathcal{L}^2(\mathbf{R})$ 是一个二进小波，那么它必然满足吸收条件，即 $\psi(x)$ 是吸收小波。

证明 如果 $\psi(x) \in \mathcal{L}^2(\mathbf{R})$ 是实数值函数，则它的傅里叶变换具有如下性质：

$$\Psi(\omega) = (2\pi)^{-0.5}\int_{\mathbf{R}}\psi(x)e^{-ix\omega}dx = [(2\pi)^{-0.5}\int_{\mathbf{R}}\psi(x)e^{-ix(-\omega)}dx]^* = \overline{\Psi}(-\omega)$$

因此

$$\int_{\mathbf{R}^+}\omega^{-1}|\Psi(-\omega)|^2d\omega = \int_{\mathbf{R}^+}\omega^{-1}|\Psi(\omega)|^2d\omega = 2\pi\sum_{k\in\mathbf{Z}}\int_{2^k}^{2^{k+1}}\omega^{-1}|\Psi(\omega)|^2d\omega$$

$$= 2\pi\int_1^2\xi^{-1}\sum_{k\in\mathbf{Z}}|\Psi(2^k\xi)|^2d\xi \leqslant 2\pi B\ln 2 < +\infty$$

式中，正实数 B 是出现在二进小波稳定性条件中的不等式上界。

注释 可以从频域直接构造函数 $\psi(x)$ 的傅里叶变换 $\Psi(\omega)$，保证 $\psi(x)$ 满足稳定性条件，但它不是吸收的，这说明二进小波未必是吸收小波。后续研究将阐述清楚，在二进小波的条件下，一方面，它作为容许小波的小波变换是具有明确的含义的，因此，关于容许小波以及容许小波变换的结果对二进小波都成立；另一方面，任何平方可积函数 $f(x) \in \mathcal{L}^2(\mathbf{R})$ 可以利用它在这个二进小波下的正尺度容许小波变换 $\{W_f(s,\mu); s>0, \mu\in\mathbf{R}\}$ 实现函数的完全重建，即虽然二进小波未必是吸收小波，但正尺度容许小波变换 $\{W_f(s,\mu); s>0, \mu\in\mathbf{R}\}$ 已经包含了重建函数 $f(x)$ 需要的一切信息。

4. 对偶小波

定义 1.1 假设函数 $\psi(x) \in \mathcal{L}^2(\mathbf{R})$ 是一个二进小波，如果函数 $\tau(x) \in \mathcal{L}^2(\mathbf{R})$ 满足如下恒等式：

$$2\pi\sum_{j=-\infty}^{+\infty}\overline{\Psi}(2^{-j}\omega)T(2^{-j}\omega) = 1, \quad \text{a. e. } \omega \in \mathbf{R}$$

式中

$$\Psi(\omega) = (2\pi)^{-0.5}\int_{x\in\mathbf{R}}\psi(x)e^{-i\omega x}dx, \quad T(\omega) = (2\pi)^{-0.5}\int_{x\in\mathbf{R}}\tau(x)e^{-i\omega x}dx$$

分别表示 $\psi(x)$ 和 $\tau(x)$ 的傅里叶变换，则称 $\tau(x)$ 是二进小波 $\psi(x)$ 的对偶小波。

实际上，因为 $\psi(x)$ 是二进小波，所以存在两个正的实数 A 和 B，满足如下的频域不等式：

$$0 < A \leqslant \sum_{j=-\infty}^{+\infty}|\Psi(2^{-j}\omega)|^2 \leqslant B < +\infty, \quad \text{a. e. } \omega \in \mathbf{R}$$

此时，如果构造函数 $\tau(x)$，其傅里叶变换 $T(\omega)$ 具有如下形式：

$$T(\omega) = \Psi(\omega)\left[2\pi\sum_{k=-\infty}^{+\infty}|\Psi(2^{-k}\omega)|^2\right]^{-1}, \quad \text{a. e. } \omega \in \mathbf{R}$$

那么,对于任意的整数j,如下演算成立:

$$T(2^{-j}\omega)=\Psi(2^{-j}\omega)\left[2\pi\sum_{k=-\infty}^{+\infty}|\Psi(2^{-k}\omega\times 2^{-j}\omega)|^2\right]^{-1}$$
$$=\Psi(2^{-j}\omega)\left[2\pi\sum_{l=-\infty}^{+\infty}|\Psi(2^{-l}\omega)|^2\right]^{-1}$$

而且

$$1=\left[2\pi\sum_{l=-\infty}^{+\infty}|\Psi(2^{-l}\omega)|^2\right]^{-1}2\pi\sum_{j=-\infty}^{+\infty}|\Psi(2^{-j}\omega)|^2$$
$$=2\pi\sum_{j=-\infty}^{+\infty}\overline{\Psi}(2^{-j}\omega)\Psi(2^{-j}\omega)\left[2\pi\sum_{l=-\infty}^{+\infty}|\Psi(2^{-l}\omega)|^2\right]^{-1}$$
$$=2\pi\sum_{j=-\infty}^{+\infty}\overline{\Psi}(2^{-j}\omega)T(2^{-j}\omega)$$

所以,$\tau(x)$ 是二进小波 $\psi(x)$ 的对偶小波。

注释　事实上,由 $\tau(x)$ 的傅里叶变换 $T(\omega)$ 的构造公式可知

$$|\Psi(\omega)|(2\pi B)^{-1}\leqslant|T(\omega)|=|\Psi(\omega)|\left[2\pi\sum_{k=-\infty}^{+\infty}|\Psi(2^{-k}\omega)|^2\right]^{-1}$$
$$\leqslant|\Psi(\omega)|(2\pi A)^{-1},\quad \text{a.e.}\ \omega\in\mathbf{R}$$

所以

$$\int_{\mathbf{R}}|\tau(x)|^2\mathrm{d}x=\int_{\mathbf{R}}|T(\omega)|^2\mathrm{d}\omega\leqslant(2\pi A)^{-2}\int_{\mathbf{R}}|\Psi(\omega)|^2\mathrm{d}\omega<+\infty$$

这说明 $\tau(x)\in\mathcal{L}^2(\mathbf{R})$。此外

$$\sum_{j=-\infty}^{+\infty}|T(2^{-j}\omega)|^2=\sum_{j=-\infty}^{+\infty}|\Psi(2^{-j}\omega)|^2\left[2\pi\sum_{k=-\infty}^{+\infty}|\Psi(2^{-k}\omega)|^2\right]^{-2}$$
$$=(4\pi^2)^{-1}\left[\sum_{l=-\infty}^{+\infty}|\Psi(2^{-l}\omega)|^2\right]^{-1}$$

从而得到关于 $\tau(x)$ 的稳定性条件为

$$(4\pi^2B)^{-1}\leqslant\sum_{j=-\infty}^{+\infty}|T(2^{-j}\omega)|^2=(4\pi^2)^{-1}\left[\sum_{k=-\infty}^{+\infty}|\Psi(2^{-k}\omega)|^2\right]^{-1}\leqslant(4\pi^2A)^{-1}$$

这些推演结果说明,对于二进小波 $\psi(x)$,它的对偶小波总是存在的,而且,按照上述方式构造得到的对偶小波 $\tau(x)$ 是一个二进小波。可以证明,二进小波 $\psi(x)$ 的对偶小波都是二进小波。

1.3.2　二进小波变换

本小节研究在二进小波条件下的小波变换。

1. 二进小波变换定义

定义 1.2　如果函数 $\psi(x)\in\mathcal{L}^2(\mathbf{R})$ 是一个二进小波,对任何函数 $f(x)\in\mathcal{L}^2(\mathbf{R})$ 的二进小波变换定义并表示如下:

$$W_f^{(j)}(\mu)=W_f(2^{-j},\mu)=C_\psi^{-0.5}\int_{-\infty}^{+\infty}f(x)\psi^*_{(2^{-j},\mu)}(x)\mathrm{d}x$$

$$= 2^{j/2} C_\psi^{-0.5} \int_{-\infty}^{+\infty} f(x) \psi^* [2^j(x-\mu)] \mathrm{d}x$$

式中，C_ψ为二进小波 $\psi(x)$ 的容许性参数，有

$$C_\psi = 2\pi \int_{\mathbf{R}^*} |\omega|^{-1} |\Psi(\omega)|^2 \mathrm{d}\omega < +\infty$$

其中，$\Psi(\omega)$ 是 $\psi(x)$ 的傅里叶变换。

这个定义表明，函数 $f(x)$ 的二进小波变换 $W_f^{(j)}(\mu)$ 就是 $f(x)$ 在二进小波 $\psi(x)$ 作为容许小波，当尺度参数为 $s=2^{-j}$ 时的容许小波变换 $W_f(2^{-j},\mu)$。当 j 取遍所有整数时，$f(x)$ 的二进小波变换形成一个函数序列 $\{W_f^{(j)}(\mu) \in \mathcal{L}^2(\mathbf{R}); j \in \mathbf{Z}\}$。

容易证明，对于任意整数 j，$W_f^{(j)}(\mu) \in \mathcal{L}^2(\mathbf{R})$.

2. 二进小波重建公式

如果 $\psi(x)$ 是一个二进小波，函数 $f(x) \in \mathcal{L}^2(\mathbf{R})$ 的二进小波变换表示为

$$W_f^{(j)}(\mu) = C_\psi^{-0.5} \int_{-\infty}^{+\infty} f(x) \psi^*_{(2^{-j},\mu)}(x) \mathrm{d}x$$

式中，$C_\psi = 2\pi \int_{\mathbf{R}^*} |\omega|^{-1} |\Psi(\omega)|^2 \mathrm{d}\omega < +\infty$ 是小波函数 $\psi(x)$ 的容许性参数。那么，可以证明利用函数系 $\{W_f^{(j)}(\mu) \in \mathcal{L}^2(\mathbf{R}); j \in \mathbf{Z}\}$ 能够完全重建函数 $f(x)$，这就是下面的二进小波重建公式。

定理 1.16（二进小波重建公式） 如果 $\psi(x)$ 是一个二进小波，而且 $\tau(x)$ 是 $\psi(x)$ 的一个对偶小波，那么对任何函数 $f(x) \in \mathcal{L}^2(\mathbf{R})$，如下公式成立：

$$f(x) = \sum_{k=-\infty}^{+\infty} \int_{-\infty}^{+\infty} 2^k C_\psi^{0.5} W_f^{(k)}(\mu) \tau_{(2^{-k},\mu)}(x) \mathrm{d}\mu$$

证明 第一步，对于整数 k，容易计算 $\psi_{(2^{-k},\mu)}(x)$、$\tau_{(2^{-k},\mu)}(x)$、$W_f^{(k)}(\mu)$ 这三个函数的傅里叶变换。首先，演算得到

$$\begin{cases} \mathscr{F}: \psi_{(2^{-k},\mu)}(x) \mapsto 2^{-k/2} \Psi(2^{-k}\omega) \mathrm{e}^{-\mathrm{i}\omega\mu} \\ \mathscr{F}: \tau_{(2^{-k},\mu)}(x) \mapsto 2^{-k/2} T(2^{-k}\omega) \mathrm{e}^{-\mathrm{i}\omega\mu} \end{cases}$$

然后，计算得到与函数 $W_f^{(k)}(\mu)$ 相关的傅里叶变换关系公式组为

$$\begin{cases} \mathscr{F}: [(2\pi)^{-0.5} 2^{k/2} C_\psi^{0.5} W_f^{(k)}(\mu)] \mapsto [(\mathscr{F}f)(\omega) \overline{\Psi}(2^{-k}\omega)] \\ \mathscr{F}^*: [(\mathscr{F}f)(\omega) \overline{\Psi}(2^{-k}\omega)] \mapsto [(2\pi)^{-0.5} 2^{k/2} C_\psi^{0.5} W_f^{(k)}(\mu)] \end{cases}$$

或者表示为

$$[(2\pi)^{-0.5} 2^{k/2} C_\psi^{0.5} W_f^{(k)}(\mu)] = (2\pi)^{-0.5} \int_{-\infty}^{+\infty} [(\mathscr{F}f)(\omega) \overline{\Psi}(2^{-k}\omega)] \mathrm{e}^{\mathrm{i}\omega\mu} \mathrm{d}\omega$$

实际上，利用二进小波变换定义和一次傅里叶变换内积恒等式可以得到如下的演算公式：

$$\begin{aligned} W_f^{(k)}(\mu) &= C_\psi^{-0.5} \int_{-\infty}^{+\infty} f(x) [\psi_{(2^{-k},\mu)}(x)]^* \mathrm{d}x \\ &= C_\psi^{-0.5} \int_{-\infty}^{+\infty} (\mathscr{F}f)(\omega) [2^{-k/2} \Psi(2^{-k}\omega) \mathrm{e}^{-\mathrm{i}\omega\mu}]^* \mathrm{d}\omega \\ &= (2\pi)^{0.5} 2^{-k/2} C_\psi^{-0.5} \left\{ (2\pi)^{-0.5} \int_{-\infty}^{+\infty} [(\mathscr{F}f)(\omega) \overline{\Psi}(2^{-k}\omega)] \mathrm{e}^{\mathrm{i}\omega\mu} \mathrm{d}\omega \right\} \end{aligned}$$

第二步，将函数$f(x)$的傅里叶变换$(\mathscr{F}f)(\omega)$以及第一步获得的三个函数的傅里叶变换表达式逐步地、顺序地代入对偶小波的定义公式，完成如下演算过程即可获得二进小波重建公式。

首先，将函数$f(x)$的傅里叶变换$(\mathscr{F}f)(\omega)$代入对偶小波定义公式得

$$(\mathscr{F}f)(\omega)=2\pi\sum_{k=-\infty}^{+\infty}[(\mathscr{F}f)(\omega)\overline{\Psi}(2^{-k}\omega)]T(2^{-k}\omega),\quad \omega\in\mathbf{R}$$

随后，将等式右边方括号内的频域形式的函数替换为其傅里叶变换定义得

$$(\mathscr{F}f)(\omega)=2\pi\sum_{k=-\infty}^{+\infty}T(2^{-k}\omega)\left\{(2\pi)^{-0.5}\int_{-\infty}^{+\infty}[(2\pi)^{-0.5}2^{k/2}\mathcal{C}_{\psi}^{0.5}W_{f}^{(k)}(\mu)]\mathrm{e}^{-\mathrm{i}\omega\mu}\mathrm{d}\mu\right\}$$

初步将上式右边按照对偶小波$\tau_{(2^{-k},\mu)}(x)$的傅里叶变换形式进行整理得到

$$(\mathscr{F}f)(\omega)=\mathcal{C}_{\psi}^{0.5}\sum_{k=-\infty}^{+\infty}\int_{-\infty}^{+\infty}[2^{k}W_{f}^{(k)}(\mu)][2^{-k/2}T(2^{-k}\omega)\mathrm{e}^{-\mathrm{i}\omega\mu}]\mathrm{d}\mu$$

将对偶小波$\tau_{(2^{-k},\mu)}(x)$的傅里叶变换定义公式代入上式，可得

$$(\mathscr{F}f)(\omega)=\mathcal{C}_{\psi}^{0.5}\sum_{k=-\infty}^{+\infty}\int_{-\infty}^{+\infty}[2^{k}W_{f}^{(k)}(\mu)][(2\pi)^{-0.5}\int_{-\infty}^{+\infty}\tau_{(2^{-k},\mu)}(x)\mathrm{e}^{-\mathrm{i}\omega x}\mathrm{d}x]\mathrm{d}\mu$$

回顾函数$f(x)$的傅里叶变换$(\mathscr{F}f)(\omega)$的定义公式，整理上式右边得到

$$(\mathscr{F}f)(\omega)=(2\pi)^{-0.5}\int_{-\infty}^{+\infty}[\sum_{k=-\infty}^{+\infty}\int_{-\infty}^{+\infty}2^{k}\mathcal{C}_{\psi}^{0.5}W_{f}^{(k)}(\mu)\tau_{(2^{-k},\mu)}(x)\mathrm{d}\mu]\mathrm{e}^{-\mathrm{i}\omega x}\mathrm{d}x$$

由傅里叶变换关系的唯一性获得二进小波重建公式为

$$f(x)=\sum_{k=-\infty}^{+\infty}\int_{-\infty}^{+\infty}2^{k}\mathcal{C}_{\psi}^{0.5}W_{f}^{(k)}(\mu)\tau_{(2^{-k},\mu)}(x)\mathrm{d}\mu$$

注释 1　这样证明了二进小波$\psi(x)$的对偶小波存在性，而且二进小波$\psi(x)$的对偶小波都是二进小波，但二进小波的对偶小波未必唯一。前述分析中曾经按照频域形式构造特定的对偶小波$\tau(x)$。按照这个特定构造模式，容易验证函数$\psi(x)$是二进小波$\tau(x)$的对偶小波。根据二进小波的对偶小波定义可知，二进小波函数$\psi(x)$总是它的对偶小波$\tau(x)$的对偶小波。这里需要特别提示的是，在演算二进小波重建公式的过程中，不需要二进小波的对偶小波的具体形式，只要满足对偶小波的定义要求，二进小波重建公式以及上述推证过程都是成立的。

注释 2　关于二进小波变换的内积恒等式，这里需要特别注意的是，二进小波变换是将一个一元函数变换为一个一元函数序列，利用二进小波变换重建公式通过直接演算就能够得到二进小波变换的内积恒等式。

具体地说，假设$\psi(x)$和$\tau(x)$是互为对偶的两个二进小波，对于任意的两个函数$f(x),g(x)\in\mathcal{L}^{2}(\mathbf{R})$，将它们分别按照两个二进小波$\psi(x)$和$\tau(x)$的二进小波变换表示为

$$W_{f,\psi}^{(j)}(\mu)=W_{f,\psi}(2^{-j},\mu)=\int_{-\infty}^{+\infty}f(x)\,\mathcal{C}_{\psi}^{-0.5}\psi_{(2^{-j},\mu)}^{*}(x)\mathrm{d}x$$

$$W_{g,\tau}^{(j)}(\mu)=W_{g,\tau}(2^{-j},\mu)=\int_{-\infty}^{+\infty}g(x)\,\mathcal{C}_{\tau}^{-0.5}\tau_{(2^{-j},\mu)}^{*}(x)\mathrm{d}x$$

$$\mathcal{C}_{\psi}=2\pi\int_{\mathbf{R}^{*}}|\omega|^{-1}|\Psi(\omega)|^{2}\mathrm{d}\omega<+\infty$$

$$\mathcal{C}_\tau = 2\pi\int_{\mathbf{R}^*} |\omega|^{-1} |T(\omega)|^2 \mathrm{d}\omega < +\infty$$

分别是二进小波函数 $\psi(x)$ 和 $\tau(x)$ 的容许性参数,而 $\Psi(\omega)$、$T(\omega)$ 分别是二进小波函数 $\psi(x)$ 和 $\tau(x)$ 的傅里叶变换。

根据二进小波变换重建公式,利用这两个函数的二进小波变换函数系 $\{W_{f,\psi}^{(j)}(\mu) \in \mathcal{L}^2(\mathbf{R}); j \in \mathbf{Z}\}$,$\{W_{g,\tau}^{(k)}(\mu) \in \mathcal{L}^2(\mathbf{R}); k \in \mathbf{Z}\}$,能够得到重建函数 $f(x)$ 的表达式如下:

$$f(x) = \sum_{k=-\infty}^{+\infty} \int_{-\infty}^{+\infty} 2^k \mathcal{C}_\psi^{0.5} W_{f,\psi}^{(k)}(\mu) \tau_{(2^{-k},\mu)}(x) \mathrm{d}\mu$$

并演算二进小波变换的内积恒等式如下:

$$\begin{aligned}
&\int_{\mathbf{R}} f(x)\overline{g}(x)\mathrm{d}x \\
&= \int_{\mathbf{R}} \Big[\sum_{k=-\infty}^{+\infty} 2^k \int_{-\infty}^{+\infty} \mathcal{C}_\psi^{0.5} W_{f,\psi}^{(k)}(\mu) \tau_{(2^{-k},\mu)}(x) \mathrm{d}\mu\Big] \overline{g}(x)\mathrm{d}x \\
&= (\mathcal{C}_\psi^{0.5}\ \mathcal{C}_\tau^{0.5}) \sum_{k=-\infty}^{+\infty} 2^k \int_{-\infty}^{+\infty} W_{f,\psi}^{(k)}(\mu)\mathrm{d}\mu \Big[\mathcal{C}_\tau^{-0.5} \int_{\mathbf{R}} g(x) \tau_{(2^{-k},\mu)}^*(x)\mathrm{d}x\Big]^* \\
&= (\mathcal{C}_\psi^{0.5}\ \mathcal{C}_\tau^{0.5}) \sum_{k=-\infty}^{+\infty} 2^k \int_{-\infty}^{+\infty} W_{f,\psi}^{(k)}(\mu) \big[W_{g,\tau}^{(k)}(\mu)\big]^* \mathrm{d}\mu
\end{aligned}$$

这样得到二进小波变换的内积恒等式为

$$\int_{\mathbf{R}} f(x)\overline{g}(x)\mathrm{d}x = \sum_{k=-\infty}^{+\infty} 2^k \int_{-\infty}^{+\infty} \mathcal{C}_\psi^{0.5} W_{f,\psi}^{(k)}(\mu) \big[\mathcal{C}_\tau^{0.5} W_{g,\tau}^{(k)}(\mu)\big]^* \mathrm{d}\mu$$

或者

$$\langle f,g\rangle_{\mathcal{L}^2(\mathbf{R})} = \sum_{k=-\infty}^{+\infty} \langle 2^{k/2}\mathcal{C}_\psi^{0.5} W_{f,\psi}^{(k)}, 2^{k/2}\mathcal{C}_\tau^{0.5} W_{g,\tau}^{(k)}\rangle_{\mathcal{L}^2(\mathbf{R})}$$

这就是二进小波变换的内积恒等式(帕塞瓦尔恒等式)。二进小波变换内积恒等式还有其他形式,如

$$\begin{aligned}
\int_{\mathbf{R}} f(x)\overline{g}(x)\mathrm{d}x = \langle f,g\rangle_{\mathcal{L}^2(\mathbf{R})} &= \sum_{k=-\infty}^{+\infty} \langle 2^{k/2}\mathcal{C}_\psi^{0.5} W_{f,\psi}^{(k)}, 2^{k/2}\mathcal{C}_\tau^{0.5} W_{g,\tau}^{(k)}\rangle_{\mathcal{L}^2(\mathbf{R})} \\
&= \sum_{k=-\infty}^{+\infty} \langle \langle f(x), 2^{k/2}\psi_{(2^{-k},\mu)}(x)\rangle_{\mathcal{L}^2(\mathbf{R})}, \langle g(x), 2^{k/2}\tau_{(2^{-k},\mu)}(x)\rangle_{\mathcal{L}^2(\mathbf{R})}\rangle_{\mathcal{L}^2(\mathbf{R})} \\
&= \sum_{k=-\infty}^{+\infty} \langle \langle f(x), 2^{k/2}\tau_{(2^{-k},\mu)}(x)\rangle_{\mathcal{L}^2(\mathbf{R})}, \langle g(x), 2^{k/2}\psi_{(2^{-k},\mu)}(x)\rangle_{\mathcal{L}^2(\mathbf{R})}\rangle_{\mathcal{L}^2(\mathbf{R})}
\end{aligned}$$

为了简单清晰表示这种内积恒等式关系,将二进小波变换重新定义如下:

$$Y_{f,\psi,k}(\mu) = \int_{-\infty}^{+\infty} f(x)\ \{2^k\psi[2^{-k}(x-\mu)]\}^* \mathrm{d}x$$

$$Y_{g,\tau,k}(\mu) = \int_{-\infty}^{+\infty} g(x)\ \{2^k\tau[2^{-k}(x-\mu)]\}^* \mathrm{d}x$$

这样,二进小波变换内积恒等式可以表示为

$$\begin{aligned}
\int_{\mathbf{R}} f(x)\overline{g}(x)\mathrm{d}x &= \sum_{k=-\infty}^{+\infty} \int_{-\infty}^{+\infty} [Y_{f,\psi,k}(\mu)]\ [Y_{g,\tau,k}(\mu)]^* \mathrm{d}\mu \\
&= \sum_{k=-\infty}^{+\infty} \int_{-\infty}^{+\infty} [Y_{f,\tau,k}(\mu)]\ [Y_{g,\psi,k}(\mu)]^* \mathrm{d}\mu
\end{aligned}$$

$$\langle f,g\rangle_{\mathcal{L}^2(\mathbf{R})}=\sum_{k=-\infty}^{+\infty}\langle[Y_{f,\psi,k}(\mu)],[Y_{g,\tau,k}(\mu)]\rangle_{\mathcal{L}^2(\mathbf{R})}$$

$$=\sum_{k=-\infty}^{+\infty}\langle[Y_{f,\tau,k}(\mu)],[Y_{g,\psi,k}(\mu)]\rangle_{\mathcal{L}^2(\mathbf{R})}$$

二进小波变换内积恒等式表明二进小波变换的某种酉变换性质。特别是第二种形式的二进小波变换内积恒等式说明,适当修改二进小波变换的定义形式,能够更简明地表达和体现二进小波变换本质的酉变换性质。这里给出的形式有别于连续小波变换形式的二进小波变换定义,在小波研究早期文献中是比较常见的。

3. 选择二进小波的原因

回顾此前关于二进小波的分析,如果 $\psi(x)$ 是二进小波,那么任何平方可积函数 $f(x)$ 与其二进小波变换函数系 $\{W_f^{(k)}(\mu)\in\mathcal{L}^2(\mathbf{R});k\in\mathbf{Z}\}$ 存在一种互逆表示关系,具体实现过程需要两个二进小波函数系,即函数系 $\{\psi_{(2^{-k},\mu)}(x);k\in\mathbf{Z}\}$ 和函数系 $\{\tau_{(2^{-k},\mu)}(x);k\in\mathbf{Z}\}$,其中一个函数系 $\{\psi_{(2^{-k},\mu)}(x);k\in\mathbf{Z}\}$ 作为分解基发挥作用,把一个函数分解为一个函数序列

$$\{W_f^{(k)}(\mu)\in\mathcal{L}^2(\mathbf{R});k\in\mathbf{Z}\}:$$

$$\psi_{(2^{-k},\mu)}(x):f(x)\mapsto W_f^{(k)}(\mu)=\mathcal{C}_\psi^{-0.5}\int_{-\infty}^{+\infty}f(x)\psi^*_{(2^{-k},\mu)}(x)\mathrm{d}x,\quad\forall k\in\mathbf{Z}$$

最终,二进小波 $\psi(x)$ 或者算子 ψ 把 $f(x)$ 转换为如下函数序列:

$$\psi:f(x)\mapsto\{W_f^{(k)}(\mu)\in\mathcal{L}^2(\mathbf{R});k\in\mathbf{Z}\}$$

另一个函数系即 $\{\tau_{(2^{-k},\mu)}(x);k\in\mathbf{Z}\}$ 整体作为合成基,按照顺序标志 $k\in\mathbf{Z}$ 逐个对应地把函数序列 $\{W_f^{(k)}(\mu)\in\mathcal{L}^2(\mathbf{R});k\in\mathbf{Z}\}$ 中的特定项转换为期望的函数,最后再完整地将它们合并为一个函数。具体详细表达如下:

$$\tau_{(2^{-k},\mu)}:W_f^{(k)}(\mu)\mapsto f_k(x)=2^k\mathcal{C}_\psi^{0.5}\int_{-\infty}^{+\infty}W_f^{(k)}(\mu)\tau_{(2^{-k},\mu)}(x)\mathrm{d}\mu,\quad\forall k\in\mathbf{Z}$$

最终,二进小波 $\tau(x)$ 或者算子 τ 把函数序列 $\{W_f^{(k)}(\mu)\in\mathcal{L}^2(\mathbf{R});k\in\mathbf{Z}\}$ 整体转换为原始函数 $f(x)$,即

$$\tau:\{W_f^{(k)}(\mu)\in\mathcal{L}^2(\mathbf{R});k\in\mathbf{Z}\}\mapsto f(x)=\sum_{k=-\infty}^{+\infty}f_k(x)$$

在二进小波变换理论体系中,保证上述分析过程顺利实现两者互逆表示的逻辑根据就是二进小波之对偶小波定义频域恒等式:

$$2\pi\sum_{j=-\infty}^{+\infty}\overline{\Psi}(2^{-j}\omega)T(2^{-j}\omega)=1,\quad\text{a. e. }\omega\in\mathbf{R}$$

在这个过程中,相当于小波基的参数组 (s,μ) 中的连续尺度参数 $s\in\mathbf{R}^+$ 被二进整数次幂地离散化为可数的参数值 $s=2^{-k},k\in\mathbf{Z}$,一个显然的问题是,连续尺度参数 $s\in\mathbf{R}^+$ 的离散化为什么没有选择其他常用形式,比如线性等间隔离散化,而是二进小波?这里尝试简单说明这个问题。

回顾容许小波重建公式,将这个重建公式重新写成

$$f(x)=\mathcal{C}_\psi^{-0.5}\int_{-\infty}^{+\infty}\mathrm{d}\mu\int_{-\infty}^{+\infty}[s^{-2}W_f(s,\mu)]\psi_{(s,\mu)}(x)\mathrm{d}s$$

一种解释是，可以把这个重建公式理解为，在 $s-\mu$ 坐标系下，利用这两个坐标轴的线性测度 ds 和 $d\mu$，根据基函数系 $\psi_{(s,\mu)}(x)$ 从函数 $[s^{-2}W_f(s,\mu)]$ 重建函数 $f(x)$；另一种解释是从小波变换 $W_f(s,\mu)$ 加权实现函数 $f(x)$ 的重建。在后一种解释之下，小波变换 $W_f(s,\mu)$ 数值对重建函数 $f(x)$ 数值的贡献，对于所有的 μ，在累积（积分）过程中具有相同的加权数值，但是，在对 s 的累积（积分）过程中，显然，$|s|$ 的数值越大，对应的 $W_f(s,\mu)$ 的加权 s^{-2} 数值就越小，$|s|$ 的数值越小，对应的 $W_f(s,\mu)$ 的加权数值 s^{-2} 就越大，当 $|s|\to 0$ 时，小波变换 $W_f(s,\mu)$ 的加权数值 $s^{-2}\to +\infty$。因此，在从 $W_f(s,\mu)$ 重建函数 $f(x)$ 的过程中，小尺度小波变换最终发挥的作用更大，尺度越小的小波变换发挥的作用越大。这些分析结果表明，如果按照 s 的某种离散序列 $\{s^{(k)};k\in\mathbf{Z}\}$ 从 $\{W_f(s,\mu);(s,\mu)\in\mathbf{R}^*\times\mathbf{R}\}$ 中抽取部分小波变换数值：

$$\{W_f(s,\mu);\mu\in\mathbf{R},s=s^{(k)},k\in\mathbf{Z}\}$$

就能够实现函数 $f(x)$ 的重建。因为当 $|s|\to 0$ 时，$s^{-2}\to +\infty$，所以可能性最大的尺度参数离散化方案应该是：离散序列 $\{s^{(k)};k\in\mathbf{Z}\}$ 的数值更多也更稠密地集中分布在 s 的较小数值区域，即集中地、稠密地分布在 $s=0$ 的小开邻域内。在 s 的大数值区域，离散化序列 $\{s^{(k)};k\in\mathbf{Z}\}$ 的分布必须是稀疏的，而且，s 的数值越大，在它附近区域的分布越稀疏。当然，s 的等间隔均匀离散化是很不合适的。在前述二进小波和二进小波变换理论研究过程中，将尺度参数 s 的离散化序列 $\{s^{(k)};k\in\mathbf{Z}\}$ 选择为 $\{s^{(k)}=2^{-k};k\in\mathbf{Z}\}$，与这里的分析结果是协调一致的，这样，尺度参数的离散化在对数坐标轴上是等间隔均匀分布的。这在一定程度上回答了前述问题。

另外，在重新表述的连续小波逆变换公式中，在线性测度 $dsd\mu$ 之下，重建函数 $f(x)$ 的重构单元是

$$[s^{-2}W_f(s,\mu)]\psi_{(s,\mu)}(x')dsd\mu=[s^{-2}W_f(s,\mu)]\{s^{-0.5}\psi[s^{-1}(x'-\mu)]\}dsd\mu,\quad s>0$$

因此，除了 $[s^{-2}W_f(s,\mu)]$ 体现当 s 数值小时 $W_f(s,\mu)$ 被加更大的权值外，这个重构单元还体现了在小数值 s 时，大数值小范围分布的尖锐小波 $\{s^{-0.5}\psi[s^{-1}(x'-\mu)]\}$ 在函数 $f(x)$ 位于 $x=x'$ 处附近波形的决定性作用；在大数值 s 时，小数值大范围分布的矮胖小波 $\{s^{-0.5}\psi[s^{-1}(x'-\mu)]\}$ 在函数 $f(x)$ 位于 $x=x'$ 处附近波形的几近可以忽略的微乎其微的作用。这就是小波局部化分析能力的根本原因所在。在后续研究中，这个特色将会得到更清晰、更严谨和更充分的展现。

二进小波理论是建立在将尺度参数 s 离散化为序列 $\{s^{(k)}=2^{-k};k\in\mathbf{Z}\}$ 的基础上，同时保证对函数空间 $\mathcal{L}^2(\mathbf{R})$ 上的所有函数 $f(x)$，都可以利用其二进小波变换函数系 $\{W_f^{(k)}(\mu)\in\mathcal{L}^2(\mathbf{R});k\in\mathbf{Z}\}$ 实现完全重建，其途径是对小波函数 $\psi(x)$ 施加更严苛的稳定性条件限制。

沿着这个思路的更大胆探索是，对小波函数 $\psi(x)$ 施加比稳定性条件更严苛的限制，不仅可以用序列 $\{s^{(k)}=2^{-k};k\in\mathbf{Z}\}$ 离散化尺度参数 s，还可以按照某种方式离散化平移参数 μ 为序列 $\{\mu^{(m)};m\in\mathbf{Z}\}$，同时保证对空间 $\mathcal{L}^2(\mathbf{R})$ 上的所有函数 $f(x)$，利用其小波变换列 $\{W_f^{(k,m)};(k,m)\in\mathbf{Z}^2\}\in l^2(\mathbf{Z}\times\mathbf{Z})$ 能够实现完美重建。正交小波理论的研究就是这种探索的完美榜样。

1.4　正交小波理论

小波显式完全规范正交性定理表明,在容许小波 $\psi(x)$ 给定后,以四维核函数形式出现的二维狄拉克函数 $\boldsymbol{E}(s,\mu,s',\mu')=\delta(s-s',\mu-\mu')$ 说明小波函数系

$$\{\mathcal{C}_{\psi}^{-0.5}\psi_{(s,\mu)}(x)=\mathcal{C}_{\psi}^{-0.5}|s|^{-0.5}\psi[s^{-1}(x-\mu)];s\in\mathbf{R}^*,\mu\in\mathbf{R}\}$$

构成函数空间$\mathcal{L}^2(\mathbf{R})$ 的规范正交基,这时,规范正交基函数的两个参数(s,μ) 都是连续取值的,$(s,\mu)\in\mathbf{R}^*\times\mathbf{R}$。

二进小波的重建定理获得了比容许小波更简洁的函数重建公式。在两个二进小波 $\psi(x)$ 和 $\tau(x)$ 满足对偶小波恒等式

$$2\pi\sum_{j=-\infty}^{+\infty}\overline{\Psi}(2^{-j}\omega)T(2^{-j}\omega)=1,\quad \text{a.e. }\omega\in\mathbf{R}$$

的前提下,小波函数系$\{\psi_{(2^{-k},\mu)}(x);k\in\mathbf{Z},\mu\in\mathbf{R}\}$ 作为一个分解基,将任何平方可积函数 $f(x)$ 分解为小波变换函数系$\{W_f^{(k)}(\mu)\in\mathcal{L}^2(\mathbf{R});k\in\mathbf{Z}\}$,同时,小波函数系$\{\tau_{(2^{-k},\mu)}(x);k\in\mathbf{Z},\mu\in\mathbf{R}\}$ 作为一个合成基,能够完美地从小波变换函数系$\{W_f^{(k)}(\mu)\in\mathcal{L}^2(\mathbf{R});k\in\mathbf{Z}\}$ 重建原函数$f(x)$。这个过程形式上体现为,在小波规范正交基参数组(s,μ) 中,s 被离散化为序列$\{s^{(k)}=2^{-k};k\in\mathbf{Z}\}$,平移参数$\mu\in\mathbf{R}$ 的可能取值仍然是连续的,另外,分解基$\{\psi_{(2^{-k},\mu)}(x);k\in\mathbf{Z},\mu\in\mathbf{R}\}$ 和合成基$\{\tau_{(2^{-k},\mu)}(x);k\in\mathbf{Z},\mu\in\mathbf{R}\}$ 表现为某种意义下的对偶基。

容易想到若对小波函数要求更严苛,或许可以保证不仅尺度参数 s 被离散化为序列$\{s^{(k)}=2^{-k};k\in\mathbf{Z}\}$ 且平移参数$\mu\in\mathbf{R}$ 被离散化为序列$\{\mu^{(m)};m\in\mathbf{Z}\}$,还能够保证可数的分解基$\{\psi_{(2^{-k},\mu^{(m)})}(x);k\in\mathbf{Z},m\in\mathbf{Z}\}$ 可以作为合成基发挥作用。这就是本节的正交小波理论需要研究的问题。

1.4.1　正交小波

定义 1.3　如果函数 $\psi(x)\in\mathcal{L}^2(\mathbf{R})$,$\psi(x)$ 的伸缩平移函数系

$$\{\psi_{j,k}(x)=2^{j/2}\psi(2^jx-k);(j,k)\in\mathbf{Z}\times\mathbf{Z}\}$$

构成函数空间$\mathcal{L}^2(\mathbf{R})$ 的规范正交基,即满足下述条件:$\forall(j,k,l,m)\in\mathbf{Z}^4$,有

$$\langle\psi_{j,k},\psi_{l,m}\rangle=\int_{\mathbf{R}}\psi_{j,k}(x)\overline{\psi}_{l,m}(x)\mathrm{d}x=\delta(j-l)\delta(k-m)$$

式中

$$\delta(m)=\begin{cases}1, & m=0\\0, & m\neq 0\end{cases}$$

称为克罗内克(Kronecker) 函数,对$f(x)\in\mathcal{L}^2(\mathbf{R})$,存在$\{\alpha_{j,k};(j,k)\in\mathbf{Z}\times\mathbf{Z}\}\in l^2(\mathbf{Z}\times\mathbf{Z})$ 使如下公式成立:

$$f(x)=\sum_{j=-\infty}^{+\infty}\sum_{k=-\infty}^{+\infty}\alpha_{j,k}\psi_{j,k}(x)$$

这个公式称为函数$f(x)$ 的小波级数表达式,其中

$$l^2(\mathbf{Z}\times\mathbf{Z})=\{\alpha=(\alpha_{j,k};(j,k)\in\mathbf{Z}\times\mathbf{Z})_{\infty\times\infty};\sum_{(j,k)\in\mathbf{Z}\times\mathbf{Z}}|\alpha_{j,k}|^2<+\infty\}$$

是平方可和无穷矩阵全体构成的矩阵空间。这时,称 $\psi(x)$ 是一个正交小波。

注释 由小波函数系 $\{\psi_{j,k}(x);(j,k)\in\mathbf{Z}\times\mathbf{Z}\}$ 与 $\{\psi_{(s,\mu)}(x);(s,\mu)\in\mathbf{R}^*\times\mathbf{R}\}$ 的比较可知,$s\in\mathbf{R}$ 被限制为 $s>0$,之后将 $(s,\mu)\in\mathbf{R}^+\times\mathbf{R}$(半平面)离散化为

$$\{(s,\mu)=(2^{-j},2^{-j}k);(j,k)\in\mathbf{Z}\times\mathbf{Z}\}$$

这样,$\{(2^{-j},2^{-j}k);(j,k)\in\mathbf{Z}\times\mathbf{Z}\}$ 是半平面 $\{(s,\mu);(s,\mu)\in\mathbf{R}^+\times\mathbf{R}\}$ 中的一组网格。

注释 在函数的正交小波级数表达式中,级数系数 $\{\alpha_{j,k};(j,k)\in\mathbf{Z}\times\mathbf{Z}\}$ 可以具有十分简单的表示方法,即

$$\alpha_{j,k}=\int_{\mathbf{R}}f(x)\overline{\psi}_{j,k}(x)\,\mathrm{d}x,\quad (j,k)\in\mathbf{Z}\times\mathbf{Z}$$

这具有明确的几何意义,即 $\{\alpha_{j,k};(j,k)\in\mathbf{Z}\times\mathbf{Z}\}$ 是函数 $f(x)$ 在函数空间 $\mathcal{L}^2(\mathbf{R})$ 的规范正交小波基 $\{\psi_{j,k}(x);(j,k)\in\mathbf{Z}\times\mathbf{Z}\}$ 坐标系下的坐标或正交投影。

1910 年,Haar 建立了 Haar 函数,即著名的 Haar 小波。这个函数定义为

$$h(x)=\begin{cases}1, & 0\leqslant x<0.5\\ -1, & 0.5\leqslant x<1\\ 0, & \text{其他}\end{cases}$$

按照如下方式定义这个函数的伸缩平移函数系:当 $(j,k)\in\mathbf{Z}\times\mathbf{Z}$ 时,有

$$h_{j,k}(x)=2^{j/2}h(2^jx-k)=\begin{cases}2^{j/2}, & 2^{-j}k\leqslant x<2^{-j}(k+0.5)\\ -2^{j/2}, & 2^{-j}(k+0.5)\leqslant x<2^{-j}(k+1.0)\\ 0, & \text{其他}\end{cases}$$

这样,函数系 $\{h_{j,k}(x);(j,k)\in\mathbf{Z}\times\mathbf{Z}\}$ 构成函数空间 $\mathcal{L}^2(\mathbf{R})$ 的规范正交小波基。

1.4.2 正交小波的酉性

如果 $\psi(x)$ 是正交小波,即函数系 $\{\psi_{j,k}(x);(j,k)\in\mathbf{Z}\times\mathbf{Z}\}$ 是函数空间 $\mathcal{L}^2(\mathbf{R})$ 的规范正交小波基,定义如下的线性变换:

$$\mathscr{W}:\mathcal{L}^2(\mathbf{R})\to l^2(\mathbf{Z}^2)$$

$$\psi_{j,k}(x)\mapsto\boldsymbol{\delta}_{(j,k)},\quad (j,k)\in\mathbf{Z}^2$$

式中,$\boldsymbol{\delta}_{(j,k)}=(a_{r,s};(r,s)\in\mathbf{Z}^2)\in l^2(\mathbf{Z}^2)$,$a_{r,s}$ 定义如下:

$$a_{r,s}=\begin{cases}1, & (r,s)=(j,k)\\ 0, & (r,s)\neq(j,k)\end{cases}$$

可以证明这个线性变换是一个酉算子,即如下定理成立。

定理 1.17(正交小波酉性) 若函数 $\psi(x)\in\mathcal{L}^2(\mathbf{R})$ 是正交小波,即函数系 $\{\psi_{j,k}(x);(j,k)\in\mathbf{Z}\times\mathbf{Z}\}$ 是函数空间 $\mathcal{L}^2(\mathbf{R})$ 的规范正交小波基,那么,线性变换 $\mathscr{W}:\mathcal{L}^2(\mathbf{R})\to l^2(\mathbf{Z}^2)$ 是酉算子。

证明 因为函数系 $\{\psi_{j,k}(x);(j,k)\in\mathbf{Z}\times\mathbf{Z}\}$ 是空间 $\mathcal{L}^2(\mathbf{R})$ 的规范正交小波基,所以,如果 $f(x),g(x)\in\mathcal{L}^2(\mathbf{R})$,那么它们必然有如下正交小波级数表达式:

$$f(x)=\sum_{j=-\infty}^{+\infty}\sum_{k=-\infty}^{+\infty}W_f(2^{-j},2^{-j}k)\psi_{j,k}(x),\quad g(x)=\sum_{j=-\infty}^{+\infty}\sum_{k=-\infty}^{+\infty}W_g(2^{-j},2^{-j}k)\psi_{j,k}(x)$$

其中,对于任意的$(j,k) \in \mathbf{Z}^2$,正交小波级数的系数可以表示为

$$W_f(2^{-j},2^{-j}k) = \int_{\mathbf{R}} f(x) \cdot 2^{j/2}\overline{\psi}(2^j x - k)\,\mathrm{d}x$$

$$W_g(2^{-j},2^{-j}k) = \int_{\mathbf{R}} g(x) \cdot 2^{j/2}\overline{\psi}(2^j x - k)\,\mathrm{d}x$$

因为无穷矩阵$\boldsymbol{\delta}_{(j,k)}$全体构成的矩阵族$\{\boldsymbol{\delta}_{(j,k)};(j,k) \in \mathbf{Z}^2\}$是矩阵空间$l^2(\mathbf{Z}^2)$的平凡规范正交基,因此

$$\mathscr{W}:\mathcal{L}^2(\mathbf{R}) \to l^2(\mathbf{Z}^2)$$

$$f(x) \mapsto \mathscr{W}_f = \sum_{j=-\infty}^{+\infty}\sum_{k=-\infty}^{+\infty} W_f(2^{-j},2^{-j}k)\boldsymbol{\delta}_{(j,k)} \in l^2(\mathbf{Z}^2)$$

$$g(x) \mapsto \mathscr{W}_g = \sum_{j=-\infty}^{+\infty}\sum_{k=-\infty}^{+\infty} W_f(2^{-j},2^{-j}k)\boldsymbol{\delta}_{(j,k)} \in l^2(\mathbf{Z}^2)$$

这样,下述内积演算过程必然成立:

$$\begin{aligned}\langle f,g\rangle_{\mathcal{L}^2(\mathbf{R})} &= \int_{\mathbf{R}} f(x)\overline{g}(x)\,\mathrm{d}x = \sum_{j=-\infty}^{+\infty}\sum_{k=-\infty}^{+\infty} W_f(2^{-j},2^{-j}k)\overline{W}_g(2^{-j},2^{-j}k)\\ &= \langle \mathscr{W}_f,\mathscr{W}_g\rangle_{l^2(\mathbf{Z}^2)}\end{aligned}$$

这个内积恒等式说明,线性变换$\mathscr{W}:\mathcal{L}^2(\mathbf{R}) \to l^2(\mathbf{Z}^2)$是保内积不变的,即对于任意的函数$f(x),g(x) \in \mathcal{L}^2(\mathbf{R})$,如下等式恒成立:

$$\langle f,g\rangle_{\mathcal{L}^2(\mathbf{R})} = \langle \mathscr{W}_f,\mathscr{W}_g\rangle_{l^2(\mathbf{Z}^2)}$$

因此,线性变换$\mathscr{W}:\mathcal{L}^2(\mathbf{R}) \to l^2(\mathbf{Z}^2)$是酉算子。

注释　利用定理 1.17,对任意函数$f(x) \in \mathcal{L}^2(\mathbf{R})$,如下等式恒成立:

$$\| f(x) \|^2_{\mathcal{L}^2(\mathbf{R})} = \int_{\mathbf{R}} | f(x) |^2\mathrm{d}x = \sum_{j=-\infty}^{+\infty}\sum_{k=-\infty}^{+\infty} | W_f(2^{-j},2^{-j}k) |^2 = \| \mathscr{W}_f \|^2_{l^2(\mathbf{Z}^2)}$$

即线性变换$\mathscr{W}:\mathcal{L}^2(\mathbf{R}) \to l^2(\mathbf{Z}^2)$或者正交小波级数变换是保范数不变的。

总之,根据线性变换$\mathscr{W}:\mathcal{L}^2(\mathbf{R}) \to l^2(\mathbf{Z}^2)$的这些性质,两个内积(范数)空间$\mathcal{L}^2(\mathbf{R})$,$l^2(\mathbf{Z}^2)$是保持内积不变、保持范数不变的完全同构空间。作为对比,回顾容许小波变换和二进小波变换条件下同类问题的研究结果,可以说正交小波给出了最完美和最简洁的解决方案。

1.4.3　正交小波完美采样

在$\psi(x)$是正交小波的条件下,作为空间$\mathcal{L}^2(\mathbf{R})$的规范正交基,正交小波函数系$\{\psi_{j,k}(x);(j,k) \in \mathbf{Z}\times\mathbf{Z}\}$是容许小波函数系$\{\psi_{(s,\mu)}(x);(s,\mu) \in \mathbf{R}^* \times \mathbf{R}\}$按照基函数参数$(s,\mu) \in \mathbf{R}^* \times \mathbf{R}$首先折叠为参数半平面$\{(s,\mu);(s,\mu) \in \mathbf{R}^+ \times \mathbf{R}\}$之后再离散化为网格$\{(2^{-j},2^{-j}k);(j,k) \in \mathbf{Z}\times\mathbf{Z}\}$进行抽取构成的可数基。虽然空间$\mathcal{L}^2(\mathbf{R})$的这两个规范正交基都可以提供函数的有效正交表达,但是可数的正交小波函数系更受青睐。下面的小波完美采样定理就是最好的例证之一。

定理 1.18(小波完美采样)　若函数$\psi(x) \in \mathcal{L}^2(\mathbf{R})$是正交小波,即函数系$\{\psi_{j,k}(x);(j,k) \in \mathbf{Z}\times\mathbf{Z}\}$是空间$\mathcal{L}^2(\mathbf{R})$的规范正交小波基,按照前述定义线性变换

$$\mathscr{W}:\mathcal{L}^2(\mathbf{R}) \to l^2(\mathbf{Z}^2)$$

另外,定义变换

$$\boldsymbol{W}:\mathcal{L}^2(\mathbf{R}) \to \mathcal{L}^2_{\mathrm{Loc}}(\mathbf{R}^2, s^{-2}\mathrm{d}s\mathrm{d}\mu)$$

$$f(x) \mapsto (\boldsymbol{W}f)(s,\mu) = W_f(s,\mu) = \int_{-\infty}^{+\infty} f(x)\psi^*_{(s,\mu)}(x)\mathrm{d}x$$

利用这些记号定义采样算子

$$\mathscr{S}:\mathcal{L}^2_{\mathrm{Loc}}(\mathbf{R}^2, s^{-2}\mathrm{d}s\mathrm{d}\mu) \to l^2(\mathbf{Z}^2)$$

$$W(s,\mu) \mapsto \mathscr{S}_W \in l^2(\mathbf{Z}^2), \quad \boldsymbol{S}_W(j,k) = W(2^{-j}, 2^{-j}k), \quad (j,k) \in \mathbf{Z}\times\mathbf{Z}$$

那么,这个采样算子 $\mathscr{S}:\mathcal{L}^2_{\mathrm{Loc}}(\mathbf{R}^2, s^{-2}\mathrm{d}s\mathrm{d}\mu) \to l^2(\mathbf{Z}^2)$ 是酉的线性算子,内积恒等式表现为对任意的 $W^{(1)}(s,\mu), W^{(2)}(s,\mu) \in \mathcal{L}^2_{\mathrm{Loc}}(\mathbf{R}^2, s^{-2}\mathrm{d}s\mathrm{d}\mu)$,下式恒成立:

$$\int_{\mathbf{R}^2}[W^{(1)}(s,\mu)][W^{(2)}(s,\mu)]^* s^{-2}\mathrm{d}s\mathrm{d}\mu = \sum_{j=-\infty}^{+\infty}\sum_{k=-\infty}^{+\infty}[\boldsymbol{S}_{W^{(1)}}(j,k)][\boldsymbol{S}_{W^{(2)}}(j,k)]^*$$

或者简写成

$$\langle W^{(1)}(s,\mu), W^{(2)}(s,\mu)\rangle_{\mathcal{L}^2_{\mathrm{Loc}}(\mathbf{R}^2, s^{-2}\mathrm{d}s\mathrm{d}\mu)} = \langle \boldsymbol{S}_{W^{(1)}}(j,k), \boldsymbol{S}_{W^{(2)}}(j,k)\rangle_{l^2(\mathbf{Z}^2)}$$

因此,内积空间 $\mathcal{L}^2_{\mathrm{Loc}}(\mathbf{R}^2, s^{-2}\mathrm{d}s\mathrm{d}\mu)$ 和 $l^2(\mathbf{Z}^2)$ 是保内积不变、保范数不变完全同构的。

证明 这里只证明采样算子 $\mathscr{S}:\mathcal{L}^2_{\mathrm{Loc}}(\mathbf{R}^2, s^{-2}\mathrm{d}s\mathrm{d}\mu) \to l^2(\mathbf{Z}^2)$ 是保内积不变的,读者可以利用后续证明过程的符号和内容补充其余细节。

由于正交小波 $\psi(x)$ 同时也是容许小波,且 $C_\psi = 1$,将前面定义的线性算子 $\mathscr{W}$: $\mathcal{L}^2(\mathbf{R}) \to l^2(\mathbf{Z}^2)$ 重新表示如下:

$$f(x) \mapsto \mathscr{W}_f = \sum_{j=-\infty}^{+\infty}\sum_{k=-\infty}^{+\infty} W_f(2^{-j}, 2^{-j}k)\delta_{(j,k)} \in l^2(\mathbf{Z}^2)$$

它是保内积不变、保范数不变的完全的线性同构映射。

另外,容许小波线性变换算子 $\boldsymbol{W}:\mathcal{L}^2(\mathbf{R}) \to \mathcal{L}^2_{\mathrm{Loc}}(\mathbf{R}^2, s^{-2}\mathrm{d}s\mathrm{d}\mu)$ 按照定理中的描述可表示为

$$\boldsymbol{W}:\mathcal{L}^2(\mathbf{R}) \to \mathcal{L}^2_{\mathrm{Loc}}(\mathbf{R}^2, s^{-2}\mathrm{d}s\mathrm{d}\mu)$$

$$f(x) \mapsto (\boldsymbol{W}f)(s,\mu) = W_f(s,\mu) = \int_{-\infty}^{+\infty} f(x)\psi^*_{(s,\mu)}(x)\mathrm{d}x$$

按照前述小波正逆变换组中的研究结果可知,这个线性算子也是一个保内积不变、保范数不变的完全线性同构映射。

如果 $W^{(1)}(s,\mu), W^{(2)}(s,\mu) \in \mathcal{L}^2_{\mathrm{Loc}}(\mathbf{R}^2, s^{-2}\mathrm{d}s\mathrm{d}\mu)$,则存在 $f(x), g(x) \in \mathcal{L}^2(\mathbf{R})$,使得 $W^{(1)}(s,\mu)$、$W^{(2)}(s,\mu)$ 分别是 $f(x)$、$g(x)$ 的容许小波变换,即对 $\forall (s,\mu) \in \mathbf{R}\times\mathbf{R}$,有

$$W^{(1)}(s,\mu) = (\boldsymbol{W}f)(s,\mu) = W_f(s,\mu)$$

$$W^{(2)}(s,\mu) = (\boldsymbol{W}g)(s,\mu) = W_g(s,\mu)$$

此时

$$\begin{aligned}\langle W^{(1)}(s,\mu), W^{(2)}(s,\mu)\rangle_{\mathcal{L}^2_{\mathrm{Loc}}(\mathbf{R}^2, s^{-2}\mathrm{d}s\mathrm{d}\mu)} &= \int_{\mathbf{R}^2}[W^{(1)}(s,\mu)][W^{(2)}(s,\mu)]^* s^{-2}\mathrm{d}s\mathrm{d}\mu \\ &= \int_{\mathbf{R}^2}[W_f(s,\mu)][W_g(s,\mu)]^* s^{-2}\mathrm{d}s\mathrm{d}\mu \\ &= \langle f(x), g(x)\rangle_{\mathcal{L}^2(\mathbf{R})}\end{aligned}$$

因为 $\psi(x)$ 是正交小波,所以 $f(x)$、$g(x)$ 可以表示为如下正交小波级数:

$$f(x)=\sum_{j=-\infty}^{+\infty}\sum_{k=-\infty}^{+\infty}\alpha_{j,k}\psi_{j,k}(x),\quad g(x)=\sum_{j=-\infty}^{+\infty}\sum_{k=-\infty}^{+\infty}\beta_{j,k}\psi_{j,k}(x)$$

其中小波级数系数可以表示如下：$\forall(j,k)\in\mathbf{Z}\times\mathbf{Z}$，有

$$\alpha_{j,k}=\int_{-\infty}^{+\infty}f(x)\overline{\psi}_{j,k}(x)\,\mathrm{d}x=W_f(2^{-j},2^{-j}k)=W^{(1)}(2^{-j},2^{-j}k)$$

$$\beta_{j,k}=\int_{-\infty}^{+\infty}g(x)\overline{\psi}_{j,k}(x)\,\mathrm{d}x=W_g(2^{-j},2^{-j}k)=W^{(2)}(2^{-j},2^{-j}k)$$

此时

$$\begin{aligned}\langle f,g\rangle_{\mathcal{L}^2(\mathbf{R})}&=\langle\mathscr{W}_f,\mathscr{W}_g\rangle_{l^2(\mathbf{Z}^2)}=\sum_{j=-\infty}^{+\infty}\sum_{k=-\infty}^{+\infty}\alpha_{j,k}\overline{\beta}_{j,k}\\&=\sum_{j=-\infty}^{+\infty}\sum_{k=-\infty}^{+\infty}[W^{(1)}(2^{-j},2^{-j}k)][W^{(2)}(2^{-j},2^{-j}k)]^*\\&=\sum_{j=-\infty}^{+\infty}\sum_{k=-\infty}^{+\infty}[\boldsymbol{S}_{W^{(1)}}(j,k)][\boldsymbol{S}_{W^{(2)}}(j,k)]^*\\&=\langle\boldsymbol{S}_{W^{(1)}}(j,k),\boldsymbol{S}_{W^{(2)}}(j,k)\rangle_{l^2(\mathbf{Z}^2)}\end{aligned}$$

最后，先后用 $\boldsymbol{W}:\mathcal{L}^2(\mathbf{R})\to\mathcal{L}^2_{\mathrm{Loc}}(\mathbf{R}^2,s^{-2}\mathrm{d}s\mathrm{d}\mu)$ 和 $\mathscr{W}:\mathcal{L}^2(\mathbf{R})\to l^2(\mathbf{Z}^2)$ 的酉性或者内积恒等式，得到欲证明的内积恒等式

$$\langle W^{(1)}(s,\mu),W^{(2)}(s,\mu)\rangle_{\mathcal{L}^2_{\mathrm{Loc}}(\mathbf{R}^2,s^{-2}\mathrm{d}s\mathrm{d}\mu)}=\langle f(x),g(x)\rangle_{\mathcal{L}^2(\mathbf{R})}=\langle\boldsymbol{S}_{W^{(1)}}\boldsymbol{S}_{W^{(2)}}\rangle_{l^2(\mathbf{Z}^2)}$$

注释　这个证明过程的核心是，从小波变换的像空间$\mathcal{L}^2_{\mathrm{Loc}}(\mathbf{R}^2,s^{-2}\mathrm{d}s\mathrm{d}\mu)$ 利用容许小波变换算子的酉性逆返回到函数空间$\mathcal{L}^2(\mathbf{R})$，再利用正交小波级数算子的酉性从函数空间$\mathcal{L}^2(\mathbf{R})$ 映射到无穷矩阵空间 $l^2(\mathbf{Z}\times\mathbf{Z})$，这两个步骤涉及的算子都是线性酉算子，抽象的表达式为

$$\mathscr{S}=\mathscr{W}\boldsymbol{W}^{-1}:\mathcal{L}^2_{\mathrm{Loc}}(\mathbf{R}^2,s^{-2}\mathrm{d}s\mathrm{d}\mu)\to\mathcal{L}^2(\mathbf{R})\to l^2(\mathbf{Z}^2)$$

因为 $\mathscr{S}=\mathscr{W}\boldsymbol{W}^{-1}$ 是两个线性酉算子的乘积，所以它必然是线性酉算子。

小波完美采样定理说明，小波采样算子把二元函数空间$\mathcal{L}^2_{\mathrm{Loc}}(\mathbf{R}^2,s^{-2}\mathrm{d}s\mathrm{d}\mu)$ 中任何二元函数 $W(s,\mu)$ 按照同样格式转化为平面网格 $l^2(\mathbf{Z}\times\mathbf{Z})$ 中的无穷矩阵 $\boldsymbol{S}_W$，特别之处是，$\boldsymbol{S}_W=\{\boldsymbol{S}_W(j,k)=W(2^{-j},2^{-j}k);(j,k)\in\mathbf{Z}\times\mathbf{Z}\}$ 正好是二元函数 $W(s,\mu)$ 在参数半平面$\{(s,\mu);(s,\mu)\in\mathbf{R}^+\times\mathbf{R}\}$ 中第一参量对数等间隔第二参量线性等间隔离散网格$\{(2^{-j},2^{-j}k);(j,k)\in\mathbf{Z}\times\mathbf{Z}\}$ 上的函数值，同时这个转换过程是线性且酉性的。因此从函数空间和序列(矩阵)空间的向量运算、数乘运算和内积运算角度来看，$W(s,\mu)$ 和它的采样矩阵 $\boldsymbol{S}_W$ 完全可以相互完美转换，视之为相同信息体的两种不同但等价的表达形式。这是把$\mathscr{S}$称为小波完美采样算子的原因。如何表示这个采样算子的逆即小波完美插值算子是接下来要研究的问题。

1.4.4　正交小波完美插值

现在研究小波完美采样算子 $\mathscr{S}$ 的逆算子。按照形式化方式表示如下：

$$\boldsymbol{S}=\mathscr{S}^{-1}=\boldsymbol{W}\mathscr{W}^{-1}:l^2(\mathbf{Z}^2)\to\mathcal{L}^2(\mathbf{R})\to\mathcal{L}^2_{\mathrm{Loc}}(\mathbf{R}^*\times\mathbf{R},s^{-2}\mathrm{d}s\mathrm{d}\mu)$$

其基本含义是，利用正交小波 $\psi(x)$ 构造函数系$\{\psi_{j,k}(x);(j,k)\in\mathbf{Z}\times\mathbf{Z}\}$，构成函数空间$\mathcal{L}^2(\mathbf{R})$ 的规范正交小波基，算子 $\mathscr{W}^{-1}:l^2(\mathbf{Z}^2)\to\mathcal{L}^2(\mathbf{R})$ 的作用是将 $l^2(\mathbf{Z}^2)$ 中的任意无穷

矩阵 $\boldsymbol{\alpha}=\{\alpha_{j,k};(j,k)\in\mathbf{Z}\times\mathbf{Z}\}$ 映射为$\mathcal{L}^2(\mathbf{R})$ 中的如下函数：

$$\mathscr{W}^{-1}:\boldsymbol{\alpha}=\{\alpha_{j,k};(j,k)\in\mathbf{Z}\times\mathbf{Z}\}\mapsto f(x)=\sum_{j=-\infty}^{+\infty}\sum_{k=-\infty}^{+\infty}\alpha_{j,k}\psi_{j,k}(x)$$

之后，利用容许小波 $\psi(x)$ 构造$\mathcal{L}^2(\mathbf{R})$ 的规范正交基$\{\psi_{(s,\mu)}(x);(s,\mu)\in\mathbf{R}^*\times\mathbf{R}\}$，算子 $\boldsymbol{W}:\mathcal{L}^2(\mathbf{R})\to\mathcal{L}^2_{\mathrm{Loc}}(\mathbf{R}^*\times\mathbf{R},s^{-2}\mathrm{d}s\mathrm{d}\mu)$ 的作用是将 $f(x)$ 变换为如下形式的二元函数 $W_f(s,\mu)\in\mathcal{L}^2_{\mathrm{Loc}}(\mathbf{R}^*\times\mathbf{R},s^{-2}\mathrm{d}s\mathrm{d}\mu)$：

$$\boldsymbol{W}:f(x)\to W_f(s,\mu)=\int_{-\infty}^{+\infty}f(x)\,[\psi_{(s,\mu)}(x)]^*\mathrm{d}x$$

这样，叠加算子 $\boldsymbol{S}=\mathscr{S}^{-1}=\boldsymbol{W}\mathscr{W}^{-1}:l^2(\mathbf{Z}^2)\to\mathcal{L}^2_{\mathrm{Loc}}(\mathbf{R}^2,s^{-2}\mathrm{d}s\mathrm{d}\mu)$ 即为所求。

总之，利用上述算子演算，最终可以从 $W(s,\mu)\in\mathcal{L}^2_{\mathrm{Loc}}(\mathbf{R}^*\times\mathbf{R},s^{-2}\mathrm{d}s\mathrm{d}\mu)$ 在网格 $\{(2^{-j},2^{-j}k);(j,k)\in\mathbf{Z}\times\mathbf{Z}\}$ 上的小波采样$\boldsymbol{\alpha}=\{\alpha_{j,k}=W(2^{-j},2^{-j}k);(j,k)\in\mathbf{Z}\times\mathbf{Z}\}$，完全重建或插值产生原函数 $W(s,\mu)\in\mathcal{L}^2_{\mathrm{Loc}}(\mathbf{R}^*\times\mathbf{R},s^{-2}\mathrm{d}s\mathrm{d}\mu)$。由此总结得到如下的小波完美插值定理。

定理 1.19（小波完美插值） 若 $\psi(x)\in\mathcal{L}^2(\mathbf{R})$ 是一个正交小波函数，即函数系 $\{\psi_{j,k}(x);(j,k)\in\mathbf{Z}\times\mathbf{Z}\}$ 是函数空间$\mathcal{L}^2(\mathbf{R})$ 的规范正交小波基，同时，定义

$$\mathcal{L}^2_{\mathrm{Loc}}(\mathbf{R}^*\times\mathbf{R},s^{-2}\mathrm{d}s\mathrm{d}\mu)=\{(\boldsymbol{W}f)(s,\mu)=W_f(s,\mu);f(x)\in\mathcal{L}^2(\mathbf{R})\}$$

那么，叠加算子 $\boldsymbol{S}=\mathscr{S}^{-1}=\boldsymbol{W}\mathscr{W}^{-1}:l^2(\mathbf{Z}^2)\to\mathcal{L}^2_{\mathrm{Loc}}(\mathbf{R}^*\times\mathbf{R},s^{-2}\mathrm{d}s\mathrm{d}\mu)$ 具有如下表达形式：如果 $\boldsymbol{\alpha}=\{\alpha_{j,k};(j,k)\in\mathbf{Z}\times\mathbf{Z}\}\in l^2(\mathbf{Z}\times\mathbf{Z})$ 是$\mathcal{L}^2_{\mathrm{Loc}}(\mathbf{R}^*\times\mathbf{R},s^{-2}\mathrm{d}s\mathrm{d}\mu)$ 中 $W(s,\mu)$ 在半平面 $\{(s,\mu);(s,\mu)\in\mathbf{R}^+\times\mathbf{R}\}$ 的网格$\{(2^{-j},2^{-j}k);(j,k)\in\mathbf{Z}\times\mathbf{Z}\}$ 上的小波采样，即

$$\{\alpha_{j,k}=W(2^{-j},2^{-j}k);(j,k)\in\mathbf{Z}\times\mathbf{Z}\}$$

那么，如下小波完美插值公式成立：

$$W(s,\mu)=\sum_{j=-\infty}^{+\infty}\sum_{k=-\infty}^{+\infty}\alpha_{j,k}\xi_{j,k}(s,\mu),\quad \xi_{j,k}(s,\mu)=\int_{-\infty}^{+\infty}\psi_{j,k}(x)\overline{\psi}_{(s,\mu)}(x)\mathrm{d}x$$

这就是小波完美插值公式和小波插值基元函数系。

证明 对于任意的函数 $W(s,\mu)\in\mathcal{L}^2_{\mathrm{Loc}}(\mathbf{R}^*\times\mathbf{R},s^{-2}\mathrm{d}s\mathrm{d}\mu)$，按照定义存在平方可积函数$f(x)\in\mathcal{L}^2(\mathbf{R})$，它的容许小波变换正好是 $W(s,\mu)$，即

$$W(s,\mu)=W_f(s,\mu)=\int_{-\infty}^{+\infty}f(x)\,[\psi_{(s,\mu)}(x)]^*\mathrm{d}x$$

因为$\psi(x)$ 是正交小波，即函数系$\{\psi_{j,k}(x);(j,k)\in\mathbf{Z}\times\mathbf{Z}\}$ 是函数空间$\mathcal{L}^2(\mathbf{R})$ 的规范正交小波基，从而$f(x)$ 可以展开为如下正交小波级数：

$$f(x)=\sum_{j=-\infty}^{+\infty}\sum_{k=-\infty}^{+\infty}\varsigma_{j,k}\psi_{j,k}(x)$$

式中，$\forall(j,k)\in\mathbf{Z}\times\mathbf{Z}$，

$$\varsigma_{j,k}=\int_{\mathbf{R}}f(x)\overline{\psi}_{j,k}(x)\mathrm{d}x=W_f(2^{-j},2^{-j}k)=W(2^{-j},2^{-j}k)=\alpha_{j,k}$$

利用$f(x)$ 的正交小波级数展开公式和容许小波 $\psi(x)$，在等式两边分别计算容许小波变换可得

$$\int_{-\infty}^{+\infty}f(x)\psi^*_{(s,\mu)}(x)\mathrm{d}x=\sum_{j=-\infty}^{+\infty}\sum_{k=-\infty}^{+\infty}\alpha_{j,k}\int_{-\infty}^{+\infty}\psi_{j,k}(x)\psi^*_{(s,\mu)}(x)\mathrm{d}x$$

这样得到如下小波完美插值公式：

$$W(s,\mu)=W_f(s,\mu)=\sum_{j=-\infty}^{+\infty}\sum_{k=-\infty}^{+\infty}\alpha_{j,k}\xi_{j,k}(s,\mu)$$

其中的小波插值基元函数系，即

$$\left\{\xi_{j,k}(s,\mu)=\int_{-\infty}^{+\infty}\psi_{j,k}(x)\overline{\psi}_{(s,\mu)}(x)\mathrm{d}x;\ \forall(j,k)\in\mathbf{Z}\times\mathbf{Z}\right\}$$

就是函数空间$\mathcal{L}^2(\mathbf{R})$的规范正交小波基函数系$\{\psi_{j,k}(x);(j,k)\in\mathbf{Z}\times\mathbf{Z}\}$在容许小波变换下得到的函数系。

注释　正交小波完美插值公式可以表示为

$$W(s,\mu)=\sum_{j=-\infty}^{+\infty}\sum_{k=-\infty}^{+\infty}W(2^{-j},2^{-j}k)\xi_{j,k}(s,\mu)$$

其中，小波插值基元函数系$\{\xi_{j,k}(s,\mu);(j,k)\in\mathbf{Z}\times\mathbf{Z}\}$独立于函数$W(s,\mu)$，完全由小波函数$\psi(x)$决定，而正交小波函数$\psi(x)$是与函数空间$\mathcal{L}^2_{\mathrm{Loc}}(\mathbf{R}^*\times\mathbf{R},s^{-2}\mathrm{d}s\mathrm{d}\mu)$密切关联的。

注释　因为正交小波完美插值公式实际上就是小波完美采样算子

$$\mathscr{S}:\mathcal{L}^2_{\mathrm{Loc}}(\mathbf{R}^*\times\mathbf{R},s^{-2}\mathrm{d}s\mathrm{d}\mu)\to l^2(\mathbf{Z}^2)$$

的逆算子，即正交小波完美插值算子

$$\boldsymbol{S}=\mathscr{S}^{-1}:l^2(\mathbf{Z}^2)\to\mathcal{L}^2_{\mathrm{Loc}}(\mathbf{R}^*\times\mathbf{R},s^{-2}\mathrm{d}s\mathrm{d}\mu)$$

的等价表达形式，利用小波完美采样算子$\mathscr{S}$与小波完美插值算子$\boldsymbol{S}$的互逆性和酉性可知，小波插值基元函数系$\{\xi_{j,k}(s,\mu);(j,k)\in\mathbf{Z}\times\mathbf{Z}\}$构成$\mathcal{L}^2_{\mathrm{Loc}}(\mathbf{R}^*\times\mathbf{R},s^{-2}\mathrm{d}s\mathrm{d}\mu)$的可数规范正交基。

1.4.5　正交基与插值函数

在正交小波理论分析中，三个希尔伯特空间$\mathcal{L}^2_{\mathrm{Loc}}(\mathbf{R}^*\times\mathbf{R},s^{-2}\mathrm{d}s\mathrm{d}\mu)$、$l^2(\mathbf{Z}\times\mathbf{Z})$和$\mathcal{L}^2(\mathbf{R})$不仅是同构的，还保持内积和范数的完全一致性。比如，仿照函数空间$\mathcal{L}^2(\mathbf{R})$中的正交小波级数理论，在希尔伯特空间$\mathcal{L}^2_{\mathrm{Loc}}(\mathbf{R}^*\times\mathbf{R},s^{-2}\mathrm{d}s\mathrm{d}\mu)$中存在一个镜像一样的正交函数项级数理论，把这个显然的结果总结为如下的定理。

定理 1.20（小波域正交函数项级数）　若$\psi(x)$是正交小波，那么，在希尔伯特空间$\mathcal{L}^2_{\mathrm{Loc}}(\mathbf{R}^*\times\mathbf{R},s^{-2}\mathrm{d}s\mathrm{d}\mu)$中存在如下的正交函数项级数展开公式：

$$W(s,\mu)=\sum_{j=-\infty}^{+\infty}\sum_{k=-\infty}^{+\infty}W(2^{-j},2^{-j}k)\xi_{j,k}(s,\mu)$$

$$W(2^{-j},2^{-j}k)=\iint_{\mathbf{R}^2}W(s,\mu)\left[\xi_{j,k}(s,\mu)\right]^*s^{-2}\mathrm{d}s\mathrm{d}\mu$$

对于任意的$W(s,\mu)\in\mathcal{L}^2_{\mathrm{Loc}}(\mathbf{R}^*\times\mathbf{R},s^{-2}\mathrm{d}s\mathrm{d}\mu)$都成立。

这个定理说明，在函数空间$\mathcal{L}^2_{\mathrm{Loc}}(\mathbf{R}^*\times\mathbf{R},s^{-2}\mathrm{d}s\mathrm{d}\mu)$中，函数的采样插值重建公式与函数的正交级数展开表达式完全一致。

可数函数系$\{\xi_{j,k}(s,\mu);(j,k)\in\mathbf{Z}\times\mathbf{Z}\}$是函数空间$\mathcal{L}^2_{\mathrm{Loc}}(\mathbf{R}^*\times\mathbf{R},s^{-2}\mathrm{d}s\mathrm{d}\mu)$的规范正交基，同时也是插值基元函数系，即它是完全的规范正交函数系，有

$$\langle \xi_{j,k}(s,\mu),\xi_{j',k'}(s,\mu)\rangle_{\mathcal{L}^2_{\text{Loc}}(\mathbf{R}^*\times\mathbf{R},s^{-2}\mathrm{d}s\mathrm{d}\mu)}=\langle \psi_{j,k}(x),\psi_{j',k'}(x)\rangle_{\mathcal{L}^2(\mathbf{R})}=\delta(j-j')\delta(k-k')$$

式中,$(j,k,j',k')\in\mathbf{Z}\times\mathbf{Z}\times\mathbf{Z}\times\mathbf{Z}=\mathbf{Z}^4$。

1.4.6 连续 = 离散

在正交小波 $\psi(x)$ 给定之后,$\{\psi_{(s,\mu)}(x);(s,\mu)\in\mathbf{R}^*\times\mathbf{R}\}$、$\{\psi_{(s,\mu)}(x);x\in\mathbf{R}\}$、$\{\psi_{j,k}(x);(j,k)\in\mathbf{Z}\times\mathbf{Z}\}$、$\{\xi_{j,k}(s,\mu);(j,k)\in\mathbf{Z}\times\mathbf{Z}\}$ 这四个函数系都是规范正交基,它们使空间 $\mathcal{L}^2(\mathbf{R})$、$l^2(\mathbf{Z}\times\mathbf{Z})$ 和 $\mathcal{L}^2_{\text{Loc}}(\mathbf{R}^*\times\mathbf{R},s^{-2}\mathrm{d}s\mathrm{d}\mu)$ 是保内积一致同构的。这些关系总结如下:

$$\xi_{j,k}(s,\mu)=\int_{-\infty}^{+\infty}\psi_{j,k}(x)\overline{\psi}_{(s,\mu)}(x)\,\mathrm{d}x,\quad (j,k)\in\mathbf{Z}\times\mathbf{Z}$$

$$W(s,\mu)=\sum_{j=-\infty}^{+\infty}\sum_{k=-\infty}^{+\infty}W(2^{-j},2^{-j}k)\xi_{j,k}(s,\mu),\quad (s,\mu)\in\mathbf{R}^*\times\mathbf{R}$$

$$\boxed{\begin{matrix}\mathcal{L}^2(\mathbf{R},\mathrm{d}x)\\ f(x)\end{matrix}}\ \underset{f(x)\Leftarrow\iint_{\mathbf{R}^2}W(s,\mu)\psi_{(s,\mu)}(x)s^{-2}\mathrm{d}s\mathrm{d}\mu}{\overset{\int_{-\infty}^{+\infty}f(x)\psi^*_{(s,\mu)}(x)\mathrm{d}x\Rightarrow W(s,\mu)}{\rightleftharpoons}}\ \boxed{\begin{matrix}\mathcal{L}^2_{\text{Loc}}(\mathbf{R}^*\times\mathbf{R},s^{-2}\mathrm{d}s\mathrm{d}\mu)\\ W(s,\mu)\end{matrix}}$$

$$\Updownarrow$$

$$\boxed{\begin{matrix}l^2(\mathbf{Z}\times\mathbf{Z})\\ \{\alpha_{j,k};(j,k)\in(\mathbf{Z}\times\mathbf{Z})\}\end{matrix}}\ \underset{W(2^{-j},2^{-j}k)\Leftarrow\iint_{\mathbf{R}^2}W(s,\mu)\,[\xi_{j,k}(s,\mu)]^*s^{-2}\mathrm{d}s\mathrm{d}\mu}{\overset{\sum_{j=-\infty}^{+\infty}\sum_{k=-\infty}^{+\infty}\alpha_{j,k}\xi_{j,k}(s,\mu)\Rightarrow W(s,\mu)}{\rightleftharpoons}}\ \boxed{\begin{matrix}\mathcal{L}^2_{\text{Loc}}(\mathbf{R}^*\times\mathbf{R},s^{-2}\mathrm{d}s\mathrm{d}\mu)\\ W(s,\mu)\end{matrix}}$$

在正交小波 $\psi(x)$ 给定之后,可数函数系 $\{\xi_{j,k}(s,\mu);(j,k)\in\mathbf{Z}\times\mathbf{Z}\}$ 按照前述方式构造,这样在函数空间 $\mathcal{L}^2_{\text{Loc}}(\mathbf{R}^*\times\mathbf{R},s^{-2}\mathrm{d}s\mathrm{d}\mu)$ 中,任何向量(函数) $\boldsymbol{W}$ 既可以用连续自变量 $(s,\mu)\in\mathbf{R}^*\times\mathbf{R}$ 表示成 $\boldsymbol{W}(s,\mu)$,也可以用 $\{(2^{-j},2^{-j}k);(j,k)\in\mathbf{Z}\times\mathbf{Z}\}$ 这样的离散网格表示成无穷矩阵 $\{\boldsymbol{W}(2^{-j},2^{-j}k);(j,k)\in\mathbf{Z}\times\mathbf{Z}\}$。这两种表示方法完全等价可以任意自由转化,转化方式简单、线性而且保内积。因此,在这个特殊的函数空间里,连续和离散这两种表示方法绝对一致、完全统一。这就是标题"连续 = 离散"的真实含义。

从连续变量函数采样的角度来看,在正交小波的前提下,这里的"连续 = 离散"就包含了采样的过程,而且,函数空间 $\mathcal{L}^2_{\text{Loc}}(\mathbf{R}^*\times\mathbf{R},s^{-2}\mathrm{d}s\mathrm{d}\mu)$ 中的采样在完全一致的网格 $\{(2^{-j},2^{-j}k);(j,k)\in\mathbf{Z}\times\mathbf{Z}\}$ 上实现。另外,即使改变正交小波函数,这类采样方式永远都是在相同的网格 $\{(2^{-j},2^{-j}k);(j,k)\in\mathbf{Z}\times\mathbf{Z}\}$ 上实现的,而独立于函数空间 $\mathcal{L}^2_{\text{Loc}}(\mathbf{R}^*\times\mathbf{R},s^{-2}\mathrm{d}s\mathrm{d}\mu)$。由于 $\mathcal{L}^2_{\text{Loc}}(\mathbf{R}^*\times\mathbf{R},s^{-2}\mathrm{d}s\mathrm{d}\mu)$ 与函数空间 $\mathcal{L}^2(\mathbf{R})$ 的线性保内积完全同构,因此这里的正交小波理论简洁、间接地从某种意义上彻底且完美地解决了科学研究中的采样这一典型问题。

1.4.7 正交小波与小波级数

小波理论能够完全处理非周期函数的小波分析,包括容许小波变换理论、二进小波变换理论和正交小波级数理论。由于小波内在的时 - 空 - 频局部化特性和正交性,因此只要小波函数满足适当的要求,那么,在刻画任何函数、分布或算子时,以及特征化任何函数空间时,只要有必要,就可以使用小波基础理论的三个部分中任何一个方法和理论。

根据定义,如果函数$\psi(x)$是正交小波,那么,函数系$\{\psi_{j,k}(x);(j,k)\in\mathbf{Z}\times\mathbf{Z}\}$构成函数空间$\mathcal{L}^2(\mathbf{R})$的规范正交小波基,对于任意的函数$f(x)\in\mathcal{L}^2(\mathbf{R})$,$f(x)$可以写成如下形式的正交小波级数:

$$f(x)=\sum_{j=-\infty}^{+\infty}\sum_{k=-\infty}^{+\infty}\langle f,\psi_{j,k}\rangle_{\mathcal{L}^2(\mathbf{R})}\psi_{j,k}(x)$$

当然,如果只关心$\mathcal{L}^2(\mathbf{R})$空间中的平方可积函数,那么,只需要$\psi(x)=h(x)$是 Haar 小波就可以了。但是如果因为某种原因需要面对具有一定正则性的函数,这时 Haar 小波级数系数就无法体现函数中内在的正则性,正交小波的出现使得这个问题迎刃而解,因为正交小波相比 Haar 小波具有两个方面的显著优势。

一方面,对于函数的自变量,在函数正则的地方,小波级数系数(小波变换数值)是很小的,只有在函数奇异点附近,小波系数很大,即只有孤立奇异性(如果是高维函数,就是奇异性出现在低维曲面上)的函数的小波级数是有洞的或者缺项的级数;而且,小波消失矩的阶数越高,这个性质的几何特征就越明显。小波$\psi(x)$消失矩的阶数,就是使如下积分连续等于零的自变量x的最高阶数m:

$$0=\int_{-\infty}^{+\infty}\psi(x)\mathrm{d}x=\int_{-\infty}^{+\infty}x\psi(x)\mathrm{d}x=\cdots=\int_{-\infty}^{+\infty}x^m\psi(x)\mathrm{d}x$$

或者表示为

$$\int_{-\infty}^{+\infty}x^{m+1}\psi(x)\mathrm{d}x\neq 0,\quad\int_{-\infty}^{+\infty}x^k\psi(x)\mathrm{d}x=0,\quad k=0,1,\cdots,m$$

实际上,Haar 小波的消失矩阶数是$m=0$,即

$$\int_{-\infty}^{+\infty}xh(x)\mathrm{d}x\neq 0,\quad\int_{-\infty}^{+\infty}h(x)\mathrm{d}x=0$$

正交小波构造理论表明,对于任意的自然数m,总可以按照固定的构造模式获得消失矩阶数不低于m的正交小波,甚至还可以要求这样的正交小波是紧支撑的,即正交小波在某有限长度的区间外恒等于零。这时,最高阶数不超过m的多项式$\xi^{(m)}(x)$的小波变换以及小波级数系数都等于零,即

$$\int_{-\infty}^{+\infty}\xi^{(m)}(x)\psi^*_{(s,\mu)}(x)\mathrm{d}x=0$$

$$\int_{-\infty}^{+\infty}\xi^{(m)}(x)\psi^*_{j,k}(x)\mathrm{d}x=0,\quad(j,k)\in\mathbf{Z}\times\mathbf{Z}$$

如果函数$f(x)$在某个区间Ω的范围内与最高阶数不超过m的多项式非常接近,而正交小波$\psi(x)$是紧支撑的,那么,当参数组(s,μ)使连续小波$\psi_{(s,\mu)}(x)$支撑在区间Ω之内,或者,整数组$(j,k)\in\mathbf{Z}\times\mathbf{Z}$使正交小波基函数$\psi_{j,k}(x)$支撑在区间$\Omega$之内时,仍然可以得到

$$\int_{-\infty}^{+\infty}\xi^{(m)}(x)\psi^*_{(s,\mu)}(x)\mathrm{d}x\approx 0$$

而且

$$\int_{-\infty}^{+\infty}\xi^{(m)}(x)\psi^*_{j,k}(x)\mathrm{d}x\approx 0$$

这就是正交小波级数有洞或者缺项的基本含义。

另一方面,规范正交小波基能灵活地、自适应地适用于分析中出现的各种函数范数。如果$f(x)$属于某个经典的函数空间(如当$1<p<+\infty$时的$\mathcal{L}^p(\mathbf{R})$、Sobolev空间、Besov空间、Hardy空间等),那么,它的正交小波级数自动在相应的范数下收敛到$f(x)$。这些问题的研究让小波理论取得了非常重要且丰富的研究成果,其中部分成果将在正交多分辨率分析理论得到充分阐述之后进行适当的研究和说明。

这里将对正交小波的第二个优势进行一个补充说明,也可将其认为是正交小波的第三个优势。

当在更一般情形而不仅是在空间$\mathcal{L}^2(\mathbf{R})$中使用正交小波级数时,比如在函数空间$\mathcal{L}^\infty(\mathbf{R})$上直接使用正交小波级数方法,就会遇到第一个理论障碍。假如$f(x)$是恒等于1的函数$f(x)\equiv 1$,那么,正交小波级数的每个系数都是零,因为正交小波基中的每个小波的积分都是零。这样,如果直接使用正交小波级数公式,那么就得到$1=0$。因此,不能直接把$\mathcal{L}^2(\mathbf{R})$上的正交小波级数理论用在$\mathcal{L}^\infty(\mathbf{R})$上。

当在函数空间$\mathcal{L}^1(\mathbf{R})$上直接使用正交小波级数方法时,还会遇到第二个理论上的障碍。在某种意义上说,这是第一个理论障碍的对偶形式。如果$f(x)\in\mathscr{D}(\mathbf{R})$(无穷次可微的紧支撑的函数全体,即紧支撑光滑函数全体)而且

$$\int_{-\infty}^{+\infty}f(x)\,\mathrm{d}x=1$$

直接使用正交小波级数公式,那么,这个函数$f(x)$便被分解成每一项都是积分等于零的小波级数,显然,这时正交小波级数不能按照$\mathcal{L}^1(\mathbf{R})$的范数收敛,否则,在正交小波级数收敛到$f(x)$的前提下,逐项积分便再次出现$1=0$。

这两个理论障碍的出现似乎说明,正交小波级数本质上只能适用于$\mathcal{L}^p(\mathbf{R})$空间,而$p$只能局限于$1<p<+\infty$。

但是,这两个形式上的理论障碍,通过灵活使用正交小波构造方法就可以迎刃而解。这里简单说明解决这两个理论障碍的途径,详细内容在多分辨率分析理论得到充分阐述之后便不言自明了。

将函数$f(x)$的正交小波级数重新表述如下:

$$f(x)=\sum_{j=-\infty}^{-1}\sum_{k=-\infty}^{+\infty}\alpha_{j,k}\psi_{j,k}(x)+\sum_{j=0}^{+\infty}\sum_{k=-\infty}^{+\infty}\alpha_{j,k}\psi_{j,k}(x)=f_0(x)+\sum_{j=0}^{+\infty}g_j(x)$$

$$f_0(x)=\sum_{j=-\infty}^{-1}\sum_{k=-\infty}^{+\infty}\alpha_{j,k}\psi_{j,k}(x),\quad g_j(x)=\sum_{k=-\infty}^{+\infty}\alpha_{j,k}\psi_{j,k}(x),\quad j=0,1,2,\cdots$$

下面的论述先回到函数空间$\mathcal{L}^2(\mathbf{R})$。因为函数$\psi(x)$是正交小波,那么,函数系$\{\psi_{j,k}(x);(j,k)\in\mathbf{Z}\times\mathbf{Z}\}$构成函数空间$\mathcal{L}^2(\mathbf{R})$的规范正交小波基,把这个规范正交小波基重新分组分别张成$\mathcal{L}^2(\mathbf{R})$的不同闭子空间列:

$$V_J=\mathrm{Closespan}\{\psi_{j,k}(x);k\in\mathbf{Z},j=J-1,J-2,\cdots\},\quad J\in\mathbf{Z}$$

$$W_j=\mathrm{Closespan}\{\psi_{j,k}(x);k\in\mathbf{Z}\},\quad j\in\mathbf{Z}$$

这样,容易得到函数空间$\mathcal{L}^2(\mathbf{R})$的如下正交直和分解:

$$\mathcal{L}^2(\mathbf{R})=\bigoplus_{j=-\infty}^{+\infty}W_j=V_0\oplus\Big[\bigoplus_{j=0}^{+\infty}W_j\Big]$$

利用这些记号,如果在函数子空间V_0中存在函数$\varphi(x)$,保证由$\varphi(x)$的整数平移产

生的函数系$\{\varphi(x-k);k\in\mathbf{Z}\}$构成$V_0$的规范正交基，这时称$\varphi(x)$是一个尺度函数。除此之外，如果对一个特定的自然数$m$，对于任意的$m'\in\mathbf{N}$，存在正的常数$C_{m'}$，当$0\leqslant\tilde{m}\leqslant m$时如下不等式成立：

$$\left|\frac{\mathrm{d}^{\tilde{m}}\varphi(x)}{\mathrm{d}x^{\tilde{m}}}\right|\leqslant C_{m'}(1+|x|)^{-m'}$$

这时称函数$\varphi(x)$具有m阶正则性，或者称$\varphi(x)$是m阶正则函数。

这样，函数$f(x)\in\mathcal{L}^2(\mathbf{R})$的正交小波级数就具有了一种新表达形式，即

$$f(x)=f_0(x)+\sum_{j=0}^{+\infty}g_j(x)=\sum_{k=-\infty}^{+\infty}\beta_k\varphi(x-k)+\sum_{j=0}^{+\infty}\sum_{k=-\infty}^{+\infty}\alpha_{j,k}\psi_{j,k}(x)$$

$$\beta_k=\int_{-\infty}^{+\infty}f(x)\overline{\varphi}(x-k)\mathrm{d}x=\int_{-\infty}^{+\infty}f_0(x)\overline{\varphi}(x-k)\mathrm{d}x$$

$$\alpha_{j,k}=\int_{-\infty}^{+\infty}f(x)\overline{\psi}_{j,k}(x)\mathrm{d}x=\int_{-\infty}^{+\infty}g_j(x)\overline{\psi}_{j,k}(x)\mathrm{d}x,\quad k\in\mathbf{Z},j=0,1,2,\cdots$$

可以证明，如果正交小波函数$\psi(x)$和尺度函数$\varphi(x)$都是m阶正则的，而且小波$\psi(x)$具有m阶消失矩，利用规范正交小波基$\{\psi_{j,k}(x);k\in\mathbf{Z},j=0,1,2,\cdots\}$和规范正交整数平移函数系$\{\varphi(x-k);k\in\mathbf{Z}\}$，构造如下正交小波级数：

$$f(x)=\sum_{k=-\infty}^{+\infty}\beta_k\varphi(x-k)+\sum_{j=0}^{+\infty}\sum_{k=-\infty}^{+\infty}\alpha_{j,k}\psi_{j,k}(x)$$

那么，前述两类理论障碍即自动解除。

比如当$f(x)\equiv1$时，$\beta_k=1,k\in\mathbf{Z}$，小波级数表示为

$$1=\sum_{k=-\infty}^{+\infty}\varphi(x-k)$$

更一般地，如果$f(x)$是最高次幂不超过m的多项式$\xi^{(m)}(x)$，那么，$f(x)$的正交小波级数保持积分可交换。

对于在函数空间$\mathcal{L}^1(\mathbf{R})$上第二个理论障碍，如果$f(x)\in\mathscr{D}(\mathbf{R})$，那么

$$\left\|f_0(x)-\sum_{k=-\infty}^{+\infty}\beta_k\varphi(x-k)\right\|_{\mathcal{L}^1(\mathbf{R})}=0,\quad f_0(x)\in\mathcal{L}^1(\mathbf{R})$$

其中，当$k\in\mathbf{Z}$时

$$\beta_k=\int_{-\infty}^{+\infty}f(x)\overline{\varphi}(x-k)\mathrm{d}x=\int_{-\infty}^{+\infty}f_0(x)\overline{\varphi}(x-k)\mathrm{d}x$$

同时如下积分等式成立：

$$\int_{-\infty}^{+\infty}f(x)\mathrm{d}x=\int_{-\infty}^{+\infty}f_0(x)\mathrm{d}x=\sum_{k=-\infty}^{+\infty}\beta_k\int_{-\infty}^{+\infty}\varphi(x-k)\mathrm{d}x$$

这时，剩余级数满足

$$\left\|\Delta(x)-\sum_{j=0}^{+\infty}\sum_{k=-\infty}^{+\infty}\alpha_{j,k}\psi_{j,k}(x)\right\|_{\mathcal{L}^1(\mathbf{R})}=0,\quad\Delta(x)\in\mathcal{L}^1(\mathbf{R})$$

其中，当$k\in\mathbf{Z},j=0,1,2,\cdots$时

$$\alpha_{j,k}=\int_{-\infty}^{+\infty}f(x)\overline{\psi}_{j,k}(x)\mathrm{d}x=\int_{-\infty}^{+\infty}\Delta(x)\overline{\psi}_{j,k}(x)\mathrm{d}x$$

同时如下等式成立：

$$f(x) = f_0(x) + \Delta(x), \quad \int_{-\infty}^{+\infty} \Delta(x)\,\mathrm{d}x = 0$$

这些工作的公共理论基础就是著名的多分辨率分析理论。

正交小波的多分辨率分析理论不仅彻底解决了正交小波刻画函数空间和函数表示的问题,而且还在许多科学领域的研究中获得了让人十分惊讶的成功应用。在此基础上建立的小波包理论更是让科学界倍感惊异。

1.5 小波与时频分析

本节讨论时频分析、测不准(不确定性)原理和小波时频分析特性。

1.5.1 Gabor 变换和时频分析

加伯(Gabor)变换是 Gabor 在 1946 年提出的一种信号分析处理方法,是时频分析方法的第一个典范。

1. Gabor 变换

Gabor 变换继承了傅里叶变换所具有的信号频谱这样的物理解释,同时克服了傅里叶变换只能反映信号的整体特征而对信号的局部特征没有任何分析能力的缺陷,显著地改善了傅里叶变换的分析能力,为信号处理提供了一种新的分析和处理方法,即信号的时频分析方法。

事实上,傅里叶变换是一个强有力的数学工具,它具有重要的物理意义,即信号 $f(x) \in \mathcal{L}^2(\mathbf{R})$ 的傅里叶变换

$$(\mathscr{F}f)(\omega) = F(\omega) = (2\pi)^{-0.5}\int_{-\infty}^{+\infty} f(x)\,\mathrm{e}^{-\mathrm{i}\omega x}\,\mathrm{d}x$$

表示信号 $f(x)$ 的频谱。傅里叶变换的物理意义决定傅里叶变换在信号分析和信号处理研究中的独特地位,是作为平稳信号分析的最重要的工具。

在实际应用中所遇到的信号大多数并不是平稳的,至少在观测的全部时间段内不是平稳的,所以,随着应用范围的逐步扩大和理论分析的不断深入,傅里叶变换的局限性就渐渐展示出来了:一方面,从理论上说,为了由傅里叶变换研究一个时域信号 $f(x)$ 的频谱特性,必须获得信号在时域中的全部信息,包括将来的信息;另一方面,从应用的角度来说,如果一个信号只在某一时刻的一个小的范围内发生了变化,那么信号的整个频谱都要受到影响,而频谱的变化从根本上来说又无法标定发生变化的时间位置和发生变化的剧烈程度,也就是说,傅里叶变换对信号的局部畸变没有标定和度量能力。在许多应用中,畸变正是我们所关心的信号在局部范围内的特征,例如,对音乐和语音信号,人们关心的是什么时刻演奏什么音符、发出什么音节;图像边缘检测关心图像灰度数值突变发生的位置和突变程度;地震勘测关心的主要问题是在什么位置出现什么样的反射波。

另外,傅里叶变换不能反映信号在某个指定时刻附近任何期望频率点附近适当范围内的频谱信息,即信号在局部时间范围内和局部频带上的谱信息分析,或称为局部化时频分析,而这正是许多实际应用最感兴趣的问题之一。因为一个信号的频率与它的周期长度成反比,所以在应用中,一个自然而然的要求是,对于分析信号的高频信息,参与分析的

信号的时间长度应相对较短,以给出精确的高频信息,对于低频信息,参与分析的信号的时间长度应相对较长,以给出一个周期内的完整的信息。换言之,就是要给出进行分析的一个灵活多变的时间和频率的"窗",使得由它给出的时域和频域的联合"窗宽度"具有如下的制约关系:在中心频率(或称为平均频率、主频)高的地方,时间窗自动变窄;而在中心频率低的地方,时间窗应自动变宽。

Gabor 在 1946 年的论文中,为了提取信号的局部信息(包括时间和频率两方面的局部信息),引入了一个时间局部化的窗函数 $g(x-b)$,其中参数 b 用于平行移动窗,以便于覆盖整个时域。Gabor 取 $g(x)$ 为一个 Gaussian 函数,其原因有二:一是 Gaussian 函数的傅里叶变换仍为 Gaussian 函数,这使得傅里叶逆变换也是用窗函数局部化了的,同时体现频率域的局部化;二是 Gabor 变换作为一般的"窗傅里叶变换"具有最优性,这在后面将详细说明。第一个原因是 Gabor 提出窗函数的直接原因,第二个原因是根据 Heisenberg 测不准原理,在时频窗面积最小的意义下,Gabor 变换是最优的窗傅里叶变换。正是在 Gabor 变换出现之后,才有了真正意义上的时频分析。

对于函数 $f(x) \in \mathcal{L}^2(\mathbf{R})$,其 Gabor 变换定义为

$$D_f(b,\omega) = (2\pi)^{-0.5}\int_{-\infty}^{+\infty} f(x) g_s(x-b) \mathrm{e}^{-\mathrm{i}\omega x} \mathrm{d}x$$

其中

$$g_s(x) = 0.5\,(\pi s)^{-0.5} \mathrm{e}^{-\frac{1}{4}s^{-1}x^2}$$

是 Gaussian 函数,$s>0$ 是固定常数,控制窗的宽度,这个函数被称为窗函数。

简单计算可得

$$\int_{-\infty}^{+\infty} g_s(x-b)\mathrm{d}b = 1,\quad \int_{-\infty}^{+\infty} D_f(b,\omega)\mathrm{d}b = F(\omega) = (\mathscr{F}f)(\omega),\quad \omega \in \mathbf{R}$$

由此说明,信号 $f(x) \in \mathcal{L}^2(\mathbf{R})$ 的 Gabor 变换 $D_f(b,\omega)$ 对任何 $s>0$ 在时间 $x=b$ 的附近使信号 $f(x)$ 的傅里叶变换局部化了。对 $\forall \omega \in \mathbf{R}$,这种局部化完成得很好,达到了对 $F(\omega)$ 的精确分解,从而完整地给出了 $f(x)$ 的频谱的局部信息,这充分体现了 Gabor 变换在时间域的局部化思想。

现在研究 Gabor 变换的频率域局部化性质。为此,引入记号 $g(s;b,\omega;x)$,有

$$g(s;b,\omega;x) = g_s(x-b)\mathrm{e}^{\mathrm{i}\omega x}$$

那么 Gabor 变换可表示为

$$D_f(b,\omega) = (2\pi)^{-0.5}\int_{-\infty}^{+\infty} f(x)\overline{g}(s;b,\omega;x)\mathrm{d}x$$

这个等式可理解为,$D_f(b,\omega)$ 是对函数 $f(x)$ 开了一个形如 $g(s;b,\omega;x)$ 的窗之后的傅里叶变换分析,这也是称 $g_s(x)$ 为窗函数的理由。

将 $g(s;b,\omega;x)$ 的傅里叶变换记为 $G(s;b,\omega;\eta)$,则

$$G(s;b,\omega;\eta) = \mathrm{e}^{-s(\eta-\omega)^2-\mathrm{i}b(\eta-\omega)}$$

根据 $\mathcal{L}^2(\mathbf{R})$ 中傅里叶变换帕塞瓦尔恒等式,即对 $\forall f,h \in \mathcal{L}^2(\mathbf{R})$,总有

$$\langle f,h\rangle_{\mathcal{L}^2(\mathbf{R})} = \langle(\mathscr{F}f),(\mathscr{F}h)\rangle_{\mathcal{L}^2(\mathbf{R})} = \langle F,H\rangle_{\mathcal{L}^2(\mathbf{R})}$$

其中,F、H 分别是 f、h 的傅里叶变换。

信号$f(x)\in\mathcal{L}^2(\mathbf{R})$的 Gabor 变换$D_f(b,\omega)$可变形为

$$D_f(b,\omega)=\langle F,G(s;b,\omega;\cdot)\rangle_{\mathcal{L}^2(\mathbf{R})}=\int_{-\infty}^{+\infty}F(\eta)\mathrm{e}^{-s(\eta-\omega)^2+ib(\eta-\omega)}\mathrm{d}\eta$$
$$=\pi^{0.5}s^{-0.5}\mathrm{e}^{-ib\omega}D_F(\omega,-b)$$

于是得

$$\int_{-\infty}^{+\infty}f(x)g_s(x-b)\mathrm{e}^{-\mathrm{i}\omega x}\mathrm{d}x=\pi^{0.5}s^{-0.5}\mathrm{e}^{-ib\omega}\int_{-\infty}^{+\infty}F(\eta)g_{(4s)^{-1}}(\eta-\omega)\mathrm{e}^{ib\eta}\mathrm{d}\eta$$

这说明,对于给定的观测时刻$x=b$和固定的频率分量$\eta=\omega$,除常数项$\pi^{0.5}s^{-0.5}\mathrm{e}^{-ib\omega}$之外,信号$f(x)$在$x=b$具有时间窗函数$g_s(x)$的 Gabor 变换与信号$F(\mu)$在$\mu=\omega$具有频率窗函数$g_{(4s)^{-1}}(\eta)$的 Gabor 变换是一致的,即两者给出的信息是一样的。只不过前者是时域形式,而后者是频域形式。这体现了 Gabor 变换在时域和频域观测的等效性。

另外,如果引入记号

$$H(s;b,\omega;\eta)=G(s;b,\omega;\eta)=\pi^{0.5}s^{-0.5}\mathrm{e}^{-ib(\eta-\omega)}g_{(4s)^{-1}}(\eta-\omega)$$

则 Gabor 变换可以被改写为

$$\langle f,g(s;b,\omega;\cdot)\rangle_{\mathcal{L}^2(\mathbf{R})}=\langle F,H(s;b,\omega;\cdot)\rangle_{\mathcal{L}^2(\mathbf{R})}$$

即在时域用“量具”$g(s;b,\omega;\cdot)$对信号$f(x)$的测量与在频域用“量具”$H(s;b,\omega;\cdot)$对信号F的测量是一致的。这就是 Gabor 变换进行时频分析的理论依据。

2. 时频分析与测不准原理

考虑函数$g(x)\in\mathcal{L}^2(\mathbf{R})$,如果

$$0<\int_{-\infty}^{+\infty}|xg(x)|^2\mathrm{d}x<+\infty$$

则称$g(x)$是一个窗函数。定义$g(x)$的中心$E(g)$和半径$\Delta(g)$如下:

$$E(g)=\frac{\int_{-\infty}^{+\infty}x|g(x)|^2\mathrm{d}x}{\|g\|_{\mathcal{L}^2(\mathbf{R})}^2}$$

$$\Delta(g)=\sqrt{\frac{\int_{-\infty}^{+\infty}[x-E(g)]^2|g(x)|^2\mathrm{d}x}{\|g\|_{\mathcal{L}^2(\mathbf{R})}^2}}$$

其中

$$\|g\|_{\mathcal{L}^2(\mathbf{R})}^2=\int_{-\infty}^{+\infty}|g(x)|^2\mathrm{d}x$$

称为$g(x)$的$\mathcal{L}^2(\mathbf{R})$范数。数值$2\Delta(g)$称为窗函数$g(x)$的宽度或简称为窗宽。

函数空间$\mathcal{L}^2(\mathbf{R})$中任意函数$f(x)$的窗傅里叶变换$C_f(b,\omega)$定义为

$$C_f(b,\omega)=(2\pi)^{-0.5}\int_{-\infty}^{+\infty}f(x)\overline{g}(x-b)\mathrm{e}^{-\mathrm{i}\omega x}\mathrm{d}x$$

引入记号

$$c(b,\omega;x)=g(x-b)\mathrm{e}^{\mathrm{i}\omega x}$$

这样,函数$f(x)$的窗傅里叶变换$C_f(b,\omega)$可以写成

$$C_f(b,\omega)=(2\pi)^{-0.5}\langle f,c(b,\omega;\cdot)\rangle_{\mathcal{L}^2(\mathbf{R})}=(2\pi)^{-0.5}\int_{-\infty}^{+\infty}f(x)\overline{c}(b,\omega;x)\mathrm{d}x$$

容易验证函数 $c(b,\omega;x)=g(x-b)\mathrm{e}^{\mathrm{i}\omega x}$ 是一个窗函数,而且,它的中心和半径分别是 $E(c)=E(g)+b$ 和 $\Delta(c)=\Delta(g)$.

注释　这个计算结果表明,函数 $f(x)$ 的窗傅里叶变换 $C_f(b,\omega)$ 给出的是信号 $f(x)$ 在时间窗

$$[E(c)-\Delta(c),E(c)+\Delta(c)]=[E(g)+b-\Delta(g),E(g)+b+\Delta(g)]$$

中的局部时间信息。

如果窗函数 $g(x)$ 的傅里叶变换 $G(\eta)$ 也满足窗函数条件,即

$$0<\int_{-\infty}^{+\infty}|\eta G(\eta)|^2\mathrm{d}\eta<+\infty$$

直接计算可以验证,函数 $c(b,\omega;x)=g(x-b)\mathrm{e}^{\mathrm{i}\omega x}$ 的傅里叶变换 $\mathcal{C}(b,\omega;\eta)$ 可以写成

$$\mathcal{C}(b,\omega;\eta)=(2\pi)^{-0.5}\int_{-\infty}^{+\infty}[g(x-b)\mathrm{e}^{\mathrm{i}\omega x}]\mathrm{e}^{-\mathrm{i}\eta x}\mathrm{d}x=\mathrm{e}^{-\mathrm{i}b(\eta-\omega)}G(\eta-\omega)$$

同时,容易演算验证 $\mathcal{C}(b,\omega;\eta)$ 作为变量 η 的函数满足窗函数的要求,而且其中心和半径分别可以表示为

$$E(\mathcal{C})=E(G)+\omega,\quad \Delta(\mathcal{C})=\Delta(G)$$

注释　根据帕塞瓦尔恒等式(能量守恒),函数 $f(x)$ 的窗傅里叶变换 $C_f(b,\omega)$ 可以写成如下的频率域形式:

$$C_f(b,\omega)=(2\pi)^{-0.5}\langle(\mathscr{F}f)(\eta),\mathcal{C}(b,\omega;\eta)\rangle_{\mathcal{L}^2(\mathbf{R})}=(2\pi)^{-0.5}\int_{-\infty}^{+\infty}(\mathscr{F}f)(\eta)\,\mathcal{C}^*(b,\omega;\eta)\mathrm{d}\eta$$

式中,$\mathcal{C}^*(b,\omega;\eta)$ 表示 $\mathcal{C}(b,\omega;\eta)$ 的复数共轭转置。

综合前述分析和计算结果可知,在频率域中,$f(x)$ 的窗傅里叶变换 $C_f(b,\omega)$ 给出了函数 $f(x)$ 在频率窗

$$[E(\mathcal{C})-\Delta(\mathcal{C}),E(\mathcal{C})+\Delta(\mathcal{C})]=[E(G)+\omega-\Delta(G),E(G)+\omega+\Delta(G)]$$

中的局部频率信息。

总之,$f(x)$ 的窗傅里叶变换 $C_f(b,\omega)$ 同时给出了函数 $f(x)$ 在如下矩形联合时频窗中的联合时频局部信息:

$$[E(g)+b-\Delta(g),E(g)+b+\Delta(g)]\times[E(G)+\omega-\Delta(G),E(G)+\omega+\Delta(G)]$$

这个矩形联合时频窗的面积是 $4\Delta(g)\Delta(G)$,其数值的大小刻画联合时频局部化的能力,这个面积的数值越小,说明同时联合时频局部化的能力就越强。关于同时联合时频局部化能力的极限,可以证明如下著名的 Heisenberg 测不准原理。

Heisenberg 测不准原理　如果 $g(x)$ 及其傅里叶变换 $G(\eta)$ 都是窗函数,那么

$$\Delta(g)\Delta(G)\geqslant 0.5$$

而且,等号成立的充要条件是,存在 4 个实数 s,b,c,α,其中 $s>0,c\neq 0$,使得

$$g(x)=c\mathrm{e}^{\mathrm{i}\alpha x}g_s(x-b)$$

其中

$$g_s(x)=0.5\,(\pi s)^{-0.5}\mathrm{e}^{-\frac{1}{4}s^{-1}x^2}$$

是 Gaussian 函数,$s>0$ 是固定常数,这个窗函数被称为“Gabor 窗”。

注释　如果 $g(x)$ 及其傅里叶变换 $G(\eta)$ 的中心分别是 t_0 与 ω_0,那么函数

$$\tilde{g}(x) = e^{-i\omega_0 x} g(x + x_0)$$

满足窗函数的要求,而且,$\tilde{g}(x)$ 及其傅里叶变换 $\tilde{G}(\omega)$ 的中心都是0,半径分别是$\Delta(g)$和$\Delta(G)$,这样,在证明Heisenberg测不准原理时,不妨假设窗函数及其傅里叶变换的中心都是零。

由窗函数的中心和半径的定义可知,$g(x)$ 和 $|g(x)|$ 具有相同的中心和半径,因此,在证明过程中可以假设$g(x) \geqslant 0$。将$g(x)$ 的导函数$\mathrm{d}g(x)/\mathrm{d}x$的傅里叶变换记为$u(\omega)$,那么,由傅里叶变换的性质可得 $u(\omega) = (\mathrm{i}\omega)G(\omega)$,于是,利用著名的 Cauchy - Schwarts 不等式可以得到如下演算:

$$\begin{aligned}[\Delta(g)\Delta(G)]^2 &= \int_{-\infty}^{+\infty} |xg(x)|^2 \mathrm{d}x \int_{-\infty}^{+\infty} |(\omega \mathrm{i})G(\omega)|^2 \mathrm{d}\omega / \|g\|_2^4 \\ &= \int_{-\infty}^{+\infty} |xg(x)|^2 \mathrm{d}x \int_{-\infty}^{+\infty} |g'(x)|^2 \mathrm{d}x / \|g\|_2^4 \\ &\geqslant \left| \int_{-\infty}^{+\infty} [xg(x)g'(x)] \mathrm{d}x \right|^2 / \|g\|_2^4 \\ &= \left| 0.5 \int_{-\infty}^{+\infty} x \mathrm{d}[g(x)]^2 \right|^2 / \|g\|_2^4 \\ &= 0.25 \left| \int_{-\infty}^{+\infty} |g(x)|^2 \mathrm{d}x \right|^2 / \|g\|_2^4 \\ &= 0.25\end{aligned}$$

所以

$$\Delta(g)\Delta(G) \geqslant 0.5$$

在上面推证过程中,不等式取等号的条件就是 Cauchy - Schwarts 不等式成为等式的条件,即 $xg(x)$ 与 $\mathrm{d}g(x)/\mathrm{d}x$ 线性相关,这时,存在实数 p、q,满足

$$pxg(x) + q\mathrm{d}g(x)/\mathrm{d}x = 0$$

最后,通过求解微分方程即可得出全部证明。

注释 Heisenberg 测不准原理说明了一个基本事实,即 Gabor 变换是矩形联合时频窗面积最小的窗傅里叶变换,这表达了 Gabor 变换的某种最优性。

1.5.2 小波与时频分析

本小节将把小波函数视为窗函数研究小波变换的时频分析行为和特性。

1. 连续小波时频分析

假定小波函数 $\psi(x)$ 及其傅里叶变换 $\Psi(\omega)$ 都满足窗函数的要求,它们的中心和半径分别记为 $E(\psi)$ 和 $\Delta(\psi)$ 与 $E(\Psi)$ 和 $\Delta(\Psi)$。

根据定义,对任意参数(s,μ),连续小波及其傅里叶变换$(\mathcal{F}\psi_{(s,\mu)})(\omega)$ 为

$$\psi_{(s,\mu)}(x) = |s|^{-0.5}\psi[s^{-1}(x-\mu)], \quad (\mathcal{F}\psi_{(s,\mu)})(\omega) = \sqrt{|s|}\,e^{-i\mu\omega}\Psi(s\omega)$$

它们都满足窗函数的要求,而且,它们的中心和半径可以分别表示为

$$\begin{cases} E(\psi_{(s,\mu)}) = \mu + sE(\psi) \\ \Delta(\psi_{(s,\mu)}) = |s|\Delta(\psi) \end{cases}$$

以及

$$\begin{cases} E(\mathcal{F}\psi_{(s,\mu)}) = E(\Psi)/s \\ \Delta(\mathcal{F}\psi_{(s,\mu)}) = \Delta(\Psi)/|s| \end{cases}$$

利用傅里叶变换的内积恒等式和连续小波变换的定义，对任意的参数(s,μ)，函数或者信号$f(x)$的小波变换$W_f(s,\mu)$可以写成

$$W_f(s,\mu) = C_\psi^{-0.5}|s|^{0.5}\int_{\omega\in\mathbf{R}}[(\mathscr{F}f)(\omega)][\Psi(s\omega)]^* e^{i\mu\omega}d\omega$$

其中

$$C_\psi = 2\pi\int_{\mathbf{R}^*}|\omega|^{-1}|\Psi(\omega)|^2 d\omega < +\infty$$

是小波函数$\psi(x)$的容许性参数，并由此说明小波变换提取的是函数$f(x)$在时间点$x=\mu$附近以及在频率点$\omega = E(\Psi)/s$附近，本质上集中在矩形联合时频窗

$$A_\psi(s,\mu) = [\mu + sE(\psi) - |s|\Delta(\psi), \mu + sE(\psi) + |s|\Delta(\psi)] \times [E(\Psi)/s - \Delta(\Psi)/|s|, E(\Psi)/s + \Delta(\Psi)/|s|]$$

中的联合时频信息，而且，对应的矩形联合时频窗面积是$4\Delta(\psi)\Delta(\Psi)$，只与小波母函数$\psi(x)$有关而与变换参数$(s,\mu)$无关。

连续小波时频窗的形状随着参数s而变化，这是与窗傅里叶变换和Gabor变换完全不同的时频特性，这个特点决定了小波变换在信号分析中的特殊作用。

对于较小的$s>0$，时间域的窗宽$|s|\Delta(\psi)$随着$s>0$一起变小，时窗$[\mu-|s|\Delta(\psi),\mu+|s|\Delta(\psi)]$变窄（为了方便起见假定小波母函数的中心$E(\psi)=0$），主频（中心频率）$E(\Psi)/s$变高，检测到的主要是信号的高频成分。由于高频成分在时间域的特点是变化迅速，因此，为了准确检测到在时域中某点处的高频成分，只能利用该点附近很小范围内的观察数据，这必然要求在该点的时间窗比较小，小波变换正好具备这样的自适应性。反过来，对于较大的$s>0$，时间域的窗宽$|s|\Delta(\psi)$随着s一起变大，时窗$[\mu-|s|\Delta(\psi),\mu+|s|\Delta(\psi)]$变宽，主频（中心频率）$E(\Psi)/s$变低，检测到的主要是信号的低频成分。由于低频成分在时间域的特点是变化缓慢，因此，为了完整地检测在时域中某点处的低频成分，必须利用该点附近较大范围内的观察数据，这必然要求在该点的时间窗比较大，小波变换也恰好具备这种自适应性。这是小波变换作为时频分析方法的独到之处，也是小波变换的又一突出优点。

另外，因为函数或者信号$f(x)$的小波变换

$$W_f(s,\mu) = C_\psi^{-0.5}\langle f,\psi_{(s,\mu)}\rangle_{\mathcal{L}^2(\mathbf{R})} = C_\psi^{-0.5}|s|^{-0.5}\int_{-\infty}^{+\infty} f(x)\psi^*[s^{-1}(x-\mu)]dx$$

提取的是函数$f(x)$在时间点$x=\mu$附近以及在频率点$\omega = E(\Psi)/s$附近，本质上集中在矩形联合时频窗$A_\psi(s,\mu)$中的那部分联合时频信息。所以，从频率域的角度来看，小波变换已经没有像傅里叶变换那样的“频率点”的概念，取而代之的则是本质意义上的“频带”的概念；从时间域来看，小波变换所反映的也不再是某个准确的“时间点”处的变化，而是体现了原信号在某个“时间段”内的变化情况。具体地说，信号$f(x)$的小波变换$W_f(s,\mu)$自适应地提取原信号在时间段$[\mu-|s|\Delta(\psi),\mu+|s|\Delta(\psi)]$内和频带$[E(\Psi)/s-\Delta(\Psi)/|s|,E(\Psi)/s+\Delta(\Psi)/|s|]$内的时频信息。

从另一个角度来看，从信号$f(x)$到小波变换$W_f(s,\mu)$的转换过程是把信号在时间域局部化到范围$[\mu-|s|\Delta(\psi),\mu+|s|\Delta(\psi)]$内，而且在频率域局部化到频带范围$[E(\Psi)/s-\Delta(\Psi)/|s|,E(\Psi)/s+\Delta(\Psi)/|s|]$内。这体现的正是小波变换所特有的能够实现时间局部化同时频率局部化的时频局部化能力。这在信号故障时间或者故障位置的诊断、图像边缘提取、图像数据压缩、信号滤波等方面都有重要应用。

由此说明，信号$f(x)$的小波变换$W_f(s,\mu)$只是提取了$f(x)$在时频窗$A_\psi(s,\mu)$中的那部分时频信息，从频率域来看，小波变换是按频带的方式分析和处理信号，它本质上是信号$f(x)$在频带$[E(\Psi)/s-\Delta(\Psi)/|s|,E(\Psi)/s+\Delta(\Psi)/|s|]$内的时频信息，在参数$\mu$固定的条件下，随着参数$s>0$取遍非负实数，这些频带全体覆盖了原信号$f(x)$在固定时间点$x=\mu$附近的各种频率成分，当然，它们之间的重叠覆盖也是很严重的。根据小波变换的反演公式

$$f(x)=C_\psi^{-0.5}\iint_{\mathbf{R}\times\mathbf{R}^*}W_f(s,\mu)\psi_{(s,\mu)}(x)s^{-2}\mathrm{d}s\mathrm{d}\mu$$

和吸收反演公式

$$f(x)=2C_\psi^{-0.5}\int_0^{+\infty}s^{-2}\mathrm{d}s\int_{-\infty}^{+\infty}W_f(s,\mu)\psi_{(s,\mu)}(x)\mathrm{d}\mu$$

可知，一般来说，虽然$\{W_f(s,\mu);s>0,\mu\in\mathbf{R}\}$的各部分之间有许多是重复的，但是，为了利用反演公式重现原始信号$f(x)$，每一个$W_f(s,\mu)$都是必要的，缺一不可。当然，并不是在任何情况下都是这样，离散小波变换就是例外，特别是二进小波变换和正交小波变换，它们本质上成功地解决了或者缓解了频带重叠覆盖问题。

2. 二进小波时频分析

考虑二进小波$\psi(x)$，即$\psi(x)$的傅里叶变换$\Psi(\omega)$满足稳定性条件

$$A\leqslant\sum_{j=-\infty}^{+\infty}|\Psi(2^j\omega)|^2\leqslant B$$

其中A、B都是有限正实数。

对于任意的整数$j\in\mathbf{Z}$，引入记号

$$\psi_{(2^{-j},\mu)}(x)=2^{j/2}\psi[2^j(x-\mu)]$$

将函数$f(x)$的二进小波变换记为$W_f^{(j)}(\mu)$，定义如下：

$$W_f^{(j)}(\mu)=W_f(2^{-j},\mu)=2^{j/2}C_\psi^{-0.5}\int_{-\infty}^{+\infty}f(x)\psi^*[2^j(x-\mu)]\mathrm{d}x$$

其中

$$C_\psi=2\pi\int_{\mathbf{R}^*}|\omega|^{-1}|\Psi(\omega)|^2\mathrm{d}\omega<+\infty$$

是小波函数$\psi(x)$的容许性参数。在这些条件下，二进小波变换的逆变换公式可以直接表示为

$$f(x)=\sum_{k=-\infty}^{+\infty}\int_{-\infty}^{+\infty}2^kC_\psi^{0.5}W_f^{(k)}(\mu)\tau_{(2^{-k},\mu)}(x)\mathrm{d}\mu$$

其中，函数$\tau(x)$满足

$$\sum_{j=-\infty}^{+\infty}\Psi(2^j\omega)T(2^j\omega)=1$$

称为二进小波 $\psi(x)$ 的对偶小波或者重构小波,其中 $T(\omega)$ 是 $\tau(x)$ 的傅里叶变换。

为了研究二进小波变换的时频分析特性,先将函数 $f(x)$ 的二进小波变换 $W_f^{(j)}(\mu)$ 改写为

$$W_f^{(j)}(\mu) = W_f(2^{-j},\mu) = C_{\psi}^{-0.5}\int_{-\infty}^{+\infty}(\mathscr{F}f)(\omega)\,[2^{-j/2}\Psi(2^{-j}\omega)\mathrm{e}^{-\mathrm{i}\omega\mu}]^*\mathrm{d}\omega$$

其中

$$C_{\psi} = 2\pi\int_{\mathbf{R}^*} |\omega|^{-1} |\Psi(\omega)|^2\mathrm{d}\omega < +\infty$$

是二进小波 $\psi(x)$ 的容许性参数,$\Psi(\omega)$ 是 $\psi(x)$ 的傅里叶变换。$W_f^{(j)}(\mu)$ 提取的是函数 $f(x)$ 在时间点 $x=\mu$ 附近以及在频率点 $\omega = 2^jE(\Psi)$ 附近本质上集中在矩形联合时频窗 $A_{\psi}(2^{-j},\mu)$ 中的联合时频信息,而且联合时频窗面积恒为 $4\Delta(\psi)\Delta(\Psi)$。

在频率域中,二进小波函数 $\psi_{(2^{-j},\mu)}(x)$ 对应的频带是

$$[2^j[E(\Psi)-\Delta(\Psi)],2^j[E(\Psi)+\Delta(\Psi)]]$$

实际上,如果二进小波函数 $\psi(x)$ 的傅里叶变换 $\Psi(\omega)$ 的中心和半径满足

$$E(\Psi) = 3\Delta(\Psi)$$

那么,二进小波函数 $\psi(x)$ 的傅里叶变换 $\Psi(\omega)$ 在统计学意义下提供了非负频率轴 $(0,+\infty)$ 的非重叠完全划分,有

$$(0,+\infty) = \bigcup_{j=-\infty}^{+\infty}[2^j[E(\Psi)-\Delta(\Psi)],2^j[E(\Psi)+\Delta(\Psi)]] = \bigcup_{j=-\infty}^{+\infty}[2^{j+1},2^{j+2}]\Delta(\Psi)$$

与小波变换类似地,信号或者函数 $f(x)$ 的二进小波变换 $W_f^{(j)}(\mu)$ 是按频带而不是按频率点的方式处理频域信息,对于原信号或者函数 $f(x)$ 在频带

$$[2^j[E(\Psi)-\Delta(\Psi)],2^j[E(\Psi)+\Delta(\Psi)]] = [2^{j+1}\Delta(\Psi),2^{j+2}\Delta(\Psi)]$$

中的信息,二进小波变换 $W_f^{(j)}(\mu)$ 是用这个频带的中心频率 $3\times 2^j\Delta(\Psi)$ 处的"小波谱" $W_f(2^{-j},\mu)$ 来描述 $f(x)$ 在频带 $[2^{j+1}\Delta(\Psi),2^{j+2}\Delta(\Psi)]$ 中的局部频率信息的,即以"点"代替"带"的方式。这是二进小波时频分析的特点。然而,对于数值计算来说,这还不够,因为"小波谱" $W_f(2^{-j},\mu)$ 中的参数 μ 应该取遍全部实数域 $\mathbf{R}$,所以,对于任何整数 $j\in\mathbf{Z}$,"小波谱" $W_f(2^{-j},\mu)$ 必须按参数 μ 进行重采样或者离散化参数 μ。这个问题或者描述为利用离散数据 $\{W_f(2^{-j},\mu_k);k\in\mathbf{Z}\}$ 重建 $W_f(2^{-j},\mu)$,这时,问题集中表现为寻找整个函数空间 $\mathcal{L}^2(\mathbf{R})$ 的"线性子空间" $\{W_f(2^{-j},\mu);f\in\mathcal{L}^2(\mathbf{R})\}$ 的一组基或者一组标架(frame),而这组基或标架应该由二进小波函数 $\psi(x)$ 按某种方式表示出来,利用这个基或者标架最后将小波变换 $W_f(2^{-j},\mu)$ 展开成以 $\{W_f(2^{-j},\mu_k);k\in\mathbf{Z}\}$ 为系数的线性组合;或者将这个问题改述为利用离散数据 $\{W_f(2^{-j},\mu_k);k\in\mathbf{Z},j\in\mathbf{Z}\}$ 重建 $W_f(s,\mu)$,进一步由小波反演公式重建原始信号 $f(x)$,这时,问题表现为寻找函数空间 $\mathcal{L}^2(\mathbf{R})$ 的基或标架,而将原始信号 $f(x)$ 表示为或展开为以离散数据 $\{W_f(2^{-j},\mu_k);k\in\mathbf{Z},j\in\mathbf{Z}\}$ 为组合系数的线性组合。第二种解决方案引出正交小波的概念。

3. 正交小波时频分析

假设小波函数 $\psi(x)$ 是正交小波,即函数系

$$\{\psi_{j,k}(x) = 2^{j/2}\psi(2^jx-k);(j,k)\in\mathbf{Z}\times\mathbf{Z}\}$$

生成函数空间$\mathcal{L}^2(\mathbf{R})$的规范正交基,这个函数系称为$\mathcal{L}^2(\mathbf{R})$的规范正交小波基。对于任意的$(j,k)\in\mathbf{Z}\times\mathbf{Z}$,$\psi_{j,k}(x)=2^{j/2}\psi(2^jx-k)$的傅里叶变换是

$$2^{-j/2}\Psi(2^{-j}\omega)\mathrm{e}^{-\mathrm{i}(2^{-j}\omega)k}$$

容易验证,在频率域中,对于任意的$(j,k)\in\mathbf{Z}\times\mathbf{Z}$,$2^{-j/2}\Psi(2^{-j}\omega)\mathrm{e}^{-\mathrm{i}(2^{-j}\omega)k}$作为窗函数的中心和半径分别是$2^jE(\Psi)$和$2^j\Delta(\Psi)$。

将函数$f(x)$的正交小波变换$W_f(2^{-j},2^{-j}k)$改写为

$$W_f(2^{-j},2^{-j}k)=\int_{\mathbf{R}}f(x)\overline{\psi}_{j,k}(x)\mathrm{d}x=\int_{\mathbf{R}}(\mathscr{F}f)(\omega)\left[2^{-j/2}\Psi(2^{-j}\omega)\mathrm{e}^{-\mathrm{i}(2^{-j}\omega)k}\right]^*\mathrm{d}\omega$$

那么,$W_f(2^{-j},2^{-j}k)$提取的是函数$f(x)$在时间点$\mu=2^{-j}k$附近以及在频率点$\omega=2^jE(\Psi)$附近本质上集中在矩形联合时频窗

$$\begin{aligned}A_\psi(2^{-j},2^{-j}k)=&[2^{-j}[k+E(\psi)-\Delta(\psi)],2^{-j}[k+E(\psi)+\Delta(\psi)]]\times\\&[2^j[E(\Psi)-\Delta(\Psi)],2^j[E(\Psi)+\Delta(\Psi)]]\end{aligned}$$

中的联合时频信息,而且,对应的矩形联合时频窗面积恒为$4\Delta(\psi)\Delta(\Psi)$。

在时间域中,$\{\psi_{j,k}(x)=2^{j/2}\psi(2^jx-k);k\in\mathbf{Z}\}$构成小波子空间$W_j$,$\forall j\in\mathbf{Z}$的规范正交基

$$W_j=\mathrm{Closespan}\{\psi_{j,k}(x)=2^{j/2}\psi(2^jx-k);k\in\mathbf{Z}\}$$

与频带$[2^j[E(\Psi)-\Delta(\Psi)],2^j[E(\Psi)+\Delta(\Psi)]]$是对应的。对于函数空间$\mathcal{L}^2(\mathbf{R})$的任何函数或信号$f(x)$,其时频分析相当于$f(x)$在小波子空间$W_j$上的正交投影$f_j(x)$在时间域按照小波规范正交系$\{\psi_{j,k}(x)=2^{j/2}\psi(2^jx-k);k\in\mathbf{Z}\}$的展开并同时在频率域按照规范正交系$\{(\mathscr{F}\psi_{j,k})(\omega)=2^{-j/2}\Psi(2^{-j}\omega)\mathrm{e}^{-\mathrm{i}(2^{-j}\omega)k};k\in\mathbf{Z}\}$的级数展开分析,即

$$f_j(x)=\sum_{k=-\infty}^{+\infty}f_{j,k}\psi_{j,k}(x)=\sum_{k=-\infty}^{+\infty}f_{j,k}2^{j/2}\psi(2^jx-k)$$

其中,$(j,k)\in\mathbf{Z}\times\mathbf{Z}$,

$$f_{j,k}=\int_{\mathbf{R}}f(x)\overline{\psi}_{j,k}(x)\mathrm{d}x=\int_{\mathbf{R}}f_j(x)\overline{\psi}_{j,k}(x)\mathrm{d}x$$

而且

$$(\mathscr{F}_{f_j})(\omega)=\sum_{k=-\infty}^{+\infty}f_{j,k}(\mathscr{F}\psi_{j,k})(\omega)=\Psi(2^{-j}\omega)\sum_{k=-\infty}^{+\infty}(2^{-j/2}f_{j,k})\mathrm{e}^{-\mathrm{i}(2^{-j}\omega)k}$$

在函数$f(x)$的正交小波时频分析中,对于任意的$j\in\mathbf{Z}$,在时间域和频率域中展开的级数系数$f_{j,k},k\in\mathbf{Z}$可以计算如下:

$$f_{j,k}=\int_{\mathbf{R}}(\mathscr{F}f)(\omega)\cdot[(\mathscr{F}\psi_{j,k})(\omega)]^*\mathrm{d}\omega=\int_{\mathbf{R}}(\mathscr{F}f)(\omega)\cdot2^{-j/2}\overline{\Psi}(2^{-j}\omega)\mathrm{e}^{\mathrm{i}(2^{-j}\omega)k}\mathrm{d}\omega$$

由此说明,$f(x)$的正交小波时频分析和$f(x)$在小波子空间W_j上的正交投影$f_j(x)$的时频分析是完全一样的,就是$f_j(x)$在时间域按照小波规范正交系

$$\{\psi_{j,k}(x)=2^{j/2}\psi(2^jx-k);k\in\mathbf{Z}\}$$

展开的级数系数的分析,或者,在频率域按照规范正交系

$$\{(\mathscr{F}\psi_{j,k})(\omega)=2^{-j/2}\Psi(2^{-j}\omega)\mathrm{e}^{-\mathrm{i}(2^{-j}\omega)k};k\in\mathbf{Z}\}$$

展开的级数系数分析。

另外,任何$f(x) \in \mathcal{L}^2(\mathbf{R})$,在时间域和频率域具有如下表达式:

$$f(x)=\sum_{j=-\infty}^{+\infty}f_j(x)=\sum_{j=-\infty}^{+\infty}\sum_{k=-\infty}^{+\infty}f_{j,k}\psi_{j,k}(x)=\sum_{j=-\infty}^{+\infty}\sum_{k=-\infty}^{+\infty}2^{j/2}f_{j,k}\psi\ (2^jx-k)$$

而且

$$(\mathscr{F}f)(\omega)=\sum_{j=-\infty}^{+\infty}(\mathscr{F}f_j)(\omega)=\sum_{j=-\infty}^{+\infty}2^{-j/2}\Psi(2^{-j}\omega)\left[\sum_{k=-\infty}^{+\infty}f_{j,k}\mathrm{e}^{-\mathrm{i}(2^{-j}\omega)k}\right]$$

其中,级数展开系数$f_{j,k}$,$(j,k) \in \mathbf{Z}\times\mathbf{Z}$可以计算如下:

$$f_{j,k}=\int_{\mathbf{R}}2^{-j/2}\overline{\Psi}(2^{-j}\omega)(\mathscr{F}f)(\omega)\mathrm{e}^{\mathrm{i}(2^{-j}\omega)k}\mathrm{d}\omega$$

实际上,考虑到数值计算和理论分析的需要,仿照二进小波变换处理频域的方式将时间平移参数μ离散化,获得离散数据$\{W_f(2^{-j},\mu_k);(k,j) \in \mathbf{Z}\times\mathbf{Z}\}$,为了保证原始信号域和变换域分析的一致性,应该要求离散后获得的离散小波变换数据$\{W_f(2^{-j},\mu_k);(k,j) \in \mathbf{Z}\times\mathbf{Z}\}$按某种方式能够重建信号$f(x) \in \mathcal{L}^2(\mathbf{R})$的小波变换$W_f(s,\mu)$或者原始信号$f(x)$本身。

这个问题最完美的一种解决方案就是正交小波分析。即选择小波$\psi(x)$,使函数族$\{\psi_{j,k}(x)=2^{j/2}\psi\ (2^jx-k);(j,k) \in \mathbf{Z}\times\mathbf{Z}\}$生成函数空间$\mathcal{L}^2(\mathbf{R})$的规范正交基,这个函数系称为$\mathcal{L}^2(\mathbf{R})$的规范正交小波基。在这里,时间中心参数$\mu$的离散化是与尺度参数$s$的离散化有联系的,具体地说,对任意整数$j \in \mathbf{Z}$,当尺度参数$s_j=2^{-j}$时,时间中心参数$\mu_k=2^{-j}k$,$k \in \mathbf{Z}$,与此相应,频域中的二进小波统计频带是$[2^{j+1}\Delta(\Psi),2^{j+2}\Delta(\Psi)]$,而且对应于时间域上的就是函数空间$\mathcal{L}^2(\mathbf{R})$上的闭子空间

$$W_j=\mathrm{Closespan}\{\psi_{j,k}(x);k \in \mathbf{Z}\}$$

相应时间窗是$[2^{-j}[k-\Delta(\psi)],2^{-j}[k+\Delta(\psi)]]$(回顾前述时间中心的约定$E(\psi)=0$),同时,与频域中互不相交的二进小波统计频带分割公式

$$(0,+\infty)=\bigcup_{j=-\infty}^{+\infty}[2^j[E(\Psi)-\Delta(\Psi)],2^j[E(\Psi)+\Delta(\Psi)]]=\bigcup_{j=-\infty}^{+\infty}[2^{j+1},2^{j+2})\Delta(\Psi)$$

相对应的是时间域中函数空间$\mathcal{L}^2(\mathbf{R})$的小波子空间正交直和分解

$$\mathcal{L}^2(\mathbf{R})=\bigoplus_{j\in\mathbf{Z}}W_j=\bigoplus_{j\in\mathbf{Z}}\mathrm{Closespan}\{\psi_{j,k}(x);k \in \mathbf{Z}\}$$

只有在这时,信号或函数的时频分析才具有明确的时域空间再分割的意义。正交小波理论提供的时频分析方法十分简单明了,信号或者函数的时频分析或者小波分析过程的物理意义和数学意义也很清晰简洁。

在正交小波时频分析的特殊情况下,原始信号或者函数的连续小波变换二元函数$W_f(s,\mu)$被转换为(采样)在平面二进网格点

$$\{(2^{-j},2^{-j}k);(k,j) \in \mathbf{Z}\times\mathbf{Z}\}$$

上的正交小波谱

$$\{W_f(2^{-j},2^{-j}k);(k,j) \in \mathbf{Z}\times\mathbf{Z}\}$$

利用正交小波谱$\{W_f(2^{-j},2^{-j}k);(k,j) \in \mathbf{Z}\times\mathbf{Z}\}$重建原始信号或者函数$f(x)$的公式,就是类似于傅里叶级数的正交小波级数,即

$$f(x)=\sum_{j\in\mathbf{Z}}\sum_{k\in\mathbf{Z}}W_f(2^{-j},2^{-j}k)\psi_{j,k}(x)$$

其中，$\psi_{j,k}(x)=2^{j/2}\psi(2^jx-k),(j,k)\in\mathbf{Z}\times\mathbf{Z}$是由正交小波$\psi(x)$产生的在各种不同尺度下中心在不同网格点处的再生或者重建正交小波函数，它们代表了一切可能的"基本单元"或者"时频原子"。从"时频原子分解"的观点来看，正交小波函数项级数公式说明，正交小波时频分析实质上是实现函数空间$\mathcal{L}^2(\mathbf{R})$中任何信号或者函数"时频原子分解"的一种有效途径。

另外，将函数空间$\mathcal{L}^2(\mathbf{R})$的正交小波子空间正交直和分解的思想分别用于闭小波子空间W_j，就产生了正交小波包时频分析的频带再分割理论和时域闭线性子空间正交直和再分割理论，从而突破经典时频分析理论进入时频分析的小波包再分割分析领域。这些理论将在研究正交小波包理论时再详尽论述。

第 2 章　多分辨率分析与小波

多分辨率分析是小波理论里程碑式的辉煌成就，是具有划时代意义的重大、普适的科学理论和方法。在发现毫无关联的几类科学研究问题和研究成果之间的相似性的基础上，Mallat 和 Meyer 共同建立了紧支撑小波多分辨率分析构造理论，并由此建立了能够统一这些工作的多分辨率分析方法，其中典型的基础性研究成果包括：

① Croisier、Esteban 和 Galand 在研究语音传输编码和数字电话时发明的正交镜像滤波器理论；

② Burt 与 Adelson 在研究图像处理和提取图像纹理过程中发明的金字塔算法和正交金字塔算法；

③ Ströngberg 和 Meyer 发现并建立的正交小波基及其构造方法。

在小波理论与正交镜像滤波器组理论之间关系的基础上，Daubechies 发现并完整建立了紧支撑、高阶消失矩、正则的正交和双正交 Daubechies 小波的理论和构造方法，连同 Mallat 和 Meyer 等其他学者取得的丰富研究成果，小波取代了以前各种意义下的科学分析方法，如傅里叶分析方法，成为一种理论深刻普适、算法灵活方便的科学研究方法，出乎预期地解决了类似傅里叶三角函数基或复指数函数基的一般化、通用化构造问题。Meyer 等在小波多分辨率分析构造理论基础上系统完成了函数、分布、算子，以及常用函数空间的小波特征刻画。在 Daubechies 发现并证明的小波和小波滤波器组的构造方法中，对每一个给定的正整数 $\zeta \in \mathbf{N}$，可以在函数空间 $\mathcal{L}^2(\mathbf{R})$ 上构造满足如下标准要求的正交小波函数 $\psi^{(\zeta)}(x)$：

① 函数系 $\{\psi_{j,k}^{(\zeta)}(x)=2^{j/2}\psi^{(\zeta)}(2^j x-k);(j,k)\in\mathbf{Z}^2\}$ 是 $\mathcal{L}^2(\mathbf{R})$ 的规范正交基；

② 函数 $\psi^{(\zeta)}(x)$ 的支撑区间是闭区间 $[0,2\zeta+1]$；

③ 函数 $\psi^{(\zeta)}(x)$ 具有直到 ζ 阶的消失矩，即

$$\int_{-\infty}^{+\infty} x^n \psi^{(\zeta)}(x)\,\mathrm{d}x=0,\quad n=0,1,\cdots,\zeta$$

④ 函数 $\psi^{(\zeta)}(x)$ 具有 $\zeta\gamma$ 阶连续导数，其中 γ 是一个独立常数，数值大约是 0.2。

这些 Daubechies 小波能够提供高效的函数分解和重构方法，比如，如果函数 $f(x)$ 具有 m 阶连续导数并利用 $\zeta\geqslant(m-1)$ 的 Daubechies 小波 $\psi^{(\zeta)}(x)$ 进行函数分解，那么它在小波基 $\psi_{j,k}^{(\zeta)}(x)=2^{j/2}\psi^{(\zeta)}(2^j x-k)$ 上的投影或分解系数 $\alpha_{j,k}=\langle f,\psi_{j,k}^{(\zeta)}\rangle$ 将被序列 $2^{-(m+0.5)j}$ 所限定，最多需要去除一个对所有整数 j 都相同的常数因子。这些重要的理论成果保证了高阶正则函数可以利用极少数显著非零系数实现高精度重建的高效压缩记忆，同时还因为小波具有的高阶正则性，可以保证函数的局部逼近和近似逼近也具有良好的正则性，这为提高信息压缩记忆、压缩感知、数据压缩传输等方法的性能开辟了新途径、奠定了理论基础。小波的这些非凡特性决定了它在科学界的巨大作用。

这些重要的小波理论成果以及其他绝大多数小波理论成就都是建立在多分辨率分析理论基础上的。多分辨率分析小波理论的建立和完善奠定了小波在数学界和科学界独一无二的历史地位。

这就是本章将全面而且详细研究的多分辨率分析理论。如果函数 $\psi(x)$ 是正交小波,那么,函数系 $\{\psi_{j,k}(x);(j,k)\in\mathbf{Z}\times\mathbf{Z}\}$ 构成函数空间 $\mathcal{L}^2(\mathbf{R})$ 的规范正交小波基。把这个规范正交小波基重新分组,分别张成平方可积函数空间 $\mathcal{L}^2(\mathbf{R})$ 的不同闭子空间列:

$$V_J=\text{Closespan}\{\psi_{j,k}(x);k\in\mathbf{Z},j=J-1,J-2,\cdots\},\quad J\in\mathbf{Z}$$

$$W_j=\text{Closespan}\{\psi_{j,k}(x);k\in\mathbf{Z}\},\quad j\in\mathbf{Z}$$

这样,容易得到函数空间 $\mathcal{L}^2(\mathbf{R})$ 的如下极限逼近和正交直和分解:

$$\mathcal{L}^2(\mathbf{R})=\overline{(\bigcup_{J\in\mathbf{Z}}V_J)}=\bigoplus_{j=-\infty}^{+\infty}W_j=V_0\oplus(\bigoplus_{j=0}^{+\infty}W_j)$$

本章将讨论空间 $\mathcal{L}^2(\mathbf{R})$ 的这两个闭子空间序列 $\{V_J;J\in\mathbf{Z}\}$ 和 $\{W_j;j\in\mathbf{Z}\}$ 的构造,以及它们之间的关系。

2.1 函数和子空间的分辨率

本节将研究分辨率基准函数,以及函数和子空间的分辨率、分辨率序列等问题。

2.1.1 整数平移函数系

在这里研究规范正交整数平移函数系的等价刻画。如下引理将在本书后续研究中被多次重复引用。

引理2.1(平移函数系的规范正交性) 设 $\xi(x)\in\mathcal{L}^2(\mathbf{R})$,则如下三种描述是相互等价的:

(1) $\{\xi(x-k);k\in\mathbf{Z}\}$ 是规范正交函数系,即对于任意的 $(k,l)\in\mathbf{Z}\times\mathbf{Z}$,有

$$\langle\xi(\cdot-k),\xi(\cdot-l)\rangle=\int_{-\infty}^{+\infty}\xi(x-k)\xi^*(x-l)\mathrm{d}x=\delta(k-l)$$

(2) $\int_{-\infty}^{+\infty}|(\mathcal{F}\xi)(\omega)|^2\mathrm{e}^{-\mathrm{i}j\omega}\mathrm{d}\omega=\delta(j),j\in\mathbf{Z}$。

(3) $2\pi\sum_{k=-\infty}^{+\infty}|(\mathcal{F}\xi)(\omega+2k\pi)|^2=1,\omega\in\mathbf{R}$。

其中,$(\mathcal{F}\xi)(\omega)$ 按照惯例表示函数 $\xi(x)$ 的傅里叶变换,即

$$\mathscr{F}:\xi(x)\mapsto\mathscr{F}_\xi(\omega)=(\mathcal{F}\xi)(\omega)=(2\pi)^{-0.5}\int_{-\infty}^{+\infty}\xi(x)\mathrm{e}^{-\mathrm{i}\omega x}\mathrm{d}x$$

证明 验证这些表述等价性的策略是(1)⇒(2)⇒(3)⇒(1)。

首先利用基本演算关系

$$\mathscr{F}:\varphi(x-k)\mapsto[\mathcal{F}\varphi(\cdot-k)](\omega)=(\mathcal{F}\varphi)(\omega)\mathrm{e}^{-\mathrm{i}\omega k}$$

获得如下内积等价表达式:

$$\begin{aligned}\langle\varphi(\cdot-k),\varphi(\cdot-l)\rangle&=\int_{-\infty}^{+\infty}\varphi(x-k)\varphi^*(x-l)\mathrm{d}x\\&=\int_{-\infty}^{+\infty}[(\mathcal{F}\varphi)(\omega)\mathrm{e}^{-\mathrm{i}\omega k}]\cdot[(\mathcal{F}\varphi)(\omega)\mathrm{e}^{-\mathrm{i}\omega l}]^*\mathrm{d}\omega\end{aligned}$$

$$= \int_{-\infty}^{+\infty} |(\mathcal{F}\varphi)(\omega)|^2 e^{-i\omega(k-l)} d\omega \qquad [重要公式]$$

$$= \sum_{m=-\infty}^{+\infty} \int_{2m\pi}^{2(m+1)\pi} |(\mathcal{F}\varphi)(\omega)|^2 e^{-i\omega(k-l)} d\omega$$

$$= \int_0^{2\pi} [\sum_{m=-\infty}^{+\infty} |(\mathcal{F}\varphi)(\omega + 2m\pi)|^2] e^{-i\omega(k-l)} d\omega \qquad [重要公式]$$

其次,完成等价性的推演证明:

如果(1) 成立,即$\langle \varphi(\cdot - k), \varphi(\cdot - l) \rangle = \delta(k - l), (k,l) \in \mathbf{Z} \times \mathbf{Z}$成立,那么,由

$$\langle \varphi(\cdot - k), \varphi(\cdot - l) \rangle = \int_{-\infty}^{+\infty} e^{-i\omega(k-l)} |(\mathcal{F}\varphi)(\omega)|^2 d\omega$$

取$j = k - l$,由于k,l是任意整数,所以j也是任意整数,且$k = l$时$j = 0$,否则$j \neq 0$。从而

$$\int_{-\infty}^{+\infty} |(\mathcal{F}\varphi)(\omega)|^2 e^{-ij\omega} d\omega = \delta(j), \quad j \in \mathbf{Z}$$

从而完成(1)⇒(2)。

如果(2) 成立,即

$$\int_{-\infty}^{+\infty} |(\mathcal{F}\varphi)(\omega)|^2 e^{-ij\omega} d\omega = \delta(j), \quad j \in \mathbf{Z}$$

那么,$\forall j \in \mathbf{Z}$,有

$$\delta(j) = \int_{-\infty}^{+\infty} |(\mathcal{F}\varphi)(\omega)|^2 e^{-ij\omega} d\omega = \int_0^{2\pi} [\sum_{m=-\infty}^{+\infty} |(\mathcal{F}\varphi)(\omega + 2m\pi)|^2] e^{-ij\omega} d\omega$$

显然,$\Delta(\omega) = \sum_{m=-\infty}^{+\infty} |(\mathcal{F}\varphi)(\omega + 2m\pi)|^2$ 是以 2π 为周期的周期函数,而且 $\Delta(\omega) \in \mathcal{L}^2(0,2\pi)$。因为函数系$\{(2\pi)^{-0.5} e^{ij\omega}; j \in \mathbf{Z}\}$是空间$\mathcal{L}^2(0,2\pi)$的规范正交基,而上式说明,当$j \neq 0$时,$\Delta(\omega)$ 与基向量$(2\pi)^{-0.5} e^{ij\omega}$ 正交,因此它必是常数,从而有

$$2\pi \sum_{m=-\infty}^{+\infty} |(\mathcal{F}\varphi)(\omega + 2m\pi)|^2 = 1$$

从而完成(2)⇒(3)。

如果(3) 成立,即

$$2\pi \sum_{m=-\infty}^{+\infty} |(\mathcal{F}\varphi)(\omega + 2m\pi)|^2 = 1$$

那么,$\forall (k,l) \in \mathbf{Z} \times \mathbf{Z}$,有

$$\langle \varphi(\cdot - k), \varphi(\cdot - l) \rangle = \int_0^{2\pi} [\sum_{m=-\infty}^{+\infty} |(\mathcal{F}\varphi)(\omega + 2m\pi)|^2] e^{-i\omega(k-l)} d\omega = \delta(k - l)$$

从而完成(3)⇒(1)。

2.1.2　函数和子空间的分辨率

这里引入子空间和函数的分辨率以及小波分辨率序列等概念。

1. 分辨率

定义 2.1　设$\mathscr{B}$是函数空间$\mathcal{L}^2(\mathbf{R})$的线性子空间,如果存在函数$\zeta(x)$,它的间隔为$\Delta$整数倍的平移函数系$\{\zeta(x - k\Delta); k \in \mathbf{Z}\}$构成函数子空间$\mathscr{B}$的规范正交基,则称子空间$\mathscr{B}$在基准函数$\zeta(x)$下分辨率是$\Delta^{-1}$,记为$\lambda = \Delta^{-1}$,同时,称子空间$\mathscr{B}$中的任何函数在基准

函数 $\zeta(x)$ 下的分辨率是 $\lambda = \Delta^{-1}$。

2. 分辨率序列

定义 2.2 设 $\mathscr{B}$ 是函数空间 $\mathcal{L}^2(\mathbf{R})$ 的线性子空间,如果存在相互正交的闭子空间序列 $\{\mathscr{B}^{(m)};m \in \Theta\}$ 构成 $\mathscr{B}$ 的正交直和分解,即

$$\mathscr{B} = \bigoplus_{m \in \Theta} \mathscr{B}^{(m)}$$

而且对于任何 $m \in \Theta$,闭子空间 $\mathscr{B}^{(m)}$ 在基准函数 $\zeta^{(m)}(x)$ 下的分辨率是 λ_m,则称 $\mathscr{B}$ 在基准函数系 $\{\zeta^{(m)}(x);m \in \Theta\}$ 下的分辨率序列是 $\{\lambda_m;m \in \Theta\}$,也称函数子空间 $\mathscr{B}$ 是多分辨率子空间。这时,称子空间 $\mathscr{B}$ 中的任何函数在基准函数系 $\{\zeta^{(m)}(x);m \in \Theta\}$ 下的分辨率序列是 $\{\lambda_m;m \in \Theta\}$。

2.2 小波空间与小波分辨率

本节的前提是正交小波函数 $\psi(x)$ 给定,研究当分辨率的基准函数取为小波函数的某个尺度伸缩的小波时,函数和子空间的分辨率或分辨率序列问题。这里引入小波子空间的概念,研究函数和小波子空间的小波分辨率以及小波分辨率序列等问题。

2.2.1 小波子空间

如果函数 $\psi(x)$ 是正交小波,那么,函数系 $\{\psi_{j,k}(x);(j,k) \in \mathbf{Z}\times\mathbf{Z}\}$ 构成函数空间 $\mathcal{L}^2(\mathbf{R})$ 的规范正交基。定义空间 $\mathcal{L}^2(\mathbf{R})$ 的闭子空间序列 $\{W_j;j \in \mathbf{Z}\}$ 如下:

$$W_j = \text{Closespan}\{\psi_{j,k}(x) = 2^{j/2}\psi(2^j x - k);k \in \mathbf{Z}\}, \quad j \in \mathbf{Z}$$

其中,W_j 称为第 j 级小波子空间。

因为 $\{\psi_{j,k}(x);(j,k) \in \mathbf{Z}\times\mathbf{Z}\}$ 是 $\mathcal{L}^2(\mathbf{R})$ 的规范正交小波基,从而,当 $j \neq l$ 时,有

$$\{\psi_{j,k}(x);k \in \mathbf{Z}\} \perp \{\psi_{l,n}(x);n \in \mathbf{Z}\}$$

因此得到 $W_j \perp W_l$,即小波子空间序列 $\{W_j;j \in \mathbf{Z}\}$ 是相互正交的。

此外,利用正交小波基的结构特点可以得到如下结果:$\forall j \in \mathbf{Z}$,有

$$g(x) \in W_j \Leftrightarrow g(2x) \in W_{j+1}$$

利用函数的正交小波级数表示方法容易证明这个结果。

正交小波基的结构特点决定了不同尺度小波基函数之间的转换关系。实际上,把 $\psi_{j,k}(x)$ 的时间压缩一半,即 $x \to 2x$,每个函数再乘规范化因子 $\sqrt{2}$,就能够得到 $\psi_{j+1,k}(x)$。这个操作过程可以示意性地表示为

$$\psi_{j,k}(x) = 2^{j/2}\psi(2^j x - k)$$

$$\Downarrow \boxed{x \to 2x}$$

$$2^{j/2}\psi(2^j \times 2x - k)$$

$$\Downarrow \boxed{\times\sqrt{2}}$$

$$\psi_{j+1,k}(x) = \sqrt{2}\times 2^{j/2}\psi(2^j \times 2x - k) = \sqrt{2}\psi_{j,k}(2x)$$

按照计算过程可以表示为

$$\psi_{j+1,k}(x)=\sqrt{2}\times 2^{j/2}\psi(2^j\times 2x-k)=\sqrt{2}\psi_{j,k}(2x)$$

反过来,把$\psi_{j+1,k}(x)$的时间扩张一倍,即$x\to 0.5x$,每个函数再乘规范化因子$2^{-1/2}$,就能够得到$\psi_{j,k}(x)$。这个操作过程可以示意性地表示为

$$\psi_{j+1,k}(x)=2^{(j+1)/2}\psi(2^{j+1}x-k)$$

$$\Downarrow \boxed{x\to 0.5x}$$

$$2^{(j+1)/2}\psi(2^{j+1}\times 0.5x-k)$$

$$\Downarrow \boxed{\times 2^{-1/2}}$$

$$\psi_{j,k}(x)=\frac{1}{\sqrt{2}}\times 2^{(j+1)/2}\psi(2^{j+1}\times 0.5x-k)=\frac{1}{\sqrt{2}}\psi_{j,k}(0.5x)$$

按照计算过程可以表示为

$$\psi_{j,k}(x)=\frac{1}{\sqrt{2}}\times 2^{(j+1)/2}\psi(2^{j+1}\times 0.5x-k)=\frac{1}{\sqrt{2}}\psi_{j+1,k}(0.5x)$$

利用正交小波基结构的这种独特性,例如,当$g(x)\in W_j$时,按照第j级小波子空间W_j的定义知,存在平方可和序列$\{\varsigma_k;k\in\mathbf{Z}\}\in l^2(\mathbf{Z})$满足要求

$$g(x)=\sum_{k=-\infty}^{+\infty}\varsigma_k\psi_{j,k}(x),\qquad \|g\|^2=\sum_{k\in\mathbf{Z}}|\varsigma_k|^2<+\infty$$

重新表达这个正交小波级数得到如下演算:

$$\begin{aligned}g(2x)&=\sum_{k=-\infty}^{+\infty}\varsigma_k\psi_{j,k}(2x)=\sum_{k=-\infty}^{+\infty}\varsigma_k\cdot 2^{j/2}\psi(2^j\cdot 2x-k)\\&=\sum_{k=-\infty}^{+\infty}(2^{-0.5}\varsigma_k)\cdot 2^{(j+1)/2}\psi(2^{j+1}x-k)\\&=\sum_{k=-\infty}^{+\infty}(2^{-0.5}\varsigma_k)\psi_{j+1,k}(x)\end{aligned}$$

显然$\sum_{k\in\mathbf{Z}}|2^{-0.5}\varsigma_k|^2=0.5\sum_{k\in\mathbf{Z}}|\varsigma_k|^2<+\infty$,从而按照定义$g(2x)\in W_{j+1}$。

因此,小波子空间序列$\{W_j;j\in\mathbf{Z}\}$是伸缩依赖的相互正交闭子空间序列,同时构成$\mathcal{L}^2(\mathbf{R})$的正交直和分解,总结在下式中:

$$W_j=\text{Closespan}\{\psi_{j,k}(x)=2^{j/2}\psi(2^jx-k);k\in\mathbf{Z}\},\quad j\in\mathbf{Z}$$

$$W_j\perp W_l,\quad j\neq l,(j,l)\in\mathbf{Z}\times\mathbf{Z}$$

$$g(x)\in W_j\Leftrightarrow g(2x)\in W_{j+1},\quad j\in\mathbf{Z}$$

$$\mathcal{L}^2(\mathbf{R})=\text{Closespan}\{\psi_{j,k}(x);(j,k)\in\mathbf{Z}\times\mathbf{Z}\}=\bigoplus_{j=-\infty}^{+\infty}W_j$$

2.2.2　小波分辨率

1. 小波分辨率

如果函数$\psi(x)$是正交小波,并选择基准函数

$$\varsigma_j(x)=\psi_{j,0}(x)=2^{j/2}\psi(2^jx)$$

那么,因为平移函数系

$$\{\zeta_j(x - 2^{-j}k) = \psi_{j,0}(x - 2^{-j}k) = 2^{j/2}\psi(2^j x - k);k \in \mathbf{Z}\}$$

构成第j级正交小波子空间W_j的规范正交基,因此,在基准函数$\varsigma_j(x) = \psi_{j,0}(x)$之下,小波子空间$W_j$的分辨率是$\lambda_j = 2^j$,也称$W_j$的小波分辨率是$\lambda_j = 2^j$。对于任意的函数$g(x) \in W_j$,称$g(x)$的小波分辨率是$\lambda_j = 2^j$,在前后文关系清晰的条件下,简称$g(x)$的分辨率是$\lambda_j = 2^j$。另外,因为$\mathcal{L}^2(\mathbf{R}) = \bigoplus_{j=-\infty}^{+\infty} W_j$,所以$\mathcal{L}^2(\mathbf{R})$在基准函数系$\{\varsigma_j(x) = \psi_{j,0}(x);j \in \mathbf{Z}\}$之下的分辨率序列是$\{\lambda_j = 2^j;j \in \mathbf{Z}\}$,也称$\mathcal{L}^2(\mathbf{R})$的小波分辨率序列是$\{\lambda_j = 2^j;j \in \mathbf{Z}\}$。这样,函数空间$\mathcal{L}^2(\mathbf{R})$包含了全部小波分辨率$\lambda_j = 2^j, j \in \mathbf{Z}$。

2. 分辨率的多样性

如果$\psi(x)$是正交小波,对于任意的函数$f(x) \in \mathcal{L}^2(\mathbf{R})$,它的正交小波级数表示为

$$f(x) = \sum_{j=-\infty}^{+\infty}\sum_{k=-\infty}^{+\infty} \langle f,\psi_{j,k}\rangle_{\mathcal{L}^2(\mathbf{R})}\psi_{j,k}(x)$$

如果定义函数序列$\{g_j(x);j \in \mathbf{Z}\}$如下:

$$g_j(x) = \sum_{k=-\infty}^{+\infty} \langle f,\psi_{j,k}\rangle_{\mathcal{L}^2(\mathbf{R})}\psi_{j,k}(x)$$

那么,在基准函数$\varsigma_j(x) = \psi_{j,0}(x)$之下,$g_j(x)$的小波分辨率是$\lambda_j = 2^j$。

后面将函数$g_j(x)$称为函数$f(x)$的小波分辨率为$\lambda_j = 2^j$的小波成分。形式上,函数$f(x)$是它的小波分辨率为$\lambda_j = 2^j$的小波成分$g_j(x)$的总和,其中j是全体整数。如果对于每一个$j \in \mathbf{Z}$,总存在$k' \in \mathbf{Z}$,保证$\langle f,\psi_{j,k'}\rangle_{\mathcal{L}^2(\mathbf{R})} \neq 0$,那么,在这个正交小波之下,函数$f(x)$在基准函数系$\{\varsigma_j(x) = \psi_{j,0}(x);j \in \mathbf{Z}\}$之下的分辨率序列是$\{\lambda_j = 2^j;j \in \mathbf{Z}\}$,包含了全部小波分辨率$\lambda_j = 2^j, j \in \mathbf{Z}$。

注释　需要注意的是,并非每个函数$f(x) \in \mathcal{L}^2(\mathbf{R})$都会包含全部小波分辨率$\lambda_j = 2^j, j \in \mathbf{Z}$。比如一个极端的例子是$f(x) = \psi_{j,2}(x) = 2^{j/2}\psi(2^j x - 2)$,它的小波分辨率就是单一的$\lambda_j = 2^j$。

另外,如果正交小波函数被选择为另一个函数$\tilde{\psi}(x)$,那么,上述结论就可能会发生变化。这样的问题在函数子空间的条件下也会出现。这就是函数子空间和函数的分辨率多样性问题。当一个正交小波给定之后,一个函数或者一个函数子空间的小波分辨率或小波分辨率序列就唯一确定了。改变正交小波函数,一个函数或者一个函数子空间的小波分辨率或小波分辨率序列就会发生变化。

2.2.3 小波正交性

在正交小波$\psi(x)$给定之后,对于任意的函数$f(x) \in \mathcal{L}^2(\mathbf{R})$,它在小波子空间序列$\{W_j;j \in \mathbf{Z}\}$的正交投影定义为函数序列$\{\tilde{g}_j(x);j \in \mathbf{Z}\}$,那么,显然对于任意的整数$j \in \mathbf{Z}$,$\tilde{g}_j(x)$的小波分辨率是$\lambda_j = 2^j$。更重要的是,$f(x)$在第$j$级小波子空间$W_j$上的正交投影$\tilde{g}_j(x)$正好就是$f(x)$的小波分辨率为$\lambda_j = 2^j$的小波成分$g_j(x)$。这个结论的证明留给读者作为练习。

由于小波子空间序列是函数空间$\mathcal{L}^2(\mathbf{R})$的相互正交的闭子空间序列,根据$f(x)$在第

j 级小波子空间 W_j 上的正交投影 $\tilde{g}_j(x)=g_j(x)$，得到一个重要结果，即函数 $f(x)$ 的全部小波成分 $\{g_j(x)=\tilde{g}_j(x);j\in\mathbf{Z}\}$ 是相互正交的函数序列

$$\langle g_j(x),g_{j'}(x)\rangle_{\mathcal{L}^2(\mathbf{R})}=\int_{-\infty}^{+\infty}g_j(x)\overline{g}_{j'}(x)\mathrm{d}x=0,\quad -\infty<j\neq j'<+\infty$$

这个结果的证明也可以从函数 $g_j(x)$ 的定义直接完成。

注释　这个重要而简单的结果与小波子空间序列的伸缩依赖性没有关系，因为，虽然由 $g_j(x)\in W_j$ 可以推演得到 $g_j(2x)\in W_{j+1}$，而且函数 $g_j(2x)$ 的小波分辨率也确实是 $\lambda_{j+1}=2^{j+1}$，但是这时得到的 $g_j(2x)$ 未必是 $f(x)$ 的小波成分。

2.2.4　函数正交叠加逼近

假设函数 $\psi(x)$ 是正交小波，对于任意的函数 $f(x)\in\mathcal{L}^2(\mathbf{R})$，它的全部小波成分是 $\{g_j(x)=\tilde{g}_j(x);j\in\mathbf{Z}\}$，那么，可以得到如下重要的小波成分正交叠加逼近定理。

定理 2.1（小波成分正交叠加逼近）　对任意的函数 $f(x)\in\mathcal{L}^2(\mathbf{R})$，如下正交函数级数逼近关系成立：

$$f(x)=\sum_{j=-\infty}^{+\infty}g_j(x)$$

或者

$$f(x)=\lim_{J\to+\infty}\sum_{j=-\infty}^{J-1}g_j(x)$$

或者

$$\lim_{J\to+\infty}\left\|f(x)-\sum_{j=-\infty}^{J-1}g_j(x)\right\|^2_{\mathcal{L}^2(\mathbf{R})}=\lim_{J\to+\infty}\int_{-\infty}^{+\infty}\left|f(x)-\sum_{j=-\infty}^{J-1}g_j(x)\right|^2\mathrm{d}x=0$$

其中，函数 $f(x)$ 的全部小波成分 $\{g_j(x)=\tilde{g}_j(x);j\in\mathbf{Z}\}$ 是相互正交的函数序列。

证明　因为函数 $\psi(x)$ 是正交小波，函数系 $\{\psi_{j,k}(x);(j,k)\in\mathbf{Z}\times\mathbf{Z}\}$ 构成函数空间 $\mathcal{L}^2(\mathbf{R})$ 的规范正交小波基，可以将函数 $f(x)$ 的小波级数表示为

$$f(x)=\sum_{j=-\infty}^{+\infty}\sum_{k=-\infty}^{+\infty}\alpha_{j,k}\psi_{j,k}(x)$$

其中，$\forall(j,k)\in\mathbf{Z}\times\mathbf{Z}$，有

$$\alpha_{j,k}=\langle f,\psi_{j,k}\rangle_{\mathcal{L}^2(\mathbf{R})}=\int_{-\infty}^{+\infty}f(x)\overline{\psi}_{j,k}(x)\mathrm{d}x$$

简单的演算可以得到（回顾正交小波的酉性理论）

$$\|f\|^2=\sum_{j=-\infty}^{+\infty}\|g_j\|^2=\sum_{j=-\infty}^{+\infty}\sum_{k=-\infty}^{+\infty}|\alpha_{j,k}|^2<+\infty$$

因为收敛序列必是 Cauchy 序列，从而得到

$$\sum_{j=J}^{+\infty}\sum_{k=-\infty}^{+\infty}|\alpha_{j,k}|^2\to0(J\to+\infty)$$

回到定理证明的核心步骤，即

$$\left\|f(x)-\sum_{j=-\infty}^{J-1}g_j(x)\right\|_{\mathcal{L}^2(\mathbf{R})}^2=\int_{-\infty}^{+\infty}\left|f(x)-\sum_{j=-\infty}^{J-1}g_j(x)\right|^2\mathrm{d}x=\sum_{j=J}^{+\infty}\|g_j\|^2$$
$$=\sum_{j=J}^{+\infty}\sum_{k=-\infty}^{+\infty}|\alpha_{j,k}|^2\to 0(J\to+\infty)$$

引入两个函数记号$f_j(x)$,$\varepsilon_j(x)$,令

$$f_j(x)=\sum_{l=-\infty}^{j-1}g_l(x),\quad \varepsilon_j(x)=f(x)-f_j(x)$$

分别表示函数$f(x)$的小波成分正交叠加逼近量和逼近误差函数。

定理 2.2(小波成分逼近和误差的正交关系)　假设函数$\psi(x)$是正交小波,对于任意的函数$f(x)\in\mathcal{L}^2(\mathbf{R})$,它的全部小波成分是$\{g_j(x)=\tilde{g}_j(x);j\in\mathbf{Z}\}$,那么,可以得到如下两组正交关系:

$$f(x)=\varepsilon_{j+1}(x)+f_{j+1}(x)=\varepsilon_j(x)+f_j(x),\quad \varepsilon_j(x)=\varepsilon_{j+1}(x)+g_j(x)$$

而且

$$\|f\|^2=\|\varepsilon_{j+1}\|^2+\|f_{j+1}\|^2=\|\varepsilon_j\|^2+\|f_j\|^2,\quad \|\varepsilon_j\|^2=\|\varepsilon_{j+1}\|^2+\|g_j\|^2$$

证明　利用正交小波产生的规范正交基,直接演算即可完成证明。

推论 2.1(小波成分逼近最优性)　假设函数$\psi(x)$是正交小波,对于任意的函数$f(x)\in\mathcal{L}^2(\mathbf{R})$,它的全部小波成分是$\{g_j(x)=\tilde{g}_j(x);j\in\mathbf{Z}\}$,那么,$f_j(x)$是函数$f(x)$的小波分辨率$\lambda_l=2^l,l\leqslant(j-1)$的全部小波成分的叠加,它是小波分辨率序列为$\{\lambda_l=2^l;l\leqslant(j-1)\}$的函数;反过来,如果$\tilde{f}_j(x)$是小波分辨率序列为$\{\lambda_l=2^l;l\leqslant(j-1)\}$的函数,它逼近函数$f(x)$的误差为$\tilde{\varepsilon}_j(x)=f(x)-\tilde{f}_j(x)$,那么,$\|\tilde{\varepsilon}_j\|^2\geqslant\|\varepsilon_j\|^2$,而且当要求$\|\tilde{\varepsilon}_j\|^2=\|\varepsilon_j\|^2$时,必然得到$\tilde{f}_j(x)=f_j(x)$,即$f_j(x)$是$f(x)$的小波分辨率序列为$\{\lambda_l=2^l;l\leqslant(j-1)\}$的使误差$\mathcal{L}^2$-模最小的逼近。

利用函数在闭线性子空间上的正交投影使投影偏差模最小的性质即可完成推论的简短证明。此外,根据逼近误差正交关系$\|\varepsilon_j\|^2=\|\varepsilon_{j+1}\|^2+\|g_j\|^2$以及小波成分逼近最优性,容易得到如下描述逼近误差$\mathcal{L}^2$-模单调下降的推论。

推论 2.2(误差$\mathcal{L}^2$-模最速下降特性)　假设$\psi(x)$是正交小波,对任意的函数$f(x)\in\mathcal{L}^2(\mathbf{R})$,它的小波成分正交叠加逼近$f_j(x)$的逼近误差$\mathcal{L}^2$-模$\|\varepsilon_j\|^2\to 0$是单调下降的,如果要求严格遵循小波分辨率$\lambda_j=2^j$依次连续增加的准则,逼近误差$\mathcal{L}^2$-模$\|\varepsilon_j\|^2$还是最速下降的。

推论 2.3(误差$\mathcal{L}^2$-模本质下降特性)　假设函数$\psi(x)$是正交小波,对于任意非零函数$f(x)\in\mathcal{L}^2(\mathbf{R})$,将它的小波成分正交叠加逼近$f_j(x)$的逼近误差$\mathcal{L}^2$-模记为$\|\varepsilon_j\|^2$,那么,$\|\varepsilon_j\|^2\to 0$,而且至少存在整数$j'\in\mathbf{Z}$,使得$\|\varepsilon_{j'}\|^2>\|\varepsilon_{j'+1}\|^2$。

推论 2.4(误差$\mathcal{L}^2$-模严格下降特性)　假设函数$\psi(x)$是正交小波,对于任意非零函数$f(x)\in\mathcal{L}^2(\mathbf{R})$,如果$f(x)$的任何单一小波分辨率$\lambda_j=2^j$的小波成分$g_j(x)$都具有非零$\mathcal{L}^2$-模,那么,$f(x)$的小波成分正交叠加逼近$f_j(x)$的逼近误差$\mathcal{L}^2$-模序列$\|\varepsilon_j\|^2\to 0$是严格下降的,即$\|\varepsilon_j\|^2>\|\varepsilon_{j+1}\|^2,j\in\mathbf{Z}$。

上面这些分析和讨论充分说明,在正交小波的基础上,函数 $f(x)$ 的小波成分正交叠加逼近方法的根本特征是,在逼近过程中,为了改善逼近效果,每次的添加量都与此前任何一次的逼近量正交,不仅如此,每一次的添加量都是一个最优量,确保逼近误差 $\mathcal{L}^2$ - 模序列是最速下降的。

正是在正交小波的基础上,函数 $f(x)$ 的小波成分正交叠加逼近方法才具有了这一系列的优良性质,具体而言,$\{\psi_{l,k}(x); -\infty < l \leqslant j-1, k \in \mathbf{Z}\}$ 这样的规范正交函数系才是小波成分正交叠加逼近方法一切性质的根本基础。

2.2.5　小波多分辨率结构

如果函数 $\psi(x)$ 是正交小波,那么,函数系 $\{\psi_{j,k}(x); (j,k) \in \mathbf{Z} \times \mathbf{Z}\}$ 构成函数空间 $\mathcal{L}^2(\mathbf{R})$ 的规范正交小波基。小波子空间序列是函数空间 $\mathcal{L}^2(\mathbf{R})$ 上的闭子空间序列 $\{W_j; j \in \mathbf{Z}\}$,即

$$W_j = \text{Closespan}\{\psi_{j,k}(x) = 2^{j/2}\psi(2^j x - k); k \in \mathbf{Z}\}, \quad j \in \mathbf{Z}$$

那么,小波子空间可以重新表达为

$$W_j = \left\{g_j(x) = \sum_{k=-\infty}^{+\infty} \alpha_k \psi_{j,k}(x); \sum_{k=-\infty}^{+\infty} |\alpha_k|^2 < +\infty\right\}$$

而且小波子空间序列 $\{W_j; j \in \mathbf{Z}\}$ 具有如下正交的伸缩依赖关系:

$$W_j \perp W_l, \quad j \neq l, (j,l) \in \mathbf{Z} \times \mathbf{Z}$$

$$g(x) \in W_j \Leftrightarrow g(2x) \in W_{j+1}$$

同时,小波子空间序列 $\{W_j; j \in \mathbf{Z}\}$ 构成 $\mathcal{L}^2(\mathbf{R})$ 的正交直和分解关系,即

$$\mathcal{L}^2(\mathbf{R}) = \text{Closespan}\{\psi_{j,k}(x); (j,k) \in \mathbf{Z} \times \mathbf{Z}\} = \bigoplus_{j=-\infty}^{+\infty} W_j$$

这样,在正交小波函数 $\psi(x)$ 已知的前提下,函数空间 $\mathcal{L}^2(\mathbf{R})$ 的分析和构造完全可以转换为一系列分辨率各异的小波子空间序列 $\{W_j; j \in \mathbf{Z}\}$ 的分析和构造。此外,最重要的是,利用小波子空间列的伸缩依赖关系,分辨率各不相同的小波子空间的分析和构造完全转化为这个子空间列中的任何一个单一分辨率子空间的分析和构造。在正交小波理论中,整个函数空间 $\mathcal{L}^2(\mathbf{R})$ 的分析构造问题最终转化为单一分辨率小波子空间(如 W_0)的分析构造。

2.3　尺度空间与尺度分辨率

为了在小波子空间列特性的基础上研究 $\{\psi_{l,k}(x); -\infty < l \leqslant j-1, k \in \mathbf{Z}\}$ 的整体性质,以这个规范正交函数系张成的闭子空间(即尺度子空间)的定义为出发点。

2.3.1　尺度空间

1. 尺度子空间的定义

如果 $\psi(x)$ 是正交小波,那么,$\{\psi_{j,k}(x); (j,k) \in \mathbf{Z} \times \mathbf{Z}\}$ 构成函数空间 $\mathcal{L}^2(\mathbf{R})$ 的规范正交小波基。定义空间 $\mathcal{L}^2(\mathbf{R})$ 的闭子空间序列 $\{V_j; j \in \mathbf{Z}\}$ 如下:$\forall j \in \mathbf{Z}$,有

$$V_j = \text{Closespan}\{\psi_{l,k}(x) = 2^{l/2}\psi(2^l x - k);\ -\infty < l \leqslant j-1, k \in \mathbf{Z}\}$$

其中,V_j 称为第 j 级尺度子空间。

由尺度子空间的定义知,函数 $f(x)$ 的小波成分正交叠加逼近 $f_j(x)$,实际上就是 $f(x)$ 在函数空间 $\mathcal{L}^2(\mathbf{R})$ 的闭线性子空间 V_j(第 j 级尺度子空间)上的正交投影,因此,在希尔伯特空间中向量向一个闭线性子空间正交投影的各种性质都可以用来研究函数的小波成分正交叠加逼近方法。为此需要先研究尺度子空间序列的性质以及它与小波子空间序列的关系。

2. 尺度子空间列递归性

根据尺度子空间的定义,可以直接得到尺度子空间的等价表达形式为

$$V_J = \bigoplus_{j=-\infty}^{J-1} W_j = \left\{\xi_J(x) = \sum_{j=-\infty}^{J-1}\sum_{k=-\infty}^{+\infty} \varsigma_{j,k}\psi_{j,k}(x);\ \sum_{j=-\infty}^{J-1}\sum_{k=-\infty}^{+\infty} |\varsigma_{j,k}|^2 < \infty\right\}$$

利用尺度子空间的定义和等价表达可以得到尺度子空间列的递归关系。

定理 2.3(递归尺度子空间列) $V_{J+1} = V_J \oplus W_J, J \in \mathbf{Z}$。

证明 根据尺度子空间的几种等价表达可得,$\forall J \in \mathbf{Z}$,有

$$\begin{aligned}
V_{J+1} &= \left\{\xi_{J+1}(x) = \sum_{j=-\infty}^{J}\sum_{k=-\infty}^{+\infty} \varsigma_{j,k}\psi_{j,k}(x);\ \sum_{j=-\infty}^{J}\sum_{k=-\infty}^{+\infty} |\varsigma_{j,k}|^2 < \infty\right\} \\
&= \left\{\xi_{J+1}(x) = \sum_{k=-\infty}^{+\infty} \varsigma_{J,k}\psi_{J,k}(x) + \sum_{j=-\infty}^{J-1}\sum_{k=-\infty}^{+\infty} \varsigma_{j,k}\psi_{j,k}(x);\ \sum_{j=-\infty}^{J}\sum_{k=-\infty}^{+\infty} |\varsigma_{j,k}|^2 < \infty\right\} \\
&= \{\xi_{J+1}(x) = g_J(x) + \xi_J(x); g_J(x) \in W_J, \xi_J(x) \in V_J\} \\
&= V_J \oplus W_J
\end{aligned}$$

该式利用了两个规范正交函数系$\{\psi_{j,k}(x); j \leqslant J-1, k \in \mathbf{Z}\}$ 和$\{\psi_{J,k}(x); k \in \mathbf{Z}\}$ 的正交性决定的尺度子空间 V_J 与小波子空间 W_J 的正交性。

回顾函数$f_j(x)$ 的定义可知,定理所述的尺度子空间列递归关系本质上体现的是函数递归关系$f_{j+1}(x) = f_j(x) + g_j(x)$,而且$f_j(x) \perp g_j(x)$。这从整体上再次表达了这样一个事实:在正交小波的基础上,函数 $f(x)$ 的小波成分正交叠加逼近方法的根本特征是,在逼近过程中,为了改善逼近效果,每次的添加量都与此前任何一次的逼近量正交,不仅如此,每一次的添加量都是一个最优量,确保逼近误差$\mathcal{L}^2$ - 模序列是最速下降的。在这里这个事实可以这样表述:在对函数 $f(x)$ 的正交小波成分逼近过程中,函数递归关系 $f_{j+1}(x) = f_j(x) + g_j(x)$ 及$f_j(x) \perp g_j(x)$ 表明,与前一逼近步骤的$f_j(x)$ 逼近$f(x)$ 相比,$f_{j+1}(x)$ 对函数$f(x)$ 的逼近多了一个增量 $g_j(x)$,这个增量与$f_j(x)$ 正交,所以是一个真正的增量,不仅如此,$f_l(x) \perp g_j(x), l < j$,即这个逼近步骤的真正增量 $g_j(x)$ 与这个步骤之前的每个步骤的逼近量$f_l(x), l < j$ 都是正交的。更重要的是,如果增量 $g_j(x)$ 只允许在小波子空间 W_j 中选择,现在给出的这个增量 $g_j(x)$ 是最好的增量,完全可以保证由此导致$f_{j+1}(x)$ 对函数 $f(x)$ 的逼近误差在$\mathcal{L}^2$ - 模(范数)意义下达到最小,即对于任意的函数 $\tilde{g}_j(x) \in W_j$,如下的$\mathcal{L}^2$ - 范数不等式成立:

$$\|f(x) - f_{j+1}(x)\|_{\mathcal{L}^2}^2 = \|[f(x) - f_j(x)] - g_j(x)\|_{\mathcal{L}^2}^2 \leqslant \|[f(x) - f_j(x)] - \tilde{g}_j(x)\|_{\mathcal{L}^2}^2$$

或者

$$\|\varepsilon_{j+1}\|_{\mathcal{L}^2}^2 = \|f(x) - f_{j+1}(x)\|_{\mathcal{L}^2}^2 \leqslant \|\tilde{\varepsilon}_{j+1}(x)\|_{\mathcal{L}^2}^2$$

其中，$\tilde{\varepsilon}_{j+1}(x) = f(x) - f_j(x) - \tilde{g}_j(x)$ 而且 $\tilde{g}_j(x) \in W_j$。

这严格表达了逼近误差函数的$\mathcal{L}^2$－范数单调下降 $\|\varepsilon_{j+1}\|_{\mathcal{L}^2}^2 \leqslant \|\varepsilon_j\|_{\mathcal{L}^2}^2$，而且这个下降还是最速下降 $\|\varepsilon_{j+1}\|_{\mathcal{L}^2}^2 \leqslant \|\tilde{\varepsilon}_{j+1}(x)\|_{\mathcal{L}^2}^2$。

3. 尺度子空间列单调性

在这里以尺度子空间列的递归关系的推论形式给出尺度子空间列的单调性。

推论 2.5（尺度子空间列单调性）　$V_J \subseteq V_{J+1}, J \in \mathbf{Z}$。

尺度子空间列的单调性体现的是逼近关系式 $f_{j+1}(x) = f_j(x) + g_j(x)$ 中当增量部分 $g_j(x) = 0$ 时的特殊情形。

4. 尺度子空间列稠密性

在函数$\psi(x)$是正交小波的条件下，对于任意的函数$f(x) \in \mathcal{L}^2(\mathbf{R})$，根据小波成分正交叠加逼近定理可知，函数$f(x)$的全部小波成分$\{g_j(x) = \tilde{g}_j(x); j \in \mathbf{Z}\}$的叠加是正交叠加，而且这种叠加在一定意义下是最佳逼近函数 $f(x)$ 的。这个重要事实可以表示为 $\sum_{j=-\infty}^{J-1} g_j(x) \to f(x)(J \to +\infty)$ 或者$f_j(x) \to f(x)(j \to +\infty)$。利用尺度子空间列形式刻画这个结果就得到如下的尺度子空间列稠密性定理。

定理 2.4（尺度子空间列稠密性）　$\mathcal{L}^2(\mathbf{R}) = \overline{[\bigcup_{J \in \mathbf{Z}} V_J]}$，或者，简单写成如下的极限表达形式：

$$\mathcal{L}^2(\mathbf{R}) = \lim_{J \to +\infty} V_J$$

$$V_J \to \mathcal{L}^2(\mathbf{R})(J \to +\infty)$$

证明　事实上，因为$V_J \subseteq \mathcal{L}^2(\mathbf{R}), J \in \mathbf{Z}$，而且$\mathcal{L}^2(\mathbf{R})$是希尔伯特空间，因此直接可以得到$\overline{[\bigcup_{J \in \mathbf{Z}} V_J]} \subseteq \mathcal{L}^2(\mathbf{R})$。下面证明$\mathcal{L}^2(\mathbf{R}) \subseteq \overline{[\bigcup_{J \in \mathbf{Z}} V_J]}$，把这个关系重新表述为，$\forall f(x) \in \mathcal{L}^2(\mathbf{R}), \forall J \in \mathbf{Z}, \exists f_J(x) \in V_J \Rightarrow \|f(x) - f_J(x)\|_{\mathcal{L}^2(\mathbf{R})}^2 \to 0$，或者简单表述为$f(x) = \lim_{J \to +\infty} f_J(x)$。

在$\psi(x)$是正交小波的条件下，$\{\psi_{j,k}(x); (j,k) \in \mathbf{Z} \times \mathbf{Z}\}$构成函数空间$\mathcal{L}^2(\mathbf{R})$的规范正交小波基，当$f(x) \in \mathcal{L}^2(\mathbf{R})$时，如下正交小波级数展开式成立：

$$f(x) = \sum_{j=-\infty}^{+\infty} \sum_{k=-\infty}^{+\infty} \alpha_{j,k} \psi_{j,k}(x)$$

其中，$(j,k) \in \mathbf{Z} \times \mathbf{Z}, \alpha_{j,k} = \langle f, \psi_{j,k} \rangle_{\mathcal{L}^2(\mathbf{R})} = \int_{-\infty}^{+\infty} f(x) \overline{\psi}_{j,k}(x) \mathrm{d}x$，而且

$$\|f(x)\|_{\mathcal{L}^2(\mathbf{R})}^2 = \sum_{j=-\infty}^{+\infty} \sum_{k=-\infty}^{+\infty} |\alpha_{j,k}|^2 < +\infty$$

如果定义函数序列$\{f_J(x); J \in \mathbf{Z}\}$如下：

$$f_J(x) = \sum_{j=-\infty}^{J-1} \sum_{k=-\infty}^{+\infty} \alpha_{j,k} \psi_{j,k}(x)$$

因为 $V_J = \text{Closespan}\{\psi_{l,k}(x); -\infty < l \leqslant J-1, k \in \mathbf{Z}\}$，而且

$$0 \leqslant \sum_{j=-\infty}^{J-1} \sum_{k=-\infty}^{+\infty} |\alpha_{j,k}|^2 \leqslant \sum_{j=-\infty}^{+\infty} \sum_{k=-\infty}^{+\infty} |\alpha_{j,k}|^2 = \|f\|^2 < +\infty$$

所以$f_J(x) \in V_J$。利用这些构造直接演算,进一步可得

$$\int_{-\infty}^{+\infty} |f(x) - f_J(x)|^2 dx = \int_{-\infty}^{+\infty} \left| \sum_{j=-\infty}^{+\infty} \sum_{k=-\infty}^{+\infty} \alpha_{j,k}\psi_{j,k}(x) - \sum_{j=-\infty}^{J-1} \sum_{k=-\infty}^{+\infty} \alpha_{j,k}\psi_{j,k}(x) \right|^2 dx$$

$$= \int_{-\infty}^{+\infty} \left| \sum_{j=J}^{+\infty} \sum_{k=-\infty}^{+\infty} \alpha_{j,k}\psi_{j,k}(x) \right|^2 dx = \sum_{j=J}^{+\infty} \sum_{k=-\infty}^{+\infty} |\alpha_{j,k}|^2$$

因为$\sum_{j=-\infty}^{+\infty} \sum_{k=-\infty}^{+\infty} |\alpha_{j,k}|^2 < +\infty$,所以当$J \to +\infty$时,有

$$\|f(x) - f_J(x)\|_{\mathcal{L}^2(\mathbf{R})}^2 = \sum_{j=J}^{+\infty} \sum_{k=-\infty}^{+\infty} |\alpha_{j,k}|^2 \to 0$$

5. 尺度子空间列唯一性

关于尺度子空间列的稠密性的定理说明,尺度子空间列作为$\mathcal{L}^2(\mathbf{R})$中的闭的嵌套子空间序列,在某种意义上充满了整个空间$\mathcal{L}^2(\mathbf{R})$,这相当于表达了严格递增的子空间序列$\{V_J \subseteq \mathcal{L}^2(\mathbf{R}), J \in \mathbf{Z}\}$的最大的子空间$V_{+\infty}$逼近而且达到了全空间$\mathcal{L}^2(\mathbf{R})$。这就解决了尺度子空间序列的最大值问题。在这里将研究相反的问题,即尺度子空间序列的最小子空间$V_{-\infty}$,就是尺度子空间序列的唯一性问题。

定理 2.5(尺度子空间列唯一性) $\bigcap_{J \in \mathbf{Z}} V_J = \{0\}$,或者,简单写成如下的极限表达形式:

$$\lim_{J \to -\infty} V_J = \{0\}$$

$$V_J \to \{0\} \, (J \to -\infty)$$

证明 这个定理的基本意义是,如果$h(x) \in V_J, J \in \mathbf{Z}$,那么$h(x)=0$,即

$$\forall h(x) \in \bigcap_{J=-\infty}^{+\infty} V_J \Rightarrow h(x) = 0$$

实际上,因为$h(x) \in \bigcap_{J=-\infty}^{+\infty} V_J \subseteq \mathcal{L}^2(\mathbf{R})$,而且,在$\psi(x)$是正交小波的条件下$\{\psi_{j,k}(x); (j,k) \in \mathbf{Z} \times \mathbf{Z}\}$构成$\mathcal{L}^2(\mathbf{R})$的规范正交小波基,于是,$h(x)$可以写成正交小波级数形式,即

$$h(x) = \sum_{j=-\infty}^{+\infty} \sum_{k=-\infty}^{+\infty} h_{j,k}\psi_{j,k}(x)$$

其中,$(j,k) \in \mathbf{Z} \times \mathbf{Z}$,有

$$h_{j,k} = \langle h, \psi_{j,k} \rangle_{\mathcal{L}^2(\mathbf{R})} = \int_{-\infty}^{+\infty} h(x)\overline{\psi}_{j,k}(x) dx$$

下面的证明思路是,对任意的$(j,k) \in \mathbf{Z} \times \mathbf{Z}$,推证$h_{j,k} = 0$,如是则$h(x) = 0$。

对于任意的$j \in \mathbf{Z}$,因为$h(x) \in \bigcap_{J=-\infty}^{+\infty} V_J$,所以$h(x) \in V_{j+1}$,于是利用$V_{j+1}$的定义知,$h(x)$将具有如下的特殊正交小波级数表达:

$$h(x) = \sum_{l=-\infty}^{j} \sum_{m \in \mathbf{Z}} h_{l,m}\psi_{l,m}(x)$$

特别需要注意的是,因为$h(x) \in \bigcap_{J=-\infty}^{+\infty} V_J$,所以这个级数表达的$h(x)$必然同时属于

V_j,即 $h(x) \in V_j$。因为 $V_j \perp W_j$,所以 $h(x) \perp W_j$。利用 W_j 的定义

$$W_j = \text{Closespan}\{\psi_{j,k}(x);k \in \mathbf{Z}\}$$

可知,对于任意的 $k \in \mathbf{Z}$,必然成立 $h(x) \perp \psi_{j,k}(x)$,即 $\langle h(x),\psi_{j,k}(x)\rangle = 0$。将函数 $h(x)$ 的小波级数表达式代入这个公式直接演算可得

$$0 = \langle h(x),\psi_{j,k}(x)\rangle = \int_{-\infty}^{+\infty} h(x)\overline{\psi}_{j,k}(x)\mathrm{d}x$$

$$= \int_{-\infty}^{+\infty} \sum_{l=-\infty}^{j} \sum_{m\in\mathbf{Z}} h_{l,m}\psi_{l,m}(x)\overline{\psi}_{j,k}(x)\mathrm{d}x = h_{j,k}$$

即得证 $h_{j,k} = 0$。

尺度子空间列唯一性定理说明,嵌套的尺度子空间序列的最小子空间 $V_{-\infty}$ 就是 $\mathcal{L}^2(\mathbf{R})$ 的唯一的一个零函数构成的平凡子空间$\{0\}$。

注释　这个定理还有一个更具有整体性的证明,试述如下。显然

$$\forall j \in \mathbf{Z},\quad [\bigcap_{J=-\infty}^{+\infty} V_J] \subseteq V_j$$

因为 $\forall j \in \mathbf{Z}, V_j \perp W_j$,所以

$$\forall j \in \mathbf{Z},\quad [\bigcap_{J=-\infty}^{+\infty} V_J] \perp W_j$$

因为$\mathcal{L}^2(\mathbf{R}) = \bigoplus_{j=-\infty}^{+\infty} W_j$,所以

$$[\bigcap_{J=-\infty}^{+\infty} V_J] \perp \mathcal{L}^2(\mathbf{R})$$

最后得到 $\bigcap_{J=-\infty}^{+\infty} V_J = \{0\}$。

6. 尺度子空间列伸缩性

在函数 $\psi(x)$ 是正交小波的条件下,小波子空间列具有伸缩依赖关系 $g(x) \in W_j \Leftrightarrow g(2x) \in W_{j+1}$,从而把小波子空间的构造完全归结为小波子空间序列中的任何一个子空间的构造,利用这种伸缩依赖关系就可以从这个子空间的构造得到全部每个小波子空间的构造。

在这里将研究尺度子空间序列的类似性质,尝试论证尺度子空间序列具有伸缩依赖关系。

定理 2.6(尺度子空间列伸缩性)　在函数 $\psi(x)$ 是正交小波的条件下,按照前述方式定义的尺度子空间序列$\{V_J;J \in \mathbf{Z}\}$ 具有如下伸缩依赖关系:

$$f(x) \in V_J \Leftrightarrow f(2x) \in V_{J+1}$$

证明　这里示范性证明 $\forall h(x) \in V_{J+1} \Rightarrow h(0.5x) \in V_J$。

因为正交小波 $\psi(x)$ 的伸缩平移函数系$\{\psi_{j,k}(x);(j,k) \in \mathbf{Z}\times\mathbf{Z}\}$ 构成$\mathcal{L}^2(\mathbf{R})$ 的规范正交小波基,由 V_{J+1} 的定义知,$h(x)$ 可以写成如下的小波级数:

$$h(x) = \sum_{l=-\infty}^{J} \sum_{m\in\mathbf{Z}} h_{l,m}\psi_{l,m}(x)$$

其中

$$(l,m) \in \mathbf{Z}\times\mathbf{Z},\quad h_{l,m} = \langle h,\psi_{l,m}\rangle_{\mathcal{L}^2(\mathbf{R})} = \int_{-\infty}^{+\infty} h(x)\overline{\psi}_{l,m}(x)\mathrm{d}x$$

直接演算 $h(0.5x)$ 的表达公式可得

$$h(0.5x)=\sum_{l=-\infty}^{J}\sum_{m\in\mathbf{Z}}h_{l,m}\psi_{l,m}(0.5x)=\sum_{l=-\infty}^{J}\sum_{m\in\mathbf{Z}}\sqrt{2}h_{l,m}2^{(l-1)/2}\psi(2^{l-1}x-m)$$
$$=\sum_{j=-\infty}^{J-1}\sum_{m\in\mathbf{Z}}\sqrt{2}h_{j+1,m}2^{j/2}\psi(2^{j}x-m)=\sum_{j=-\infty}^{J-1}\sum_{m\in\mathbf{Z}}\sqrt{2}h_{j+1,m}\psi_{j,m}(x)$$

其中

$$\sum_{j=-\infty}^{J-1}\sum_{m\in\mathbf{Z}}|\sqrt{2}h_{j+1,m}|^{2}=2\sum_{l=-\infty}^{J}\sum_{m\in\mathbf{Z}}|h_{l,m}|^{2}=2\|h\|^{2}<+\infty$$

这些演算结果说明，函数 $h(0.5x)$ 可以写成尺度子空间 V_J 的规范正交基

$$\{\psi_{l,m}(x)=2^{l/2}\psi(2^{l}x-m);-\infty<l\leqslant J-1,m\in\mathbf{Z}\}$$

的小波级数，而且级数系数是平方可和的，因此可得 $h(0.5x)\in V_J$。

类似可证 $\forall h(x)\in V_J\Rightarrow h(2x)\in V_{J+1}$。

注释 这个定理还有一个更具有整体性的证明。把尺度子空间序列与小波子空间序列的关系公式

$$V_J=\bigoplus_{j=-\infty}^{J-1}W_j$$

转换为函数表达式形式，得到如下公式：

$$f_J(x)\in V_J\Leftrightarrow f_J(x)=\sum_{j=-\infty}^{J-1}g_j(x),\quad g_j(x)\in W_j,\quad -\infty<j\leqslant J-1$$

而且

$$f_J(2x)=\sum_{j=-\infty}^{J-1}g_j(2x),\quad g_j(x)\in W_j\Leftrightarrow g_j(2x)\in W_{j+1},\quad -\infty<j\leqslant J-1$$

因此直接推论得到 $f_J(x)\in V_J\Leftrightarrow f_J(2x)\in V_{J+1}$。

在函数 $\psi(x)$ 是正交小波的条件下，根据尺度子空间列的伸缩性定理可知，尺度子空间序列的构造完全被归结为尺度子空间序列中的任何一个子空间的构造，利用这种伸缩依赖关系就可以从这个特定的尺度子空间的构造得到全部尺度子空间的构造。

7. 尺度多分辨率结构

在函数空间 $\mathcal{L}^2(\mathbf{R})$ 中的正交小波函数 $\psi(x)$ 已知的条件下，由 $\psi(x)$ 的尺度伸缩和位置移动产生的函数系 $\{\psi_{j,k}(x);(j,k)\in\mathbf{Z}\times\mathbf{Z}\}$ 构成函数空间 $\mathcal{L}^2(\mathbf{R})$ 的规范正交小波基。定义空间 $\mathcal{L}^2(\mathbf{R})$ 的闭子空间序列 $\{V_j;j\in\mathbf{Z}\}$ 如下：$\forall j\in\mathbf{Z}$，有

$$V_j=\text{Closespan}\{\psi_{l,k}(x)=2^{l/2}\psi(2^{l}x-k);-\infty<l\leqslant j-1,k\in\mathbf{Z}\}$$

那么，尺度子空间可以重新表达为

$$V_J=\left\{f_J(x)=\sum_{j=-\infty}^{J-1}\sum_{k=-\infty}^{+\infty}\alpha_{j,k}\psi_{j,k}(x);\sum_{j=-\infty}^{J-1}\sum_{k=-\infty}^{+\infty}|\alpha_{j,k}|^{2}<+\infty\right\}$$
$$V_J=\left\{f_J(x)=\sum_{j=-\infty}^{J-1}g_j(x);g_j(x)\in W_j,-\infty<j\leqslant J-1\right\}$$

它与小波子空间序列 $\{W_j;j\in\mathbf{Z}\}$ 满足如下递归依赖关系：

$$V_J=\bigoplus_{j=-\infty}^{J-1}W_j=V_{J-1}\oplus W_{J-1}$$

尺度子空间序列 $\{V_j;j\in\mathbf{Z}\}$ 具有如下性质：

① 单调性，$V_J\subseteq V_{J+1}$。

② 稠密性，$\overline{[\bigcup_{J\in\mathbf{Z}}V_J]}=\mathcal{L}^2(\mathbf{R})$。

③ 唯一性，$\bigcap_{J\in\mathbf{Z}}V_J=\{0\}$。

④ 伸缩性，$f(x)\in V_J\Leftrightarrow f(2x)\in V_{J+1}$。

这就是尺度子空间序列的多分辨率结构。这样，对函数空间 $\mathcal{L}^2(\mathbf{R})$ 的分析和构造就可以转化为研究尺度子空间序列，进一步最终转化为对某一个特定的尺度子空间（如 V_0）的研究。这正是多分辨率分析理论的出发点和核心所在。

8. 多分辨率尺度函数

按照尺度子空间的定义，沿用子空间和函数的小波分辨率或小波分辨率序列的概念，那么，在选择分辨率基准函数为小波函数时，尺度子空间 V_j 的小波分辨率序列是 $\{\lambda_l=2^l;l\leqslant(j-1)\},j\in\mathbf{Z}$。因此，在小波作为分辨率基准函数时，尺度子空间永远不会出现单一分辨率，而且，每个尺度子空间 V_j 的小波分辨率序列都是形如 $2^{j-1},2^{j-2},\cdots,2^{j-m},\cdots$ 而且 m 是任意自然数的连续半无穷分辨率序列。

考虑是否存在分辨率基准函数，使某一个尺度子空间在这样的基准函数下是单一分辨率的，比如 V_0 是单一分辨率的。这个问题没有唯一答案。但是如果存在多分辨率分析，那么答案是肯定。

定义 2.3　假设 $\{V_j;j\in\mathbf{Z}\}$ 是函数空间 $\mathcal{L}^2(\mathbf{R})$ 上的闭线性子空间序列，函数 $\varphi(x)\in\mathcal{L}^2(\mathbf{R})$，如果它们满足如下五个要求：

① 单调性，$V_J\subseteq V_{J+1},J\in\mathbf{Z}$。

② 稠密性，$\overline{[\bigcup_{J\in\mathbf{Z}}V_J]}=\mathcal{L}^2(\mathbf{R})$。

③ 唯一性，$\bigcap_{J\in\mathbf{Z}}V_J=\{0\}$。

④ 伸缩性，$f(x)\in V_J\Leftrightarrow f(2x)\in V_{J+1},J\in\mathbf{Z}$。

⑤ 构造性，$\{\varphi(x-k);k\in\mathbf{Z}\}$ 构成 V_0 的规范正交基。

那么，称 $(\{V_j;j\in\mathbf{Z}\},\varphi(x))$ 是函数空间 $\mathcal{L}^2(\mathbf{R})$ 上的一个多分辨率分析，而且，函数 $\varphi(x)$ 称为尺度函数，对于任意的整数 $j\in\mathbf{Z}$，V_j 被称为第 j 级尺度子空间。

在有的文献中，将尺度函数 $\varphi(x)$ 称为父小波，至于这种称谓的理由，随着多分辨率分析理论的逐渐展开将在后面给出明确说明。在这里可以说明的是，父小波这个称谓主要是和母小波（满足容许性条件的函数）相对应。

在正交小波 $\psi(x)$ 已知的条件下，可以按照前述研究过程构造得到一个具有多分辨率结构的尺度子空间序列 $\{V_j;j\in\mathbf{Z}\}$，但未必存在函数 $\varphi(x)$，结合这个由正交小波产生的尺度子空间序列 $\{V_j;j\in\mathbf{Z}\}$ 共同构成函数空间 $\mathcal{L}^2(\mathbf{R})$ 的一个多分辨率分析，即在尺度子空间 V_0 中未必存在函数 $\varphi(x)$，保证 $\{\varphi(x-k);k\in\mathbf{Z}\}$ 构成 V_0 的规范正交基。即从一个正交小波出发未必能得到一个尺度函数。但如果存在函数 $\varphi(x)$，它的整数平移函数系 $\{\varphi(x-k);k\in\mathbf{Z}\}$ 构成 V_0 的规范正交基，那么利用已知的正交小波和这个假设存在的函数 $\varphi(x)$，就可以构造得到函数空间 $\mathcal{L}^2(\mathbf{R})$ 上的一个多分辨率分析。

反过来,如果已知函数空间$\mathcal{L}^2(\mathbf{R})$上的一个多分辨率分析,即已知$\mathcal{L}^2(\mathbf{R})$上的一个具有多分辨率结构的闭子空间序列$\{V_j;j\in\mathbf{Z}\}$,另外配备一个被称为尺度函数的函数$\varphi(x)$,从这两者出发,能否确保存在正交小波$\psi(x)$,由它诱导出的尺度子空间序列正好是这个具有多分辨率结构的闭子空间序列$\{V_j;j\in\mathbf{Z}\}$?如果答案是肯定的,那么,这个正交小波就能诱导得出一个多分辨率分析。研究表明,这个问题的答案永远都是肯定的。不仅如此,正交小波还满足如下条件:

假设$\varphi(x)$是一个尺度函数,即由函数$\varphi(x)$的整数平移产生的规范正交函数系$\{\varphi(x-k);k\in\mathbf{Z}\}$构成$V_0$的规范正交基,此外,如果对特定的自然数$m$,对于任意的$m'\in\mathbf{N}$,存在正的常数$C_{m'}$,当$0\leqslant\tilde{m}\leqslant m$时如下不等式成立:

$$\left|\frac{\mathrm{d}^{\tilde{m}}\varphi(x)}{\mathrm{d}x^{\tilde{m}}}\right|\leqslant C_{m'}(1+|x|)^{-m'}$$

这时称尺度函数$\varphi(x)$具有m阶正则性,或者称$\varphi(x)$是m阶正则尺度函数。这时,多分辨率分析被称为是m阶正则的,或者称$(\{V_j;j\in\mathbf{Z}\},\varphi(x))$是空间$\mathcal{L}^2(\mathbf{R})$上的一个$m$阶正则多分辨率分析。

从空间$\mathcal{L}^2(\mathbf{R})$上的一个$m$阶正则多分辨率分析$(\{V_j;j\in\mathbf{Z}\},\varphi(x))$出发,可以构造具有$m$阶消失矩的正交小波$\psi(x)$,即

$$\int_{-\infty}^{+\infty}\psi(x)\mathrm{d}x=\int_{-\infty}^{+\infty}x\psi(x)\mathrm{d}x=\cdots=\int_{-\infty}^{+\infty}x^m\psi(x)\mathrm{d}x=0,\quad\int_{-\infty}^{+\infty}x^{m+1}\psi(x)\mathrm{d}x\neq 0$$

或者表示为

$$\int_{-\infty}^{+\infty}x^{m+1}\psi(x)\mathrm{d}x\neq 0,\quad\int_{-\infty}^{+\infty}x^k\psi(x)\mathrm{d}x=0,\quad k=0,1,\cdots,m$$

同时,正交小波$\psi(x)$还具有一定阶数λ的连续导函数,而这个阶数λ与其消失矩的阶数m有大致的线性关系$\lambda=m\xi$,其线性斜率$\xi\approx 0.2$。在Daubechies的构造方法中,甚至$\psi(x)$还可以是支撑在闭区间$[0,2m+1]$上的紧支撑函数。

正交小波具有的这些性质在使用小波特征化函数空间、函数和分布的表示以及算子近似对角化过程中将发挥巨大的作用。

2.3.2 尺度分辨率

如果函数$\psi(x)$是一个正交小波,即伸缩平移函数系$\{\psi_{j,k}(x);(j,k)\in\mathbf{Z}\times\mathbf{Z}\}$构成空间$\mathcal{L}^2(\mathbf{R})$的规范正交小波基,那么,由$\psi(x)$可以诱导产生空间$\mathcal{L}^2(\mathbf{R})$上的两个闭子空间序列,一个是小波子空间序列$\{W_j;j\in\mathbf{Z}\}$,另一个是尺度子空间序列$\{V_j;j\in\mathbf{Z}\}$。这时候,如果选择分辨率基准函数$\zeta(x)$是小波函数$\psi(x)$或者它的适当倍数的伸缩函数,那么,小波子空间$W_j$具有单一的小波分辨率$\lambda_j=2^j$,而任何尺度子空间$V_j$具有形如$2^{j-1}$,$2^{j-2}$,$\cdots$,$2^{j-m}$,$\cdots$其中$m$是任意自然数的连续半无穷序列的小波分辨率序列。是否可以选择其他分辨率基准函数,让尺度子空间也具有单一分辨率数值呢?这就是本小节将要研究的问题,即尺度分辨率。

1. 尺度分辨率含义

在空间$\mathcal{L}^2(\mathbf{R})$上的一个多分辨率分析的基础上,可以证明,当选择分辨率基准函数

$\zeta(x)$ 是尺度函数 $\varphi(x)$ 或者它的适当倍数伸缩的函数时，尺度子空间 V_j 将具有单一的分辨率 $\mu_j = 2^j$，称为尺度子空间 V_j 的尺度分辨率是 $\mu_j = 2^j$。

定理 2.7（尺度子空间的单一分辨率）　如果 $(\{V_j; j \in \mathbf{Z}\}, \varphi(x))$ 是函数空间 $\mathcal{L}^2(\mathbf{R})$ 上的一个多分辨率分析，那么，对于任何 $j \in \mathbf{Z}$，存在分辨率基准函数 $\zeta(x)$，使尺度子空间 V_j 的分辨率是单一分辨率 $\mu_j = 2^j$。

证明　$(\{V_j; j \in \mathbf{Z}\}, \varphi(x))$ 是函数空间 $\mathcal{L}^2(\mathbf{R})$ 上的一个多分辨率分析，此时整数平移函数系 $\{\varphi(x-k); k \in \mathbf{Z}\}$ 是 V_0 的一个规范正交基，因此，当分辨率基准函数 $\zeta(x) = \varphi(x)$ 时，尺度子空间 V_0 的分辨率就是 $\mu_0 = 1$。

容易证明，对于任何 $j \in \mathbf{Z}$，函数系 $\{\varphi_{j,k}(x) = 2^{j/2}\varphi(2^j x - k); k \in \mathbf{Z}\}$ 是尺度子空间 V_j 的一个规范正交基，当分辨率基准函数 $\varsigma_j(x) = \varphi_{j,0}(x) = 2^{j/2}\varphi(2^j x)$ 时，由于平移函数系

$$\{\zeta_j(x - 2^{-j}k) = \varphi_{j,0}(x - 2^{-j}k) = 2^{j/2}\varphi(2^j x - k); k \in \mathbf{Z}\}$$

构成第 j 级尺度子空间 V_j 的规范正交基，因此在基准函数 $\varsigma_j(x) = \varphi_{j,0}(x)$ 之下，尺度子空间 V_j 的分辨率是单一分辨率 $\mu_j = 2^j$。

2. 分辨率辨析

在正交小波理论和多分辨率分析理论中，函数空间 $\mathcal{L}^2(\mathbf{R})$ 子空间的分辨率和分辨率序列直接依赖于分辨率基准函数的选择，为了讨论方便，引入小波分辨率和尺度分辨率，并借助函数子空间分辨率的概念引入函数的分辨率。

在多分辨率分析构造正交小波的过程中，无论是小波子空间还是尺度子空间，每当涉及分辨率时，比如小波子空间 W_j 的分辨率是 $\lambda_j = 2^j$，其中分辨率的含义非常清晰，就是小波分辨率；再如尺度子空间 V_j 的分辨率序列是 $2^{j-1}, 2^{j-2}, \cdots$，其分辨率的含义显然是小波分辨率；另外，尺度子空间 V_j 的分辨率是 $\mu_j = 2^j$，意思是尺度子空间的尺度分辨率是单一的 $\mu_j = 2^j$。在这样上下文关系清晰的时候，没有必要特意说明分辨率基准函数，行文中会忽略这些名词，否则要进行必要的标注和说明。

关于函数的分辨率，总是理解为相应子空间的分辨率，当一个函数在分辨率不同的多个子空间的交集中时，习惯用法是理解为这些子空间同种类型分辨率的最小值，比如尺度函数 $\varphi(x)$ 的尺度分辨率就是 $\mu_0 = 2^0 = 1$，虽然 $\varphi(x) \in V_1$ 而 V_1 的尺度分辨率是 $\mu_1 = 2$。

在这些补充说明之后，函数空间 $\mathcal{L}^2(\mathbf{R})$ 上的多种分辨率就具有两种含义：其一是小波分辨率和尺度分辨率；其二是在小波分辨率或/和尺度分辨率下，涉及函数子空间按照正交直和分解被表示为多个相互正交的、分辨率各不相同的子空间的直和，讨论过程中同时出现了多个分辨率的子空间，或者函数被分解为多个相互正交的函数的和，这样也需要同时处理分辨率不同的多个函数。比如，在尺度子空间的正交直和分解关系 $V_{J+1} = V_J \oplus W_J$ 中，分辨率为 2^{J+1} 的尺度子空间 V_{J+1} 被分解为相互正交的、分辨率为 2^J 的两个子空间 V_J、W_J 的正交直和，其中同时出现了小波分辨率和尺度分辨率，而且，尺度分辨率还出现了两个不同的数值，即 2^J 和 2^{J+1}。凡此种种，在上下文的关系中，意义都是非常清晰的。

2.4　尺度函数与尺度空间

这里复述多分辨率分析的定义如下。

假设$\{V_j;j\in\mathbf{Z}\}$是函数空间$\mathcal{L}^2(\mathbf{R})$上的闭线性子空间序列，函数$\varphi(x)\in\mathcal{L}^2(\mathbf{R})$，如果它们满足如下五个要求：

① 单调性，$V_J\subseteq V_{J+1},J\in\mathbf{Z}$。

② 稠密性，$\overline{[\bigcup_{J\in\mathbf{Z}}V_J]}=\mathcal{L}^2(\mathbf{R})$。

③ 唯一性，$\bigcap_{J\in\mathbf{Z}}V_J=\{0\}$。

④ 伸缩性，$f(x)\in V_J\Leftrightarrow f(2x)\in V_{J+1},J\in\mathbf{Z}$。

⑤ 构造性，$\{\varphi(x-k);k\in\mathbf{Z}\}$构成$V_0$的规范正交基。

那么，称$(\{V_j;j\in\mathbf{Z}\},\varphi(x))$是函数空间$\mathcal{L}^2(\mathbf{R})$上的一个多分辨率分析(MRA)，而且，函数$\varphi(x)$称为尺度函数，对任意$j\in\mathbf{Z}$，$V_j$被称为第$j$级尺度子空间。

2.4.1 尺度空间的尺度函数基

在多分辨率分析中，每一个尺度子空间都具有尺度函数伸缩平移构成的规范正交基，称为尺度函数规范正交基。

1. 尺度规范正交系

在多分辨率分析中，尺度函数的整数平移系$\{\varphi(x-k);k\in\mathbf{Z}\}$是规范正交函数系，于是可以得到如下定理。

定理2.8(尺度规范正交系) 如果$(\{V_j;j\in\mathbf{Z}\},\varphi(x))$是函数空间$\mathcal{L}^2(\mathbf{R})$上的一个多分辨率分析，尺度函数$\varphi(x)$的傅里叶变换记为$\Phi(\omega)$，那么

$$2\pi\sum_{m\in\mathbf{Z}}|\Phi(\omega+2m\pi)|^2=1,\quad \omega\in[0,2\pi]$$

证明 因为尺度函数$\varphi(x)$的整数平移系$\{\varphi(x-k);k\in\mathbf{Z}\}$构成$V_0$的规范正交基，所以$\{\varphi(x-k);k\in\mathbf{Z}\}$必是函数空间$\mathcal{L}^2(\mathbf{R})$的规范正交函数系，于是根据平移函数系的规范正交性引理2.1即可完成证明。

这个定理说明了在时间域中，整数平移函数系构成规范正交函数系的频域表达形式。这为在频域研究尺度函数的性质提供了便利。

2. 尺度规范正交基

在多分辨率分析中，尺度函数$\varphi(x)$的整数平移系$\{\varphi(x-k);k\in\mathbf{Z}\}$构成$V_0$的规范正交基，借助伸缩性可以获得任意尺度子空间$V_j$的规范正交基。

定理2.9(尺度规范正交基) 如果$(\{V_j;j\in\mathbf{Z}\},\varphi(x))$是函数空间$\mathcal{L}^2(\mathbf{R})$上的一个多分辨率分析，那么，对任何$j\in\mathbf{Z}$，$\{\varphi_{j,k}(x)=2^{j/2}\varphi(2^jx-k);k\in\mathbf{Z}\}$是函数空间$\mathcal{L}^2(\mathbf{R})$的规范正交函数系，构成尺度子空间$V_j$的规范正交基。

证明 利用多分辨率分析的伸缩性和构造性可以直接完成证明，有

$$\begin{aligned}\langle\varphi_{j,k}(x),\varphi_{j,n}(x)\rangle_{\mathcal{L}^2(\mathbf{R})}&=\int_{-\infty}^{+\infty}\varphi_{j,k}(x)\overline{\varphi}_{j,n}(x)\mathrm{d}x\\&=2^j\int_{-\infty}^{+\infty}\varphi(2^jx-k)\overline{\varphi}(2^jx-n)\mathrm{d}x\\&=\int_{-\infty}^{+\infty}\varphi(x-k)\overline{\varphi}(x-n)\mathrm{d}x\end{aligned}$$

$$= \delta(k-n)$$

对于任意的$(k,n) \in \mathbf{Z} \times \mathbf{Z}$成立,其中最后一个步骤成立是因为$\{\varphi(x-k);k \in \mathbf{Z}\}$构成$V_0$的规范正交基。这说明$\{\varphi_{j,k}(x)=2^{j/2}\varphi(2^j x-k);k \in \mathbf{Z}\}$是函数空间$\mathcal{L}^2(\mathbf{R})$的规范正交函数系。

此外,对于任意的函数$f_j(x) \in V_j$,必然得到$f_j(2^{-j}x) \in V_0$,因为尺度子空间V_0具有规范正交基$\{\varphi(x-k);k \in \mathbf{Z}\}$,故$f_j(2^{-j}x) \in V_0$必可由正交尺度函数级数表示为

$$f_j(2^{-j}x) = \sum_{n \in \mathbf{Z}} c_n \varphi(x-n)$$

其中,$\sum_{n \in \mathbf{Z}} |c_n|^2 < +\infty$。这样得到函数$f_j(x) \in V_j$的正交尺度函数级数表示为

$$f_j(x) = \sum_{n \in \mathbf{Z}} 2^{-j/2} c_n \cdot 2^{j/2} \varphi(2^j x - n) = \sum_{n \in \mathbf{Z}} (2^{-j/2} c_n) \varphi_{j,n}(x)$$

其中,$\sum_{n \in \mathbf{Z}} |2^{-j/2} c_n|^2 = 2^{-j} \sum_{n \in \mathbf{Z}} |c_n|^2 < +\infty$。这说明$\{\varphi_{j,n}(x);n \in \mathbf{Z}\}$构成$V_j$的基。综上,定理的证明完成。

2.4.2　尺度方程

在多分辨率分析中,尺度子空间V_0具有规范正交基$\{\varphi(x-k);k \in \mathbf{Z}\}$,尺度子空间$V_1$具有规范正交基$\{\varphi_{1,k}(x)=\sqrt{2}\varphi(2x-k);k \in \mathbf{Z}\}$,而且由尺度子空间列单调性可知$V_0 \subseteq V_1$,所以函数系$\{\varphi_{1,k}(x);k \in \mathbf{Z}\}$和$\{\varphi(x-k);k \in \mathbf{Z}\}$之间存在表示与被表示的关系。

1. 时域尺度方程

定理 2.10(时域尺度方程)　如果$(\{V_j;j \in \mathbf{Z}\},\varphi(x))$是函数空间$\mathcal{L}^2(\mathbf{R})$上的一个多分辨率分析,那么,尺度函数$\varphi(x)$必然可由如下正交尺度函数级数表示:

$$\varphi(x) = \sqrt{2} \sum_{n \in \mathbf{Z}} h_n \varphi(2x-n)$$

其中,h_n为级数系数,当$n \in \mathbf{Z}$时表示为

$$h_n = \langle \varphi(\cdot), \sqrt{2}\varphi(2\cdot - n) \rangle = \sqrt{2} \int_{x \in \mathbf{R}} \varphi(x) \overline{\varphi}(2x-n) \mathrm{d}x$$

称为低通滤波器系数或者低通系数,满足

$$\| \varphi \|^2 = \sum_{n \in \mathbf{Z}} |h_n|^2 < +\infty$$

证明　因为函数系$\{\varphi_{1,k}(x);k \in \mathbf{Z}\}$和$\{\varphi(x-k);k \in \mathbf{Z}\}$分别是$V_1$和$V_0$的规范正交基,而且$\varphi(x) \in V_0 \subseteq V_1$,所以尺度函数$\varphi(x)$可以写成$V_1$的尺度规范正交基即$\{\varphi_{1,k}(x);k \in \mathbf{Z}\}$的线性组合,而且,组合系数正好是在基函数上的正交投影,组合系数序列必然是平方可和的,具体可得

$$\begin{aligned}
\| \varphi \|^2_{\mathcal{L}^2(\mathbf{R})} &= \int_{\mathbf{R}} |\varphi(x)|^2 \mathrm{d}x = \int_{\mathbf{R}} \left[\sqrt{2} \sum_{n \in \mathbf{Z}} h_n \varphi(2x-n)\right] \left[\sqrt{2} \sum_{m \in \mathbf{Z}} h_m \varphi(2x-m)\right]^* \mathrm{d}x \\
&= \sum_{n \in \mathbf{Z}} \sum_{m \in \mathbf{Z}} h_n \overline{h}_m \int_{\mathbf{R}} 2\varphi(2x-n) \overline{\varphi}(2x-m) \mathrm{d}x \\
&= \sum_{n \in \mathbf{Z}} \sum_{m \in \mathbf{Z}} h_n \overline{h}_m \delta(n-m) = \sum_{n \in \mathbf{Z}} |h_n|^2
\end{aligned}$$

因为$\{\varphi(x-k);k\in\mathbf{Z}\}$是规范正交函数系，所以当$(k,n)\in\mathbf{Z}\times\mathbf{Z}$时，有

$$\langle\varphi(x-k),\varphi(x-n)\rangle_{\mathcal{L}^2(\mathbf{R})}=\int_{-\infty}^{+\infty}\varphi(x-k)\overline{\varphi}(x-n)\mathrm{d}x=\delta(k-n)$$

最终得到

$$\|\varphi\|_{\mathcal{L}^2(\mathbf{R})}^2=\sum_{n\in\mathbf{Z}}|h_n|^2=1$$

这样就完成了定理的证明。

推论2.6(时域尺度方程) 如果$(\{V_j;j\in\mathbf{Z}\},\varphi(x))$是函数空间$\mathcal{L}^2(\mathbf{R})$上的一个多分辨率分析，那么，关于尺度函数$\varphi(x)$的如下两个正交尺度函数级数成立：

$$\varphi(x-k)=\sqrt{2}\sum_{n\in\mathbf{Z}}h_{n-2k}\varphi(2x-n),\quad k\in\mathbf{Z}$$

$$\varphi_{j,k}(x)=\sum_{n\in\mathbf{Z}}h_{n-2k}\varphi_{j+1,n}(x),\quad k\in\mathbf{Z}$$

其中，$(j,k,n)\in\mathbf{Z}\times\mathbf{Z}\times\mathbf{Z}$，$h_{n-2k}=\langle\varphi_{j,k}(\cdot),\varphi_{j+1,n}(\cdot)\rangle$，$k\in\mathbf{Z}$，$n\in\mathbf{Z}$。

这个推论容易被证明，留给读者作为练习。

2. 频域尺度方程

在时间域表示的尺度方程可以利用傅里叶变换转换到频域进行研究，从而得到尺度函数诱导的滤波器的频域特性。

定理2.11(频域尺度方程) 如果$(\{V_j;j\in\mathbf{Z}\},\varphi(x))$是函数空间$\mathcal{L}^2(\mathbf{R})$上的一个多分辨率分析，那么，如下频域形式的尺度方程成立：

$$\Phi(\omega)=H(0.5\omega)\Phi(0.5\omega)$$

其中，$\Phi(\omega)=(2\pi)^{-0.5}\int_{x\in\mathbf{R}}\varphi(x)\mathrm{e}^{-\mathrm{i}\omega x}\mathrm{d}x$是$\varphi(x)$的傅里叶变换；$H(\omega)=2^{-0.5}\sum_{n\in\mathbf{Z}}h_n\mathrm{e}^{-\mathrm{i}\omega n}$称为低通滤波器，低通系数的定义如前，而且满足$\sum_{n\in\mathbf{Z}}|h_n|^2=1$。

证明 利用此前得到的尺度方程，在方程两端分别进行傅里叶变换演算，有

$$\begin{aligned}\Phi(\omega)&=(2\pi)^{-0.5}\int_{x\in\mathbf{R}}\varphi(x)\mathrm{e}^{-\mathrm{i}\omega x}\mathrm{d}x=(2\pi)^{-0.5}\int_{x\in\mathbf{R}}\sqrt{2}\sum_{n\in\mathbf{Z}}h_n\varphi(2x-n)\mathrm{e}^{-\mathrm{i}\omega x}\mathrm{d}x\\&=(2^{-0.5}\sum_{n\in\mathbf{Z}}h_n\mathrm{e}^{-\mathrm{i}\times0.5\omega\times x})(2\pi)^{-0.5}\int_{y\in\mathbf{R}}\varphi(y)\mathrm{e}^{-\mathrm{i}\times0.5\omega\times y}\mathrm{d}y\\&=H(0.5\omega)\Phi(0.5\omega)\end{aligned}$$

另外，低通滤波器系数序列平方可和且$\sum_{n\in\mathbf{Z}}|h_n|^2=1$此前已经证明。

推论2.7(频域尺度方程) 如果$(\{V_j;j\in\mathbf{Z}\},\varphi(x))$是函数空间$\mathcal{L}^2(\mathbf{R})$上的一个多分辨率分析，沿用前述记号，对任意整数$j\in\mathbf{Z}$，频域尺度方程可写成

$$\Phi(2^{-j}\omega)=H(2^{-(j+1)}\omega)\Phi(2^{-(j+1)}\omega)$$

证明较容易，留给读者练习。

推论2.8(低通滤波器的范数) 如果$(\{V_j;j\in\mathbf{Z}\},\varphi(x))$是函数空间$\mathcal{L}^2(\mathbf{R})$上的一个多分辨率分析，那么，低通滤波器$H(\omega)$是$2\pi$周期平方可积函数，即$H(\omega)\in\mathcal{L}^2(0,2\pi)$而且$\|H\|_{\mathcal{L}^2(0,2\pi)}=\sqrt{\pi}$。

证明 因为低通滤波器系数序列$\{h_n;n\in\mathbf{Z}\}$是平方可和的，所以按照定义即得低通

滤波器 $H(\omega)$ 的 2π 周期性，此外直接计算可得

$$\|H\|^2_{\mathcal{L}^2(0,2\pi)} = \int_0^{2\pi} |H(\omega)|^2 \mathrm{d}\omega = \int_0^{2\pi} (2^{-0.5}\sum_{n\in\mathbf{Z}} h_n \mathrm{e}^{-\mathrm{i}\omega n})(2^{-0.5}\sum_{m\in\mathbf{Z}} h_m \mathrm{e}^{-\mathrm{i}\omega m}\mathrm{d}\omega)^* \mathrm{d}\omega$$

$$= 0.5\sum_{n\in\mathbf{Z}}\sum_{m\in\mathbf{Z}} h_n\overline{h}_m\int_0^{2\pi} \mathrm{e}^{-\mathrm{i}\omega(n-m)}\mathrm{d}\omega = 0.5\sum_{n\in\mathbf{Z}}\sum_{m\in\mathbf{Z}} h_n\overline{h}_m \cdot 2\pi\delta(n-m)$$

$$= \pi\sum_{n\in\mathbf{Z}} |h_n|^2 = \pi$$

3. 规范低通滤波器

在多分辨率分析中，在时间域中，尺度方程表示了两个临近尺度上尺度函数整数平移函数系之间的关系，这种关系利用傅里叶变换转换到频域后，尺度函数的性质比如平移规范正交性等最终必将体现为低通滤波器系数序列（脉冲响应序列）或低通滤波器（频率响应函数）的约束条件。

定理 2.12（低通滤波器规范性）　如果$(\{V_j;j\in\mathbf{Z}\},\varphi(x))$是函数空间$\mathcal{L}^2(\mathbf{R})$上的一个多分辨率分析，那么，沿用前述记号得到频域恒等式为

$$|H(\omega)|^2 + |H(\omega+\pi)|^2 = 1,\quad \omega\in[0,2\pi]$$

证明　因为尺度函数 $\varphi(x)$ 的整数平移系 $\{\varphi(x-k);k\in\mathbf{Z}\}$ 是规范正交系，利用这个事实的频域等价刻画得到如下演算：

$$1 = 2\pi\sum_{n\in\mathbf{Z}} |\Phi(\omega+2n\pi)|^2 = 2\pi\sum_{n\in\mathbf{Z}} |H(0.5\omega+n\pi)\Phi(0.5\omega+n\pi)|^2$$

$$\sum_{n=2l\in\mathbf{Z}} |H(0.5\omega+2l\pi)\Phi(0.5\omega+2l\pi)|^2 = |H(0.5\omega)|^2\sum_{l\in\mathbf{Z}} |\Phi(0.5\omega+2l\pi)|^2$$

$$\sum_{n=2l+1\in\mathbf{Z}} |H(0.5\omega+\pi+2l\pi)\Phi(0.5\omega+\pi+2l\pi)|^2$$

$$= |H(0.5\omega+\pi)|^2\sum_{l\in\mathbf{Z}} |\Phi(0.5\omega+\pi+2l\pi)|^2$$

综合得

$$1 = |H(0.5\omega)|^2 + |H(0.5\omega+\pi)|^2$$

在这个推演过程中共三次使用恒等式

$$2\pi\sum_{n\in\mathbf{Z}} |\Phi(\omega+2n\pi)|^2 = 1$$

这样完成证明。

4. 低通系数正交性

在多分辨率分析中，尺度函数整数平移函数系的规范正交性可以利用傅里叶变换转换为一个频域恒等式，也可以转换为低通滤波器的规范性（也是一个频域恒等式），因此有充分理由相信，低通滤波器系数序列也应该具有某种意义的正交性，这就是如下的低通系数序列在平方可和序列空间中的偶数平移正交性。

定理 2.13（低通系数序列正交性）　如果$(\{V_j;j\in\mathbf{Z}\},\varphi(x))$是函数空间$\mathcal{L}^2(\mathbf{R})$上的一个多分辨率分析，将低通系数序列 $\{h_n;n\in\mathbf{Z}\}$ 的整数 m 平移序列记为

$$\boldsymbol{h}^{(m)} = \{h_{n-m};n\in\mathbf{Z}\}^{\mathrm{T}} \in l^2(\mathbf{Z})$$

那么，低通系数序列具有如下偶数平移正交性：$\forall(m,k)\in\mathbf{Z}\times\mathbf{Z}$，有

$$\langle\boldsymbol{h}^{(2m)},\boldsymbol{h}^{(2k)}\rangle_{l^2(\mathbf{Z})} = [\boldsymbol{h}^{(2k)}]^*[\boldsymbol{h}^{(2m)}] = \sum_{n\in\mathbf{Z}} h_{n-2m}\overline{h}_{n-2k} = \delta(m-k)$$

证明　因为$\{\varphi(x-k);k\in\mathbf{Z}\}$是规范正交函数系，所以可得如下演算：

$$\delta(m-k)=\langle\varphi(x-m),\varphi(x-k)\rangle_{\mathcal{L}^2(\mathbf{R})}=\int_{-\infty}^{+\infty}\varphi(x-m)\overline{\varphi}(x-k)\mathrm{d}x$$

将尺度方程

$$\varphi(x-m)=\sqrt{2}\sum_{n\in\mathbf{Z}}h_{n-2m}\varphi(2x-n),\quad \varphi(x-k)=\sqrt{2}\sum_{u\in\mathbf{Z}}h_{u-2k}\varphi(2x-u)$$

代入前述推演公式中可得

$$\begin{aligned}\delta(m-k)&=\sum_{n\in\mathbf{Z}}\sum_{u\in\mathbf{Z}}h_{n-2m}\overline{h}_{u-2k}\int_{-\infty}^{+\infty}2\varphi(2x-n)\overline{\varphi}(2x-u)\mathrm{d}x\\&=\sum_{n\in\mathbf{Z}}\sum_{u\in\mathbf{Z}}h_{n-2m}\overline{h}_{u-2k}\delta(n-u)\\&=\sum_{n\in\mathbf{Z}}h_{n-2m}\overline{h}_{n-2k}=\langle\boldsymbol{h}^{(2m)},\boldsymbol{h}^{(2k)}\rangle_{l^2(\mathbf{Z})}\end{aligned}$$

这样完成证明。

注释　可以利用低通滤波器规范性定理完成证明。

按照定义直接计算低通滤波器频率响应函数的模平方可得

$$|H(\omega)|^2=H(\omega)\overline{H}(\omega)=0.5\sum_{n\in\mathbf{Z}}\sum_{u\in\mathbf{Z}}h_n\overline{h}_u\mathrm{e}^{-\mathrm{i}\omega(n-u)}=0.5\sum_{k\in\mathbf{Z}}(\sum_{n\in\mathbf{Z}}h_n\overline{h}_{n-k})\mathrm{e}^{-\mathrm{i}\omega k}$$

$$|H(\omega+\pi)|^2=0.5\sum_{k\in\mathbf{Z}}(\sum_{n\in\mathbf{Z}}h_n\overline{h}_{n-k})\mathrm{e}^{-\mathrm{i}(\omega+\pi)k}=0.5\sum_{k\in\mathbf{Z}}(-1)^k(\sum_{n\in\mathbf{Z}}h_n\overline{h}_{n-k})\mathrm{e}^{-\mathrm{i}\omega k}$$

利用低通滤波器规范性恒等式继续演算得到

$$\begin{aligned}1&=|H(0.5\omega)|^2+|H(0.5\omega+\pi)|^2\\&=0.5\sum_{k\in\mathbf{Z}}(\sum_{n\in\mathbf{Z}}h_n\overline{h}_{n-k})\mathrm{e}^{-\mathrm{i}\cdot0.5\omega\cdot k}+0.5\sum_{k\in\mathbf{Z}}(-1)^k(\sum_{n\in\mathbf{Z}}h_n\overline{h}_{n-k})\mathrm{e}^{-\mathrm{i}\cdot0.5\omega\cdot k}\\&=\sum_{k\in\mathbf{Z},k=2m}(\sum_{n\in\mathbf{Z}}h_n\overline{h}_{n-2m})\mathrm{e}^{-\mathrm{i}\cdot0.5\omega\cdot2m}=\sum_{m\in\mathbf{Z}}(\sum_{n\in\mathbf{Z}}h_n\overline{h}_{n-2m})\mathrm{e}^{-\mathrm{i}\omega m}\end{aligned}$$

由于函数系$\{(2\pi)^{-0.5}\mathrm{e}^{-\mathrm{i}\omega m};m\in\mathbf{Z}\}$是$\mathcal{L}^2(0,2\pi)$的规范正交基，因此最终得到

$$\sum_{n\in\mathbf{Z}}h_n\overline{h}_{n-2m}=\delta(m)=\begin{cases}1, & m=0\\0, & m\neq0\end{cases}$$

证明完成。

这个定理及其证明过程充分说明，在V_1的尺度规范正交基$\{\varphi_{1,k}(x);k\in\mathbf{Z}\}$之下，把尺度函数整数平移$\varphi(x-k)$映射为$l^2(\mathbf{Z})$中的向量$\boldsymbol{h}^{(2k)}=\{h_{n-2k};n\in\mathbf{Z}\}^{\mathrm{T}}$，其中$k\in\mathbf{Z}$的线性变换，是从$V_0$到$l^2(\mathbf{Z})$的保持内积恒等的线性变换。

推论 2.9（低通系数序列偶数平移规范正交性）　如果$(\{V_j;j\in\mathbf{Z}\},\varphi(x))$是函数空间$\mathcal{L}^2(\mathbf{R})$上的一个多分辨率分析，沿用前述记号，序列向量组

$$\{\boldsymbol{h}^{(2m)}=\{h_{n-2m};n\in\mathbf{Z}\}^{\mathrm{T}}\in l^2(\mathbf{Z});m\in\mathbf{Z}\}$$

是序列空间$l^2(\mathbf{Z})$的规范正交系。

事实上，如果定义$\boldsymbol{H}$是无穷维序列向量规范正交系$\{\boldsymbol{h}^{(2m)};m\in\mathbf{Z}\}$张成的$l^2(\mathbf{Z})$的闭线性子空间，即

$$\boldsymbol{H}=\mathrm{Closespan}\ \{\boldsymbol{h}^{(2m)}\in l^2(\mathbf{Z});m\in\mathbf{Z}\}_{l^2(\mathbf{Z})}$$

那么，容易证明$\{\boldsymbol{h}^{(2m)};m\in\mathbf{Z}\}$是$\boldsymbol{H}$的规范正交基。将尺度函数$\varphi(x-k)$按照尺度方程

$\varphi(x-k)=\sqrt{2}\sum_{n\in\mathbf{Z}}h_{n-2k}\varphi(2x-n)$ 与向量 $\boldsymbol{h}^{(2k)}=\{h_{n-2k};n\in\mathbf{Z}\}^{\mathrm{T}}$ 相对应,即定义线性变换

$$\mathscr{H}:V_1\to l^2(\mathbf{Z})$$

$$\varphi_{1,k}(x)\mapsto\varsigma_k=\{\delta(n-k);n\in\mathbf{Z}\}^{\mathrm{T}},\quad k\in\mathbf{Z}$$

可以得到如下重要结果。

定理 2.14(尺度方程的酉性)　线性算子 $\mathscr{H}:V_1\to l^2(\mathbf{Z})$ 在尺度子空间 V_0 上的限制是从尺度子空间 V_0 到无穷维序列向量子空间 $\boldsymbol{H}$ 之间的局部保持范数不变的线性算子,即

$$\mathscr{H}:V_0\to\boldsymbol{H}$$

$$\varphi(x-k)\mapsto\boldsymbol{h}^{(2k)}=\{h_{n-2k};n\in\mathbf{Z}\}^{\mathrm{T}},\quad k\in\mathbf{Z}$$

其中 $(n,k)\in\mathbf{Z}\times\mathbf{Z}$,而且

$$h_{n-2k}=\langle\varphi(x-k),\sqrt{2}\varphi(2x-n)\rangle_{\mathcal{L}^2(\mathbf{R})}=\int_{\mathbf{R}}\varphi(x-k)\times\sqrt{2}\overline{\varphi}(2x-n)\,\mathrm{d}x$$

2.4.3　尺度函数的刻画

如果 $(\{V_j;j\in\mathbf{Z}\},\varphi(x))$ 是函数空间 $\mathcal{L}^2(\mathbf{R})$ 上的一个多分辨率分析,那么,尺度函数 $\varphi(x)$ 的平移系 $\{\varphi(x-k);k\in\mathbf{Z}\}$ 构成 V_0 的规范正交基,可以得到尺度函数的如下多种刻画:$(j,k,n)\in\mathbf{Z}\times\mathbf{Z}\times\mathbf{Z}$,有

$$\langle\varphi_{j,k}(x),\varphi_{j,n}(x)\rangle_{\mathcal{L}^2(\mathbf{R})}=\delta(k-n),\quad 2\pi\sum_{m\in\mathbf{Z}}|\Phi(\omega+2m\pi)|^2=1,\quad\omega\in[0,2\pi]$$

而且

(1) $\Phi(\omega)=H(0.5\omega)\Phi(0.5\omega),\omega\in\mathbf{R}$。

(2) $|H(\omega)|^2+|H(\omega+\pi)|^2=1,\quad\omega\in[0,2\pi]$。

(3) $\langle\boldsymbol{h}^{(2m)},\boldsymbol{h}^{(2k)}\rangle_{l^2(\mathbf{Z})}=\sum_{n\in\mathbf{Z}}h_{n-2m}\overline{h}_{n-2k}=\delta(m-k),\forall(m,k)\in\mathbf{Z}\times\mathbf{Z}$。

(4) $\mathscr{H}:V_0\to\boldsymbol{H}$ 是局部酉算子。

这涉及函数空间 $\mathcal{L}^2(\mathbf{R})$ 的时间域和频率域形式,空间 $\mathcal{L}^2(0,2\pi)$ 上的低通滤波器频率响应函数,无穷维序列向量空间 $l^2(\mathbf{Z})$ 上的规范正交系,以及局部酉线性算子 $\mathscr{H}:V_0\to\boldsymbol{H}$。

2.5　小波空间与尺度空间

如果 $(\{V_j;j\in\mathbf{Z}\},\varphi(x))$ 是 $\mathcal{L}^2(\mathbf{R})$ 上的多分辨率分析,那么,可以利用尺度子空间序列定义小波子空间序列,并由此诱导得出正交小波函数的类似于尺度函数的各种刻画。除此之外,本节还将研究小波函数与尺度函数之间的制约关系。

2.5.1　小波空间列

1. 小波空间列定义

如果 $(\{V_j;j\in\mathbf{Z}\},\varphi(x))$ 是函数空间 $\mathcal{L}^2(\mathbf{R})$ 上的一个多分辨率分析,定义空间 $\mathcal{L}^2(\mathbf{R})$ 的闭线性子空间列 $\{W_j;j\in\mathbf{Z}\}$:对 $\forall j\in\mathbf{Z}$,子空间 W_j 满足 $W_j\perp V_j,V_{j+1}=W_j\oplus V_j$,

其中,W_j 称为(第 j 级) 小波子空间。

注释 小波空间列或小波子空间列本质上体现为尺度子空间的正交补,即小波子空间 W_j 是 $V_j \subseteq V_{j+1}$ 在 V_{j+1} 中的正交补子空间,在形式上与尺度函数没有直接关系。

2. 小波空间列正交性

定理 2.15(小波空间列正交性) 小波子空间序列 $\{W_j; j \in \mathbf{Z}\}$ 是相互正交的,即 $W_j \perp W_l, \forall j \neq l, (j,l) \in \mathbf{Z}^2$,或者当 $u(x) \in W_j, v(x) \in W_l$ 时,$u(x)$ 与 $v(x)$ 正交,其中 $(j,l) \in \mathbf{Z}^2, j \neq l$,而且

$$\langle u(x), v(x) \rangle = \int_{x \in \mathbf{R}} u(x) \overline{v}(x) \mathrm{d}x = 0$$

证明 $\forall (j,l) \in \mathbf{Z}^2, j \neq l$,不妨假设 $j \geqslant l+1$,那么

$$W_l \oplus V_l = V_{l+1} \subseteq V_j, \quad W_j \perp V_j$$

于是得到 $W_j \perp W_l$。

3. 小波空间列伸缩依赖关系

定理 2.16(小波空间列伸缩依赖性) 小波子空间序列 $\{W_j; j \in \mathbf{Z}\}$ 具有伸缩依赖关系:$\forall j \in \mathbf{Z}, u(x) \in W_j \Leftrightarrow u(2x) \in W_{j+1}$,或者如果 $u(x) \in W_j$,那么,$u(2x) \in W_{j+1}$,反之亦然。这种伸缩依赖关系链还可以延长,表示如下:$\forall m \in \mathbf{Z}$,有

$$u(x) \in W_j \Leftrightarrow u(2x) \in W_{j+1} \Leftrightarrow \cdots \Leftrightarrow u(2^m x) \in W_{j+m}$$

证明 这里示范证明 $u(x) \in W_j \Rightarrow u(2x) \in W_{j+1}$,相反关系类似可证。按照小波空间定义,$u(2x) \in W_{j+1}$ 由两个事实确定,即 $u(2x) \in V_{j+2}$ 和 $u(2x) \perp V_{j+1}$。

首先,由尺度空间列伸缩依赖关系可得 $u(x) \in W_j \subseteq V_{j+1} \Rightarrow u(2x) \in V_{j+2}$;然后,对于任意的函数 $v(x) \in V_{j+1}$,利用尺度子空间序列的伸缩依赖关系可以得到 $v(0.5x) \in V_j$,因为 $W_j \perp V_j$,所以由 $u(x) \in W_j$ 且 $v(0.5x) \in V_j$ 得到

$$0 = \langle u(x), v(0.5x) \rangle_{\mathcal{L}^2(\mathbf{R})} = 2\int_{x \in \mathbf{R}} u(2x) \overline{v}(x) \mathrm{d}x = 2 \langle u(2x), v(x) \rangle_{\mathcal{L}^2(\mathbf{R})}$$

这说明 $\langle u(2x), v(x) \rangle_{\mathcal{L}^2(\mathbf{R})} = 0$,即 $u(2x) \perp V_{j+1}$。

4. 小波空间与尺度空间的关系

小波子空间列 $\{W_j; j \in \mathbf{Z}\}$ 与尺度子空间列 $\{V_j; j \in \mathbf{Z}\}$ 之间具有如下特殊关系。

定理 2.17 在小波空间列 $\{W_j; j \in \mathbf{Z}\}$ 与尺度空间列 $\{V_j; j \in \mathbf{Z}\}$ 中,对于任意的两个整数 $(j,m) \in \mathbf{Z}^2$,如下关系成立:

$$m \geqslant j \Rightarrow W_m \perp V_j, \quad m < j \Rightarrow W_m \subseteq V_j$$

即小波空间 W_m 要么正交于尺度空间 V_j,要么被包含于尺度空间 V_j。

证明 由小波空间的定义可直接得到这个结果。

5. 空间的正交直和分解

利用小波空间序列 $\{W_j; j \in \mathbf{Z}\}$ 的定义和多分辨率分析的唯一性可得尺度子空间有限的和完全的正交直和分解表达式。

定理 2.18 如果 $(\{V_j; j \in \mathbf{Z}\}, \varphi(x))$ 是函数空间 $\mathcal{L}^2(\mathbf{R})$ 上的一个多分辨率分析,小波空间序列 $\{W_j; j \in \mathbf{Z}\}$ 定义如前,那么,尺度子空间可以写成如下有限的正交直和分解和完全的正交直和分解:对 $j \in \mathbf{Z}, m \in \mathbf{N}$,有

$$V_{j+m+1}=W_{j+m}\oplus W_{j+m-l}\oplus\cdots\oplus W_j\oplus V_j=\bigoplus_{l=0}^{+\infty}W_{j+m-l}$$

证明　利用小波子空间列的定义容易得到第一个有限正交直和分解公式,这里利用尺度子空间列的唯一性证明第二个分解公式,即将尺度子空间完全分解为一系列相互正交的小波子空间的直和。

按照定义可知,对于任意的$j\in\mathbf{Z},m\in\mathbf{N},W_{j+m-l}\subseteq V_{j+m+1},l\in\mathbf{Z},l\geqslant 0$,因为尺度子空间 V_{j+m+1} 是函数空间$\mathcal{L}^2(\mathbf{R})$ 的闭子空间,故得到如下包含关系:

$$\left[\bigoplus_{l=0}^{+\infty}W_{j+m-l}\right]\subseteq V_{j+m+1}$$

因为直和子空间 $\bigoplus_{l=0}^{+\infty}W_{j+m-l}$ 是函数空间$\mathcal{L}^2(\mathbf{R})$ 的闭子空间,将 $\bigoplus_{l=0}^{+\infty}W_{j+m-l}$ 在尺度子空间 V_{j+m+1} 中的正交补子空间记为 Ω,即

$$V_{j+m+1}=\Omega\oplus\left[\bigoplus_{l=0}^{+\infty}W_{j+m-l}\right],\quad\left[\bigoplus_{l=0}^{+\infty}W_{j+m-l}\right]\perp\Omega$$

这个证明思路的本质就是要利用单调性公理证明Ω被包含于全部尺度子空间的交集中并利用唯一性公理得到 $\Omega=\{0\}$,建议读者完成这个证明。下面采用另一种更直观的证明方法。

对于任意的函数$f_{j+m+1}(x)\in V_{j+m+1}$,任意整数$j\in\mathbf{Z}$,将$f_{j+m+1}(x)$ 在尺度子空间列 V_j 上的正交投影记为$f_j(x)\in V_j$,在小波子空间 W_j 上的正交投影记为$g_j(x)\in W_j$,因为 V_{j+m+1} 存在如下有限正交直和分解:$\forall M\in\mathbf{N}$,有

$$V_{j+m+1}=\left[\bigoplus_{l=0}^{M}W_{j+m-l}\right]\oplus V_{j+m-M}$$

所以得到函数等式

$$f_{j+m+1}(x)=\sum_{l=0}^{M}g_{j+m-l}(x)+f_{j+m-M}(x)$$

$$f_{j+m-M}(x)=f_{j+m-(M+1)}(x)+g_{j+m-(M+1)}(x)$$

利用子空间正交直和分解决定的投影函数之间的正交关系,进一步得到

$$\left\|f_{j+m+1}(x)-\sum_{l=0}^{M}g_{j+m-l}(x)\right\|_{\mathcal{L}^2(\mathbf{R})}^2=\|f_{j+m-M}(x)\|_{\mathcal{L}^2(\mathbf{R})}^2$$

而且

$$\begin{aligned}\|f_{j+m-M}(x)\|_{\mathcal{L}^2(\mathbf{R})}^2&=\|f_{j+m-(M+1)}(x)\|_{\mathcal{L}^2(\mathbf{R})}^2+\|g_{j+m-(M+1)}(x)\|_{\mathcal{L}^2(\mathbf{R})}^2\\&\geqslant\|f_{j+m-(M+1)}(x)\|_{\mathcal{L}^2(\mathbf{R})}^2\end{aligned}$$

范数平方序列是单调下降非负的实数列,故当 $M\to+\infty$ 时必有非负极限存在,即

$$\|f_{j+m-M}(x)\|_{\mathcal{L}^2(\mathbf{R})}^2\to c\geqslant 0$$

在这里必然$c=0$。因为若$c>0$,可以找到$\{f_{j+m-M}(x);M\in\mathbf{N}\}$ 的收敛子序列$\{f_{j+m-u(n)}(x);n\in\mathbf{N}\}$,其中$\{u(n);n\in\mathbf{N}\}$ 是一个严格上升的自然数序列,对于某一个非零范数的函数$\zeta(x)\in\mathcal{L}^2(\mathbf{R})$,满足两个要求:

$$\|f_{j+m-u(n)}(x)-\zeta(x)\|_{\mathcal{L}^2(\mathbf{R})}^2\to 0,\quad n\to+\infty$$

而且,对于任意的 $L\in\mathbf{N}$,有

$$\zeta(x)\in\bigcap_{M=L}^{+\infty}V_{j+m-M}$$

解释最后这个函数包含关系：对于任意的 $L \in \mathbf{N}$，因为 $u(n) \to +\infty$，所以必然存在一个自然数 n'，当 $n > n'$ 时，$u(n) > L$，这样

$$f_{j+m-u(n)}(x) \in V_{j+m-u(n)} \subseteq V_{j+m-L}$$

这说明，当 $n > n'$ 时，整个序列满足 $\{f_{j+m-u(n)}(x); n > n'\} \subseteq V_{j+m-L}$，即从某一项开始的整个序列都在闭的尺度子空间 V_{j+m-L} 中，因此，作为这个收敛序列极限的非零范数函数 $\zeta(x) \in \mathcal{L}^2(\mathbf{R})$，必然在闭子空间 V_{j+m-L} 中，即 $\zeta(x) \in V_{j+m-L}$。再根据自然数 L 的任意性以及尺度子空间的单调性，最终得出函数 $\zeta(x)$ 在所有这些尺度子空间 $\{V_{j+m-M}; M \geqslant L\}$ 的交集形成的闭子空间中。

但这样的非零范数函数 $\zeta(x)$ 的存在性与多分辨率分析唯一性公理相矛盾，即

$$0 \neq \zeta(x) \in \bigcap_{M=L}^{+\infty} V_{j+m-M} = \bigcap_{M=-\infty}^{+\infty} V_{j+m-M}$$

这个矛盾的出现证明 $c = 0$。因此得到极限关系式

$$\lim_{M\to+\infty} \| f_{j+m+1}(x) - \sum_{l=0}^{M} g_{j+m-l}(x) \|^2_{\mathcal{L}^2(\mathbf{R})} = \lim_{M\to+\infty} \| f_{j+m-M}(x) \|^2_{\mathcal{L}^2(\mathbf{R})} = 0$$

$$f_{j+m+1}(x) = \lim_{M\to+\infty} \sum_{l=0}^{M} g_{j+m-l}(x) = \sum_{l=0}^{+\infty} g_{j+m-l}(x) \in [\bigoplus_{l=0}^{+\infty} W_{j+m-l}]$$

这样得到包含关系 $[\bigoplus_{l=0}^{+\infty} W_{j+m-l}] \supseteq V_{j+m+1}$。总结得到尺度子空间的完全正交直和分解公式 $V_{j+m+1} = [\bigoplus_{l=0}^{+\infty} W_{j+m-l}]$。

定理 2.19 如果 $(\{V_j; j \in \mathbf{Z}\}, \varphi(x))$ 是函数空间 $\mathcal{L}^2(\mathbf{R})$ 上的一个多分辨率分析，小波空间列 $\{W_j; j \in \mathbf{Z}\}$ 定义如前，那么，函数空间 $\mathcal{L}^2(\mathbf{R})$ 可以表示为尺度子空间和小波子空间混合的半无穷正交直和分解形式，也可以表示为完全由正交小波子空间列构成的正交直和分解形式，即对 $j \in \mathbf{Z}$，有

$$\mathcal{L}^2(\mathbf{R}) = V_j \oplus (\bigoplus_{m \geqslant j} W_m) = \bigoplus_{m \in \mathbf{Z}} W_m$$

证明 这里只证明第一个正交直和分解公式，第二个公式由第一个公式和定理 2.18 的结果综合即可得到。这个证明需要利用多分辨率分析的稠密性公理。

因为对于任意的整数 $j \in \mathbf{Z}$，$\{V_j, W_m; m \geqslant j, m \in \mathbf{Z}\}$ 是尺度子空间和小波子空间的正交族，所以 $V_j \oplus (\bigoplus_{m \geqslant j} W_m)$ 是函数空间 $\mathcal{L}^2(\mathbf{R})$ 的闭子空间，将它的正交补子空间记为 Ω，那么

$$\mathcal{L}^2(\mathbf{R}) = \Omega \oplus [V_j \oplus (\bigoplus_{m \geqslant j} W_m)], \quad [V_j \oplus (\bigoplus_{m \geqslant j} W_m)] \perp \Omega$$

这个证明思路的本质就是要利用单调性公理和稠密性公理证明 $\Omega = \{0\}$，即对于任意的函数 $\varsigma(x) \in \Omega$，推证 $\| \varsigma(x) \|_{\mathcal{L}^2(\mathbf{R})} = 0$ 或者 $\varsigma(x) = 0$。

用反证法进行证明。如果存在函数 $\varsigma(x) \in \Omega$，使得 $\| \varsigma(x) \|_{\mathcal{L}^2(\mathbf{R})} \neq 0$，对于整数 $m \geqslant j, m \in \mathbf{Z}$，将非零范数函数 $\varsigma(x)$ 在正交闭子空间 V_j、W_m 上的正交投影分别记为 $\varsigma_j(x)$、$\zeta_m(x)$，那么，根据希尔伯特空间正交投影定理可得，对于任意的函数和函数序列 $f_j(x) \in V_j, g_m(x) \in W_m$，如下的几个范数不等式成立：$M \geqslant j$，有

$$\| \varsigma(x) - f_j(x) \|^2_{\mathcal{L}^2(\mathbf{R})} \geqslant \| \varsigma(x) - \varsigma_j(x) \|^2_{\mathcal{L}^2(\mathbf{R})}$$

$$\| \varsigma(x) - g_m(x) \|^2_{\mathcal{L}^2(\mathbf{R})} \geqslant \| \varsigma(x) - \zeta_m(x) \|^2_{\mathcal{L}^2(\mathbf{R})}$$

$$\| \varsigma(x) - [f_j(x) + \sum_{m=j}^{j+M} g_m(x)] \|_{\mathcal{L}^2(\mathbf{R})}^2 \geqslant \| \varsigma(x) - [\varsigma_j(x) + \sum_{m=j}^{j+M} \zeta_m(x)] \|_{\mathcal{L}^2(\mathbf{R})}^2$$

$$\| \varsigma(x) - [f_j(x) + \sum_{m=j}^{+\infty} g_m(x)] \|_{\mathcal{L}^2(\mathbf{R})}^2 \geqslant \| \varsigma(x) - [\varsigma_j(x) + \sum_{m=j}^{+\infty} \zeta_m(x)] \|_{\mathcal{L}^2(\mathbf{R})}^2$$

这里尝试解释后两个范数不等式成立的理由：主要理由是$\varsigma(x)$在$V_j \oplus (\bigoplus_{m \geqslant j} W_m)$上的正交投影是$\varsigma_j(x) + \sum_{m=j}^{+\infty} \zeta_m(x)$，$\varsigma(x)$在闭子空间$V_j \oplus (\bigoplus_{j \leqslant m \leqslant j+M} W_m)$上的正交投影是

$$\varsigma_j(x) + \sum_{m=j}^{j+M} \zeta_m(x) = \varsigma_{j+M+1}(x)$$

前两个不等式由定义即知成立。

证明中最关键的环节是，因为$\varsigma(x) \in \Omega$，所以由Ω的定义可得

$$\varsigma_j(x) = \zeta_m(x) = 0, \quad m \geqslant j$$

$$\varsigma_j(x) + \sum_{m=j}^{+\infty} \zeta_m(x) = 0$$

$$\varsigma_j(x) + \sum_{m=j}^{j+M} \zeta_m(x) = \varsigma_{j+M+1}(x) = 0$$

将这些结果代入前述的最后两个范数不等式，得到如下不等式：

$$\| \varsigma(x) - [f_j(x) + \sum_{m=j}^{j+M} g_m(x)] \|_{\mathcal{L}^2(\mathbf{R})}^2 \geqslant \| \varsigma(x) \|_{\mathcal{L}^2(\mathbf{R})}^2 > 0$$

$$\| \varsigma(x) - [f_j(x) + \sum_{m=j}^{+\infty} g_m(x)] \|_{\mathcal{L}^2(\mathbf{R})}^2 \geqslant \| \varsigma(x) \|_{\mathcal{L}^2(\mathbf{R})}^2 > 0$$

由此说明，对于$M \geqslant j$，任意的函数序列

$$f_j(x) + \sum_{m=j}^{j+M} g_m(x) = f_{j+M}(x)$$

都不会收敛到函数$\varsigma(x)$，即无论这个函数序列收敛与否，它都不会收敛到函数$\varsigma(x)$，因为

$$\| \varsigma(x) - [f_j(x) + \sum_{m=j}^{+\infty} g_m(x)] \|_{\mathcal{L}^2(\mathbf{R})}^2 \geqslant \| \varsigma(x) \|_{\mathcal{L}^2(\mathbf{R})}^2 > 0$$

这样，对于非零范数函数$\varsigma(x) \in \mathcal{L}(\mathbf{R})$，不存在$\bigcup_{m \in \mathbf{Z}} V_m$中的函数序列能够收敛到函数$\varsigma(x)$。这与稠密性公理$\overline{(\bigcup_{J \in \mathbf{Z}} V_J)} = \mathcal{L}^2(\mathbf{R})$矛盾。

6. 正交子空间直和分解

如果$(\{V_j; j \in \mathbf{Z}\}, \varphi(x))$是函数空间$\mathcal{L}^2(\mathbf{R})$上的一个多分辨率分析，定义小波子空间列$\{W_j; j \in \mathbf{Z}\}$，使得对$\forall j \in \mathbf{Z}$，子空间$W_j$满足$W_j \perp V_j, V_{j+1} = W_j \oplus V_j$。这样的小波空间序列$\{W_j; j \in \mathbf{Z}\}$能给出尺度空间序列$\{V_j; j \in \mathbf{Z}\}$和函数空间$\mathcal{L}^2(\mathbf{R})$的正交直和分解表示，即

$$W_j \perp W_l, \forall j \neq l, (j,l) \in \mathbf{Z}^2, \quad u(x) \in W_j \Leftrightarrow u(2x) \in W_{j+1}$$

$$m \geqslant j \Rightarrow W_m \perp V_j, \quad m < j \Rightarrow W_m \subseteq V_j$$

$$V_{j+m+1} = W_{j+m} \oplus W_{j+m-1} \oplus \cdots \oplus W_j \oplus V_j = \bigoplus_{l=0}^{+\infty} W_{j+m-l}$$

$$\mathcal{L}^2(\mathbf{R}) = V_j \oplus (\bigoplus_{m \geqslant j} W_m) = \bigoplus_{m \in \mathbf{Z}} W_m$$

这些性质表明,由多分辨率分析产生的伸缩依赖相互正交的小波子空间序列提供尺度子空间序列和平方可积函数空间的精巧结构,如果能够为小波子空间提供规范正交基,那么,尺度子空间和平方可积函数空间都能间接获得规范正交基,这将为函数分析和函数空间的特征化提供极大方便。

2.5.2 正交小波与小波空间

如果$(\{V_j;j \in \mathbf{Z}\},\varphi(x))$是函数空间$\mathcal{L}^2(\mathbf{R})$上的多分辨率分析,那么可以由此定义空间$\mathcal{L}^2(\mathbf{R})$的伸缩依赖的相互正交的小波子空间序列$\{W_j;j \in \mathbf{Z}\}$,它构成函数空间$\mathcal{L}^2(\mathbf{R})$的正交直和分解。这里将研究一个特别的函数,其整数平移函数系构成特定小波子空间的整数平移规范正交基,这种函数本质上就是正交小波。

1. 正交小波定义

设$(\{V_j;j \in \mathbf{Z}\},\varphi(x))$是函数空间$\mathcal{L}^2(\mathbf{R})$上的一个多分辨率分析,$\{W_j;j \in \mathbf{Z}\}$是前述定义的小波子空间序列,如果函数$\psi(x) \in W_0$的整数平移函数系$\{\psi(x-n);n \in \mathbf{Z}\}$构成小波子空间$W_0$的规范正交基,则称这样的函数$\psi(x)$是一个多分辨率分析小波,简称为正交小波。

注释 这里将多分辨率分析小波简称为正交小波,可能会因与以前的正交小波概念略有差异而导致混乱和不确定性。准确地说,回顾此前关于正交小波与多分辨率分析小波之间的细微差异,以前定义的正交小波未必是多分辨率分析小波,但这里定义的多分辨率分析小波必然满足以前对正交小波的要求,两者确实存在一定的差别。本书此后对两者不加区别,在特定的上下文关系中其意义是清晰的,当然,绝大多数时候使用的还是这里定义的正交小波,即多分辨率分析小波。

2. 小波空间小波基

利用正交小波可以为所有的小波空间提供规范正交小波基,正如下面定理所表述的那样。

定理 2.20(小波空间小波基) 假设$(\{V_j;j \in \mathbf{Z}\},\varphi(x))$是函数空间$\mathcal{L}^2(\mathbf{R})$上的一个多分辨率分析,函数$\psi(x) \in W_0$是一个正交小波(即多分辨率分析小波),那么,对于$\forall j \in \mathbf{Z}$,$\{\psi_{j,k}(x) = 2^{j/2}\psi(2^j x - k);k \in \mathbf{Z}\}$是小波子空间$W_j$的规范正交基。

证明 利用小波空间列的伸缩依赖关系以及函数系$\{\psi(x-n);n \in \mathbf{Z}\}$构成小波子空间$W_0$的规范正交基,可以直接完成定理的证明。读者可以自己把证明的详细过程补充完整。

推论 2.10(尺度空间的小波基) 假设$(\{V_j;j \in \mathbf{Z}\},\varphi(x))$是函数空间$\mathcal{L}^2(\mathbf{R})$上的一个多分辨率分析,函数$\psi(x) \in W_0$是一个正交小波,即多分辨率分析小波,那么,对于$\forall j \in \mathbf{Z}$,$\{\psi_{m,k}(x) = 2^{m/2}\psi(2^m x - k);m \leqslant j-1,k \in \mathbf{Z}\}$是尺度子空间$V_j$的规范正交基,即尺度空间的小波基。

证明 因为$V_j = \bigoplus_{l=1}^{+\infty} W_{j-l}$而且$\{\psi_{j-l,k}(x) = 2^{(j-l)/2}\psi(2^{j-l}x - k);k \in \mathbf{Z}\}$是$W_{j-l}$的规范正交基,所以推论得证。

该推论表明,尺度空间可以由伸缩平移规范正交小波基张成,即

$$V_j = \text{Closespan}\{\psi_{m,k}(x) = 2^{m/2}\psi(2^m x - k); m \leqslant j-1, k \in \mathbf{Z}\}$$

3. 规范正交小波基

在多分辨率分析中,平方可积函数空间具有由伸缩依赖且相互正交的小波子空间列构成的正交直和分解表达,结合多分辨率分析小波即正交小波的定义,可以获得整个函数空间的规范正交基,这个事实可以被总结为如下的规范正交小波基定理。

定理 2.21(规范正交小波基)　假设$(\{V_j; j \in \mathbf{Z}\}, \varphi(x))$是函数空间$\mathcal{L}^2(\mathbf{R})$上的一个多分辨率分析,函数$\psi(x) \in W_0$是一个正交小波即多分辨率分析小波,那么,$\{\psi_{j,k}(x) = 2^{j/2}\psi(2^j x - k); (j,k) \in \mathbf{Z} \times \mathbf{Z}\}$是$\mathcal{L}^2(\mathbf{R})$的规范正交小波基。

证明　因为$\mathcal{L}^2(\mathbf{R}) = \bigoplus_{m \in \mathbf{Z}} W_m$而且$\{\psi_{j,k}(x) = 2^{j/2}\psi(2^j x - k); k \in \mathbf{Z}\}$是小波子空间$W_j$的规范正交基,$j \in \mathbf{Z}$,所以定理得证。

注释　这说明多分辨率分析小波一定满足正交小波的要求。

2.5.3　小波方程

在多分辨率分析给定的基础上,正交小波可以用尺度函数整数平移规范正交函数系进行刻画。

1. 小波规范正交性

如果$(\{V_j; j \in \mathbf{Z}\}, \varphi(x))$是函数空间$\mathcal{L}^2(\mathbf{R})$上的一个多分辨率分析,诱导定义的小波子空间序列是$\{W_j; j \in \mathbf{Z}\}$,函数$\psi(x) \in W_0$是一个正交小波即多分辨率分析小波,则$\{\psi(x-k); k \in \mathbf{Z}\}$构成小波子空间$W_0$的规范正交基,因此作为函数空间$\mathcal{L}^2(\mathbf{R})$上的一个整数平移函数系,它必然满足如下定理。

定理 2.22(小波规范正交性)　如果$(\{V_j; j \in \mathbf{Z}\}, \varphi(x))$是函数空间$\mathcal{L}^2(\mathbf{R})$上的一个多分辨率分析,诱导定义小波子空间序列$\{W_j; j \in \mathbf{Z}\}$,函数$\psi(x) \in W_0$是一个正交小波即多分辨率分析小波,则

$$2\pi \sum_{m \in \mathbf{Z}} |\Psi(\omega + 2m\pi)|^2 = 1, \quad \omega \in [0, 2\pi]$$

其中,$\Psi(\omega)$是小波函数$\psi(x)$的傅里叶变换。

小波函数的这个性质与尺度函数是相似的,即整数平移小波函数系是平方可积函数空间$\mathcal{L}^2(\mathbf{R})$的规范正交函数系。

2. 时域小波方程

如果$(\{V_j; j \in \mathbf{Z}\}, \varphi(x))$是函数空间$\mathcal{L}^2(\mathbf{R})$上的一个多分辨率分析,诱导定义的小波子空间序列是$\{W_j; j \in \mathbf{Z}\}$,函数$\psi(x) \in W_0$是一个正交小波即多分辨率分析小波,那么,因为$V_1 = V_0 \oplus W_0$且$\{\varphi_{1,k}(x) = \sqrt{2}\varphi(2x-k); k \in \mathbf{Z}\}$是尺度子空间$V_1$的规范正交基,所以$\psi(x) \in W_0 \subseteq V_1$必然可以写成$\{\varphi_{1,k}(x); k \in \mathbf{Z}\}$的正交函数级数表达式,这就是下面的小波方程定理。

定理 2.23(小波方程)　如果$(\{V_j; j \in \mathbf{Z}\}, \varphi(x))$是函数空间$\mathcal{L}^2(\mathbf{R})$上的一个多分辨率分析,诱导定义小波子空间序列$\{W_j; j \in \mathbf{Z}\}$,函数$\psi(x) \in W_0$是一个正交小波即多分辨率分析小波,则小波函数$\psi(x)$必然可以被表示为如下的正交尺度函数级数

$$\psi(x)=\sqrt{2}\sum_{n\in\mathbf{Z}}g_n\varphi(2x-n)$$

其中,当 $n\in\mathbf{Z}$ 时级数系数表示为

$$g_n=\langle\psi(\cdot),\sqrt{2}\varphi(2\cdot-n)\rangle_{\mathcal{L}^2(\mathbf{R})}=\sqrt{2}\int_{x\in\mathbf{R}}\psi(x)\overline{\varphi}(2x-n)\mathrm{d}x$$

称为带通滤波器系数,满足 $\sum_{n\in\mathbf{Z}}|g_n|^2=1$。这个方程称为小波方程。

证明 因为函数系 $\{\varphi_{1,k}(x);k\in\mathbf{Z}\}$ 是 V_1 的规范正交基,而且 $\psi(x)\in W_0\subseteq V_1$,所以小波函数 $\psi(x)$ 必然可以被表示为 V_1 的规范正交基 $\{\varphi_{1,k}(x);k\in\mathbf{Z}\}$ 的线性组合,而且,组合系数正好是 $\psi(x)$ 在基函数上的正交投影,组合系数序列必然是平方可和的,具体可得

$$\begin{aligned}1&=\|\psi\|^2_{\mathcal{L}^2(\mathbf{R})}=\int_{\mathbf{R}}|\psi(x)|^2\mathrm{d}x\\&=\int_{\mathbf{R}}[\sqrt{2}\sum_{n\in\mathbf{Z}}g_n\varphi(2x-n)][\sqrt{2}\sum_{m\in\mathbf{Z}}g_m\varphi(2x-m)]^*\mathrm{d}x\\&=\sum_{n\in\mathbf{Z}}\sum_{m\in\mathbf{Z}}g_n\overline{g}_m\int_{\mathbf{R}}2\varphi(2x-n)\overline{\varphi}(2x-m)\mathrm{d}x\\&=\sum_{n\in\mathbf{Z}}\sum_{m\in\mathbf{Z}}g_n\overline{g}_m\delta(n-m)=\sum_{n\in\mathbf{Z}}|g_n|^2\end{aligned}$$

这样就完成了定理的证明。

这里得到的小波方程和尺度方程是类似的。同样,小波方程存在平移和尺度伸缩的等价表达形式。

推论 2.11(小波方程) 如果$(\{V_j;j\in\mathbf{Z}\},\varphi(x))$是函数空间$\mathcal{L}^2(\mathbf{R})$上的一个多分辨率分析,那么,小波函数 $\psi(x)$ 的如下两个正交尺度函数级数成立:

$$\psi(x-k)=\sqrt{2}\sum_{n\in\mathbf{Z}}g_{n-2k}\varphi(2x-n)$$

$$\psi_{j,k}(x)=\sum_{n\in\mathbf{Z}}g_{n-2k}\varphi_{j+1,n}(x),\quad k\in\mathbf{Z}$$

其中$(j,k,n)\in\mathbf{Z}\times\mathbf{Z}\times\mathbf{Z}$,而且

$$g_{n-2k}=\langle\psi_{j,k}(\cdot),\varphi_{j+1,n}(\cdot)\rangle,\quad k\in\mathbf{Z},j\in\mathbf{Z},n\in\mathbf{Z}$$

这个推论容易被证明,留给读者作为练习。

3. 频域小波方程

在时间域表示的小波方程可以利用傅里叶变换转换到频域进行研究,从而得到小波函数诱导的滤波器的频域特性。

定理 2.24(频域小波方程) 假设$(\{V_j;j\in\mathbf{Z}\},\varphi(x))$是函数空间$\mathcal{L}^2(\mathbf{R})$上的一个多分辨率分析,如果函数 $\psi(x)\in W_0$ 是一个正交小波,那么,如下频域形式的小波方程成立:

$$\Psi(\omega)=(2\pi)^{-0.5}\int_{x\in\mathbf{R}}\psi(x)\mathrm{e}^{-\mathrm{i}\omega x}\mathrm{d}x=G(0.5\omega)\Phi(0.5\omega)$$

$$G(\omega)=2^{-0.5}\sum_{n\in\mathbf{Z}}g_n\mathrm{e}^{-\mathrm{i}\omega n}$$

其中,$G(\omega)$ 称为带通滤波器,带通系数的定义如前,而且满足 $\sum_{n\in\mathbf{Z}}|g_n|^2=1$。

证明　在小波方程两端分别进行傅里叶变换演算,有

$$\Psi(\omega)=(2\pi)^{-0.5}\int_{x\in\mathbf{R}}\psi(x)e^{-i\omega x}dx=(2\pi)^{-0.5}\int_{x\in\mathbf{R}}\sqrt{2}\sum_{n\in\mathbf{Z}}g_n\varphi(2x-n)e^{-i\omega x}dx$$

$$=(2^{-0.5}\sum_{n\in\mathbf{Z}}g_n e^{-i\times 0.5\omega\times x})\cdot(2\pi)^{-0.5}\int_{y\in\mathbf{R}}\varphi(y)e^{-i\times 0.5\omega\times y}dy$$

$$=G(0.5\omega)\Phi(0.5\omega)$$

另外,带通滤波器系数序列平方可和且$\sum_{n\in\mathbf{Z}}|g_n|^2=1$,此前已经证明。

推论 2.12(频域小波方程)　假设$(\{V_j;j\in\mathbf{Z}\},\varphi(x))$是函数空间$\mathcal{L}^2(\mathbf{R})$上的一个多分辨率分析,如果函数$\psi(x)\in W_0$是一个正交小波,那么,对任意整数$j\in\mathbf{Z}$,频域小波方程可写成

$$\Psi(2^{-j}\omega)=G(2^{-(j+1)}\omega)\Phi(2^{-(j+1)}\omega)$$

证明是容易的,留给读者练习。

推论 2.13(带通滤波器的范数)　假设$(\{V_j;j\in\mathbf{Z}\},\varphi(x))$是函数空间$\mathcal{L}^2(\mathbf{R})$上的一个多分辨率分析,如果函数$\psi(x)\in W_0$是一个正交小波,那么,带通滤波器$G(\omega)$是$2\pi$周期平方可积函数,即$G(\omega)\in\mathcal{L}^2(0,2\pi)$且$\|G\|_{\mathcal{L}^2(0,2\pi)}=\sqrt{\pi}$。

证明　因为带通滤波器系数序列$\{g_n;n\in\mathbf{Z}\}$是平方可和的,所以按照定义即得带通滤波器$G(\omega)$的2π周期性,此外直接计算可得

$$\|G\|^2_{\mathcal{L}^2(0,2\pi)}=\int_0^{2\pi}|G(\omega)|^2d\omega=\int_0^{2\pi}(2^{-0.5}\sum_{n\in\mathbf{Z}}g_n e^{-i\omega n})(2^{-0.5}\sum_{m\in\mathbf{Z}}g_m e^{-i\omega m}d\omega)^*d\omega$$

$$=0.5\sum_{n\in\mathbf{Z}}\sum_{m\in\mathbf{Z}}g_n\overline{g}_m\int_0^{2\pi}e^{-i\omega(n-m)}d\omega=0.5\sum_{n\in\mathbf{Z}}\sum_{m\in\mathbf{Z}}2\pi\delta(n-m)g_n\overline{g}_m$$

$$=\pi\sum_{n\in\mathbf{Z}}|g_n|^2=\pi$$

4. 规范带通滤波器

假设$(\{V_j;j\in\mathbf{Z}\},\varphi(x))$是函数空间$\mathcal{L}^2(\mathbf{R})$上的一个多分辨率分析,如果函数$\psi(x)\in W_0$是一个正交小波,那么,由小波函数和小波方程诱导的带通滤波器系数序列(脉冲响应序列)或带通滤波器(频率响应函数)必将满足某些约束条件。

定理 2.25(带通滤波器规范性)　假设$(\{V_j;j\in\mathbf{Z}\},\varphi(x))$是函数空间$\mathcal{L}^2(\mathbf{R})$上的一个多分辨率分析,如果函数$\psi(x)\in W_0$是一个正交小波,那么,小波方程诱导的带通滤波器$G(\omega)$满足频域恒等式

$$|G(\omega)|^2+|G(\omega+\pi)|^2=1,\quad \omega\in[0,2\pi]$$

证明　因为小波函数$\psi(x)$的整数平移系$\{\psi(x-k);k\in\mathbf{Z}\}$是规范正交系,利用这个事实的频域等价刻画得到如下演算:

$$1=2\pi\sum_{n\in\mathbf{Z}}|\Psi(\omega+2n\pi)|^2=2\pi\sum_{n\in\mathbf{Z}}|G(0.5\omega+n\pi)\Phi(0.5\omega+n\pi)|^2$$

$$=2\pi\sum_{n=2l\in\mathbf{Z}}|G(0.5\omega+2l\pi)\Phi(0.5\omega+2l\pi)|^2+$$

$$2\pi\sum_{n=2l+1\in\mathbf{Z}}|G(0.5\omega+\pi+2l\pi)\Phi(0.5\omega+\pi+2l\pi)|^2$$

$$=2\pi|G(0.5\omega)|^2\sum_{l\in\mathbf{Z}}|\Phi(0.5\omega+2l\pi)|^2+$$

$$2\pi \mid G(0.5\omega + \pi) \mid^2 \sum_{l \in \mathbf{Z}} \mid \Phi(0.5\omega + \pi + 2l\pi) \mid^2$$

在这个推演过程中,使用了两个恒等式,即

$$2\pi \sum_{n \in \mathbf{Z}} \mid \Psi(\omega + 2n\pi) \mid^2 = 1, \quad 2\pi \sum_{n \in \mathbf{Z}} \mid \Phi(\omega + 2n\pi) \mid^2 = 1$$

得到如下欲证明的恒等式:

$$1 = \mid G(0.5\omega) \mid^2 + \mid G(0.5\omega + \pi) \mid^2$$

这样完成证明。

这个定理的结果表明小波函数和小波方程诱导的带通滤波器具有某种单位性,更准确和更清晰的意义在后续研究中会给予充分详细的论述。

5. 带通系数正交性

假设$(\{V_j; j \in \mathbf{Z}\}, \varphi(x))$是函数空间$\mathcal{L}^2(\mathbf{R})$上的一个多分辨率分析,如果函数$\psi(x) \in W_0$是一个正交小波,那么,由小波方程诱导的带通滤波器系数序列(脉冲响应序列)在平方可和序列空间中具有偶数平移正交性。

定理 2.26(带通系数序列正交性) 假设$(\{V_j; j \in \mathbf{Z}\}, \varphi(x))$是函数空间$\mathcal{L}^2(\mathbf{R})$上的一个多分辨率分析而且函数$\psi(x) \in W_0$是一个正交小波,如果将小波方程诱导的带通滤波器系数序列$\{g_n; n \in \mathbf{Z}\}$的整数$m$平移序列记为

$$\boldsymbol{g}^{(m)} = \{g_{n-m}; n \in \mathbf{Z}\}^{\mathrm{T}} \in l^2(\mathbf{Z})$$

那么,带通系数序列具有如下偶数平移规范正交性:$\forall (m,k) \in \mathbf{Z} \times \mathbf{Z}$,有

$$\langle \boldsymbol{g}^{(2m)}, \boldsymbol{g}^{(2k)} \rangle_{l^2(\mathbf{Z})} = [\boldsymbol{g}^{(2k)}]^* [\boldsymbol{g}^{(2m)}] = \sum_{n \in \mathbf{Z}} g_{n-2m} \overline{g}_{n-2k} = \delta(m-k)$$

证明 建议读者仿照低通滤波器系数序列偶数平移正交性的证明方法和证明过程,完成这个定理的证明。

这个定理及其证明过程说明,在V_1的尺度规范正交基即$\{\varphi_{1,k}(x); k \in \mathbf{Z}\}$之下,如果把小波函数整数平移$\psi(x-k)$映射为$l^2(\mathbf{Z})$中的$\boldsymbol{g}^{(2k)} = \{g_{n-2k}; n \in \mathbf{Z}\}^{\mathrm{T}}$,那么,这个映射是从子空间$W_0$到序列空间$l^2(\mathbf{Z})$的保持内积恒等的线性变换。

推论 2.14(带通系数序列偶数平移规范正交性) 如果$(\{V_j; j \in \mathbf{Z}\}, \varphi(x))$是函数空间$\mathcal{L}^2(\mathbf{R})$上的一个多分辨率分析,沿用前述记号,序列向量组

$$\{\boldsymbol{g}^{(2m)} = \{h_{n-2m}; n \in \mathbf{Z}\}^{\mathrm{T}} \in l^2(\mathbf{Z}); m \in \mathbf{Z}\}$$

是序列空间$l^2(\mathbf{Z})$的规范正交系。

事实上,如果定义$\boldsymbol{G}$是无穷维序列向量规范正交系$\{\boldsymbol{g}^{(2m)}; m \in \mathbf{Z}\}$张成的$l^2(\mathbf{Z})$的闭线性子空间

$$\boldsymbol{G} = \mathrm{Closespan}\ \{\boldsymbol{g}^{(2m)} \in l^2(\mathbf{Z}); m \in \mathbf{Z}\}_{l^2(\mathbf{Z})}$$

那么,容易证明$\{\boldsymbol{g}^{(2m)}; m \in \mathbf{Z}\}$是$\boldsymbol{G}$的规范正交基。将小波函数$\psi(x-k)$按照小波方程$\psi(x-k) = \sqrt{2} \sum_{n \in \mathbf{Z}} g_{n-2k} \varphi(2x-n)$的系数列与向量$\boldsymbol{g}^{(2k)} = \{h_{n-2k}; n \in \mathbf{Z}\}^{\mathrm{T}}$相对应,根据前面已经给出的线性变换定义,即

$$\mathscr{H}: V_1 \to l^2(\mathbf{Z})$$

$$\varphi_{1,k}(x) \mapsto \varsigma_k = \{\delta(n-k); n \in \mathbf{Z}\}^{\mathrm{T}}, \quad k \in \mathbf{Z}$$

可以得到如下重要定理。

定理 2.27(小波方程的酉性)　线性算子 $\mathscr{H}:V_1 \to l^2(\mathbf{Z})$ 在尺度子空间 W_0 上的限制 $\mathscr{H}_1:W_0 \to \boldsymbol{G}$ 是从小波子空间 W_0 到无穷维序列向量子空间 $\boldsymbol{G}$ 之间的局部保持范数不变的线性算子,即

$$\mathscr{H}_1:W_0 \to \boldsymbol{G}$$

$$\psi(x-k) \mapsto \boldsymbol{g}^{(2k)} = \{g_{n-2k};n \in \mathbf{Z}\}^{\mathrm{T}}, \quad k \in \mathbf{Z}$$

其中,$(n,k) \in \mathbf{Z} \times \mathbf{Z}$,且

$$g_{n-2k} = \langle \psi(x-k), \sqrt{2}\varphi(2x-n) \rangle_{\mathcal{L}^2(\mathbf{R})} = \int_{\mathbf{R}} \psi(x-k) \times \sqrt{2}\overline{\varphi}(2x-n)\mathrm{d}x$$

2.5.4　小波函数的刻画

假设$(\{V_j;j \in \mathbf{Z}\},\varphi(x))$是平方可积函数空间$\mathcal{L}^2(\mathbf{R})$上的一个多分辨率分析且$\psi(x) \in W_0$是一个正交小波,那么,小波函数和小波方程存在如下多种刻画:

(1) $\langle \psi_{j,k}(x), \psi_{j,n}(x) \rangle_{\mathcal{L}^2(\mathbf{R})} = \delta(k-n), (j,k,n) \in \mathbf{Z} \times \mathbf{Z} \times \mathbf{Z}$。

(2) $2\pi \sum_{m \in \mathbf{Z}} |\Psi(\omega + 2m\pi)|^2 = 1, \omega \in [0,2\pi]$。

(3) $\Psi(\omega) = G(0.5\omega)\Phi(0.5\omega)$。

(4) $|G(\omega)|^2 + |G(\omega+\pi)|^2 = 1, \omega \in [0,2\pi]$。

(5) $\langle \boldsymbol{g}^{(2m)}, \boldsymbol{g}^{(2k)} \rangle_{l^2(\mathbf{Z})} = \sum_{n \in \mathbf{Z}} g_{n-2m}\overline{g}_{n-2k} = \delta(m-k)$。

(6) $\mathscr{H}_1:W_0 \to \boldsymbol{G}$ 是局部酉算子。

这涉及函数空间$\mathcal{L}^2(\mathbf{R})$的时间域和频率域形式,空间$\mathcal{L}^2(0,2\pi)$上的带通滤波器频率响应函数,无穷维序列向量空间 $l^2(\mathbf{Z})$ 上的规范正交系,以及局部酉线性算子 $\mathscr{H}_1:W_0 \to \boldsymbol{G}$。

2.5.5　小波函数与尺度函数

假设$(\{V_j;j \in \mathbf{Z}\},\varphi(x))$是平方可积函数空间$\mathcal{L}^2(\mathbf{R})$上的一个多分辨率分析而且函数$\psi(x) \in W_0$是一个正交小波,此时,$\{\psi(x-k);k \in \mathbf{Z}\}$构成小波子空间$W_0$的规范正交基。因为尺度函数整数平移系$\{\varphi(x-k);k \in \mathbf{Z}\}$构成尺度子空间$V_0$的规范正交基,另据$V_0 \oplus W_0 = V_1$可知,$\{\varphi(x-k);k \in \mathbf{Z}\} \cup \{\psi(x-k);k \in \mathbf{Z}\}$将构成$V_1$的规范正交基。这样,因为$\{\varphi_{1,n}(x) = \sqrt{2}\varphi(2x-n);n \in \mathbf{Z}\}$是$V_1$的规范正交基,所以在尺度子空间$V_1$上存在两个规范正交基。可以相信,小波函数与尺度函数之间的制约关系必将因为V_1上这两个规范正交基的存在而体现到滤波器系数序列上、体现到滤波器的频率响应函数上、体现到平方可和无穷序列向量线性空间$l^2(\mathbf{Z})$的相互正交的两个闭子空间的关系上。详细论述这些问题就是本节的任务。

1. 小波函数与尺度函数的正交性

假设$(\{V_j;j \in \mathbf{Z}\},\varphi(x))$是平方可积函数空间$\mathcal{L}^2(\mathbf{R})$上的一个多分辨率分析而且函数$\psi(x) \in W_0$是一个正交小波,此时,$\{\psi(x-k);k \in \mathbf{Z}\}$构成小波子空间$W_0$的规范正交

基,尺度函数平移函数系$\{\varphi(x-k);k\in\mathbf{Z}\}$构成尺度子空间$V_0$的规范正交基,因为$V_0\perp W_0$,所以$\{\varphi(x-k);k\in\mathbf{Z}\}\perp\{\psi(x-k);k\in\mathbf{Z}\}$,由此得到如下的小波函数系与尺度函数系的正交性定理。

定理 2.28(小波函数与尺度函数正交性) 假设$(\{V_j;j\in\mathbf{Z}\},\varphi(x))$是平方可积函数空间$\mathcal{L}^2(\mathbf{R})$上的一个多分辨率分析,而且$\psi(x)\in W_0$是一个正交小波,那么,小波函数系与尺度函数系正交,即$\{\varphi(x-k);k\in\mathbf{Z}\}\perp\{\psi(x-k);k\in\mathbf{Z}\}$,或者表达如下:

$$\langle\psi(x-k),\varphi(x-n)\rangle=0,\quad(k,n)\in\mathbf{Z}\times\mathbf{Z}$$

证明 因为$V_0\perp W_0$,而且

$$V_0=\text{Closespan}\{\varphi(x-k);k\in\mathbf{Z}\},\quad W_0=\text{Closespan}\{\psi(x-k);k\in\mathbf{Z}\}$$

于是按照正交的定义完成定理的证明。

2. 低通滤波器与带通滤波器的正交性

在$(\{V_j;j\in\mathbf{Z}\},\varphi(x))$是函数空间$\mathcal{L}^2(\mathbf{R})$上的一个多分辨率分析的条件下,小波函数系$\{\psi(x-k);k\in\mathbf{Z}\}$与尺度函数平移函数系$\{\varphi(x-k);k\in\mathbf{Z}\}$的正交性可以转换表示为低通和带通滤波器的正交性,就是如下的定理。

定理 2.29(低通和带通滤波器的正交性) 假设$(\{V_j;j\in\mathbf{Z}\},\varphi(x))$是函数空间$\mathcal{L}^2(\mathbf{R})$上的一个多分辨率分析而且函数$\psi(x)\in W_0$是一个正交小波,那么尺度函数和小波函数能诱导如下频域正交关系:

$$\sum_{k\in\mathbf{Z}}[\Psi(\omega+2k\pi)][\Phi(\omega+2k\pi)]^*=0$$

证明 利用两个函数系$\{\psi(x-k);k\in\mathbf{Z}\}$和$\{\varphi(x-k);k\in\mathbf{Z}\}$的正交性可得,对于任意的两个整数$(m,n)\in\mathbf{Z}\times\mathbf{Z}$,有

$$0=\langle\psi(x-n),\varphi(x-m)\rangle=\int_{x\in\mathbf{R}}\psi(x-n)\overline{\varphi}(x-m)\,\mathrm{d}x$$

利用傅里叶变换的内积恒等式可得

$$0=\int_{\omega\in\mathbf{R}}\Psi(\omega)\mathrm{e}^{-\mathrm{i}\omega n}[\Phi(\omega)\mathrm{e}^{-\mathrm{i}\omega m}]^*\mathrm{d}\omega=\int_{\omega\in\mathbf{R}}\Psi(\omega)[\Phi(\omega)]^*\mathrm{e}^{-\mathrm{i}\omega(n-m)}\mathrm{d}\omega$$

因此

$$0=\int_0^{2\pi}\{\sum_{k\in\mathbf{Z}}[\Psi(\omega+2k\pi)][\Phi(\omega+2k\pi)]^*\}\mathrm{e}^{-\mathrm{i}\omega(n-m)}\mathrm{d}\omega$$

由傅里叶级数基的完全性最终得到

$$\sum_{k\in\mathbf{Z}}[\Psi(\omega+2k\pi)][\Phi(\omega+2k\pi)]^*=0$$

3. 低通与带通系数列的正交性

在$(\{V_j;j\in\mathbf{Z}\},\varphi(x))$是函数空间$\mathcal{L}^2(\mathbf{R})$上的一个多分辨率分析的条件下,小波函数与尺度函数诱导的带通和低通滤波器具有前述正交性,这种正交性还可以体现为带通和低通滤波器系数序列在平方可和无穷序列向量空间$l^2(\mathbf{Z})$内积意义下的正交性,就是如下的定理。

定理 2.30(低通和带通系数序列正交性) 假设$(\{V_j;j\in\mathbf{Z}\},\varphi(x))$是函数空间$\mathcal{L}^2(\mathbf{R})$上的一个多分辨率分析而且函数$\psi(x)\in W_0$是一个正交小波,那么,小波函数与

尺度函数诱导的带通和低通滤波器系数序列具有如下的正交性：

$$\sum_{n\in\mathbf{Z}} g_{n-2k}\overline{h}_{n-2m}=0,\quad (k,m)\in\mathbf{Z}\times\mathbf{Z}$$

沿用前述记号，还可以表述为

$$\langle \boldsymbol{g}^{(2k)},\boldsymbol{h}^{(2m)}\rangle_{l^2(\mathbf{Z})}=\sum_{n\in\mathbf{Z}} g_{n-2k}\overline{h}_{n-2m}=0,\quad (k,m)\in\mathbf{Z}\times\mathbf{Z}$$

证明　因为 $\{\psi(x-k);k\in\mathbf{Z}\}\perp\{\varphi(x-m);m\in\mathbf{Z}\}$，所以 $\forall(k,m)\in\mathbf{Z}\times\mathbf{Z}$，有

$$\begin{aligned}0&=\langle\psi(x-k),\varphi(x-m)\rangle=\int_{x\in\mathbf{R}}\psi(x-k)\overline{\varphi}(x-m)\mathrm{d}x\\&=\int_{x\in\mathbf{R}}\left[\sqrt{2}\sum_{n\in\mathbf{Z}}g_{n-2k}\varphi(2x-n)\right]\left[\sqrt{2}\sum_{n\in\mathbf{Z}}h_{n-2m}\varphi(2x-n)\right]^*\mathrm{d}x\\&=\sum_{n\in\mathbf{Z}}\sum_{l\in\mathbf{Z}}g_{n-2k}\overline{h}_{l-2m}\int_{x\in\mathbf{R}}\varphi(x-n)\overline{\varphi}(x-l)\mathrm{d}x\\&=\sum_{n\in\mathbf{Z}}\sum_{l\in\mathbf{Z}}g_{n-2k}\overline{h}_{l-2m}\delta(n-l)=\sum_{n\in\mathbf{Z}}g_{n-2k}\overline{h}_{n-2m}\end{aligned}$$

证明完成。

4. 低通与带通滤波器频移正交性

在 $(\{V_j;j\in\mathbf{Z}\},\varphi(x))$ 是函数空间 $\mathcal{L}^2(\mathbf{R})$ 上的一个多分辨率分析的条件下，小波函数与尺度函数诱导的带通和低通滤波器具有前述正交性，这种正交性还可以体现为带通和低通滤波器的如下形式的频移正交性。

定理 2.31（低通和带通滤波器频移正交性）　假设 $(\{V_j;j\in\mathbf{Z}\},\varphi(x))$ 是函数空间 $\mathcal{L}^2(\mathbf{R})$ 上的一个多分辨率分析而且函数 $\psi(x)\in W_0$ 是一个正交小波，那么，尺度函数和小波函数诱导的滤波器组 $H(\omega)$、$G(\omega)$ 具有如下正交关系：

$$H(\omega)\overline{G}(\omega)+H(\omega+\pi)\overline{G}(\omega+\pi)=0$$

证明　利用已经获得的低通滤波器和带通滤波器正交性的表达形式

$$\sum_{k\in\mathbf{Z}}[\Psi(\omega+2k\pi)][\Phi(\omega+2k\pi)]^*=0$$

以及尺度方程和小波方程的频域形式可以继续演算，有

$$\begin{aligned}0&=\sum_{k\in\mathbf{Z}}\Phi(\omega+2k\pi)[\Psi(\omega+2k\pi)]^*\\&=\sum_{k=2m\in\mathbf{Z}}[H(0.5\omega)\overline{G}(0.5\omega)]\,|\Phi(0.5\omega+2m\pi)|^2+\\&\quad\sum_{k=2m+1\in\mathbf{Z}}[H(0.5\omega+\pi)\overline{G}(0.5\omega+\pi)]\,|\Phi(0.5\omega+\pi+2m\pi)|^2\end{aligned}$$

化简可得

$$\begin{aligned}0&=[H(0.5\omega)\overline{G}(0.5\omega)]\sum_{m\in\mathbf{Z}}|\Phi(0.5\omega+2m\pi)|^2+\\&\quad[H(0.5\omega+\pi)\overline{G}(0.5\omega+\pi)]\sum_{m\in\mathbf{Z}}|\Phi(0.5\omega+\pi+2m\pi)|^2\\&=\frac{1}{2\pi}[H(0.5\omega)\overline{G}(0.5\omega)+H(0.5\omega+\pi)\overline{G}(0.5\omega+\pi)]\end{aligned}$$

在这个推演过程中，两次使用频域恒等式

$$2\pi\sum_{m\in\mathbf{Z}}|\Phi(\omega+2m\pi)|^2=1,\quad \omega\in[0,2\pi]$$

这就证明了带通和低通滤波器的 π - 频移正交性。证明完成。

5. 尺度函数与小波函数的正交性

假设$(\{V_j;j\in\mathbf{Z}\},\varphi(x))$是平方可积函数空间$\mathcal{L}^2(\mathbf{R})$上的一个多分辨率分析而且函数$\psi(x)\in W_0$是一个正交小波,$\{\psi(x-k);k\in\mathbf{Z}\}$构成小波子空间$W_0$的规范正交基,尺度函数平移函数系$\{\varphi(x-k);k\in\mathbf{Z}\}$构成尺度子空间$V_0$的规范正交基,因为$V_0\oplus W_0=V_1$,所以$\{\varphi(x-k);k\in\mathbf{Z}\}\cup\{\psi(x-k);k\in\mathbf{Z}\}$是$V_1$的一个规范正交基。由多分辨率分析可知,$\{\varphi_{1,n}(x)=\sqrt{2}\varphi(2x-n);n\in\mathbf{Z}\}$是$V_1$的一个规范正交基。这样得到尺度子空间$V_1$的两个规范正交基。实际上,尺度方程和小波方程就是用规范正交基$\{\varphi_{1,n}(x)=\sqrt{2}\varphi(2x-n);n\in\mathbf{Z}\}$分别表示$\{\varphi(x-k);k\in\mathbf{Z}\}$以及小波规范正交系$\{\psi(x-k);k\in\mathbf{Z}\}$的公式。

回顾从V_1到$l^2(\mathbf{Z})$的如下定义的线性变换,即

$$\mathscr{H}:V_1\to l^2(\mathbf{Z})$$

$$\varphi_{1,k}(x)\mapsto\varsigma_k=\{\delta(n-k);n\in\mathbf{Z}\}^{\mathrm{T}},\quad k\in\mathbf{Z}$$

因为$\{\varphi_{1,n}(x);n\in\mathbf{Z}\}$是$V_1$的一个规范正交基,$\{\varsigma_k;k\in\mathbf{Z}\}$是$l^2(\mathbf{Z})$的平凡规范正交基,所以$\mathscr{H}:V_1\to l^2(\mathbf{Z})$是一个酉算子,由$V_0\perp W_0$可得$\mathscr{H}(V_0)\perp\mathscr{H}(W_0)$,因此得到如下的关于尺度方程和小波方程的正交性定理。

定理 2.32(尺度方程和小波方程正交性) 假设$(\{V_j;j\in\mathbf{Z}\},\varphi(x))$是平方可积函数空间$\mathcal{L}^2(\mathbf{R})$上的一个多分辨率分析,而且函数$\psi(x)\in W_0$是一个正交小波,从$V_1$到$l^2(\mathbf{Z})$的线性变换$\mathscr{H}:V_1\to l^2(\mathbf{Z})$定义如前,那么$\mathscr{H}(V_0)\perp\mathscr{H}(W_0)$,而且这两个闭子空间$\mathscr{H}(V_0)$、$\mathscr{H}(W_0)$可以表示为

$$\begin{cases}\mathscr{H}(V_0)=\mathscr{H}_0(V_0)=\boldsymbol{H}=\text{Closespan}\ \{\boldsymbol{h}^{(2m)}\in l^2(\mathbf{Z});m\in\mathbf{Z}\}_{l^2(\mathbf{Z})}\\ \mathscr{H}(W_0)=\mathscr{H}_1(W_0)=\boldsymbol{G}=\text{Closespan}\ \{\boldsymbol{g}^{(2m)}\in l^2(\mathbf{Z});m\in\mathbf{Z}\}_{l^2(\mathbf{Z})}\end{cases}$$

证明 因为线性变换$\mathscr{H}:V_1\to l^2(\mathbf{Z})$是酉算子,所以$\mathscr{H}(V_0)\perp\mathscr{H}(W_0)$可以直接从$V_0\perp W_0$得到,即两个相互正交的向量组,在保持内积不变的酉线性变换之下的两组映像仍然是正交的(在像空间的内积意义下)。

子空间V_0、W_0在线性变换$\mathscr{H}:V_1\to l^2(\mathbf{Z})$下的像$\mathscr{H}(V_0)$、$\mathscr{H}(W_0)$的待证表达式,实际上就是证明$\mathscr{H}|_{V_0}=\mathscr{H}_0$而且$\mathscr{H}|_{W_0}=\mathscr{H}_1$。

这里示范证明$\mathscr{H}|_{V_0}=\mathscr{H}_0$,余下的留给读者作为练习。

由于$\{\varphi(x-k);k\in\mathbf{Z}\}$构成尺度子空间$V_0$的规范正交基,因此只需要证明对于每一个$k\in\mathbf{Z}$,$\mathscr{H}[\varphi(x-k)]=\mathscr{H}_0[\varphi(x-k)]$。实际上,利用尺度方程

$$\varphi(x-k)=\sqrt{2}\sum_{n\in\mathbf{Z}}h_{n-2k}\varphi(2x-n),\quad k\in\mathbf{Z}$$

以及$\mathscr{H}:V_1\to l^2(\mathbf{Z})$是线性变换的性质,可得

$$\begin{aligned}\mathscr{H}[\varphi(x-k)]&=\mathscr{H}[\sum_{n\in\mathbf{Z}}h_{n-2k}\sqrt{2}\varphi(2x-n)]=\sum_{n\in\mathbf{Z}}h_{n-2k}\mathscr{H}[\sqrt{2}\varphi(2x-n)]\\&=\sum_{n\in\mathbf{Z}}h_{n-2k}\varsigma_n=\boldsymbol{h}^{(2k)}=\{h_{n-2k};n\in\mathbf{Z}\}^{\mathrm{T}}=\mathscr{H}_0[\varphi(x-k)]\end{aligned}$$

完成证明。

另外,可以直接利用$\{\boldsymbol{h}^{(2m)};m\in\mathbf{Z}\}\perp\{\boldsymbol{g}^{(2m)};m\in\mathbf{Z}\}$推证$\boldsymbol{H}\perp\boldsymbol{G}$,但这样不便得到$\boldsymbol{H}\oplus\boldsymbol{G}=l^2(\mathbf{Z})$。利用上述证明方法可以简便获得这个结果,这就是下面的定理。

定理 2.33(序列空间的正交直和分解)　假设$(\{V_j;j\in\mathbf{Z}\},\varphi(x))$是平方可积函数空间$\mathcal{L}^2(\mathbf{R})$上的一个多分辨率分析而且函数$\psi(x)\in W_0$是一个正交小波,从子空间$V_1$到$l^2(\mathbf{Z})$的线性变换$\mathscr{H}:V_1\to l^2(\mathbf{Z})$定义如前,那么

$$\mathscr{H}(V_0)\oplus\mathscr{H}(W_0)=\boldsymbol{H}\oplus\boldsymbol{G}=l^2(\mathbf{Z})$$

证明　这里只需要证明$\boldsymbol{H}\oplus\boldsymbol{G}=l^2(\mathbf{Z})$。实际上,对于任意的$\boldsymbol{\xi}\in l^2(\mathbf{Z})$,因为$\mathscr{H}:V_1\to l^2(\mathbf{Z})$是酉算子,所以存在唯一的函数$\rho(x)\in V_1$保证$\mathscr{H}[\rho(x)]=\boldsymbol{\xi}$。由$V_1$的直和分解表达式$V_0\oplus W_0=V_1$,存在$\rho_0(x)\in V_0,\rho_1(x)\in W_0,\rho_0(x)\perp\rho_1(x)$,使$\rho_0(x)+\rho_1(x)=\rho(x)$。由$\mathscr{H}$是酉线性算子可得$\mathscr{H}[\rho_0(x)]\perp\mathscr{H}[\rho_1(x)]$,而且

$$\mathscr{H}[\rho_0(x)]=\boldsymbol{\xi}_0\in\mathscr{H}(V_0)=\boldsymbol{H},\quad \mathscr{H}[\rho_1(x)]=\boldsymbol{\xi}_1\in\mathscr{H}(W_0)=\boldsymbol{G}$$

$$\boldsymbol{\xi}=\mathscr{H}[\rho(x)]=\mathscr{H}[\rho_0(x)+\rho_1(x)]=\mathscr{H}[\rho_0(x)]+\mathscr{H}[\rho_1(x)]=\boldsymbol{\xi}_0+\boldsymbol{\xi}_1$$

其中,$\boldsymbol{\xi}_0\perp\boldsymbol{\xi}_1$。即$l^2(\mathbf{Z})$的任意向量都可以分解为$\boldsymbol{H}$、$\boldsymbol{G}$中的向量的正交和。

2.5.6　小波函数与尺度函数的关系

假设$(\{V_j;j\in\mathbf{Z}\},\varphi(x))$是$\mathcal{L}^2(\mathbf{R})$上的一个多分辨率分析而且函数$\psi(x)\in W_0$是一个正交小波,那么,小波函数和尺度函数的直接关系存在如下多种刻画:

(1)$\langle\psi(x-k),\varphi(x-n)\rangle=0,(k,n)\in\mathbf{Z}\times\mathbf{Z}$。

(2)$\sum_{k\in\mathbf{Z}}[\Psi(\omega+2k\pi)][\Phi(\omega+2k\pi)]^*=0$。

(3)$H(\omega)\overline{G}(\omega)+H(\omega+\pi)\overline{G}(\omega+\pi)=0$。

(4)$\sum_{n\in\mathbf{Z}}g_{n-2k}\overline{h}_{n-2m}=0,(k,m)\in\mathbf{Z}\times\mathbf{Z}$。

(5)$\mathscr{H}(V_0)=\boldsymbol{H},\mathscr{H}(W_0)=\boldsymbol{G}$。

(6)$\mathscr{H}(V_0)\oplus\mathscr{H}(W_0)=\boldsymbol{H}\oplus\boldsymbol{G}=l^2(\mathbf{Z})$。

这些刻画从不同的角度说明了尺度函数与小波函数之间的制约关系。

2.6　正交小波的充分必要条件

定理 2.34(正交小波充要条件 1)　假设$(\{V_j;j\in\mathbf{Z}\},\varphi(x))$是平方可积函数空间$\mathcal{L}^2(\mathbf{R})$上的一个多分辨率分析,诱导定义小波子空间序列$\{W_j;j\in\mathbf{Z}\}$。在这样的假设条件下,利用前述记号,可以得到如下结果:函数$\psi(x)\in W_0$是一个正交小波的充分必要条件是

$$|H(\omega)|^2+|H(\omega+\pi)|^2=|G(\omega)|^2+|G(\omega+\pi)|^2=1$$

$$H(\omega)\overline{G}(\omega)+H(\omega+\pi)\overline{G}(\omega+\pi)=0$$

为了表达更简洁,引入如下2×2的构造矩阵$\boldsymbol{M}(\omega)$,使得

$$\boldsymbol{M}(\omega)=\begin{pmatrix}H(\omega) & H(\omega+\pi)\\ G(\omega) & G(\omega+\pi)\end{pmatrix}$$

这时,它的复数共轭转置记为

$$M^*(\omega)=\begin{pmatrix}\overline{H}(\omega) & \overline{G}(\omega)\\ \overline{H}(\omega+\pi) & \overline{G}(\omega+\pi)\end{pmatrix}$$

这样,函数 $\psi(x)$ 是一个正交小波的充分必要条件是

$$M(\omega)M^*(\omega)=M^*(\omega)M(\omega)=I$$

其中,I 表示 2×2 的单位矩阵,即矩阵 $M(\omega)$ 是酉矩阵。

2.6.1 正交小波条件必要性

假设($\{V_j;j\in\mathbf{Z}\},\varphi(x)$)是平方可积函数空间$\mathcal{L}^2(\mathbf{R})$ 上的一个多分辨率分析而且存在函数 $\psi(x)\in W_0$ 是一个正交小波,那么,前述论述过程已经证明 2×2 的矩阵 $M(\omega)$ 是酉矩阵。

2.6.2 正交小波构造条件充分性

假设($\{V_j;j\in\mathbf{Z}\},\varphi(x)$)是函数空间$\mathcal{L}^2(\mathbf{R})$ 上的一个多分辨率分析,尺度子空间 V_1 有规范正交基$\{\varphi_{1,k}(x)=\sqrt{2}\varphi(2x-k);k\in\mathbf{Z}\}$。若构造矩阵 $M(\omega)$ 是酉矩阵,即

$$M(\omega)M^*(\omega)=M^*(\omega)M(\omega)=I$$

并令 $\Psi(\omega)=G(0.5\omega)\Phi(0.5\omega)$ 是函数 $\psi(x)$ 的傅里叶变换,那么,可以证明函数 $\psi(x)\in W_0$,而且,$\psi(x)$ 的整数平移函数系$\{\psi(x-k);k\in\mathbf{Z}\}$ 构成 W_0 的规范正交基,而$\{\psi_{j,k}(x)=2^{j/2}\psi(2^jx-k);k\in\mathbf{Z}\}$ 构成 W_j 的规范正交基,$j\in\mathbf{Z}$,从而$\{\psi_{j,k}(x)=2^{j/2}\psi(2^jx-k);(j,k)\in\mathbf{Z}\times\mathbf{Z}\}$ 构成平方可积函数空间$\mathcal{L}^2(\mathbf{R})$ 的规范正交基,这就说明 $\psi(x)$ 是一个正交小波。

下面分步骤完成这个证明。

第一步:证明的预备。将 $M(\omega)M^*(\omega)=M^*(\omega)M(\omega)=I$ 转换为低通和带通滤波器系数序列之间的关系。由恒等式

$$M(\omega)M^*(\omega)=M^*(\omega)M(\omega)=\begin{pmatrix}1 & 0\\ 0 & 1\end{pmatrix}$$

得到

$$|H(\omega)|^2+|H(\omega+\pi)|^2=|G(\omega)|^2+|G(\omega+\pi)|^2=1$$

$$H(\omega)\overline{G}(\omega)+H(\omega+\pi)\overline{G}(\omega+\pi)=0$$

其中

$$H(\omega)=2^{-0.5}\sum_{n\in\mathbf{Z}}h_n\mathrm{e}^{-\mathrm{i}\omega n},\quad G(\omega)=2^{-0.5}\sum_{n\in\mathbf{Z}}g_n\mathrm{e}^{-\mathrm{i}\omega n}$$

首先演算低通滤波器系数序列及其偶数平移序列之间的制约关系,有

$$|H(\omega)|^2=0.5\sum_{k\in\mathbf{Z}}\Big(\sum_{n\in\mathbf{Z}}h_n\overline{h}_{n-k}\Big)\mathrm{e}^{-\mathrm{i}\omega k}$$

$$|H(\omega+\pi)|^2=0.5\sum_{k\in\mathbf{Z}}(-1)^k\Big(\sum_{n\in\mathbf{Z}}h_n\overline{h}_{n-k}\Big)\mathrm{e}^{-\mathrm{i}\omega k}$$

这样,可得

$$1 = |H(\omega)|^2 + |H(\omega+\pi)|^2 = \sum_{m\in\mathbf{Z}}\left(\sum_{n\in\mathbf{Z}} h_n \overline{h}_{n-2m}\right)\mathrm{e}^{-2\mathrm{i}\omega m}$$

进一步改写为

$$1 = |H(0.5\omega)|^2 + |H(0.5\omega+\pi)|^2 = \sum_{m\in\mathbf{Z}}\left(\sum_{n\in\mathbf{Z}} h_n \overline{h}_{n-2m}\right)\mathrm{e}^{-\mathrm{i}\omega m}$$

类似演算可得带通滤波器系数序列及其偶数平移序列之间的制约关系：

$$1 = |G(0.5\omega)|^2 + |G(0.5\omega+\pi)|^2 = \sum_{m\in\mathbf{Z}}\left(\sum_{n\in\mathbf{Z}} g_n \overline{g}_{n-2m}\right)\mathrm{e}^{-\mathrm{i}\omega m}$$

低通和带通滤波器系数序列及其偶数平移序列之间的制约关系演算如下：

$$\begin{aligned}
H(\omega)\overline{G}(\omega) &= \left(2^{-0.5}\sum_{n\in\mathbf{Z}} h_n \mathrm{e}^{-\mathrm{i}\omega n}\right)\left(2^{-0.5}\sum_{m\in\mathbf{Z}} g_m \mathrm{e}^{-\mathrm{i}\omega m}\right)^* \\
&= 0.5\sum_{n\in\mathbf{Z}}\sum_{m\in\mathbf{Z}} h_n \overline{g}_m \mathrm{e}^{-\mathrm{i}\omega(n-m)} \\
&= 0.5\sum_{k\in\mathbf{Z}}\left(\sum_{n\in\mathbf{Z}} h_n \overline{g}_{n-k}\right)\mathrm{e}^{-\mathrm{i}\omega k}
\end{aligned}$$

类似可得

$$H(\omega+\pi)\overline{G}(\omega+\pi) = 0.5\sum_{k\in\mathbf{Z}}(-1)^k\left(\sum_{n\in\mathbf{Z}} h_n \overline{g}_{n-k}\right)\mathrm{e}^{-\mathrm{i}\omega k}$$

这样得到低通和带通滤波器系数序列满足方程

$$0 = H(0.5\omega)\overline{G}(0.5\omega) + H(0.5\omega+\pi)\overline{G}(0.5\omega+\pi) = \sum_{m\in\mathbf{Z}}\left(\sum_{n\in\mathbf{Z}} h_n \overline{g}_{n-2m}\right)\mathrm{e}^{-\mathrm{i}\omega m}$$

因为$\{(2\pi)^{-0.5}\mathrm{e}^{\mathrm{i}\omega m}; m\in\mathbf{Z}\}$是函数空间$\mathcal{L}^2(0,2\pi)$的规范正交基，这样得到低通和带通滤波器系数序列及其偶数平移序列之间的制约关系为

$$\sum_{n\in\mathbf{Z}} h_n \overline{h}_{n-2m} = \sum_{n\in\mathbf{Z}} g_n \overline{g}_{n-2m} = \delta(m),\quad \sum_{n\in\mathbf{Z}} h_n \overline{g}_{n-2m} = 0,\quad m\in\mathbf{Z}$$

该制约关系在序列空间$l^2(\mathbf{Z})$中表示为

$$\begin{aligned}
\langle \boldsymbol{h}^{(2m)}, \boldsymbol{h}^{(2k)}\rangle &= \sum_{n\in\mathbf{Z}} h_{n-2m}\overline{h}_{n-2k} = \delta(m-k),\quad (m,k)\in\mathbf{Z}^2 \\
\langle \boldsymbol{g}^{(2m)}, \boldsymbol{g}^{(2k)}\rangle &= \sum_{n\in\mathbf{Z}} g_{n-2m}\overline{g}_{n-2k} = \delta(m-k),\quad (m,k)\in\mathbf{Z}^2 \\
\langle \boldsymbol{g}^{(2m)}, \boldsymbol{h}^{(2k)}\rangle &= \sum_{n\in\mathbf{Z}} g_{n-2m}\overline{h}_{n-2k} = 0,\quad (m,k)\in\mathbf{Z}^2
\end{aligned}$$

第二步：定义小波函数。利用带通滤波器$G(\omega) = 2^{-0.5}\sum_{n\in\mathbf{Z}} g_n \mathrm{e}^{-\mathrm{i}\omega n}$和尺度函数$\varphi(x)$的傅里叶变换$\Phi(\omega)$定义函数$\psi(x)$，其傅里叶变换$\Psi(\omega)$满足如下形式的频域小波方程：

$$\Psi(\omega) = G(0.5\omega)\Phi(0.5\omega)$$

利用尺度子空间V_1的规范正交基$\{\varphi_{1,k}(x) = \sqrt{2}\varphi(2x-k); k\in\mathbf{Z}\}$，根据傅里叶逆变换得到时域方程，即函数$\psi(x)$的时间域表达公式为

$$\psi(x) = \sqrt{2}\sum_{n\in\mathbf{Z}} g_n \varphi(2x-n)$$

因为$\sum_{n\in\mathbf{Z}} |g_n|^2 = 1$，所以$\psi(x)\in V_1$，从而$\{\psi(x-k); k\in\mathbf{Z}\}\subseteq V_1$。

第三步：证明$\{\psi(x-k); k\in\mathbf{Z}\}$构成尺度子空间$V_1$的规范正交函数系。实际上，直接计算可得$\forall (k,m)\in\mathbf{Z}\times\mathbf{Z}$，有

$$\langle \psi(x-k), \psi(x-m)\rangle = \int_{x\in\mathbf{R}} [\sqrt{2}\sum_{n\in\mathbf{Z}} g_{n-2k}\varphi(2x-n)][\sqrt{2}\sum_{n\in\mathbf{Z}} g_{n-2m}\overline{\varphi}(2x-n)]\mathrm{d}x$$

化简得到

$$\begin{aligned}\langle \psi(x-k), \psi(x-m)\rangle &= \sum_{n\in\mathbf{Z}}\sum_{l\in\mathbf{Z}} g_{n-2k}\overline{g}_{l-2m}\int_{y\in\mathbf{R}} \varphi(y-n)\overline{\varphi}(y-l)\mathrm{d}y \\ &= \sum_{n\in\mathbf{Z}} g_{n-2k}\overline{g}_{n-2m} = \delta(k-m)\end{aligned}$$

这就是$\{\psi(x-k); k\in\mathbf{Z}\}\subseteq V_1$的规范正交性。

第四步：证明$\{\psi(x-k); k\in\mathbf{Z}\}$是小波子空间$W_0$的规范正交函数系。研究这个规范正交系与尺度子空间$V_0$的规范正交尺度函数基$\{\varphi(x-k); k\in\mathbf{Z}\}$的正交关系。实际上，直接计算可得$\forall(k,m)\in\mathbf{Z}\times\mathbf{Z}$，有

$$\langle \varphi(x-k), \psi(x-m)\rangle = \sum_{n\in\mathbf{Z}} h_{n-2k}\overline{g}_{n-2m} = 0$$

这样得到$\{\psi(x-k); k\in\mathbf{Z}\}\perp\{\varphi(x-k); k\in\mathbf{Z}\}$。利用

$$V_0 = \text{Closespan}\{\varphi(x-k); k\in\mathbf{Z}\}_{\mathcal{L}^2(\mathbf{R})}$$

得到$\{\psi(x-k); k\in\mathbf{Z}\}\perp V_0$，因此$\{\psi(x-k); k\in\mathbf{Z}\}\subseteq W_0$。

第五步：证明$\{\psi(x-k); k\in\mathbf{Z}\}\cup\{\varphi(x-k); k\in\mathbf{Z}\}$是尺度子空间$V_1$的规范正交基。因为$V_1 = V_0\oplus W_0$，所以容易得知$\{\psi(x-k); k\in\mathbf{Z}\}\cup\{\varphi(x-k); k\in\mathbf{Z}\}$是子空间$V_1$的规范正交系。下面证明$\{\psi(x-k); k\in\mathbf{Z}\}\cup\{\varphi(x-k); k\in\mathbf{Z}\}$是$V_1$的完全规范正交函数系。因此，$\{\psi(x-k); k\in\mathbf{Z}\}\cup\{\varphi(x-k); k\in\mathbf{Z}\}$构成尺度子空间$V_1$的规范正交基。

在这里的证明目标是，$\forall\kappa(x)\in V_1$，如果满足$\kappa(x)\perp\{\psi(x-k); k\in\mathbf{Z}\}$而且$\kappa(x)\perp\{\varphi(x-k); k\in\mathbf{Z}\}$，那么，$\kappa(x)=0$。

事实上，因为$\kappa(x)\in V_1$，而且

$$V_1 = \text{Closespan}\{\varphi_{1,k}(x) = \sqrt{2}\varphi(2x-k); k\in\mathbf{Z}\}_{\mathcal{L}^2(\mathbf{R})}$$

所以函数$\kappa(x)$存在如下的类似尺度方程和小波方程的函数级数展开表达式：

$$\kappa(x) = \sqrt{2}\sum_{n\in\mathbf{Z}}\kappa_n\varphi(2x-n)$$

其中，当$n\in\mathbf{Z}$时级数系数表示为

$$\kappa_n = \langle\kappa(\cdot), \sqrt{2}\varphi(2\cdot-n)\rangle_{\mathcal{L}^2(\mathbf{R})} = \sqrt{2}\int_{x\in\mathbf{R}}\kappa(x)\overline{\varphi}(2x-n)\mathrm{d}x$$

满足

$$\sum_{n\in\mathbf{Z}}|\kappa_n|^2 < +\infty$$

定义滤波器

$$K(\omega) = 2^{-0.5}\sum_{n\in\mathbf{Z}}\kappa_n \mathrm{e}^{-\mathrm{i}\omega n}$$

可以将$\kappa(x)$的级数展开表达式转换为频率域形式，即

$$K(\omega) = K(0.5\omega)\Phi(0.5\omega)$$

其中，$K(\omega)$是$\kappa(x)$的傅里叶变换。仿照两个平移函数系正交性频域刻画理论的推证方法，由$\kappa(x)\perp\{\psi(x-k); k\in\mathbf{Z}\}$可以得到$\forall m\in\mathbf{Z}$，有

$$
\begin{aligned}
0 &= \langle \kappa(x), \psi(x-m) \rangle = \int_{x \in \mathbf{R}} \kappa(x) \overline{\psi}(x-m) \mathrm{d}x \\
&= \int_{\omega \in \mathbf{R}} K(\omega) \left[\Psi(\omega) \mathrm{e}^{-\mathrm{i}\omega m} \right]^* \mathrm{d}\omega \\
&= \int_{\omega \in \mathbf{R}} \left[K(0.5\omega) \Phi(0.5\omega) \right] \left[G(0.5\omega) \Phi(0.5\omega) \mathrm{e}^{-\mathrm{i}\omega m} \right]^* \mathrm{d}\omega \\
&= \sum_{k \in \mathbf{Z}} \int_{4k\pi}^{4(k+1)\pi} \left[K(0.5\omega) \right] \left[G(0.5\omega) \right]^* \left| \Phi(0.5\omega) \right|^2 \mathrm{e}^{\mathrm{i}\omega m} \mathrm{d}\omega \\
&= \int_0^{4\pi} \left[\sum_{k \in \mathbf{Z}} \left| \Phi(0.5\omega + 2k\pi) \right|^2 \right] \left[K(0.5\omega) \right] \left[G(0.5\omega) \right]^* \mathrm{e}^{\mathrm{i}\omega m} \mathrm{d}\omega \\
&= (2\pi)^{-1} \int_0^{4\pi} \left[K(0.5\omega) \right] \left[G(0.5\omega) \right]^* \mathrm{e}^{\mathrm{i}\omega m} \mathrm{d}\omega \\
&= (2\pi)^{-1} \int_0^{2\pi} \mathscr{G}(\omega) \mathrm{e}^{\mathrm{i}\omega m} \mathrm{d}\omega
\end{aligned}
$$

其中

$$
\mathscr{G}(\omega) = \left[K(0.5\omega) \right] \left[G(0.5\omega) \right]^* + \left[K(0.5\omega + \pi) \right] \left[G(0.5\omega + \pi) \right]^*
$$

同样地,由 $\kappa(x) \perp \{\varphi(x-k); k \in \mathbf{Z}\}$ 可以得到 $\forall m \in \mathbf{Z}$,有

$$
\begin{aligned}
0 &= \langle \kappa(x), \varphi(x-m) \rangle = \int_{x \in \mathbf{R}} \kappa(x) \overline{\varphi}(x-m) \mathrm{d}x \\
&= \int_{\omega \in \mathbf{R}} K(\omega) \left[\Phi(\omega) \mathrm{e}^{-\mathrm{i}\omega m} \right]^* \mathrm{d}\omega \\
&= \int_{\omega \in \mathbf{R}} \left[K(0.5\omega) \Phi(0.5\omega) \right] \left[H(0.5\omega) \Phi(0.5\omega) \mathrm{e}^{-\mathrm{i}\omega m} \right]^* \mathrm{d}\omega \\
&= \sum_{k \in \mathbf{Z}} \int_{4k\pi}^{4(k+1)\pi} \left[K(0.5\omega) \right] \left[H(0.5\omega) \right]^* \left| \Phi(0.5\omega) \right|^2 \mathrm{e}^{\mathrm{i}\omega m} \mathrm{d}\omega \\
&= \int_0^{4\pi} \left[\sum_{k \in \mathbf{Z}} \left| \Phi(0.5\omega + 2k\pi) \right|^2 \right] \left[K(0.5\omega) \right] \left[H(0.5\omega) \right]^* \mathrm{e}^{\mathrm{i}\omega m} \mathrm{d}\omega
\end{aligned}
$$

进一步化简得到

$$
\begin{aligned}
0 &= (2\pi)^{-1} \int_0^{4\pi} \left[K(0.5\omega) \right] \left[H(0.5\omega) \right]^* \mathrm{e}^{\mathrm{i}\omega m} \mathrm{d}\omega \\
&= (2\pi)^{-1} \int_0^{2\pi} \mathscr{H}(\omega) \mathrm{e}^{\mathrm{i}\omega m} \mathrm{d}\omega
\end{aligned}
$$

其中

$$
\mathscr{H}(\omega) = \left[K(0.5\omega) \right] \left[H(0.5\omega) \right]^* + \left[K(0.5\omega + \pi) \right] \left[H(0.5\omega + \pi) \right]^*
$$

总结上述两个方程得到如下形式的方程组:

$$
\begin{cases}
\mathscr{H}^*(\omega) = \left[H(0.5\omega) \right] \left[K(0.5\omega) \right]^* + \left[H(0.5\omega + \pi) \right] \left[K(0.5\omega + \pi) \right]^* = 0 \\
\mathscr{G}^*(\omega) = \left[G(0.5\omega) \right] \left[K(0.5\omega) \right]^* + \left[G(0.5\omega + \pi) \right] \left[K(0.5\omega + \pi) \right]^* = 0
\end{cases}
$$

利用构造矩阵表示为

$$
\begin{aligned}
&\begin{pmatrix} H(0.5\omega) & H(0.5\omega + \pi) \\ G(0.5\omega) & G(0.5\omega + \pi) \end{pmatrix} \begin{pmatrix} \left[K(0.5\omega) \right]^* \\ \left[K(0.5\omega + \pi) \right]^* \end{pmatrix} \\
&= \boldsymbol{M}(0.5\omega) \begin{pmatrix} \left[K(0.5\omega) \right]^* \\ \left[K(0.5\omega + \pi) \right]^* \end{pmatrix} = \begin{pmatrix} 0 \\ 0 \end{pmatrix}
\end{aligned}
$$

因为构造矩阵是酉矩阵,即

$$M^*(0.5\omega)M(0.5\omega)=M(0.5\omega)M^*(0.5\omega)=\begin{pmatrix}1&0\\0&1\end{pmatrix}$$

所以得到上述方程组的唯一解为

$$\begin{pmatrix}[K(0.5\omega)]^*\\[K(0.5\omega+\pi)]^*\end{pmatrix}=\begin{pmatrix}0\\0\end{pmatrix}$$

最后得到 $K(\omega)=0$,从而 $\kappa(x)=0$。

第六步:证明$\{\psi(x-k);k\in\mathbf{Z}\}$是小波子空间 W_0 的规范正交函数基。定义

$$\Omega=\text{Closespan}\{\psi(x-k);k\in\mathbf{Z}\}_{\mathcal{L}^2(\mathbf{R})}$$

显然得到$\Omega\subseteq W_0$,令Ξ是Ω在W_0中的正交补空间:$\Omega\perp\Xi,\Omega\oplus\Xi=W_0$。这里的证明目标就是$\Xi=\{0\}$。

实际上,如果$s(x)\in\Xi$,那么,由Ξ的定义知$s(x)\perp\{\psi(x-k);k\in\mathbf{Z}\}$。另外,由$s(x)\in\Xi\subseteq W_0\perp V_0$可得$s(x)\perp\{\varphi(x-k);k\in\mathbf{Z}\}$。综合这里得到的两个结果可知,$s(x)\perp\{\varphi(x-k);k\in\mathbf{Z}\}\cup\{\psi(x-k);k\in\mathbf{Z}\}$,由于$s(x)\in\Xi\subseteq V_1$,而且$\{\varphi(x-k);k\in\mathbf{Z}\}\cup\{\psi(x-k);k\in\mathbf{Z}\}$是尺度子空间$V_1$的规范正交基,因此得到$s(x)=0$。这样就证明了$\Xi=\{0\}$。

总结这些证明得知

$$W_0=\Omega=\text{Closespan}\{\psi(x-k);k\in\mathbf{Z}\}_{\mathcal{L}^2(\mathbf{R})}$$

这说明规范正交函数系$\{\psi(x-k);k\in\mathbf{Z}\}$张成$W_0$,从而$\{\psi(x-k);k\in\mathbf{Z}\}$是小波子空间 W_0 的规范正交函数基。

第七步:证明$\{\psi_{j,k}(x)=2^{j/2}\psi(2^jx-k);k\in\mathbf{Z}\}$构成$W_j$的规范正交基,$j\in\mathbf{Z}$,而且$\{\psi_{j,k}(x)=2^{j/2}\psi(2^jx-k);(j,k)\in\mathbf{Z}\times\mathbf{Z}\}$构成函数空间$\mathcal{L}^2(\mathbf{R})$的规范正交基,这就说明$\psi(x)$是一个正交小波。

实际上,小波子空间序列$\{W_j;j\in\mathbf{Z}\}$是伸缩依赖的正交闭子空间序列,利用前述证明获得的结果即$\{\psi(x-k);k\in\mathbf{Z}\}$是小波子空间 W_0 的规范正交函数基,于是,对任意的$j\in\mathbf{Z}$,$\{\psi_{j,k}(x)=2^{j/2}\psi(2^jx-k);k\in\mathbf{Z}\}$构成$W_j$的规范正交基。此外,利用$\mathcal{L}^2(\mathbf{R})$的正交直和分解公式$\mathcal{L}^2(\mathbf{R})=\bigoplus_{m=-\infty}^{+\infty}W_m$,最终确认函数空间$\mathcal{L}^2(\mathbf{R})$具有规范正交基$\{\psi_{j,k}(x)=2^{j/2}\psi(2^jx-k);(j,k)\in\mathbf{Z}\times\mathbf{Z}\}$。

第八步:总结这七个步骤的证明可得,在函数空间$\mathcal{L}^2(\mathbf{R})$上给出一个多分辨率分析$(\{V_j;j\in\mathbf{Z}\},\varphi(x))$,并给出满足$M(\omega)M^*(\omega)=M^*(\omega)M(\omega)=I$的一个构造矩阵$M(\omega)$,即$M(\omega)$是酉矩阵。按照$\Psi(\omega)=G(0.5\omega)\Phi(0.5\omega)$构造函数$\psi(x)$,其中$\Psi(\omega)$是$\psi(x)$的傅里叶变换,那么,函数$\psi(x)\in W_0$是一个正交小波。

2.6.3 正交小波充要条件

假设$(\{V_j;j\in\mathbf{Z}\},\varphi(x))$是函数空间$\mathcal{L}^2(\mathbf{R})$上的一个多分辨率分析,诱导定义小波子空间序列$\{W_j;j\in\mathbf{Z}\}$。定义两个序列向量子空间:

$$H=\text{Closespan}\{h^{(2m)}\in l^2(\mathbf{Z});m\in\mathbf{Z}\}_{l^2(\mathbf{Z})}$$

$$G = \text{Closespan}\,\{g^{(2m)} \in l^2(\mathbf{Z}); m \in \mathbf{Z}\}_{l^2(\mathbf{Z})}$$

定理 2.35(正交小波充要条件 2)　假设($\{V_j; j \in \mathbf{Z}\}, \varphi(x)$)是平方可积函数空间$\mathcal{L}^2(\mathbf{R})$上的一个多分辨率分析,诱导定义小波子空间序列$\{W_j; j \in \mathbf{Z}\}$。构造函数$\psi(x)$满足 $\Psi(\omega) = G(0.5\omega)\Phi(0.5\omega)$,其中 $\Psi(\omega)$ 是$\psi(x)$ 的傅里叶变换。那么,$\psi(x) \in W_0$ 是一个正交小波的充分必要条件是 $l^2(\mathbf{Z}) = \boldsymbol{H} \oplus \boldsymbol{G}$。

证明　留给读者作为练习完成证明。

定义如下两个形式的二维列向量:

$$\mathscr{H}(\omega) = \begin{pmatrix} H(\omega) \\ H(\omega + \pi) \end{pmatrix}, \quad \mathscr{G}(\omega) = \begin{pmatrix} G(\omega) \\ G(\omega + \pi) \end{pmatrix} \in \mathcal{L}^2(0,2\pi) \times \mathcal{L}^2(0,2\pi)$$

它们是超级二维空间$\mathcal{L}^2(0,2\pi) \times \mathcal{L}^2(0,2\pi)$中的两个列向量,这个超级二维空间的每个坐标轴都是函数空间$\mathcal{L}^2(0,2\pi)$。

定理 2.36(正交小波充要条件 3)　假设($\{V_j; j \in \mathbf{Z}\}, \varphi(x)$)是平方可积函数空间$\mathcal{L}^2(\mathbf{R})$上的一个多分辨率分析,诱导定义小波子空间序列$\{W_j; j \in \mathbf{Z}\}$。构造函数$\psi(x)$满足 $\Psi(\omega) = G(0.5\omega)\Phi(0.5\omega)$,其中 $\Psi(\omega)$ 是$\psi(x)$ 的傅里叶变换。那么,函数$\psi(x) \in W_0$ 是一个正交小波的充分必要条件是:$\{\mathscr{H}(\omega), \mathscr{G}(\omega)\}$ 是超级二维空间中的两个相互正交的单位向量,对 $\omega \in (0,2\pi)$,有

$$\|\mathscr{H}(\omega)\|^2 = |H(\omega)|^2 + |H(\omega + \pi)|^2 = 1$$

$$\|\mathscr{G}(\omega)\|^2 = |G(\omega)|^2 + |G(\omega + \pi)|^2 = 1$$

$$\langle \mathscr{H}(\omega), \mathscr{G}(\omega) \rangle = H(\omega)\overline{G}(\omega) + H(\omega + \pi)\overline{G}(\omega + \pi) = 0$$

这个表达式虽然不算是严谨的定理,不过有助于理解正交小波构造充分必要条件。

2.6.4　小波构造与空间转换关系

回顾多分辨率分析理论,在正交小波构造的方法和过程中,不断转换尺度函数平移规范正交系、小波函数平移规范正交系,以及它们相互正交关系的具体表达形式,在此过程中,涉及和使用的数学对象所在的希尔伯特空间也在相应变换,这里大致总结如下:

第一步:初始状态,目标构造空间$\mathcal{L}^2(\mathbf{R})$的特殊规范正交基。

第二步:尺度状态,利用一个多分辨率分析,把空间$\mathcal{L}^2(\mathbf{R})$转换为伸缩嵌套的尺度子空间序列$\{V_j; j \in \mathbf{Z}\}$。

第三步:小波状态,把空间$\mathcal{L}^2(\mathbf{R})$和尺度子空间序列$\{V_j; j \in \mathbf{Z}\}$转换为伸缩正交小波子空间序列$\{W_j; j \in \mathbf{Z}\}$。

第四步:尺度 - 小波联合状态,正交小波构造问题转换为 $V_1 = V_0 \oplus W_0$ 的分解和子空间表达问题。

第五步:序列空间状态,根据尺度方程和小波方程把 $V_1 = V_0 \oplus W_0$ 转换为序列空间的正交直和分解关系 $l^2(\mathbf{Z}) = \boldsymbol{H} \oplus \boldsymbol{G}$。

第六步:矩阵空间状态,在 2×2 构造矩阵空间中,$\boldsymbol{M}(\omega)$ 是酉矩阵。

第七步:超级二维的空间状态,在超级二维空间$\mathcal{L}^2(0,2\pi) \times \mathcal{L}^2(0,2\pi)$中的由两个相互正交的单位向量构成的向量组$\{\mathscr{H}(\omega), \mathscr{G}(\omega)\}$。

在$\mathcal{L}^2(\mathbf{R})$的多分辨率分析理论体系下，利用前述习惯的符号和含义，简单地说，$\psi(x)$是多分辨率分析小波或正交小波的充分必要条件是，$\boldsymbol{M}(\omega)$是酉矩阵，或者$\{\mathscr{H}(\omega),\mathscr{G}(\omega)\}$是正交单位向量组，或者存在正交分解$l^2(\mathbf{Z})=\boldsymbol{H}\oplus\boldsymbol{G}$，或者存在正交分解$V_1=V_0\oplus W_0$，或者$\{\psi(x-k);k\in\mathbf{Z}\}$是$W_0$的规范正交基。

2.7 小波构造的实现

假设$(\{V_j;j\in\mathbf{Z}\},\varphi(x))$是函数空间$\mathcal{L}^2(\mathbf{R})$上的一个多分辨率分析，诱导定义小波子空间序列$\{W_j;j\in\mathbf{Z}\}$。将尺度函数$\varphi(x)$诱导的滤波器组$H(\omega)$表示如下：

$$H(\omega)=\frac{1}{\sqrt{2}}\sum_{n\in\mathbf{Z}}h_n\mathrm{e}^{-\mathrm{i}\omega n}$$

其中，滤波器的脉冲响应系数当$n\in\mathbf{Z}$时表示为

$$h_n=\langle\varphi(\cdot),\sqrt{2}\varphi(2\cdot-n)\rangle_{\mathcal{L}^2(\mathbf{R})}=\sqrt{2}\int_{x\in\mathbf{R}}\varphi(x)\overline{\varphi}(2x-n)\mathrm{d}x$$

可以由多分辨率分析的尺度函数$\varphi(x)$唯一确定性计算得到。直接构造滤波器

$$G(\omega)=\overline{H}(\omega+\pi)\mathrm{e}^{-\mathrm{i}\omega(1+2\kappa)}$$

其中，$\kappa\in\mathbf{Z}$是一个任意固定整数。容易验证，在这样的构造之后，矩阵

$$\boldsymbol{M}(\omega)=\begin{pmatrix}H(\omega) & H(\omega+\pi)\\ G(\omega) & G(\omega+\pi)\end{pmatrix}$$

是酉矩阵，即$\boldsymbol{M}(\omega)\boldsymbol{M}^*(\omega)=\boldsymbol{M}^*(\omega)\boldsymbol{M}(\omega)=\boldsymbol{I}$，其中$\boldsymbol{I}$表示$2\times2$的单位矩阵。

根据多分辨率分析理论，构造函数$\psi(x)$，其傅里叶变换$\Psi(\omega)$表示如下：

$$\Psi(\omega)=G(0.5\omega)\Phi(0.5\omega)=\overline{H}(0.5\omega+\pi)\Phi(0.5\omega)\mathrm{e}^{-\mathrm{i}\omega(0.5+\kappa)}$$

那么，函数$\psi(x)$是一个多分辨率分析小波，而且，$\psi(x)$可以用尺度函数$\varphi(x)$构成的规范正交函数系$\{\varphi_{1,k}(x)=\sqrt{2}\varphi(2x-k);k\in\mathbf{Z}\}$表示成正交函数级数，即

$$\psi(x)=\sqrt{2}\sum_{n\in\mathbf{Z}}g_n\varphi(2x-n)$$

其中正交函数级数的系数当$n\in\mathbf{Z}$时可以表示为

$$g_n=(-1)^{2\kappa+1-n}\overline{h}_{2\kappa+1-n}$$

或者小波函数$\psi(x)$可以直接表示为

$$\psi(x)=\sqrt{2}\sum_{n\in\mathbf{Z}}(-1)^{2\kappa+1-n}\overline{h}_{2\kappa+1-n}\varphi(2x-n)$$

注释 在多分辨率分析理论中，按$G(\omega)=\overline{H}(\omega+\pi)\mathrm{e}^{-\mathrm{i}\omega(1+2\kappa)}$这样选择带通滤波器可以保证构造矩阵$\boldsymbol{M}(\omega)$是酉矩阵，从而实现正交小波的具体构造。在特定的多分辨率分析给定之后，由于低通滤波器的特殊性，保证构造矩阵是酉矩阵的带通滤波器选择可能是不唯一的。这样就可能获得完全不同的正交小波函数。有大量利用多分辨率分析理论构造正交小波的示例。

2.8 多分辨率分析方法论

在多分辨率分析理论体系下，可以实现正交小波的形式化理论构造。多分辨率分析

理论不仅为小波的构造奠定了坚实的理论基础,后续章节的论述将进一步表明,它还在函数或者信号的小波分解和合成算法、小波包理论体系的建立、小波包分解合成算法、小波和小波包金字塔算法等关键研究领域起决定性作用,并推动小波理论和小波包理论在现代科学各学科研究领域广泛应用。

多分辨率分析方法利用抽象的分辨率基准函数,把离散状态和连续状态存在的研究对象统一转换为具有多种分辨率的描述模式,发现并重新刻画它们在各种分辨率之间存在的依赖关系,获得对研究对象的全面、深刻的认识。

2.8.1　分辨率

分辨率或者分辨能力刻画的是客观对象与人类认知或者测量之间的关系,体现的是人类认知系统或者仪器测量系统对不同客观对象之间差异的确认。客观对象的时空存在形式以及人类认知或者测量系统的特性构成分辨率的核心要素:第一类分辨率即信息获取分辨率,是人类摄取信息和记忆信息体现的客观对象存在的时间延续分辨率(时间分辨率)、空间延展分辨率(空间分辨率)及人类观测测量数值精确度(数值分辨率);第二类分辨率即仪器设备物理分辨率,就是人类再表达(包括计算和处理)、复现或者显示信息所需要的存储设备、计算设备的分辨率(数字精度)和显示仪器设备等的分辨率(物理精度);第三类分辨率即匹配分辨率,就是在特定存储设备、计算设备和显示仪器设备上,匹配存储、计算(处理)和/或显示已经获取的已知时间分辨率、空间分辨率和数值分辨率的原始信息所实现的分辨率。

为了理论研究和分析模型简洁有效,可以将信息的获取、存储、计算处理和显示过程抽象成一个函数,把这样的函数称为分辨率基准函数,或者简称为基准函数,各种特殊需要最终转化为选择不同的基准函数。这样,分辨率这个概念就集中表现为函数自变量的分辨率和函数值的数值分辨率(数字精度):自变量分辨率包含时间分辨率、空间分辨率和仪器设备的物理分辨率等,当然也包括高维向量自变量的分辨率;函数值的数值分辨率或者数字精度包括信息的观测测量数值精确度和全部匹配分辨率。

在离散状态下,比如一个数字分辨率为 $1\,024 \times 1\,024 \times 256$ 的数字图像可以表示成如下离散二元函数形式:

$$\mathscr{F} = (f(m,n) \in \{0,1,\cdots,255\};m = 0,1,\cdots,1\,023,n = 0,1,\cdots,1\,023)$$

这就是一个 $1\,024 \times 1\,024$ 的数字矩阵,其第 m 行第 n 列(即像素 (m,n))的矩阵元素(即灰度值)$f(m,n)$ 的取值是介于 0 ~ 255 之间的整数。在这种特定情况下,数字分辨率为 $1\,024 \times 1\,024 \times 256$ 的数字图像 $\mathscr{F}$ 最多有 $(256)^{1\,024 \times 1\,024} = 2^{2^{23}}$ 个不同的可能数字图像,它们可以被表示为如下的线性组合或者级数形式:

$$\mathscr{F} = \sum_{m=0}^{1\,023} \sum_{n=0}^{1\,023} f(m,n)\delta_{(m,n)}$$

或者

$$\mathscr{F}(k,l) = \sum_{m=0}^{1\,023} \sum_{n=0}^{1\,023} f(m,n)\delta_{(m,n)}(k,l), \quad 0 \leqslant k,l \leqslant 1\,023$$

其中,对于 $0 \leqslant m,n \leqslant 1\,023$,有

$$\delta_{(m,n)}(k,l)=\begin{cases}1, & (k,l)=(m,n)\\0, & (k,l)\neq(m,n)\end{cases},\quad 0\leqslant k,l\leqslant 1\,023$$

这是$(1\,024)^2=2^{20}$个纵横数字分辨率为$1\,024\times1\,024$的"平凡的"数字图像,这些数字图像每个都只有一个像素上的灰度值是1,其他像素上的灰度值都是0,它们全体构成某种意义的"基",任何数字分辨率为$1\,024\times1\,024\times256$的数字图像$\mathcal{F}$都可以按照前述级数形式表示为这组"基"$\{\delta_{(m,n)};0\leqslant m,n\leqslant 1\,023\}$的有限线性组合。形式上,这组"基"与$1\,024\times1\,024$矩阵构成的线性空间的平凡规范正交基是一致的。这组"基"中的$(1\,024)^2=2^{20}$个纵横数字分辨率为$1\,024\times1\,024$的平凡数字图像之间存在如下的平移关系:对于$0\leqslant m,n\leqslant 1\,023$,有

$$\delta_{(m,n)}(k,l)=\delta_{(0,0)}(\mathrm{mod}(k-m,1\,024),\mathrm{mod}(l-n,1\,024)),\quad 0\leqslant k,l\leqslant 1\,023$$

即数字图像$\delta_{(m,n)}$可以由数字图像$\delta_{(0,0)}$经过平面上的整数平移表示。不仅如此,对于任意的$0\leqslant m,n,m',n'\leqslant 1\,023$,如下平移关系成立:对于$0\leqslant k,l\leqslant 1\,023$,有

$$\delta_{(m,n)}(k,l)=\delta_{(m',n')}(\mathrm{mod}(k+m'-m,1\,024),\mathrm{mod}(l+n'-n,1\,024))$$

或者当$0\leqslant k,l\leqslant 1\,023$时,有

$$\delta_{(m',n')}(k,l)=\delta_{(m,n)}(\mathrm{mod}(k+m-m',1\,024),\mathrm{mod}(l+n-n',1\,024))$$

即这个"基"中的任意两个"平凡的"数字图像都可以相互表示。这些平移关系进一步说明,这组"基"可以由其中任意一个"平凡的"数字图像经过平移产生。

在这样的离散状态表示理论体系下,数字分辨率为$1\,024\times1\,024\times256$的数字图像$\mathcal{F}$的函数表示法就是$f(m,n)$,二元自变量就是像素$(m,n)$,这个函数的定义域是集合$\mathcal{D}=\{(m,n);m=0,1,\cdots,1\,023,n=0,1,\cdots,1\,023\}$,就是平面上像素的"纵横编号组"全体构成的集合,这个函数的值域是集合$\mathcal{D}=\{0,1,\cdots,255\}$。这些都是绝对的没有单位的抽象数字。另一种理解方式可以赋予这些抽象数字相对的客观现实意义。

引入记号

$$\Delta_x=1\,024^{-1}=2^{-10},\quad m=0,1,\cdots,1\,023$$

$$\Delta_y=1\,024^{-1}=2^{-10},\quad n=0,1,\cdots,1\,023$$

$$\boldsymbol{I}(m,n)=[m\Delta_x,(m+1)\Delta_x)\times[n\Delta_y,(n+1)\Delta_y)$$

$$\boldsymbol{I}=[0,1)\times[0,1)=\{(x,y);0\leqslant x<1,0\leqslant y<1\}=\bigcup_{m=0}^{1\,023}\bigcup_{n=0}^{1\,023}\boldsymbol{I}(m,n)$$

实际上,对于任意的$0\leqslant m,n,m',n'\leqslant 1\,023$,有

$$\boldsymbol{I}(m,n)\cap\boldsymbol{I}(m',n')=\begin{cases}\boldsymbol{I}(m,n), & (m,n)=(m',n')\\\varnothing, & (m,n)\neq(m',n')\end{cases}$$

即$\{\boldsymbol{I}(m,n);m,n=0,1,\cdots,1\,023\}$正好覆盖平面上缺少上边和右边的单位矩形区域$[0,1)\times[0,1)$,其中包含$1\,024\times1\,024$个互不相交且尺寸相同的小矩形区域。

将一个数字分辨率为$1\,024\times1\,024\times256$的数字图像

$$\mathcal{F}=(f(m,n)\in\{0,1,\cdots,255\};m=0,1,\cdots,1\,023,n=0,1,\cdots,1\,023)$$

一一对应地理解为定义在$\boldsymbol{I}$上取值于$[0,1)$并由水平矩形分片拼接而成的二元分片曲面函数$\mathcal{S}=\mathcal{W}(x,y)$,当$(x,y)\in\boldsymbol{I}(m,n)$时,$\mathcal{S}=\mathcal{W}(x,y)=f(m,n)\Delta_f$,其中$\Delta_f=256^{-1}=2^{-8}$,$m=0,1,\cdots,1\,023,n=0,1,\cdots,1\,023$。

二元分片曲面函数$\boldsymbol{\mathcal{S}} = \boldsymbol{\mathcal{W}}(x,y)$的几何直观是支撑在平面矩形$[0,1) \times [0,1)$上的许多小水平矩形块$\boldsymbol{\mathcal{A}}(m,n) = \{(x,y,\boldsymbol{\mathcal{W}}(x,y));(x,y) \in \boldsymbol{I}(m,n)\}$拼接构成的分片曲面,其中$m = 0,1,\cdots,1\ 023, n = 0,1,\cdots,1\ 023$,这种小水平矩形块$\boldsymbol{\mathcal{A}}(m,n)$最多可以达到$1\ 024 \times 1\ 024 = 2^{20}$个。这样,整个曲面$\boldsymbol{\mathcal{S}}$可以按照固定小矩形水平分片拼接模式表示为

$$\begin{aligned} \boldsymbol{S} &= \bigcup_{m=0}^{1\ 023} \bigcup_{n=0}^{1\ 023} \boldsymbol{\mathcal{A}}(m,n) = \bigcup_{m=0}^{1\ 023} \bigcup_{n=0}^{1\ 023} \{(x,y,f(m,n)\Delta_f);(x,y) \in \boldsymbol{I}(m,n)\} \\ &= \{(x,y,\boldsymbol{\mathcal{W}}(x,y));0 \leqslant x < 1, 0 \leqslant y < 1\} \end{aligned}$$

显然,这是限制在单位立方体$[0,1) \times [0,1) \times [0,1)$内并支撑在其底面的平面矩形区域$[0,1) \times [0,1)$上的由许多小的水平矩形片$\boldsymbol{\mathcal{A}}(m,n)$拼接构成的分片二维曲面,其中当$m = 0,1,\cdots,1\ 023, n = 0,1,\cdots,1\ 023$时,每个小水平矩形片$\boldsymbol{\mathcal{A}}(m,n)$都与底面平面矩形区域$[0,1) \times [0,1)$平行,而且高度正好是$\boldsymbol{\mathcal{W}}(x,y) = f(m,n)\Delta_f$。

经过这样的重新函数化表达之后,全部共计$(256)^{1\ 024 \times 1\ 024} = 2^{2^{23}}$个数字分辨率为$1\ 024 \times 1\ 024 \times 256$的数字图像$\boldsymbol{\mathcal{f}}$,每一个都转换为一个由小矩形水平分片拼接而成的曲面$\boldsymbol{\mathcal{S}} = \boldsymbol{\mathcal{W}}(x,y)$,它们形成一一对应关系,这种曲面$\boldsymbol{\mathcal{S}} = \boldsymbol{\mathcal{W}}(x,y)$全部构成的集合$\mathscr{S} = \{\boldsymbol{\mathcal{S}} = \boldsymbol{\mathcal{W}}(x,y)\}$包含了$(256)^{1\ 024 \times 1\ 024} = 2^{2^{23}}$个不同的二维曲面,其中每个都被限制在单位立方体$[0,1) \times [0,1) \times [0,1)$之内。

将纵横数字分辨率为$1\ 024 \times 1\ 024$的平凡数字图像$\delta_{(m,n)}$改造成定义在平面区域$[0,1) \times [0,1)$上的小矩形水平分片拼接成的曲面,对满足条件$0 \leqslant m,n \leqslant 1\ 023$的固定的$(m,n)$,定义$\boldsymbol{\mathcal{S}}^{(m,n)} = \boldsymbol{\mathcal{W}}^{(m,n)}(x,y)$为

$$\boldsymbol{\mathcal{W}}^{(m,n)}(x,y) = \begin{cases} (\Delta_x \Delta_y)^{-0.5}, & (x,y) \in \boldsymbol{I}(m,n) \\ 0, & (x,y) \in \boldsymbol{I} - \boldsymbol{I}(m,n) \end{cases}$$

这样定义的曲面$\boldsymbol{\mathcal{S}}^{(m,n)}$只支撑在小区域$\boldsymbol{I}(m,n)$上,在平面区域$[0,1) \times [0,1)$中的其他部分$\boldsymbol{I} - \boldsymbol{I}(m,n)$上取值为零。对于任意的$0 \leqslant m,n,m',n' \leqslant 1\ 023$,容易计算得到如下规范正交关系:

$$\begin{aligned} \int_0^1 \int_0^1 [\boldsymbol{\mathcal{S}}^{(m,n)}][\boldsymbol{\mathcal{S}}^{(m',n')}]^* \mathrm{d}x\mathrm{d}y &= \int_0^1 \int_0^1 [\boldsymbol{\mathcal{W}}^{(m,n)}(x,y)][\boldsymbol{\mathcal{W}}^{(m',n')}(x,y)]^* \mathrm{d}x\mathrm{d}y \\ &= \delta(m - m', n - n') \end{aligned}$$

即函数系$\{\boldsymbol{\mathcal{S}}^{(m,n)} = \boldsymbol{\mathcal{W}}^{(m,n)}(x,y);0 \leqslant m,n \leqslant 1\ 023\}$是定义在平面上缺少上边和右边的单位矩形$\boldsymbol{I}$上的平方可积函数空间

$$\mathcal{L}^2(\boldsymbol{I}) = \mathcal{L}^2([0,1) \times [0,1)) = \{\xi(x,y);\int_0^1 \int_0^1 |\xi(x,y)|^2 \mathrm{d}x\mathrm{d}y < +\infty\}$$

中的规范正交函数系。对于$0 \leqslant m,n \leqslant 1\ 023$,$\boldsymbol{\mathcal{S}}^{(m,n)} = \boldsymbol{\mathcal{W}}^{(m,n)}(x,y)$可以被视为整个平面$\mathbf{R} \times \mathbf{R}$上的纵横周期都是 1 的平方可积二元函数,而且

$$\boldsymbol{\mathcal{W}}^{(m,n)}(x,y) = \boldsymbol{\mathcal{W}}^{(0,0)}(\mathrm{mod}(x - m\Delta_x, 1), \mathrm{mod}(y - n\Delta_y, 1))$$

即$\boldsymbol{\mathcal{W}}^{(m,n)}(x,y)$可以表示为$\boldsymbol{\mathcal{W}}^{(0,0)}(x,y)$在平面上纵横方向分别移动$(m\Delta_x, n\Delta_y)$所得到的函数$\boldsymbol{\mathcal{W}}^{(0,0)}(\mathrm{mod}(x - m\Delta_x, 1), \mathrm{mod}(y - n\Delta_y, 1))$,其中模函数 mod 是因为这些函数在纵横方向都有周期 1。总之,$\{\boldsymbol{\mathcal{W}}^{(m,n)}(x,y);0 \leqslant m,n \leqslant 1\ 023\}$是纵横平移规范正交系。

现在研究定义在平面矩形区域$[0,1) \times [0,1)$上一类平方可积函数构成的函数子空间$\mathscr{B} = \{s = w(x,y)\}$。对于$(x,y) \in \boldsymbol{I}$,当$(x,y) \in \boldsymbol{I}(m,n)$时,$w(x,y) = \vartheta(m,n)$是有限实

数。几何直观上，对于 $0 \leqslant m,n \leqslant 1\ 023$，$s=w(x,y)$ 在平面矩形区域 $\boldsymbol{I}$ 中的每一个小矩形区域 $\boldsymbol{I}(m,n)$ 上都取常数数值。显然，这样的函数 $s=w(x,y)$ 都是平方可积的，其范数平方是

$$\|s\|^2=\int_0^1\int_0^1|w(x,y)|^2\mathrm{d}x\mathrm{d}y=\Delta_x\Delta_y\sum_{m=0}^{1\ 023}\sum_{n=0}^{1\ 023}|\vartheta(m,n)|^2<+\infty$$

容易证明，$\mathscr{B}=\{s=w(x,y)\}$ 是平方可积函数空间 $\mathcal{L}^2(\boldsymbol{I})$ 的闭子空间，而且，函数集合 $\mathscr{S}=\{\boldsymbol{\mathcal{S}}=\boldsymbol{\mathcal{W}}(x,y)\}$ 是闭子空间 $\mathscr{B}=\{s=w(x,y)\}$ 内的有限子集合，函数集合 $\mathscr{S}$ 包含 $(256)^{1\ 024\times 1\ 024}=2^{2^{23}}$ 个不同的二维分片曲面，而且每个这样的分片曲面都是由 1 024 × 1 024 个尺寸相同的水平的小矩形片拼接而成。此外，更重要的是，函数系 $\{\boldsymbol{\mathcal{S}}^{(m,n)}=\boldsymbol{\mathcal{W}}^{(m,n)}(x,y);0\leqslant m,n\leqslant 1\ 023\}$ 是 $\mathscr{B}$ 的规范正交基。实际上，对于任意的 $s=w(x,y)\in\mathscr{B}$，如下级数表达式成立：

$$\begin{aligned}w(x,y)&=(\Delta_x\Delta_y)\,0.5\sum_{m=0}^{1\ 023}\sum_{n=0}^{1\ 023}\vartheta(m,n)\,\boldsymbol{\mathcal{W}}^{(m,n)}(x,y)\\&=\sum_{m=0}^{1\ 023}\sum_{n=0}^{1\ 023}\langle w,\boldsymbol{\mathcal{W}}^{(m,n)}\rangle_{\mathcal{L}^2(\boldsymbol{I})}\,\boldsymbol{\mathcal{W}}^{(m,n)}(x,y)\end{aligned}$$

又因为 $\{\boldsymbol{\mathcal{S}}^{(m,n)}=\boldsymbol{\mathcal{W}}^{(m,n)}(x,y);0\leqslant m,n\leqslant 1\ 023\}$ 是平移规范正交函数系，因此，它是平方可积函数空间 $\mathcal{L}^2(\boldsymbol{I})$ 的闭子空间 $\mathscr{B}=\{s=w(x,y)\}$ 的平移规范正交基。

回顾分辨率定义。设 $\mathscr{B}$ 是函数空间 $\mathcal{L}^2(\mathbf{R})$ 的线性子空间，如果存在函数 $\varsigma(x)$，它的间隔为 Δ 整数倍的平移函数系 $\{\zeta(x-k\Delta);k\in\mathbf{Z}\}$ 构成函数子空间 $\mathscr{B}$ 的规范正交基，则称子空间 $\mathscr{B}$ 在基准函数 $\varsigma(x)$ 之下分辨率是 Δ^{-1}，记为 $\lambda=\Delta^{-1}$，同时，称子空间 $\mathscr{B}$ 中的任何函数在基准函数 $\varsigma(x)$ 之下的分辨率是 $\lambda=\Delta^{-1}$。

根据这个定义，函数子空间 $\mathscr{B}=\{s=w(x,y)\}$ 在基准函数 $\boldsymbol{\mathcal{W}}^{(0,0)}(x,y)$ 之下纵横分辨率分别是 $\lambda_x=\Delta_x^{-1}=1\ 024$，$\lambda_y=\Delta_y^{-1}=1\ 024$，在一一对应下，这和数字分辨率为 1 024 × 1 024 ×256 的数字图像 $\boldsymbol{\mathcal{F}}$ 的纵横数字分辨率 1 024 × 1 024 是完全一致的。

数字图像 $\boldsymbol{\mathcal{F}}$ 数值精度对应的分辨率是 256，亦可类似讨论，此不赘述。

另外，回顾前述讨论，把数字分辨率为 1 024 × 1 024 × 256 的数字图像 $\boldsymbol{\mathcal{F}}$ 一一对应地重新函数化表达，每一个都被转换为由小的矩形水平分片拼接而成的曲面 $\boldsymbol{\mathcal{S}}=\boldsymbol{\mathcal{W}}(x,y)$，而且，都被限制在单位立方体 $[0,1)\times[0,1)\times[0,1)$ 之内。正是这里出现的单位立方体，比如 $[0,1)\times[0,1)\times[0,1)$，就可以比较客观地将数字分辨率为 1 024 × 1 024 × 256 的数字图像 $\boldsymbol{\mathcal{F}}$ 的纵横数字分辨率 1 024 × 1 024，理解为本章定义的在基准函数 $\boldsymbol{\mathcal{W}}^{(0,0)}(x,y)$ 之下的纵横分辨率 $\lambda_x=1\ 024$，$\lambda_y=1\ 024$。当然，如果这里出现的单位立方体 $[0,1)\times[0,1)\times[0,1)$ 中的平面单位正方形 $[0,1)\times[0,1)$ 被赋予客观现实的物理尺寸，如1 cm，或者某个仪器设备（比如显示器、电视机、手机或者其他设备）的实际有效尺寸，那么，本章定义和表示分辨率的理论方法就能够提供与那些设备的客观现实物理分辨率完全一样的分辨率，这样就能够充分体现本章抽象分辨率定义的客观现实物理意义。不仅如此，利用本章定义和表示分辨率的理论方法，结合前述单位立方体中"单位"的适当选择，就可以方便地在物理分辨率已知的仪器设备上重现或者显示具有完全不同数字分辨率的数字图像，直接有效途径就是利用仪器设备的物理分辨率与数字图像的数字分辨率的比例，通

过重新选择单位立方体在纵横垂三个方向的"单位"将数字图像的数字分辨率折算为仪器设备的物理分辨率或数字精度。

在连续状态下,在理论分析中可以假设分辨率达到无穷大,这就相当于客观对象与测量结果完全一致,比如用一个二元函数$f(x,y)$表示平面物理图像(相当于光场),其中纵横坐标(x,y)以及光场强度$f(x,y)$都是无穷大分辨率,即在全部可能的取值范围内,坐标数值(x,y)连续准确取值,光场强度理论数值$f(x,y)$是绝对精确的。根据分辨率定义,即使在连续状态下,仍然可能出现有限的分辨率,只不过,这时候的基准函数$\varsigma(x)$与离散状态下由许多小水平矩形分片拼接而成的基准函数$\mathcal{W}^{(0,0)}(x,y)$是不同的。这说明基准函数的灵活性及其对分辨率数值的决定性作用。实际上,基准函数灵活性的巨大作用在多分辨率分析理论体系中已经得到充分展现。

在多分辨率分析理论体系中,基准函数灵活性的巨大作用按照两种不同方式集中体现为尺度分辨率和小波分辨率。在涉及子空间尺度分辨率的论述中,分辨率基准函数选择为尺度函数或者尺度函数适当倍数伸缩的函数,这样,每个尺度子空间的尺度分辨率都是唯一的。在子空间小波分辨率的论述中,分辨率基准函数选择为小波函数或者小波函数适当倍数伸缩的函数,这时每个小波子空间的小波分辨率都是唯一的,而尺度子空间按照被分解为一系列小波子空间的正交直和的形式,其小波分辨率表现为与分辨率基准函数序列相对应的小波分辨率序列。在函数分辨率的论述中,总是理解为相应子空间的分辨率,当一个函数在分辨率不同的多个子空间的交集中时,习惯用法是理解为这些子空间同种类型分辨率的最小值,比如尺度函数$\varphi(x)$的尺度分辨率就是$\mu_0=2^0=1$,虽然$\varphi(x)\in V_1$而V_1的尺度分辨率是$\mu_1=2$。如果一个函数被分解为多个(不必是有限个)相互正交的函数之和,那么,这个过程可能导致分解所得的相互正交的各个函数具有不同类型而且数值也不相同的分辨率,这就是本质意义上的多分辨率分析理论体系。最典型的两种模式分别是小波分解模式和小波包分解模式,从子空间正交直和分解方式的角度而言,前者相应于尺度子空间的尺度子空间和小波子空间的有限的正交直和分解,后者相应于小波子空间或者小波包子空间的有限小波包子空间正交直和分解,这时,函数的正交分解本质上就是向相互正交的子空间进行正交投影。这些研究内容将在后续章节进行详细论述。

2.8.2　多分辨率分析方法论

函数或者子空间的多分辨率分析同时涉及不同分辨率基准函数和不同数值的分辨率。分辨率定义表明,子空间的分辨率和多分辨率分析的数学本质是线性子空间的平移规范正交基以及这些特殊规范正交基之间的转换关系,因此,多分辨率分析的思想本质上就是线性子空间上的一类特殊酉变换。据此可知,函数的多分辨率分析的数学本质就是函数在平移规范正交基函数系下的正交函数项级数展开或者函数在两个或者多个平移规范正交基下的坐标之间的酉的坐标变换。非常巧妙的是,多分辨率分析理论体系的数学思想体现为,线性子空间按照更低的不同分辨率子空间实现正交直和分解,完全对应地,线性子空间中的函数向相互正交的更低分辨率的正交子空间进行正交投影,在子空间分解和函数正交投影过程中,分辨率满足简单的数学求和关系。

这样，多分辨率分析、子空间正交直和分解、函数正交投影三者完全一致，最终优美体现为简单的分辨率数值等式，最简单的形式就是一个分辨率表示为两个更小的分辨率之和，即对于任意的整数$j \in \mathbf{Z}$，$2^{j+1} = \mu_{j+1} = \mu_j + \lambda_j = 2^j + 2^j$，对应的子空间正交直和分解表达形式是 $V_{j+1} = V_j + W_j$。

更完整且更具广泛意义的形式被称为分辨率恒等式，表示为

$$\begin{aligned}\mu_{j+1} &= \lambda_j + \mu_j = \lambda_j + \lambda_{j-1} + \mu_{j-1} = \cdots = \lambda_j + \lambda_{j-1} + \cdots + \lambda_{j-J} + \mu_{j-J} \\ &= \lambda_j + \lambda_{j-1} + \cdots + \lambda_{j-J} + \cdots\end{aligned}$$

对应的分辨率数值恒等式是

$$\begin{aligned}2^{j+1} &= 2^j + 2^j = 2^j + 2^{j-1} + 2^{j-1} = \cdots = 2^j + 2^{j-1} + \cdots + 2^{j-J} + 2^{j-J} \\ &= 2^j + 2^{j-1} + \cdots + 2^{j-J} + 2^{j-J-1} + \cdots\end{aligned}$$

其数学理论对应的尺度子空间正交直和分解恒等式是

$$\begin{aligned}V_{j+1} &= W_j \oplus V_{j-1} = W_j \oplus W_{j-1} \oplus \cdots \oplus W_{j-J} \oplus V_{j-J} \\ &= W_j \oplus W_{j-1} \oplus \cdots \oplus W_{j-J} \oplus \cdots\end{aligned}$$

或者表示为

$$V_{j+1} = W_j \oplus V_{j-1} = [\bigoplus_{l=0}^{J} W_{j-l}] \oplus V_{j-J} = \bigoplus_{l=0}^{+\infty} W_{j-l}$$

上面各个表达式中的 J 是任意自然数。

除此之外，在多分辨率分析的科学思想中，伸缩依赖原理表达了更丰富更深刻的哲学思想，随着尺度分辨率和小波分辨率的不断提高，多分辨率分析理论体系分别提供研究对象的越来越完整和越来越精细(精准) 的认识。对于研究对象的完整认识和精细认识，前者提供研究对象的宏观整体认识，而后者提供局部细节认识，两者体现完全不同的似乎处于两种极端状态的认识论方法。从抽象逻辑学观点看，前者随着尺度分辨率逐渐增加不断刷新研究对象的整体认识和刻画，每次提供的更新结果都不需要也不依赖此前的状态，但多分辨率分析理论却能够保证更新的整体认识，因此必然能更好地逼近客观研究对象本身，完全体现了一种“无须记忆” 的科学研究方法和途径；后者随着小波分辨率逐渐增加不断丰富研究对象的局部细节，而且同时提高研究对象认识结果精确性，每次提供的更精细细节都与此前各次更低小波分辨率的细节完全独立。多分辨率小波理论表明，由于在小波分辨率从低到高增加的过程中获得的各种小波分辨率的小波细节逐步累加，因此必然得到研究对象的越来越精确的认识和刻画，一个显著特征是，每个小波分辨率的小波细节都必须准确记忆并参与累计，才能获得研究对象的完整且精确认识，这体现了一种“完全记忆” 的科学研究方法和途径。

在第一种研究方法和途径中，即使遗忘或者遗失了任意有限次或者任意无限次的中间过程结果，也不会影响这个方法提供的研究对象的最终认识和结果，因此，在这个研究方法实现的过程中，任何步骤出现或者产生误差和干扰，都不会影响最终获得的结果；而在第二种研究方法和途径中，需要准确保留和记忆研究过程中每次获得的中间结果，积累所有这些中间过程结果才能够给出研究对象的最终完整准确认识，显然，在这个研究方法实现的过程中每一步骤出现或者产生的误差和干扰，都将通过误差积累的方式影响最终获得的结果。

这两种似乎处于两个极端状态的科学研究方法和途径,拥有一个共同的逻辑出发点,即它们都建立在伸缩依赖的理论框架体系上,前者需要的伸缩依赖关系是子空间伸缩嵌套依赖,后者需要的伸缩依赖关系是子空间伸缩正交依赖,这里伸缩的具体含义就是分辨率倍率,或者尺度倍率。利用尺度子空间序列和小波子空间序列可以把这种思想方法简洁表达如下:

(1) 伸缩嵌套依赖思想(尺度子空间序列)。

① 嵌套关系,$V_J \subseteq V_{J+1}, J \in \mathbf{Z}$。

② 伸缩关系,$f(x) \in V_J \Leftrightarrow f(2x) \in V_{J+1}, J \in \mathbf{Z}$。

(2) 伸缩正交依赖思想(小波子空间序列)。

① 正交关系,$W_J \perp W_{J'}, J \neq J', (J,J') \in \mathbf{Z} \times \mathbf{Z}$。

② 伸缩关系,$g(x) \in W_J \Leftrightarrow g(2x) \in W_{J+1}, J \in \mathbf{Z}$。

这就是把小波理论或多分辨率分析小波理论称为"数学显微镜"的原因。

在伸缩依赖关系或者原理中,显微镜的科学原理和思想本质上更类似于以尺度子空间序列形式表达的伸缩嵌套思想,调整显微镜的焦距或者放大倍数,获得的观察结果整体上越来越逼近客观对象本身,相应地,随着分辨率不断增加函数在尺度子空间上的正交投影越来越逼近函数本身,这两者是完全一致的。因此,历史上科学研究中使用的显微镜(甚至还包括放大镜和望远镜等)科学原理和科学思想,与利用尺度函数伸缩构成的正交函数项级数当尺度越来越精细或者尺度分辨率越来越高时能够更好逼近原始函数的多分辨率分析思想是高度一致的。通过长期进化建立的人类视觉系统,在观察事物感知图像信息的过程中,通过视觉系统的生理(眼球内的肌肉系统)调节(比如瞳孔放大或缩小)、与观察对象的距离调节、辅助观察光束方向和强度的调节等,最终获取观察对象完整视觉信息的过程,其原理和特性与多分辨率分析的伸缩嵌套思想具有高度相似性。

"数学显微镜"思想最具特色的伸缩正交依赖原理思想与此完全不同,它体现为一种更高级的"广义带通滤波""变化率增量""差分或者微分"的信息过滤系统行为,偏好于关注观察对象自身各部分之间存在的差异以及它与环境背景之间存在的差异,不仅如此,在尺度伸缩或者小波分辨率倍增倍降过程中的任何一个状态获得的关于观察测量对象的信息和认识,完全不依赖于或者完全独立于任何其他状态的观察测量结果。在人类进化的历史长河中,无论是人类视觉系统还是人类听觉系统抑或是人类触觉系统,对于客观观察对象信息的获取或者分析,都没有进化出这样的信息获取分析能力。人类智慧在近这些年才突破长期进化固化的整体信息囫囵获取分析处理模式,最终形成具有系统理论支撑的多分辨率分析伸缩正交依赖思想。出乎意料的是,居然有些动物通过进化获得了具有类似多分辨率分析伸缩正交依赖思想功能的视觉器官系统,如鹰视觉系统。每只眼睛视网膜都有中央凹和侧央凹(视野敏感)、存在大量视杆细胞(光强敏感)和视锥细胞(光谱敏感)、眼球表面存在大量有显微镜作用的"油滴"(显微敏感)的鹰眼视觉系统,即使是在鹰快速飞行过程中也能够保证获取运动中猎物整体与局部之间的差异、猎物与视野背景之间的差异,以及猎物运动变化的差异视觉信息,从而功能性保障鹰眼视觉系统具有很高的空间分辨率(图像强弱分辨能力)、颜色分辨率(色彩或者波长分辨能力)和时间分辨率(运动分辨能力)。再比如青蛙具备的极强动态视觉系统,蛙眼有五类视觉细胞,明显有别于只有视锥细胞和视杆细胞两种视觉细胞的人眼视觉系统。其第一类只能分辨不同的颜色(波长敏感器件),其余四类则分别与蛙脑视觉中枢或者视顶盖的四层视觉中枢神经细胞连通,并捕捉运动目标(猎物或者天敌)的不同特征:第一层,利用运动目标与背景的反差识别目标暗淡的前缘和后缘的特征;第二层,识别运动目标的凸边缘;第三层,识别运动目标的外轮廓;第四层,识别运动目标暗淡前缘的明暗变化判断其运动轨迹。这四层神经细胞获得类似的四个视觉图像,在蛙眼视觉中枢整合形成一幅完整的图像。这种生理结构和视觉信息获取分析处理系统保证蛙眼将复杂图像快速分解获得几种易于辨别的特征,从而准确灵敏地发现运动目标。

总之,多分辨率分析的理论和思想是深刻且丰富的,也是普适的。本章内容的选择是非常局限的,对多分辨率分析完整的理论体系只能形成一个大致轮廓认识,更多和更深入的多分辨率分析和小波构造研究可参阅相关文献,比如 Meyer(1992 年和 1994 年)、Daubechies(1988 年和 1992 年) 和 Mallat(1989 年) 等的研究文献,其中,Mallat(1989 年)的研究包含了多分辨率分析思想的产生和早期应用研究。

第 3 章　多分辨率分析与小波包理论

多分辨率分析是形式化构造小波的理论体系，其两个核心分别是尺度函数和一系列伸缩嵌套的尺度子空间。多分辨率分析小波构造方法的关键基础是相邻两个嵌套的闭尺度子空间正交直和分解关系，以及这个正交直和分解中小波子空间整数平移规范正交基的构造和表达。据此本章将研究小波链理论、小波包理论和小波金字塔理论。

3.1　多分辨率分析与函数正交投影分解

在多分辨率分析小波理论体系下，利用尺度函数和小波函数为尺度子空间和小波子空间及整个函数空间$\mathcal{L}^2(\mathbf{R})$提供的平移规范正交基和伸缩平移规范正交基，可以获得尺度子空间、小波子空间和空间$\mathcal{L}^2(\mathbf{R})$上任意函数的正交函数项级数展开表达式，最重要的是，这些正交函数项级数系数序列之间存在正交线性变换或者酉变换关系。这里将研究这些正交投影或正交分解之间的关系并准确表达这里出现的正交线性变换或酉变换。

3.1.1　多分辨率分析及主要正交关系

假设$(\{V_j;j\in\mathbf{Z}\},\varphi(x))$是函数空间$\mathcal{L}^2(\mathbf{R})$上的一个多分辨率分析，即其中尺度子空间列与函数的组合满足如下五个要求：

① 单调性，$V_J\subseteq V_{J+1}, J\in\mathbf{Z}$。

② 稠密性，$\overline{(\bigcup_{J\in\mathbf{Z}}V_J)}=\mathcal{L}^2(\mathbf{R})$。

③ 唯一性，$\bigcap_{J\in\mathbf{Z}}V_J=\{0\}$。

④ 伸缩性，$f(x)\in V_J\Leftrightarrow f(2x)\in V_{J+1}, J\in\mathbf{Z}$。

⑤ 构造性，$\{\varphi(x-k);k\in\mathbf{Z}\}$构成$V_0$的规范正交基。

其中，$\varphi(x)\in\mathcal{L}^2(\mathbf{R})$称为尺度函数，对于任意的整数$j\in\mathbf{Z}$，$V_j$称为第$j$级尺度子空间。定义空间$\mathcal{L}^2(\mathbf{R})$中的闭线性子空间列$\{W_j;j\in\mathbf{Z}\}$：对$\forall j\in\mathbf{Z}$，子空间$W_j$满足$W_j\perp V_j$，$V_{j+1}=W_j\oplus V_j$，其中，$W_j$称为第$j$级小波子空间。

那么，根据多分辨率分析理论构造获得的正交小波函数是$\psi(x)\in W_0$，满足如下关系。

1. 几个主要的正交关系和依赖关系

① 小波子空间序列$\{W_j;j\in\mathbf{Z}\}$相互正交，而且伸缩依赖

$$g(x)\in W_j\Leftrightarrow g(2x)\in W_{j+1},\quad W_j\perp W_l,\forall j\neq l,(j,l)\in\mathbf{Z}\times\mathbf{Z}$$

② 尺度空间序列$\{V_j;j\in\mathbf{Z}\}$和小波空间序列$\{W_j;j\in\mathbf{Z}\}$具有如下关系：

$$m\geqslant j\Rightarrow W_m\perp V_j,\quad m<j\Rightarrow W_m\subseteq V_j$$

③ 空间正交直和分解关系，$j \in \mathbf{Z}, L \in \mathbf{N}$，有

$$V_{j+L+1} = W_{j+L} \oplus W_{j+L-1} \oplus \cdots \oplus W_j \oplus V_j, \quad V_{j+L+1} = \bigoplus_{k=0}^{+\infty} W_{j+L-k}$$

而且

$$\mathcal{L}^2(\mathbf{R}) = V_j \oplus \left(\bigoplus_{m=j}^{+\infty} W_m\right) = \bigoplus_{m=-\infty}^{+\infty} W_m$$

④ 尺度方程和小波方程

$$\begin{cases} \varphi(x) = \sqrt{2} \sum_{n \in \mathbf{Z}} h_n \varphi(2x - n) \\ \psi(x) = \sqrt{2} \sum_{n \in \mathbf{Z}} g_n \varphi(2x - n) \end{cases} \Leftrightarrow \begin{cases} \Phi(\omega) = H(0.5\omega)\Phi(0.5\omega) \\ \Psi(\omega) = G(0.5\omega)\Phi(0.5\omega) \end{cases}$$

对于任意的整数 $j \in \mathbf{Z}$，有

$$\begin{cases} \varphi_{j,k}(x) = \sum_{n \in \mathbf{Z}} h_{n-2k} \varphi_{j+1,n}(x), k \in \mathbf{Z} \\ \psi_{j,k}(x) = \sum_{n \in \mathbf{Z}} g_{n-2k} \varphi_{j+1,n}(x), k \in \mathbf{Z} \end{cases} \Leftrightarrow \begin{cases} \Phi(2^{-j}\omega) = H(2^{-(j+1)}\omega)\Phi(2^{-(j+1)}\omega) \\ \Psi(2^{-j}\omega) = G(2^{-(j+1)}\omega)\Phi(2^{-(j+1)}\omega) \end{cases}$$

其中低通滤波器 $H(\omega)$ 和带通滤波器 $G(\omega)$ 定义如下：

$$H(\omega) = 2^{-0.5} \sum_{n \in \mathbf{Z}} h_n \mathrm{e}^{-\mathrm{i}\omega n}, \quad G(\omega) = 2^{-0.5} \sum_{n \in \mathbf{Z}} g_n \mathrm{e}^{-\mathrm{i}\omega n}$$

而且，低通系数和带通系数当 $n \in \mathbf{Z}$ 时表示为

$$h_n = \langle \varphi(\cdot), \sqrt{2}\varphi(2\cdot - n) \rangle_{\mathcal{L}^2(\mathbf{R})} = \sqrt{2} \int_{x \in \mathbf{R}} \varphi(x) \overline{\varphi}(2x - n) \mathrm{d}x$$

$$g_n = \langle \psi(\cdot), \sqrt{2}\varphi(2\cdot - n) \rangle_{\mathcal{L}^2(\mathbf{R})} = \sqrt{2} \int_{x \in \mathbf{R}} \psi(x) \overline{\varphi}(2x - n) \mathrm{d}x$$

同时满足 $\sum_{n \in \mathbf{Z}} |h_n|^2 = \sum_{n \in \mathbf{Z}} |g_n|^2 = 1$。

⑤ 子空间的规范正交基。

a. $\{\varphi_{j,k}(x) = 2^{j/2}\varphi(2^j x - k); k \in \mathbf{Z}\}$ 是 V_j 的规范正交基；

b. $\{\psi_{j,k}(x) = 2^{j/2}\psi(2^j x - k); k \in \mathbf{Z}\}$ 是 W_j 的规范正交基；

c. $\{\varphi_{j,k}(x), \psi_{j,k}(x); k \in \mathbf{Z}\}$ 是 V_{j+1} 的规范正交基；

d. $\{\varphi_{j+1,k}(x) = 2^{(j+1)/2}\varphi(2^{j+1}x - k); k \in \mathbf{Z}\}$ 是 V_{j+1} 的规范正交基；

e. $\{\psi_{j,k}(x) = 2^{j/2}\psi(2^j x - k); (j,k) \in \mathbf{Z} \times \mathbf{Z}\}$ 是 $\mathcal{L}^2(\mathbf{R})$ 的规范正交基。

⑥ 2×2 的构造矩阵

$$\boldsymbol{M}(\omega) = \begin{pmatrix} H(\omega) & H(\omega + \pi) \\ G(\omega) & G(\omega + \pi) \end{pmatrix}$$

满足如下恒等式：

$$\boldsymbol{M}(\omega)\boldsymbol{M}^*(\omega) = \boldsymbol{M}^*(\omega)\boldsymbol{M}(\omega) = \boldsymbol{I}$$

当 $\omega \in [0, 2\pi]$ 时，有

$$|H(\omega)|^2 + |H(\omega + \pi)|^2 = |G(\omega)|^2 + |G(\omega + \pi)|^2 = 1$$

$$H(\omega)\overline{G}(\omega) + H(\omega + \pi)\overline{G}(\omega + \pi) = 0$$

或者等价地，在空间 $l^2(\mathbf{Z})$ 中，对于任意的 $(m,k) \in \mathbf{Z}^2$，有

$$\langle \boldsymbol{h}^{(2m)}, \boldsymbol{h}^{(2k)} \rangle_{l^2(\mathbf{Z})} = \sum_{n \in \mathbf{Z}} h_{n-2m} \overline{h}_{n-2k} = \delta(m - k)$$

$$\langle \boldsymbol{g}^{(2m)}, \boldsymbol{g}^{(2k)} \rangle_{l^2(\mathbf{Z})} = \sum_{n \in \mathbf{Z}} g_{n-2m} \overline{g}_{n-2k} = \delta(m-k)$$

$$\langle \boldsymbol{g}^{(2m)}, \boldsymbol{h}^{(2k)} \rangle_{l^2(\mathbf{Z})} = \sum_{n \in \mathbf{Z}} g_{n-2m} \overline{h}_{n-2k} = 0$$

2. 函数正交投影

对于任意的函数$f(x) \in \mathcal{L}^2(\mathbf{R})$，对任意整数$j \in \mathbf{Z}$，假定$f(x)$在$\mathcal{L}^2(\mathbf{R})$的尺度子空间$V_j$上的正交投影是$f_j^{(0)}(x)$，在小波子空间$W_j$上的正交投影是$f_j^{(1)}(x)$，那么，$f(x)$的这两个正交投影函数序列之间存在如下定理表述的正交和关系。

定理3.1（正交投影的正交和关系）　对于任意函数$f(x) \in \mathcal{L}^2(\mathbf{R})$，它的两个正交投影函数序列$\{f_j^{(0)}(x); j \in \mathbf{Z}\}$和$\{f_j^{(1)}(x); j \in \mathbf{Z}\}$之间存在如下正交和关系：

$$f_{j+1}^{(0)}(x) = f_j^{(0)}(x) + f_j^{(1)}(x), \quad f_j^{(0)}(x) \perp f_j^{(1)}(x)$$

而且，$f_j^{(0)}(x)$和$f_j^{(1)}(x)$正好是$f_{j+1}^{(0)}(x)$在子空间V_j、W_j上的正交投影。

证明　根据多分辨率分析关于小波子空间的定义可知$V_{j+1} = V_j \oplus W_j$，由此说明定理3.1的表述是正确的。

注释　另一种证明方法是利用多分辨率分析小波$\psi(x) \in W_0$，这时函数空间$\mathcal{L}^2(\mathbf{R})$有一个规范正交小波基$\{\psi_{j,k}(x) = 2^{j/2}\psi(2^j x - k); (j,k) \in \mathbf{Z} \times \mathbf{Z}\}$，这样，函数空间$\mathcal{L}^2(\mathbf{R})$中的任何函数以及它在尺度子空间和小波子空间的正交投影都可以写成正交小波级数形式，利用这些正交小波函数级数即可完成证明。请读者自行补充必要的细节，形成完整的证明。

推论3.1（小波勾股定理）　对于任意的函数$f(x) \in \mathcal{L}^2(\mathbf{R})$，它的两个正交投影函数序列$\{f_j^{(0)}(x); j \in \mathbf{Z}\}$和$\{f_j^{(1)}(x); j \in \mathbf{Z}\}$之间存在如下勾股定理关系：

$$f_{j+1}^{(0)}(x) = f_j^{(0)}(x) + f_j^{(1)}(x), \quad \| f_{j+1}^{(0)} \|_{\mathcal{L}^2(\mathbf{R})}^2 = \| f_j^{(0)} \|_{\mathcal{L}^2(\mathbf{R})}^2 + \| f_j^{(1)} \|_{\mathcal{L}^2(\mathbf{R})}^2$$

其中

$$\| f_{j+1}^{(0)} \|_{\mathcal{L}^2(\mathbf{R})}^2 = \int_{x \in \mathbf{R}} | f_{j+1}^{(0)}(x) |^2 \mathrm{d}x$$

$$\| f_j^{(0)} \|_{\mathcal{L}^2(\mathbf{R})}^2 = \int_{x \in \mathbf{R}} | f_j^{(0)}(x) |^2 \mathrm{d}x$$

$$\| f_j^{(1)} \|_{\mathcal{L}^2(\mathbf{R})}^2 = \int_{x \in \mathbf{R}} | f_j^{(1)}(x) |^2 \mathrm{d}x$$

3. Mallat 分解公式

对于任意的函数$f(x) \in \mathcal{L}^2(\mathbf{R})$，将它在尺度子空间列和小波子空间列上的正交投影函数序列分别记为$\{f_j^{(0)}(x); j \in \mathbf{Z}\}$和$\{f_j^{(1)}(x); j \in \mathbf{Z}\}$，利用多分辨率分析小波$\psi(x)$产生伸缩平移系$\{\psi_{j,k}(x) = 2^{j/2}\psi(2^j x - k); (j,k) \in \mathbf{Z} \times \mathbf{Z}\}$，它必然构成空间$\mathcal{L}^2(\mathbf{R})$的规范正交小波基，同时，$\{\varphi_{j,k}(x) = 2^{j/2}\varphi(2^j x - k); k \in \mathbf{Z}\}$是尺度子空间$V_j$的规范正交基，那么，必存在3个平方可和无穷序列$\{d_{j+1,n}^{(0)}; n \in \mathbf{Z}\}$，$\{d_{j,k}^{(0)}; k \in \mathbf{Z}\}$和$\{d_{j,k}^{(1)}; k \in \mathbf{Z}\}$，满足

$$f_{j+1}^{(0)}(x) = \sum_{n \in \mathbf{Z}} d_{j+1,n}^{(0)} \varphi_{j+1,n}(x), \quad f_j^{(0)}(x) = \sum_{k \in \mathbf{Z}} d_{j,k}^{(0)} \varphi_{j,k}(x), \quad f_j^{(1)}(x) = \sum_{k \in \mathbf{Z}} d_{j,k}^{(1)} \psi_{j,k}(x)$$

而且

$$\sum_{n \in \mathbf{Z}} d_{j+1,n}^{(0)} \varphi_{j+1,n}(x) = \sum_{k \in \mathbf{Z}} d_{j,k}^{(0)} \varphi_{j,k}(x) + \sum_{k \in \mathbf{Z}} d_{j,k}^{(1)} \psi_{j,k}(x)$$

其中

$$\begin{cases} d_{j+1,n}^{(0)} = \int_{x\in\mathbf{R}} f_{j+1}^{(0)}(x)\overline{\varphi}_{j+1,n}(x)\mathrm{d}x = \int_{x\in\mathbf{R}} f(x)\overline{\varphi}_{j+1,n}(x)\mathrm{d}x \\ d_{j,k}^{(0)} = \int_{x\in\mathbf{R}} f_j^{(0)}(x)\overline{\varphi}_{j,k}(x)\mathrm{d}x = \int_{x\in\mathbf{R}} f(x)\overline{\varphi}_{j,k}(x)\mathrm{d}x \\ d_{j,k}^{(1)} = \int_{x\in\mathbf{R}} f_j^{(1)}(x)\overline{\psi}_{j,k}(x)\mathrm{d}x = \int_{x\in\mathbf{R}} f(x)\overline{\psi}_{j,k}(x)\mathrm{d}x \end{cases}$$

在多分辨率分析中,无穷序列$\{d_{j+1,n}^{(0)};n\in\mathbf{Z}\}$、$\{d_{j,k}^{(0)};k\in\mathbf{Z}\}$和$\{d_{j,k}^{(1)};k\in\mathbf{Z}\}$之间存在如下定理所述的正交分解关系。

定理 3.2(Mallat 分解公式) 对于任意的函数$f(x)\in\mathcal{L}^2(\mathbf{R})$,它的两个正交投影函数序列$\{f_j^{(0)}(x);j\in\mathbf{Z}\}$和$\{f_j^{(1)}(x);j\in\mathbf{Z}\}$的正交小波级数系数序列之间存在如下正交分解关系:对于任意整数$j\in\mathbf{Z}$,在函数等式

$$\sum_{n\in\mathbf{Z}} d_{j+1,n}^{(0)}\varphi_{j+1,n}(x) = \sum_{k\in\mathbf{Z}} d_{j,k}^{(0)}\varphi_{j,k}(x) + \sum_{k\in\mathbf{Z}} d_{j,k}^{(1)}\psi_{j,k}(x)$$

中,如下的数值级数等式成立:

$$\sum_{n\in\mathbf{Z}} |d_{j+1,n}^{(0)}|^2 = \sum_{k\in\mathbf{Z}} |d_{j,k}^{(0)}|^2 + \sum_{k\in\mathbf{Z}} |d_{j,k}^{(1)}|^2$$

而且对于任意整数$k\in\mathbf{Z}$,有

$$d_{j,k}^{(0)} = \sum_{n\in\mathbf{Z}} \overline{h}_{n-2k} d_{j+1,n}^{(0)}, \quad d_{j,k}^{(1)} = \sum_{n\in\mathbf{Z}} \overline{g}_{n-2k} d_{j+1,n}^{(0)}$$

这是一组正交关系,这组关系就是 Mallat 分解公式。

证明 这里示范性给出部分证明,其余的留给读者补充。利用函数的正交尺度函数级数表示公式

$$f_{j+1}^{(0)}(x) = \sum_{n\in\mathbf{Z}} d_{j+1,n}^{(0)}\varphi_{j+1,n}(x)$$

完成如下演算:

$$\begin{aligned} \| f_{j+1}^{(0)} \|_{\mathcal{L}^2(\mathbf{R})}^2 &= \int_{x\in\mathbf{R}} \sum_{n\in\mathbf{Z}} d_{j+1,n}^{(0)}\varphi_{j+1,n}(x) \sum_{m\in\mathbf{Z}} \overline{d}_{j+1,m}^{(0)}\overline{\varphi}_{j+1,m}(x)\mathrm{d}x \\ &= \sum_{n\in\mathbf{Z}}\sum_{m\in\mathbf{Z}} d_{j+1,n}^{(0)}\overline{d}_{j+1,m}^{(0)} \int_{x\in\mathbf{R}} \varphi_{j+1,n}(x)\overline{\varphi}_{j+1,m}(x)\mathrm{d}x \\ &= \sum_{n\in\mathbf{Z}}\sum_{m\in\mathbf{Z}} d_{j+1,n}^{(0)}\overline{d}_{j+1,m}^{(0)}\delta(n-m) = \sum_{n\in\mathbf{Z}} |d_{j+1,n}^{(0)}|^2 \end{aligned}$$

同时,利用函数的正交分解关系

$$f_{j+1}^{(0)}(x) = f_j^{(0)}(x) + f_j^{(1)}(x), \quad f_j^{(0)}(x) \perp f_j^{(1)}(x)$$

得到勾股定理

$$\| f_{j+1}^{(0)} \|_{\mathcal{L}^2(\mathbf{R})}^2 = \| f_j^{(0)} \|_{\mathcal{L}^2(\mathbf{R})}^2 + \| f_j^{(1)} \|_{\mathcal{L}^2(\mathbf{R})}^2$$

将前述演算结果以及类似计算结果代入上式可得

$$\sum_{n\in\mathbf{Z}} |d_{j+1,n}^{(0)}|^2 = \sum_{k\in\mathbf{Z}} |d_{j,k}^{(0)}|^2 + \sum_{k\in\mathbf{Z}} |d_{j,k}^{(1)}|^2$$

另外,用$\overline{\varphi}_{j,m}(x)\mathrm{d}x$乘下式两端并积分:

$$\sum_{n\in\mathbf{Z}} d_{j+1,n}^{(0)}\varphi_{j+1,n}(x) = \sum_{k\in\mathbf{Z}} d_{j,k}^{(0)}\varphi_{j,k}(x) + \sum_{k\in\mathbf{Z}} d_{j,k}^{(1)}\psi_{j,k}(x)$$

方程左边将变为

$$\begin{aligned}\int_{x\in\mathbf{R}} f_{j+1}^{(0)}(x)\overline{\varphi}_{j,m}(x)\mathrm{d}x &= \sum_{n\in\mathbf{Z}} d_{j+1,n}^{(0)}\int_{x\in\mathbf{R}}\sqrt{2}\varphi(2x-n)\cdot\overline{\varphi}(x-m)\mathrm{d}x\\ &= \sum_{n\in\mathbf{Z}} d_{j+1,n}^{(0)}\overline{h}_{n-2m},\quad m\in\mathbf{Z}\end{aligned}$$

同时,方程右边的演算是

$$\begin{aligned}\int_{x\in\mathbf{R}} f_{j}^{(0)}(x)\overline{\varphi}_{j,m}(x)\mathrm{d}x &= \sum_{n\in\mathbf{Z}} d_{j,n}^{(0)}\int_{x\in\mathbf{R}}\varphi(x-n)\cdot\overline{\varphi}(x-m)\mathrm{d}x\\ &= \sum_{n\in\mathbf{Z}} d_{j,n}^{(0)}\delta(n-m) = d_{j,m}^{(0)}\end{aligned}$$

和

$$\begin{aligned}\int_{x\in\mathbf{R}} f_{j}^{(1)}(x)\overline{\varphi}_{j,m}(x)\mathrm{d}x &= \sum_{n\in\mathbf{Z}} d_{j,n}^{(1)}\int_{x\in\mathbf{R}}\psi_{j,n}(x)\overline{\varphi}_{j,m}(x)\mathrm{d}x\\ &= \sum_{n\in\mathbf{Z}} d_{j,n}^{(1)}\int_{x\in\mathbf{R}}\psi(x-n)\cdot\overline{\varphi}(x-m)\mathrm{d}x = 0\end{aligned}$$

综合这些演算得到公式

$$d_{j,m}^{(0)} = \sum_{n\in\mathbf{Z}}\overline{h}_{n-2m}d_{j+1,n}^{(0)}$$

如果使用乘积因子 $\overline{\psi}_{j,m}(x)\mathrm{d}x$,那么,演算结果将是

$$d_{j,m}^{(1)} = \sum_{n\in\mathbf{Z}}\overline{g}_{n-2m}d_{j+1,n}^{(0)}$$

这样完成定理的证明。

在 $V_{j+1}=V_j\oplus W_j$ 这样的尺度子空间正交直和分解基础上,这个定理给出函数在这三个子空间上正交投影正交函数项级数系数序列之间的 Mallt 分解关系,即从更精细尺度的尺度子空间上函数投影系数序列独立计算在两个较大尺度的尺度子空间和小波子空间上的函数正交投影系数序列。因为

$$\sum_{n\in\mathbf{Z}}|d_{j+1,n}^{(0)}|^2 = \sum_{k\in\mathbf{Z}}|d_{j,k}^{(0)}|^2 + \sum_{k\in\mathbf{Z}}|d_{j,k}^{(1)}|^2$$

所以,Mallt 分解关系是正交关系。

4. Mallat 合成公式

沿用前述记号,可以得到如下的 Mallat 合成公式。

定理 3.3(Mallat 合成公式)　对于任意的函数 $f(x)\in\mathcal{L}^2(\mathbf{R})$,它的两个正交投影函数序列 $\{f_j^{(0)}(x);j\in\mathbf{Z}\}$ 和 $\{f_j^{(1)}(x);j\in\mathbf{Z}\}$ 的正交小波级数系数序列之间存在如下正交合成关系:对于任意整数 $n\in\mathbf{Z}$,有

$$d_{j+1,n}^{(0)} = \sum_{k\in\mathbf{Z}}(h_{n-2k}d_{j,k}^{(0)} + g_{n-2k}d_{j,k}^{(1)})$$

这组关系就是 Mallat 合成公式。

证明　结合定理 3.2 的证明过程,用 $\overline{\varphi}_{j+1,m}(x)\mathrm{d}x$ 乘下式两端并积分:

$$\sum_{n\in\mathbf{Z}} d_{j+1,n}^{(0)}\varphi_{j+1,n}(x) = \sum_{k\in\mathbf{Z}} d_{j,k}^{(0)}\varphi_{j,k}(x) + \sum_{k\in\mathbf{Z}} d_{j,k}^{(1)}\psi_{j,k}(x)$$

方程左边将变为

$$\int_{x\in\mathbf{R}} f_{j+1}^{(0)}(x)\overline{\varphi}_{j+1,m}(x)\mathrm{d}x = \sum_{n\in\mathbf{Z}} d_{j+1,n}^{(0)}\int_{x\in\mathbf{R}}\varphi_{j+1,n}(x)\overline{\varphi}_{j+1,m}(x)\mathrm{d}x$$

$$= \sum_{n \in \mathbf{Z}} d_{j+1,n}^{(0)} \delta(n-m) = d_{j+1,m}^{(0)}$$

同时,方程右边的演算是

$$\begin{aligned}\int_{x \in \mathbf{R}} f_j^{(0)}(x) \overline{\varphi}_{j+1,m}(x) \mathrm{d}x &= \sum_{n \in \mathbf{Z}} d_{j,n}^{(0)} \int_{x \in \mathbf{R}} \varphi(x-n) \cdot \sqrt{2}\overline{\varphi}(2x-m) \mathrm{d}x \\ &= \sum_{n \in \mathbf{Z}} d_{j,n}^{(0)} h_{m-2n}\end{aligned}$$

和

$$\begin{aligned}\int_{x \in \mathbf{R}} f_j^{(1)}(x) \overline{\varphi}_{j+1,m}(x) \mathrm{d}x &= \sum_{n \in \mathbf{Z}} d_{j,n}^{(1)} \int_{x \in \mathbf{R}} \psi(x-n) \cdot \sqrt{2}\overline{\varphi}(2x-m) \mathrm{d}x \\ &= \sum_{n \in \mathbf{Z}} d_{j,n}^{(1)} g_{m-2n}\end{aligned}$$

综合这些演算得到公式

$$d_{j+1,m}^{(0)} = \sum_{k \in \mathbf{Z}} (h_{m-2k} d_{j,k}^{(0)} + g_{m-2k} d_{j,k}^{(1)})$$

这样完成定理的证明。

在尺度子空间正交直和分解公式 $V_{j+1} = V_j \oplus W_j$ 的基础上,这个定理给出函数在这三个子空间上正交投影的正交函数级数系数序列之间的 Mallat 合成关系,即从两个较大尺度的尺度子空间和小波子空间上的函数正交投影系数序列独立计算更精细尺度的尺度子空间上函数投影系数序列。这组关系就是 Mallat 合成算法。因为

$$\sum_{n \in \mathbf{Z}} | d_{j+1,n}^{(0)} |^2 = \sum_{k \in \mathbf{Z}} | d_{j,k}^{(0)} |^2 + \sum_{k \in \mathbf{Z}} | d_{j,k}^{(1)} |^2$$

所以 Mallat 合成关系是正交关系。

3.1.2 序列空间 Mallat 算法理论

本节将在无穷序列向量空间 $l^2(\mathbf{Z})$ 中研究 Mallat 分解算法和合成算法理论。为了方便,需要把尺度方程和小波方程表达的两个规范正交基之间关系的相反关系表示出来,并由此确定这两个规范正交基之间的正交变换关系或酉变换关系,利用这种酉变换关系把函数子空间转换为无穷序列线性空间,从而获得 Mallat 分解关系和合成关系的无穷序列版本。

1. 规范正交基的酉关系

在多分辨率分析理论体系中,对于尺度子空间的正交分解 $V_{j+1} = W_j \oplus V_j$,$\{\varphi_{j,k}(x), \psi_{j,k}(x); k \in \mathbf{Z}\}$ 和 $\{\varphi_{j+1,k}(x); k \in \mathbf{Z}\}$ 都是尺度子空间 V_{j+1} 的规范正交基,它们通过尺度方程和小波方程相联系,即对于任意的整数 $j \in \mathbf{Z}$,有

$$\varphi_{j,k}(x) = \sum_{n \in \mathbf{Z}} h_{n-2k} \varphi_{j+1,n}(x), \quad \psi_{j,k}(x) = \sum_{n \in \mathbf{Z}} g_{n-2k} \varphi_{j+1,n}(x)$$

其中,$\{\varphi_{j,k}(x) = 2^{j/2}\varphi(2^j x - k); k \in \mathbf{Z}\}$ 和 $\{\psi_{j,k}(x) = 2^{j/2}\psi(2^j x - k); k \in \mathbf{Z}\}$ 是函数空间 $\mathcal{L}^2(\mathbf{R})$ 中相互正交的整数平移规范正交函数系,而且,它们分别构成 V_j 和 W_j 的规范正交基,两者共同组成 $V_{j+1} = W_j \oplus V_j$ 的规范正交基。下述定理给出这两个规范正交基之间的另一种酉变换关系。

定理3.4　在多分辨率分析理论体系中，尺度子空间 V_{j+1} 的两个平移规范正交基 $\{\varphi_{j+1,k}(x);k\in\mathbf{Z}\}$ 和 $\{\varphi_{j,k}(x),\psi_{j,k}(x);k\in\mathbf{Z}\}$ 之间存在如下酉变换关系：即对于任意的整数 $j\in\mathbf{Z}$，有

$$\varphi_{j+1,n}(x)=\sum_{k\in\mathbf{Z}}[\overline{h}_{n-2k}\varphi_{j,k}(x)+\overline{g}_{n-2k}\psi_{j,k}(x)],\quad n\in\mathbf{Z}$$

证明　这里采用直接将尺度方程和小波方程代入上式右边经过演算得到更精细尺度的尺度函数平移函数系。

对于任意的整数 $n\in\mathbf{Z}$，有

$$\begin{aligned}\sum_{k\in\mathbf{Z}}[\overline{h}_{n-2k}\varphi_{j,k}(x)+\overline{g}_{n-2k}\psi_{j,k}(x)]&=\sum_{m\in\mathbf{Z}}\sum_{k\in\mathbf{Z}}(h_{m-2k}\overline{h}_{n-2k}+g_{m-2k}\overline{g}_{n-2k})\varphi_{j+1,m}(x)\\&=\sum_{m\in\mathbf{Z}}\delta(m-n)\varphi_{j+1,m}(x)=\varphi_{j+1,n}(x)\end{aligned}$$

其中利用恒等式，对于任意的两个整数 $(m,n)\in\mathbf{Z}\times\mathbf{Z}$，有

$$\sum_{k\in\mathbf{Z}}(h_{m-2k}\overline{h}_{n-2k}+g_{m-2k}\overline{g}_{n-2k})=\delta(m-n)$$

它来自构造矩阵酉性的恒等式 $\boldsymbol{M}^*(\omega)\boldsymbol{M}(\omega)=\boldsymbol{I}$，或者等价地，当 $\omega\in[0,2\pi]$ 时，有

$$1=|H(\omega)|^2+|G(\omega)|^2=|H(\omega+\pi)|^2+|G(\omega+\pi)|^2$$

$$0=\overline{H}(\omega)H(\omega+\pi)+\overline{G}(\omega)G(\omega+\pi)$$

建议读者补充详细演算过程。

注释　另一种证明思路是：因为 $\{\varphi_{j+1,k}(x);k\in\mathbf{Z}\}$ 和 $\{\varphi_{j,k}(x),\psi_{j,k}(x);k\in\mathbf{Z}\}$ 是尺度子空间 V_{j+1} 的两个规范正交基，所以存在 $\alpha_{j,n,k},\beta_{j,n,k},(j,n,k)\in\mathbf{Z}\times\mathbf{Z}\times\mathbf{Z}$，满足

$$\varphi_{j+1,n}(x)=\sum_{k\in\mathbf{Z}}[\alpha_{j,n,k}\varphi_{j,k}(x)+\beta_{j,n,k}\psi_{j,k}(x)]$$

再次使用推证 Mallat 分解算法和合成算法公式的技巧即得需要的证明。

2. 规范正交基的过渡关系

在多分辨率分析理论体系下，为便于进一步研究，引入矩阵和行向量记号。

引入两个矩阵（离散算子）记号，分别为

$$\mathcal{H}=(h_{n,k}=h_{n-2k};(n,k)\in\mathbf{Z}^2)_{\infty\times\frac{\infty}{2}}=(\boldsymbol{h}^{(2k)};k\in\mathbf{Z})_{\infty\times\frac{\infty}{2}}$$

$$\mathcal{G}=(g_{n,k}=g_{n-2k};(n,k)\in\mathbf{Z}^2)_{\infty\times\frac{\infty}{2}}=(\boldsymbol{g}^{(2k)};k\in\mathbf{Z})_{\infty\times\frac{\infty}{2}}$$

注释　$\mathcal{H}$的列向量正好是$l^2(\mathbf{Z})$ 的无穷维规范正交向量系 $\{\boldsymbol{h}^{(2k)};k\in\mathbf{Z}\}$。对于任意的整数 $k\in\mathbf{Z}$，$\mathcal{H}$的第 k 列元素 $\boldsymbol{h}^{(2k)}=\{h_{n-2k};n\in\mathbf{Z}\}^{\mathrm{T}}$ 是列向量 $\{h_n;n\in\mathbf{Z}\}^{\mathrm{T}}$ 向下移动 $2k$ 位得到的新列向量。因此$\mathcal{H}$的列向量个数是行向量个数的一半。另外，矩阵$\mathcal{G}$的构造方法与矩阵$\mathcal{H}$的构造方法完全相同，而且$\mathcal{G}$的列向量个数是行向量个数的一半。

可以将这两个 $\infty\times\dfrac{\infty}{2}$ 矩阵按照列向量示意性表示如下：

$$\mathcal{H}=(\boldsymbol{h}^{(2k)};k\in\mathbf{Z})_{\infty\times\frac{\infty}{2}},\quad \mathcal{G}=(\boldsymbol{g}^{(2k)};k\in\mathbf{Z})_{\infty\times\frac{\infty}{2}}$$

而且，它们的复数共轭转置矩阵$\mathcal{H}^*$、$\mathcal{G}^*$都是$\dfrac{\infty}{2}\times\infty$ 矩阵，可以示意性表示为

$$\mathcal{H}^* = \begin{pmatrix} \cdots & & & & & & & & & & \\ \cdots & \overline{h}_{-2} & \overline{h}_{-1} & \overline{h}_0 & \overline{h}_{+1} & \overline{h}_{+2} & \cdots & & & & \\ & & \cdots & \overline{h}_{-2} & \overline{h}_{-1} & \overline{h}_0 & \overline{h}_{+1} & \overline{h}_{+2} & \cdots & & \\ & & & & \cdots & \overline{h}_{-2} & \overline{h}_{-1} & \overline{h}_0 & \overline{h}_{+1} & \overline{h}_{+2} & \cdots \\ & & & & & & & & & & \cdots \end{pmatrix}_{\frac{\infty}{2}\times\infty}$$

$$\mathcal{G}^* = \begin{pmatrix} \cdots & & & & & & & & & & \\ \cdots & \overline{g}_{-2} & \overline{g}_{-1} & \overline{g}_0 & \overline{g}_{+1} & \overline{g}_{+2} & \cdots & & & & \\ & & \cdots & \overline{g}_{-2} & \overline{g}_{-1} & \overline{g}_0 & \overline{g}_{+1} & \overline{g}_{+2} & \cdots & & \\ & & & & \cdots & \overline{g}_{-2} & \overline{g}_{-1} & \overline{g}_0 & \overline{g}_{+1} & \overline{g}_{+2} & \cdots \\ & & & & & & & & & & \cdots \end{pmatrix}_{\frac{\infty}{2}\times\infty}$$

利用这些记号定义一个 $\infty \times \infty$ 的分块为 1×2 的矩阵$\mathcal{A}$，有

$$\mathcal{A} = (\mathcal{H} \mid \mathcal{G})$$

可以得到如下定理。

定理 3.5 在多分辨率分析理论体系中，分块为 1×2 的无穷行和无穷列矩阵$\mathcal{A}$是酉矩阵，即

$$\mathcal{A}\mathcal{A}^* = \mathcal{A}^*\mathcal{A} = \mathcal{I}$$

其中，$\mathcal{I}$是单位矩阵。

证明 仔细观察发现，这实际上等价于

$$\boldsymbol{M}(\omega)\boldsymbol{M}^*(\omega) = \boldsymbol{M}^*(\omega)\boldsymbol{M}(\omega) = \boldsymbol{I}$$

或者等价地，当 $\omega \in [0, 2\pi]$ 时，有

$$1 = |H(\omega)|^2 + |H(\omega + \pi)|^2 = |G(\omega)|^2 + |G(\omega + \pi)|^2$$

$$0 = H(\omega)\overline{G}(\omega) + H(\omega + \pi)\overline{G}(\omega + \pi)$$

或者等价地，在空间 $l^2(\mathbf{Z})$ 中，对于任意的$(m,k) \in \mathbf{Z}^2$，有

$$\langle \boldsymbol{h}^{(2m)}, \boldsymbol{h}^{(2k)} \rangle = \sum_{n \in \mathbf{Z}} h_{n-2m}\overline{h}_{n-2k} = \delta(m-k)$$

$$\langle \boldsymbol{g}^{(2m)}, \boldsymbol{g}^{(2k)} \rangle = \sum_{n \in \mathbf{Z}} g_{n-2m}\overline{g}_{n-2k} = \delta(m-k)$$

$$\langle \boldsymbol{g}^{(2m)}, \boldsymbol{h}^{(2k)} \rangle = \sum_{n \in \mathbf{Z}} g_{n-2m}\overline{h}_{n-2k} = 0$$

这个定理实际上提供了构造矩阵酉性的一个新的等价表达。

定理 3.6 在多分辨率分析理论体系中，尺度子空间 V_{j+1} 的两个平移规范正交基 $\{\varphi_{j+1,k}(x); k \in \mathbf{Z}\}$ 和$\{\varphi_{j,k}(x), \psi_{j,k}(x); k \in \mathbf{Z}\}$ 之间存在如下用无穷行无穷列矩阵$\mathcal{A}$表示的过渡关系：

$$\begin{aligned} &(\cdots, \varphi(x+1), \varphi(x), \varphi(x-1), \cdots \mid \cdots, \psi(x+1), \psi(x), \psi(x-1), \cdots) \\ &= (\cdots, \sqrt{2}\varphi(2x+1), \sqrt{2}\varphi(2x), \sqrt{2}\varphi(2x-1), \cdots)\,\mathcal{A} \end{aligned}$$

或者

$$(\{\varphi(x-k); k \in \mathbf{Z}\} \mid \{\psi(x-k); k \in \mathbf{Z}\}) = \{\varphi_{1,n}(x); n \in \mathbf{Z}\}\,\mathcal{A}$$

或者,等价地

$$(\{\varphi_{j,k}(x);k\in\mathbf{Z}\}\mid\{\psi_{j,k}(x);k\in\mathbf{Z}\})=\{\varphi_{j+1,n}(x);n\in\mathbf{Z}\}\mathcal{A}$$

即从 V_{j+1} 的规范正交基 $\{\varphi_{j+1,n}(x);n\in\mathbf{Z}\}$ 过渡到基 $\{\varphi_{j,k}(x),\psi_{j,k}(x);k\in\mathbf{Z}\}$ 的过渡矩阵就是 $\infty\times\infty$ 的酉矩阵 $\mathcal{A}$。

反过来

$$\{\varphi_{1,n}(x);n\in\mathbf{Z}\}=(\{\varphi(x-k);k\in\mathbf{Z}\}\mid\{\psi(x-k);k\in\mathbf{Z}\})\mathcal{A}^{-1}$$

或者,等价地

$$\{\varphi_{j+1,n}(x);n\in\mathbf{Z}\}=(\{\varphi_{j,k}(x);k\in\mathbf{Z}\}\mid\{\psi_{j,k}(x);k\in\mathbf{Z}\})\mathcal{A}^{-1}$$

即从 V_{j+1} 的规范正交基 $\{\varphi_{j,k}(x),\psi_{j,k}(x);k\in\mathbf{Z}\}$ 过渡到基 $\{\varphi_{j+1,n}(x);n\in\mathbf{Z}\}$ 的过渡矩阵就是 $\infty\times\infty$ 的酉矩阵 $\mathcal{A}^{-1}$。

注释　这些公式中出现的都是行向量或分块行向量与矩阵的乘积关系。

证明　实际上第一组关系就是尺度方程和小波方程。第二组关系就是出现在定理3.4中的公式。

3. Mallat 矩阵 - 向量算法

在多分辨率分析理论体系下,函数在尺度子空间上的正交投影表示为

$$f_{j+1}^{(0)}(x)=\sum_{n\in\mathbf{Z}}d_{j+1,n}^{(0)}\varphi_{j+1,n}(x)=\sum_{k\in\mathbf{Z}}[d_{j,k}^{(0)}\varphi_{j,k}(x)+d_{j,k}^{(1)}\psi_{j,k}(x)]$$

其中,$\mathscr{D}_{j+1}^{(0)}=\{d_{j+1,n}^{(0)};n\in\mathbf{Z}\}^{\mathrm{T}}$ 是 $f_{j+1}^{(0)}(x)$ 在 V_{j+1} 的规范正交基 $\{\varphi_{j+1,n}(x);n\in\mathbf{Z}\}$ 下的坐标,而 $\mathscr{D}_{j}^{(0)}=\{d_{j,k}^{(0)};k\in\mathbf{Z}\}^{\mathrm{T}}$ 和 $\mathscr{D}_{j}^{(1)}=\{d_{j,k}^{(1)};k\in\mathbf{Z}\}^{\mathrm{T}}$ 是 $f_{j+1}^{(0)}(x)$ 在 V_{j+1} 的另一个规范正交基 $\{\varphi_{j,k}(x);k\in\mathbf{Z}\}$ 和 $\{\psi_{j,k}(x);k\in\mathbf{Z}\}$ 下的坐标。

利用线性代数理论中的坐标变换方法,可以证明如下定理表述的矩阵 - 向量形式的 Mallat 分解和合成算法公式。

定理3.7　在多分辨率分析理论体系中,在尺度子空间 V_{j+1} 的两个平移规范正交基 $\{\varphi_{j+1,k}(x);k\in\mathbf{Z}\}$ 和 $\{\varphi_{j,k}(x),\psi_{j,k}(x);k\in\mathbf{Z}\}$ 之下,函数正交投影 $f_{j+1}^{(0)}(x)$ 的坐标向量之间满足如下坐标变换关系:

$$\left(\frac{\mathscr{D}_j^{(0)}}{\mathscr{D}_j^{(1)}}\right)=\mathcal{A}^{-1}\mathscr{D}_{j+1}^{(0)}=\mathcal{A}^{*}\mathscr{D}_{j+1}^{(0)}=\left(\frac{\mathcal{H}^{*}}{\mathcal{G}^{*}}\right)\mathscr{D}_{j+1}^{(0)}$$

其中,$\infty\times\infty$ 矩阵 $\mathcal{A}$ 是酉矩阵,$\mathcal{A}^{-1}=\mathcal{A}^{*}$。这就是分块矩阵形式小波分解的 Mallat 分解算法公式。同时,小波合成的 Mallat 合成算法公式可以表示为

$$\mathscr{D}_{j+1}^{(0)}=\mathcal{A}\left(\frac{\mathscr{D}_j^{(0)}}{\mathscr{D}_j^{(1)}}\right)=(\mathcal{H}\mid\mathcal{G})\left(\frac{\mathscr{D}_j^{(0)}}{\mathscr{D}_j^{(1)}}\right)=\mathcal{H}\mathscr{D}_j^{(0)}+\mathcal{G}\mathscr{D}_j^{(1)}$$

这就是分块矩阵形式的 Mallat 合成算法公式。

证明　利用分块矩阵乘法规则容易验证定理的两个等式。如用第一组等式验证第二组等式,有

$$\mathcal{H}\mathscr{D}_j^{(0)}+\mathcal{G}\mathscr{D}_j^{(1)}=\mathcal{H}\mathcal{H}^{*}\mathscr{D}_{j+1}^{(0)}+\mathcal{G}\mathcal{G}^{*}\mathscr{D}_{j+1}^{(0)}=(\mathcal{H}\mathcal{H}^{*}+\mathcal{G}\mathcal{G}^{*})\mathscr{D}_{j+1}^{(0)}=\mathscr{D}_{j+1}^{(0)}$$

其中,由 $\mathcal{A}\mathcal{A}^{*}=\mathcal{A}^{*}\mathcal{A}=\mathcal{I}$,得到 $\mathcal{H}\mathcal{H}^{*}+\mathcal{G}\mathcal{G}^{*}=\mathcal{I}$,从而完成证明。

4. Mallat 算法正交性

在多分辨率分析理论体系下,Mallat 合成算法可以写成

$$\mathscr{D}_{j+1}^{(0)} = \mathcal{A}\begin{pmatrix} \mathscr{D}_j^{(0)} \\ \mathscr{D}_j^{(1)} \end{pmatrix} = (\mathcal{H} | \ \mathcal{G}) \begin{pmatrix} \mathscr{D}_j^{(0)} \\ \mathscr{D}_j^{(1)} \end{pmatrix} = \mathcal{H}\mathscr{D}_j^{(0)} + \mathcal{G}\mathscr{D}_j^{(1)}$$

容易证明,在这个分块矩阵形式的 Mallat 合成算法公式中,右边的两个向量是序列空间 $l^2(\mathbf{Z})$ 中相互正交的平方可和无穷维向量,即得到如下正交性定理。

定理 3.8 在多分辨率分析理论体系中,在 Mallat 合成算法公式

$$\mathscr{D}_{j+1}^{(0)} = \mathcal{A}\begin{pmatrix} \mathscr{D}_j^{(0)} \\ \mathscr{D}_j^{(1)} \end{pmatrix} = (\mathcal{H} | \ \mathcal{G}) \begin{pmatrix} \mathscr{D}_j^{(0)} \\ \mathscr{D}_j^{(1)} \end{pmatrix} = \mathcal{H}\mathscr{D}_j^{(0)} + \mathcal{G}\mathscr{D}_j^{(1)}$$

之中存在正交性$\langle \mathcal{H}\mathscr{D}_j^{(0)}, \mathcal{G}\mathscr{D}_j^{(1)} \rangle_{l^2(\mathbf{Z})} = 0$,从而,得到勾股定理恒等式

$$\| \mathscr{D}_{j+1}^{(0)} \|_{l^2(\mathbf{Z})}^2 = \| \mathcal{H}\mathscr{D}_j^{(0)} \|_{l^2(\mathbf{Z})}^2 + \| \mathcal{G}\mathscr{D}_j^{(1)} \|_{l^2(\mathbf{Z})}^2$$

其中,根据无穷维序列向量空间 $l^2(\mathbf{Z})$ 中"欧氏范数(距离)"的定义,三个向量$\mathscr{D}_{j+1}^{(0)}$、$\mathcal{H}\mathscr{D}_j^{(0)}$、$\mathcal{G}\mathscr{D}_j^{(1)}$的欧氏长度平方可以表示为

$$\| \mathscr{D}_{j+1}^{(0)} \|_{l^2(\mathbf{Z})}^2 = \sum_{n \in \mathbf{Z}} | d_{j+1,n}^{(0)} |^2$$

$$\| \mathcal{H}\mathscr{D}_j^{(0)} \|_{l^2(\mathbf{Z})}^2 = \sum_{k \in \mathbf{Z}} | d_{j,k}^{(0)} |^2$$

$$\| \mathcal{H}\mathscr{D}_j^{(1)} \|_{l^2(\mathbf{Z})}^2 = \sum_{k \in \mathbf{Z}} | d_{j,k}^{(1)} |^2$$

证明 直接演算即可证明这种正交性:

$$\langle \mathcal{H}\mathscr{D}_j^{(0)}, \mathcal{G}\mathscr{D}_j^{(1)} \rangle_{l^2(\mathbf{Z})} = [\mathcal{G}\mathscr{D}_j^{(1)}]^* [\mathcal{H}\mathscr{D}_j^{(0)}] = [\mathscr{D}_j^{(1)}]^* [\mathcal{G}^* \mathcal{H}] [\mathscr{D}_j^{(0)}] = \mathbf{0}$$

其中,$[\mathcal{G}\mathscr{D}_j^{(1)}]^*$ 表示$\mathcal{G}\mathscr{D}_j^{(1)}$的复数共轭转置矩阵,$\mathcal{G}^* \mathcal{H} = \mathcal{O}_{\frac{\infty}{2} \times \frac{\infty}{2}}$是零矩阵。

这个定理的结果表明,小波 Mallat 分解算法和合成算法本质上是正交变换或酉变换。Mallat 分解算法和合成算法的正交性存在多种证明方法,这里的方法几何意义明确,显得非常简洁和直观。

3.2 小波链理论

本节将研究尺度子空间正交直和分解链中各个闭子空间的规范正交基的表示方法,并利用这些子空间的规范正交基研究函数空间$\mathcal{L}^2(\mathbf{R})$ 中任何函数在这些闭子空间上正交投影之间的关系,以及这些正交投影在这些闭子空间规范正交基下的正交投影系数序列之间的分解关系和合成关系。

3.2.1 函数子空间直和分解链

在多分辨率分析中,根据小波子空间列的定义可以证明,对于任意的整数 $j \in \mathbf{Z}$ 和任意的自然数 $L \in \mathbf{N}$,经过多次重复使用分解关系 $V_{j+1} = V_j \oplus W_j$,可以得到尺度子空间正交直和链式分解(cascade decomposition):$L \in \mathbf{N}$,有

$$V_{j+1} = W_j \oplus V_j = W_j \oplus W_{j-1} \oplus V_{j-1} = \cdots = W_j \oplus W_{j-1} \oplus \cdots \oplus W_{j-L} \oplus V_{j-L}$$

这里将研究如何给出这些正交子空间的规范正交基以及函数在这些子空间上正交投影的表示。

1. 直和分解链正交基

定理 3.9（链式分解的规范正交基）　在多分辨率分析理论体系的尺度子空间 V_{j+1} 中，如下的规范正交函数系都是 V_{j+1} 的规范正交基：

①$\{\varphi_{j+1,n}(x);n\in\mathbf{Z}\}$。

②$\{\varphi_{j,k}(x),\psi_{j,k}(x);k\in\mathbf{Z}\}$。

③$\{\varphi_{j-L,k}(x),\psi_{j-l,k}(x);l=0,1,2,\cdots,L,k\in\mathbf{Z}\}$，其中 L 是自然数。

证明　重复利用正交直和分解关系 $V_{j+1}=V_j\oplus W_j$ 于每次出现在分解公式右边的尺度子空间上，可以得到尺度子空间正交直和分解链：

$$V_{j+1}=W_j\oplus V_j=W_j\oplus W_{j-1}\oplus V_{j-1}=\cdots=W_j\oplus W_{j-1}\oplus\cdots\oplus W_{j-L}\oplus V_{j-L}$$

其中当 $l=0,1,2,\cdots,L$ 时，$\{\psi_{j-l,k}(x);k\in\mathbf{Z}\}$ 构成 W_{j-l} 的小波函数整数平移规范正交基，$\{\varphi_{j-l,k}(x);k\in\mathbf{Z}\}$ 构成 V_{j-l} 的尺度函数整数平移规范正交基。结合尺度子空间正交直和分解链可知，$\{\varphi_{j-L',k}(x),\psi_{j-l,k}(x);l=0,1,2,\cdots,L',k\in\mathbf{Z}\}$ 是 V_{j+1} 的一个规范正交基，其中 $0\leqslant L'\leqslant L$。根据多分辨率分析理论，$\{\varphi_{j+1,n}(x);n\in\mathbf{Z}\}$ 是 V_{j+1} 的尺度函数整数平移规范正交基。因此，这个定理为尺度子空间 V_{j+1} 提供了 $(L+2)$ 个规范正交基。

2. 函数正交分解链

利用尺度子空间的这些规范正交基可以便利地把任何函数在这些正交子空间上的正交投影用正交函数级数表示出来。

定理 3.10（函数的正交分解链）　在多分辨率分析理论体系下，对于任意函数 $f(x)\in\mathcal{L}^2(\mathbf{R})$，假设 $f(x)$ 在闭子空间列 $V_{j+1},W_j,W_{j-1},\cdots,W_{j-L},V_{j-L}$ 上的正交投影函数列是 $f_{j+1}^{(0)}(x),f_j^{(1)}(x),f_{j-1}^{(1)}(x),\cdots,f_{j-L}^{(1)}(x),f_{j-L}^{(0)}(x)$，那么

$$f_{j+1}^{(0)}(x)=f_j^{(1)}(x)+f_{j-1}^{(1)}(x)+\cdots+f_{j-L}^{(1)}(x)+f_{j-L}^{(0)}(x)$$

而且，$\{f_j^{(1)}(x),f_{j-1}^{(1)}(x),\cdots,f_{j-L}^{(1)}(x),f_{j-L}^{(0)}(x)\}$ 是正交函数系，它们正好是 $f_{j+1}^{(0)}(x)$ 在闭子空间列 $W_j,W_{j-1},\cdots,W_{j-L},V_{j-L}$ 上的正交投影。

证明　根据尺度子空间 V_{j+1} 的正交直和分解链

$$V_{j+1}=W_j\oplus V_j=W_j\oplus W_{j-1}\oplus V_{j-1}=\cdots=W_j\oplus W_{j-1}\oplus\cdots\oplus W_{j-L}\oplus V_{j-L}$$

容易得到这个定理的证明。建议读者完成这个证明。

注释　实际上只利用尺度子空间的正交直和分解和小波子空间的定义就可以完成这个证明。另一种方法是利用多分辨率分析小波提供的规范正交基。

定理 3.11（正交分解链勾股定理）　在多分辨率分析理论体系下，对于任意函数 $f(x)\in\mathcal{L}^2(\mathbf{R})$，假设 $f(x)$ 在闭子空间列 $V_{j+1},W_j,W_{j-1},\cdots,W_{j-L},V_{j-L}$ 上的正交投影函数列是 $f_{j+1}^{(0)}(x),f_j^{(1)}(x),f_{j-1}^{(1)}(x),\cdots,f_{j-L}^{(1)}(x),f_{j-L}^{(0)}(x)$，那么，如下表达的正交分解链勾股定理成立：对于整数 $j\in\mathbf{Z},L\in\mathbf{N}$，有

$$f_{j+1}^{(0)}(x)=\sum_{l=0}^{L}f_{j-l}^{(1)}(x)+f_{j-L}^{(0)}(x),\quad \|f_{j+1}^{(0)}\|_{\mathcal{L}^2(\mathbf{R})}^2=\sum_{l=0}^{L}\|f_{j-l}^{(1)}\|_{\mathcal{L}^2(\mathbf{R})}^2+\|f_{j-L}^{(0)}\|_{\mathcal{L}^2(\mathbf{R})}^2$$

证明　多次重复利用在 $V_{j+1}=V_j\oplus W_j$ 这种正交直和分解关系下的勾股定理可直接完成证明。建议读者完成这个证明。

实际上这是勾股定理在多分辨率分析理论体系中的自然延伸表达。

定理 3.12（正交分解链级数表示法）　在多分辨率分析理论体系下，对于任意函数

$f(x) \in \mathcal{L}^2(\mathbf{R})$，假设 $f(x)$ 在闭子空间列 $V_{j+1}, W_j, W_{j-1}, \cdots, W_{j-L}, V_{j-L}$ 上的正交投影函数列是 $f_{j+1}^{(0)}(x), f_j^{(1)}(x), f_{j-1}^{(1)}(x), \cdots, f_{j-L}^{(1)}(x), f_{j-L}^{(0)}(x)$，那么，存在平方可和无穷序列 $\{d_{j+1,n}^{(0)}; n \in \mathbf{Z}\}$，$\{d_{j-l,k}^{(1)}; k \in \mathbf{Z}\}$，$l = 0,1,2,\cdots,L$ 和 $\{d_{j-L,k}^{(0)}; k \in \mathbf{Z}\}$，满足

$$f_{j+1}^{(0)}(x) = \sum_{n\in\mathbf{Z}} d_{j+1,n}^{(0)} \varphi_{j+1,n}(x), \quad f_{j-L}^{(0)}(x) = \sum_{k\in\mathbf{Z}} d_{j-L,k}^{(0)} \varphi_{j-L,k}(x)$$

$$f_{j-l}^{(1)}(x) = \sum_{k\in\mathbf{Z}} d_{j-l,k}^{(1)} \psi_{j-l,k}(x), \quad l = 0,1,2,\cdots,L$$

而且

$$\sum_{n\in\mathbf{Z}} d_{j+1,n}^{(0)} \varphi_{j+1,n}(x) = \sum_{l=0}^{L} \sum_{k\in\mathbf{Z}} d_{j-l,k}^{(1)} \psi_{j-l,k}(x) + \sum_{k\in\mathbf{Z}} d_{j-L,k}^{(0)} \varphi_{j-L,k}(x)$$

其中

$$\begin{cases} d_{j+1,n}^{(0)} = \int_{x\in\mathbf{R}} f_{j+1}^{(0)}(x)\overline{\varphi}_{j+1,k}(x)\,\mathrm{d}x = \int_{x\in\mathbf{R}} f(x)\overline{\varphi}_{j+1,k}(x)\,\mathrm{d}x \\ d_{j-L,k}^{(0)} = \int_{x\in\mathbf{R}} f_{j-L}^{(0)}(x)\overline{\varphi}_{j-L,k}(x)\,\mathrm{d}x = \int_{x\in\mathbf{R}} f(x)\overline{\varphi}_{j-L,k}(x)\,\mathrm{d}x \\ d_{j-l,k}^{(1)} = \int_{x\in\mathbf{R}} f_{j-l}^{(1)}(x)\overline{\psi}_{j-l,k}(x)\,\mathrm{d}x = \int_{x\in\mathbf{R}} f(x)\overline{\psi}_{j-l,k}(x)\,\mathrm{d}x \end{cases}$$

证明　注意到 $f(x)$ 在闭线性子空间列 $W_j, W_{j-1}, \cdots, W_{j-L}, V_{j-L}$ 上的正交投影函数列 $f_j^{(1)}(x), f_{j-1}^{(1)}(x), \cdots, f_{j-L}^{(1)}(x), f_{j-L}^{(0)}(x)$ 正好也是 $f_{j+1}^{(0)}(x)$ 在这些闭子空间列上的正交投影。而且当 $l=0,1,2,\cdots,L$ 时，函数系 $\{\psi_{j-l,k}(x); k \in \mathbf{Z}\}$ 构成 W_{j-l} 的小波函数整数平移规范正交基，尺度函数整数平移函数系 $\{\varphi_{j-l,k}(x); k \in \mathbf{Z}\}$ 构成 V_{j-l} 的规范正交基。利用这些事实即可完成证明。建议读者补充并完善这个证明的细节。

利用这些表示及这些表示的正交性可以得到如下的双重勾股定理。

定理 3.13(正交分解链双重勾股定理)　在多分辨率分析理论体系下，对于 $f(x) \in \mathcal{L}^2(\mathbf{R})$，假设 $f(x)$ 在 $\mathcal{L}^2(\mathbf{R})$ 的闭子空间列 $V_{j+1}, W_j, W_{j-1}, \cdots, W_{j-L}, V_{j-L}$ 上的正交投影函数列是 $f_{j+1}^{(0)}(x), f_j^{(1)}(x), f_{j-1}^{(1)}(x), \cdots, f_{j-L}^{(1)}(x), f_{j-L}^{(0)}(x)$，而且可以表示为如下正交函数无穷级数形式：$l = 0,1,2,\cdots,L$，有

$$f_{j+1}^{(0)}(x) = \sum_{n\in\mathbf{Z}} d_{j+1,n}^{(0)} \varphi_{j+1,n}(x)$$

$$f_{j-L}^{(0)}(x) = \sum_{k\in\mathbf{Z}} d_{j-L,k}^{(0)} \varphi_{j-L,k}(x)$$

$$f_{j-l}^{(1)}(x) = \sum_{k\in\mathbf{Z}} d_{j-l,k}^{(1)} \psi_{j-l,k}(x)$$

那么，对于任意整数 $j \in \mathbf{Z}$，如下形式的双重勾股定理成立：

$$\sum_{n\in\mathbf{Z}} d_{j+1,n}^{(0)} \varphi_{j+1,n}(x) = \sum_{l=0}^{L} \sum_{k\in\mathbf{Z}} d_{j-l,k}^{(1)} \psi_{j-l,k}(x) + \sum_{k\in\mathbf{Z}} d_{j-L,k}^{(0)} \varphi_{j-L,k}(x)$$

$$\sum_{n\in\mathbf{Z}} |d_{j+1,n}^{(0)}|^2 = \sum_{l=0}^{L} \sum_{k\in\mathbf{Z}} |d_{j-l,k}^{(1)}|^2 + \sum_{k\in\mathbf{Z}} |d_{j-L,k}^{(0)}|^2$$

$$\|f_{j+1}^{(0)}\|_{\mathcal{L}^2(\mathbf{R})}^2 = \sum_{l=0}^{L} \|f_{j-l}^{(1)}\|_{\mathcal{L}^2(\mathbf{R})}^2 + \|f_{j-L}^{(0)}\|_{\mathcal{L}^2(\mathbf{R})}^2$$

$$\|f_{j+1}^{(0)}\|_{\mathcal{L}^2(\mathbf{R})}^2 = \sum_{n\in\mathbf{Z}} |d_{j+1,n}^{(0)}|^2, \quad \|f_{j-L}^{(0)}\|_{\mathcal{L}^2(\mathbf{R})}^2 = \sum_{k\in\mathbf{Z}} |d_{j-L,k}^{(0)}|^2$$

$$\| f_{j-l}^{(1)} \|_{\mathcal{L}^2(\mathbf{R})}^2 = \sum_{k \in \mathbf{Z}} | d_{j-l,k}^{(1)} |^2, \quad 0 \leqslant l \leqslant L$$

证明　利用定理 3.11(正交分解链勾股定理)以及这些正交子空间的规范正交基容易完成这个证明。建议读者补充并完善这个证明过程。

3. 正交小波分解链

利用尺度子空间的正交直和分解链以及这些正交子空间的小波和尺度函数整数平移规范正交基,能够得到如下定理。

定理 3.14(正交小波分解链)　在多分辨率分析体系下,对函数 $f(x) \in \mathcal{L}^2(\mathbf{R})$,假设 $f(x)$ 在 $\mathcal{L}^2(\mathbf{R})$ 的闭子空间列 $V_{j+1}, W_j, W_{j-1}, \cdots, W_{j-L}, V_{j-L}$ 上的正交投影是

$$f_{j+1}^{(0)}(x), f_j^{(1)}(x), f_{j-1}^{(1)}(x), \cdots, f_{j-L}^{(1)}(x), f_{j-L}^{(0)}(x)$$

而且 $\{d_{j+1,n}^{(0)}; n \in \mathbf{Z}\}$、$\{d_{j-l,k}^{(1)}; k \in \mathbf{Z}\}$(其中 $l = 0,1,2,\cdots,L$)和 $\{d_{j-L,k}^{(0)}; k \in \mathbf{Z}\}$ 满足

$$f_{j+1}^{(0)}(x) = \sum_{n \in \mathbf{Z}} d_{j+1,n}^{(0)} \varphi_{j+1,n}(x), \quad f_{j-L}^{(0)}(x) = \sum_{k \in \mathbf{Z}} d_{j-L,k}^{(0)} \varphi_{j-L,k}(x)$$

$$f_{j-l}^{(1)}(x) = \sum_{k \in \mathbf{Z}} d_{j-l,k}^{(1)} \psi_{j-l,k}(x), \quad l = 0,1,2,\cdots,L$$

那么,如下的递推形式的链式正交分解公式成立:当 $l = 0,1,2,\cdots,L$ 时,有

$$d_{j-l,k}^{(0)} = \sum_{n \in \mathbf{Z}} \overline{h}_{n-2k} d_{j+1-l,n}^{(0)}, \quad d_{j-l,k}^{(1)} = \sum_{n \in \mathbf{Z}} \overline{g}_{n-2k} d_{j+1-l,n}^{(0)}, \quad k \in \mathbf{Z}$$

这组关系就是 Mallat 分解链。

证明　重复利用由正交直和分解关系 $V_{j+1} = V_j \oplus W_j$ 推论得到的 Mallat 分解公式,可以递归地给出需要证明的公式。除此之外,可直接利用正交投影及这些子空间的规范正交基的特殊构造完成证明,建议读者完成这个证明。

4. 正交小波合成链

定理 3.15(正交小波合成链)　在多分辨率分析理论体系下,对函数 $f(x) \in \mathcal{L}^2(\mathbf{R})$,假设 $f(x)$ 在 $\mathcal{L}^2(\mathbf{R})$ 的闭子空间列 $V_{j+1}, W_j, W_{j-1}, \cdots, W_{j-L}, V_{j-L}$ 上的正交投影函数列是 $f_{j+1}^{(0)}(x), f_j^{(1)}(x), f_{j-1}^{(1)}(x), \cdots, f_{j-L}^{(1)}(x), f_{j-L}^{(0)}(x)$,而且 $\{d_{j+1,n}^{(0)}; n \in \mathbf{Z}\}$、$\{d_{j-l,k}^{(1)}; k \in \mathbf{Z}\}$(其中 $l = 0,1,2,\cdots,L$)和 $\{d_{j-L,k}^{(0)}; k \in \mathbf{Z}\}$ 满足

$$f_{j+1}^{(0)}(x) = \sum_{n \in \mathbf{Z}} d_{j+1,n}^{(0)} \varphi_{j+1,n}(x)$$

$$f_{j-L}^{(0)}(x) = \sum_{k \in \mathbf{Z}} d_{j-L,k}^{(0)} \varphi_{j-L,k}(x)$$

$$f_{j-l}^{(1)}(x) = \sum_{k \in \mathbf{Z}} d_{j-l,k}^{(1)} \psi_{j-l,k}(x)$$

其中,$l = 0,1,2,\cdots,L$。

那么,如下的递归链式正交合成公式成立:

$$d_{j+1-l,n}^{(0)} = \sum_{k \in \mathbf{Z}} (h_{n-2k} d_{j-l,k}^{(0)} + g_{n-2k} d_{j-l,k}^{(1)}), \quad n \in \mathbf{Z}, l = L, (L-1), \cdots, 2, 1, 0$$

这组关系就是 Mallat 正交小波合成链。

证明　重复利用由正交直和分解关系 $V_{j+1} = V_j \oplus W_j$ 推论得到的 Mallat 合成公式可以完成递归链式正交合成公式的证明。另外,利用正交投影以及这些子空间的规范正交基的特殊构造也能够直接完成证明。建议读者完成这个证明。

3.2.2 序列空间小波链

在多分辨率分析体系下,任意函数$f(x) \in \mathcal{L}^2(\mathbf{R})$,假设$f(x)$在$\mathcal{L}^2(\mathbf{R})$的闭线性子空间列$V_{j+1},W_j,W_{j-1},\cdots,W_{j-L},V_{j-L}$上的正交投影分别是

$$f_{j+1}^{(0)}(x),f_j^{(1)}(x),f_{j-1}^{(1)}(x),\cdots,f_{j-L}^{(1)}(x),f_{j-L}^{(0)}(x)$$

而且$\{d_{j+1,n}^{(0)};n \in \mathbf{Z}\}$、$\{d_{j-l,k}^{(1)};k \in \mathbf{Z}\}$(其中$l=0,1,2,\cdots,L$)和$\{d_{j-L,k}^{(0)};k \in \mathbf{Z}\}$满足

$$f_{j+1}^{(0)}(x)=\sum_{n\in\mathbf{Z}} d_{j+1,n}^{(0)}\varphi_{j+1,n}(x),\quad f_{j-L}^{(0)}(x)=\sum_{k\in\mathbf{Z}} d_{j-L,k}^{(0)}\varphi_{j-L,k}(x)$$

$$f_{j-l}^{(1)}(x)=\sum_{k\in\mathbf{Z}} d_{j-l,k}^{(1)}\psi_{j-l,k}(x),\quad l=0,1,2,\cdots,L$$

在序列空间$l^2(\mathbf{Z})$中引入如下列向量符号:

$$\mathscr{D}_{j+1}^{(0)}=\{d_{j+1,n}^{(0)};n \in \mathbf{Z}\}^{\mathrm{T}}$$

$$\mathscr{D}_{j-l}^{(0)}=\{d_{j-l,k}^{(0)};k \in \mathbf{Z}\}^{\mathrm{T}},\quad \mathscr{D}_{j-l}^{(1)}=\{d_{j-l,k}^{(1)};k \in \mathbf{Z}\}^{\mathrm{T}},\quad l=0,1,\cdots,L$$

那么,在函数空间$\mathcal{L}^2(\mathbf{R})$上小波链的各项成果都将获得在序列空间$l^2(\mathbf{Z})$上的表达形式,即序列空间小波链理论。

1. 序列正交小波分解链

在多分辨率分析理论体系下,结合这里引入的序列符号得到 Mallat 分解公式在序列空间的表达。

定理 3.16(序列正交小波分解链) 在多分辨率分析理论体系下,Mallat 分解链可以等价写成如下形式:

$$\begin{pmatrix}\mathscr{D}_{j-l}^{(0)}\\ \hline \mathscr{D}_{j-l}^{(1)}\end{pmatrix}=\mathcal{A}_l^*\mathscr{D}_{j-l+1}^{(0)}=\begin{pmatrix}\mathcal{H}_l^*\\ \hline \mathcal{G}_l^*\end{pmatrix}\mathscr{D}_{j-l+1}^{(0)}=\begin{pmatrix}\mathcal{H}_l^*\mathscr{D}_{j-l+1}^{(0)}\\ \hline \mathcal{G}_l^*\mathscr{D}_{j-l+1}^{(0)}\end{pmatrix},\quad l=0,1,2,\cdots,L$$

其中,$\mathcal{A}_l^*$、$\mathcal{H}_l^*$、$\mathcal{G}_l^*$表示$\mathcal{A}_l$、$\mathcal{H}_l$、$\mathcal{G}_l$的复共轭转置,$\mathcal{A}_l=(\mathcal{H}_l | \mathcal{G}_l)$是$(2^{-l}\infty)\times(2^{-l}\infty)$矩阵,按照分块矩阵方法表示为$1\times 2$的分块形式,$\mathcal{H}_l$、$\mathcal{G}_l$都是$(2^{-l}\infty)\times(2^{-(l+1)}\infty)$矩阵,其构造方法与$l=0$时对应的两个矩阵$\mathcal{H}_l=\mathcal{H}_0=\mathcal{H}$,$\mathcal{G}_l=\mathcal{G}_0=\mathcal{G}$的构造方法完全相同,唯一的差异仅仅是这些矩阵的行列尺寸将随着$l=0,1,2,\cdots,L$的数值递增变化而逐次减半。

证明 将函数空间$\mathcal{L}^2(\mathbf{R})$上的函数表示转换为这些函数在尺度子空间和小波子空间规范正交基上的投影系数序列表示方法,仔细排列各个分块矩阵的位置,则不难完成定理的证明。建议读者把这个证明过程补充完整。

2. 序列正交小波合成链

定理 3.17(序列正交小波合成链) 在多分辨率分析理论体系下,Mallat 合成链可以等价写成如下形式:

$$\mathscr{D}_{j-l+1}^{(0)}=\mathcal{A}_l\begin{pmatrix}\mathscr{D}_{j-l}^{(0)}\\ \hline \mathscr{D}_{j-l}^{(1)}\end{pmatrix}=(\mathcal{H}_l | \mathcal{G}_l)\begin{pmatrix}\mathscr{D}_{j-l}^{(0)}\\ \hline \mathscr{D}_{j-l}^{(1)}\end{pmatrix}=\mathcal{H}_l\mathscr{D}_{j-l}^{(0)}+\mathcal{G}_l\mathscr{D}_{j-l}^{(1)}$$

其中,$l=L,L-1,\cdots,2,1,0$。

证明 仿照定理3.16证明的说明,容易完成这个定理的证明。另一种证明方法是利用定理 3.16 的结果和$\mathcal{A}_l=(\mathcal{H}_l | \mathcal{G}_l)$的逆矩阵形式得到需要证明的公式。

3. 序列小波分解集成链

利用分块矩阵表示方法,可以将递归逐步描述的序列正交小波分解链集中形成统一的序列小波分解集成链。

定理3.18(序列小波分解集成链)　在多分辨率分析理论体系下,Mallat 分解链可以等价写成如下形式:

$$\begin{pmatrix} \mathscr{D}_{j-L}^{(0)} \\ \hdashline \mathscr{D}_{j-L}^{(1)} \\ \hdashline \vdots \\ \hdashline \mathscr{D}_{j-1}^{(1)} \\ \hdashline \mathscr{D}_{j}^{(1)} \end{pmatrix} = \begin{pmatrix} \mathcal{H}_L^* \mathcal{H}_{L-1}^* \cdots \mathcal{H}_0^* \\ \hdashline \mathcal{G}_L^* \mathcal{H}_{L-1}^* \cdots \mathcal{H}_0^* \\ \hdashline \vdots \\ \hdashline \mathcal{G}_1^* \mathcal{H}_0^* \\ \hdashline \mathcal{G}_0^* \end{pmatrix} \mathscr{D}_{j+1}^{(0)}$$

其中分块矩阵(列向量)只按照行进行分块,被表示成$(L+2)\times 1$的分块形式,从上到下各个分块的行数规则是$\frac{\infty}{2^{L+1}},\frac{\infty}{2^{L+1}},\frac{\infty}{2^{L}},\frac{\infty}{2^{L-1}},\cdots,\frac{\infty}{2^{2}},\frac{\infty}{2^{1}}$。

证明　在定理3.16中,注意迭代分解过程中分块矩阵行数的变化规则,将每次分块行数减半的方式准确刻画并集中表达,就可以得到定理中给出的分块形式的集中一次实现链式分解的矩阵表示公式。细节请读者补充和完善。

4. 序列小波合成集成链

利用分块矩阵表示方法,可以将递归逐步描述的序列正交小波合成链集中形成统一的序列小波合成集成链。

定理3.19(序列小波合成集成链)　在多分辨率分析理论体系下,Mallat 合成链可以等价写成如下形式:

$$\mathscr{D}_{j+1}^{(0)} = (\mathcal{H}_0 \cdots \mathcal{H}_{L-1}\mathcal{H}_L \mid \mathcal{H}_0 \cdots \mathcal{H}_{L-1}\mathcal{G}_L \mid \cdots \mid \mathcal{H}_0\mathcal{G}_1 \mid \mathcal{G}_0) \begin{pmatrix} \mathscr{D}_{j-L}^{(0)} \\ \hdashline \mathscr{D}_{j-L}^{(1)} \\ \hdashline \vdots \\ \hdashline \mathscr{D}_{j-1}^{(1)} \\ \hdashline \mathscr{D}_{j}^{(1)} \end{pmatrix}$$

或者

$$\mathscr{D}_{j+1}^{(0)} = \mathcal{H}_0 \cdots \mathcal{H}_{L-1}\mathcal{H}_L \mathscr{D}_{j-L}^{(0)} + \mathcal{H}_0 \cdots \mathcal{H}_{L-1}\mathcal{G}_L \mathscr{D}_{j-L}^{(1)} + \cdots + \mathcal{H}_0\mathcal{G}_1 \mathscr{D}_{j-1}^{(1)} + \mathcal{G}_0 \mathscr{D}_{j}^{(1)}$$

证明　直接利用序列小波分解集成链的酉算子的逆算子正好是其复数共轭转置矩阵,写出这个逆算子的具体表达公式,就可以完成全部证明。

值得注意的是,在序列小波合成集成链的最后一个等价表达公式中,在无穷维序列空间$l^2(\mathbf{Z})$中,原始无穷维序列向量被表示为$(L+2)$个同维数列向量的和,而且,这些同维数列向量是相互正交的。

5. 序列小波链正交性

在多分辨率分析理论中,引入无穷维序列线性空间$l^2(\mathbf{Z})$中的列向量符号:

$$\mathscr{R}_j^{(1)} = \mathcal{G}_0 \mathscr{D}_j^{(1)},\mathscr{R}_{j-1}^{(1)} = \mathcal{H}_0\mathcal{G}_1 \mathscr{D}_{j-1}^{(1)},\cdots,\mathscr{R}_{j-L}^{(1)} = \mathcal{H}_0 \cdots \mathcal{H}_{L-1}\mathcal{G}_L \mathscr{D}_{j-L}^{(1)}$$
$$\mathscr{R}_{j-L}^{(0)} = \mathcal{H}_0 \cdots \mathcal{H}_{L-1}\mathcal{H}_L \mathscr{D}_{j-L}^{(0)}$$

定理3.20(序列小波链正交性)　在多分辨率分析理论体系下,序列小波分解链和序列小波合成链中出现的向量组$\{\mathscr{R}_j^{(1)},\mathscr{R}_{j-1}^{(1)},\cdots,\mathscr{R}_{j-L}^{(1)},\mathscr{R}_{j-L}^{(0)}\}$和原始的列向量$\mathscr{D}_{j+1}^{(0)}$具有关系$\mathscr{D}_{j+1}^{(0)} = \mathscr{R}_j^{(1)} + \mathscr{R}_{j-1}^{(1)} + \cdots + \mathscr{R}_{j-L}^{(1)} + \mathscr{R}_{j-L}^{(0)}$,而且,由$(L+2)$个向量组成的无穷维向量组$\{\mathscr{R}_j^{(1)},\mathscr{R}_{j-1}^{(1)},\cdots,\mathscr{R}_{j-L}^{(1)},\mathscr{R}_{j-L}^{(0)}\}$在向量空间$l^2(\mathbf{Z})$中相互正交,即$\langle \mathscr{R}_{j-l}^{(1)},\mathscr{R}_{j-r}^{(1)} \rangle_{l^2(\mathbf{Z})} = 0$,

$\langle \mathscr{R}_{j-l}^{(1)}, \mathscr{R}_{j-L}^{(0)} \rangle_{l^2(\mathbf{Z})} = 0, 0 \leqslant l \neq r \leqslant L$。

证明 利用定理3.19并结合符号的定义,直接在无穷维序列向量空间 $l^2(\mathbf{Z})$ 中按照内积定义进行演算即可完成定理的证明。建议读者完成定理的详细证明。实际上,这个证明过程体现的是定理3.19中各个矩阵分块在适当意义下的正交性,通过仔细演算可以完全弄清楚适当意义到底是什么意义。

6. 序列小波链勾股定理

前述分析讨论暗示如下序列小波链勾股定理成立。

定理3.21(序列小波链勾股定理) 在多分辨率分析理论体系下,序列小波分解链和序列小波合成链中出现的向量组 $\{\mathscr{R}_j^{(1)}, \mathscr{R}_{j-1}^{(1)}, \cdots, \mathscr{R}_{j-L}^{(1)}, \mathscr{R}_{j-L}^{(0)}\}$ 和原始的列向量 $\mathscr{D}_{j+1}^{(0)}$ 满足合成关系 $\mathscr{D}_{j+1}^{(0)} = \mathscr{R}_j^{(1)} + \mathscr{R}_{j-1}^{(1)} + \cdots + \mathscr{R}_{j-L}^{(1)} + \mathscr{R}_{j-L}^{(0)}$,而且在无穷维序列空间 $l^2(\mathbf{Z})$ 中,存在如下勾股定理恒等式:

$$\| \mathscr{D}_{j+1}^{(0)} \|_{l^2(\mathbf{Z})}^2 = \| \mathscr{R}_j^{(1)} \|_{l^2(\mathbf{Z})}^2 + \| \mathscr{R}_{j-1}^{(1)} \|_{l^2(\mathbf{Z})}^2 + \cdots + \| \mathscr{R}_{j-L}^{(1)} \|_{l^2(\mathbf{Z})}^2 + \| \mathscr{R}_{j-L}^{(0)} \|_{l^2(\mathbf{Z})}^2$$

此外,根据无穷维序列空间 $l^2(\mathbf{Z})$ 中"(欧氏)范数"的定义,这些向量的欧氏长度平方可以表示为

$$\| \mathscr{D}_{j+1}^{(0)} \|_{l^2(\mathbf{Z})}^2 = \sum_{n \in \mathbf{Z}} | d_{j+1,n}^{(0)} |^2, \quad \| \mathscr{R}_{j-L}^{(0)} \|_{l^2(\mathbf{Z})}^2 = \sum_{k \in \mathbf{Z}} | d_{j-L,k}^{(0)} |^2$$

$$\| \mathscr{R}_{j-l}^{(1)} \|_{l^2(\mathbf{Z})}^2 = \sum_{k \in \mathbf{Z}} | d_{j-l,k}^{(1)} |^2, \quad l = 0, 1, \cdots, L$$

证明 直接利用符号的定义进行形式演算即可完成证明,建议读者补充并完善这个证明过程。

7. 序列小波链正交基

把定理3.18和定理3.19中出现的 $\mathcal{G}_0, \mathcal{H}_0\mathcal{G}_1, \cdots, \mathcal{H}_0 \cdots \mathcal{H}_{L-1}\mathcal{G}_L, \mathcal{H}_0 \cdots \mathcal{H}_{L-1}\mathcal{H}_L$ 这 $(L+2)$ 个行数相同而列数各不相同的矩阵,全部按照列向量的形式重新约定表示成如下格式:

$$\mathcal{G}^{(0)} = \mathcal{G}_0 = \mathcal{G} = (\boldsymbol{g}(0,2k) = \{g_{0,2k,m}; m \in \mathbf{Z}\}^{\mathrm{T}} = \boldsymbol{g}^{(2k)}; k \in \mathbf{Z})_{\infty \times \frac{\infty}{2}}$$

$$\mathcal{G}^{(1)} = \mathcal{H}_0\mathcal{G}_1 = (\boldsymbol{g}(1,4k) = \{g_{1,4k,m}; m \in \mathbf{Z}\}^{\mathrm{T}}; k \in \mathbf{Z})_{\infty \times \frac{\infty}{4}}$$

$$\cdots$$

$$\mathcal{G}^{(L)} = \mathcal{H}_0 \cdots \mathcal{H}_{L-1}\mathcal{G}_L = (\boldsymbol{g}(L, 2^{L+1}k) = \{g_{L,2^{L+1}k,m}; m \in \mathbf{Z}\}^{\mathrm{T}}; k \in \mathbf{Z})_{\infty \times \frac{\infty}{2^{L+1}}}$$

$$\mathcal{H}^{(L)} = \mathcal{H}_0 \cdots \mathcal{H}_{L-1}\mathcal{H}_L = (\boldsymbol{h}(L, 2^{L+1}k) = \{h_{L,2^{L+1}k,m}; m \in \mathbf{Z}\}^{\mathrm{T}}; k \in \mathbf{Z})_{\infty \times \frac{\infty}{2^{L+1}}}$$

这些矩阵的全部列向量构成无穷序列向量空间 $l^2(\mathbf{Z})$ 的一个规范正交基,即如下定理成立。

定理3.22(序列小波链规范正交基) 在多分辨率分析体系下,矩阵列 $\mathcal{G}^{(0)} = \mathcal{G}_0; \mathcal{G}^{(1)} = \mathcal{H}_0\mathcal{G}_1, \cdots, \mathcal{G}^{(L)} = \mathcal{H}_0 \cdots \mathcal{H}_{L-1}\mathcal{G}_L, \mathcal{H}^{(L)} = \mathcal{H}_0 \cdots \mathcal{H}_{L-1}\mathcal{H}_L$ 的全部列向量构成的向量系 $\{\boldsymbol{g}(l, 2^{l+1}k); k \in \mathbf{Z}, l = 0, 1, 2, \cdots, L\} \cup \{\boldsymbol{h}(L, 2^{L+1}k); k \in \mathbf{Z}\}$ 构成无穷维序列空间 $l^2(\mathbf{Z})$ 的规范正交基。

证明 利用序列小波分解链和序列小波合成链的酉变换性质,能够完成这个定理的证明。建议读者独立完成这个定理的详细证明。

8. 序列空间的小波子空间

定理3.22中各个分块矩阵的列向量都是无穷序列向量空间 $l^2(\mathbf{Z})$ 的规范正交系,它

们共同构成序列向量空间 $l^2(\mathbf{Z})$ 的规范正交基,因此,这实际上是提供了序列向量空间 $l^2(\mathbf{Z})$ 的正交直和分解,这就是如下定理的结果。

定理 3.23(序列空间的小波子空间分解)　在多分辨率分析理论体系下,利用引进的这些列向量记号,定义序列向量空间 $l^2(\mathbf{Z})$ 的子空间序列:

$$\mathscr{W}_{j-l} = \text{Closespan}\{\boldsymbol{g}(l,2^{l+1}k);k \in \mathbf{Z}\}, \quad l = 0,1,2,\cdots,L$$

$$\mathscr{V}_{j-L} = \text{Closespan}\{\boldsymbol{h}(L,2^{L+1}k);k \in \mathbf{Z}\}$$

那么,$l^2(\mathbf{Z})$ 的子空间序列 $\{\mathscr{V}_{j-L},\mathscr{W}_{j-l},l = 0,1,2,\cdots,L\}$ 是相互正交的,而且

$$l^2(\mathbf{Z}) = \mathscr{V}_{j-L} \oplus \left[\bigoplus_{l=0,1,2,\cdots,L} \mathscr{W}_{j-l}\right]$$

证明　因为 $\{\boldsymbol{g}(l,2^{l+1}k);k \in \mathbf{Z},l=0,1,2,\cdots,L\} \cup \{\boldsymbol{h}(L,2^{L+1}k);k \in \mathbf{Z}\}$ 是规范正交向量系,而且构成空间 $l^2(\mathbf{Z})$ 的规范正交基,由此推论得到这个定理。

9. 序列小波链投影坐标

利用无穷维序列线性空间 $l^2(\mathbf{Z})$ 的平凡规范正交基和上述小波和尺度规范正交基,得到序列小波链理论中两种向量正交投影坐标的不同含义。

定理 3.24(平凡基小波分解坐标)　在多分辨率分析理论体系中,在无穷维序列空间 $l^2(\mathbf{Z})$ 的平凡规范正交基之下,原始向量 $\mathscr{D}_{j+1}^{(0)}$ 在 $l^2(\mathbf{Z})$ 的子空间序列 $\mathscr{V}_{j-L},\mathscr{W}_{j-l},l = 0,1,2,\cdots,L$ 上正交投影的坐标是 $\mathscr{R}_{j-L}^{(0)},\mathscr{R}_{j}^{(1)},\mathscr{R}_{j-1}^{(1)},\cdots,\mathscr{R}_{j-L}^{(1)}$。

证明　注意序列小波合成链 $\mathscr{D}_{j+1}^{(0)} = \mathscr{R}_{j}^{(1)} + \mathscr{R}_{j-1}^{(1)} + \cdots + \mathscr{R}_{j-L}^{(1)} + \mathscr{R}_{j-L}^{(0)}$ 以及上式右边出现的相互正交的各个向量所在的子空间,即可完成证明。

定理 3.25(小波基小波分解坐标)　在多分辨率分析体系中,在空间 $l^2(\mathbf{Z})$ 的正交小波基 $\{\boldsymbol{g}(l,2^{l+1}k);k \in \mathbf{Z},l=0,1,2,\cdots,L\} \cup \{\boldsymbol{h}(L,2^{L+1}k);k \in \mathbf{Z}\}$ 之下,向量 $\mathscr{D}_{j+1}^{(0)}$ 在 $l^2(\mathbf{Z})$ 的子空间序列 $\mathscr{V}_{j-L},\mathscr{W}_{j-l},l = 0,1,2,\cdots,L$ 上正交投影的坐标分别是 $\mathscr{D}_{j-L}^{(0)} = \{d_{j-L,k}^{(0)};k \in \mathbf{Z}\}^{\mathrm{T}}$,$\mathscr{D}_{j-l}^{(1)} = \{d_{j-l,k}^{(1)};k \in \mathbf{Z}\}^{\mathrm{T}},l = 0,1,2,\cdots,L$。

证明　由定理 3.18 和定理 3.19 可知

$$\begin{pmatrix} \mathscr{D}_{j-L}^{(0)} \\ \hdashline \mathscr{D}_{j-L}^{(1)} \\ \hdashline \vdots \\ \hdashline \mathscr{D}_{j-1}^{(1)} \\ \hdashline \mathscr{D}_{j}^{(1)} \end{pmatrix} = \begin{pmatrix} \mathcal{H}_L^* \mathcal{H}_{L-1}^* \cdots \mathcal{H}_0^* \\ \hdashline \mathcal{G}_L^* \mathcal{H}_{L-1}^* \cdots \mathcal{H}_0^* \\ \hdashline \vdots \\ \hdashline \mathcal{G}_1^* \mathcal{H}_0^* \\ \hdashline \mathcal{G}_0^* \end{pmatrix} \mathscr{D}_{j+1}^{(0)} = \begin{pmatrix} [\mathcal{H}^{(L)}]^* \\ \hdashline [\mathcal{G}^{(L)}]^* \\ \hdashline \vdots \\ \hdashline [\mathcal{G}^{(1)}]^* \\ \hdashline [\mathcal{G}^{(0)}]^* \end{pmatrix} \mathscr{D}_{j+1}^{(0)} = (\mathcal{H}^{(L)} \mid \mathcal{G}^{(L)} \mid \cdots \mid \mathcal{G}^{(1)} \mid \mathcal{G}^{(0)})^* \mathscr{D}_{j+1}^{(0)}$$

或者

$$\begin{aligned} \mathscr{D}_{j+1}^{(0)} &= (\mathcal{H}^{(L)} \mid \mathcal{G}^{(L)} \mid \cdots \mid \mathcal{G}^{(1)} \mid \mathcal{G}^{(0)}) \begin{pmatrix} \mathscr{D}_{j-L}^{(0)} \\ \hdashline \mathscr{D}_{j-L}^{(1)} \\ \hdashline \vdots \\ \hdashline \mathscr{D}_{j-1}^{(1)} \\ \hdashline \mathscr{D}_{j}^{(1)} \end{pmatrix} = \mathcal{H}^{(L)} \mathscr{D}_{j-L}^{(0)} + \sum_{l=0}^{L} \mathcal{G}^{(l)} \mathscr{D}_{j-l}^{(1)} \\ &= \mathscr{R}_{j-L}^{(0)} + \sum_{l=0}^{L} \mathscr{R}_{j-l}^{(1)} \end{aligned}$$

这些公式说明，当 $l=0,1,2,\cdots,L$ 时，在 $l^2(\mathbf{Z})$ 的小波子空间 $\mathscr{W}_{j-l}$ 的规范正交基 $\{\boldsymbol{g}(l,2^{l+1}k);k\in\mathbf{Z}\}$ 下，$\mathscr{D}_{j+1}^{(0)}$ 的正交投影坐标是 $\mathscr{D}_{j-l}^{(1)}=\{d_{j-l,k}^{(1)};k\in\mathbf{Z}\}^{\mathrm{T}}$，这个正交投影在其他子空间联合的规范正交小波基

$$\{\boldsymbol{g}(m,2^{m+1}k);k\in\mathbf{Z},m=0,1,\cdots,l-1,l+1,\cdots,L\}\cup\{\boldsymbol{h}(L,2^{L+1}k);k\in\mathbf{Z}\}$$

上的坐标分量都是零。类似可以说明 $\mathscr{D}_{j+1}^{(0)}$ 在 $\mathscr{V}_{j-L}$ 上正交投影的坐标含义。

总之，$\mathscr{D}_{j+1}^{(0)}$ 在正交尺度和小波子空间序列 $\mathscr{V}_{j-L},\mathscr{W}_{j-l},l=0,1,2,\cdots,L$ 上的正交投影是唯一确定的，但是当无穷维序列线性空间 $l^2(\mathbf{Z})$ 选择不同的规范正交基时，这些正交投影的坐标是会相应地变化的：在空间 $l^2(\mathbf{Z})$ 的平凡规范正交基之下，这些正交投影的坐标是 $\mathscr{R}_{j-L}^{(0)},\mathscr{R}_{j}^{(1)},\mathscr{R}_{j-1}^{(1)},\cdots,\mathscr{R}_{j-L}^{(1)}$；如果空间 $l^2(\mathbf{Z})$ 选择如下的规范正交小波基 $\{\boldsymbol{h}(L,2^{L+1}k);k\in\mathbf{Z}\}\cup\{\boldsymbol{g}(l,2^{l+1}k);k\in\mathbf{Z},l=0,1,2,\cdots,L\}$，那么，这些正交投影的坐标变为 $\mathscr{D}_{j-L}^{(0)}$，$\mathscr{D}_{j}^{(1)}$，$\mathscr{D}_{j-1}^{(1)},\cdots,\mathscr{D}_{j-L}^{(1)}$。

这个结论还可以简述为：分解过程使用规范正交小波基正交投影坐标是 $\mathscr{D}_{j-L}^{(0)},\mathscr{D}_{j}^{(1)}$，$\mathscr{D}_{j-1}^{(1)},\cdots,\mathscr{D}_{j-L}^{(1)}$；合成过程使用规范正交平凡基正交投影坐标是 $\mathscr{R}_{j-L}^{(0)}$，$\mathscr{R}_{j}^{(1)}$，$\mathscr{R}_{j-1}^{(1)},\cdots,\mathscr{R}_{j-L}^{(1)}$。

通过这样的研究，函数空间 $\mathcal{L}^2(\mathbf{R})$ 上的多分辨率分析的小波链理论就完全转换为在无穷维序列线性空间 $l^2(\mathbf{Z})$ 上的序列形式的小波链理论。

3.3 小波包理论

在正交小波分解和小波分解链实现过程中，小波子空间一旦出现就不会被再次分解，而且其中的小波函数平移规范正交基再也不会被替换为另一个由相互正交的两个平移规范正交系共同构成的规范正交基，即小波子空间及小波子空间的小波整数平移规范正交基，一旦在分解过程中出现将永远不再改变，被改变的永远是尺度子空间以及尺度子空间中的尺度函数整数平移规范正交基。

在这样的多分辨率分析中，小波子空间及其中的小波函数整数平移规范正交基能否像处理尺度子空间以及其中的尺度函数整数平移规范正交基那样被替换和改变，就是小波包理论要解决的问题。

3.3.1 函数子空间正交直和分解

在多分辨率分析中，实现分解关系 $V_1=V_0\oplus W_0$ 的关键公式是

$$\begin{cases}\varphi(x)=\sqrt{2}\sum\limits_{n\in\mathbf{Z}}h_n\varphi(2x-n)\\ \psi(x)=\sqrt{2}\sum\limits_{n\in\mathbf{Z}}g_n\varphi(2x-n)\end{cases}\Leftrightarrow\begin{cases}\Phi(\omega)=H(0.5\omega)\Phi(0.5\omega)\\ \Psi(\omega)=G(0.5\omega)\Phi(0.5\omega)\end{cases}$$

正交小波构造充分性证明的关键是构造矩阵酉性，即构造矩阵

$$\boldsymbol{M}(\omega)=\begin{pmatrix}H(\omega)&H(\omega+\pi)\\ G(\omega)&G(\omega+\pi)\end{pmatrix}$$

满足如下恒等式：

$$M(\omega)M^*(\omega)=M^*(\omega)M(\omega)=I$$

或者等价地，当 $\omega\in[0,2\pi]$ 时，有

$$|H(\omega)|^2+|H(\omega+\pi)|^2=|G(\omega)|^2+|G(\omega+\pi)|^2=1$$

$$H(\omega)\overline{G}(\omega)+H(\omega+\pi)\overline{G}(\omega+\pi)=0$$

或者等价地，在空间 $l^2(\mathbf{Z})$ 中，对于任意的 $(m,k)\in\mathbf{Z}^2$，有

$$\langle \boldsymbol{h}^{(2m)},\boldsymbol{h}^{(2k)}\rangle_{l^2(\mathbf{Z})}=\sum_{n\in\mathbf{Z}}h_{n-2m}\overline{h}_{n-2k}=\delta(m-k)$$

$$\langle \boldsymbol{g}^{(2m)},\boldsymbol{g}^{(2k)})\rangle_{l^2(\mathbf{Z})}=\sum_{n\in\mathbf{Z}}g_{n-2m}\overline{g}_{n-2k}=\delta(m-k)$$

$$\langle \boldsymbol{g}^{(2m)},\boldsymbol{h}^{(2k)})\rangle_{l^2(\mathbf{Z})}=\sum_{n\in\mathbf{Z}}g_{n-2m}\overline{h}_{n-2k}=0$$

以此表明，尺度方程和小波方程的系数序列是相互正交的两个偶数平移规范正交无穷序列向量组，而且 $\{\varphi(x-k);k\in\mathbf{Z}\}$ 和 $\{\psi(x-k);k\in\mathbf{Z}\}$ 分别构成 V_0、W_0 的平移规范正交基，同时 $\{\varphi(x-k);k\in\mathbf{Z}\}\cup\{\psi(x-k);k\in\mathbf{Z}\}$ 构成 V_1 的平移规范正交基。这样就能够实现 $V_1=V_0\oplus W_0$ 这样的正交直和分解。

这个简短的回顾表明，只要在多分辨率分析理论框架内，无论是尺度子空间还是小波子空间，利用其中的平移函数规范正交基，以尺度方程和小波方程系数序列为分解器，构造两个函数即尺度函数和小波函数，它们的平移函数系构成规范正交函数系，分别张成两个相互正交的闭子空间，它们的直和就是最开始出现的原始子空间，即实现原始子空间的正交直和分解。总之，尺度方程和小波方程系数序列或者低通和带通滤波器系数序列实际上就是一个闭子空间的正交直和分解器。

这个过程就是如下子空间正交直和分解方法。

1. 规范正交基正交分解

引理 3.1（子空间正交分解）　在多分辨率分析理论体系中，设 $\mathcal{L}$ 是函数空间 $\mathcal{L}^2(\mathbf{R})$ 的闭子空间，存在 $\varsigma(x)\in\mathcal{L}$ 使得 $\{\sqrt{2}\zeta(2x-n);n\in\mathbf{Z}\}$，即由函数 $\varsigma(x)$ 平移产生的函数系是 $\mathcal{L}$ 的规范正交基，定义两个函数为

$$u(x)=\sqrt{2}\sum_{n\in\mathbf{Z}}h_n\zeta(2x-n),\quad \boldsymbol{v}(x)=\sqrt{2}\sum_{n\in\mathbf{Z}}g_n\zeta(2x-n)$$

那么，$\{u(x-n);n\in\mathbf{Z}\}$ 和 $\{\boldsymbol{v}(x-n);n\in\mathbf{Z}\}$ 是 $\mathcal{L}^2(\mathbf{R})$ 中相互正交的两个整数平移规范正交函数系，而且，它们共同构成子空间 $\mathcal{L}$ 的规范正交基。

证明　第一步，证明对于任意的 $(n,m)\in\mathbf{Z}^2$，如下内积公式成立：

$$\begin{cases}\langle u(\cdot-n),u(\cdot-m)\rangle=\int_{x\in\mathbf{R}}u(x-n)\overline{u}(x-m)\,\mathrm{d}x=\delta(n-m)\\ \langle \boldsymbol{v}(\cdot-n),\boldsymbol{v}(\cdot-m)\rangle=\int_{x\in\mathbf{R}}\boldsymbol{v}(x-n)\overline{\boldsymbol{v}}(x-m)\,\mathrm{d}x=\delta(n-m)\\ \langle u(\cdot-n),\boldsymbol{v}(\cdot-m)\rangle=\int_{x\in\mathbf{R}}u(x-n)\overline{\boldsymbol{v}}(x-m)\,\mathrm{d}x=0\end{cases}$$

根据定义可知（仿照多分辨率分析的证明过程）

$$\begin{cases}u(x)=\sqrt{2}\sum_{n\in\mathbf{Z}}h_n\zeta(2x-n)\\ \boldsymbol{v}(x)=\sqrt{2}\sum_{n\in\mathbf{Z}}g_n\zeta(2x-n)\end{cases}\Leftrightarrow\begin{cases}\hat{u}(\omega)=H(0.5\omega))\hat{\zeta}(0.5\omega)\\ \hat{\boldsymbol{v}}(\omega)=G(0.5\omega)\hat{\zeta}(0.5\omega)\end{cases}$$

其中

$$\hat{u}(\omega)=(2\pi)^{-0.5}\int_{x\in\mathbf{R}}u(x)\mathrm{e}^{-\mathrm{i}\omega x}\mathrm{d}x$$

$$\hat{v}(\omega)=(2\pi)^{-0.5}\int_{x\in\mathbf{R}}v(x)\mathrm{e}^{-\mathrm{i}\omega x}\mathrm{d}x$$

$$\hat{\zeta}(\omega)=(2\pi)^{-0.5}\int_{x\in\mathbf{R}}\zeta(x)\mathrm{e}^{-\mathrm{i}\omega x}\mathrm{d}x$$

分别表示三个函数 $u(x)$、$v(x)$、$\zeta(x)$ 的傅里叶变换。进一步演算内积

$$\begin{aligned}\langle u(\cdot-n),u(\cdot-m)\rangle&=\int_{x\in\mathbf{R}}u(x-n)\overline{u}(x-m)\mathrm{d}x=\int_{\omega\in\mathbf{R}}|\hat{u}(\omega)|^2\mathrm{e}^{-\mathrm{i}\omega(n-m)}\mathrm{d}\omega\\&=\int_{\omega\in\mathbf{R}}|H(0.5\omega)\hat{\zeta}(0.5\omega)|^2\mathrm{e}^{-\mathrm{i}\omega(n-m)}\mathrm{d}\omega\\&=\sum_{k=-\infty}^{+\infty}\int_{4\pi k}^{4\pi(k+1)}|H(0.5\omega)|^2|\hat{\zeta}(0.5\omega)|^2\mathrm{e}^{-\mathrm{i}\omega(n-m)}\mathrm{d}\omega\\&=\int_0^{4\pi}|H(0.5\omega)|^2\mathrm{e}^{-\mathrm{i}\omega(n-m)}\sum_{k=-\infty}^{+\infty}|\hat{\zeta}(0.5\omega+2k\pi)|^2\mathrm{d}\omega\\&=\frac{1}{2\pi}\int_0^{4\pi}|H(0.5\omega)|^2\mathrm{e}^{-\mathrm{i}\omega(n-m)}\mathrm{d}\omega\\&=\frac{1}{2\pi}\int_0^{2\pi}[|H(0.5\omega)|^2+|H(0.5\omega+\pi)|^2]\mathrm{e}^{-\mathrm{i}\omega(n-m)}\mathrm{d}\omega\\&=\frac{1}{2\pi}\int_0^{2\pi}\mathrm{e}^{-\mathrm{i}\omega(n-m)}\mathrm{d}\omega=\delta(n-m)\end{aligned}$$

类似可得

$$\begin{aligned}\langle v(\cdot-n),v(\cdot-m)\rangle&=\frac{1}{2\pi}\int_0^{2\pi}[|G(0.5\omega)|^2+|G(0.5\omega+\pi)|^2]\mathrm{e}^{-\mathrm{i}\omega(n-m)}\mathrm{d}\omega\\&=\frac{1}{2\pi}\int_0^{2\pi}\mathrm{e}^{-\mathrm{i}\omega(n-m)}\mathrm{d}\omega=\delta(n-m)\end{aligned}$$

同时

$$\begin{aligned}&\langle u(\cdot-n),v(\cdot-m)\rangle\\&=\int_{\omega\in\mathbf{R}}[H(0.5\omega)][G(0.5\omega)]^*|\hat{\zeta}(0.5\omega)|^2\mathrm{e}^{-\mathrm{i}\omega(n-m)}\mathrm{d}\omega\\&=\frac{1}{2\pi}\int_0^{2\pi}\{[H(0.5\omega)][G(0.5\omega)]^*+[H(0.5\omega+\pi)][G(0.5\omega+\pi)]^*\}\cdot\\&\quad\mathrm{e}^{-\mathrm{i}\omega(n-m)}\mathrm{d}\omega\\&=0\end{aligned}$$

其中,利用了恒等式 $2\pi\sum_{k=-\infty}^{+\infty}|\hat{\zeta}(0.5\omega+2k\pi)|^2=1$。

第一步证明的结果是,$\{u(x-n);n\in\mathbf{Z}\}$ 和 $\{v(x-n);n\in\mathbf{Z}\}$ 是 $\mathcal{L}^2(\mathbf{R})$ 中相互正交的两个整数平移规范正交函数系。

第二步,证明 $\{u(x-n),v(x-n);n\in\mathbf{Z}\}$ 是 $\mathcal{L}$ 的完全规范正交函数系,即对任意 $\xi(x)\in\mathcal{L}$,如果 $\xi(x)\perp\{u(x-n);n\in\mathbf{Z}\}$ 且 $\xi(x)\perp\{v(x-n);n\in\mathbf{Z}\}$,那么必然得到

$\xi(x)=0$。

实际上,因为$\xi(x)\in\mathcal{L}$,所以存在$\{\xi_n,n\in\mathbf{Z}\}$且$\sum_{n\in\mathbf{Z}}|\xi_n|^2<+\infty$,满足

$$\xi(x)=\sqrt{2}\sum_{n\in\mathbf{Z}}\xi_n\zeta(2x-n)\Leftrightarrow\hat{\xi}(\omega)=K(0.5\omega)\hat{\zeta}(0.5\omega)$$

其中,$K(\omega)=2^{-0.5}\sum_{n\in\mathbf{Z}}\xi_n\mathrm{e}^{-\mathrm{i}\omega n}$是周期$2\pi$的平方可积或能量有限函数。另外

$$\hat{\xi}(\omega)=(2\pi)^{-0.5}\int_{x\in\mathbf{R}}\xi(x)\mathrm{e}^{-\mathrm{i}\omega x}\mathrm{d}x$$

表示函数$\xi(x)\in\mathcal{L}$的傅里叶变换。对任意$m\in\mathbf{Z}$,容易推导获得如下等式:

$$\begin{aligned}0&=\langle\xi(\cdot),v(\cdot-m)\rangle=\int_{x\in\mathbf{R}}\xi(x)\overline{v}(x-m)\mathrm{d}x=\int_{\omega\in\mathbf{R}}[\hat{\xi}(\omega)][\hat{v}(\omega)]^*\mathrm{e}^{\mathrm{i}\omega m}\mathrm{d}\omega\\&=\int_{\omega\in\mathbf{R}}[K(0.5\omega)][G(0.5\omega)]^*|\hat{\zeta}(0.5\omega)|^2\mathrm{e}^{\mathrm{i}\omega m}\mathrm{d}\omega\\&=\frac{1}{2\pi}\int_0^{2\pi}\{[K(0.5\omega)][G(0.5\omega)]^*+[K(0.5\omega+\pi)][G(0.5\omega+\pi)]^*\}\mathrm{e}^{\mathrm{i}\omega m}\mathrm{d}\omega\end{aligned}$$

而且

$$\begin{aligned}0&=\langle\xi(\cdot),u(\cdot-m)\rangle=\int_{x\in\mathbf{R}}\xi(x)\overline{u}(x-m)\mathrm{d}x=\int_{\omega\in\mathbf{R}}[\hat{\xi}(\omega)][\hat{u}(\omega)]^*\mathrm{e}^{\mathrm{i}\omega m}\mathrm{d}\omega\\&=\int_{\omega\in\mathbf{R}}[K(0.5\omega)][H(0.5\omega)]^*|\hat{\zeta}(0.5\omega)|^2\mathrm{e}^{\mathrm{i}\omega m}\mathrm{d}\omega\\&=\frac{1}{2\pi}\int_0^{2\pi}\{[K(0.5\omega)][H(0.5\omega)]^*+[K(0.5\omega+\pi)][H(0.5\omega+\pi)]^*\}\mathrm{e}^{\mathrm{i}\omega m}\mathrm{d}\omega\end{aligned}$$

得到方程组

$$\begin{cases}[K(0.5\omega)][H(0.5\omega)]^*+[K(0.5\omega+\pi)][H(0.5\omega+\pi)]^*=0\\[K(0.5\omega)][G(0.5\omega)]^*+[K(0.5\omega+\pi)][G(0.5\omega+\pi)]^*=0\end{cases}$$

或者改写为

$$(K(0.5\omega),K(0.5\omega+\pi))\boldsymbol{M}^*(\omega)=(0,0)$$

因为

$$\boldsymbol{M}(\omega)\boldsymbol{M}^*(\omega)=\boldsymbol{M}^*(\omega)\boldsymbol{M}(\omega)=\begin{pmatrix}1&0\\0&1\end{pmatrix}$$

所以能够得到$K(0.5\omega)=0$,从而$\xi(x)=0$。

这说明$\{u(x-n),v(x-n);n\in\mathbf{Z}\}$是子空间$\mathcal{L}$的完全规范正交函数系。因此,它们共同构成子空间$\mathcal{L}$的规范正交基。

这个引理及其证明过程说明,子空间的平移函数规范正交基可以被替换为两个特定的相互正交的平移函数规范正交系共同构成的规范正交基,这里给出的就是一个有效的方法。

2. 函数子空间正交分解

这个引理说明,在把子空间的平移函数规范正交基替换为两个特定的相互正交的平移函数规范正交系共同构成的规范正交基的方法中,这两个平移函数规范正交系分别张成的闭子空间不仅相互正交,而且,它们的正交直和正好就是原始的子空间。这就是如下

的定理。

定理 3.26(子空间正交分解) 在多分辨率分析理论体系中,设$\mathcal{L}$是函数空间$\mathcal{L}^2(\mathbf{R})$的闭子空间,存在$\varsigma(x) \in \mathcal{L}^2(\mathbf{R})$使得$\{\sqrt{2}\zeta(2x-n);n \in \mathbf{Z}\}$,即由函数$\varsigma(x)$平移产生的函数系是$\mathcal{L}$的规范正交基,定义

$$u(x)=\sqrt{2}\sum_{n \in \mathbf{Z}} h_n\zeta(2x-n), \quad \boldsymbol{v}(x)=\sqrt{2}\sum_{n \in \mathbf{Z}} g_n\zeta(2x-n)$$

而且

$$\mathcal{L}_0=\text{Closespan}\{u(x-n);n \in \mathbf{Z}\}, \quad \mathcal{L}_1=\text{Closespan}\{\boldsymbol{v}(x-n);n \in \mathbf{Z}\}$$

那么,$\mathcal{L}_0 \perp \mathcal{L}_1$,$\mathcal{L}=\mathcal{L}_0 \oplus \mathcal{L}_1$。

证明 因为$\{u(x-n),\boldsymbol{v}(x-n);n \in \mathbf{Z}\}$是$\mathcal{L}$的规范正交基,而且,两个函数系$\{u(x-n);n \in \mathbf{Z}\} \perp \{\boldsymbol{v}(x-n);n \in \mathbf{Z}\}$,所以$\mathcal{L}_0 \perp \mathcal{L}_1$,$\mathcal{L}=\mathcal{L}_0 \oplus \mathcal{L}_1$。

定理 3.27(子空间正交分解) 在多分辨率分析理论体系中,设$\mathcal{L}$是函数空间$\mathcal{L}^2(\mathbf{R})$的闭子空间,存在$\varsigma(x) \in \mathcal{L}^2(\mathbf{R})$,它产生的平移函数系

$$\{\zeta_{j+1,k}(x)=2^{(j+1)/2}\zeta(2^{j+1}x-k);k \in \mathbf{Z}\}$$

构成$\mathcal{L}$的规范正交基,其中j是某个整数。定义两个函数分别为

$$u(x)=\sqrt{2}\sum_{n \in \mathbf{Z}} h_n\zeta(2x-n), \quad \boldsymbol{v}(x)=\sqrt{2}\sum_{n \in \mathbf{Z}} g_n\zeta(2x-n)$$

而且

$$\mathcal{L}_0=\text{Closespan}\{\zeta_{j,k}(x)=2^{j/2}\zeta(2^jx-k);k \in \mathbf{Z}\}$$
$$\mathcal{L}_1=\text{Closespan}\{\boldsymbol{v}_{j,k}(x)=2^{j/2}\boldsymbol{v}(2^jx-k);k \in \mathbf{Z}\}$$

那么,$\{u_{j,k}(x)=2^{j/2}u(2^jx-k);k \in \mathbf{Z}\}$和$\{\boldsymbol{v}_{j,k}(x)=2^{j/2}\boldsymbol{v}(2^jx-k);k \in \mathbf{Z}\}$是子空间$\mathcal{L}$中的两个相互正交的整数平移规范正交函数系,它们共同构成子空间$\mathcal{L}$的规范正交基,而且,$\mathcal{L}_0 \perp \mathcal{L}_1$,$\mathcal{L}=\mathcal{L}_0 \oplus \mathcal{L}_1$。

证明 类似于引理 3.1 和定理 3.26 的证明。建议读者独立完成这个证明。

上述结果表明,在多分辨率分析理论中,由尺度和小波诱导的低通滤波器系数序列$\boldsymbol{h}=\{h_n;n \in \mathbf{Z}\}^{\mathrm{T}} \in l^2(\mathbf{Z})$和带通滤波器系数序列$\boldsymbol{g}=\{g_n;n \in \mathbf{Z}\}^{\mathrm{T}} \in l^2(\mathbf{Z})$构成的系数序列向量组$\{\boldsymbol{h},\boldsymbol{g}\}$,能够按照尺度方程和小波方程的构造格式,将线性子空间分解成两个子空间的正交直和,前提条件是这个子空间存在由某个函数的整数平移函数系构成的规范正交基。将这种方法多次重复迭代应用于多分辨率分析理论中的尺度子空间序列和小波子空间序列,就能够得到相应的小波包子空间序列。这样得到的理论体系就是多分辨率分析小波包理论。

具体地说,如果与低通滤波器系数$\boldsymbol{h}=\{h_n;n \in \mathbf{Z}\}^{\mathrm{T}} \in l^2(\mathbf{Z})$及带通滤波器系数$\boldsymbol{g}=\{g_n;n \in \mathbf{Z}\}^{\mathrm{T}} \in l^2(\mathbf{Z})$进行线性组合的函数系是小波子空间$W_1$的规范正交基$\{\sqrt{2}\psi(2x-n);n \in \mathbf{Z}\}$,那么,按上述方式处理的结果应该正好是$W_1$的正交直和分解,通过这种方式的处理,可以将$W_1$对应的频带分割得更精细,提高信号处理的频率分辨率。用这种方法处理其他尺度上的小波子空间以及在这个过程产生的新的线性子空间,这就是多分辨率分析正交小波包的基本思想。

3.3.2 正交小波包

本节将定义正交小波包并研究正交小波包序列的性质。

1. 小波包定义及性质

在多分辨率分析中，将尺度函数和小波函数记为$\mu_0(x)=\varphi(x)$，$\mu_1(x)=\psi(x)$，它们诱导的低通滤波器系数序列是$\boldsymbol{h}=\{h_n;n\in\mathbf{Z}\}^{\mathrm{T}}\in l^2(\mathbf{Z})$，而带通滤波器系数序列是$\boldsymbol{g}=\{g_n;n\in\mathbf{Z}\}^{\mathrm{T}}\in l^2(\mathbf{Z})$。

小波包的定义：按照如下方式定义函数系$\{\mu_m(x);m=0,1,\cdots\}$，即

$$\mu_{2m}(x)=\sqrt{2}\sum_{n\in\mathbf{Z}}h_n\mu_m(2x-n),\quad \mu_{2m+1}(x)=\sqrt{2}\sum_{n\in\mathbf{Z}}g_n\mu_m(2x-n)$$

称这个函数系$\{\mu_m(x);m=0,1,\cdots\}$为小波包函数序列。

对任意非负整数m，$N_{2m+l}(\omega)$表示小波包函数$\mu_{2m+l}(x)$的傅里叶变换，有

$$N_{2m+l}(\omega)=(2\pi)^{-0.5}\int_{x\in\mathbf{R}}\mu_{2m+l}(x)\mathrm{e}^{-\mathrm{i}\omega x}\mathrm{d}x$$

定理 3.28（频域小波包）　在多分辨率分析理论体系中，对任意的非负整数m，$\mu_{2m+l}(x)$的傅里叶变换$N_{2m+l}(\omega)$可以写成

$$N_{2m+l}(\omega)=H_l(0.5\omega)N_m(0.5\omega),\quad l=0,1$$

其中

$$H_0(\omega)=2^{-0.5}\sum_{n\in\mathbf{Z}}h_n\mathrm{e}^{-\mathrm{i}\omega n},\quad H_1(\omega)=2^{-0.5}\sum_{n\in\mathbf{Z}}g_n\mathrm{e}^{-\mathrm{i}\omega n}$$

证明　利用小波包函数系$\{\mu_m(x);m=0,1,2,\cdots\}$的定义直接计算可得

$$N_0(\omega)=\Phi(\omega)=H_0(0.5\omega)N_0(0.5\omega),\quad N_1(\omega)=\Psi(\omega)=H_1(0.5\omega)N_0(0.5\omega)$$

其余的证明与此类似，留给读者补充完善并给出完整的证明。

多次重复迭代利用这个定理可以得到如下的定理。

定理 3.29（频域小波包通式）　在多分辨率分析体系中，对任意的非负整数m，其二进制表示为$m=\varepsilon_0\times2^0+\varepsilon_1\times2^1+\cdots$，其中$\varepsilon_l\in\{0,1\}$，$l\geqslant0$，那么

$$N_m(\omega)=\prod_{l=0}^{+\infty}H_{\varepsilon_l}(2^{-(l+1)}\omega)$$

证明　利用归一化条件$N_0(0)=\Phi(0)=1$，以及公式

$$N_0(\omega)=\Phi(\omega)=\prod_{l=0}^{+\infty}H_0(2^{-(l+1)}\omega)$$

$$N_1(\omega)=\Psi(\omega)=H_1(0.5\omega)\Phi(0.5\omega)=H_1(0.5\omega)\prod_{l=0}^{+\infty}H_0(2^{-(l+2)}\omega)$$

根据数学归纳法即可完成证明。

特别提醒：对任意的非负整数m，如果它的二进制表示为

$$m=\sum_{l=0}^{M}2^l\varepsilon_l=\varepsilon_M\times2^M+\varepsilon_{M-1}\times2^{M-1}+\cdots+\varepsilon_1\times2+\varepsilon_0=(\varepsilon_M\varepsilon_{M-1}\cdots\varepsilon_2\varepsilon_1\varepsilon_0)_2$$

其中，$\varepsilon_l\in\{0,1\}$，$l=0,1,\cdots,M$，且$\varepsilon_M\neq0$，那么

$$N_m(\omega)=\left[\prod_{l=0}^{M}H_{\varepsilon_l}(2^{-(l+1)}\omega)\right]N_0(2^{-(M+1)}\omega)=\left[\prod_{l=0}^{M}H_{\varepsilon_l}(2^{-(l+1)}\omega)\right]\Phi(2^{-(M+1)}\omega)$$

2. 小波包内平移正交性

仿照尺度函数和小波函数的整数平移函数系是规范正交系，可以得到小波包函数整数平移函数系的规范正交性，即如下的定理。

定理 3.30（小波包平移正交性） 在多分辨率分析理论体系中，对任意的非负整数 m，$\{\mu_m(x-n);n\in\mathbf{Z}\}$ 是规范正交函数系，即对任意整数 $(n,n')\in\mathbf{Z}^2$，有

$$\langle\mu_m(\cdot-n),\mu_m(\cdot-n')\rangle=\delta(n-n')=\begin{cases}1, & n=n'\\0, & n\neq n'\end{cases}$$

证明 利用数学归纳法进行证明。当 $m=0$ 和 $m=1$ 时，因为这时的小波包函数分别是尺度函数和小波函数，结果显然成立。假设当 $2^{\xi}\leqslant m<2^{\xi+1}$ 时，定理的结果成立，对于 $2^{\xi+1}\leqslant m<2^{\xi+2}$，下列演算成立：

$$\begin{aligned}&\langle\mu_m(\cdot-n),\mu_m(\cdot-n')\rangle\\&=\int_{\omega\in\mathbf{R}}|N_m(\omega)|^2\mathrm{e}^{-\mathrm{i}(n-n')\omega}\mathrm{d}\omega\\&=\sum_{k=-\infty}^{+\infty}\int_{4\pi k}^{4\pi(k+1)}|H_{\mathrm{mod}(m,2)}(0.5\omega)|^2|N_{[0.5m]}(0.5\omega)|^2\mathrm{e}^{-\mathrm{i}(n-n')\omega}\mathrm{d}\omega\\&=\frac{1}{2\pi}\int_0^{2\pi}[|H_{\mathrm{mod}(m,2)}(0.5\omega)|^2+|H_{\mathrm{mod}(m,2)}(0.5\omega+\pi)|^2]\mathrm{e}^{-\mathrm{i}(n-n')\omega}\mathrm{d}\omega\\&=\frac{1}{2\pi}\int_0^{2\pi}\mathrm{e}^{-\mathrm{i}(n-n')\omega}\mathrm{d}\omega=\delta(n-n')\end{aligned}$$

在上述推证过程中，利用了两个恒等式，即

$$|H_{\mathrm{mod}(m,2)}(0.5\omega)|^2+|H_{\mathrm{mod}(m,2)}(0.5\omega+\pi)|^2=1$$

和

$$2\pi\sum_{k=-\infty}^{+\infty}|N_{[0.5m]}(0.5\omega+2k\pi)|^2=1$$

前者是多分辨率分析中低通滤波器和带通滤波器的基本性质；在用数学归纳法进行证明的过程中，后者由归纳假设并结合整数平移规范正交函数系的频域刻画条件提供保证。按照数学归纳法原理，这个定理对全部非负整数成立。完成证明。

3. 小波包间相互正交性

仿照尺度函数整数平移函数系和小波函数整数平移函数系这两个函数系之间的正交关系，可以得到相邻两个小波包函数的整数平移函数系之间的正交性，即如下的定理。

定理 3.31（小波包间正交性） 在多分辨率分析体系中，对任意的非负整数 m，$\{\mu_{2m}(x-n);n\in\mathbf{Z}\}$ 和 $\{\mu_{2m+1}(x-n);n\in\mathbf{Z}\}$ 这两个整数平移函数系是相互正交的。即对任意整数 $(n,n')\in\mathbf{Z}^2$，$\langle\mu_{2m}(\cdot-n),\mu_{2m+1}(\cdot-n')\rangle=0$。

证明 可以演算得到如下公式：

$$\begin{aligned}\langle\mu_{2m}(\cdot-n),\mu_{2m+1}(\cdot-n')\rangle&=\int_{x\in\mathbf{R}}\mu_{2m}(x-n)\overline{\mu}_{2m+1}(x-n')\mathrm{d}x\\&=\int_{\omega\in\mathbf{R}}H_0(0.5\omega)\overline{H}_1(0.5\omega)|N_m(0.5\omega)|^2\mathrm{e}^{-\mathrm{i}(n-n')\omega}\mathrm{d}\omega\end{aligned}$$

利用分段积分和滤波器频率响应函数的周期性可得

$$
\begin{aligned}
&\langle \mu_{2m}(\cdot - n), \mu_{2m+1}(\cdot - n') \rangle \\
&= \sum_{k=-\infty}^{+\infty} \int_{4\pi k}^{4\pi(k+1)} H_0(0.5\omega)\overline{H}_1(0.5\omega) \mid N_m(0.5\omega) \mid^2 \mathrm{e}^{-\mathrm{i}(n-n')\omega} \mathrm{d}\omega \\
&= \frac{1}{2\pi}\int_0^{2\pi} [H_0(0.5\omega)\overline{H}_1(0.5\omega) + H_0(0.5\omega+\pi)\overline{H}_1(0.5\omega+\pi)] \mathrm{e}^{-\mathrm{i}(n-n')\omega} \mathrm{d}\omega \\
&= 0
\end{aligned}
$$

在上述推证过程中，利用了两个等式，即

$$H_0(0.5\omega)\overline{H}_1(0.5\omega) + H_0(0.5\omega+\pi)\overline{H}_1(0.5\omega+\pi) = 0$$

和

$$2\pi \sum_{k=-\infty}^{+\infty} \mid N_m(0.5\omega + 2k\pi) \mid^2 = 1$$

前者是多分辨率分析中低通滤波器和带通滤波器的基本性质。在数学归纳法演绎推理过程中，后者由归纳假设并结合整数平移规范正交函数系的频域条件提供保证。建议读者写出详细的完整证明过程。

4. 小波包函数子空间分解

假设 $j \in \mathbf{Z}, m = 0,1,2,\cdots$，引入函数子空间记号

$$U_j^m = \mathrm{Closespan}\{\mu_{m,j,n}(x) = 2^{j/2}\mu_m(2^j x - n); n \in \mathbf{Z}\}$$

称为尺度是 $s = 2^{-j}$ 的第 m 级小波包子空间。

定理 3.32（小波包空间分解）　在多分辨率分析理论体系中，对任意的非负整数 m，成立正交直和分解关系 $U_{j+1}^m = U_j^{2m} \oplus U_j^{2m+1}$。

证明　显然 $U_j^{2m} \perp U_j^{2m+1}$，然后证明，三个小波包子空间 U_{j+1}^m、U_j^{2m}、U_j^{2m+1} 分别有规范正交基 $\{\mu_{m,j+1,n}(x); n \in \mathbf{Z}\}$、$\{\mu_{2m,j,n'}(x); n' \in \mathbf{Z}\}$、$\{\mu_{2m+1,j,n'}(x); n' \in \mathbf{Z}\}$。

根据小波包函数系的定义和前述分析得到的结果可知，U_j^{2m} 和 U_j^{2m+1} 都是 U_{j+1}^m 的子空间，从而，$U_j^{2m} \oplus U_j^{2m+1} \subseteq U_{j+1}^m$，于是 $\{\mu_{2m,j,n'}(x), \mu_{2m+1,j,n'}(x); n' \in \mathbf{Z}\}$ 是小波包子空间 U_{j+1}^m 的规范正交函数系。最后，证明 $\{\mu_{2m,j,n'}(x), \mu_{2m+1,j,n'}(x); n' \in \mathbf{Z}\}$ 是小波包子空间 U_{j+1}^m 的完全规范正交函数系，即任给 $\xi(x) \in U_{j+1}^m$，如果满足

$$\langle \xi(\cdot), \mu_{2m,j,n}(\cdot) \rangle = \langle \xi(\cdot), \mu_{2m+1,j,n}(\cdot) \rangle = 0, \quad n \in \mathbf{Z}$$

那么必可得 $\xi(x) = 0$。如是即可得到 $U_{j+1}^m = U_j^{2m} \oplus U_j^{2m+1}$。

实际上，由 $\xi(x) \in U_{j+1}^m$ 可知，存在 $\{\xi_n; n \in \mathbf{Z}\}$ 且 $\sum_{n\in\mathbf{Z}} \mid \xi_n \mid^2 < +\infty$，满足

$$\xi(x) = \sum_{n\in\mathbf{Z}} \xi_n \mu_{m,j+1,n}(x) = 2^{(j+1)/2} \sum_{n\in\mathbf{Z}} \xi_n \mu_m(2^{j+1}x - n)$$

它的傅里叶变换可以写成

$$(\mathscr{F}\xi)(\omega) = 2^{-j/2}(2^{-0.5}\sum_{n\in\mathbf{Z}} \xi_n \mathrm{e}^{-\mathrm{i}\times 2^{-(j+1)}\omega n}) N_m(2^{-(j+1)}\omega) = K(2^{-(j+1)}\omega) 2^{-j/2} N_m(2^{-(j+1)}\omega)$$

其中，$K(\omega) = 2^{-0.5}\sum_{n\in\mathbf{Z}} \xi_n \mathrm{e}^{-\mathrm{i}\omega n}$ 是周期 2π 的平方可积或能量有限函数。

对于任意的整数 $n \in \mathbf{Z}$，容易推导获得如下等式：

$$0 = \langle \xi(\cdot), \mu_{2m,j,n}(\cdot) \rangle = \langle \xi(\cdot), 2^{j/2}\mu_{2m}(2^j \cdot - n) \rangle = \int_{x\in\mathbf{R}} \xi(x) 2^{j/2} \overline{\mu}_{2m}(2^j x - n) \mathrm{d}x$$

$$= \int_{\omega \in \mathbf{R}} [(\mathscr{F}\xi)(\omega)][2^{-j/2} N_{2m}(2^{-j}\omega) e^{-i \times 2^{-j}\omega \times n}]^* d\omega$$

$$= \int_{\omega \in \mathbf{R}} K(2^{-(j+1)}\omega) \times 2^{-j/2} N_m(2^{-(j+1)}\omega) [2^{-j/2} N_{2m}(2^{-j}\omega) e^{-i \times 2^{-j}\omega \times n}]^* d\omega$$

$$= \int_0^{4\pi} [K(0.5\omega)][H_0(0.5\omega)]^* \sum_{k=-\infty}^{+\infty} | N_m(0.5\omega + 2k\pi) |^2 e^{i\omega n} d\omega$$

$$= \frac{1}{2\pi} \int_0^{2\pi} \{[K(0.5\omega)][H_0(0.5\omega)]^* + [K(0.5\omega + \pi)][H_0(0.5\omega + \pi)]^*\} e^{i\omega n} d\omega$$

而且

$$0 = \langle \xi(\cdot), \mu_{2m+1,j,n}(\cdot) \rangle = \int_0^{4\pi} [K(0.5\omega)][H_1(0.5\omega)]^* \sum_{k=-\infty}^{+\infty} | N_m(0.5\omega + 2k\pi) |^2 e^{i\omega n} d\omega$$

$$= \frac{1}{2\pi} \int_0^{2\pi} \{[K(0.5\omega)][H_1(0.5\omega)]^* + [K(0.5\omega + \pi)][H_1(0.5\omega + \pi)]^*\} e^{i\omega n} d\omega$$

在这些推导过程中,因$\{\mu_{m,j+1,n}(x) = 2^{(j+1)/2}\mu_m(2^{j+1}x - n); n \in \mathbf{Z}\}$是规范正交系,从而如下恒等式成立:

$$2\pi \sum_{k=-\infty}^{+\infty} | N_m(0.5\omega + 2k\pi) |^2 = 1$$

此外,因$\{(2\pi)^{-0.5} e^{i\omega n}; n \in \mathbf{Z}\}$是$\mathcal{L}^2(0,2\pi)$的规范正交基,从而得到方程组

$$\begin{cases} [K(0.5\omega)][H_0(0.5\omega)]^* + [K(0.5\omega + \pi)][H_0(0.5\omega + \pi)]^* = 0 \\ [K(0.5\omega)][H_1(0.5\omega)]^* + [K(0.5\omega + \pi)][H_1(0.5\omega + \pi)]^* = 0 \end{cases}$$

或者改写为

$$(K(0.5\omega), K(0.5\omega + \pi)) \boldsymbol{M}^*(0.5\omega) = (0,0)$$

利用矩阵$\boldsymbol{M}(\omega)$的酉性得到$K(0.5\omega) = 0$,从而可得$\xi(x) = 0$。

这说明$\{\mu_{2m,j,n'}(x), \mu_{2m+1,j,n'}(x); n' \in \mathbf{Z}\}$是小波包子空间$U_{j+1}^m$的完全规范正交函数系,从而它是$U_{j+1}^m$的规范正交基。证明完成。

注释 这些讨论说明,小波包函数子空间U_{j+1}^m存在两个不同的整数平移规范正交函数基,即$\{\mu_{m,j+1,n}(x); n \in \mathbf{Z}\}$和$\{\mu_{2m,j,n'}(x), \mu_{2m+1,j,n'}(x); n' \in \mathbf{Z}\}$。

5. 小波包函数规范正交基

定理3.33(小波包函数规范正交基) 在多分辨率分析理论体系中,对任意的非负整数m,小波包函数子空间U_{j+1}^m的两个不同的整数平移规范正交函数基$\{\mu_{m,j+1,n}(x); n \in \mathbf{Z}\}$和$\{\mu_{2m,j,n'}(x), \mu_{2m+1,j,n'}(x); n' \in \mathbf{Z}\}$之间存在如下互表关系:

$$\mu_{2m,j,n'}(x) = \sum_{n \in \mathbf{Z}} h_{n-2n'} \mu_{m,j+1,n}(x), \quad \mu_{2m+1,j,n'}(x) = \sum_{n \in \mathbf{Z}} g_{n-2n'} \mu_{m,j+1,n}(x), \quad n' \in \mathbf{Z}$$

$$\mu_{m,j+1,n}(x) = \sum_{n' \in \mathbf{Z}} [\overline{h}_{n-2n'} \mu_{2m,j,n'}(x) + \overline{g}_{n-2n'} \mu_{2m+1,j,n'}(x)], \quad n \in \mathbf{Z}$$

或者特别地

$$\sqrt{2}\mu_m(2x - n) = \sum_{n' \in \mathbf{Z}} [\overline{h}_{n-2n'} \mu_{2m}(x - n') + \overline{g}_{n-2n'} \mu_{2m+1}(x - n')], \quad n \in \mathbf{Z}$$

当$m = 0$时,这个关系退化为尺度函数整数平移规范正交系与小波函数整数平移规范正交系之间的关系,即

$$\sqrt{2}\varphi(2x-n)=\sum_{n'\in\mathbf{Z}}[\overline{h}_{n-2n'}\varphi(x-n')+\overline{g}_{n-2n'}\psi(x-n')],\quad n\in\mathbf{Z}$$

证明　这是同一个空间中两个规范正交基之间的关系问题,在线性代数中就是规范正交基之间的过渡关系,这是一对互逆正交线性变换或者互逆酉算子。

在本定理中,小波包函数子空间 U_{j+1}^m 存在两个不同的整数平移规范正交函数基,即 $\{\mu_{m,j+1,n}(x);n\in\mathbf{Z}\}$ 和 $\{\mu_{2m,j,n'}(x),\mu_{2m+1,j,n'}(x);n'\in\mathbf{Z}\}$,定理的前半部分就是正交小波包的定义关系,只是把时间变量适当伸缩即可,体现了用 $\{\mu_{m,j+1,n}(x);n\in\mathbf{Z}\}$ 表示 $\{\mu_{2m,j,n'}(x),\mu_{2m+1,j,n'}(x);n'\in\mathbf{Z}\}$;定理后半部分是前半部分线性变换的逆,可以仿照定理 3.4 直接获得,也可以仿照 Mallat 分解公式中的系数直接写出,体现的是用 $\{\mu_{2m,j,n'}(x),\mu_{2m+1,j,n'}(x);n'\in\mathbf{Z}\}$ 表示规范正交基 $\{\mu_{m,j+1,n}(x);n\in\mathbf{Z}\}$。

具体地,证明后半部分。这里换一种与定理 3.4 不同的证明方法。

证明目标是将 $\{\mu_{m,j+1,n}(x);n\in\mathbf{Z}\}$ 写成 $\{\mu_{2m,j,n'}(x),\mu_{2m+1,j,n'}(x);n'\in\mathbf{Z}\}$ 的无穷级数。存在系数 $\alpha_{m,j,n,k}$、$\beta_{m,j,n,k}$,$(m,j,n,k)\in\mathbf{Z}\times\mathbf{Z}\times\mathbf{Z}\times\mathbf{Z}$,满足

$$\mu_{m,j+1,n}(x)=\sum_{k\in\mathbf{Z}}[\alpha_{m,j,n,k}\mu_{2m,j,k}(x)+\beta_{m,j,n,k}\mu_{2m+1,j,k}(x)]$$

用 $\overline{\mu}_{2m,j,l}(x)\mathrm{d}x$ 乘上述方程的两端并积分,方程右边演算如下:

$$\begin{aligned}&\int_{-\infty}^{+\infty}\sum_{k\in\mathbf{Z}}[\alpha_{m,j,n,k}\mu_{2m,j,k}(x)+\beta_{m,j,n,k}\mu_{2m+1,j,k}(x)]\overline{\mu}_{2m,j,l}(x)\mathrm{d}x\\&=\sum_{k\in\mathbf{Z}}\alpha_{m,j,n,k}\int_{-\infty}^{+\infty}\mu_{2m,j,k}(x)\overline{\mu}_{2m,j,l}(x)\mathrm{d}x+\sum_{k\in\mathbf{Z}}\beta_{m,j,n,k}\int_{-\infty}^{+\infty}\mu_{2m+1,j,k}(x)\overline{\mu}_{2m,j,l}(x)\mathrm{d}x\\&=\alpha_{m,j,n,l}\end{aligned}$$

方程左边演算如下:

$$\begin{aligned}\int_{-\infty}^{+\infty}\mu_{m,j+1,n}(x)\overline{\mu}_{2m,j,l}(x)\mathrm{d}x&=\int_{-\infty}^{+\infty}2^{(j+1)/2}\mu_m(2^{j+1}x-n)\cdot 2^{j/2}\overline{\mu}_{2m}(2^jx-l)\mathrm{d}x\\&=\int_{-\infty}^{+\infty}\sqrt{2}\mu_m(2x-n)\cdot\overline{\mu}_{2m}(x-l)\mathrm{d}x\\&=\left\{\int_{-\infty}^{+\infty}\mu_{2m}(x)\cdot\sqrt{2}\,\overline{\mu}_m[2x-(n-2l)]\mathrm{d}x\right\}^*=\overline{h}_{n-2l}\end{aligned}$$

这些演算的结果是 $\alpha_{m,j,n,l}=\overline{h}_{n-2l}$,显然这个系数与 m、j 没有关系。如果使用的乘积因子是 $\overline{\mu}_{2m+1,j,l}(x)\mathrm{d}x$,类似得到 $\beta_{m,j,n,l}=\overline{g}_{n-2l}$。完成证明。

3.3.3　小波包子空间

小波包函数系的基本理论本质上就是为相同的函数子空间不断产生由两个相互正交的整数平移规范正交系代替原来由一个函数整数平移得到的规范正交系的过程。本节将研究并巧妙表达函数子空间规范正交基被不断替代的过程,以及由此产生的函数子空间不断更新的正交直和分解。

1. 小波包正交基过渡矩阵

为了方便表达小波包函数子空间 U_{j+1}^m 的两个不同整数平移规范正交小波包函数基 $\{\mu_{m,j+1,n}(x);n\in\mathbf{Z}\}$ 和 $\{\mu_{2m,j,n'}(x),\mu_{2m+1,j,n'}(x);n'\in\mathbf{Z}\}$ 之间的过渡关系,并写出相应的过渡矩阵,回顾小波分解算法和合成算法分块矩阵表达方法研究中的符号,利用多分辨率

分析中低通和带通滤波器系数序列,其中两个 $\infty \times(\infty/2)$ 矩阵记为$\mathcal{H}=(\boldsymbol{h}^{(2k)};k\in\mathbf{Z})$,$\mathcal{G}=(\boldsymbol{g}^{(2k)};k\in\mathbf{Z})$,一个 $\infty\times\infty$ 的分块为1×2的矩阵记为$\mathcal{A}=(\mathcal{H}|\ \mathcal{G})$,根据多分辨率分析理论知,$\mathcal{A}$和$\mathcal{A}^*$都是酉矩阵。

利用这些无穷维矩阵或者离散算子记号,类似于线性代数理论中有限维线性空间规范正交基之间相互转换的过渡关系,可以将定理3.33的结果表示为由酉过渡矩阵表示的矩阵 - 向量形式的过渡关系。这就是如下的定理。

定理3.34(小波包规范正交基的过渡关系) 在多分辨率分析中,对任意的非负整数m,小波包函数子空间 U_{j+1}^m 的两个不同整数平移规范正交小波包函数基$\{\mu_{m,j+1,n}(x);n\in\mathbf{Z}\}$ 和$\{\mu_{2m,j,l}(x),\mu_{2m+1,j,l}(x);l\in\mathbf{Z}\}$ 之间存在如下互表关系:

$$(\mu_{2m,j,l}(x);l\in\mathbf{Z}\mid \mu_{2m+1,j,l}(x);l\in\mathbf{Z})=(\mu_{m,j+1,n}(x);n\in\mathbf{Z})\ \mathcal{A}$$

即从 U_{j+1}^m 的基$\{\mu_{m,j+1,n}(x);n\in\mathbf{Z}\}$ 过渡到基$\{\mu_{2m,j,l}(x),\mu_{2m+1,j,l}(x);l\in\mathbf{Z}\}$ 的过渡矩阵就是 $\infty\times\infty$ 的矩阵$\mathcal{A}$。

反过来

$$(\mu_{m,j+1,n}(x);n\in\mathbf{Z})=(\mu_{2m,j,l}(x);l\in\mathbf{Z}\mid \mu_{2m+1,j,l}(x);l\in\mathbf{Z})\ \mathcal{A}^*$$

即从 U_{j+1}^m 的基$\{\mu_{2m,j,l}(x),\mu_{2m+1,j,l}(x);l\in\mathbf{Z}\}$ 过渡到基$\{\mu_{m,j+1,n}(x);n\in\mathbf{Z}\}$ 的过渡矩阵就是 $\infty\times\infty$ 的矩阵$\mathcal{A}^{-1}=\mathcal{A}^*$.

注释 在该定理的方程中出现的与算子或矩阵$\mathcal{A}$及其复数共轭转置$\mathcal{A}^{-1}=\mathcal{A}^*$有关的乘法运算都理解为行向量 - 矩阵的乘积。

2. 尺度空间小波包分解

重复使用小波包子空间的正交直和分解关系 $U_{j+1}^m=U_j^{2m}\oplus U_j^{2m+1}$,可以产生得到尺度子空间序列的小波包子空间正交直和分解公式。

定理3.35(尺度空间小波包分解) 在多分辨率分析理论体系中,对任意的整数j,尺度子空间 V_{j+1} 具有如下小波包塔式正交直和分解:

$$\begin{aligned}V_{j+1}&=U_{j+1}^0(=V_j\oplus W_j)=U_j^0\oplus U_j^1=U_{j-1}^0\oplus U_{j-1}^1\oplus U_{j-1}^2\oplus U_{j-1}^3\\&=\cdots=U_{j-k}^0\oplus U_{j-k}^1\oplus\cdots\oplus U_{j-k}^{2^k}\oplus U_{j-k}^{2^k+1}\oplus\cdots\oplus U_{j-k}^{2^{k+1}-1}\end{aligned}$$

其中,$k=0,1,2,\cdots$。在公式最后的等式中,V_{j+1} 被分解为2^{k+1}个相互正交的小波包子空间的正交直和,在构造这些小波包子空间的整数平移规范正交函数基时,仅需利用第0级小波包(尺度函数),第1级小波包(小波函数),第2级小波包,……,第$(2^{k+1}-1)$级小波包。

另外,当$k=0,1,2,\cdots$,且$\varepsilon=0,1,2,\cdots,2^{k+1}-1$时,小波包子空间$U_{j-k}^{\varepsilon}$的规范正交基可以选择为$\{2^{(j-k)/2}\mu_{\varepsilon}(2^{j-k}x-n);n\in\mathbf{Z}\}$,此时

$$U_{j-k}^{\varepsilon}=\text{Closespan}\{2^{(j-k)/2}\mu_{\varepsilon}(2^{j-k}x-n);n\in\mathbf{Z}\}$$

证明 对于$k=0,1,2,\cdots$,当$\varepsilon=0,1,2,\cdots,2^{k+1}-1$时,$U_{j+1}^m=U_j^{2m}\oplus U_j^{2m+1}$不断一分为二地产生更小的但是尺度倍增的小波包子空间,在这个完全的分解过程中,随着尺度倍增,小波包子空间的个数也因此实现倍增。当尺度最终达到最大值$s=2^{-(j-k)}$时,小波包子空间共有2^{k+1}个。

另外,在$U_{j+1}^0=U_{j-k}^0\oplus U_{j-k}^1\oplus\cdots\oplus U_{j-k}^{2^{k+1}-1}$中,对于任意的$0\leqslant u<v\leqslant 2^{k+1}-1$,当

$u+1=v$ 时，如果 u 是偶数 $u=2m$，那么，$v=2m+1$，且利用正交直和分解公式 $U_{j-k+1}^{m}=U_{j-k}^{2m}\oplus U_{j-k}^{2m+1}$ 可知 $U_{j-k}^{2m}\perp U_{j-k}^{2m+1}$；如果 v 是偶数 $v=2m$，那么，因为 $u=2(m-1)+1$，所以由 $U_{j-k+1}^{m-1}=U_{j-k}^{2(m-1)}\oplus U_{j-k}^{2(m-1)+1}$ 和 $U_{j-k+1}^{m}=U_{j-k}^{2m}\oplus U_{j-k}^{2m+1}$ 并结合归纳假设得 $U_{j-k+1}^{m-1}\perp U_{j-k+1}^{m}$。由于 $(U_{j-k}^{2(m-1)}\oplus U_{j-k}^{2(m-1)+1})\perp(U_{j-k}^{2m}\oplus U_{j-k}^{2m+1})$，从而可以得到正交关系 $(U_{j-k}^{u}=U_{j-k}^{2(m-1)+1})\perp(U_{j-k}^{v}=U_{j-k}^{2m})$。当 $v-u>1$ 时，仿照前述讨论分析方法，U_{j-k}^{u}、U_{j-k}^{v} 分别包含在尺度级别 $s=2^{-(j-k+1)}$ 上两个不同且相互正交的小波包空间中，由归纳法假设仍可得 $U_{j-k}^{u}\perp U_{j-k}^{v}$。

这些讨论表明，子空间序列 $U_{j-k}^{0},U_{j-k}^{1},\cdots,U_{j-k}^{2^{k+1}-1}$ 是相互正交的。

3. 小波空间小波包分解

重复使用小波包子空间的正交直和分解关系 $U_{j+1}^{m}=U_{j}^{2m}\oplus U_{j}^{2m+1}$，可以产生得到小波子空间序列的小波包子空间正交直和分解公式。

定理 3.36（小波空间小波包分解）　在多分辨率分析理论体系中，对任意的整数 j，小波子空间 W_j 具有如下小波包塔式正交直和分解：

$$\begin{aligned}W_j=U_j^1&=U_{j-1}^2\oplus U_{j-1}^3=U_{j-2}^4\oplus U_{j-2}^5\oplus U_{j-2}^6\oplus U_{j-2}^7\\&=\cdots=U_{j-k}^{2^k}\oplus U_{j-k}^{2^k+1}\oplus\cdots\oplus U_{j-k}^{2^{k+1}-1}\end{aligned}$$

其中，$k=0,1,2,\cdots$。在最后的等式中，W_j 被分解为 2^k 个相互正交的小波包子空间的正交直和，在构造这些小波包子空间的整数平移规范正交函数基时，只需利用第 2^k 级小波包，第 (2^k+1) 级小波包，……，第 $(2^{k+1}-1)$ 级小波包。

另外，当 $k=0,1,2,\cdots$，且 $\varepsilon=0,1,2,\cdots,2^k-1$ 时，由小波包函数 $\mu_{2^k+\varepsilon}(x)$ 整数平移产生的规范正交函数系 $\{2^{(j-k)/2}\mu_{2^k+\varepsilon}(2^{j-k}x-n);n\in\mathbf{Z}\}$ 构成小波包子空间 $U_{j-k}^{2^k+\varepsilon}$ 的规范正交基，而且

$$U_{j-k}^{2^k+\varepsilon}=\text{Closespan}\{2^{(j-k)/2}\mu_{2^k+\varepsilon}(2^{j-k}x-n);n\in\mathbf{Z}\}$$

证明　根据在正交小波包直和分解关系 $U_{j+1}^{m}=U_{j}^{2m}\oplus U_{j}^{2m+1}$ 中 $j\in\mathbf{Z}$ 和非负整数 m 的任意性，重复利用这个正交直和公式，并仿照定理 3.35 的证明即可完成这里的证明。

4. 小波包子空间的正交分解

在尺度空间 V_{j+1} 的正交小波包子空间分解关系中，尺度从 $s=2^{-(j+1)}$ 逐次倍增直到 $s=2^{-(j-k)}$，在此过程中某个尺度级别上的全部小波包子空间未必每个都需要被分解为两个更小子空间的正交直和，这样，在尺度级别 $s=2^{-(j-k)}$ 上的小波包子空间个数就会比 2^{k+1} 少。

定理 3.37（小波包子空间的关系）　在多分辨率分析理论体系中，对任意的整数 j，在尺度子空间 V_{j+1} 的如下正交小波包塔式直和分解关系中：

$$\begin{aligned}V_{j+1}=U_{j+1}^0&=U_j^0\oplus U_j^1=U_{j-1}^0\oplus U_{j-1}^1\oplus U_{j-1}^2\oplus U_{j-1}^3\\&=\cdots=U_{j-k}^0\oplus U_{j-k}^1\oplus\cdots\oplus U_{j-k}^{2^k}\oplus U_{j-k}^{2^k+1}\oplus\cdots\oplus U_{j-k}^{2^{k+1}-1}\end{aligned}$$

对于非负整数 $0\leqslant u<v\leqslant k$，任意选定 $U_{j-u}^{m_0}\in\{U_{j-u}^{m},m=0,1,2,\cdots,2^{u+1}-1\}$，其中 $0\leqslant m_0\leqslant 2^{u+1}-1$，同时，任意选定 $U_{j-v}^{n_0}\in\{U_{j-v}^{n},n=0,1,2,\cdots,2^{v+1}-1\}$，其中 $0\leqslant n_0\leqslant 2^{v+1}-1$，则当 $n_0\notin\{2^{v-u}m_0,2^{v-u}m_0+1,\cdots,2^{v-u}m_0+(2^{v-u}-1)\}$ 时，小波包子空间 $U_{j-u}^{m_0}$ 与 $U_{j-v}^{n_0}$ 正交，当 $n_0\in\{2^{v-u}m_0,2^{v-u}m_0+1,\cdots,2^{v-u}m_0+(2^{v-u}-1)\}$ 时，$U_{j-v}^{n_0}\subseteq U_{j-u}^{m_0}$，即

$U_{j-v}^{n_0}$ 是 $U_{j-u}^{m_0}$ 的子空间。

证明 将小波包子空间的尺度级别从 $s=2^{-(j-u)}$ 逐步倍增至 $s=2^{-(j-v)}$，从而得到 $U_{j-u}^{m_0}$ 的如下小波包正交直和分解关系：

$$U_{j-u}^{m_0}=U_{j-v}^{2^{v-u}m_0}\oplus U_{j-v}^{2^{v-u}m_0+1}\oplus\cdots\oplus U_{j-v}^{2^{v-u}m_0+(2^{v-u}-1)}$$

所以，当 $n_0\in\{2^{v-u}m_0,2^{v-u}m_0+1,\cdots,2^{v-u}m_0+(2^{v-u}-1)\}$ 时，$U_{j-v}^{n_0}$ 出现在 $U_{j-u}^{m_0}$ 的上述小波包子空间正交直和分解关系中，故 $U_{j-v}^{n_0}\subseteq U_{j-u}^{m_0}$；此外，在小波包子空间尺度级别从 $s=2^{-(j-u)}$ 逐步倍增至 $s=2^{-(j-v)}$ 的过程中，将尺度级别为 $s=2^{-(j-u)}$ 的全部 $2^{(u+1)}$ 个小波包子空间中的每一个都分解为 $2^{(v-u)}$ 个尺度级别为 $s=2^{-(j-v)}$ 的更小的小波包子空间，即进行完全小波包子空间正交直和分解，最终得到尺度级别为 $s=2^{-(j-v)}$ 的全部共 $2^{(u+1)}\times 2^{(v-u)}=2^{(v+1)}$ 个小波包子空间，它们必将遍历对应尺度级别 $s=2^{-(j-v)}$ 的全部第 $0,1,\cdots,2^{v+1}-1$ 级的各级小波包函数，由此可得

$$\bigcup_{m=0}^{2^{u+1}-1}\{2^{v-u}m,2^{v-u}m+1,\cdots,2^{v-u}m+(2^{v-u}-1)\}=\{0,1,2,\cdots,2^{v+1}-1\}$$

所以，如果 $n_0\notin\{2^{v-u}m_0,2^{v-u}m_0+1,\cdots,2^{v-u}m_0+(2^{v-u}-1)\}$，那么，必存在非负整数 $\tilde{m}_0$，满足 $0\leqslant\tilde{m}_0\leqslant 2^{u+1}-1$，$n_0\in\{2^{v-u}\tilde{m}_0,2^{v-u}\tilde{m}_0+1,\cdots,2^{v-u}\tilde{m}_0+(2^{v-u}-1)\}$，此时，$U_{j-v}^{n_0}\subseteq U_{j-u}^{\tilde{m}_0}$。因为 $U_{j-u}^{\tilde{m}_0}\perp U_{j-u}^{m_0}$，所以 $U_{j-v}^{n_0}\perp U_{j-u}^{m_0}$。

定理3.38（小波包空间关系判定准则） 在多分辨率分析理论体系中，对任意的整数 j，在尺度子空间 V_{j+1} 的如下正交小波包塔式直和分解关系中：

$$\begin{aligned}V_{j+1}&=U_{j+1}^0=U_j^0\oplus U_j^1=U_{j-1}^0\oplus U_{j-1}^1\oplus U_{j-1}^2\oplus U_{j-1}^3\\&=\cdots=U_{j-k}^0\oplus U_{j-k}^1\oplus\cdots\oplus U_{j-k}^{2^k}\oplus U_{j-k}^{2^k+1}\oplus\cdots\oplus U_{j-k}^{2^{k+1}-1}\end{aligned}$$

对非负整数 $u<v$，称 $\{U_{j-v}^{2^{v-u}m_0},U_{j-v}^{2^{v-u}m_0+1},\cdots,U_{j-v}^{2^{v-u}m_0+(2^{v-u}-1)}\}$ 是尺度级别 $s=2^{-(j-u)}$ 上的小波包子空间 $U_{j-u}^{m_0}$ 在尺度级别 $s=2^{-(j-v)}$ 上的小波包子空间覆盖。那么，在尺度级别 $s=2^{-(j-v)}$ 上，任取 $U_{j-v}^{n_0}\in\{U_{j-v}^n;n=0,1,2,\cdots,2^{v+1}-1\}$，如果 $U_{j-v}^{n_0}$ 在 $U_{j-u}^{m_0}$ 的小波包子空间覆盖范围内，则 $U_{j-v}^{n_0}\subseteq U_{j-u}^{m_0}$；否则，$U_{j-v}^{n_0}\perp U_{j-u}^{m_0}$。

证明 利用分解等式 $U_{j-u}^{m_0}=U_{j-v}^{2^{v-u}m_0}\oplus U_{j-v}^{2^{v-u}m_0+1}\oplus\cdots\oplus U_{j-v}^{2^{v-u}m_0+(2^{v-u}-1)}$，将尺度级别 $s=2^{-(j-v)}$ 上的全体小波包子空间 $\{U_{j-v}^n;n=0,1,2,\cdots,2^{v+1}-1\}$ 分类如下：

① 包含类，$\{U_{j-v}^{2^{v-u}m_0},U_{j-v}^{2^{v-u}m_0+1},\cdots,U_{j-v}^{2^{v-u}m_0+(2^{v-u}-1)}\}$。

② 正交类，$\{U_{j-v}^k;k=0,1,\cdots,2^{v-u}m_0-1,2^{v-u}(m_0+1),\cdots,2^{v+1}-1\}$。

在包含类中的小波包空间都是 $U_{j-u}^{m_0}$ 的子空间；在正交类中的小波包空间都是与 $U_{j-u}^{m_0}$ 正交的小波包空间。建议读者补充证明的细节并完成证明。

注释 上述证明方法主要利用在同一尺度级别上的小波包子空间之间相互正交的性质。利用小波包子空间序列的这个特殊性质，引入如下小波包子空间记号表达小波包子空间的正交直和分解公式：

$$\mathscr{U}_{j+1}^m=\mathscr{U}_{j-k}^{2^{k+1}m}\oplus\mathscr{U}_{j-k}^{2^{k+1}m+1}\oplus\cdots\oplus\mathscr{U}_{j-k}^{2^{k+1}m+2^{k+1}-1}$$

$$\mathscr{U}_{j+1}^m=\text{Closespan}\{2^{(j+1)/2}\mu_m(2^{j+1}x-n);n\in\mathbf{Z}\}$$

$$\mathscr{U}_{j-k}^{2^{k+1}m+\varepsilon}=\text{Closespan}\{2^{(j-k)/2}\mu_{2^{k+1}m+\varepsilon}(2^{j-k}x-n);n\in\mathbf{Z}\},\quad\varepsilon=0,1,\cdots,2^{k+1}-1$$

可以得到类似定理3.37和定理3.38的结果。建议读者完成这个刻画和证明。

5. 尺度空间和小波空间的小波包规范正交基

定理3.39（尺度空间和小波空间的小波包规范正交基）　在多分辨率分析理论体系中，对任意的整数 j 和非负整数 k，小波包整数平移函数系

$$\bigcup_{\varepsilon=0}^{2^{k+1}-1}\{2^{(j-k)/2}\mu_{\varepsilon}(2^{j-k}x-n);n\in\mathbf{Z}\}$$

是尺度子空间 $V_{j+1}=\mathscr{U}_{j+1}^{0}$ 的规范正交基，此外，小波包整数平移函数系

$$\bigcup_{\varepsilon=0}^{2^{k}-1}\{2^{(j-k)/2}\mu_{2^k+\varepsilon}(2^{j-k}x-n);n\in\mathbf{Z}\}$$

是小波子空间 $W_j=\mathscr{U}_j^1$ 的规范正交基。

证明　根据 $V_{j+1}=\mathscr{U}_{j+1}^{0}$ 和 $W_j=\mathscr{U}_j^1$ 的正交小波包子空间正交直和分解关系，利用数学归纳法可以直接验证，建议读者完成这个证明。

6. 小波包子空间的小波包规范正交基

定理3.40（小波包子空间的小波包规范正交基）　在多分辨率分析理论体系中，对任意整数 j，非负整数 k 和小波包级别 m，小波包整数平移函数系

$$\bigcup_{\varepsilon=0}^{2^{k+1}-1}\{2^{(j-k)/2}\mu_{2^{k+1}m+\varepsilon}(2^{j-k}x-n);n\in\mathbf{Z}\}$$

是小波包子空间 $\mathscr{U}_{j+1}^{m}$ 的规范正交基，小波包子空间正交直和分解关系是

$$\mathscr{U}_{j+1}^{m}=\mathscr{U}_{j-k}^{2^{k+1}m}\oplus\mathscr{U}_{j-k}^{2^{k+1}m+1}\oplus\cdots\oplus\mathscr{U}_{j-k}^{2^{k+1}m+2^{k+1}-1}$$

而且，当 $\varepsilon=0,1,2,\cdots,2^{k+1}-1$ 时，有

$$\mathscr{U}_{j-k}^{2^{k+1}m+\varepsilon}=\mathrm{Closespan}\{2^{(j-k)/2}\mu_{2^{k+1}m+\varepsilon}(2^{j-k}x-n);n\in\mathbf{Z}\}$$

证明　参考定理3.39的证明方法，建议读者自行完成这个证明。

7. 尺度空间的不完全小波包分解

定理3.41（尺度空间的不完全小波包分解）　在多分辨率分析理论体系中，对任意整数 j，非负整数 k，在尺度子空间 V_{j+1} 的正交小波包塔式直和分解关系中 $V_{j+1}=\mathscr{U}_{j+1}^{0}=\mathscr{U}_{j-k}^{0}\oplus\mathscr{U}_{j-k}^{1}\oplus\cdots\oplus\mathscr{U}_{j-k}^{2^{k+1}-1}$，对于任意的非负整数 $u<v$，任意选定 $\mathscr{U}_{j-u}^{m_0}\in\{\mathscr{U}_{j-u}^{m},m=0,1,2,\cdots,2^{u+1}-1\}$，其中 $0\leqslant m_0\leqslant 2^{u+1}-1$，那么，$V_{j+1}$ 具有如下不完全小波包分解关系：

$$\begin{aligned}V_{j+1}&=\mathscr{U}_{j+1}^{0}=\mathscr{U}_{j-v}^{0}\oplus\mathscr{U}_{j-v}^{1}\oplus\cdots\oplus\mathscr{U}_{j-v}^{2^{v+1}-1}=\mathscr{U}_{j-v}^{0}\oplus\mathscr{U}_{j-v}^{1}\oplus\cdots\oplus\mathscr{U}_{j-v}^{2^{v-u}m_0-1}\oplus\\&\quad\mathscr{U}_{j-u}^{m_0}\oplus\mathscr{U}_{j-v}^{2^{v-u}(m_0+1)}\oplus\mathscr{U}_{j-v}^{2^{v-u}(m_0+1)+1}\oplus\cdots\oplus\mathscr{U}_{j-v}^{2^{v+1}-1}\end{aligned}$$

证明　利用 V_{j+1} 的完全小波包子空间正交直和分解，将小波包子空间重新分组组合可得

$$\begin{aligned}V_{j+1}&=\mathscr{U}_{j+1}^{0}\\&=\mathscr{U}_{j-v}^{0}\oplus\mathscr{U}_{j-v}^{1}\oplus\cdots\oplus\mathscr{U}_{j-v}^{2^{v-u}m_0-1}\oplus\\&\quad(\mathscr{U}_{j-v}^{2^{v-u}m_0}\oplus\mathscr{U}_{j-v}^{2^{v-u}m_0+1}\oplus\cdots\oplus\mathscr{U}_{j-v}^{2^{v-u}m_0+(2^{v-u}-1)})\oplus\\&\quad\mathscr{U}_{j-v}^{2^{v-u}(m_0+1)}\oplus\mathscr{U}_{j-v}^{2^{v-u}(m_0+1)+1}\oplus\cdots\oplus\mathscr{U}_{j-v}^{2^{v+1}-1}\\&=\mathscr{U}_{j-v}^{0}\oplus\mathscr{U}_{j-v}^{1}\oplus\cdots\oplus\mathscr{U}_{j-v}^{2^{v-u}m_0-1}\oplus\mathscr{U}_{j-u}^{m_0}\oplus\\&\quad\mathscr{U}_{j-v}^{2^{v-u}(m_0+1)}\oplus\mathscr{U}_{j-v}^{2^{v-u}(m_0+1)+1}\oplus\cdots\oplus\mathscr{U}_{j-v}^{2^{v+1}-1}\end{aligned}$$

即当尺度 $s=2^{-(j-v)}$ 时，合并部分小波包子空间得到小波包子空间 $U_{j-u}^{m_0}$ 的正交直和分解

$\mathscr{U}_{j-u}^{m_0}=\mathscr{U}_{j-v}^{2^{v-u}m_0}\oplus\mathscr{U}_{j-v}^{2^{v-u}m_0+1}\oplus\cdots\oplus\mathscr{U}_{j-v}^{2^{v-u}m_0+(2^{v-u}-1)}$。完成证明。

8. 尺度空间混合尺度小波包基

定理 3.42(尺度空间混合尺度小波包基) 在多分辨率分析体系中,对任意整数j,非负整数k,如果$V_{j+1}=\mathscr{U}_{j+1}^0=\mathscr{U}_{j-k}^0\oplus\mathscr{U}_{j-k}^1\oplus\cdots\oplus\mathscr{U}_{j-k}^{2^{k+1}-1}$,任给非负整数$u<v$,而且$m_0$满足$0\leqslant m_0\leqslant 2^{u+1}-1$,那么,$V_{j+1}=\mathscr{U}_{j+1}^0$有如下的规范正交基:

$$\left[\bigcup_{\varepsilon=0}^{2^{v-u}m_0-1}\{2^{(j-v)/2}\mu_\varepsilon(2^{j-v}x-n);n\in\mathbf{Z}\}\right]\cup\{2^{(j-u)/2}\mu_{m_0}(2^{j-u}x-n');n'\in\mathbf{Z}\}\cup$$
$$\left[\bigcup_{\varepsilon=2^{v-u}(m_0+1)}^{2^{v+1}-1}\{2^{(j-v)/2}\mu_\varepsilon(2^{j-v}x-n);n\in\mathbf{Z}\}\right]$$

证明 根据定理 3.41,在尺度空间不完全小波包正交直和分解关系中,出现的各个小波包子空间都存在小波包函数整数平移规范正交基,它们是相互正交的函数系,将它们合并在一起即得到需要证明的结果。完成证明。

9. 小波包子空间的开放小波包基

按照前述方法可以构造尺度空间V_{j+1}的涉及更多个不同尺度级别的小波包子空间分解形式对应的规范正交基,并构造获得小波子空间W_{j+1}及任意小波包子空间$\mathscr{U}_{j+1}^m$的无穷无尽的小波包函数整数平移系产生的单一尺度及混合尺度的小波包函数规范正交基。

3.3.4 函数的小波包级数

函数空间和各种小波包子空间的正交直和分解,以及这些小波包子空间存在的整数平移规范正交基,能够为函数提供优美、简洁的正交函数项级数表达式,而且,这些表达式之间还存在结构异常简单的相互转换的酉变换关系。本节将研究这些依赖关系。

1. 函数小波包正交投影

定理 3.43(函数的小波包正交投影) 在多分辨率分析体系中,任意的函数$f(x)\in\mathcal{L}^2(\mathbf{R})$在$V_{j+1}=\mathscr{U}_{j+1}^0,V_{j-k}=\mathscr{U}_{j-k}^0,W_{j-k}=\mathscr{U}_{j-k}^1,\mathscr{U}_{j-k}^2,\cdots,\mathscr{U}_{j-k}^{2^{k+1}-1}$上的正交投影分别记为$f_{j+1}^{(0)}(x),f_{j-k}^{(0)}(x),f_{j-k}^{(1)}(x),f_{j-k}^{(2)}(x),\cdots,f_{j-k}^{(2^{k+1}-1)}(x)$,那么

$$f_{j+1}^{(0)}(x)=f_{j-k}^{(0)}(x)+f_{j-k}^{(1)}(x)+f_{j-k}^{(2)}(x)+\cdots+f_{j-k}^{(2^{k+1}-1)}(x)$$

而且函数系$\{f_{j-k}^{(0)}(x),f_{j-k}^{(1)}(x),f_{j-k}^{(2)}(x),\cdots,f_{j-k}^{(2^{k+1}-1)}(x)\}$是正交系,此外这个函数系正好是$f_{j+1}^{(0)}(x)$在子空间列$\mathscr{U}_{j-k}^0,\mathscr{U}_{j-k}^1,\mathscr{U}_{j-k}^2,\cdots,\mathscr{U}_{j-k}^{2^{k+1}-1}$上的正交投影,其中$k=0,1,2,\cdots$。

证明 建议读者完成这个证明。

提示:至少存在两种不同的证明思路,其一是利用尺度子空间列的完全的小波包子空间正交直和分解公式;其二是利用尺度子空间列的小波包函数平移规范正交基,将函数写成它在尺度子空间上正交投影的小波包函数正交级数形式。

定理 3.44(小波包正交投影勾股定理) 在多分辨率分析体系中,任意函数$f(x)\in\mathcal{L}^2(\mathbf{R})$在$V_{j+1}=\mathscr{U}_{j+1}^0,V_{j-k}=\mathscr{U}_{j-k}^0,W_{j-k}=\mathscr{U}_{j-k}^1,\mathscr{U}_{j-k}^2,\cdots,\mathscr{U}_{j-k}^{2^{k+1}-1}$上的正交投影分别记为$f_{j+1}^{(0)}(x),f_{j-k}^{(0)}(x),f_{j-k}^{(1)}(x),f_{j-k}^{(2)}(x),\cdots,f_{j-k}^{(2^{k+1}-1)}(x)$,那么,对于整数$j\in\mathbf{Z}$和非负整数$k=0,1,2,\cdots$,如下的勾股定理成立:

$$f_{j+1}^{(0)}(x)=\sum_{\varepsilon=0}^{2^{k+1}-1}f_{j-k}^{(\varepsilon)}(x),\quad \|f_{j+1}^{(0)}\|_{\mathcal{L}^2(\mathbf{R})}^2=\sum_{\varepsilon=0}^{2^{k+1}-1}\|f_{j-k}^{(\varepsilon)}\|_{\mathcal{L}^2(\mathbf{R})}^2$$

其中，$\varepsilon = 0,1,2,\cdots,2^{k+1}-1$，且

$$\|f_{j+1}^{(0)}\|_{\mathcal{L}^2(\mathbf{R})}^2 = \int_{x\in\mathbf{R}} |f_{j+1}^{(0)}(x)|^2 \mathrm{d}x, \quad \|f_{j-k}^{(\varepsilon)}\|_{\mathcal{L}^2(\mathbf{R})}^2 = \int_{x\in\mathbf{R}} |f_{j-k}^{(\varepsilon)}(x)|^2 \mathrm{d}x$$

证明　这个定理所述就是尺度子空间的小波包子空间正交直和分解中正交性的直接表达。直接演算即可得到详细的证明，对于任意的整数 $m \in \mathbf{Z}$，有

$$\begin{aligned}\|f_{j+1}^{(m)}\|_{\mathcal{L}^2(\mathbf{R})}^2 &= \int_{x\in\mathbf{R}} [f_j^{(2m)}(x) + f_j^{(2m+1)}(x)][f_j^{(2m)}(x) + f_j^{(2m+1)}(x)]^* \mathrm{d}x \\ &= \int_{x\in\mathbf{R}} |f_j^{(2m)}(x)|^2 \mathrm{d}x + \int_{x\in\mathbf{R}} |f_j^{(2m+1)}(x)|^2 \mathrm{d}x + \\ &\quad \int_{x\in\mathbf{R}} [f_j^{(2m)}(x)][f_j^{(2m+1)}(x)]^* \mathrm{d}x + \int_{x\in\mathbf{R}} [f_j^{(2m+1)}(x)][f_j^{(2m)}(x)]^* \mathrm{d}x \\ &= \|f_j^{(2m)}\|_{\mathcal{L}^2(\mathbf{R})}^2 + \|f_j^{(2m+1)}\|_{\mathcal{L}^2(\mathbf{R})}^2\end{aligned}$$

其中，利用了正交性，即

$$\langle f_j^{(2m)}, f_j^{(2m+1)} \rangle_{\mathcal{L}^2(\mathbf{R})} = \langle f_j^{(2m+1)}, f_j^{(2m)} \rangle_{\mathcal{L}^2(\mathbf{R})} = 0$$

利用这个步骤的示范，第一种方法是模仿这个计算方法直接计算范数平方从而证明这个定理；第二种方法是多次重复迭代使用刚才的示范结果，递推获得定理的完整证明。建议读者完成这些证明的细节。

2. 正交小波包函数项级数

定理 3.45（正交小波包级数）　在多分辨率分析体系中，任意函数 $f(x)$ 在小波包子空间序列 $V_{j+1} = \mathscr{U}_{j+1}^0, V_{j-k} = \mathscr{U}_{j-k}^0, W_{j-k} = \mathscr{U}_{j-k}^1, \mathscr{U}_{j-k}^2, \cdots, \mathscr{U}_{j-k}^{2^{k+1}-1}$ 上的正交投影分别表示为 $f_{j+1}^{(0)}(x), f_{j-k}^{(0)}(x), f_{j-k}^{(1)}(x), f_{j-k}^{(2)}(x), \cdots, f_{j-k}^{(2^{k+1}-1)}(x)$，那么，必存在 $(2^{k+1}+1)$ 个平方可和无穷序列 $\{d_{j-k,n'}^{(\varepsilon)}; n' \in \mathbf{Z}\}, \varepsilon = 0,1,\cdots,2^{k+1}-1$ 和 $\{d_{j+1,n}^{(0)}; n \in \mathbf{Z}\}$，满足

$$f_{j+1}^{(0)}(x) = \sum_{n\in\mathbf{Z}} d_{j+1,n}^{(0)} \mu_{0,j+1,n}(x)$$

$$f_{j-k}^{(\varepsilon)}(x) = \sum_{n'\in\mathbf{Z}} d_{j-k,n'}^{(\varepsilon)} \mu_{\varepsilon,j-k,n'}(x), \quad \varepsilon = 0,1,\cdots,2^{k+1}-1$$

$$\sum_{n\in\mathbf{Z}} d_{j+1,n}^{(0)} \mu_{0,j+1,n}(x) = \sum_{\varepsilon=0}^{2^{k+1}-1} \sum_{n'\in\mathbf{Z}} d_{j-k,n'}^{(\varepsilon)} \mu_{\varepsilon,j-k,n'}(x)$$

其中，当 $\varepsilon = 0,1,\cdots,2^{k+1}-1$ 时，有

$$d_{j+1,n}^{(0)} = \int_{x\in\mathbf{R}} f_{j+1}^{(0)}(x) \bar{\mu}_{0,j+1,n}(x) \mathrm{d}x = \int_{x\in\mathbf{R}} f(x) \bar{\mu}_{0,j+1,n}(x) \mathrm{d}x$$

$$d_{j-k,n'}^{(\varepsilon)} = \int_{x\in\mathbf{R}} f_{j-k}^{(\varepsilon)}(x) \bar{\mu}_{\varepsilon,j-k,n'}(x) \mathrm{d}x = \int_{x\in\mathbf{R}} f(x) \bar{\mu}_{\varepsilon,j-k,n'}(x) \mathrm{d}x$$

其中，k 是任意的非负整数。

证明　因为尺度子空间 V_{j+1} 具有如下小波包正交直和分解：

$$V_{j+1} = \mathscr{U}_{j+1}^0 = \mathscr{U}_{j-k}^0 \oplus \mathscr{U}_{j-k}^1 \oplus \mathscr{U}_{j-k}^2 \oplus \cdots \oplus \mathscr{U}_{j-k}^{2^{k+1}-1}$$

而且，函数系 $\{2^{(j-k)/2}\mu_\varepsilon(2^{j-k}x - n); n \in \mathbf{Z}\}$ 是小波包子空间 $\mathscr{U}_{j-k}^\varepsilon$ 的规范正交基，同时，对于 $\varepsilon = 0,1,\cdots,2^{k+1}-1$，有

$$\mathscr{U}_{j-k}^\varepsilon = \mathrm{Closespan}\{2^{(j-k)/2}\mu_\varepsilon(2^{j-k}x - n); n \in \mathbf{Z}\}$$

故该定理可证。证明的细节建议读者补充完整。

定理 3.46(小波包级数的正交性)　在多分辨率分析体系中,任意函数 $f(x)$ 在小波包子空间序列 $V_{j+1}=\mathscr{U}_{j+1}^{0},V_{j-k}=\mathscr{U}_{j-k}^{0},W_{j-k}=\mathscr{U}_{j-k}^{1},\mathscr{U}_{j-k}^{2},\cdots,\mathscr{U}_{j-k}^{2^{k+1}-1}$ 上的正交投影记为 $f_{j+1}^{(0)}(x),f_{j-k}^{(0)}(x),f_{j-k}^{(1)}(x),f_{j-k}^{(2)}(x),\cdots,f_{j-k}^{2^{k+1}-1}(x)$,存在 $(2^{k+1}+1)$ 个平方可和无穷序列 $\{d_{j-k,n'}^{(\varepsilon)};n'\in\mathbf{Z}\},\varepsilon=0,1,\cdots,2^{k+1}-1$ 和 $\{d_{j+1,n}^{(0)};n\in\mathbf{Z}\}$,满足

$$f_{j+1}^{(0)}(x)=\sum_{n\in\mathbf{Z}}d_{j+1,n}^{(0)}\mu_{0,j+1,n}(x)$$

$$f_{j-k}^{(\varepsilon)}(x)=\sum_{n'\in\mathbf{Z}}d_{j-k,n'}^{(\varepsilon)}\mu_{\varepsilon,j-k,n'}(x),\quad \varepsilon=0,1,\cdots,2^{k+1}-1$$

$$\sum_{n\in\mathbf{Z}}d_{j+1,n}^{(0)}\mu_{0,j+1,n}(x)=\sum_{\varepsilon=0}^{2^{k+1}-1}\sum_{n'\in\mathbf{Z}}d_{j-k,n'}^{(\varepsilon)}\mu_{\varepsilon,j-k,n'}(x)$$

其中,对于 $\varepsilon=0,1,\cdots,2^{k+1}-1$,有

$$d_{j+1,n}^{(0)}=\int_{x\in\mathbf{R}}f_{j+1}^{(0)}(x)\overline{\mu}_{0,j+1,n}(x)\,\mathrm{d}x=\int_{x\in\mathbf{R}}f(x)\overline{\mu}_{0,j+1,n}(x)\,\mathrm{d}x$$

$$d_{j-k,n'}^{(\varepsilon)}=\int_{x\in\mathbf{R}}f_{j-k}^{(\varepsilon)}(x)\overline{\mu}_{\varepsilon,j-k,n'}(x)\,\mathrm{d}x=\int_{x\in\mathbf{R}}f(x)\overline{\mu}_{\varepsilon,j-k,n'}(x)\,\mathrm{d}x$$

其中,k 是任意的非负整数。那么,如下恒等式成立:

$$\sum_{n\in\mathbf{Z}}|d_{j+1,n}^{(0)}|^{2}=\sum_{\varepsilon=0}^{2^{k+1}-1}\sum_{n'\in\mathbf{Z}}|d_{j-k,n'}^{(\varepsilon)}|^{2}$$

证明　在空间分解 $V_{j+1}=\mathscr{U}_{j+1}^{0}=\mathscr{U}_{j-k}^{0}\oplus\mathscr{U}_{j-k}^{1}\oplus\mathscr{U}_{j-k}^{2}\oplus\cdots\oplus\mathscr{U}_{j-k}^{2^{k+1}-1}$ 关系下得到它的小波包函数整数平移规范正交基为

$$\{2^{(j-k)/2}\mu_{\varepsilon}(2^{j-k}x-n');\varepsilon=0,1,2,\cdots,2^{k+1}-1,n'\in\mathbf{Z}\}$$

同时,它还有尺度函数整数平移规范正交基,表示为

$$\{\varphi_{j+1,n}(x)=2^{(j+1)/2}\varphi(2^{j+1}x-n)=\mu_{0,j+1,n}(x);n\in\mathbf{Z}\}$$

该定理所述事实上就是同一个函数在线性空间的正交直和分解上的正交投影,以及这些正交投影在这两个规范正交基下的函数项级数表达式的范数平方计算公式。详细过程留给读者完成。

3. 小波包金字塔函数分解

定理 3.47(小波包金字塔函数分解)　在多分辨率分析体系中,任意函数 $f(x)$ 在子空间序列 $V_{j+1}=\mathscr{U}_{j+1}^{0},\mathscr{U}_{j-k}^{0},\mathscr{U}_{j-k}^{1},\mathscr{U}_{j-k}^{2},\cdots,\mathscr{U}_{j-k}^{2^{k+1}-1}$ 上的正交投影分别表示为 $f_{j+1}^{(0)}(x)$, $f_{j-k}^{(0)}(x),f_{j-k}^{(1)}(x),f_{j-k}^{(2)}(x),\cdots,f_{j-k}^{2^{k+1}-1}(x)$,此时如果 $(2^{k+1}+1)$ 个平方可和无穷序列 $\{d_{j-k,n'}^{(\varepsilon)};n'\in\mathbf{Z}\},\varepsilon=0,1,\cdots,2^{k+1}-1$ 和 $\{d_{j+1,n}^{(0)};n\in\mathbf{Z}\}$ 满足

$$f_{j+1}^{(0)}(x)=\sum_{n\in\mathbf{Z}}d_{j+1,n}^{(0)}\mu_{0,j+1,n}(x)$$

$$f_{j-k}^{(\varepsilon)}(x)=\sum_{n'\in\mathbf{Z}}d_{j-k,n'}^{(\varepsilon)}\mu_{\varepsilon,j-k,n'}(x),\quad \varepsilon=0,1,\cdots,2^{k+1}-1$$

$$\sum_{n\in\mathbf{Z}}d_{j+1,n}^{(0)}\mu_{0,j+1,n}(x)=\sum_{\varepsilon=0}^{2^{k+1}-1}\sum_{n'\in\mathbf{Z}}d_{j-k,n'}^{(\varepsilon)}\mu_{\varepsilon,j-k,n'}(x)$$

那么,利用平方可和无穷序列 $\{d_{j+1,n}^{(0)};n\in\mathbf{Z}\}$,可以按照如下方式迭代分解计算方法:

$$d_{J,n'}^{(2\varepsilon')}=\sum_{n\in\mathbf{Z}}\overline{h}_{n-2n'}d_{J+1,n}^{(\varepsilon')},\quad d_{J,n'}^{(2\varepsilon'+1)}=\sum_{n\in\mathbf{Z}}\overline{g}_{n-2n'}d_{J+1,n}^{(\varepsilon')},\quad n'\in\mathbf{Z}$$

其中,$J=j,j-1,\cdots,j-k,\varepsilon'=0,1,\cdots,2^{k}-1$,得到 2^{k+1} 个平方可和无穷序列 $\{d_{j-k,n'}^{(\varepsilon)};$

$n' \in \mathbf{Z}\}, \varepsilon = 0,1,\cdots,2^{k+1}-1$。

注释　$\{d_{j-k,n'}^{(\varepsilon)}; n' \in \mathbf{Z}\}, \varepsilon = 0,1,\cdots,2^{k+1}-1$ 和 $\{d_{j+1,n}^{(0)}; n \in \mathbf{Z}\}$ 之间的这组依赖关系称为小波包金字塔链式分解算法。

证明　在小波包子空间的正交直和分解关系 $\mathscr{U}_{J+1}^{m} = \mathscr{U}_{J}^{2m} \oplus \mathscr{U}_{J}^{2m+1}$ 中，小波包子空间 $\mathscr{U}_{J+1}^{m}$ 具有 $\{\mu_{m,J+1,n}(x); n \in \mathbf{Z}\}$ 和 $\{\mu_{2m,J,n'}(x), \mu_{2m+1,J,n'}(x); n' \in \mathbf{Z}\}$ 两个规范正交基，于是仿照小波分解公式的证明方法得到

$$d_{J,n'}^{(2\varepsilon')} = \sum_{n \in \mathbf{Z}} \overline{h}_{n-2n'} d_{J+1,n}^{(\varepsilon')}, \quad d_{J,n'}^{(2\varepsilon'+1)} = \sum_{n \in \mathbf{Z}} \overline{g}_{n-2n'} d_{J+1,n}^{(\varepsilon')}, \quad n' \in \mathbf{Z}$$

重复使用这个结果，并取 $J=j,j-1,\cdots,j-k, \varepsilon'=0,1,\cdots,2^{k}-1$，得到 2^{k+1} 个平方可和无穷序列 $\{d_{j-k,n'}^{(\varepsilon)}; n' \in \mathbf{Z}\}, \varepsilon = 0,1,\cdots,2^{k+1}-1$。证明完成。

4. 小波包金字塔函数合成

定理 3.48（小波包金字塔函数合成）　在多分辨率分析体系中，任意函数 $f(x)$ 在小波包子空间序列 $V_{j+1} = \mathscr{U}_{j+1}^{0}, \mathscr{U}_{j-k}^{0}, \mathscr{U}_{j-k}^{1}, \mathscr{U}_{j-k}^{2}, \cdots, \mathscr{U}_{j-k}^{2^{k+1}-1}$ 上的正交投影分别表示为 $f_{j+1}^{(0)}(x), f_{j-k}^{(0)}(x), f_{j-k}^{(1)}(x), f_{j-k}^{(2)}(x), \cdots, f_{j-k}^{2^{k+1}-1}(x)$，存在 $(2^{k+1}+1)$ 个平方可和序列 $\{d_{j-k,n'}^{(\varepsilon)}; n' \in \mathbf{Z}\}, \varepsilon = 0,1,\cdots,2^{k+1}-1$ 和 $\{d_{j+1,n}^{(0)}; n \in \mathbf{Z}\}$，满足

$$f_{j+1}^{(0)}(x) = \sum_{n \in \mathbf{Z}} d_{j+1,n}^{(0)} \mu_{0,j+1,n}(x), \quad f_{j-k}^{(\varepsilon)}(x) = \sum_{n' \in \mathbf{Z}} d_{j-k,n'}^{(\varepsilon)} \mu_{\varepsilon,j-k,n'}(x)$$

$$\sum_{n \in \mathbf{Z}} d_{j+1,n}^{(0)} \mu_{0,j+1,n}(x) = \sum_{\varepsilon=0}^{2^{k+1}-1} \sum_{n' \in \mathbf{Z}} d_{j-k,n'}^{(\varepsilon)} \mu_{\varepsilon,j-k,n'}(x)$$

那么，从 2^{k+1} 个平方可和无穷序列 $\{d_{j-k,n'}^{(\varepsilon)}; n' \in \mathbf{Z}\}, \varepsilon = 0,1,\cdots,2^{k+1}-1$ 出发，利用如下的迭代合成计算方法：

$$d_{J+1,n}^{(\widetilde{m})} = \sum_{k \in \mathbf{Z}} (h_{n-2k} d_{J,k}^{(2\widetilde{m})} + g_{n-2k} d_{J,k}^{(2\widetilde{m}+1)}), \quad n \in \mathbf{Z}$$

其中，$\widetilde{m} = 0,1,\cdots,2^{k}-1, J = j-k, j-k+1,\cdots,j$，能够得到 $\{d_{j+1,n}^{(0)}; n \in \mathbf{Z}\}$。

注释　$\{d_{j+1,n}^{(0)}; n \in \mathbf{Z}\}$ 和 $\{d_{j-k,n'}^{(\varepsilon)}; n' \in \mathbf{Z}\}, \varepsilon = 0,1,\cdots,2^{k+1}-1$ 之间的这组依赖关系称为小波包金字塔链式合成算法。

证明　在多分辨率分析理论体系中，对任意整数 $J \in \mathbf{Z}$，使用如下关系：

$$\mu_{2m,J,n'}(x) = \sum_{n \in \mathbf{Z}} h_{n-2n'} \mu_{m,J+1,n}(x), \quad \mu_{2m+1,J,n'}(x) = \sum_{n \in \mathbf{Z}} g_{n-2n'} \mu_{m,J+1,n}(x), \quad n' \in \mathbf{Z}$$

产生两个函数系，即

$$\{\mu_{2m,J,n'}(x) = 2^{J/2} \mu_{2m}(2^{J}x - n'); n' \in \mathbf{Z}\}$$

和

$$\{\mu_{2m+1,J,n'}(x) = 2^{J/2} \mu_{2m+1}(2^{J}x - n'); n' \in \mathbf{Z}\}$$

它们是函数空间 $\mathcal{L}^{2}(\mathbf{R})$ 中相互正交的整数平移规范正交函数系，而且，它们分别构成小波包空间 $\mathscr{U}_{J}^{2m}$ 和 $\mathscr{U}_{J}^{2m+1}$ 的规范正交基，两者共同组成 $\mathscr{U}_{J+1}^{m} = \mathscr{U}_{J}^{2m} \oplus \mathscr{U}_{J}^{2m+1}$ 的规范正交基，而且，对于任意的整数 $J \in \mathbf{Z}$，如下关系成立：

$$\mu_{m,J+1,n}(x) = \sum_{n' \in \mathbf{Z}} [\overline{h}_{n-2n'} \mu_{2m,J,n'}(x) + \overline{g}_{n-2n'} \mu_{2m+1,J,n'}(x)], \quad n \in \mathbf{Z}$$

由此可得

$$d_{J+1,n}^{(\tilde{m})}=\sum_{n'\in\mathbf{Z}}(h_{n-2n'}d_{J,n'}^{(2\tilde{m})}+g_{n-2n'}d_{J,n'}^{(2\tilde{m}+1)}),\quad n\in\mathbf{Z}$$

其中,$\tilde{m}=0,1,\cdots,2^k-1,J=j-k,j-k+1,\cdots,j$,经过多次重复最终得到平方可和无穷序列$\{d_{j+1,n}^{(0)};n\in\mathbf{Z}\}$。证明完成。

5. 小波包平移基过渡关系

回顾矩阵(离散算子)记号$\mathcal{H}$、$\mathcal{G}$,它们的复数共轭转置矩阵$\mathcal{H}^*$、$\mathcal{G}^*$,以及一个$\infty\times\infty$的分块为1×2的矩阵$\mathcal{A}$和它的逆$\mathcal{A}^{-1}=\mathcal{A}^*$。利用这些矩阵和分块矩阵记号可以得到如下的关于小波包函数平移规范正交基之间关系的定理。

定理 3.49(小波包平移基的酉关系) 在多分辨率分析理论体系中,对整数$j\in\mathbf{Z}$,正交的平移规范正交函数系$\{\mu_{2m,j,n'}(x);n'\in\mathbf{Z}\}$和$\{\mu_{2m+1,j,n'}(x);n'\in\mathbf{Z}\}$共同组成$\mathscr{U}_{j+1}^m$的规范正交基,而$\{\mu_{m,j+1,n}(x);n\in\mathbf{Z}\}$是空间$\mathscr{U}_{j+1}^m$的另一个规范正交基。那么,小波包空间$\mathscr{U}_{j+1}^m$的这两个规范正交基之间存在如下互逆过渡关系:

$$(\mu_{2m,j,n'}(x);n'\in\mathbf{Z}\mid\mu_{2m+1,j,n'}(x);n'\in\mathbf{Z})=(\mu_{m,j+1,n}(x);n\in\mathbf{Z})\mathcal{A}$$

即从$\mathscr{U}_{j+1}^m$的规范正交基$\{\mu_{m,j+1,n}(x);n\in\mathbf{Z}\}$过渡到基$\{\mu_{2m,j,n'}(x);n'\in\mathbf{Z}\}$和$\{\mu_{2m+1,j,n'}(x);n'\in\mathbf{Z}\}$的过渡矩阵就是$\infty\times\infty$的矩阵$\mathcal{A}$。

反过来

$$(\mu_{m,j+1,n}(x);n\in\mathbf{Z})=(\mu_{2m,j,n'}(x);n'\in\mathbf{Z}\mid\mu_{2m+1,j,n'}(x);n'\in\mathbf{Z})\mathcal{A}^{-1}$$

即从$\mathscr{U}_{j+1}^m$的正交基$\{\mu_{2m,j,n'}(x),\mu_{2m+1,j,n'}(x);n'\in\mathbf{Z}\}$过渡到基$\{\mu_{m,j+1,n}(x);n\in\mathbf{Z}\}$的过渡矩阵就是$\infty\times\infty$的矩阵$\mathcal{A}^{-1}=\mathcal{A}^*$。

证明留给读者独立完成。

6. 函数小波包坐标变换

定理 3.50(小波包坐标变换) 在正交小波包理论体系中,小波包子空间存在正交直和分解关系$\mathscr{U}_{j+1}^m=\mathscr{U}_j^{2m}\oplus\mathscr{U}_j^{2m+1}$,对任意函数$f(x)\in\mathcal{L}^2(\mathbf{R})$,如果$f(x)$在$\mathscr{U}_{j+1}^m$、$\mathscr{U}_j^{2m}$、$\mathscr{U}_j^{2m+1}$上的正交投影分别为$f_{j+1}^{(m)}(x)$、$f_j^{(2m)}(x)$、$f_j^{(2m+1)}(x)$,那么

$$f_{j+1}^{(m)}(x)=\sum_{n\in\mathbf{Z}}d_{j+1,n}^{(m)}\mu_{m,j+1,n}(x)$$

$$f_j^{(2m)}(x)=\sum_{n'\in\mathbf{Z}}d_{j,n'}^{(2m)}\mu_{2m,j,n'}(x),\quad f_j^{(2m+1)}(x)=\sum_{n'\in\mathbf{Z}}d_{j,n'}^{(2m+1)}\mu_{2m+1,j,n'}(x)$$

而且

$$f_{j+1}^{(m)}(x)=f_j^{(2m)}(x)+f_j^{(2m+1)}(x)$$

或者等价地

$$\sum_{n\in\mathbf{Z}}d_{j+1,n}^{(m)}\mu_{m,j+1,n}(x)=\sum_{n'\in\mathbf{Z}}d_{j,n'}^{(2m)}\mu_{2m,j,n'}(x)+\sum_{n'\in\mathbf{Z}}d_{j,n'}^{(2m+1)}\mu_{2m+1,j,n'}(x)$$

同时$\mathscr{D}_{j+1}^{(m)}=\{d_{j+1,n}^{(m)};n\in\mathbf{Z}\}^{\mathrm{T}}$是$f_{j+1}^{(m)}(x)$在$\mathscr{U}_{j+1}^m$的规范正交基$\{\mu_{m,j+1,n}(x);n\in\mathbf{Z}\}$下的坐标,而$\mathscr{D}_j^{(2m)}=\{d_{j,n'}^{(2m)};n'\in\mathbf{Z}\}^{\mathrm{T}}$和$\mathscr{D}_j^{(2m+1)}=\{d_{j,n'}^{(2m+1)};n'\in\mathbf{Z}\}^{\mathrm{T}}$是$f_{j+1}^{(m)}(x)$在$\mathscr{U}_{j+1}^m$的另一个规范正交基$\{\mu_{2m,j,n'}(x);n'\in\mathbf{Z}\}\cup\{\mu_{2m+1,j,n'}(x);n'\in\mathbf{Z}\}$下的坐标。

此外,在$\mathscr{U}_{j+1}^m$的前述两个规范正交基之下,$f_{j+1}^{(m)}(x)$的坐标向量之间满足如下两个坐标变换关系:

$$\left(\frac{\mathscr{D}_j^{(2m)}}{\mathscr{D}_j^{(2m+1)}}\right)=\mathcal{A}^{-1}\mathscr{D}_{j+1}^{(m)}=\mathcal{A}^*\mathscr{D}_{j+1}^{(m)}=\left(\frac{\mathcal{H}^*}{\mathcal{G}^*}\right)\mathscr{D}_{j+1}^{(m)}$$

$$\mathscr{D}_{j+1}^{(m)} = \mathcal{A}\begin{pmatrix} \mathscr{D}_j^{(2m)} \\ \mathscr{D}_j^{(2m+1)} \end{pmatrix} = (\mathcal{H} \mid \mathcal{G})\begin{pmatrix} \mathscr{D}_j^{(2m)} \\ \mathscr{D}_j^{(2m+1)} \end{pmatrix} = \mathcal{H}\mathscr{D}_j^{(2m)} + \mathcal{G}\mathscr{D}_j^{(2m+1)}$$

其中,$\infty \times \infty$ 矩阵$\mathcal{A}$是酉矩阵,即$\mathcal{A}^{-1} = \mathcal{A}^*$。这组关系前者称为函数的小波包分解算法,后者称为函数的小波包合成算法。

证明　回顾前述相关研究内容和符号的含义自行完成证明。

7. 小波包函数坐标勾股定理

定理 3.50 表明,函数小波包坐标之间存在酉变换关系,因此,分解算法和合成算法中出现的两个分量之间必然是正交的,这样小波包变换的正交性最终体现为勾股定理形式,这就是如下的定理。

定理 3.51(小波包函数坐标勾股定理)　在正交小波包理论体系中,小波包空间存在正交直和分解 $\mathscr{U}_{j+1}^m = \mathscr{U}_j^{2m} \oplus \mathscr{U}_j^{2m+1}$,对任意函数$f(x) \in \mathcal{L}^2(\mathbf{R})$,将$f(x)$ 在 $\mathscr{U}_{j+1}^m$、$\mathscr{U}_j^{2m}$、$\mathscr{U}_j^{2m+1}$ 上的正交投影分别记为$f_{j+1}^{(m)}(x)$、$f_j^{(2m)}(x)$、$f_j^{(2m+1)}(x)$,它们满足合成关系$f_{j+1}^{(m)}(x) = f_j^{(2m)}(x) + f_j^{(2m+1)}(x)$,或者表示为正交函数项级数合成关系

$$\sum_{n \in \mathbf{Z}} d_{j+1,n}^{(m)} \mu_{m,j+1,n}(x) = \sum_{n' \in \mathbf{Z}} d_{j,n'}^{(2m)} \mu_{2m,j,n'}(x) + \sum_{n' \in \mathbf{Z}} d_{j,n'}^{(2m+1)} \mu_{2m+1,j,n'}(x)$$

那么,如下三个无穷序列列向量:

$$\mathscr{D}_{j+1}^{(m)} = \{d_{j+1,n}^{(m)}; n \in \mathbf{Z}\}^{\mathrm{T}},\quad \mathscr{D}_j^{(2m)} = \{d_{j,n'}^{(2m)}; n' \in \mathbf{Z}\}^{\mathrm{T}},\quad \mathscr{D}_j^{(2m+1)} = \{d_{j,n'}^{(2m+1)}; n' \in \mathbf{Z}\}^{\mathrm{T}}$$

之间满足如下小波包合成关系:

$$\mathscr{D}_{j+1}^{(m)} = \mathcal{A}\begin{pmatrix} \mathscr{D}_j^{(2m)} \\ \mathscr{D}_j^{(2m+1)} \end{pmatrix} = (\mathcal{H} \mid \mathcal{G})\begin{pmatrix} \mathscr{D}_j^{(2m)} \\ \mathscr{D}_j^{(2m+1)} \end{pmatrix} = \mathcal{H}\mathscr{D}_j^{(2m)} + \mathcal{G}\mathscr{D}_j^{(2m+1)}$$

而且,在序列空间 $l^2(\mathbf{Z})$ 中,上式右端的两个向量是相互正交的,即

$$\langle \mathcal{H}\mathscr{D}_j^{(2m)}, \mathcal{G}\mathscr{D}_j^{(2m+1)} \rangle_{l^2(\mathbf{Z})} = 0$$

同时,在序列空间 $l^2(\mathbf{Z})$ 中,这三个向量满足如下勾股定理恒等式:

$$\| \mathscr{D}_{j+1}^{(m)} \|_{l^2(\mathbf{Z})}^2 = \| \mathcal{H}\mathscr{D}_j^{(2m)} \|_{l^2(\mathbf{Z})}^2 + \| \mathcal{G}\mathscr{D}_j^{(2m+1)} \|_{l^2(\mathbf{Z})}^2$$

其中,根据无穷维序列向量空间 $l^2(\mathbf{Z})$ 中"欧氏范数(距离)"的定义,三个向量$\mathscr{D}_{j+1}^{(m)}$、$\mathcal{H}\mathscr{D}_j^{(2m)}$、$\mathcal{G}\mathscr{D}_j^{(2m+1)}$的欧氏长度平方可以表示为

$$\| \mathscr{D}_{j+1}^{(m)} \|_{l^2(\mathbf{Z})}^2 = \sum_{n \in \mathbf{Z}} | d_{j+1,n}^{(m)} |^2$$

$$\| \mathcal{H}\mathscr{D}_j^{(2m)} \|_{l^2(\mathbf{Z})}^2 = \sum_{n' \in \mathbf{Z}} | d_{j,n'}^{(2m)} |^2$$

$$\| \mathcal{G}\mathscr{D}_j^{(2m+1)} \|_{l^2(\mathbf{Z})}^2 = \sum_{n' \in \mathbf{Z}} | d_{j,n'}^{(2m+1)} |^2$$

证明　这里只需要证明两个向量$\mathcal{H}\mathscr{D}_j^{(2m)}$,$\mathcal{G}\mathscr{D}_j^{(2m+1)}$的正交性,实际上

$$\langle \mathcal{H}\mathscr{D}_j^{(2m)}, \mathcal{G}\mathscr{D}_j^{(2m+1)} \rangle_{l^2(\mathbf{Z})} = [\mathcal{G}\mathscr{D}_j^{(2m+1)}]^* [\mathcal{H}\mathscr{D}_j^{(2m)}] = [\mathscr{D}_j^{(2m+1)}]^* [\mathcal{G}^* \mathcal{H}][\mathscr{D}_j^{(2m)}] = 0$$

其中,$[\mathcal{G}\mathscr{D}_j^{(2m+1)}]^*$ 表示列向量$[\mathcal{G}\mathscr{D}_j^{(2m+1)}]$ 的复数共轭转置;$\mathcal{G}^* \mathcal{H} = \mathcal{O}_{(0.5\infty)\times(0.5\infty)}$ 是零矩阵。由这个正交性出发演算勾股定理恒等式的计算留给读者完成。

3.3.5　小波包基金字塔理论

本节在多分辨率分析小波包理论的基础上研究小波包基的金字塔理论。

1. 矩阵或离散算子符号

回顾两个 $\infty\times(0.5\infty)$ 的矩阵记号$\mathcal{H}=(\boldsymbol{h}^{(2n')};n'\in\mathbf{Z})$，$\mathcal{G}=(\boldsymbol{g}^{(2n')};n'\in\mathbf{Z})$，以及一个 $\infty\times\infty$ 的分块为1×2的矩阵$\mathcal{A}=(\mathcal{H}|\ \mathcal{G})$。遵循与这些记号和矩阵构造相同的规则，引入如下序列矩阵和分块矩阵记号。

首先，回顾正交小波包函数系的定义及正交性理论，利用多分辨率分析理论中的低通滤波器系数序列和带通滤波器系数序列，对于任意非负整数 l，引入两个$(2^{-l}\infty)\times(2^{-(l+1)}\infty)$ 矩阵$\mathcal{H}_0^{(l)}$，$\mathcal{H}_1^{(l)}$，它们分别与$\mathcal{H}$、$\mathcal{G}$的构造方法相同。比如当整数$l=0$时，$\mathcal{H}_0^{(0)}=\mathcal{H}$，$\mathcal{H}_1^{(0)}=\mathcal{G}$；当整数$l=1$时，$\mathcal{H}_0^{(l)}=\mathcal{H}_0^{(1)}$，$\mathcal{H}_1^{(l)}=\mathcal{H}_1^{(1)}$都是$(2^{-1}\infty)\times(2^{-2}\infty)$矩阵。再利用这些矩阵记号定义矩阵$\mathcal{A}_{(l)}=(\mathcal{H}_0^{(l)}|\ \mathcal{H}_1^{(l)})$，这是分块形式的矩阵，是一个$(2^{-l}\infty)\times(2^{-l}\infty)$矩阵。比如当$l=0$时，有

$$\mathcal{A}_{(l)}=(\mathcal{H}_0^{(l)}|\ \mathcal{H}_1^{(l)})=\mathcal{A}_{(0)}=(\mathcal{H}_0^{(0)}|\ \mathcal{H}_1^{(0)})=(\mathcal{H}|\ \mathcal{G})$$

它的复数共轭转置矩阵是

$$\mathcal{A}_{(l)}^*=\mathcal{A}_{(0)}^*=\left(\frac{[\mathcal{H}_0^{(0)}]^*}{[\mathcal{H}_1^{(0)}]^*}\right)=\mathcal{A}^*=\left(\frac{\mathcal{H}^*}{\mathcal{G}^*}\right)$$

这样，$(2^{-l}\infty)\times(2^{-l}\infty)$ 矩阵$\mathcal{A}_{(l)}=(\mathcal{H}_0^{(l)}|\ \mathcal{H}_1^{(l)})$是酉矩阵。这个酉性是由多分辨率分析中小波构造矩阵的酉性决定的。

其次，特别提醒注意，仔细观察引入的这些矩阵的行数和列数的变化规则，虽然都是无穷行和无穷列，但是，这里特别仔细地示意性地进行了区分。

2. 小波包基过渡关系

对于任意的整数$j\in\mathbf{Z}$，小波包函数关系

$$\mu_{2m,j,n'}(x)=\sum_{n\in\mathbf{Z}}h_{n-2n'}\mu_{m,j+1,n}(x),\quad \mu_{2m+1,j,n'}(x)=\sum_{n\in\mathbf{Z}}g_{n-2n'}\mu_{m,j+1,n}(x),\quad n'\in\mathbf{Z}$$

给出了两个规范正交函数系

$$\{\mu_{m,j+1,n}(x);n\in\mathbf{Z}\}$$

和

$$\{\mu_{2m,j,n'}(x);n'\in\mathbf{Z}\}\cup\{\mu_{2m+1,j,n'}(x);n'\in\mathbf{Z}\}$$

之间的等价关系，即它们将张成相同的函数子空间 $\mathscr{U}_{j+1}^m$。回顾子空间的记号

$$\begin{aligned}\mathscr{U}_{j+1}^m&=\mathrm{Closespan}\{\mu_{m,j+1,n}(x)=2^{(j+1)/2}\mu_m(2^{j+1}x-n);n\in\mathbf{Z}\}\\&=\mathrm{Closespan}\{\mu_{2m,j,n'}(x),\mu_{2m+1,j,n'}(x);n'\in\mathbf{Z}\}\\\mathscr{U}_j^{2m}&=\mathrm{Closespan}\{\mu_{2m,j,n'}(x)=2^{j/2}\mu_{2m}(2^jx-n');n'\in\mathbf{Z}\}\\\mathscr{U}_j^{2m+1}&=\mathrm{Closespan}\{\mu_{2m+1,j,n'}(x)=2^{j/2}\mu_{2m+1}(2^jx-n');n'\in\mathbf{Z}\}\end{aligned}$$

上述规范正交函数系的等价性暗示小波包子空间的正交直和分解关系，即

$$\mathscr{U}_{j+1}^m=\mathscr{U}_j^{2m}\oplus\mathscr{U}_j^{2m+1}$$

小波包子空间 $\mathscr{U}_{j+1}^m$ 存在两个相互等价的规范正交基：

$$\{\mu_{m,j+1,n}(x);n\in\mathbf{Z}\}\Leftrightarrow\{\mu_{2m,j,n'}(x),\mu_{2m+1,j,n'}(x);n'\in\mathbf{Z}\}$$

小波包子空间 $\mathscr{U}_{j+1}^m$ 的这两个规范正交基的等价关系可以用行向量－矩阵的分块乘积形式表示为

$$(\mu_{2m,j,n'}(x);n'\in\mathbf{Z}\mid\mu_{2m+1,j,n'}(x);n'\in\mathbf{Z})=(\mu_{m,j+1,n}(x);n\in\mathbf{Z})\mathcal{A}$$
$$=(\mu_{m,j+1,n}(x);n\in\mathbf{Z})(\mathcal{H}\mid\mathcal{G})$$

或者等价地用酉的逆算子表示为

$$(\mu_{m,j+1,n}(x);n\in\mathbf{Z})=(\mu_{2m,j,n'}(x);n'\in\mathbf{Z}\mid\mu_{2m+1,j,n'}(x);n'\in\mathbf{Z})\mathcal{A}^*$$
$$=(\mu_{2m,j,n'}(x);n'\in\mathbf{Z}\mid\mu_{2m+1,j,n'}(x);n'\in\mathbf{Z})\left(\frac{\mathcal{H}^*}{\mathcal{G}^*}\right)$$
$$=(\mu_{2m,j,n'}(x);n'\in\mathbf{Z})\mathcal{H}^*+(\mu_{2m+1,j,n'}(x);n'\in\mathbf{Z})\mathcal{G}^*$$

假定$f(x)$在$\mathcal{L}^2(\mathbf{R})$的小波包子空间序列$\mathcal{U}_{j+1}^m$、$\mathcal{U}_j^{2m}$、$\mathcal{U}_j^{2m+1}$上的正交投影分别是$f_{j+1}^{(m)}(x)$、$f_j^{(2m)}(x)$、$f_j^{(2m+1)}(x)$，此时，$f_{j+1}^{(m)}(x)=f_j^{(2m)}(x)+f_j^{(2m+1)}(x)$，而且$f_j^{(2m)}(x)$、$f_j^{(2m+1)}(x)$相互正交，具有小波包函数项级数展开形式

$$f_{j+1}^{(m)}(x)=\sum_{n\in\mathbf{Z}}d_{j+1,n}^{(m)}\mu_{m,j+1,n}(x)$$
$$f_j^{(2m)}(x)=\sum_{n'\in\mathbf{Z}}d_{j,n'}^{(2m)}\mu_{2m,j,n'}(x),\quad f_j^{(2m+1)}(x)=\sum_{n'\in\mathbf{Z}}d_{j,n'}^{(2m+1)}\mu_{2m+1,j,n'}(x)$$

满足关系

$$\sum_{n\in\mathbf{Z}}d_{j+1,n}^{(m)}\mu_{m,j+1,n}(x)=\sum_{n'\in\mathbf{Z}}d_{j,n'}^{(2m)}\mu_{2m,j,n'}(x)+\sum_{n'\in\mathbf{Z}}d_{j,n'}^{(2m+1)}\mu_{2m+1,j,n'}(x)$$

其中

$$d_{j+1,n}^{(m)}=\int_{x\in\mathbf{R}}f_{j+1}^{(m)}(x)\overline{\mu}_{m,j+1,n}(x)\,\mathrm{d}x=\int_{x\in\mathbf{R}}f(x)\overline{\mu}_{m,j+1,n}(x)\,\mathrm{d}x$$
$$d_{j,n'}^{(2m)}=\int_{x\in\mathbf{R}}f_{j+1}^{(m)}(x)\overline{\mu}_{2m,j,n'}(x)\,\mathrm{d}x=\int_{x\in\mathbf{R}}f(x)\overline{\mu}_{2m,j,n'}(x)\,\mathrm{d}x$$
$$d_{j,n'}^{(2m+1)}=\int_{x\in\mathbf{R}}f_{j+1}^{(m)}(x)\overline{\mu}_{2m+1,j,n'}(x)\,\mathrm{d}x=\int_{x\in\mathbf{R}}f(x)\overline{\mu}_{2m+1,j,n'}(x)\,\mathrm{d}x$$

回顾无穷维序列向量记号

$$\mathscr{D}_{j+1}^{(m)}=\{d_{j+1,n}^{(m)};n\in\mathbf{Z}\}^{\mathrm{T}},\quad\mathscr{D}_j^{(2m)}=\{d_{j,n'}^{(2m)};n'\in\mathbf{Z}\}^{\mathrm{T}},\quad\mathscr{D}_j^{(2m+1)}=\{d_{j,n'}^{(2m+1)};n'\in\mathbf{Z}\}^{\mathrm{T}}$$

这样对任意整数j和非负整数m，得到小波包系数序列分解/合成关系组为

$$\left(\frac{\mathscr{D}_j^{(2m)}}{\mathscr{D}_j^{(2m+1)}}\right)=\mathcal{A}^{-1}\mathscr{D}_{j+1}^{(m)}=\mathcal{A}^*\mathscr{D}_{j+1}^{(m)}=\left(\frac{\mathcal{H}^*}{\mathcal{G}^*}\right)\mathscr{D}_{j+1}^{(m)}=\left(\frac{\mathcal{H}^*\mathscr{D}_{j+1}^{(m)}}{\mathcal{G}^*\mathscr{D}_{j+1}^{(m)}}\right)$$
$$\mathscr{D}_{j+1}^{(m)}=\mathcal{A}\left(\frac{\mathscr{D}_j^{(2m)}}{\mathscr{D}_j^{(2m+1)}}\right)=(\mathcal{H}\mid\mathcal{G})\left(\frac{\mathscr{D}_j^{(2m)}}{\mathscr{D}_j^{(2m+1)}}\right)=\mathcal{H}\mathscr{D}_j^{(2m)}+\mathcal{G}\mathscr{D}_j^{(2m+1)}$$

这就是单步小波包系数关系，它们分别是小波包系数塔式分解－合成关系。

这些内容是单步小波包理论的核心成果，这里只是重新总结罗列，相关的论证已经在前面完成。另外，有些符号稍有差别，后面的论述中也会出现一些与此前符号稍有差别的情况，但是，结合前后文的具体叙述关系，这些符号的含义都是清晰的，这样研究和描述小波包金字塔理论时更加便利。

3. 小波包子空间金字塔

在这里研究小波包子空间规范正交小波包基的金字塔分解和合成关系。

定理 3.52(小波包子空间金字塔)　在多分辨率分析的正交小波包理论体系中，对任意整数j、非负整数k和小波包级别m，小波包函数的整数平移规范正交函数系的并集

$$\bigcup_{\varepsilon=0}^{2^{k+1}-1}\{2^{(j-k)/2}\mu_{2^{k+1}m+\varepsilon}(2^{j-k}x-n');n'\in\mathbf{Z}\}$$

是小波包子空间 $\mathscr{U}_{j+1}^{m}$ 的规范正交基，$\mathscr{U}_{j+1}^{m}$ 的小波包子空间正交直和分解是

$$\mathscr{U}_{j+1}^{m}=\mathscr{U}_{j-k}^{2^{k+1}m}\oplus\mathscr{U}_{j-k}^{2^{k+1}m+1}\oplus\cdots\oplus\mathscr{U}_{j-k}^{2^{k+1}m+2^{k+1}-1}$$

而且，这里出现的小波包子空间可以表示为

$$\mathscr{U}_{j+1}^{m}=\mathrm{Closespan}\{2^{(j+1)/2}\mu_{m}(2^{j+1}x-n);n\in\mathbf{Z}\}$$

$$\mathscr{U}_{j-k}^{2^{k+1}m}=\mathrm{Closespan}\{2^{(j-k)/2}\mu_{2^{k+1}m}(2^{j-k}x-n');n'\in\mathbf{Z}\}$$

$$\vdots$$

$$\mathscr{U}_{j-k}^{2^{k+1}m+2^{k+1}-1}=\mathrm{Closespan}\{2^{(j-k)/2}\mu_{2^{k+1}m+2^{k+1}-1}(2^{j-k}x-n');n'\in\mathbf{Z}\}$$

证明 仿照定理 3.40 的证明，注意符号的新用法，容易给出完整证明。建议读者进行必要的补充完成这个证明。

利用这个定理及其记号，当标志小波包级别的参数 $m=0$ 时，得到尺度子空间的金字塔分解关系，尺度子空间金字塔分解关系示意图如图 3.1 所示。

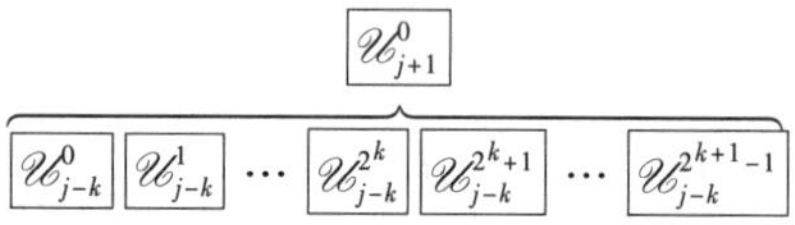

$\mathscr{U}_{j+1}^{0}$

$\mathscr{U}_{j-k}^{0}$ | $\mathscr{U}_{j-k}^{1}$ | $\cdots$ | $\mathscr{U}_{j-k}^{2^k}$ | $\mathscr{U}_{j-k}^{2^k+1}$ | $\cdots$ | $\mathscr{U}_{j-k}^{2^{k+1}-1}$

图 3.1 尺度子空间金字塔分解关系示意图

小波包子空间的金字塔关系示意图如图 3.2 所示。

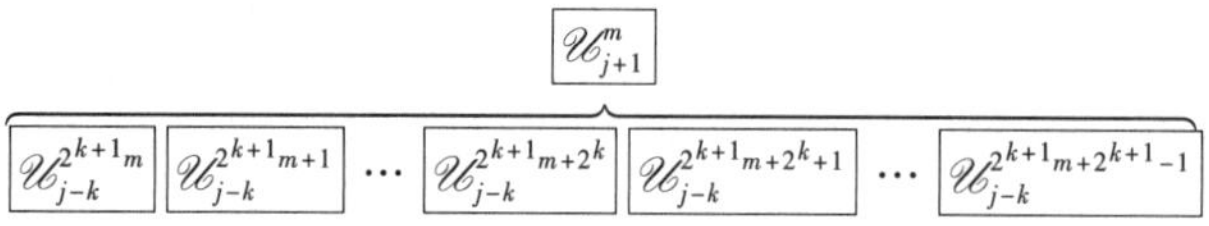

$\mathscr{U}_{j+1}^{m}$

$\mathscr{U}_{j-k}^{2^{k+1}m}$ | $\mathscr{U}_{j-k}^{2^{k+1}m+1}$ | $\cdots$ | $\mathscr{U}_{j-k}^{2^{k+1}m+2^k}$ | $\mathscr{U}_{j-k}^{2^{k+1}m+2^k+1}$ | $\cdots$ | $\mathscr{U}_{j-k}^{2^{k+1}m+2^{k+1}-1}$

图 3.2 小波包子空间的金字塔分解关系示意图

4. 小波包子空间基金字塔

前述结果表明，当尺度从 $s=2^{-(j+1)}$ 经过 $(k+1)$ 次倍增达到 $s=2^{-(j-k)}$ 时，得到小波包子空间的如下正交直和分解公式：

$$\mathscr{U}_{j+1}^{m}=\mathscr{U}_{j-k}^{2^{k+1}m}\oplus\mathscr{U}_{j-k}^{2^{k+1}m+1}\oplus\cdots\oplus\mathscr{U}_{j-k}^{2^{k+1}m+2^{k+1}-1}$$

由此直接推论可知，小波包子空间 $\mathscr{U}_{j+1}^{m}$ 有如下两个规范正交基：

$$\{2^{(j+1)/2}\mu_{m}(2^{j+1}x-n);n\in\mathbf{Z}\}$$

和

$$\bigcup_{\varepsilon=0}^{2^{k+1}-1}\{2^{(j-k)/2}\mu_{2^{k+1}m+\varepsilon}(2^{j-k}x-n');n'\in\mathbf{Z}\}$$

因此，这两个规范正交基之间必然存在酉变换关系。

定理 3.53（小波包子空间基的金字塔） 在多分辨率分析的正交小波包理论体系中，对任意整数 j、非负整数 k 和小波包级别 m，如下两个函数系：

$$\{2^{(j+1)/2}\mu_{m}(2^{j+1}x-n);n\in\mathbf{Z}\}$$

和

$$\bigcup_{\varepsilon=0}^{2^{k+1}-1}\{2^{(j-k)/2}\mu_{2^{k+1}m+\varepsilon}(2^{j-k}x-n');n'\in\mathbf{Z}\}$$

是等价的，即

$$\boxed{\{\mu_{m,j+1,n}(x)=2^{(j+1)/2}\mu_m(2^{j+1}x-n);n\in\mathbf{Z}\}}$$

$$\Updownarrow$$

$$\boxed{\bigcup_{\varepsilon=0}^{2^{k+1}-1}\{\mu_{2^{k+1}m+\varepsilon,j-k,n'}(x)=2^{(j-k)/2}\mu_{2^{k+1}m+\varepsilon}(2^{j-k}x-n');n'\in\mathbf{Z}\}}$$

而且它们都是小波包子空间 $\mathscr{U}_{j+1}^m$ 的规范正交基,可以互逆地表示为

$$(\mu_{2^{k+1}m+\varepsilon,j-k,n'}(x);n'\in\mathbf{Z})=(\mu_{m,j+1,n}(x);n\in\mathbf{Z})[\mathcal{H}_{\varepsilon_k}^{(0)}\mathcal{H}_{\varepsilon_{k-1}}^{(1)}\cdots\mathcal{H}_{\varepsilon_1}^{(k-1)}\mathcal{H}_{\varepsilon_0}^{(k)}]$$

其中,$\varepsilon=0,1,\cdots,2^{k+1}-1$,将它写成$(k+1)$位的二进制形式为

$$0\leqslant\varepsilon\leqslant 2^{k+1}-1,\quad \varepsilon=\sum_{v=0}^{k}\varepsilon_v\times 2^v=(\varepsilon_k\varepsilon_{k-1}\cdots\varepsilon_2\varepsilon_1\varepsilon_0)_2$$

定义如下矩阵:

$$\mathcal{R}_\varepsilon=\mathcal{R}_{(\varepsilon_k\varepsilon_{k-1}\cdots\varepsilon_2\varepsilon_1\varepsilon_0)_2}=\mathcal{H}_{\varepsilon_k}^{(0)}\mathcal{H}_{\varepsilon_{k-1}}^{(1)}\cdots\mathcal{H}_{\varepsilon_1}^{(k-1)}\mathcal{H}_{\varepsilon_0}^{(k)}$$

将它们全体构成的矩阵表示为$\mathcal{R}(k)=[\mathcal{R}_0|\ \mathcal{R}_1|\ \cdots|\ \mathcal{R}_{2^{k+1}-1}]$。这样,上面的 2^{k+1} 个分离的方程组合成一个行向量 - 矩阵分块乘积型联合方程,即

$$(\mu_{2^{k+1}m+\varepsilon,j-k,n'}(x);n'\in\mathbf{Z},0\leqslant\varepsilon\leqslant 2^{k+1}-1)=(\mu_{m,j+1,n}(x);n\in\mathbf{Z})\ \mathcal{R}(k)$$

或者

$$(\mu_{2^{k+1}m+\varepsilon,j-k,n'}(x);n'\in\mathbf{Z})=(\mu_{m,j+1,n}(x);n\in\mathbf{Z})\ \mathcal{R}_\varepsilon,\quad \varepsilon=0,1,\cdots,2^{k+1}-1$$

反过来,上式的酉的逆关系表示为

$$(\mu_{m,j+1,n}(x);n\in\mathbf{Z})=\sum_{\varepsilon=0}^{2^{k+1}-1}(\mu_{2^{k+1}m+\varepsilon,j-k,n'}(x);n'\in\mathbf{Z})\ \mathcal{R}_\varepsilon^*$$

或者等价地表示为

$$(\mu_{m,j+1,n}(x);n\in\mathbf{Z})=(\mu_{2^{k+1}m+\varepsilon,j-k,n'}(x);n'\in\mathbf{Z},0\leqslant\varepsilon\leqslant 2^{k+1}-1)\ [\mathcal{R}(k)]^*$$

证明　证明思路非常简单,利用数学归纳法,就是多次重复利用单步小波包理论中,小波包子空间正交直和分解对应的小波包规范正交基的分解关系和合成关系,仔细分析和表达其中出现的过渡矩阵,即可得到全部证明。

小波包子空间基的金字塔分解关系,经过$(k+1)$次尺度倍增分解过程,把小波包子空间的一个小波包函数整数平移规范正交基,转换为由 2^{k+1} 个小波包函数整数平移产生的相互正交的规范正交函数系构成的另一个规范正交基。小波包子空间基的金字塔分解关系示意图如图3.3所示。

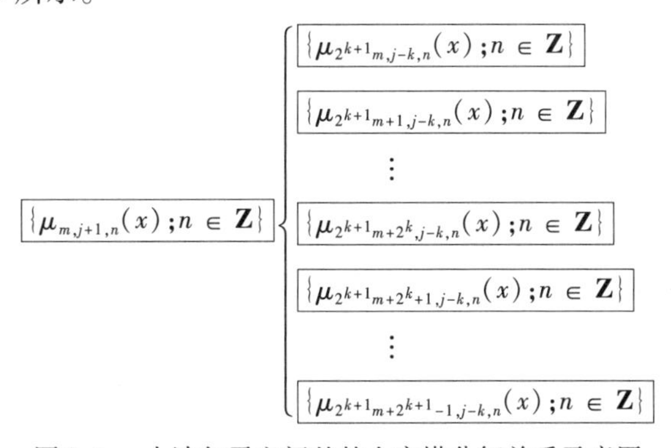

图3.3　小波包子空间基的金字塔分解关系示意图

总结这些讨论可知,小波包子空间 $\mathscr{U}_{j+1}^{m}$ 有如下两个规范正交基:

$$\{\mu_{m,j+1,n}(x);n\in\mathbf{Z}\}$$

$$\{\mu_{2^{k+1}m+\varepsilon,j-k,n'}(x);n'\in\mathbf{Z},0\leqslant\varepsilon\leqslant2^{k+1}-1\}=\bigcup_{\varepsilon=0}^{2^{k+1}-1}\{\mu_{2^{k+1}m+\varepsilon,j-k,n'}(x);n'\in\mathbf{Z}\}$$

在它们之间的过渡关系中,转换矩阵 - 重建矩阵关系组是如下的矩阵组:

$$\mathcal{R}(k)=[\mathcal{R}_0|\ \mathcal{R}_1|\ \cdots|\ \mathcal{R}_{2^{k+1}-1}]\xrightleftharpoons[\text{重构矩阵}]{\text{过渡矩阵}}[\mathcal{R}(k)]^*$$

利用小波包子空间 $\mathscr{U}_{j+1}^{m}$ 的上述两个规范正交基,以及它们之间过渡关系对应的互逆酉算子组,可以简洁表达小波包子空间中的函数在这两个规范正交小波包基下正交投影系数序列之间的坐标变换关系。

5. 小波包正交投影金字塔

定理 3.54(小波包正交投影勾股定理) 在多分辨率分析的正交小波包理论体系中,对任意整数 j,非负整数 k 和小波包级别 m,假定 $f(x)$ 在 $\mathcal{L}^2(\mathbf{R})$ 的小波包子空间序列 $\mathscr{U}_{j+1}^{m}$, $\mathscr{U}_{j-k}^{2^{k+1}m}$, $\mathscr{U}_{j-k}^{2^{k+1}m+1}$, $\cdots$, $\mathscr{U}_{j-k}^{2^{k+1}m+2^{k+1}-1}$ 上的正交投影是如下的函数序列 $f_{j+1}^{(m)}(x)$, $f_{j-k}^{(2^{k+1}m)}(x)$, $f_{j-k}^{(2^{k+1}m+1)}(x)$, $\cdots$, $f_{j-k}^{(2^{k+1}m+2^{k+1}-1)}(x)$,那么,勾股定理成立,即

$$f_{j+1}^{(m)}(x)=f_{j-k}^{(2^{k+1}m)}(x)+f_{j-k}^{(2^{k+1}m+1)}(x)+\cdots+f_{j-k}^{(2^{k+1}m+2^{k+1}-1)}(x)$$

$$\|f_{j+1}^{(m)}\|_{\mathcal{L}^2(\mathbf{R})}^2=\|f_{j-k}^{(2^{k+1}m)}\|_{\mathcal{L}^2(\mathbf{R})}^2+\|f_{j-k}^{(2^{k+1}m+1)}\|_{\mathcal{L}^2(\mathbf{R})}^2+\cdots+\|f_{j-k}^{(2^{k+1}m+2^{k+1}-1)}\|_{\mathcal{L}^2(\mathbf{R})}^2$$

证明 因为小波包子空间 $\mathscr{U}_{j+1}^{m}$ 具有如下小波包子空间正交直和分解:

$$\mathscr{U}_{j+1}^{m}=\mathscr{U}_{j-k}^{2^{k+1}m}\oplus\mathscr{U}_{j-k}^{2^{k+1}m+1}\oplus\cdots\oplus\mathscr{U}_{j-k}^{2^{k+1}m+2^{k+1}-1}$$

所以函数 $f(x)$ 的正交投影函数系 $\{f_{j-k}^{(2^{k+1}m)}(x),f_{j-k}^{(2^{k+1}m+1)}(x),\cdots,f_{j-k}^{(2^{k+1}m+2^{k+1}-1)}(x)\}$ 是正交函数系,满足函数求和等式

$$f_{j+1}^{(m)}(x)=f_{j-k}^{(2^{k+1}m)}(x)+f_{j-k}^{(2^{k+1}m+1)}(x)+\cdots+f_{j-k}^{(2^{k+1}m+2^{k+1}-1)}(x)$$

而且,当 $0\leqslant u\neq v\leqslant2^{k+1}-1$ 时,有

$$\langle f_{j-k}^{(2^{k+1}m+u)},f_{j-k}^{(2^{k+1}m+v)}\rangle_{\mathcal{L}^2(\mathbf{R})}=\int_{-\infty}^{+\infty}[f_{j-k}^{(2^{k+1}m+u)}(x)][f_{j-k}^{(2^{k+1}m+v)}(x)]^*\,\mathrm{d}x=0$$

即 $f_{j-k}^{(2^{k+1}m+u)}\perp f_{j-k}^{(2^{k+1}m+v)}$。利用这个正交性进一步演算可得

$$\begin{aligned}\|f_{j+1}^{(m)}\|_{\mathcal{L}^2(\mathbf{R})}^2&=\int_{-\infty}^{+\infty}|f_{j+1}^{(m)}(x)|^2\mathrm{d}x=\sum_{v=0}^{2^{k+1}-1}\sum_{u=0}^{2^{k+1}-1}\int_{-\infty}^{+\infty}[f_{j-k}^{(2^{k+1}m+u)}(x)][f_{j-k}^{(2^{k+1}m+v)}(x)]^*\,\mathrm{d}x\\&=\sum_{v=0}^{2^{k+1}-1}\int_{-\infty}^{+\infty}|f_{j-k}^{(2^{k+1}m+v)}(x)|^2\mathrm{d}x\\&=\|f_{j-k}^{(2^{k+1}m)}\|_{\mathcal{L}^2(\mathbf{R})}^2+\|f_{j-k}^{(2^{k+1}m+1)}\|_{\mathcal{L}^2(\mathbf{R})}^2+\cdots+\|f_{j-k}^{(2^{k+1}m+2^{k+1}-1)}\|_{\mathcal{L}^2(\mathbf{R})}^2\end{aligned}$$

这样完成定理的证明。

6. 小波包正交投影坐标正交性

定理 3.55(小波包正交投影坐标勾股定理) 在多分辨率分析的正交小波包理论体系中,对任意整数 j,非负整数 k 和小波包级别 m,假定 $f(x)$ 在小波包子空间序列 $\mathscr{U}_{j+1}^{m}$, $\mathscr{U}_{j-k}^{2^{k+1}m}$, $\mathscr{U}_{j-k}^{2^{k+1}m+1}$, $\cdots$, $\mathscr{U}_{j-k}^{2^{k+1}m+2^{k+1}-1}$ 上的正交投影是如下的函数序列 $f_{j+1}^{(m)}(x)$, $f_{j-k}^{(2^{k+1}m)}(x)$, $f_{j-k}^{(2^{k+1}m+1)}(x)$, $\cdots$, $f_{j-k}^{(2^{k+1}m+2^{k+1}-1)}(x)$,那么,这些投影可以表示为

$$f_{j+1}^{(m)}(x)=\sum_{n\in\mathbf{Z}}d_{j+1,n}^{(m)}\mu_{m,j+1,n}(x)$$
$$\vdots$$
$$f_{j-k}^{(2^{k+1}m+2^{k+1}-1)}(x)=\sum_{n'\in\mathbf{Z}}d_{j-k,n'}^{(2^{k+1}m+2^{k+1}-1)}\mu_{2^{k+1}m+2^{k+1}-1,j-k,n'}(x)$$

而且如下求和恒等式成立：

$$\sum_{n\in\mathbf{Z}}d_{j+1,n}^{(m)}\mu_{m,j+1,n}(x)=\sum_{\varepsilon=0}^{2^{k+1}-1}\sum_{n'\in\mathbf{Z}}d_{j-k,n'}^{(2^{k+1}m+\varepsilon)}\mu_{2^{k+1}m+\varepsilon,j-k,n'}(x)$$

同时,这些正交小波包投影的系数序列满足双重勾股定理恒等式,即

$$\sum_{n\in\mathbf{Z}}|d_{j+1,n}^{(m)}|^2=\sum_{\varepsilon=0}^{2^{k+1}-1}\sum_{n'\in\mathbf{Z}}|d_{j-k,n'}^{(2^{k+1}m+\varepsilon)}|^2$$
$$\|f_{j+1}^{(m)}\|_{\mathcal{L}^2(\mathbf{R})}^2=\sum_{n\in\mathbf{Z}}|d_{j+1,n}^{(m)}|^2$$
$$\|f_{j-k}^{(2^{k+1}m+\varepsilon)}\|_{\mathcal{L}^2(\mathbf{R})}^2=\sum_{n'\in\mathbf{Z}}|d_{j-k,n'}^{(2^{k+1}m+\varepsilon)}|^2,\quad \varepsilon=0,1,\cdots,2^{k+1}-1$$

证明　因为小波包子空间 $\mathscr{U}_{j+1}^{m}$ 具有如下小波包子空间正交直和分解：

$$\mathscr{U}_{j+1}^{m}=\mathscr{U}_{j-k}^{2^{k+1}m}\oplus\mathscr{U}_{j-k}^{2^{k+1}m+1}\oplus\cdots\oplus\mathscr{U}_{j-k}^{2^{k+1}m+2^{k+1}-1}$$

而且,这里出现的小波包子空间可以表示为

$$\mathscr{U}_{j+1}^{m}=\text{Closespan}\{2^{(j+1)/2}\mu_m(2^{j+1}x-n);n\in\mathbf{Z}\}$$
$$\mathscr{U}_{j-k}^{2^{k+1}m}=\text{Closespan}\{2^{(j-k)/2}\mu_{2^{k+1}m}(2^{j-k}x-n');n'\in\mathbf{Z}\}$$
$$\vdots$$
$$\mathscr{U}_{j-k}^{2^{k+1}m+2^{k+1}-1}=\text{Closespan}\{2^{(j-k)/2}\mu_{2^{k+1}m+2^{k+1}-1}(2^{j-k}x-n');n'\in\mathbf{Z}\}$$

同时,小波包子空间 $\mathscr{U}_{j+1}^{m}$ 有如下两个规范正交基：

$$\{2^{(j+1)/2}\mu_m(2^{j+1}x-n);n\in\mathbf{Z}\}$$

和

$$\bigcup_{\varepsilon=0}^{2^{k+1}-1}\{2^{(j-k)/2}\mu_{2^{k+1}m+\varepsilon}(2^{j-k}x-n');n'\in\mathbf{Z}\}$$

最后利用定理 3.54 的结果,就能完成这个定理的证明。

7. 小波包正交投影坐标金字塔

定理 3.56(小波包正交投影坐标勾股定理)　在多分辨率分析的正交小波包理论体系中,对任意整数 j,非负整数 k 和小波包级别 m,假定 $f(x)$ 在 $\mathcal{L}^2(\mathbf{R})$ 的小波包子空间序列 $\mathscr{U}_{j+1}^{m},\mathscr{U}_{j-k}^{2^{k+1}m},\mathscr{U}_{j-k}^{2^{k+1}m+1},\cdots,\mathscr{U}_{j-k}^{2^{k+1}m+2^{k+1}-1}$ 上的正交投影分别是函数序列 $f_{j+1}^{(m)}(x),f_{j-k}^{(2^{k+1}m)}(x)$, $f_{j-k}^{(2^{k+1}m+1)}(x),\cdots,f_{j-k}^{(2^{k+1}m+2^{k+1}-1)}(x)$,将这些小波包正交投影表示为正交级数：当 $\varepsilon=0,1,\cdots,2^{k+1}-1$ 时,有

$$f_{j+1}^{(m)}(x)=\sum_{n\in\mathbf{Z}}d_{j+1,n}^{(m)}\mu_{m,j+1,n}(x),\quad f_{j-k}^{(2^{k+1}m+\varepsilon)}(x)=\sum_{n'\in\mathbf{Z}}d_{j-k,n'}^{(2^{k+1}m+\varepsilon)}\mu_{2^{k+1}m+\varepsilon,j-k,n'}(x)$$

按照如下方式定义小波包正交投影系数序列向量：

$$\mathscr{D}_{j+1}^{(m)}=\{d_{j+1,n}^{(m)};n\in\mathbf{Z}\}^{\mathrm{T}}:\{\mu_{m,j+1,n}(x);n\in\mathbf{Z}\}$$

而且

$$\left(\begin{array}{c}\mathscr{D}_{j-k}^{(2^{k+1}m)}=\{d_{j-k,n'}^{(2^{k+1}m)};n'\in\mathbf{Z}\}^{\mathrm{T}}\\ \hdashline \mathscr{D}_{j-k}^{(2^{k+1}m+1)}=\{d_{j-k,n'}^{(2^{k+1}m+1)};n'\in\mathbf{Z}\}^{\mathrm{T}}\\ \hdashline \vdots\\ \hdashline \mathscr{D}_{j-k}^{(2^{k+1}m+2^{k+1}-1)}=\{d_{j-k,n'}^{(2^{k+1}m+2^{k+1}-1)};n'\in\mathbf{Z}\}^{\mathrm{T}}\end{array}\right):\left\{\begin{array}{c}\mu_{2^{k+1}m,j-k,n'}(x);n'\in\mathbf{Z}\\ \mu_{2^{k+1}m+1,j-k,n'}(x);n'\in\mathbf{Z}\\ \vdots\\ \mu_{2^{k+1}m+2^{k+1}-1,j-k,n'}(x);n'\in\mathbf{Z}\end{array}\right\}$$

或者

$$\mathscr{D}_{j-k}^{(2^{k+1}m+\varepsilon)}=\{d_{j-k,2^{-(k+1)}n'}^{(2^{k+1}m+\varepsilon)};n'\in(2^{k+1}\mathbf{Z})\}^{\mathrm{T}}\in l^2(2^{k+1}\mathbf{Z}),\quad \varepsilon=0,1,\cdots,2^{k+1}-1$$

那么,这些正交小波包投影的系数序列满足勾股定理恒等式

$$\|\mathscr{D}_{j+1}^{(m)}\|_{l^2(\mathbf{Z})}^2=\sum_{\varepsilon=0}^{2^{k+1}-1}\|\mathscr{D}_{j-k}^{(2^{k+1}m+\varepsilon)}\|_{l^2(2^{k+1}\mathbf{Z})}^2$$

而且,保持小波包投影过程的内积恒等式成立,即

$$\|f_{j+1}^{(m)}\|_{\mathcal{L}^2(\mathbf{R})}^2=\|\mathscr{D}_{j+1}^{(m)}\|_{l^2(\mathbf{Z})}^2$$

$$\|f_{j-k}^{(2^{k+1}m+\varepsilon)}\|_{\mathcal{L}^2(\mathbf{R})}^2=\|\mathscr{D}_{j-k}^{(2^{k+1}m+\varepsilon)}\|_{l^2(2^{k+1}\mathbf{Z})}^2,\quad \varepsilon=0,1,\cdots,2^{k+1}-1$$

证明 仿照定理 3.55 的证明,建议读者完成这个证明。

定理 3.57(小波包正交投影坐标分解金字塔) 在多分辨率分析的正交小波包理论体系中,对任意整数j、非负整数k和小波包级别m,假定$f(x)$在$\mathcal{L}^2(\mathbf{R})$的小波包子空间序列 $\mathscr{U}_{j+1}^{m},\mathscr{U}_{j-k}^{2^{k+1}m},\mathscr{U}_{j-k}^{2^{k+1}m+1},\cdots,\mathscr{U}_{j-k}^{2^{k+1}m+2^{k+1}-1}$ 上的正交投影是函数序列 $f_{j+1}^{(m)}(x),f_{j-k}^{(2^{k+1}m)}(x)$, $f_{j-k}^{(2^{k+1}m+1)}(x),\cdots,f_{j-k}^{(2^{k+1}m+2^{k+1}-1)}(x)$,将这些小波包正交投影表示为

$$f_{j+1}^{(m)}(x)=\sum_{n\in\mathbf{Z}}d_{j+1,n}^{(m)}\mu_{m,j+1,n}(x),\quad f_{j-k}^{(2^{k+1}m+\varepsilon)}(x)=\sum_{n'\in\mathbf{Z}}d_{j-k,n'}^{(2^{k+1}m+\varepsilon)}\mu_{2^{k+1}m+\varepsilon,j-k,n'}(x)$$

其中,$\varepsilon=0,1,\cdots,2^{k+1}-1$。按照如下方式定义小波包正交投影系数序列向量:

$$\mathscr{D}_{j+1}^{(m)}=\{d_{j+1,n}^{(m)};n\in\mathbf{Z}\}^{\mathrm{T}}$$

$$\mathscr{D}_{j-k}^{(2^{k+1}m+\varepsilon)}=\{d_{j-k,2^{-(k+1)}n'}^{(2^{k+1}m+\varepsilon)};n'\in(2^{k+1}\mathbf{Z})\}^{\mathrm{T}}\in l^2(2^{k+1}\mathbf{Z}),\quad \varepsilon=0,1,\cdots,2^{k+1}-1$$

那么,这些正交小波包投影的系数序列向量满足如下酉变换关系:

$$\left(\begin{array}{c}\mathscr{D}_{j-k}^{(2^{k+1}m)}\\ \hdashline \mathscr{D}_{j-k}^{(2^{k+1}m+1)}\\ \hdashline \vdots\\ \hdashline \mathscr{D}_{j-k}^{(2^{k+1}m+2^{k+1}-2)}\\ \hdashline \mathscr{D}_{j-k}^{(2^{k+1}m+2^{k+1}-1)}\end{array}\right)=\left(\begin{array}{c}\mathscr{D}_{j-k}^{(2^{k+1}m+(00\cdots00)_2)}\\ \hdashline \mathscr{D}_{j-k}^{(2^{k+1}m+(00\cdots01)_2)}\\ \hdashline \vdots\\ \hdashline \mathscr{D}_{j-k}^{(2^{k+1}m+(11\cdots10)_2)}\\ \hdashline \mathscr{D}_{j-k}^{(2^{k+1}m+(11\cdots11)_2)}\end{array}\right)=\left(\begin{array}{c}[\mathcal{H}_0^{(0)}\mathcal{H}_0^{(1)}\cdots\mathcal{H}_0^{(k-1)}\mathcal{H}_0^{(k)}]^*\\ \hdashline [\mathcal{H}_0^{(0)}\mathcal{H}_0^{(1)}\cdots\mathcal{H}_0^{(k-1)}\mathcal{H}_1^{(k)}]^*\\ \hdashline \vdots\\ \hdashline [\mathcal{H}_1^{(0)}\mathcal{H}_1^{(1)}\cdots\mathcal{H}_1^{(k-1)}\mathcal{H}_0^{(k)}]^*\\ \hdashline [\mathcal{H}_1^{(0)}\mathcal{H}_1^{(1)}\cdots\mathcal{H}_1^{(k-1)}\mathcal{H}_1^{(k)}]^*\end{array}\right)\mathscr{D}_{j+1}^{(m)}$$

而且

$$\|\mathscr{D}_{j+1}^{(m)}\|_{l^2(\mathbf{Z})}^2=\sum_{\varepsilon=0}^{2^{k+1}-1}\|\mathscr{D}_{j-k}^{(2^{k+1}m+\varepsilon)}\|_{l^2(2^{k+1}\mathbf{Z})}^2=\sum_{\varepsilon=0}^{2^{k+1}-1}\sum_{n'\in\mathbf{Z}}|d_{j-k,n'}^{(2^{k+1}m+\varepsilon)}|^2$$

证明 建议读者完成这个证明。

注释 函数正交小波包投影的系数序列向量满足的小波包分解关系也可以表示为

$$\varepsilon=0,1,\cdots,2^{k+1}-1,\quad \varepsilon=\sum_{v=0}^{k}\varepsilon_v\times 2^v=(\varepsilon_k\varepsilon_{k-1}\cdots\varepsilon_1\varepsilon_0)_2$$

$$\mathscr{D}_{j-k}^{(2^{k+1}m+\varepsilon)}=\mathscr{D}_{j-k}^{(2^{k+1}m+(\varepsilon_k\varepsilon_{k-1}\cdots\varepsilon_1\varepsilon_0)_2)}=[\mathcal{H}_{\varepsilon_k}^{(0)}\mathcal{H}_{\varepsilon_{k-1}}^{(1)}\cdots\mathcal{H}_{\varepsilon_1}^{(k-1)}\mathcal{H}_{\varepsilon_0}^{(k)}]^*\mathscr{D}_{j+1}^{(m)}$$

定理 3.58(小波包正交投影坐标合成金字塔)　在多分辨率分析的正交小波包理论体系中，对任意整数j、非负整数k和小波包级别m，假定$f(x)$在小波包子空间序列$\mathscr{U}_{j+1}^{m}$，$\mathscr{U}_{j-k}^{2^{k+1}m}$，$\mathscr{U}_{j-k}^{2^{k+1}m+1}$，$\cdots$，$\mathscr{U}_{j-k}^{2^{k+1}m+2^{k+1}-1}$上的正交投影是函数序列$f_{j+1}^{(m)}(x)$，$f_{j-k}^{(2^{k+1}m)}(x)$，$f_{j-k}^{(2^{k+1}m+1)}(x)$，$\cdots$，$f_{j-k}^{(2^{k+1}m+2^{k+1}-1)}(x)$，将它们表示为正交级数，有

$$f_{j+1}^{(m)}(x)=\sum_{n\in\mathbf{Z}}d_{j+1,n}^{(m)}\mu_{m,j+1,n}(x),\quad f_{j-k}^{(2^{k+1}m+\varepsilon)}(x)=\sum_{n'\in\mathbf{Z}}d_{j-k,n'}^{(2^{k+1}m+\varepsilon)}\mu_{2^{k+1}m+\varepsilon,j-k,n'}(x)$$

其中，$\varepsilon=0,1,\cdots,2^{k+1}-1$。按照如下方式定义小波包正交投影系数序列向量：

$$\mathscr{D}_{j+1}^{(m)}=\{d_{j+1,n}^{(m)};n\in\mathbf{Z}\}^{\mathrm{T}},\quad \mathscr{D}_{j-k}^{(2^{k+1}m+\varepsilon)}=\{d_{j-k,2^{-(k+1)}n'}^{(2^{k+1}m+\varepsilon)};n'\in(2^{k+1}\mathbf{Z})\}^{\mathrm{T}}\in l^2(2^{k+1}\mathbf{Z})$$

其中，$\varepsilon=0,1,\cdots,2^{k+1}-1$。那么这些正交小波包投影系数序列满足酉变换关系

$$\mathscr{D}_{j+1}^{(m)}=[\mathcal{R}_0\mid\mathcal{R}_1\mid\cdots\mid\mathcal{R}_{2^{k+1}-2}\mid\mathcal{R}_{2^{k+1}-1}]\begin{pmatrix}\mathscr{D}_{j-k}^{(2^{k+1}m)}\\\hdashline\mathscr{D}_{j-k}^{(2^{k+1}m+1)}\\\hdashline\vdots\\\hdashline\mathscr{D}_{j-k}^{(2^{k+1}m+2^{k+1}-2)}\\\hdashline\mathscr{D}_{j-k}^{(2^{k+1}m+2^{k+1}-1)}\end{pmatrix}$$

或者等价地表示为

$$\mathscr{D}_{j+1}^{(m)}=\sum_{\varepsilon=0}^{2^{k+1}-1}\mathcal{R}_{\varepsilon}\mathscr{D}_{j-k}^{(2^{k+1}m+\varepsilon)}=\sum_{\varepsilon_k=0}^{1}\sum_{\varepsilon_{k-1}=0}^{1}\cdots\sum_{\varepsilon_0=0}^{1}\mathcal{R}_{(\varepsilon_k\varepsilon_{k-1}\cdots\varepsilon_1\varepsilon_0)_2}\mathscr{D}_{j-k}^{(2^{k+1}m+(\varepsilon_k\varepsilon_{k-1}\cdots\varepsilon_1\varepsilon_0)_2)}$$

其中

$$\varepsilon=0,1,\cdots,2^{k+1}-1,\quad \varepsilon=\sum_{l=0}^{k}\varepsilon_v\times 2^v=(\varepsilon_k\varepsilon_{k-1}\cdots\varepsilon_1\varepsilon_0)_2$$

$$\mathcal{R}_{\varepsilon}=\mathcal{R}_{(\varepsilon_k\varepsilon_{k-1}\cdots\varepsilon_2\varepsilon_1\varepsilon_0)_2}=\mathcal{H}_{\varepsilon_k}^{(0)}\mathcal{H}_{\varepsilon_{k-1}}^{(1)}\cdots\mathcal{H}_{\varepsilon_1}^{(k-1)}\mathcal{H}_{\varepsilon_0}^{(k)}$$

证明　这个定理的证明比较简单，建议读者完成这个证明。

定理 3.59(小波包正交投影坐标同维合成金字塔)　在多分辨率分析的正交小波包理论体系中，对任意整数j，非负整数k和小波包级别m，假定$f(x)$在小波包子空间序列$\mathscr{U}_{j+1}^{m}$，$\mathscr{U}_{j-k}^{2^{k+1}m}$，$\mathscr{U}_{j-k}^{2^{k+1}m+1}$，$\cdots$，$\mathscr{U}_{j-k}^{2^{k+1}m+2^{k+1}-1}$上的正交投影是如下的函数序列$f_{j+1}^{(m)}(x)$，$f_{j-k}^{(2^{k+1}m)}(x)$，$f_{j-k}^{(2^{k+1}m+1)}(x)$，$\cdots$，$f_{j-k}^{(2^{k+1}m+2^{k+1}-1)}(x)$，将这些小波包正交投影表示为

$$f_{j+1}^{(m)}(x)=\sum_{n\in\mathbf{Z}}d_{j+1,n}^{(m)}\mu_{m,j+1,n}(x),\ f_{j-k}^{(2^{k+1}m+\varepsilon)}(x)=\sum_{n'\in\mathbf{Z}}d_{j-k,n'}^{(2^{k+1}m+\varepsilon)}\mu_{2^{k+1}m+\varepsilon,j-k,n'}(x)$$

其中，$\varepsilon=0,1,\cdots,2^{k+1}-1$。按照如下方式定义小波包正交投影系数序列向量：

$$\mathscr{D}_{j+1}^{(m)}=\{d_{j+1,n}^{(m)};n\in\mathbf{Z}\}^{\mathrm{T}},\quad \mathscr{D}_{j-k}^{(2^{k+1}m+\varepsilon)}=\{d_{j-k,2^{-(k+1)}n'}^{(2^{k+1}m+\varepsilon)};n'\in(2^{k+1}\mathbf{Z})\}^{\mathrm{T}}\in l^2(2^{k+1}\mathbf{Z})$$

其中，$\varepsilon=0,1,\cdots,2^{k+1}-1$，以及无穷维序列向量空间$l^2(\mathbf{Z})$的如下同维系数序列向量组：

$$\mathscr{R}_{j+1}^{(m)}=\mathscr{D}_{j+1}^{(m)}$$

$$\mathscr{R}_{j-k}^{(2^{k+1}m)}=[\mathcal{H}_0^{(0)}\mathcal{H}_0^{(1)}\cdots\mathcal{H}_0^{(k-1)}\mathcal{H}_0^{(k)}]\mathscr{D}_{j-k}^{(2^{k+1}m)}$$

$$\mathscr{R}_{j-k}^{(2^{k+1}m+1)}=[\mathcal{H}_0^{(0)}\mathcal{H}_0^{(1)}\cdots\mathcal{H}_0^{(k-1)}\mathcal{H}_1^{(k)}]\mathscr{D}_{j-k}^{(2^{k+1}m+1)}$$

$$\vdots$$

$$\mathscr{R}_{j-k}^{(2^{k+1}m+2^{k+1}-2)}=[\mathcal{H}_1^{(0)}\mathcal{H}_1^{(1)}\cdots\mathcal{H}_1^{(k-1)}\mathcal{H}_0^{(k)}]\mathscr{D}_{j-k}^{(2^{k+1}m+2^{k+1}-2)}$$

$$\mathscr{R}_{j-k}^{(2^{k+1}m+2^{k+1}-1)}=[\mathcal{H}_1^{(0)}\mathcal{H}_1^{(1)}\cdots\mathcal{H}_1^{(k-1)}\mathcal{H}_1^{(k)}]\mathscr{D}_{j-k}^{(2^{k+1}m+2^{k+1}-1)}$$

或者

$$\varepsilon = 0,1,\cdots,2^{k+1}-1,\quad \varepsilon = \sum_{l=0}^{k} \varepsilon_v \times 2^v = (\varepsilon_k\varepsilon_{k-1}\cdots\varepsilon_1\varepsilon_0)_2,\quad \mathscr{R}_{j+1}^{(m)} = \mathscr{D}_{j+1}^{(m)}$$

$$\mathscr{R}_{j-k}^{(2^{k+1}m+\varepsilon)} = \mathscr{R}_{j-k}^{(2^{k+1}m+(\varepsilon_k\varepsilon_{k-1}\cdots\varepsilon_1\varepsilon_0)_2)} = \mathcal{R}_\varepsilon \mathscr{D}_{j-k}^{(2^{k+1}m+\varepsilon)}$$

那么，这个同维系数序列向量组

$$\{\mathscr{R}_{j-k}^{(2^{k+1}m)},\mathscr{R}_{j-k}^{(2^{k+1}m+1)},\cdots,\mathscr{R}_{j-k}^{(2^{k+1}m+2^{k+1}-2)},\mathscr{R}_{j-k}^{(2^{k+1}m+2^{k+1}-1)}\}$$

在无穷维序列向量空间 $l^2(\mathbf{Z})$ 中是正交向量组，即 $0 \leqslant \varepsilon \neq \varepsilon' \leqslant 2^{k+1}-1$，可表示为

$$\boxed{\mathscr{R}_{j-k}^{(2^{k+1}m+\varepsilon)} \perp \mathscr{R}_{j-k}^{(2^{k+1}m+\varepsilon')}} \Leftrightarrow \boxed{\langle \mathscr{R}_{j-k}^{(2^{k+1}m+\varepsilon)},\mathscr{R}_{j-k}^{(2^{k+1}m+\varepsilon')}\rangle_{l^2(\mathbf{Z})} = 0}$$

同时满足勾股定理

$$\mathscr{R}_{j+1}^{(m)} = \sum_{\varepsilon=0}^{2^{k+1}-1} \mathscr{R}_{j-k}^{(2^{k+1}m+\varepsilon)},\qquad \| \mathscr{R}_{j+1}^{(m)} \|_{l^2(\mathbf{Z})}^2 = \sum_{\varepsilon=0}^{2^{k+1}-1} \| \mathscr{R}_{j-k}^{(2^{k+1}m+\varepsilon)} \|_{l^2(\mathbf{Z})}^2$$

即小波包正交投影系数序列合成金字塔算法保持勾股定理成立。

证明 对于 $\varepsilon = (\varepsilon_k\varepsilon_{k-1}\cdots\varepsilon_1\varepsilon_0)_2 = 0,1,2,\cdots,2^{k+1}-1$，有

$$\mathscr{R}_{j-k}^{(2^{k+1}m+\varepsilon)} = [\mathcal{H}_{\varepsilon_k}^{(0)}\mathcal{H}_{\varepsilon_{k-1}}^{(1)}\cdots\mathcal{H}_{\varepsilon_1}^{(k-1)}\mathcal{H}_{\varepsilon_0}^{(k)}]\mathscr{D}_{j-k}^{(2^{k+1}m+(\varepsilon_k\varepsilon_{k-1}\cdots\varepsilon_1\varepsilon_0)_2)} = \mathcal{R}_\varepsilon \mathscr{D}_{j-k}^{(2^{k+1}m+\varepsilon)}$$

或者更详细地写成

$$\mathscr{R}_{j-k}^{(2^{k+1}m+(00\cdots00)_2)} = [\mathcal{H}_0^{(0)}\mathcal{H}_0^{(1)}\cdots\mathcal{H}_0^{(k-1)}\mathcal{H}_0^{(k)}]\mathscr{D}_{j-k}^{(2^{k+1}m+(00\cdots00)_2)} = \mathcal{R}_0\mathscr{D}_{j-k}^{(2^{k+1}m+(00\cdots01)_2)}$$

$$\mathscr{R}_{j-k}^{(2^{k+1}m+(00\cdots01)_2)} = [\mathcal{H}_0^{(0)}\mathcal{H}_0^{(1)}\cdots\mathcal{H}_0^{(k-1)}\mathcal{H}_1^{(k)}]\mathscr{D}_{j-k}^{(2^{k+1}m+(00\cdots01)_2)} = \mathcal{R}_1\mathscr{D}_{j-k}^{(2^{k+1}m+(00\cdots01)_2)}$$

$$\vdots$$

$$\mathscr{R}_{j-k}^{(2^{k+1}m+(11\cdots10)_2)} = [\mathcal{H}_1^{(0)}\mathcal{H}_1^{(1)}\cdots\mathcal{H}_1^{(k-1)}\mathcal{H}_0^{(k)}]\mathscr{D}_{j-k}^{(2^{k+1}m+(11\cdots10)_2)} = \mathcal{R}_{(2^{k+1}-2)}\mathscr{D}_{j-k}^{(2^{k+1}m+(11\cdots10)_2)}$$

$$\mathscr{R}_{j-k}^{(2^{k+1}m+(11\cdots11)_2)} = [\mathcal{H}_1^{(0)}\mathcal{H}_1^{(1)}\cdots\mathcal{H}_1^{(k-1)}\mathcal{H}_1^{(k)}]\mathscr{D}_{j-k}^{(2^{k+1}m+(11\cdots11)_2)} = \mathcal{R}_{(2^{k+1}-1)}\mathscr{D}_{j-k}^{(2^{k+1}m+(11\cdots11)_2)}$$

同时

$$\begin{aligned}\mathscr{D}_{j+1}^{(m)} &= \sum_{\varepsilon=0}^{2^{k+1}-1}\mathcal{R}_\varepsilon\mathscr{D}_{j-k}^{(2^{k+1}m+\varepsilon)} = \sum_{\varepsilon_k=0}^{1}\sum_{\varepsilon_{k-1}=0}^{1}\cdots\sum_{\varepsilon_0=0}^{1}\mathcal{R}_{(\varepsilon_k\varepsilon_{k-1}\cdots\varepsilon_1\varepsilon_0)_2}\mathscr{D}_{j-k}^{(2^{k+1}m+(\varepsilon_k\varepsilon_{k-1}\cdots\varepsilon_1\varepsilon_0)_2)}\\ &= \sum_{\varepsilon=0}^{2^{k+1}-1}\mathscr{R}_{j-k}^{(2^{k+1}m+\varepsilon)} = \sum_{\varepsilon_k=0}^{1}\sum_{\varepsilon_{k-1}=0}^{1}\cdots\sum_{\varepsilon_0=0}^{1}\mathscr{R}_{j-k}^{(2^{k+1}m+(\varepsilon_k\varepsilon_{k-1}\cdots\varepsilon_1\varepsilon_0)_2)}\end{aligned}$$

这样就得到 $\mathscr{R}_{j+1}^{(m)} = \sum\limits_{\varepsilon=0}^{2^{k+1}-1}\mathscr{R}_{j-k}^{(2^{k+1}m+\varepsilon)}$。考虑包含 2^{k+1} 个向量的无穷维列向量组

$$\begin{aligned}&\{\mathscr{R}_{j-k}^{(2^{k+1}m)},\mathscr{R}_{j-k}^{(2^{k+1}m+1)},\cdots,\mathscr{R}_{j-k}^{(2^{k+1}m+2^{k+1}-2)},\mathscr{R}_{j-k}^{(2^{k+1}m+2^{k+1}-1)}\}\\ &= \{\mathscr{R}_{j-k}^{(2^{k+1}m+(\varepsilon_k\varepsilon_{k-1}\cdots\varepsilon_1\varepsilon_0)_2)};\varepsilon_v \in \{0,1\},0 \leqslant v \leqslant k\}\end{aligned}$$

在无穷维向量空间 $l^2(\mathbf{Z})$ 中这是一个正交向量组，即

$$\langle \mathscr{R}_{j-k}^{(2^{k+1}m+\varepsilon)},\mathscr{R}_{j-k}^{(2^{k+1}m+\varepsilon')}\rangle_{l^2(\mathbf{Z})} = 0,\quad 0 \leqslant \varepsilon \neq \varepsilon' \leqslant 2^{k+1}-1$$

按 $(k+1)$ 位二进制表示法，设 $\varepsilon = (\varepsilon_k\varepsilon_{k-1}\cdots\varepsilon_1\varepsilon_0)_2$，$\varepsilon' = (\varepsilon'_k\varepsilon'_{k-1}\cdots\varepsilon'_1\varepsilon'_0)_2$，则

$$\begin{aligned}&\langle \mathscr{R}_{j-k}^{(2^{k+1}m+\varepsilon)},\mathscr{R}_{j-k}^{(2^{k+1}m+\varepsilon')}\rangle_{l^2(\mathbf{Z})} = [\mathscr{R}_{j-k}^{(2^{k+1}m+\varepsilon')}]^*[\mathscr{R}_{j-k}^{(2^{k+1}m+\varepsilon)}]\\ &= [\prod_{u=0}^{k}[\mathcal{H}_{\varepsilon'_{k-u}}^{(u)}]\mathscr{D}_{j-k}^{(2^{k+1}m+(\varepsilon'_k\varepsilon'_{k-1}\cdots\varepsilon'_1\varepsilon'_0)_2)}]^*[\prod_{u=0}^{k}[\mathcal{H}_{\varepsilon_{k-u}}^{(u)}]\mathscr{D}_{j-k}^{(2^{k+1}m+(\varepsilon_k\varepsilon_{k-1}\cdots\varepsilon_1\varepsilon_0)_2)}]\\ &= [\mathscr{D}_{j-k}^{(2^{k+1}m+(\varepsilon'_k\varepsilon'_{k-1}\cdots\varepsilon'_1\varepsilon'_0)_2)}]^*\prod_{v=0}^{k}[\mathcal{H}_{\varepsilon'_v}^{(k-v)}]^*\prod_{u=0}^{k}[\mathcal{H}_{\varepsilon_{k-u}}^{(u)}][\mathscr{D}_{j-k}^{(2^{k+1}m+(\varepsilon_k\varepsilon_{k-1}\cdots\varepsilon_1\varepsilon_0)_2)}] = 0\end{aligned}$$

当 $v=0,1,\cdots,k$ 时，如下等式成立：

$$[\mathcal{H}^{(v)}_{\varepsilon'_{k-v}}]^*[\mathcal{H}^{(v)}_{\varepsilon_{k-v}}]=\delta(\varepsilon'_{k-v}-\varepsilon_{k-v})\,\mathcal{I}_{(2^{-(v+1)}\infty)\times(2^{-(v+1)}\infty)}$$

其中，$\mathcal{I}_{(2^{-(v+1)}\infty)\times(2^{-(v+1)}\infty)}$ 表示 $(2^{-(v+1)}\infty)\times(2^{-(v+1)}\infty)$ 单位矩阵。因为 $\varepsilon\neq\varepsilon'$，所以至少存在一个 v：$0\leqslant v\leqslant k$，使 $\varepsilon'_{k-v}\neq\varepsilon_{k-v}$，这时 $[\mathcal{H}^{(v)}_{\varepsilon'_{k-v}}]^*[\mathcal{H}^{(v)}_{\varepsilon_{k-v}}]=\mathcal{O}$ 是一个零矩阵，于是得到

$$\prod_{v=0}^{k}[\mathcal{H}^{(k-v)}_{\varepsilon'_v}]^*\prod_{u=0}^{k}[\mathcal{H}^{(u)}_{\varepsilon_{k-u}}]=\mathcal{O}_{(2^{-(k+1)}\infty)\times(2^{-(k+1)}\infty)}$$

即它是 $(2^{-(k+1)}\infty)\times(2^{-(k+1)}\infty)$ 零矩阵。

此外，按 $(k+1)$ 位二进制表示法，$\varepsilon=(\varepsilon_k\varepsilon_{k-1}\cdots\varepsilon_1\varepsilon_0)_2$，则

$$\begin{aligned}
\|\mathscr{R}^{(2^{k+1}m+\varepsilon)}_{j-k}\|^2_{l^2(\mathbf{Z})}&=\langle\mathscr{R}^{(2^{k+1}m+\varepsilon)}_{j-k},\mathscr{R}^{(2^{k+1}m+\varepsilon)}_{j-k}\rangle_{l^2(\mathbf{Z})}=[\mathscr{R}^{(2^{k+1}m+\varepsilon)}_{j-k}]^*[\mathscr{R}^{(2^{k+1}m+\varepsilon)}_{j-k}]\\
&=\Big[\prod_{u=0}^{k}[\mathcal{H}^{(u)}_{\varepsilon_{k-u}}]\mathscr{D}^{(2^{k+1}m+(\varepsilon_k\varepsilon_{k-1}\cdots\varepsilon_1\varepsilon_0)_2)}_{j-k}\Big]^*\Big[\prod_{u=0}^{k}[\mathcal{H}^{(u)}_{\varepsilon_{k-u}}]\mathscr{D}^{(2^{k+1}m+(\varepsilon_k\varepsilon_{k-1}\cdots\varepsilon_1\varepsilon_0)_2)}_{j-k}\Big]\\
&=[\mathscr{D}^{(2^{k+1}m+(\varepsilon_k\varepsilon_{k-1}\cdots\varepsilon_1\varepsilon_0)_2)}_{j-k}]^*\prod_{v=0}^{k}[\mathcal{H}^{(k-v)}_{\varepsilon_v}]^*\prod_{u=0}^{k}[\mathcal{H}^{(u)}_{\varepsilon_{k-u}}]\cdot\\
&\quad[\mathscr{D}^{(2^{k+1}m+(\varepsilon_k\varepsilon_{k-1}\cdots\varepsilon_1\varepsilon_0)_2)}_{j-k}]\\
&=[\mathscr{D}^{(2^{k+1}m+(\varepsilon_k\varepsilon_{k-1}\cdots\varepsilon_1\varepsilon_0)_2)}_{j-k}]^*[\mathscr{D}^{(2^{k+1}m+(\varepsilon_k\varepsilon_{k-1}\cdots\varepsilon_1\varepsilon_0)_2)}_{j-k}]\\
&=[\mathscr{D}^{(2^{k+1}m+\varepsilon)}_{j-k}]^*[\mathscr{D}^{(2^{k+1}m+\varepsilon)}_{j-k}]=\sum_{n'\in\mathbf{Z}}|d^{(2^{k+1}m+\varepsilon)}_{j-k,n'}|^2
\end{aligned}$$

其中，$v=0,1,\cdots,k$ 时，$[\mathcal{H}^{(v)}_{\varepsilon_{k-v}}]^*[\mathcal{H}^{(v)}_{\varepsilon_{k-v}}]=\mathcal{I}$ 是 $(2^{-(v+1)}\infty)\times(2^{-(v+1)}\infty)$ 单位矩阵。

回顾恒等式

$$\|\mathscr{D}^{(m)}_{j+1}\|^2_{l^2(\mathbf{Z})}=\sum_{\varepsilon=0}^{2^{k+1}-1}\|\mathscr{D}^{(2^{k+1}m+\varepsilon)}_{j-k}\|^2_{l^2(2^{k+1}\mathbf{Z})}=\sum_{\varepsilon=0}^{2^{k+1}-1}\sum_{n'\in\mathbf{Z}}|d^{(2^{k+1}m+\varepsilon)}_{j-k,n'}|^2$$

从而得到

$$\|\mathscr{R}^{(m)}_{j+1}\|^2_{l^2(\mathbf{Z})}=\sum_{\varepsilon=0}^{2^{k+1}-1}\|\mathscr{R}^{(2^{k+1}m+\varepsilon)}_{j-k}\|^2_{l^2(\mathbf{Z})}$$

这就是定理的完整证明。

8. 小波包金字塔基

前述分析过程中出现的各个矩阵和分块矩阵都是无穷维序列线性空间 $l^2(\mathbf{Z})$ 上的酉变换或者酉算子，这意味着它们的行向量或者列向量是规范正交基。

定理 3.60（小波包金字塔基）　在多分辨率分析的正交小波包理论体系中，对任意非负整数 k 和小波包级别 m，当 $\varepsilon=0,1,2,\cdots,2^{k+1}-1$ 时，按 $(k+1)$ 位二进制表示 ε 为 $\varepsilon=(\varepsilon_k\varepsilon_{k-1}\cdots\varepsilon_1\varepsilon_0)_2=\varepsilon_k\times2^k+\varepsilon_{k-1}\times2^{k-1}+\cdots+\varepsilon_1\times2+\varepsilon_0$。如果将 $\infty\times(2^{-(k+1)}\infty)$ 矩阵 $\mathcal{R}_\varepsilon$ 定义为

$$\mathcal{R}_\varepsilon=\mathcal{R}_{(\varepsilon_k\varepsilon_{k-1}\cdots\varepsilon_1\varepsilon_0)_2}=\mathcal{H}^{(0)}_{\varepsilon_k}\mathcal{H}^{(1)}_{\varepsilon_{k-1}}\cdots\mathcal{H}^{(k-1)}_{\varepsilon_1}\mathcal{H}^{(k)}_{\varepsilon_0}=\Big[\prod_{v=k}^{0}\mathcal{H}^{(k-v)}_{\varepsilon_v}\Big]$$

按照列向量方式将其重新撰写为

$$\mathcal{R}_\varepsilon=(\boldsymbol{r}(\varepsilon,2^{-(k+1)}u)\in l^2(\mathbf{Z});u\in(2^{k+1}\mathbf{Z}))_{\infty\times\frac{\infty}{2^{k+1}}}$$

那么

$$\mathcal{R}_\varepsilon=(\boldsymbol{r}(\varepsilon,2^{-(k+1)}u);u\in(2^{k+1}\mathbf{Z})),\quad\varepsilon=0,1,2,\cdots,2^{k+1}-1$$

的列向量系

$$\{\boldsymbol{r}(\varepsilon,2^{-(k+1)}u);u\in(2^{k+1}\mathbf{Z}),\varepsilon=0,1,2,\cdots,2^{k+1}-1\}$$
$$=\bigcup_{\varepsilon=0}^{2^{k+1}-1}\{\boldsymbol{r}(\varepsilon,2^{-(k+1)}u)\in l^2(\mathbf{Z});u\in(2^{k+1}\mathbf{Z})\}$$

是无穷维序列空间 $l^2(\mathbf{Z})$ 的规范正交基。

证明 回顾定理3.58和定理3.59的证明过程可知,当 $\varepsilon=0,1,2,\cdots,2^{k+1}-1$ 时,无穷维序列空间 $l^2(\mathbf{Z})$ 中的向量组 $\{\boldsymbol{r}(\varepsilon,2^{-(k+1)}u);u\in(2^{k+1}\mathbf{Z})\}$ 是规范正交向量系,而且,当 $\varepsilon'=0,1,2,\cdots,2^{k+1}-1$ 满足 $\varepsilon'\neq\varepsilon$ 时,有

$$\{\boldsymbol{r}(\varepsilon,2^{-(k+1)}u);u\in(2^{k+1}\mathbf{Z})\}\perp\{\boldsymbol{r}(\varepsilon',2^{-(k+1)}u);u\in(2^{k+1}\mathbf{Z})\}$$

另外,向量组 $\{\boldsymbol{r}(\varepsilon,2^{-(k+1)}u);u\in(2^{k+1}\mathbf{Z}),\varepsilon=0,1,2,\cdots,2^{k+1}-1\}$ 是无穷维序列线性空间 $l^2(\mathbf{Z})$ 的完全规范正交系。建议读者补充细节给出完整的证明。

定理3.60表明,无穷维序列向量线性空间 $l^2(\mathbf{Z})$ 的上述规范正交基由如下相互正交的 2^{k+1} 个规范正交向量系联合构成:

$$\{\boldsymbol{r}(\varepsilon,2^{-(k+1)}u);u\in(2^{k+1}\mathbf{Z})\},\quad \varepsilon=0,1,2,\cdots,2^{k+1}-1$$

这给出了建立无穷维序列向量线性空间 $l^2(\mathbf{Z})$ 的一种正交直和分解的途径。

9. 小波包金字塔序列空间直和分解

定理3.61(小波包金字塔序列空间直和分解) 在多分辨率分析的正交小波包理论体系中,对任意非负整数 k 和小波包级别 m,当 $\varepsilon=0,1,2,\cdots,2^{k+1}-1$ 时,定义子空间序列记号如下:

$$\mathscr{W}_{j-k}^{\cdot 2^{k+1}m+\varepsilon}=\text{Closespan}\{\boldsymbol{r}(\varepsilon,2^{-(k+1)}u)\in l^2(\mathbf{Z});u\in(2^{k+1}\mathbf{Z})\}$$
$$\varepsilon=0,1,2,\cdots,2^{k+1}-1$$

那么 $\{\mathscr{W}_{j-k}^{\cdot 2^{k+1}m+\varepsilon};\varepsilon=0,1,2,\cdots,2^{k+1}-1\}$ 是 $l^2(\mathbf{Z})$ 中相互正交的子空间序列,而且

$$l^2(\mathbf{Z})=\mathscr{W}_{j+1}^{\cdot m}=\bigoplus_{\varepsilon=0}^{2^{k+1}-1}\mathscr{W}_{j-k}^{\cdot 2^{k+1}m+\varepsilon}$$

证明留给读者作为练习。

注释 回顾恒等式 $\mathcal{H}\mathcal{H}^*+\mathcal{G}\mathcal{G}^*=\mathcal{I}_{\infty\times\infty}$。因为分块矩阵 $\mathcal{A}$ 是酉矩阵,所以按照列分块的如下分块矩阵记号 $\mathcal{H}=(\boldsymbol{h}^{(2n')};n'\in\mathbf{Z})$,$\mathcal{G}=(\boldsymbol{g}^{(2n')};n'\in\mathbf{Z})$ 表明,无穷维序列向量组 $\{\boldsymbol{h}^{(2n')},\boldsymbol{g}^{(2n')};n'\in\mathbf{Z}\}$ 是 $l^2(\mathbf{Z})$ 的规范正交基。此时可得

$$l^2(\mathbf{Z})=\mathscr{W}_{j+1}^{\cdot m}=\mathscr{W}_{j}^{\cdot 2m}\oplus\mathscr{W}_{j}^{\cdot 2m+1}$$
$$\mathscr{W}_{j}^{\cdot 2m}=\text{Closespan}\{\boldsymbol{h}^{(2n')};n'\in\mathbf{Z}\},\quad \mathscr{W}_{j}^{\cdot 2m+1}=\text{Closespan}\{\boldsymbol{g}^{(2n')};n'\in\mathbf{Z}\}$$

定理3.62(小波包正交投影坐标含义) 在多分辨率分析的正交小波包理论体系中,对任意整数 j、非负整数 k 和小波包级别 m,$\mathscr{D}_{j+1}^{(m)}\in l^2(\mathbf{Z})$ 在子空间序列

$$\mathscr{W}_{j-k}^{\cdot 2^{k+1}m+\varepsilon}=\text{Closespan}\{\boldsymbol{r}(\varepsilon,2^{-(k+1)}u);u\in(2^{k+1}\mathbf{Z})\}$$
$$\varepsilon=0,1,2,\cdots,2^{k+1}-1$$

上的正交投影分别是 $\mathscr{R}_{j-k}^{(2^{k+1}m)},\mathscr{R}_{j-k}^{(2^{k+1}m+1)},\cdots,\mathscr{R}_{j-k}^{(2^{k+1}m+2^{k+1}-2)},\mathscr{R}_{j-k}^{(2^{k+1}m+2^{k+1}-1)}$,而且,这些正交投影在序列空间 $l^2(\mathbf{Z})$ 的规范正交基

$$\{\boldsymbol{r}(\varepsilon,2^{-(k+1)}u);u\in(2^{k+1}\mathbf{Z})\},\quad \varepsilon=0,1,2,\cdots,2^{k+1}-1$$

下的坐标分别是

$$\mathscr{D}_{j-k}^{(2^{k+1}m+\varepsilon)} = \{ d_{j-k,2^{-(k+1)}v}^{(2^{k+1}m+\varepsilon)}; v \in (2^{k+1}\mathbf{Z}) \}^{\mathrm{T}} \in l^2(2^{k+1}\mathbf{Z}), \quad \varepsilon = 0,1,2,\cdots,2^{k+1}-1$$

证明留给读者作为练习。

3.4　小波包方法论

建立在多分辨率分析理论体系基础上的小波包理论体系，其数学原理是，对于由函数、无穷维序列向量、有限维向量所构成的尺度子空间、小波子空间、小波包子空间，按照正交直和分解方式，将这些子空间表示成一系列相互正交的“更小的”小波包子空间的正交直和。或者对等地，利用这些子空间的由单个尺度函数、单个小波函数或者单个小波包函数整数平移产生的规范正交基，构造这些子空间的由两个相互正交的小波包函数整数平移规范正交系联合构成的完全规范正交系，即该子空间的另一个规范正交基。

小波包理论思想简单而巧妙，最核心研究模式是将研究对象“一分为二”表示成相互正交的两部分之“和”。将子空间“一分为二”成为两个相互正交的子空间的直和，将子空间的规范正交基“一分为二”成为两个相互正交的规范正交系，将子空间的函数“一分为二”成为两个相互正交的函数之和，将子空间的无穷维序列向量“一分为二”成为两个相互正交的无穷维序列向量之和，将子空间的有限维向量“一分为二”成为两个相互正交的有限维向量之和。

小波包理论的几何思想就是广泛意义下的勾股定理思想，就是正交投影思想，在多分辨率分析小波包理论体系下，单位算子被分解为相互正交的尺度投影算子和小波投影算子的正交和，尺度子空间、小波子空间和小波包子空间中的函数或者向量，可以表示为它自身在这两个算子下的正交投影之和。

第 4 章　图像小波与小波包理论

本章将在一元函数空间多分辨率分析基础上,利用张量积方法建立二元函数或图像的多分辨率分析小波理论、图像小波链理论、图像小波包理论和图像小波包金字塔理论。本章另一个重要内容是光场小波和光场小波包理论。

在本章图像小波理论和图像小波包理论研究过程中,物理图像小波理论和小波包理论最常使用的两个希尔伯特空间分别是二元平方可积函数构成的线性空间$\mathcal{L}^2(\mathbf{R}\times\mathbf{R})=\mathcal{L}^2(\mathbf{R}^2)$,以及平方可和的、行数和列数均是无穷矩阵构成的矩阵空间 $l^2(\mathbf{Z}\times\mathbf{Z})=l^2(\mathbf{Z}^2)$,这里把它们简单罗列如下:

$$\mathcal{L}^2(\mathbf{R}\times\mathbf{R})=\mathcal{L}^2(\mathbf{R}^2)=\{f(x,y);\iint_{(x,y)\in\mathbf{R}^2}|f(x,y)|^2\mathrm{d}x\mathrm{d}y<+\infty\}$$

$$\langle f,g\rangle_{\mathcal{L}^2(\mathbf{R}\times\mathbf{R})}=\iint_{(x,y)\in\mathbf{R}^2}f(x,y)\overline{g}(x,y)\mathrm{d}x\mathrm{d}y$$

$$\|f\|^2_{\mathcal{L}^2(\mathbf{R}\times\mathbf{R})}=\langle f,f\rangle_{\mathcal{L}^2(\mathbf{R}\times\mathbf{R})}=\iint_{(x,y)\in\mathbf{R}^2}|f(x,y)|^2\mathrm{d}x\mathrm{d}y$$

$$(f=g)\Leftrightarrow(f(x,y)=g(x,y),\text{a. e. }(x,y)\in\mathbf{R}^2)$$

$$\Leftrightarrow\iint_{(x,y)\in\mathbf{R}^2}|f(x,y)-g(x,y)|^2\mathrm{d}x\mathrm{d}y=0$$

二维小波和二维小波包是一维小波和一维小波包理论的自然延伸,研究对象是二元函数$f(x,y)$,它是能量有限或者平方可积的二元函数或物理图像,它们全体构成的二元函数线性空间即为$\mathcal{L}^2(\mathbf{R}\times\mathbf{R})=\mathcal{L}^2(\mathbf{R}^2)$。

在研究物理图像小波变换和小波包变换时,研究对象从物理图像$f(x,y)$ 转换为矩阵,这种矩阵的行数和列数都是无限的,物理图像是平方可积二元函数,对等地,要求这种行数和列数都是无限的矩阵必须是平方可和的矩阵,即其全部元素的模平方之和或者能量是有限实数。这样的矩阵全体构成的线性空间就是 $l^2(\mathbf{Z}\times\mathbf{Z})=l^2(\mathbf{Z}^2)$,有

$$l^2(\mathbf{Z}\times\mathbf{Z})=l^2(\mathbf{Z}^2)=\{\boldsymbol{A}=(a_{r,s});\sum_{(r,s)\in\mathbf{Z}^2}|a_{r,s}|^2<+\infty\}$$

$$\langle\boldsymbol{A},\boldsymbol{B}\rangle_{l^2(\mathbf{Z}\times\mathbf{Z})}=\sum_{(r,s)\in\mathbf{Z}^2}a_{r,s}b^*_{r,s}=\mathrm{Tr}(\boldsymbol{B}^*\boldsymbol{A})$$

$$\langle\boldsymbol{A},\boldsymbol{A}\rangle_{l^2(\mathbf{Z}\times\mathbf{Z})}=\|\boldsymbol{A}\|^2_{l^2(\mathbf{Z}\times\mathbf{Z})}=\sum_{(r,s)\in\mathbf{Z}^2}|a_{r,s}|^2$$

在平方可和的二维无穷矩阵全体构成的矩阵空间 $l^2(\mathbf{Z}\times\mathbf{Z})$ 中,其向量是行列无穷维矩阵形式的点$\boldsymbol{A}=\{(a_{r,s});a_{r,s}\in\mathbf{C},(r,s)\in\mathbf{Z}^2\}$。形象地说,$l^2(\mathbf{Z}^2)$ 中的点或向量是无穷维矩阵,无论是上下或左右都延伸到无穷远。

4.1　二维尺度函数与二维小波函数

本节将构造和研究二维多分辨率分析，以及相应的二维多分辨率分析小波和小波包，使用的方法是张量积，而张量积的基础是一维多分辨率分析，以及一维多分辨率分析小波和小波包。

4.1.1　二维多分辨率分析与小波

本节利用一维多分辨率分析构造二维多分辨率分析，而且利用一维多分辨率分析正交小波和正交小波包构造二维多分辨率分析正交小波和小波包。

1. 一维多分辨率分析与一维小波

如果$(\{V_j;j\in\mathbf{Z}\},\varphi(x))$是函数空间$\mathcal{L}^2(\mathbf{R})$上的一个多分辨率分析，则尺度子空间列与尺度函数满足如下五个要求：

① 单调性，$V_J\subseteq V_{J+1}, J\in\mathbf{Z}$。

② 稠密性，$\overline{[\bigcup_{J\in\mathbf{Z}} V_J]}=\mathcal{L}^2(\mathbf{R})$。

③ 唯一性，$\bigcap_{J\in\mathbf{Z}} V_J=\{0\}$。

④ 伸缩性，$f(x)\in V_J\Leftrightarrow f(2x)\in V_{J+1}, J\in\mathbf{Z}$。

⑤ 构造性，$\{\varphi(x-k);k\in\mathbf{Z}\}$构成$V_0$的规范正交基。

其中，$\varphi(x)\in\mathcal{L}^2(\mathbf{R})$是尺度函数，对于任意的整数$j\in\mathbf{Z}$，$V_j$被称为第$j$级尺度子空间。定义空间$\mathcal{L}^2(\mathbf{R})$中的闭线性子空间列$\{W_j;j\in\mathbf{Z}\}$：对$\forall j\in\mathbf{Z}$，子空间$W_j$满足$W_j\perp V_j$，$V_{j+1}=W_j\oplus V_j$，其中，$W_j$称为（第$j$级）小波子空间。

根据多分辨率分析理论构造获得的正交小波函数是$\psi(x)\in W_0$。

① 小波子空间序列$\{W_j;j\in\mathbf{Z}\}$相互正交，而且伸缩依赖，即

$$g(x)\in W_j\Leftrightarrow g(2x)\in W_{j+1},\quad W_j\perp W_l, \forall j\neq l, (j,l)\in\mathbf{Z}\times\mathbf{Z}$$

② 尺度子空间列$\{V_j;j\in\mathbf{Z}\}$和小波子空间列$\{W_j;j\in\mathbf{Z}\}$具有如下关系：

$$m\geqslant j\Rightarrow W_m\perp V_j,\quad m<j\Rightarrow W_m\subseteq V_j$$

③ 空间正交直和分解关系，对$j\in\mathbf{Z}, L\in\mathbf{N}$，有

$$V_{j+L+1}=W_{j+L}\oplus W_{j+L-1}\oplus\cdots\oplus W_j\oplus V_j=\bigoplus_{k=0}^{+\infty} W_{j+L-k}$$

而且

$$\mathcal{L}^2(\mathbf{R})=V_j\oplus(\bigoplus_{m=j}^{+\infty} W_m)=\bigoplus_{m=-\infty}^{+\infty} W_m$$

④ 尺度方程和小波方程

$$\begin{cases}\varphi(x)=\sqrt{2}\sum_{n\in\mathbf{Z}} h_n\varphi(2x-n)\\ \psi(x)=\sqrt{2}\sum_{n\in\mathbf{Z}} g_n\varphi(2x-n)\end{cases}\Leftrightarrow\begin{cases}\Phi(\omega)=H(0.5\omega)\Phi(0.5\omega)\\ \Psi(\omega)=G(0.5\omega)\Phi(0.5\omega)\end{cases}$$

或者等价地，对于任意的整数$j\in\mathbf{Z}$，有

$$\begin{cases}\varphi_{j,k}(x)=\sum_{n\in\mathbf{Z}}h_{n-2k}\varphi_{j+1,n}(x),k\in\mathbf{Z}\\ \psi_{j,k}(x)=\sum_{n\in\mathbf{Z}}g_{n-2k}\varphi_{j+1,n}(x),k\in\mathbf{Z}\end{cases}\Leftrightarrow\begin{cases}\Phi(2^{-j}\omega)=H(2^{-(j+1)}\omega)\Phi(2^{-(j+1)}\omega)\\ \Psi(2^{-j}\omega)=G(2^{-(j+1)}\omega)\Phi(2^{-(j+1)}\omega)\end{cases}$$

其中低通和带通滤波器表示如下：

$$H(\omega)=2^{-0.5}\sum_{n\in\mathbf{Z}}h_n\mathrm{e}^{-\mathrm{i}\omega n},\quad G(\omega)=2^{-0.5}\sum_{n\in\mathbf{Z}}g_n\mathrm{e}^{-\mathrm{i}\omega n}$$

而且，低通系数和带通系数当 $n\in\mathbf{Z}$ 时表示为

$$h_n=\langle\varphi(\cdot),\sqrt{2}\varphi(2\cdot-n)\rangle_{\mathcal{L}^2(\mathbf{R})}=\sqrt{2}\int_{x\in\mathbf{R}}\varphi(x)\overline{\varphi}(2x-n)\mathrm{d}x$$

$$g_n=\langle\psi(\cdot),\sqrt{2}\varphi(2\cdot-n)\rangle_{\mathcal{L}^2(\mathbf{R})}=\sqrt{2}\int_{x\in\mathbf{R}}\psi(x)\overline{\varphi}(2x-n)\mathrm{d}x$$

同时满足 $\sum_{n\in\mathbf{Z}}|h_n|^2=\sum_{n\in\mathbf{Z}}|g_n|^2=1$。而 $\Phi(\omega)$ 和 $\Psi(\omega)$ 分别是尺度函数 $\varphi(x)$ 和小波函数 $\psi(x)$ 的傅里叶变换。

⑤ 子空间的规范正交基。

a. $\{\varphi_{j,k}(x)=2^{j/2}\varphi(2^jx-k);k\in\mathbf{Z}\}$ 是 V_j 的规范正交基；

b. $\{\psi_{j,k}(x)=2^{j/2}\psi(2^jx-k);k\in\mathbf{Z}\}$ 是 W_j 的规范正交基；

c. $\{\varphi_{j,k}(x),\psi_{j,k}(x);k\in\mathbf{Z}\}$ 是 V_{j+1} 的规范正交基；

d. $\{\varphi_{j+1,k}(x)=2^{(j+1)/2}\varphi(2^{j+1}x-k);k\in\mathbf{Z}\}$ 是 V_{j+1} 的规范正交基；

e. $\{\psi_{j,k}(x)=2^{j/2}\psi(2^jx-k);(j,k)\in\mathbf{Z}\times\mathbf{Z}\}$ 是 $\mathcal{L}^2(\mathbf{R})$ 的规范正交基。

⑥ 2×2 的构造矩阵

$$\boldsymbol{M}(\omega)=\begin{pmatrix}H(\omega) & H(\omega+\pi)\\ G(\omega) & G(\omega+\pi)\end{pmatrix}$$

满足如下恒等式：

$$\boldsymbol{M}(\omega)\boldsymbol{M}^*(\omega)=\boldsymbol{M}^*(\omega)\boldsymbol{M}(\omega)=\boldsymbol{I}$$

或者等价地，当 $\omega\in[0,2\pi]$ 时，有

$$|H(\omega)|^2+|H(\omega+\pi)|^2=|G(\omega)|^2+|G(\omega+\pi)|^2=1$$

$$H(\omega)\overline{G}(\omega)+H(\omega+\pi)\overline{G}(\omega+\pi)=0$$

或者等价地，对于任意的 $(m,k)\in\mathbf{Z}^2$，有

$$\begin{cases}\langle\boldsymbol{h}_0^{(2m)},\boldsymbol{h}_0^{(2k)}\rangle_{l^2(\mathbf{Z})}=\sum_{n\in\mathbf{Z}}h_{n-2m}\overline{h}_{n-2k}=\delta(m-k)\\ \langle\boldsymbol{h}_1^{(2m)},\boldsymbol{h}_1^{(2k)}\rangle_{l^2(\mathbf{Z})}=\sum_{n\in\mathbf{Z}}g_{n-2m}\overline{g}_{n-2k}=\delta(m-k)\\ \langle\boldsymbol{h}_1^{(2m)},\boldsymbol{h}_0^{(2k)}\rangle_{l^2(\mathbf{Z})}=\sum_{n\in\mathbf{Z}}g_{n-2m}\overline{h}_{n-2k}=0\end{cases}$$

其中，$h_0^{(m)}=\{h_{n-m};n\in\mathbf{Z}\}^{\mathrm{T}}\in l^2(\mathbf{Z})$，$h_1^{(m)}=\{g_{n-m};n\in\mathbf{Z}\}^{\mathrm{T}}\in l^2(\mathbf{Z})$，$m\in\mathbf{Z}$。换言之，$\{\boldsymbol{h}_0^{(2m)};m\in\mathbf{Z}\}$ 和 $\{\boldsymbol{h}_1^{(2m)};m\in\mathbf{Z}\}$ 是 $l^2(\mathbf{Z})$ 中相互正交的两个偶数平移平方可和无穷维规范正交向量系，而且，它们共同构成 $l^2(\mathbf{Z})$ 的规范正交基。

2. 二维多分辨率分析与二维小波

现在构造二维多分辨率分析。为此，首先定义二维函数

$$Q^{(0)}(x,y)=\varphi(x)\varphi(y)$$

和二元能量有限或平方可积函数空间$\mathcal{L}^2(\mathbf{R}^2)$的闭子空间序列

$$\boldsymbol{Q}_j^{(0)}=V_j\otimes V_j,\quad j\in\mathbf{Z}$$

定理 4.1(二维多分辨率分析)　$(\{\boldsymbol{Q}_j^{(0)};j\in\mathbf{Z}\},Q^{(0)}(x,y)=\varphi(x)\varphi(y))$构成$\mathcal{L}^2(\mathbf{R}^2)$的多分辨率分析,即如下五个性质被满足:

① 单调性,$\boldsymbol{Q}_j^{(0)}\subset\boldsymbol{Q}_{j+1}^{(0)},\forall j\in\mathbf{Z}$。

② 唯一性,$\bigcap_{j\in\mathbf{Z}}\boldsymbol{Q}_j^{(0)}=\{0\}$。

③ 稠密性,$\overline{(\bigcup_{j\in\mathbf{Z}}\boldsymbol{Q}_j^{(0)})}=\mathcal{L}^2(\mathbf{R}^2)$。

④ 伸缩性,$f(x,y)\in\boldsymbol{Q}_j^{(0)}\Leftrightarrow f(2x,2y)\in\boldsymbol{Q}_{j+1}^{(0)},\forall j\in\mathbf{Z}$。

⑤ 构造性,$\{Q^{(0)}(x-m,y-n)=\varphi(x-m)\varphi(y-n);(m,n)\in\mathbf{Z}^2\}$构成子空间$\boldsymbol{Q}_0^{(0)}$的规范正交基。

其中,$Q^{(0)}(x,y)=\varphi(x)\varphi(y)$是二维尺度函数,第$j$级尺度空间是

$$\boldsymbol{Q}_j^{(0)}=\text{Closespan}\{Q_{j;m,n}^{(0)}(x,y)=2^jQ^{(0)}(2^jx-m,2^jy-n);(m,n)\in\mathbf{Z}^2\}$$

证明　利用一维多分辨率分析的性质和张量积方法的特点,可以在二维平方可积函数空间$\mathcal{L}^2(\mathbf{R}\times\mathbf{R})$中逐条验证$(\{\boldsymbol{Q}_j^{(0)};j\in\mathbf{Z}\},Q^{(0)}(x,y)=\varphi(x)\varphi(y))$满足上述五个性质。

首先,当$f(x,y)\in\boldsymbol{Q}_j^{(0)}=V_j\otimes V_j$时,按照定义,存在$\xi(x)\in V_j,\zeta(y)\in V_j$,保证$f(x,y)=\xi(x)\zeta(y)$,由一元多分辨率分析可知,$\xi(x)\in V_{j+1},\zeta(y)\in V_{j+1}$,从而,利用$\boldsymbol{Q}_{j+1}^{(0)}=V_{j+1}\otimes V_{j+1}$的定义得到

$$\xi(x)\zeta(y)=f(x,y)\in V_{j+1}\otimes V_{j+1}=\boldsymbol{Q}_{j+1}^{(0)}$$

这样,单调性得到证明。

另外,任意的函数$f(x,y)=\xi(x)\zeta(y)\in\bigcap_{j\in\mathbf{Z}}\boldsymbol{Q}_j^{(0)}$,对于任意的整数$j\in\mathbf{Z}$,必有$\xi(x)\in V_j,\zeta(y)\in V_j$,从而$\xi(x)\in\bigcap_{j\in\mathbf{Z}}V_j,\zeta(y)\in\bigcap_{j\in\mathbf{Z}}V_j$,根据一维多分辨率分析满足的唯一性公理$\bigcap_{j\in\mathbf{Z}}V_j=\{0\}$,可得$\xi(x)=\zeta(y)=0$,于是$f(x,y)=\xi(x)\zeta(y)=0$。由$f(x,y)=\xi(x)\zeta(y)\in\bigcap_{j\in\mathbf{Z}}\boldsymbol{Q}_j^{(0)}$的任意性得到二维多分辨率分析的唯一性$\bigcap_{j\in\mathbf{Z}}\boldsymbol{Q}_j^{(0)}=\{0\}$。

其余各个公理的验证留给读者作为练习,这里只给出必要的提示。关于稠密性的证明,利用如下公式:

$$\mathcal{L}^2(\mathbf{R}^2)=\text{Closespan}\{f(x,y)=\xi(x)\zeta(y);\xi(x)\in\mathcal{L}^2(\mathbf{R}),\zeta(y)\in\mathcal{L}^2(\mathbf{R})\}$$

并证明如下包含关系:

$$\{\xi(x)\zeta(y);\xi(x)\in\mathcal{L}^2(\mathbf{R}),\zeta(y)\in\mathcal{L}^2(\mathbf{R})\}\subseteq\bigcup_{j\in\mathbf{Z}}\boldsymbol{Q}_j^{(0)}$$

则稠密性得证。

直接按照定义证明伸缩性,先利用内积定义直接演算验证函数系

$$\{Q^{(0)}(x-m,y-n)=\varphi(x-m)\varphi(y-n);(m,n)\in\mathbf{Z}^2\}$$

是$\mathcal{L}^2(\mathbf{R}\times\mathbf{R})$中的规范正交系,即满足如下内积演算公式:

$$\langle Q^{(0)}(x-m,y-n),Q^{(0)}(x-u,y-v)\rangle_{\mathcal{L}^2(\mathbf{R}\times\mathbf{R})}=\delta(m-u)\delta(n-v)$$

其中,$(m,u,n,v)\in\mathbf{Z}\times\mathbf{Z}\times\mathbf{Z}\times\mathbf{Z}$。此外,对于任意的$f(x,y)=\xi(x)\zeta(y)\in\boldsymbol{Q}_0^{(0)}$,必有如

下的正交尺度函数级数表达式成立：

$$\xi(x)=\sum_{m\in\mathbf{Z}}\alpha_m\varphi(x-m),\quad \zeta(y)=\sum_{n\in\mathbf{Z}}\beta_n\varphi(x-n)$$

其中

$$\sum_{m\in\mathbf{Z}}|\alpha_m|^2<+\infty,\quad \sum_{n\in\mathbf{Z}}|\beta_n|^2<+\infty$$

容易验证这时候如下二维尺度函数级数表达式必成立：

$$f(x,y)=\xi(x)\zeta(y)=\sum_{(m,n)\in\mathbf{Z}}\gamma_{m,n}Q^{(0)}(x-m,y-n)$$

而且

$$\sum_{(m,n)\in\mathbf{Z}}|\gamma_{m,n}|^2<+\infty$$

如是即可证得规范正交系$\{Q^{(0)}(x-m,y-n);(m,n)\in\mathbf{Z}^2\}$是$\boldsymbol{Q}_0^{(0)}$的基，从而它是$\boldsymbol{Q}_0^{(0)}$的规范正交基。建议读者补充必要的细节，完成这个定理的完整证明。

3. 尺度子空间的正交直和分解

在多分辨率分析$(\{\boldsymbol{Q}_j^{(0)};j\in\mathbf{Z}\},Q^{(0)}(x,y)=\varphi(x)\varphi(y))$体系下，定义三个函数子空间$\boldsymbol{Q}_j^{(1)}=(V_j\otimes W_j)$、$\boldsymbol{Q}_j^{(2)}=(W_j\otimes V_j)$、$\boldsymbol{Q}_j^{(3)}=(W_j\otimes W_j)$，这样定义的三个二元函数子空间序列$\{\boldsymbol{Q}_j^{(l)};j\in\mathbf{Z}\},l=1,2,3$称为二元函数正交小波子空间序列，而$\boldsymbol{Q}_j^{(l)},l=1,2,3$称为第$j$级小波空间。

定理 4.2(二维小波子空间序列) 设$(\{\boldsymbol{Q}_j^{(0)};j\in\mathbf{Z}\},Q^{(0)}(x,y)=\varphi(x)\varphi(y))$是$\mathcal{L}^2(\mathbf{R}^2)$的多分辨率分析，那么，对于任意的$j\in\mathbf{Z}$，尺度子空间$\boldsymbol{Q}_{j+1}^{(0)}$存在如下正交直和分解表达式：

$$\begin{aligned}\boldsymbol{Q}_{j+1}^{(0)}&=V_{j+1}\otimes V_{j+1}=(V_j\oplus W_j)\otimes(V_j\oplus W_j)\\&=(V_j\otimes V_j)\oplus(V_j\otimes W_j)\oplus(W_j\otimes V_j)\oplus(W_j\otimes W_j)\\&=\boldsymbol{Q}_j^{(0)}\oplus\boldsymbol{Q}_j^{(1)}\oplus\boldsymbol{Q}_j^{(2)}\oplus\boldsymbol{Q}_j^{(3)}\end{aligned}$$

而且，二元函数的子空间序列$\boldsymbol{Q}_j^{(l)},l=0,1,2,3,j\in\mathbf{Z}$具有如下性质：

① 相互正交，$\boldsymbol{Q}_j^{(l)}\perp\boldsymbol{Q}_{\tilde{j}}^{(\tilde{l})},(j,l)\neq(\tilde{j},\tilde{l}),1\leqslant l,\tilde{l}\leqslant 3,(j,\tilde{j})\in\mathbf{Z}^2$。

② 条件正交，$\boldsymbol{Q}_j^{(l)}\perp\boldsymbol{Q}_{\tilde{j}}^{(0)},l=1,2,3,j\geqslant\tilde{j},(j,\tilde{j})\in\mathbf{Z}^2$。

③ 条件包含，$\boldsymbol{Q}_j^{(l)}\subset\boldsymbol{Q}_{\tilde{j}}^{(0)},l=1,2,3,j<\tilde{j},(j,\tilde{j})\in\mathbf{Z}^2$。

④ 伸缩关系，$g(x,y)\in\boldsymbol{Q}_j^{(l)}\Leftrightarrow g(2x,2y)\in\boldsymbol{Q}_{j+1}^{(l)},l=1,2,3,\forall j\in\mathbf{Z}$。

⑤ 构造性，定义如下三个二元函数：

$$Q^{(1)}(x,y)=\varphi(x)\psi(y),\quad Q^{(2)}(x,y)=\psi(x)\varphi(y),\quad Q^{(3)}(x,y)=\psi(x)\psi(y)$$

它们的整数平移函数系是规范正交二元函数系且相互正交，分别构成第 0 级小波子空间$\boldsymbol{Q}_0^{(l)},l=1,2,3$的规范正交二元函数基，这时，二维正交小波函数是如下三个函数：

$$Q^{(1)}(x,y)=\varphi(x)\psi(y),\quad Q^{(2)}(x,y)=\psi(x)\varphi(y),\quad Q^{(3)}(x,y)=\psi(x)\psi(y)$$

具有如下张成关系：

$$\boldsymbol{Q}_0^{(l)}=\text{Closespan}\{Q_0^{(l)}(x-m,y-n);(m,n)\in\mathbf{Z}^2\},\quad l=1,2,3$$

建议读者完成这个证明。

4. 二维尺度方程和小波方程

定理 4.3(尺度方程和小波方程)　设$(\{\boldsymbol{Q}_j^{(0)};j\in\mathbf{Z}\},Q^{(0)}(x,y)=\varphi(x)\varphi(y))$是$\mathcal{L}^2(\mathbf{R}^2)$的多分辨率分析,对任意的$(m,n)\in\mathbf{Z}^2$,引入序列记号

$$h^{(0)}(m,n)=h_m h_n,\quad h^{(1)}(m,n)=h_m g_n,\quad h^{(2)}(m,n)=g_m h_n,\quad h^{(3)}(m,n)=g_m g_n$$

其中,$g_n=(-1)^{2\kappa+1-n}\overline{h}_{2\kappa+1-n},n\in\mathbf{Z},\kappa\in\mathbf{Z}$。那么,如下二维多分辨率分析尺度方程和小波方程的函数方程组成立:

$$Q^{(l)}(x,y)=\sum_{(m,n)\in\mathbf{Z}\times\mathbf{Z}}h^{(l)}(m,n)Q_{1;m,n}^{(0)}(x,y),\quad l=0,1,2,3$$

而且,第j级的三个小波空间可以表示为

$$\boldsymbol{Q}_j^{(l)}=\mathrm{Closespan}\{Q_{j;m,n}^{(l)}(x,y);(m,n)\in\mathbf{Z}^2\},\quad l=1,2,3$$

其中

$$\{Q_{j;m,n}^{(l)}(x,y)=2^jQ^{(l)}(2^jx-m,2^jy-n);(m,n)\in\mathbf{Z}^2\},\quad l=1,2,3$$

是空间$\mathcal{L}^2(\mathbf{R}^2)$的规范正交二元函数系。

证明　利用一元函数空间的多分辨率分析的尺度方程和小波方程

$$\varphi(x)=\sqrt{2}\sum_{n\in\mathbf{Z}}h_n\varphi(2x-n),\quad \psi(x)=\sqrt{2}\sum_{n\in\mathbf{Z}}g_n\varphi(2x-n)$$

直接演算可得到二维尺度方程和小波方程。建议读者完成其余部分的证明。

4.1.2　二维函数子空间的分解

在空间$\mathcal{L}^2(\mathbf{R}^2)$的多分辨率分析基础上,可以建立二元函数尺度子空间$\boldsymbol{Q}_{j+1}^{(0)}$和整个函数空间$\mathcal{L}^2(\mathbf{R}^2)$的混合正交直和分解以及小波子空间序列正交直和分解。

1. 尺度子空间的混合正交直合分解

定理 4.4(尺度子空间的混合正交直和分解)　在函数空间$\mathcal{L}^2(\mathbf{R}^2)$的多分辨率分析$(\{\boldsymbol{Q}_j^{(0)};j\in\mathbf{Z}\},Q^{(0)}(x,y)=\varphi(x)\varphi(y))$基础上,对任意的$j\in\mathbf{Z},k\in\mathbf{N}$,尺度子空间$\boldsymbol{Q}_{j+1}^{(0)}$存在如下的混合正交直和分解表达式:

$$\boldsymbol{Q}_{j+1}^{(0)}=\boldsymbol{Q}_{j-k}^{(0)}\oplus\{\bigoplus_{\xi=0}^{k}[\boldsymbol{Q}_{j-\xi}^{(1)}\oplus\boldsymbol{Q}_{j-\xi}^{(2)}\oplus\boldsymbol{Q}_{j-\xi}^{(3)}]\}$$

证明　根据定理4.2可得如下演算:

$$\begin{aligned}\boldsymbol{Q}_{j+1}^{(0)}&=\boldsymbol{Q}_j^{(0)}\oplus[\boldsymbol{Q}_j^{(1)}\oplus\boldsymbol{Q}_j^{(2)}\oplus\boldsymbol{Q}_j^{(3)}]\\&=\boldsymbol{Q}_{j-1}^{(0)}\oplus[\boldsymbol{Q}_{j-1}^{(1)}\oplus\boldsymbol{Q}_{j-1}^{(2)}\oplus\boldsymbol{Q}_{j-1}^{(3)}]\oplus[\boldsymbol{Q}_j^{(1)}\oplus\boldsymbol{Q}_j^{(2)}\oplus\boldsymbol{Q}_j^{(3)}]\\&=\cdots=\boldsymbol{Q}_{j-k}^{(0)}\oplus[\boldsymbol{Q}_{j-k}^{(1)}\oplus\boldsymbol{Q}_{j-k}^{(2)}\oplus\boldsymbol{Q}_{j-k}^{(3)}]\oplus\cdots\oplus[\boldsymbol{Q}_j^{(1)}\oplus\boldsymbol{Q}_j^{(2)}\oplus\boldsymbol{Q}_j^{(3)}]\\&=\boldsymbol{Q}_{j-k}^{(0)}\oplus[\bigoplus_{\xi=0}^{k}[\boldsymbol{Q}_{j-\xi}^{(1)}\oplus\boldsymbol{Q}_{j-\xi}^{(2)}\oplus\boldsymbol{Q}_{j-\xi}^{(3)}]]\end{aligned}$$

这个演算过程就是多次重复使用定理4.2的过程。完成证明。

2. 尺度子空间的完全正交直合分解

定理 4.5(尺度子空间的完全正交直和分解)　在二元函数空间$\mathcal{L}^2(\mathbf{R}^2)$的多分辨率分析$\{\{\boldsymbol{Q}_j^{(0)};j\in\mathbf{Z}\},Q^{(0)}(x,y)=\varphi(x)\varphi(y)\}$基础上,对任意的$j\in\mathbf{Z}$,尺度子空间$\boldsymbol{Q}_{j+1}^{(0)}$存在如下完全正交直和分解表达式:

$$\boldsymbol{Q}_{j+1}^{(0)}=\bigoplus_{\xi=0}^{+\infty}[\boldsymbol{Q}_{j-\xi}^{(1)}\oplus\boldsymbol{Q}_{j-\xi}^{(2)}\oplus\boldsymbol{Q}_{j-\xi}^{(3)}]$$

证明 根据定理4.2的条件包含关系

$$\boldsymbol{Q}_j^{(l)} \subset \boldsymbol{Q}_{\tilde{j}}^{(0)}, \quad l=1,2,3, j<\tilde{j}, (j,\tilde{j}) \in \mathbf{Z}^2$$

和定理4.4可知

$$\bigoplus_{\xi=0}^{+\infty} [\boldsymbol{Q}_{j-\xi}^{(1)} \oplus \boldsymbol{Q}_{j-\xi}^{(2)} \oplus \boldsymbol{Q}_{j-\xi}^{(3)}] \subseteq \boldsymbol{Q}_{j+1}^{(0)}$$

如果能够证明如下的相反包含关系，即可完成证明：

$$\boldsymbol{Q}_{j+1}^{(0)} \subseteq \bigoplus_{\xi=0}^{+\infty} [\boldsymbol{Q}_{j-\xi}^{(1)} \oplus \boldsymbol{Q}_{j-\xi}^{(2)} \oplus \boldsymbol{Q}_{j-\xi}^{(3)}]$$

即 $\forall f(x,y) \in \boldsymbol{Q}_{j+1}^{(0)}$，存在$\{f_{j-\xi}^{(l)}(x,y);\xi=0,1,\cdots,+\infty\}$，$l=1,2,3$这样三个相互正交的函数序列满足如下要求：

$$f_{j-\xi}^{(l)}(x,y) \in \boldsymbol{Q}_{j-\xi}^{(l)}, \quad l=1,2,3, \xi=0,1,\cdots,+\infty$$

而且

$$f(x,y) = \sum_{\xi=0}^{+\infty} \sum_{l=1}^{3} f_{j-\xi}^{(l)}(x,y)$$

函数序列$\{f_{j-\xi}^{(l)}(x,y);\xi=0,1,\cdots,+\infty\}$，$l=1,2,3$的构造留给读者作为练习。建议读者完成全部证明。

3. 函数空间的混合正交直合分解

定理4.6(函数空间的混合正交直和分解) 在二元函数空间$\mathcal{L}^2(\mathbf{R}^2)$的多分辨率分析($\{\boldsymbol{Q}_j^{(0)};j \in \mathbf{Z}\}$，$Q^{(0)}(x,y)=\varphi(x)\varphi(y)$)基础上，对任意的$j \in \mathbf{Z}$，函数空间$\mathcal{L}^2(\mathbf{R}^2)$存在如下混合正交直和分解表达式：

$$\mathcal{L}^2(\mathbf{R}^2) = \boldsymbol{Q}_j^{(0)} \oplus \{\bigoplus_{\xi=0}^{+\infty} [\boldsymbol{Q}_{j+\xi}^{(1)} \oplus \boldsymbol{Q}_{j+\xi}^{(2)} \oplus \boldsymbol{Q}_{j+\xi}^{(3)}]\}$$

即$\mathcal{L}^2(\mathbf{R}^2)$可以被分解为半无穷的相互正交闭线性子空间序列的正交直和。

建议读者完成这个证明。

提示：利用多分辨率分析的稠密性公理。

4. 函数空间的完全正交直合分解

定理4.7(函数空间的完全正交直和分解) 在二元函数空间$\mathcal{L}^2(\mathbf{R}^2)$的多分辨率分析($\{\boldsymbol{Q}_j^{(0)};j \in \mathbf{Z}\}$，$Q^{(0)}(x,y)=\varphi(x)\varphi(y)$)基础上，对任意的$j \in \mathbf{Z}$，函数空间$\mathcal{L}^2(\mathbf{R}^2)$存在如下完全小波子空间正交直和分解表达式：

$$\mathcal{L}^2(\mathbf{R}^2) = \bigoplus_{\xi=-\infty}^{+\infty} [\boldsymbol{Q}_{\xi}^{(1)} \oplus \boldsymbol{Q}_{\xi}^{(2)} \oplus \boldsymbol{Q}_{\xi}^{(3)}]$$

即$\mathcal{L}^2(\mathbf{R}^2)$可以被分解为相互正交小波子空间序列的正交直和。

证明 利用定理4.6和定理4.5可以完成这个证明。建议读者给出这个定理的完整证明。

4.1.3 二维函数子空间的规范正交基

在二维函数尺度子空间的混合正交直和分解、完全小波子空间正交直和分解理论、函数空间的混合正交直和分解，以及完全小波子空间正交直和分解理论基础上，利用各个尺度子空间和小波子空间的整数平移规范正交基，可以给出尺度子空间和整个函数空间的混合尺度-小波规范正交基和完全小波规范正交基。

1. 尺度方程和小波方程组

定理 4.8(尺度方程和小波方程组)　在二元函数空间$\mathcal{L}^2(\mathbf{R}^2)$的多分辨率分析$(\{\boldsymbol{Q}_j^{(0)};j\in\mathbf{Z}\},Q^{(0)}(x,y)=\varphi(x)\varphi(y))$基础上,如下表示的尺度函数和小波函数的伸缩平移函数系:

$$\{Q_{j;m,n}^{(l)}(x,y)=2^jQ^{(l)}(2^jx-m,2^jy-n);(j,m,n)\in\mathbf{Z}\times\mathbf{Z}\times\mathbf{Z},l=1,2,3\}$$

是规范正交函数系,而且,在如下的函数系中:

$$\{Q_{j;m,n}^{(l)}(x,y)=2^jQ^{(l)}(2^jx-m,2^jy-n);(j,m,n)\in\mathbf{Z}\times\mathbf{Z}\times\mathbf{Z},l=0,1,2,3\}$$

存在尺度伸缩的尺度方程和小波方程依赖关系,即

$$Q_{j;u,v}^{(l)}(x,y)=\sum_{(m,n)\in\mathbf{Z}\times\mathbf{Z}}h^{(l)}(m-2u,n-2v)Q_{j+1;m,n}^{(0)}(x,y),\quad l=0,1,2,3,(u,v)\in\mathbf{Z}^2$$

证明　由定理 4.3 并引入尺度因子即可完成证明。建议读者写出完整证明。

2. 尺度子空间的两类规范正交基

定理 4.9(尺度子空间的规范正交基)　在二元函数空间$\mathcal{L}^2(\mathbf{R}^2)$的多分辨率分析$(\{\boldsymbol{Q}_j^{(0)};j\in\mathbf{Z}\},Q^{(0)}(x,y)=\varphi(x)\varphi(y))$基础上,尺度子空间序列$\boldsymbol{Q}_{j+1}^{(0)}$具有如下两类规范正交基:

第一类:尺度 - 小波混合规范正交基。

$$\{Q_{j-k;m,n}^{(0)}(x,y);(m,n)\in\mathbf{Z}^2\}\bigcup_{\xi=0}^{k}\bigcup_{l=1}^{3}\{Q_{j-\xi;m,n}^{(l)}(x,y);(m,n)\in\mathbf{Z}^2\}$$

第二类:完全小波规范正交基。

$$\bigcup_{\xi=0}^{+\infty}\bigcup_{l=1}^{3}\{Q_{j-\xi;m,n}^{(l)}(x,y);(m,n)\in\mathbf{Z}^2\}$$

由此得到如下的子空间张成关系:

$$\begin{aligned}\boldsymbol{Q}_{j+1}^{(0)}&=\mathrm{Closespan}\{Q_{j-\xi;m,n}^{(l)}(x,y);(m,n)\in\mathbf{Z}\times\mathbf{Z},\xi\in\mathbf{N},l=1,2,3\}\\&=\mathrm{Closespan}\{Q_{j-k;m,n}^{(0)}(x,y),Q_{j-\xi;m,n}^{(l)}(x,y);(m,n)\in\mathbf{Z}\times\mathbf{Z},\xi=0,1,\cdots,k,l=1,2,3\}\end{aligned}$$

证明　因为尺度子空间和小波子空间都存在由单一的尺度函数或者小波函数伸缩平移产生的规范正交基,而且如下的张成关系成立:第j级尺度子空间可以被表示为

$$\boldsymbol{Q}_j^{(0)}=\mathrm{Closespan}\{Q_{j;m,n}^{(0)}(x,y);(m,n)\in\mathbf{Z}^2\}$$

第j级的三个小波子空间可以被表示为

$$\boldsymbol{Q}_j^{(l)}=\mathrm{Closespan}\{Q_{j;m,n}^{(l)}(x,y);(m,n)\in\mathbf{Z}^2\},\quad l=1,2,3$$

其中

$$Q_{j;m,n}^{(l)}(x,y)=2^jQ^{(l)}(2^jx-m,2^jy-n),\quad (m,n)\in\mathbf{Z}^2,l=0,1,2,3$$

这样,利用尺度子空间的混合正交直和分解和完全小波子空间正交直和分解公式分别可以得到

$$\begin{aligned}\boldsymbol{Q}_{j+1}^{(0)}&=\boldsymbol{Q}_{j-k}^{(0)}\oplus\{\bigoplus_{\xi=0}^{k}[\boldsymbol{Q}_{j-\xi}^{(1)}\oplus\boldsymbol{Q}_{j-\xi}^{(2)}\oplus\boldsymbol{Q}_{j-\xi}^{(3)}]\}\\&=\bigoplus_{\xi=0}^{+\infty}[\boldsymbol{Q}_{j-\xi}^{(1)}\oplus\boldsymbol{Q}_{j-\xi}^{(2)}\oplus\boldsymbol{Q}_{j-\xi}^{(3)}]\end{aligned}$$

于是,利用尺度子空间和小波子空间的由单一函数伸缩平移产生的规范正交基得到尺度子空间的混合规范正交基,即

$$\{Q_{j-k;m,n}^{(0)}(x,y);(m,n)\in\mathbf{Z}^2\}\cup[\bigcup_{\xi=0}^{k}\bigcup_{l=1}^{3}\{Q_{j-\xi;m,n}^{(l)}(x,y);(m,n)\in\mathbf{Z}^2\}]$$

和完全小波规范正交基

$$\bigcup_{\xi=0}^{+\infty}\bigcup_{l=1}^{3}\{Q_{j-\xi;m,n}^{(l)}(x,y);(m,n)\in\mathbf{Z}^2\}$$

同时

$$\boldsymbol{Q}_{j+1}^{(0)}=\text{Closespan}\{Q_{j-k;m,n}^{(0)}(x,y),Q_{j-\xi;m,n}^{(l)}(x,y);(m,n)\in\mathbf{Z}\times\mathbf{Z},\xi=0,1,\cdots,k,l=1,2,3\}$$

而且

$$\boldsymbol{Q}_{j+1}^{(0)}=\text{Closespan}\{Q_{j-\xi;m,n}^{(l)}(x,y);(m,n)\in\mathbf{Z}\times\mathbf{Z},\xi\in\mathbf{N},l=1,2,3\}$$

这样完成定理的证明。

3. 函数空间的两类规范正交基

定理 4.10(函数空间的规范正交基) 在二元函数空间$\mathcal{L}^2(\mathbf{R}^2)$的多分辨率分析($\{\boldsymbol{Q}_j^{(0)};j\in\mathbf{Z}\},Q^{(0)}(x,y)=\varphi(x)\varphi(y)$)基础上,函数空间$\mathcal{L}^2(\mathbf{R}^2)$具有如下两类规范正交基:

第一类:尺度 - 小波混合规范正交基。

$$\{Q_{j;m,n}^{(0)}(x,y);(m,n)\in\mathbf{Z}^2\}\cup[\bigcup_{\xi=0}^{+\infty}\bigcup_{l=1}^{3}\{Q_{j+\xi;m,n}^{(l)}(x,y);(m,n)\in\mathbf{Z}^2\}]$$

其中,$j\in\mathbf{Z}$。

第二类:完全小波规范正交基。

$$\bigcup_{\xi=-\infty}^{+\infty}\bigcup_{l=1}^{3}\{Q_{\xi;m,n}^{(l)}(x,y);(m,n)\in\mathbf{Z}^2\}$$

由此得到如下的空间张成关系:对任意的$j\in\mathbf{Z}$,有

$$\begin{aligned}\mathcal{L}^2(\mathbf{R}^2)&=\text{Closespan}\{Q_{\xi;m,n}^{(l)}(x,y);(m,n)\in\mathbf{Z}\times\mathbf{Z},\xi\in\mathbf{Z},l=1,2,3\}\\&=\text{Closespan}\{Q_{j;m,n}^{(0)}(x,y),Q_{j+\xi;m,n}^{(l)}(x,y);(m,n)\in\mathbf{Z}\times\mathbf{Z},\\&\qquad\xi\in\mathbf{N},l=1,2,3\}\end{aligned}$$

证明 利用函数空间的混合正交直和分解和完全小波子空间正交直和分解:

$$\begin{aligned}\mathcal{L}^2(\mathbf{R}^2)&=\boldsymbol{Q}_j^{(0)}\oplus\{\bigoplus_{\xi=0}^{+\infty}[\boldsymbol{Q}_{j+\xi}^{(1)}\oplus\boldsymbol{Q}_{j+\xi}^{(2)}\oplus\boldsymbol{Q}_{j+\xi}^{(3)}]\}\\&=\bigoplus_{\xi=-\infty}^{+\infty}[\boldsymbol{Q}_{\xi}^{(1)}\oplus\boldsymbol{Q}_{\xi}^{(2)}\oplus\boldsymbol{Q}_{\xi}^{(3)}]\end{aligned}$$

结合定理 4.9 关于尺度子空间两类规范正交基及张成关系即可得到这个定理的证明,建议读者写出这个证明的详细过程。

4.2 二维小波包理论

在二维多分辨率分析理论基础上,尺度子空间序列和函数空间都具有两类正交直和分解公式表示,并据此可以获得这些子空间和整个函数空间的两类规范正交基,这些工作为尺度子空间及函数空间的构造和表达提供了便利。此外,这些规范正交基的简单代数构造形式为函数、分布和算子的正交级数表达和性质研究开辟了新途径。在这个理论体系中,小波子空间的更精细结构的研究是不存在的,同时,小波子空间中函数或者函数空间中任何函数在小波子空间中的正交投影,只可能被最精细地表示为正交小波函数级数,而这些函数在介于整个小波子空间上的整体性质与正交小波函数基上投影性质之间的局

部整体性质，将无法得到体现和研究。这类问题的解决取决于小波子空间列的小波包子空间正交直和分解理论的建立，这就是本节要研究的问题。

4.2.1　二维小波包定义及性质

这里将给出二维小波包函数的定义，研究小波包函数序列的性质，利用小波包函数序列的伸缩和平移构造小波包函数规范正交系，建立小波子空间列的正交直和分解，并为这些正交直和分解产生的小波包子空间构造相应的单一小波包函数整数平移规范正交基和混合多尺度联合小波包规范正交基，最终为尺度子空间、小波子空间和整个函数空间提供以小波包函数为基础的尺度伸缩平移、多小波包级别混合的规范正交基族。这个理论的思想和方法完全突破了此前研究函数空间结构、函数分解及函数级数表达的任何理论体系，为函数空间、函数子空间、函数表达、分布和算子表达铸就了崭新的方式和理论体系。

1. 二维小波包函数

二维小波包函数定义：设$(\{\boldsymbol{Q}_j^{(0)};j\in\mathbf{Z}\},Q^{(0)}(x,y))$是二元函数空间$\mathcal{L}^2(\mathbf{R}^2)$的一个多分辨率分析，定义二维函数序列为

$$\begin{cases}Q_{j;u,v}^{(4p+0)}(x,y)=\sum\limits_{(m,n)\in\mathbf{Z}\times\mathbf{Z}}h^{(0)}(m-2u,n-2v)Q_{j+1;m,n}^{(p)}(x,y)\\Q_{j;u,v}^{(4p+1)}(x,y)=\sum\limits_{(m,n)\in\mathbf{Z}\times\mathbf{Z}}h^{(1)}(m-2u,n-2v)Q_{j+1;m,n}^{(p)}(x,y)\\Q_{j;u,v}^{(4p+2)}(x,y)=\sum\limits_{(m,n)\in\mathbf{Z}\times\mathbf{Z}}\boldsymbol{h}^{(2)}(m-2u,n-2v)Q_{j+1;m,n}^{(p)}(x,y)\\Q_{j;u,v}^{(4p+3)}(x,y)=\sum\limits_{(m,n)\in\mathbf{Z}\times\mathbf{Z}}h^{(3)}(m-2u,n-2v)Q_{j+1;m,n}^{(p)}(x,y)\end{cases}$$

其中，$(u,v)\in\mathbf{Z}^2$，或者综合表示为

$$Q_{j;u,v}^{(4p+l)}(x,y)=\sum_{(m,n)\in\mathbf{Z}\times\mathbf{Z}}h^{(l)}(m-2u,n-2v)Q_{j+1;m,n}^{(p)}(x,y)$$

$$(u,v)\in\mathbf{Z}^2,l=0,1,2,3,p=0,1,2,\cdots$$

其中

$$Q_{j;u,v}^{(p)}(x,y)=2^jQ^{(p)}(2^jx-u,2^jy-v)$$

把这样定义的二元函数系$\{Q^{(p)}(x,y),p=0,1,2,3,\cdots\}$称为小波包函数系。

注释　在二维小波包函数系的定义中，每次都是由一个尺度为$s=2^{-(j+1)}$的小波包级别为p的小波包函数$Q^{(p)}(x,y)$的整数平移函数系

$$\{Q_{j+1;m,n}^{(p)}(x,y)=2^{j+1}Q^{(p)}(2^{j+1}x-m,2^{j+1}y-n);(m,n)\in\mathbf{Z}\times\mathbf{Z}\}$$

按照完全一样的结构产生四个小波包函数$Q^{(4p+l)}(x,y)$，$l=0,1,2,3$，在这个过程中，尺度倍增为$s=2^{-j}$，小波包级别增长为$4p+0,4p+1,4p+2,4p+3$，在这样的模式下，产生得到的每个小波包函数整数平移构成一个规范正交函数系。总之，小波包函数序列本质上体现的是，从一个整数平移规范正交函数系产生四个相互正交的整数平移函数系，尺度倍增，小波包级别4倍增而且扩展填满一个周期为4的连续周期：$4p+0,4p+1,4p+2,4p+3$。其中涉及的各个结果将陆续得到证明。

2. 二维小波包整数平移正交性

定理 4.11（二维小波包函数整数平移正交性）　在二元函数空间$\mathcal{L}^2(\mathbf{R}^2)$的多分辨率

分析($\{\boldsymbol{Q}_j^{(0)};j\in\mathbf{Z}\}$,$Q^{(0)}(x,y)=\varphi(x)\varphi(y)$)基础上,按照上述方式定义的二维小波包函数系$\{Q^{(p)}(x,y),p=0,1,2,3,\cdots\}$具有如下规范正交性(包内正交性):

$$\{Q_{j;m,n}^{(p)}(x,y)=2^jQ^{(p)}(2^jx-m,2^jy-n);(m,n)\in\mathbf{Z}^2\}$$

是规范正交函数系,其中j是任意整数,或者等价表示为

$$\langle Q_{j;m,n}^{(p)}(x,y),Q_{j;u,v}^{(p)}(x,y)\rangle_{\mathcal{L}^2(\mathbf{R}^2)}=\delta(m-u)\delta(n-v)$$

其中,$(j,m,n,u,v)\in\mathbf{Z}\times\mathbf{Z}\times\mathbf{Z}\times\mathbf{Z}\times\mathbf{Z}$,$p=0,1,2,3,\cdots$。

证明 直接演算即可完成证明。首先进行如下演算:

$$\begin{aligned}
&\langle Q_{j;m,n}^{(p)}(x,y),Q_{j;u,v}^{(p)}(x,y)\rangle_{\mathcal{L}^2(\mathbf{R}^2)}\\
&=\int_{\mathbf{R}\times\mathbf{R}}Q_{j;m,n}^{(p)}(x,y)\overline{Q}_{j;u,v}^{(p)}(x,y)\mathrm{d}x\mathrm{d}y\\
&=\int_{\mathbf{R}\times\mathbf{R}}2^jQ^{(p)}(2^jx-m,2^jy-n)2^j\overline{Q}^{(p)}(2^jx-u,2^jy-v)\mathrm{d}x\mathrm{d}y\\
&=\int_{\mathbf{R}\times\mathbf{R}}Q^{(p)}(x-m,y-n)\overline{Q}^{(p)}(x-u,y-v)\mathrm{d}x\mathrm{d}y\\
&=\int_{\mathbf{R}\times\mathbf{R}}Q^{(p)}(x-(m-u),y-(n-v))\overline{Q}^{(p)}(x,y)\mathrm{d}x\mathrm{d}y
\end{aligned}$$

接下来用第Ⅱ型数学归纳法进行证明。

首先,验证当$p=0,1,2,3$时,定理4.11的结论是正确的。当$p=0$时,有

$$Q^{(p)}(x,y)=Q^{(0)}(x,y)=\varphi(x)\varphi(y)$$

$$\begin{aligned}
Q^{(p)}(x-(m-u),y-(n-v))&=Q^{(0)}(x-(m-u),y-(n-v))\\
&=\varphi[x-(m-u)]\varphi[y-(n-v)]
\end{aligned}$$

从而得到

$$\begin{aligned}
&\langle Q_{j;m,n}^{(p)}(x,y),Q_{j;u,v}^{(p)}(x,y)\rangle_{\mathcal{L}^2(\mathbf{R}^2)}\\
&=\int_{\mathbf{R}\times\mathbf{R}}\varphi[x-(m-u)]\varphi[y-(n-v)]\overline{\varphi}(x)\overline{\varphi}(y)\mathrm{d}x\mathrm{d}y\\
&=\int_{\mathbf{R}}\varphi[x-(m-u)]\overline{\varphi}(x)\mathrm{d}x\int_{\mathbf{R}}\varphi[y-(n-v)]\overline{\varphi}(y)\mathrm{d}y\\
&=\delta(m-u)\delta(n-v)
\end{aligned}$$

这说明此时定理的结论成立。当$p=1,2,3$时,建议读者完成验证。

假设当$4^\xi\leqslant p<4^{\xi+1}$时定理成立,推证当$4^{\xi+1}\leqslant p<4^{\xi+2}$时,令$l=\mathrm{mod}(p,4)$,而且$q=[p-\mathrm{mod}(p,4)]/4$,那么$4^\xi\leqslant q<4^{\xi+1}$,而且$p=4q+l$,于是利用二维小波包函数系的定义公式,如下演算成立:

$$\begin{aligned}
&\langle Q_{j;m,n}^{(p)}(x,y),Q_{j;u,v}^{(p)}(x,y)\rangle_{\mathcal{L}^2(\mathbf{R}^2)}\\
&=\int_{\mathbf{R}\times\mathbf{R}}Q^{(4q+l)}(x-(m-u),y-(n-v))\overline{Q}^{(4q+l)}(x,y)\mathrm{d}x\mathrm{d}y\\
&=\int_{\mathbf{R}\times\mathbf{R}}\Big[\sum_{(s,t)\in\mathbf{Z}\times\mathbf{Z}}h^{(l)}(s-2(m-u),t-2(n-v))Q_{1;s,t}^{(q)}(x,y)\Big]\times\\
&\quad\Big[\sum_{(a,b)\in\mathbf{Z}\times\mathbf{Z}}h^{(l)}(a,b)Q_{1;a,b}^{(q)}(x,y)\Big]^*\mathrm{d}x\mathrm{d}y\\
&=\sum_{(s,t)\in\mathbf{Z}\times\mathbf{Z}}\sum_{(a,b)\in\mathbf{Z}\times\mathbf{Z}}h^{(l)}(s-2(m-u),t-2(n-v))\overline{h}^{(l)}(a,b)\times
\end{aligned}$$

$$\int_{\mathbf{R}\times\mathbf{R}} Q_{1;s,t}^{(q)}(x,y)\overline{Q}_{1;a,b}^{(q)}(x,y)\mathrm{d}x\mathrm{d}y$$

因为 $4^{\xi} \leqslant q < 4^{\xi+1}$，所以根据归纳假设可知，$\{Q_{1;s,t}^{(q)}(x,y);(s,t) \in \mathbf{Z}\times\mathbf{Z}\}$ 即小波包函数 $Q^{(q)}(x,y)$ 的伸缩平移系是规范正交函数系，从而

$$\int_{\mathbf{R}\times\mathbf{R}} Q_{1;s,t}^{(q)}(x,y)\overline{Q}_{1;a,b}^{(q)}(x,y)\mathrm{d}x\mathrm{d}y = \delta(s-a)\delta(t-b)$$

这样，内积演算可以继续简化为

$$\begin{aligned}\langle Q_{j;m,n}^{(p)}(x,y), Q_{j;u,v}^{(p)}(x,y)\rangle &= \sum_{(s,t)\in\mathbf{Z}\times\mathbf{Z}} h^{(l)}(s-2(m-u),t-2(n-v))\overline{h}^{(l)}(s,t)\\ &= \delta(m-u)\delta(n-v)\end{aligned}$$

其中最后一个步骤利用了 $\{h^{(l)}(s,t);(s,t) \in \mathbf{Z}\times\mathbf{Z}\}, l=0,1,2,3$ 的如下定义：

$$h^{(0)}(m,n)=h_m h_n,\quad h^{(1)}(m,n)=h_m g_n,\quad h^{(2)}(m,n)=g_m h_n,\quad h^{(3)}(m,n)=g_m g_n$$

以及 $\boldsymbol{h}_0^{(m)}=\{h_{n-m};n\in\mathbf{Z}\}^{\mathrm{T}}\in l^2(\mathbf{Z})$，$\boldsymbol{h}_1^{(m)}=\{g_{n-m};n\in\mathbf{Z}\}^{\mathrm{T}}\in l^2(\mathbf{Z})$，$m\in\mathbf{Z}$ 的性质，对于任意的两个整数 $(m,k)\in\mathbf{Z}^2$，有

$$\begin{cases}\langle \boldsymbol{h}_0^{(2m)},\boldsymbol{h}_0^{(2k)}\rangle_{l^2(\mathbf{Z})} = \sum\limits_{n\in\mathbf{Z}} h_{n-2m}\overline{h}_{n-2k} = \delta(m-k)\\ \langle \boldsymbol{h}_1^{(2m)},\boldsymbol{h}_1^{(2k)}\rangle_{l^2(\mathbf{Z})} = \sum\limits_{n\in\mathbf{Z}} g_{n-2m}\overline{g}_{n-2k} = \delta(m-k)\\ \langle \boldsymbol{h}_1^{(2m)},\boldsymbol{h}_0^{(2k)}\rangle_{l^2(\mathbf{Z})} = \sum\limits_{n\in\mathbf{Z}} g_{n-2m}\overline{h}_{n-2k} = 0\end{cases}$$

即 $\{\boldsymbol{h}_0^{(2m)};m\in\mathbf{Z}\}$ 和 $\{\boldsymbol{h}_1^{(2m)};m\in\mathbf{Z}\}$ 是 $l^2(\mathbf{Z})$ 中相互正交的两个偶数平移平方可和无穷维规范正交向量系。

由此证明了当 $4^{\xi+1}\leqslant p < 4^{\xi+2}$ 时，定理 4.11 的结论仍然成立。于是根据数学归纳法原理，这个定理对于全部 $p=0,1,2,\cdots$ 都是成立的。完成证明。

3. 二维小波包的包间正交性

定理 4.12（小波包函数系包间正交性）　在二元函数空间 $\mathcal{L}^2(\mathbf{R}^2)$ 的多分辨率分析 $(\{\boldsymbol{Q}_j^{(0)};j\in\mathbf{Z}\}, Q^{(0)}(x,y)=\varphi(x)\varphi(y))$ 基础上，按照上述方式定义的二维小波包函数系 $\{Q^{(p)}(x,y),p=0,1,2,3,\cdots\}$ 具有如下规范正交性（包间正交性）：

$$\{Q_{j;m,n}^{(4p+l)}(x,y);(m,n)\in\mathbf{Z}^2\},\quad l=0,1,2,3$$

是四个相互正交的规范正交函数系，其中 $p=0,1,2,3,\cdots,j$ 是任意整数，或者等价表示为

$$\langle Q_{j;m,n}^{(4p+k)}(x,y), Q_{j;u,v}^{(4p+l)}(x,y)\rangle_{\mathcal{L}^2(\mathbf{R}^2)} = \delta(m-u)\delta(n-v)\delta(k-l)$$

其中，$(j,m,n,u,v)\in\mathbf{Z}\times\mathbf{Z}\times\mathbf{Z}\times\mathbf{Z}\times\mathbf{Z}, 0\leqslant k,l\leqslant 3$。

证明　首先进行内积的直接演算，有

$$\begin{aligned}&\langle Q_{j;m,n}^{(4p+k)}(x,y), Q_{j;u,v}^{(4p+l)}(x,y)\rangle_{\mathcal{L}^2(\mathbf{R}^2)}\\ &= \int_{\mathbf{R}\times\mathbf{R}} Q_{j;m,n}^{(4p+k)}(x,y)\overline{Q}_{j;u,v}^{(4p+l)}(x,y)\mathrm{d}x\mathrm{d}y\\ &= \int_{\mathbf{R}\times\mathbf{R}} 2^j Q^{(4p+k)}(2^j x-m,2^j y-n)2^j\overline{Q}^{(4p+l)}(2^j x-u,2^j y-v)\mathrm{d}x\mathrm{d}y\\ &= \int_{\mathbf{R}\times\mathbf{R}} Q^{(4p+k)}(x-m,y-n)\overline{Q}^{(4p+l)}(x-u,y-v)\mathrm{d}x\mathrm{d}y\end{aligned}$$

$$= \int_{\mathbf{R}\times\mathbf{R}} \Big[\sum_{(s,t)\in\mathbf{Z}\times\mathbf{Z}} \boldsymbol{h}^{(k)}(s-2m,t-2n) Q_{1;s,t}^{(p)}(x,y) \Big] \times$$
$$\Big[\sum_{(a,b)\in\mathbf{Z}\times\mathbf{Z}} \boldsymbol{h}^{(l)}(a-2u,b-2v) Q_{1;a,b}^{(p)}(x,y) \Big]^* \mathrm{d}x\mathrm{d}y$$
$$= \sum_{(s,t)\in\mathbf{Z}\times\mathbf{Z}} \sum_{(a,b)\in\mathbf{Z}\times\mathbf{Z}} \boldsymbol{h}^{(k)}(s-2m,t-2n)\overline{h}^{(l)}(a-2u,b-2v) \times$$
$$\int_{\mathbf{R}\times\mathbf{R}} Q_{1;s,t}^{(p)}(x,y)\overline{Q}_{1;a,b}^{(p)}(x,y)\mathrm{d}x\mathrm{d}y$$

根据小波包函数系的整数平移规范正交性，$\{Q_{1;s,t}^{(p)}(x,y);(s,t)\in\mathbf{Z}\times\mathbf{Z}\}$ 即小波包函数 $Q^{(p)}(x,y)$ 的伸缩平移系是规范正交函数系，从而

$$\int_{\mathbf{R}\times\mathbf{R}} Q_{1;s,t}^{(p)}(x,y)\overline{Q}_{1;a,b}^{(p)}(x,y)\mathrm{d}x\mathrm{d}y = \delta(s-a)\delta(t-b)$$

这样，内积演算可以继续简化为

$$\langle Q_{j;m,n}^{(4p+k)}(x,y), Q_{j;u,v}^{(4p+l)}(x,y)\rangle_{\mathcal{L}^2(\mathbf{R}^2)} = \sum_{(s,t)\in\mathbf{Z}\times\mathbf{Z}} \boldsymbol{h}^{(k)}(s-2m,t-2n)\overline{h}^{(l)}(s-2u,t-2v)$$

利用四个无穷维矩阵 $\{\boldsymbol{h}^{(l)}(s,t);(s,t)\in\mathbf{Z}\times\mathbf{Z}\}, l=0,1,2,3$ 的定义

$$h^{(0)}(m,n)=h_m h_n,\quad h^{(1)}(m,n)=h_m g_n,\quad h^{(2)}(m,n)=g_m h_n,\quad h^{(3)}(m,n)=g_m g_n$$

以及 $\boldsymbol{h}_0^{(m)}=\{h_{n-m};n\in\mathbf{Z}\}^{\mathrm{T}}\in l^2(\mathbf{Z}), \boldsymbol{h}_1^{(m)}=\{g_{n-m};n\in\mathbf{Z}\}^{\mathrm{T}}\in l^2(\mathbf{Z}), m\in\mathbf{Z}$ 的性质，对于任意的两个整数 $(m,k)\in\mathbf{Z}^2$，有

$$\langle \boldsymbol{h}_0^{(2m)}, \boldsymbol{h}_0^{(2k)}\rangle_{l^2(\mathbf{Z})} = \sum_{n\in\mathbf{Z}} h_{n-2m}\overline{h}_{n-2k} = \delta(m-k)$$
$$\langle \boldsymbol{h}_1^{(2m)}, \boldsymbol{h}_1^{(2k)}\rangle_{l^2(\mathbf{Z})} = \sum_{n\in\mathbf{Z}} g_{n-2m}\overline{g}_{n-2k} = \delta(m-k)$$
$$\langle \boldsymbol{h}_1^{(2m)}, \boldsymbol{h}_0^{(2k)}\rangle_{l^2(\mathbf{Z})} = \sum_{n\in\mathbf{Z}} g_{n-2m}\overline{h}_{n-2k} = 0$$

即 $\{\boldsymbol{h}_0^{(2m)};m\in\mathbf{Z}\}$ 和 $\{\boldsymbol{h}_1^{(2m)};m\in\mathbf{Z}\}$ 是 $l^2(\mathbf{Z})$ 中相互正交的两个偶数平移平方可和无穷维规范正交向量系。最终得到如下期望的内积计算表达式：

$$\langle Q_{j;m,n}^{(4p+k)}(x,y), Q_{j;u,v}^{(4p+l)}(x,y)\rangle_{\mathcal{L}^2(\mathbf{R}^2)}$$
$$= \sum_{(s,t)\in\mathbf{Z}\times\mathbf{Z}} h^{(k)}(s-2m,t-2n)\overline{h}^{(l)}(s-2u,t-2v)$$
$$= \delta(m-u)\delta(n-v)\delta(k-l)$$

这样就完成了定理的证明。

这些研究说明，小波包函数的伸缩平移规范正交函数系是一系列的相互正交的函数系，它们体现为某个二维小波包函数平移系的规范正交性、同一个二维小波包函数尺度伸缩之间的正交性，以及不同二维小波包函数之间的正交性。这为二维小波包子空间各种类型的规范正交基的构造奠定了理论基础，同时为整个函数空间的小波包子空间正交直和分解奠定了理论基础。

4.2.2 二维小波包空间及其正交分解

1. 小波包子空间的构造

定理 4.13（小波包子空间的构造） 在二元函数空间 $\mathcal{L}^2(\mathbf{R}^2)$ 的多分辨率分析 $(\{\boldsymbol{Q}_j^{(0)};j\in\mathbf{Z}\}, Q^{(0)}(x,y)=\varphi(x)\varphi(y))$ 基础上，按照上述方式定义二维小波包函数系

$\{Q^{(p)}(x,y),p=0,1,2,3,\cdots\}$,将小波包子空间构造如下:

$$\boldsymbol{Q}_j^{(p)}=\text{Closespan}\{Q_{j;m,n}^{(p)}(x,y);(m,n)\in\mathbf{Z}^2\}$$

其中,$j\in\mathbf{Z},p=0,1,2,3,\cdots$,那么,小波包子空间序列$\{\boldsymbol{Q}_j^{(p)};j\in\mathbf{Z}\}$是伸缩依赖的,即 $g(x,y)\in\boldsymbol{Q}_j^{(p)}\Leftrightarrow g(2x,2y)\in\boldsymbol{Q}_{j+1}^{(p)},p=0,1,2,3,\cdots,\forall j\in\mathbf{Z}$。

证明　示范证明$g(x,y)\in\boldsymbol{Q}_j^{(p)}\Rightarrow g(2x,2y)\in\boldsymbol{Q}_{j+1}^{(p)}$。根据二维小波包子空间定义可得,当$g(x,y)\in\boldsymbol{Q}_j^{(p)}$时,存在平方可和的无穷维矩阵$\{\alpha_{j;m,n}^{(p)};(m,n)\in\mathbf{Z}^2\}$满足如下要求:

$$g(x,y)=\sum_{(m,n)\in\mathbf{Z}\times\mathbf{Z}}\alpha_{j;m,n}^{(p)}Q_{j;m,n}^{(p)}(x,y)$$

而且,$\sum_{(m,n)\in\mathbf{Z}\times\mathbf{Z}}|\alpha_{j;m,n}^{(p)}|^2<+\infty$。这样得到

$$g(2x,2y)=\sum_{(m,n)\in\mathbf{Z}\times\mathbf{Z}}\alpha_{j;m,n}^{(p)}Q_{j;m,n}^{(p)}(2x,2y)=\sum_{(m,n)\in\mathbf{Z}\times\mathbf{Z}}0.5\alpha_{j;m,n}^{(p)}Q_{j+1;m,n}^{(p)}(x,y)$$

从而由定义可知,$g(2x,2y)\in\boldsymbol{Q}_{j+1}^{(p)}$。建议读者补充得到完整的证明。

定理 4.14(小波包子空间的正交性)　在二元函数空间$\mathcal{L}^2(\mathbf{R}^2)$的多分辨率分析($\{\boldsymbol{Q}_j^{(0)};j\in\mathbf{Z}\},Q^{(0)}(x,y)=\varphi(x)\varphi(y)$)的基础上,按照上述方式定义二维小波包函数系$\{Q^{(p)}(x,y),p=0,1,2,3,\cdots\}$,构造如下小波包子空间列:

$$\boldsymbol{Q}_j^{(p)}=\text{Closespan}\{Q_{j;m,n}^{(p)}(x,y);(m,n)\in\mathbf{Z}^2\}$$

其中,$j\in\mathbf{Z},p=0,1,2,3,\cdots$, 其具有尺度伸缩正交性, 即 $\boldsymbol{Q}_j^{(p)}\perp\boldsymbol{Q}_{j+1}^{(p)},p=1,2,3,\cdots,\forall j\in\mathbf{Z}$。

证明　将p写成$p\to 4p+l,l=0,1,2,3$的形式,那么,当$(u,v)\in\mathbf{Z}^2$时,有

$$Q_{j;u,v}^{(4p+0)}(x,y)=\sum_{(m,n)\in\mathbf{Z}\times\mathbf{Z}}h^{(0)}(m-2u,n-2v)Q_{j+1;m,n}^{(p)}(x,y)$$

$$Q_{j;u,v}^{(4p+1)}(x,y)=\sum_{(m,n)\in\mathbf{Z}\times\mathbf{Z}}h^{(1)}(m-2u,n-2v)Q_{j+1;m,n}^{(p)}(x,y)$$

$$Q_{j;u,v}^{(4p+2)}(x,y)=\sum_{(m,n)\in\mathbf{Z}\times\mathbf{Z}}h^{(2)}(m-2u,n-2v)Q_{j+1;m,n}^{(p)}(x,y)$$

$$Q_{j;u,v}^{(4p+3)}(x,y)=\sum_{(m,n)\in\mathbf{Z}\times\mathbf{Z}}h^{(3)}(m-2u,n-2v)Q_{j+1;m,n}^{(p)}(x,y)$$

或者综合表示为

$$Q_{j;u,v}^{(4p+l)}(x,y)=\sum_{(m,n)\in\mathbf{Z}\times\mathbf{Z}}h^{(l)}(m-2u,n-2v)Q_{j+1;m,n}^{(p)}(x,y)$$

$$(u,v)\in\mathbf{Z}^2,l=0,1,2,3,p=0,1,2,\cdots$$

同时,类似得到

$$Q_{j+1;s,t}^{(4p+l)}(x,y)=\sum_{(a,b)\in\mathbf{Z}\times\mathbf{Z}}h^{(l)}(a-2s,b-2t)Q_{j+2;a,b}^{(p)}(x,y)$$

直接进行内积演算,得

$$\begin{aligned}&\langle Q_{j;v,w}^{(4p+l)}(x,y),Q_{j+1;s,t}^{(4p+l)}(x,y)\rangle_{\mathcal{L}^2(\mathbf{R}^2)}\\&=\int_{\mathbf{R}\times\mathbf{R}}Q_{j;v,w}^{(4p+l)}(x,y)\overline{Q}_{j+1;s,t}^{(4p+l)}(x,y)\mathrm{d}x\mathrm{d}y\\&=\sum_{(m,n)\in\mathbf{Z}\times\mathbf{Z}}\sum_{(a,b)\in\mathbf{Z}\times\mathbf{Z}}\boldsymbol{h}^{(l)}(m-2v,n-2w)\overline{h}^{(l)}(a-2s,b-2t)\times\end{aligned}$$

$$\int_{\mathbf{R}\times\mathbf{R}} Q_{j+1;m,n}^{(p)}(x,y)\overline{Q}_{j+2;a,b}^{(p)}(x,y)\mathrm{d}x\mathrm{d}y$$

由此可知,$4p+l\neq 0$,伸缩正交性$\boldsymbol{Q}_j^{(4p+l)}\perp \boldsymbol{Q}_{j+1}^{(4p+l)}$,$l=0,1,2,3$,$\forall j\in\mathbf{Z}$完全取决于伸缩正交性$\boldsymbol{Q}_j^{(p)}\perp\boldsymbol{Q}_{j+1}^{(p)}$,$\forall j\in\mathbf{Z}$,即对于任意的$p$,存在如下逻辑关系:假设

$$\langle Q_{j+1;m,n}^{(p)}(x,y),Q_{j+2;a,b}^{(p)}(x,y)\rangle_{\mathcal{L}^2(\mathbf{R}^2)}=0,\quad j\in\mathbf{Z}$$

那么,能够推证

$$\langle Q_{j;v,w}^{(4p+l)}(x,y),Q_{j+1;s,t}^{(4p+l)}(x,y)\rangle_{\mathcal{L}^2(\mathbf{R}^2)}=0,\quad l=0,1,2,3,j\in\mathbf{Z}$$

因此,利用第 Ⅱ 型数学归纳法可完成证明。建议读者写出完整的证明。

定理 4.15(小波包子空间的正交性) 在二元函数空间$\mathcal{L}^2(\mathbf{R}^2)$的多分辨率分析$(\{\boldsymbol{Q}_j^{(0)};j\in\mathbf{Z}\},Q^{(0)}(x,y)=\varphi(x)\varphi(y))$基础上,按照上述方式定义二维小波包函数系$\{Q^{(p)}(x,y),p=0,1,2,3,\cdots\}$,构造如下小波包子空间列:

$$\boldsymbol{Q}_j^{(p)}=\mathrm{Closespan}\{Q_{j;m,n}^{(p)}(x,y);(m,n)\in\mathbf{Z}^2\}$$

其中,$j\in\mathbf{Z}$,$p=0,1,2,3,\cdots$。则所构造小波包子空间具有正交或包含关系:$p,q=0,1,2,3,\cdots$,$\forall(j,k)\in\mathbf{Z}^2$,对应的两个小波包子空间$\boldsymbol{Q}_j^{(p)}$和$\boldsymbol{Q}_k^{(q)}$或者相互正交,或者其中一个被另一个所包含(相等也是一种包含关系)。

建议读者写出这个证明的详细过程。

2. 小波包子空间正交分解

定理 4.16(小波包子空间正交分解) 在二元函数空间$\mathcal{L}^2(\mathbf{R}^2)$的多分辨率分析$(\{\boldsymbol{Q}_j^{(0)};j\in\mathbf{Z}\},Q^{(0)}(x,y)=\varphi(x)\varphi(y))$基础上,按照上述方式定义二维小波包函数系$\{Q^{(p)}(x,y),p=0,1,2,3,\cdots\}$,构造如下小波包子空间列:

$$\boldsymbol{Q}_j^{(p)}=\mathrm{Closespan}\{Q_{j;m,n}^{(p)}(x,y);(m,n)\in\mathbf{Z}^2\}$$

其中,$j\in\mathbf{Z}$,$p=0,1,2,3,\cdots$。则所构造小波包子空间具有正交直和分解关系

$$\boldsymbol{Q}_{j+1}^{(p)}=\boldsymbol{Q}_j^{(4p+0)}\oplus\boldsymbol{Q}_j^{(4p+1)}\oplus\boldsymbol{Q}_j^{(4p+2)}\oplus\boldsymbol{Q}_j^{(4p+3)}$$

证明 根据小波包函数系的定义,当$(u,v)\in\mathbf{Z}^2$时,有

$$\begin{cases}Q_{j;u,v}^{(4p+0)}(x,y)=\sum\limits_{(m,n)\in\mathbf{Z}\times\mathbf{Z}}h^{(0)}(m-2u,n-2v)Q_{j+1;m,n}^{(p)}(x,y)\\Q_{j;u,v}^{(4p+1)}(x,y)=\sum\limits_{(m,n)\in\mathbf{Z}\times\mathbf{Z}}h^{(1)}(m-2u,n-2v)Q_{j+1;m,n}^{(p)}(x,y)\\Q_{j;u,v}^{(4p+2)}(x,y)=\sum\limits_{(m,n)\in\mathbf{Z}\times\mathbf{Z}}h^{(2)}(m-2u,n-2v)Q_{j+1;m,n}^{(p)}(x,y)\\Q_{j;u,v}^{(4p+3)}(x,y)=\sum\limits_{(m,n)\in\mathbf{Z}\times\mathbf{Z}}h^{(3)}(m-2u,n-2v)Q_{j+1;m,n}^{(p)}(x,y)\end{cases}$$

或者综合表示为

$$Q_{j;u,v}^{(4p+l)}(x,y)=\sum_{(m,n)\in\mathbf{Z}\times\mathbf{Z}}h^{(l)}(m-2u,n-2v)Q_{j+1;m,n}^{(p)}(x,y)$$

$$(u,v)\in\mathbf{Z}^2,l=0,1,2,3,p=0,1,2,\cdots$$

因此

$$\boldsymbol{Q}_j^{(4p+0)}\oplus\boldsymbol{Q}_j^{(4p+1)}\oplus\boldsymbol{Q}_j^{(4p+2)}\oplus\boldsymbol{Q}_j^{(4p+3)}\subseteq\boldsymbol{Q}_{j+1}^{(p)}$$

为了证明相反的包含关系,容易验证:当$(m,n)\in\mathbf{Z}^2$时,有

$$Q_{j+1;m,n}^{(p)}(x,y)=\sum_{l=0}^{3}\sum_{(u,v)\in\mathbf{Z}\times\mathbf{Z}}\overline{h}^{(l)}(m-2u,n-2v)Q_{j;u,v}^{(4p+l)}(x,y)$$

因此,规范正交函数系$\{Q_{j+1;m,n}^{(p)}(x,y);(m,n)\in\mathbf{Z}\times\mathbf{Z}\}$可以被四个相互正交的规范正交函数系$\{Q_{j;u,v}^{(4p+l)}(x,y);(u,v)\in\mathbf{Z}^2\}$,$l=0,1,2,3$线性表示,这不仅说明小波包子空间包含关系$\boldsymbol{Q}_j^{(4p+0)}\oplus\boldsymbol{Q}_j^{(4p+1)}\oplus\boldsymbol{Q}_j^{(4p+2)}\oplus\boldsymbol{Q}_j^{(4p+3)}\supseteq\boldsymbol{Q}_{j+1}^{(p)}$,还同时说明了左边的四个小波包子空间是相互正交的。证明完成。

3. 小波包空间正交金字塔

利用二维小波包函数系的性质以及二维小波包子空间定义提供的特殊结构可以获得二维小波包子空间的各种类型的正交直和分解表达式,其中特别是二维小波包子空间的正交直和分解金字塔,提供了二维小波包子空间更精细的结构刻画,这些研究成果为二元函数空间的正交直和分解、各种类型的规范正交基的建造,以及函数的正交级数表达开辟了新途径。

定理4.17(小波包子空间正交分解金字塔)　在二元函数空间$\mathcal{L}^2(\mathbf{R}^2)$的多分辨率分析($\{\boldsymbol{Q}_j^{(0)};j\in\mathbf{Z}\}$,$Q^{(0)}(x,y)=\varphi(x)\varphi(y)$)基础上,按照上述方式定义二维小波包函数系$\{Q^{(p)}(x,y);p=0,1,2,3,\cdots\}$,如下构造的小波包子空间列:

$$\boldsymbol{Q}_j^{(p)}=\text{Closespan}\{Q_{j;m,n}^{(p)}(x,y);(m,n)\in\mathbf{Z}^2\}$$

其中,$j\in\mathbf{Z}$,$p=0,1,2,3,\cdots$,具有多重正交直和分解关系。

① 尺度子空间的链式正交直和分解。

$$\boldsymbol{Q}_{j+1}^{(0)}=\boldsymbol{Q}_{j-k}^{(0)}\oplus\{\bigoplus_{\xi=0}^{k}[\boldsymbol{Q}_{j-\xi}^{(1)}\oplus\boldsymbol{Q}_{j-\xi}^{(2)}\oplus\boldsymbol{Q}_{j-\xi}^{(3)}]\},\quad j\in\mathbf{Z},k\geqslant 0$$

② 尺度子空间的完全小波包子空间正交直和分解。

$$\begin{aligned}\boldsymbol{Q}_{j+1}^{(0)}&=\boldsymbol{Q}_j^{(0)}\oplus\boldsymbol{Q}_j^{(1)}\oplus\boldsymbol{Q}_j^{(2)}\oplus\boldsymbol{Q}_j^{(3)}\\&=\boldsymbol{Q}_{j-1}^{(0)}\oplus\boldsymbol{Q}_{j-1}^{(1)}\oplus\boldsymbol{Q}_{j-1}^{(2)}\oplus\boldsymbol{Q}_{j-1}^{(3)}\oplus\cdots\oplus\boldsymbol{Q}_{j-1}^{(14)}\oplus\boldsymbol{Q}_{j-1}^{(15)}\\&=\cdots=\boldsymbol{Q}_{j-\xi}^{(0)}\oplus\boldsymbol{Q}_{j-\xi}^{(1)}\oplus\boldsymbol{Q}_{j-\xi}^{(2)}\oplus\boldsymbol{Q}_{j-\xi}^{(3)}\oplus\cdots\oplus\boldsymbol{Q}_{j-\xi}^{(4^{\xi+1}-2)}\oplus\boldsymbol{Q}_{j-\xi}^{(4^{\xi+1}-1)}\\&=\bigoplus_{p=0}^{4^{\xi+1}-1}\boldsymbol{Q}_{j-\xi}^{(p)},\quad j\in\mathbf{Z},\xi\in\mathbf{N}\end{aligned}$$

③ 小波包子空间的完全正交直和分解:

$$\begin{aligned}\boldsymbol{Q}_{j+1}^{(p)}&=\boldsymbol{Q}_j^{(4p+0)}\oplus\boldsymbol{Q}_j^{(4p+1)}\oplus\boldsymbol{Q}_j^{(4p+2)}\oplus\boldsymbol{Q}_j^{(4p+3)}\\&=\boldsymbol{Q}_{j-1}^{(4^2p+0)}\oplus\boldsymbol{Q}_{j-1}^{(4^2p+1)}\oplus\cdots\oplus\boldsymbol{Q}_{j-1}^{(4^2p+14)}\oplus\boldsymbol{Q}_{j-1}^{(4^2p+15)}\end{aligned}$$

而且

$$\begin{aligned}\boldsymbol{Q}_{j+1}^{(p)}&=\boldsymbol{Q}_{j-\xi}^{(4^{\xi+1}p+0)}\oplus\boldsymbol{Q}_{j-\xi}^{(4^{\xi+1}p+1)}\oplus\cdots\oplus\boldsymbol{Q}_{j-\xi}^{(4^{\xi+1}p+(4^{\xi+1}-1))}\\&=\bigoplus_{q=0}^{4^{\xi+1}-1}\boldsymbol{Q}_{j-\xi}^{4^{\xi+1}p+q}=\bigoplus_{q=4^{\xi+1}p}^{4^{\xi+1}p+(4^{\xi+1}-1)}\boldsymbol{Q}_{j-\xi}^{(q)}\end{aligned}$$

建议读者完成这些结果的详细证明。

4.2.3　空间的小波包子空间分解

利用二维小波包函数的性质以及二维小波包子空间的正交直和分解关系,可以建立整个函数空间各种类型的小波包子空间正交直和分解,通过小波包子空间的规范正交基的合并得到整个函数空间的各种类型的规范正交基。

1. 函数空间的完全小波包空间正交分解

定理 4. 18(函数空间的完全小波包空间正交分解) 在二元函数空间$\mathcal{L}^2(\mathbf{R}^2)$的多分辨率分析($\{\boldsymbol{Q}_j^{(0)};j\in\mathbf{Z}\}$,$Q^{(0)}(x,y)=\varphi(x)\varphi(y)$)基础上,按照上述方式定义二维小波包函数系$\{Q^{(p)}(x,y);p=0,1,2,3,\cdots\}$,并构造小波包子空间列如下:

$$\boldsymbol{Q}_j^{(p)}=\text{Closespan}\{Q_{j;m,n}^{(p)}(x,y);(m,n)\in\mathbf{Z}^2\}$$

其中,$j\in\mathbf{Z}$,$p=0,1,2,3,\cdots$,那么,这些小波包子空间序列与整个函数空间具有多重正交直和分解关系。

① 函数空间的小波包子空间正交直和分解(第一类)。

$$\begin{aligned}\mathcal{L}^2(\mathbf{R}^2)&=\boldsymbol{Q}_{j+1}^{(0)}\bigoplus_{\xi=1}^{+\infty}[\boldsymbol{Q}_{j+\xi}^{(1)}\oplus\boldsymbol{Q}_{j+\xi}^{(2)}\oplus\boldsymbol{Q}_{j+\xi}^{(3)}]\\&=[\bigoplus_{p=0}^{15}\boldsymbol{Q}_{j-1}^{(p)}]\oplus\bigoplus_{\xi=1}^{+\infty}[\boldsymbol{Q}_{j+\xi}^{(1)}\oplus\boldsymbol{Q}_{j+\xi}^{(2)}\oplus\boldsymbol{Q}_{j+\xi}^{(3)}]\\&=[\bigoplus_{p=0}^{4^{k+1}-1}\boldsymbol{Q}_{j-k}^{(p)}]\oplus\bigoplus_{\xi=1}^{+\infty}[\boldsymbol{Q}_{j+\xi}^{(1)}\oplus\boldsymbol{Q}_{j+\xi}^{(2)}\oplus\boldsymbol{Q}_{j+\xi}^{(3)}]\end{aligned}$$

② 函数空间的小波包子空间正交直和分解(第二类)。

$$\begin{aligned}\mathcal{L}^2(\mathbf{R}^2)&=\bigoplus_{j=-\infty}^{+\infty}[\boldsymbol{Q}_j^{(1)}\oplus\boldsymbol{Q}_j^{(2)}\oplus\boldsymbol{Q}_j^{(3)}]\\&=\bigoplus_{j=-\infty}^{+\infty}[\bigoplus_{q=0}^{4^u-1}\boldsymbol{Q}_{j-u}^{(4^u+q)}\bigoplus_{r=0}^{4^v-1}\boldsymbol{Q}_{j-v}^{(2\times4^v+r)}\bigoplus_{s=0}^{4^w-1}\boldsymbol{Q}_{j-w}^{(3\times4^w+s)}]\end{aligned}$$

③ 函数空间的小波包子空间正交直和分解(第三类)。

$$\begin{aligned}\mathcal{L}^2(\mathbf{R}^2)&=\bigoplus_{j=-\infty}^{+\infty}[\boldsymbol{Q}_j^{(1)}\oplus\boldsymbol{Q}_j^{(2)}\oplus\boldsymbol{Q}_j^{(3)}]\\&=\bigoplus_{j=-\infty}^{+\infty}\bigoplus_{\gamma=0}^{4^k-1}[\boldsymbol{Q}_{j-k}^{(4^k+\gamma)}\oplus\boldsymbol{Q}_{j-k}^{(2\times4^k+\gamma)}\oplus\boldsymbol{Q}_{j-k}^{(3\times4^k+\gamma)}]\end{aligned}$$

证明 留给读者作为练习。

2. 二维正交小波包子空间列

定理 4. 19(二维正交小波包子空间列) 在二元函数空间$\mathcal{L}^2(\mathbf{R}^2)$的多分辨率分析($\{\boldsymbol{Q}_j^{(0)};j\in\mathbf{Z}\}$,$Q^{(0)}(x,y)=\varphi(x)\varphi(y)$)基础上,按照上述方式定义二维小波包函数系$\{Q^{(p)}(x,y);p=0,1,2,3,\cdots\}$,并构造小波包子空间列如下:

$$\boldsymbol{Q}_j^{(p)}=\text{Closespan}\{Q_{j;m,n}^{(p)}(x,y);(m,n)\in\mathbf{Z}^2\}$$

其中,$j\in\mathbf{Z}$,$p=0,1,2,3,\cdots$,那么,如下结果成立:

① 当$j\in\mathbf{Z}$,$u,v,w\in\mathbf{N}$时,如下三个小波包子空间族是相互正交的:

$$\{\boldsymbol{Q}_{j-u}^{(4^u+q)};q=0,1,\cdots,4^u-1\}$$
$$\{\boldsymbol{Q}_{j-v}^{(2\times4^v+r)};r=0,1,\cdots,4^v-1\}$$
$$\{\boldsymbol{Q}_{j-w}^{(3\times4^w+s)};s=0,1,\cdots,4^w-1\}$$

② 当$u,v,w\in\mathbf{N}$,$j\in\mathbf{Z}$时,这些小波包子空间有如下的规范正交基:

$$\boldsymbol{Q}_{j-u}^{(4^u+q)}\leftrightarrow\{Q_{j-u;m,n}^{(4^u+q)}(x,y);(m,n)\in\mathbf{Z}^2\},\quad q=0,1,\cdots,4^u-1$$
$$\boldsymbol{Q}_{j-v}^{(2\times4^v+r)}\leftrightarrow\{Q_{j-v;m,n}^{(2\times4^v+r)}(x,y);(m,n)\in\mathbf{Z}^2\},\quad r=0,1,\cdots,4^v-1$$
$$\boldsymbol{Q}_{j-w}^{(3\times4^w+s)}\leftrightarrow\{Q_{j-w;m,n}^{(3\times4^w+s)}(x,y);(m,n)\in\mathbf{Z}^2\},\quad s=0,1,\cdots,4^w-1$$

证明 利用二维正交小波包函数序列的定义和性质以及二维小波包子空间的定义,

可以直接完成证明。建议读者补充证明的细节建立完整的证明过程。

3. 函数空间的完全小波包规范正交基

定理4.20(函数空间的完全小波包规范正交基)　在二元函数空间多分辨率分析($\{\boldsymbol{Q}_j^{(0)};j\in\mathbf{Z}\},Q^{(0)}(x,y)=\varphi(x)\varphi(y)$)基础上,按照上述方式定义二维小波包函数系$\{Q^{(p)}(x,y);p=0,1,2,3,\cdots\}$,并构造小波包子空间列如下:

$$\boldsymbol{Q}_j^{(p)}=\text{Closespan}\{Q_{j;m,n}^{(p)}(x,y);(m,n)\in\mathbf{Z}^2\}$$

其中,$j\in\mathbf{Z},p=0,1,2,3,\cdots$,那么,如下结果成立:

① 函数空间$\mathcal{L}^2(\mathbf{R}^2)$有如下的规范正交基:对任意的$j\in\mathbf{Z},k\geqslant 0$,有

$$\left[\bigcup_{q=0}^{4^{k+1}-1}\{Q_{j-k;m,n}^{(q)}(x,y);(m,n)\in\mathbf{Z}^2\}\right]\cup\left[\bigcup_{\xi=1}^{+\infty}\bigcup_{l=1}^{3}\{Q_{j+\xi;m,n}^{(l)}(x,y);(m,n)\in\mathbf{Z}^2\}\right]$$

② 函数空间$\mathcal{L}^2(\mathbf{R}^2)$有如下规范正交基:

$$\bigcup_{j=-\infty}^{+\infty}\bigcup_{q=0}^{4^\xi-1}\bigcup_{l=1}^{3}\{Q_{j-\xi;m,n}^{(l\times 4^\xi+q)}(x,y);(m,n)\in\mathbf{Z}^2\},\quad \xi=1,2,\cdots$$

③ 函数空间$\mathcal{L}^2(\mathbf{R}^2)$有如下的规范正交基:

$$\bigcup_{j=-\infty}^{+\infty}\bigcup_{q=0}^{4^u-1}\{Q_{j-u;m,n}^{(4^u+q)}(x,y);(m,n)\in\mathbf{Z}^2\}$$
$$\bigcup_{j=-\infty}^{+\infty}\bigcup_{r=0}^{4^v-1}\{Q_{j-v;m,n}^{(2\times 4^v+r)}(x,y);(m,n)\in\mathbf{Z}^2\}$$
$$\bigcup_{j=-\infty}^{+\infty}\bigcup_{s=0}^{4^w-1}\{Q_{j-w;m,n}^{(3\times 4^w+s)}(x,y);(m,n)\in\mathbf{Z}^2\}$$

或者表示为

$$\left\{\begin{matrix}Q_{j-u;m,n}^{(4^u+q)}(x,y),Q_{j-v;m,n}^{(2\times 4^v+r)}(x,y),Q_{j-w;m,n}^{(3\times 4^w+s)}(x,y);0\leqslant q\leqslant(4^u-1),0\leqslant r\leqslant(4^v-1)\\ 0\leqslant s\leqslant(4^w-1),(j,m,n)\in\mathbf{Z}\times\mathbf{Z}\times\mathbf{Z}\end{matrix}\right\}$$

或者表示为

$$\left\{\begin{matrix}Q_{j-u;m,n}^{(4^u+q)}(x,y)\mid & 0\leqslant q\leqslant(4^u-1)\\ Q_{j-v;m,n}^{(2\times 4^v+r)}(x,y)\mid & 0\leqslant r\leqslant(4^v-1)\\ Q_{j-w;m,n}^{(3\times 4^w+s)}(x,y)\mid & 0\leqslant s\leqslant(4^w-1)\\ & j\in\mathbf{Z},(m,n)\in\mathbf{Z}^2\end{matrix}\right\}$$

其中,$u,v,w=1,2,\cdots$。

证明　利用整个二元函数空间的按照尺度-小波子空间的混合正交直和分解、完全小波子空间的正交直和分解以及各种类型小波包子空间的正交直和分解,结合尺度子空间的规范正交基、小波子空间的规范正交基以及各种类型的小波包子空间的规范正交基,即可给出函数空间的上述各种类型的组合型规范正交基。建议读者补充证明过程的细节,建立定理的完整证明。

注释　这个定理只罗列了三种类型的组合型规范正交基:第一类是把二维尺度子空间进行了小波包子空间正交直和分解,并利用二维小波包子空间的规范正交基和小波子空间的规范正交基联合给出整个函数空间的一种规范正交基;第二类是把三种二维小波子空间按照统一的小波包函数尺度级别进行完全的小波包子空间正交直和分解,并利用这些相互正交的二维函数小波包子空间的规范正交基联合构成整个函数空间的联合规范

正交基；第三类是把三种二维函数小波子空间各自按照不同的小波包函数尺度级别分别进行完全的小波包子空间正交直和分解，并利用这些分解产生的小波包子空间的规范正交基联合构成整个二元函数空间的完整规范正交基。事实上，二维正交小波包函数系及其正交性为二维函数小波包子空间提供了各种类型的规范正交基，同时，尺度子空间、小波子空间和小波包子空间可以获得并不总是完全的小波包子空间正交直和分解，这样，整个函数空间同样可以构造由并非完全小波包子空间正交直和分解产生的联合规范正交基，这种类型的联合规范正交基是普遍存在的，存在各种各样的可能性。

4.3 图像小波变换理论

图像理解为二元函数$f(x,y)$，它是能量有限或平方可积的二元函数，有时也称为物理图像$f(x,y)$，它们全体构成线性空间$\mathcal{L}^2(\mathbf{R}^2)$，这是一个希尔伯特空间。

4.3.1 图像的正交投影和小波变换

本小节将研究二元函数空间$\mathcal{L}^2(\mathbf{R}^2)$上任意物理图像$f(x,y)$在空间$\mathcal{L}^2(\mathbf{R}^2)$的尺度子空间和小波子空间上的正交投影以及这些投影之间的相互制约关系。

1. 物理图像的正交投影

定理 4.21（物理图像正交投影） 在二元函数空间$\mathcal{L}^2(\mathbf{R}^2)$的多分辨率分析（$\{\boldsymbol{Q}_j^{(0)};j\in\mathbf{Z}\}$，$Q^{(0)}(x,y)=\varphi(x)\varphi(y)$）基础上，如果将二元函数空间$\mathcal{L}^2(\mathbf{R}^2)$上任意物理图像$f(x,y)$在空间$\mathcal{L}^2(\mathbf{R}^2)$的尺度子空间和小波子空间$\boldsymbol{Q}_j^{(l)}$上的正交投影分别记为$f_j^{(l)}(x,y)$，$j\in\mathbf{Z},l=0,1,2,3$，那么它们可以写成如下的正交函数项级数：

$$f_j^{(l)}(x,y)=\sum_{(m,n)\in\mathbf{Z}\times\mathbf{Z}}d_{j;m,n}^{(l)}Q_{j;m,n}^{(l)}(x,y),\quad j\in\mathbf{Z},l=0,1,2,3$$

其中，$\{d_{j;m,n}^{(l)};(m,n)\in\mathbf{Z}\times\mathbf{Z}\},l=0,1,2,3$是图像$f(x,y)$在尺度级别为$s=2^{-j}$的尺度子空间和小波子空间$\boldsymbol{Q}_j^{(l)}$的规范正交函数基$\{Q_{j;m,n}^{(l)}(x,y);(m,n)\in\mathbf{Z}^2\},l=0,1,2,3$上的4个投影系数矩阵，形象地说，$\{d_{j;m,n}^{(l)};(m,n)\in\mathbf{Z}\times\mathbf{Z}\},l=0,1,2,3$是4个无穷维矩阵，无论是上下还是左右都按照整数的方式延伸到无穷远，这时，$\{d_{j;m,n}^{(l)};(m,n)\in\mathbf{Z}^2\}\in l^2(\mathbf{Z}^2)$，$l=0,1,2,3$，而且满足物理图像正交小波级数范数恒等式

$$\|f_j^{(l)}\|_{\mathcal{L}^2(\mathbf{R}\times\mathbf{R})}^2=\sum_{(m,n)\in\mathbf{Z}\times\mathbf{Z}}|d_{j;m,n}^{(l)}|^2,\quad j\in\mathbf{Z},l=0,1,2,3$$

证明 因为二元函数尺度子空间和小波子空间$\boldsymbol{Q}_j^{(l)}$存在由单一尺度函数或小波函数产生的规范正交函数基$\{Q_{j;m,n}^{(l)}(x,y);(m,n)\in\mathbf{Z}^2\}$，其中$l=0,1,2,3$，因此，对于任意物理图像$f(x,y)$，在空间$\mathcal{L}^2(\mathbf{R}^2)$的尺度子空间和小波子空间$\boldsymbol{Q}_j^{(l)}$上的正交投影$f_j^{(l)}(x,y)$，$j\in\mathbf{Z},l=0,1,2,3$可以写成如下的正交函数项级数：

$$f_j^{(l)}(x,y)=\sum_{(m,n)\in\mathbf{Z}\times\mathbf{Z}}d_{j;m,n}^{(l)}Q_{j;m,n}^{(l)}(x,y),\quad j\in\mathbf{Z},l=0,1,2,3$$

其中，当$j\in\mathbf{Z},l=0,1,2,3,(m,n)\in\mathbf{Z}\times\mathbf{Z}$时，有

$$d_{j;m,n}^{(l)}=\int_{\mathbf{R}\times\mathbf{R}}f_j^{(l)}(x,y)\overline{Q}_{j;m,n}^{(l)}(x,y)\mathrm{d}x\mathrm{d}y=\int_{\mathbf{R}\times\mathbf{R}}f(x,y)\overline{Q}_{j;m,n}^{(l)}(x,y)\mathrm{d}x\mathrm{d}y$$

而且,直接计算可得物理图像小波变换范数恒等式

$$\begin{aligned}\| f_j^{(l)} \|_{\mathcal{L}^2(\mathbf{R}\times\mathbf{R})}^2 &= \sum_{(m,n)\in\mathbf{Z}\times\mathbf{Z}} \sum_{(u,v)\in\mathbf{Z}\times\mathbf{Z}} d_{j;m,n}^{(l)} \overline{d}_{j;u,v}^{(l)} \int_{\mathbf{R}\times\mathbf{R}} Q_{j;m,n}^{(l)}(x,y) \overline{Q}_{j;u,v}^{(l)}(x,y)\,\mathrm{d}x\mathrm{d}y \\ &= \sum_{(m,n)\in\mathbf{Z}\times\mathbf{Z}} \sum_{(u,v)\in\mathbf{Z}\times\mathbf{Z}} d_{j;m,n}^{(l)} \overline{d}_{j;u,v}^{(l)} \delta(m-u)\delta(n-v) \\ &= \sum_{(m,n)\in\mathbf{Z}\times\mathbf{Z}} | d_{j;m,n}^{(l)} |^2\end{aligned}$$

这样就完成了定理的证明。

2. 物理图像的正交级数表示

利用物理图像在单一尺度子空间和小波子空间上正交投影的正交尺度级数和正交小波级数表达式,可以得到物理图像及其正交投影的正交尺度级数和正交小波级数表达式,同时,得到这些正交投影之间的正交和关系。

定理 4.22(物理图像的正交级数展开式)　在函数空间$\mathcal{L}^2(\mathbf{R}^2)$的多分辨率分析$(\{\boldsymbol{Q}_j^{(0)};j\in\mathbf{Z}\},Q^{(0)}(x,y)=\varphi(x)\varphi(y))$基础上,将二元函数空间$\mathcal{L}^2(\mathbf{R}^2)$上任意物理图像$f(x,y)$在空间$\mathcal{L}^2(\mathbf{R}^2)$的尺度子空间和小波子空间$\boldsymbol{Q}_j^{(l)}$上的正交投影记为$f_j^{(l)}(x,y)$,$j\in\mathbf{Z},l=0,1,2,3$,那么,它们可以写成如下的正交函数项级数:

$$f_j^{(l)}(x,y) = \sum_{(u,v)\in\mathbf{Z}\times\mathbf{Z}} d_{j;u,v}^{(l)} Q_{j;u,v}^{(l)}(x,y),\quad j\in\mathbf{Z},l=0,1,2,3$$

其中

$$d_{j;u,v}^{(l)} = \int_{\mathbf{R}\times\mathbf{R}} f_j^{(l)}(x,y)\overline{Q}_{j;u,v}^{(l)}(x,y)\,\mathrm{d}x\mathrm{d}y = \int_{\mathbf{R}\times\mathbf{R}} f(x,y)\overline{Q}_{j;u,v}^{(l)}(x,y)\,\mathrm{d}x\mathrm{d}y$$

称为图像$f(x,y)$在尺度基函数或小波基函数$Q_{j;u,v}^{(l)}(x,y)$下尺度级别为$s=2^{-j}$的尺度变换系数或小波变换系数。

物理图像$f(x,y)$及其在二元函数子空间$\boldsymbol{Q}_j^{(l)}$上的正交投影$f_j^{(l)}(x,y)$存在如下正交级数展开表达式,而且满足如下多个函数方程:

$$f_{j+1}^{(l)}(x,y) = \sum_{(m,n)\in\mathbf{Z}\times\mathbf{Z}} d_{j+1;m,n}^{(l)} Q_{j+1;m,n}^{(l)}(x,y),\quad l=0,1,2,3$$

$$\begin{aligned}f_{j+1}^{(0)}(x,y) &= f_{j-k}^{(0)}(x,y) + \sum_{\xi=0}^{k}\sum_{l=1}^{3} f_{j-\xi}^{(l)}(x,y) \\ &= \sum_{(m,n)\in\mathbf{Z}\times\mathbf{Z}} d_{j-k;m,n}^{(0)} Q_{j-k;m,n}^{(0)}(x,y) + \\ &\quad \sum_{\xi=0}^{k}\sum_{l=1}^{3}\sum_{(m,n)\in\mathbf{Z}\times\mathbf{Z}} d_{j-\xi;m,n}^{(l)} Q_{j-\xi;m,n}^{(l)}(x,y)\end{aligned}$$

$$f_{j+1}^{(0)}(x,y) = \sum_{\xi=0}^{+\infty}\sum_{l=1}^{3} f_{j-\xi}^{(l)}(x,y) = \sum_{\xi=0}^{+\infty}\sum_{l=1}^{3}\sum_{(m,n)\in\mathbf{Z}\times\mathbf{Z}} d_{j-\xi;m,n}^{(l)} Q_{j-\xi;m,n}^{(l)}(x,y)$$

$$f(x,y) = \sum_{\xi=-\infty}^{+\infty}\sum_{l=1}^{3} f_{\xi}^{(l)}(x,y) = \sum_{\xi=-\infty}^{+\infty}\sum_{l=1}^{3}\sum_{(m,n)\in\mathbf{Z}\times\mathbf{Z}} d_{\xi;m,n}^{(l)} Q_{\xi;m,n}^{(l)}(x,y)$$

$$\begin{aligned}f(x,y) &= f_j^{(0)}(x,y) + \sum_{\xi=0}^{+\infty}\sum_{l=1}^{3} f_{j+\xi}^{(l)}(x,y) \\ &= \sum_{(m,n)\in\mathbf{Z}\times\mathbf{Z}} d_{j;m,n}^{(0)} Q_{j;m,n}^{(0)}(x,y) + \sum_{\xi=0}^{+\infty}\sum_{l=1}^{3}\sum_{(m,n)\in\mathbf{Z}\times\mathbf{Z}} d_{j+\xi;m,n}^{(l)} Q_{j+\xi;m,n}^{(l)}(x,y)\end{aligned}$$

其中,$j\in\mathbf{Z},k\in\mathbf{N}$。不仅如此,还可以得到如下物理图像能量分解关系:

$$\| f_{j+1}^{(0)} \|_{\mathcal{L}^2(\mathbf{R}\times\mathbf{R})}^2 = \| f_{j-k}^{(0)} \|_{\mathcal{L}^2(\mathbf{R}\times\mathbf{R})}^2 + \sum_{\xi=0}^{k} \sum_{l=1}^{3} \| f_{j-\xi}^{(l)} \|_{\mathcal{L}^2(\mathbf{R}\times\mathbf{R})}^2 = \sum_{\xi=0}^{+\infty} \sum_{l=1}^{3} \| f_{j-\xi}^{(l)} \|_{\mathcal{L}^2(\mathbf{R}\times\mathbf{R})}^2$$

以及

$$\| f \|_{\mathcal{L}^2(\mathbf{R}\times\mathbf{R})}^2 = \| f_j^{(0)} \|_{\mathcal{L}^2(\mathbf{R}\times\mathbf{R})}^2 + \sum_{\xi=0}^{+\infty} \sum_{l=1}^{3} \| f_{j+\xi}^{(l)} \|_{\mathcal{L}^2(\mathbf{R}\times\mathbf{R})}^2 = \sum_{\xi=-\infty}^{+\infty} \sum_{l=1}^{3} \| f_{\xi}^{(l)} \|_{\mathcal{L}^2(\mathbf{R}\times\mathbf{R})}^2$$

这就是物理图像正交尺度投影和正交小波投影的勾股定理或帕塞瓦尔恒等式。

证明 利用二维多分辨率分析中二元函数空间以及尺度子空间的如下正交直和分解公式：

$$\boldsymbol{Q}_{j+1}^{(l)} = \text{Closespan}\{ Q_{j+1;m,n}^{(l)}(x,y); (m,n) \in \mathbf{Z}^2 \}, \quad l = 0,1,2,3$$

$$\boldsymbol{Q}_{j+1}^{(0)} = \text{Closespan}\{ Q_{j-k;m,n}^{(0)}(x,y), Q_{j-\xi;m,n}^{(l)}(x,y); (m,n) \in \mathbf{Z}^2, \xi = 0,1,\cdots,k, l = 1,2,3 \}$$

$$\boldsymbol{Q}_{j+1}^{(0)} = \text{Closespan}\{ Q_{j-\xi;m,n}^{(l)}(x,y); (m,n) \in \mathbf{Z}^2, \xi \in \mathbf{N}, l = 1,2,3 \}$$

$$\mathcal{L}^2(\mathbf{R}\times\mathbf{R}) = \text{Closespan}\{ Q_{j;m,n}^{(0)}(x,y), Q_{j+\xi;m,n}^{(l)}(x,y); (m,n) \in \mathbf{Z}^2, \xi \in \mathbf{N}, l = 1,2,3 \}$$

$$\mathcal{L}^2(\mathbf{R}\times\mathbf{R}) = \text{Closespan}\{ Q_{\xi;m,n}^{(l)}(x,y); (m,n) \in \mathbf{Z}^2, \xi \in \mathbf{Z}, l = 1,2,3 \}$$

以及上述正交直和分解中各个子空间的规范正交基或联合规范正交基，仿照定理 4.21 的证明方法即可完成全部证明。建议读者给出定理的完整证明。

注释 这些分解关系包括二元函数空间和子空间正交直和分解关系、图像在不同尺度级别的尺度函数整数平移规范正交基和小波函数整数平移规范正交基下的正交级数分解关系，以及图像在各个正交子空间上正交投影的能量分解关系。这些分解关系构成了图像分析和处理最重要的依赖关系。

3. 物理图像和数字图像的 Mallat 分解

图像 $f(x,y)$ 在不同尺度级别的尺度函数整数平移规范正交系和小波函数整数平移规范正交系下的正交级数分解关系，体现了图像 $f(x,y)$ 在不同尺度级别尺度子空间和小波子空间上正交投影的整体行为，而这些正交级数分解式中的系数才真正体现图像在各个像元上以尺度函数或小波函数为标准的"灰度"。在二维小波的世界里，这些灰度才是图像的本质，图像分析和处理的任何工作都以图像在这些像元(像素)上的灰度作为最基本的操作单元。在二维多分辨率分析的理论体系下，图像在这些像素上的灰度之间存在内在的依赖关系，这种依赖关系就是图像二维小波变换系数之间的 Mallat 算法关系。

现在研究物理图像和数字图像的 Mallat 分解算法。

如果图像 $f(x,y)$ 在尺度级别为 $s = 2^{-(j+1)}$ 的尺度子空间的规范正交尺度函数基 $\{ Q_{j+1;m,n}^{(0)}(x,y); (m,n) \in \mathbf{Z}^2 \}$ 上的投影系数矩阵 $\{ d_{j+1;m,n}^{(0)}; (m,n) \in \mathbf{Z}\times\mathbf{Z} \}$ 是已知的，现在研究如何计算 $f(x,y)$ 在尺度级别为 $s = 2^{-j}$ 的尺度子空间和小波子空间的规范正交函数基 $\{ Q_{j;u,v}^{(l)}(x,y); (u,v) \in \mathbf{Z}^2 \}, l = 0,1,2,3$ 上的 4 个投影系数矩阵 $\{ d_{j;u,v}^{(l)}; (u,v) \in \mathbf{Z}^2 \}, l = 0,1,2,3$。此即物理图像和数字图像 Mallat 分解算法。

定理 4.23(物理图像和数字图像的 Mallat 分解) 在函数空间 $\mathcal{L}^2(\mathbf{R}^2)$ 的多分辨率分析 $(\{ \boldsymbol{Q}_j^{(0)}; j \in \mathbf{Z} \}, Q^{(0)}(x,y) = \varphi(x)\varphi(y))$ 基础上，将函数空间 $\mathcal{L}^2(\mathbf{R}^2)$ 上任意物理图像 $f(x,y)$ 在空间 $\mathcal{L}^2(\mathbf{R}^2)$ 的尺度子空间和小波子空间 $\boldsymbol{Q}_j^{(l)}$ 上的正交投影记为 $f_j^{(l)}(x,y), j \in \mathbf{Z}, l = 0,1,2,3$，将它们写成如下的正交函数项级数：

$$f_j^{(l)}(x,y)=\sum_{(m,n)\in\mathbf{Z}\times\mathbf{Z}} d_{j;m,n}^{(l)}Q_{j;m,n}^{(l)}(x,y),\quad j\in\mathbf{Z},l=0,1,2,3$$

那么,物理图像$f(x,y)$在各个尺度级别上的尺度子空间和小波子空间中的正交投影之间存在依赖关系

$$f_{j+1}^{(0)}(x,y)=f_j^{(0)}(x,y)+\sum_{l=1}^{3}f_j^{(l)}(x,y)$$

它们的正交级数展开式之间存在如下依赖关系:

$$\sum_{(m,n)\in\mathbf{Z}\times\mathbf{Z}} d_{j+1;m,n}^{(0)}Q_{j+1;m,n}^{(0)}(x,y)=\sum_{l=0}^{3}\sum_{(u,v)\in\mathbf{Z}\times\mathbf{Z}} d_{j;u,v}^{(l)}Q_{j;u,v}^{(l)}(x,y)$$

而且系数矩阵$\{d_{j+1;m,n}^{(0)};(m,n)\in\mathbf{Z}\times\mathbf{Z}\}$,$\{d_{j;u,v}^{(l)};(u,v)\in\mathbf{Z}^2\}$,$l=0,1,2,3$之间存在如下的分解计算关系,即二维 Mallat 分解算法公式:

$$d_{j;u,v}^{(0)}=\sum_{(m,n)\in\mathbf{Z}^2}\overline{h}^{(0)}(m-2u,n-2v)d_{j+1;m,n}^{(0)}$$

$$d_{j;u,v}^{(1)}=\sum_{(m,n)\in\mathbf{Z}^2}\overline{h}^{(1)}(m-2u,n-2v)d_{j+1;m,n}^{(0)}$$

$$d_{j;u,v}^{(2)}=\sum_{(m,n)\in\mathbf{Z}^2}\overline{h}^{(2)}(m-2u,n-2v)d_{j+1;m,n}^{(0)}$$

$$d_{j;u,v}^{(3)}=\sum_{(m,n)\in\mathbf{Z}^2}\overline{h}^{(3)}(m-2u,n-2v)d_{j+1;m,n}^{(0)}$$

其中,$(u,v)\in\mathbf{Z}^2$,或者改写成

$$d_{j;u,v}^{(l)}=\sum_{(m,n)\in\mathbf{Z}^2}\overline{h}^{(l)}(m-2u,n-2v)d_{j+1;m,n}^{(0)},\quad l=0,1,2,3,(u,v)\in\mathbf{Z}^2$$

即这个分解算法把无穷维矩阵空间$l^2(\mathbf{Z}^2)$中的矩阵$\{d_{j+1;m,n}^{(0)};(m,n)\in\mathbf{Z}^2\}$"分解"为4个无穷维矩阵$\{d_{j;u,v}^{(l)};(u,v)\in\mathbf{Z}^2\}\in l^2(\mathbf{Z}^2)$,$l=0,1,2,3$。更准确的说法是,把$l^2(\mathbf{Z}^2)$中的$\infty\times\infty$矩阵$\{d_{j+1;m,n}^{(0)};(m,n)\in\mathbf{Z}^2\}$"分解"为四个$(0.5\infty)\times(0.5\infty)$的矩阵$\{d_{j;u,v}^{(l)};(u,v)\in\mathbf{Z}^2\}$,$l=0,1,2,3$。可以理解为无穷维"数字图像"$\{d_{j+1;m,n}^{(0)};(m,n)\in\mathbf{Z}^2\}$被"分解"为纵横分辨率均降半即纵横尺寸各减半的 4 个数字图像$\{d_{j;u,v}^{(l)};(u,v)\in\mathbf{Z}^2\}$,$l=0,1,2,3$。

证明　这里只通过演算获得系数矩阵的分解计算公式,其余证明细节建议读者进行补充。在如下级数方程两端乘$\overline{Q}_{j;s,t}^{(\xi)}(x,y)\mathrm{d}x\mathrm{d}y$并积分:

$$\sum_{(m,n)\in\mathbf{Z}\times\mathbf{Z}} d_{j+1;m,n}^{(0)}Q_{j+1;m,n}^{(0)}(x,y)=\sum_{l=0}^{3}\sum_{(u,v)\in\mathbf{Z}\times\mathbf{Z}} d_{j;u,v}^{(l)}Q_{j;u,v}^{(l)}(x,y)$$

于是方程右边为

$$\begin{aligned}&\sum_{l=0}^{3}\sum_{(u,v)\in\mathbf{Z}\times\mathbf{Z}} d_{j;u,v}^{(l)}\int_{\mathbf{R}\times\mathbf{R}}Q_{j;u,v}^{(l)}(x,y)\times\overline{Q}_{j;s,t}^{(\xi)}(x,y)\mathrm{d}x\mathrm{d}y\\&=\sum_{l=0}^{3}\sum_{(u,v)\in\mathbf{Z}\times\mathbf{Z}} d_{j;u,v}^{(l)}\delta(u-s)\delta(v-t)\delta(l-\xi)\\&=d_{j;s,t}^{(\xi)}\end{aligned}$$

此外,利用尺度方程和小波方程组

$$Q_{j;s,t}^{(\xi)}(x,y)=\sum_{(m,n)\in\mathbf{Z}\times\mathbf{Z}} h^{(\xi)}(m-2s,n-2t)Q_{j+1;m,n}^{(0)}(x,y)$$

方程左边如下：

$$\begin{aligned}&\sum_{(m,n)\in\mathbf{Z}\times\mathbf{Z}}d_{j+1;m,n}^{(0)}\int_{\mathbf{R}\times\mathbf{R}}Q_{j+1;m,n}^{(0)}(x,y)\overline{Q}_{j;s,t}^{(\xi)}(x,y)\mathrm{d}x\mathrm{d}y\\&=\sum_{(m,n)\in\mathbf{Z}\times\mathbf{Z}}\sum_{(u,v)\in\mathbf{Z}^2}d_{j+1;m,n}^{(0)}\overline{h}^{(\xi)}(u-2s,v-2t)\int_{\mathbf{R}\times\mathbf{R}}Q_{j+1;m,n}^{(0)}(x,y)\overline{Q}_{j+1;u,v}^{(0)}(x,y)\mathrm{d}x\mathrm{d}y\\&=\sum_{(m,n)\in\mathbf{Z}\times\mathbf{Z}}\sum_{(u,v)\in\mathbf{Z}\times\mathbf{Z}}d_{j+1;m,n}^{(0)}\overline{h}^{(\xi)}(u-2s,v-2t)\delta(m-u)\delta(n-v)\\&=\sum_{(m,n)\in\mathbf{Z}\times\mathbf{Z}}\overline{h}^{(\xi)}(m-2s,n-2t)d_{j+1;m,n}^{(0)}\end{aligned}$$

综合左右两端的结果得到

$$d_{j;s,t}^{(\xi)}=\sum_{(m,n)\in\mathbf{Z}\times\mathbf{Z}}\overline{h}^{(\xi)}(m-2s,n-2t)d_{j+1;m,n}^{(0)}$$

这就是需要证明的分解计算公式。证明完成。

4. 物理图像和数字图像的 Mallat 合成

如果图像$f(x,y)$在尺度级别为$s=2^{-j}$的尺度子空间和小波子空间的规范正交函数基$\{Q_{j;u,v}^{(l)}(x,y);(u,v)\in\mathbf{Z}\times\mathbf{Z}\}$，$l=0,1,2,3$上的4个投影系数矩阵即数字图像$\{d_{j;u,v}^{(l)};(u,v)\in\mathbf{Z}\times\mathbf{Z}\}$，$l=0,1,2,3$已经获得，这里研究如何计算它在尺度级别为$s=2^{-(j+1)}$的尺度子空间规范正交函数基$\{Q_{j+1;m,n}^{(0)}(x,y);(m,n)\in\mathbf{Z}^2\}$上的投影系数矩阵或者数字图像$\{d_{j+1;m,n}^{(0)};(m,n)\in\mathbf{Z}\times\mathbf{Z}\}$。这就是物理图像和数字图像的二维 Mallat 合成算法。

定理 4.24（物理图像和数字图像的 Mallat 合成）　在函数空间$\mathcal{L}^2(\mathbf{R}^2)$的多分辨率分析$(\{\boldsymbol{Q}_j^{(0)};j\in\mathbf{Z}\},Q^{(0)}(x,y)=\varphi(x)\varphi(y))$基础上，将函数空间$\mathcal{L}^2(\mathbf{R}^2)$上任意物理图像$f(x,y)$在空间$\mathcal{L}^2(\mathbf{R}^2)$的尺度子空间和小波子空间$\boldsymbol{Q}_j^{(l)}$上的正交投影记为$f_j^{(l)}(x,y)$，$j\in\mathbf{Z}$，$l=0,1,2,3$，将它们写成如下的正交函数项级数：

$$f_j^{(l)}(x,y)=\sum_{(m,n)\in\mathbf{Z}\times\mathbf{Z}}d_{j;m,n}^{(l)}Q_{j;m,n}^{(l)}(x,y),\quad j\in\mathbf{Z},l=0,1,2,3$$

这时物理图像$f(x,y)$在各个尺度级别上的尺度子空间和小波子空间中的正交投影之间存在依赖关系，即

$$f_{j+1}^{(0)}(x,y)=f_j^{(0)}(x,y)+\sum_{l=1}^{3}f_j^{(l)}(x,y)$$

它们的正交级数展开式之间存在如下依赖关系：

$$\sum_{(m,n)\in\mathbf{Z}\times\mathbf{Z}}d_{j+1;m,n}^{(0)}Q_{j+1;m,n}^{(0)}(x,y)=\sum_{l=0}^{3}\sum_{(u,v)\in\mathbf{Z}\times\mathbf{Z}}d_{j;u,v}^{(l)}Q_{j;u,v}^{(l)}(x,y)$$

那么，系数矩阵$\{d_{j+1;m,n}^{(0)};(m,n)\in\mathbf{Z}\times\mathbf{Z}\}$，$\{d_{j;u,v}^{(l)};(u,v)\in\mathbf{Z}\times\mathbf{Z}\}$，$l=0,1,2,3$之间存在如下的合成计算关系（即二维 Mallat 合成公式）：

$$d_{j+1;m,n}^{(0)}=\sum_{l=0}^{3}\sum_{(u,v)\in\mathbf{Z}\times\mathbf{Z}}h^{(l)}(m-2u,n-2v)d_{j;u,v}^{(l)},\quad(m,n)\in\mathbf{Z}^2$$

或者详细写成

$$\begin{aligned}d_{j+1;m,n}^{(0)}=&\sum_{(u,v)\in\mathbf{Z}\times\mathbf{Z}}h^{(0)}(m-2u,n-2v)d_{j;u,v}^{(0)}+\\&\sum_{(u,v)\in\mathbf{Z}\times\mathbf{Z}}h^{(1)}(m-2u,n-2v)d_{j;u,v}^{(1)}+\end{aligned}$$

$$\sum_{(u,v)\in\mathbf{Z}\times\mathbf{Z}} h^{(2)}(m-2u,n-2v)d_{j;u,v}^{(2)} +$$
$$\sum_{(u,v)\in\mathbf{Z}\times\mathbf{Z}} h^{(3)}(m-2u,n-2v)d_{j;u,v}^{(3)}$$

与 Mallat 分解算法相反，Mallat 合成算法把无穷维矩阵空间 $l^2(\mathbf{Z}^2)$ 中的 4 个点、向量或者无穷维矩阵 $\{d_{j;u,v}^{(l)};(u,v)\in\mathbf{Z}\times\mathbf{Z}\}\in l^2(\mathbf{Z}^2)$, $l=0,1,2,3$，合并成为一个点、向量或者矩阵 $\{d_{j+1;m,n}^{(0)};(m,n)\in\mathbf{Z}\times\mathbf{Z}\}$。换言之，把 $l^2(\mathbf{Z}^2)$ 中 4 个 $(0.5\infty)\times(0.5\infty)$ 的数字图像 $\{d_{j;u,v}^{(l)};(u,v)\in\mathbf{Z}\times\mathbf{Z}\}$, $l=0,1,2,3$ 合并成为一个 $\infty\times\infty$ 的纵横分辨率皆倍增的数字图像 $\{d_{j+1;m,n}^{(0)};(m,n)\in\mathbf{Z}\times\mathbf{Z}\}$。

证明　在如下级数方程两端乘 $\overline{Q}_{j+1;s,t}^{(0)}(x,y)\mathrm{d}x\mathrm{d}y$ 并积分：

$$\sum_{(m,n)\in\mathbf{Z}\times\mathbf{Z}} d_{j+1;m,n}^{(0)}Q_{j+1;m,n}^{(0)}(x,y)=\sum_{l=0}^{3}\sum_{(u,v)\in\mathbf{Z}\times\mathbf{Z}} d_{j;u,v}^{(l)}Q_{j;u,v}^{(l)}(x,y)$$

再利用尺度方程和小波方程组

$$Q_{j;u,v}^{(\xi)}(x,y)=\sum_{(m,n)\in\mathbf{Z}\times\mathbf{Z}} h^{(\xi)}(m-2u,n-2v)Q_{j+1;m,n}^{(0)}(x,y)$$

仿照定理 4.23 证明过程中的演算即可完成证明。建议读者完成这个详细的演算过程得到定理的完整证明。

4.3.2　图像小波算法矩阵格式

本小节研究数字图像或无穷维矩阵小波算法的矩阵表达格式。

引入数字图像或无穷维矩阵记号：

$$\mathscr{D}_{j+1}^{(0)}=\{d_{j+1,m,n}^{(0)};(m,n)\in\mathbf{Z}^2\},\quad \mathscr{D}_{j}^{(l)}=\{d_{j;u,v}^{(l)};(u,v)\in\mathbf{Z}\times\mathbf{Z}\},\quad l=0,1,2,3$$

回顾两个 $\infty\times(0.5\infty)$ 的矩阵记号：

$$\mathcal{H}_0=(\boldsymbol{h}^{(2v)};v\in\mathbf{Z})_{\infty\times(0.5\infty)},\quad \boldsymbol{h}^{(2v)}=(h_{m-2v};m\in\mathbf{Z})^{\mathrm{T}}\in l^2(\mathbf{Z}),\quad v\in\mathbf{Z}$$
$$\mathcal{H}_1=(\boldsymbol{g}^{(2v)};v\in\mathbf{Z})_{\infty\times(0.5\infty)},\quad \boldsymbol{g}^{(2v)}=(g_{m-2v};m\in\mathbf{Z})^{\mathrm{T}}\in l^2(\mathbf{Z}),\quad v\in\mathbf{Z}$$

可以将这两个 $\infty\times(0.5\infty)$ 矩阵按照列元素示意性表示为

$$\mathcal{H}_0=(\cdots\mid\boldsymbol{h}^{(-2)}\mid\boldsymbol{h}^{(0)}\mid\boldsymbol{h}^{(2)}\mid\cdots)_{\infty\times(0.5\infty)}$$
$$\mathcal{H}_1=(\cdots\mid\boldsymbol{g}^{(-2)}\mid\boldsymbol{g}^{(0)}\mid\boldsymbol{g}^{(2)}\mid\cdots)_{\infty\times(0.5\infty)}$$

而且，它们的复数共轭转置矩阵 $\mathcal{H}_0^*$, $\mathcal{H}_1^*$ 都是 $(0.5\infty)\times\infty$ 矩阵，可以按照行元素示意性表示为

$$\mathcal{H}_0^*=\begin{pmatrix}\vdots\\ [\boldsymbol{h}^{(-2)}]^*\\ [\boldsymbol{h}^{(0)}]^*\\ [\boldsymbol{h}^{(2)}]^*\\ \vdots\end{pmatrix}=\begin{pmatrix}\cdots &&&&&&&&&&\\ \cdots & \overline{h}_{-2} & \overline{h}_{-1} & \overline{h}_0 & \overline{h}_{+1} & \overline{h}_{+2} & \cdots &&&&\\ && \cdots & \overline{h}_{-2} & \overline{h}_{-1} & \overline{h}_0 & \overline{h}_{+1} & \overline{h}_{+2} & \cdots &&\\ &&&& \cdots & \overline{h}_{-2} & \overline{h}_{-1} & \overline{h}_0 & \overline{h}_{+1} & \overline{h}_{+2} & \cdots\\ &&&&&&&&&& \cdots\end{pmatrix}_{(0.5\infty)\times\infty}$$

$$\mathcal{H}_1^* = \begin{pmatrix} \vdots \\ [\boldsymbol{g}^{(-2)}]^* \\ [\boldsymbol{g}^{(0)}]^* \\ [\boldsymbol{g}^{(2)}]^* \\ \vdots \end{pmatrix} = \begin{pmatrix} \cdots & & & & & & & & & \\ \cdots & \bar{g}_{-2} & \bar{g}_{-1} & \bar{g}_0 & \bar{g}_{+1} & \bar{g}_{+2} & \cdots & & & \\ & & \cdots & \bar{g}_{-2} & \bar{g}_{-1} & \bar{g}_0 & \bar{g}_{+1} & \bar{g}_{+2} & \cdots & \\ & & & & \cdots & \bar{g}_{-2} & \bar{g}_{-1} & \bar{g}_0 & \bar{g}_{+1} & \bar{g}_{+2} & \cdots \\ & & & & & & & & & & \cdots \end{pmatrix}_{(0.5\infty)\times\infty}$$

利用这些记号定义一个 $\infty \times \infty$ 的分块为 1×2 的矩阵$\mathcal{A}$,有

$$\mathcal{A} = (\mathcal{H}_0 | \mathcal{H}_1) = (\cdots, \boldsymbol{h}^{(-2)}, \boldsymbol{h}^{(0)}, \boldsymbol{h}^{(2)}, \cdots | \cdots, \boldsymbol{g}^{(-2)}, \boldsymbol{g}^{(0)}, \boldsymbol{g}^{(2)}, \cdots)_{\infty\times\infty}$$

它的复数共轭转置矩阵是

$$\mathcal{A}^* = \left(\frac{\mathcal{H}_0^*}{\mathcal{H}_1^*}\right)_{\infty\times\infty}$$

根据多分辨率分析理论可知,无穷维矩阵$\mathcal{A}$是一个酉矩阵,即

$$\mathcal{A}\mathcal{A}^* = \mathcal{A}^*\mathcal{A} = \mathcal{I}_{\infty\times\infty}$$

或者

$$\mathcal{H}_0\mathcal{H}_0^* + \mathcal{H}_1\mathcal{H}_1^* = \begin{pmatrix} \mathcal{H}_0^*\mathcal{H}_0 & \mathcal{H}_0^*\mathcal{H}_1 \\ \mathcal{H}_1^*\mathcal{H}_0 & \mathcal{H}_1^*\mathcal{H}_1 \end{pmatrix} = \mathcal{I}_{\infty\times\infty}$$

或者

$$\sum_{v=-\infty}^{+\infty} ([\boldsymbol{h}^{(2v)}][\boldsymbol{h}^{(2v)}]^* + [\boldsymbol{g}^{(2v)}][\boldsymbol{g}^{(2v)}]^*) = \begin{pmatrix} \mathcal{I}_{(0.5\infty)\times(0.5\infty)} & \mathcal{O}_{(0.5\infty)\times(0.5\infty)} \\ \mathcal{O}_{(0.5\infty)\times(0.5\infty)} & \mathcal{I}_{(0.5\infty)\times(0.5\infty)} \end{pmatrix} = \mathcal{I}_{\infty\times\infty}$$

是单位矩阵。$\mathcal{A}^*$表示矩阵$\mathcal{A}$的复数共轭转置,此处它是矩阵$\mathcal{A}$的逆矩阵。另外,$\mathcal{I}_{(0.5\infty)\times(0.5\infty)}$、$\mathcal{O}_{(0.5\infty)\times(0.5\infty)}$分别是$(0.5\infty)\times(0.5\infty)$的单位矩阵和零矩阵。

1. 数字图像小波分解矩阵格式

利用这里引进的数字图像和无穷维矩阵记号,可以得到数字图像小波分解的矩阵表达形式。

定理 4.25(数字图像小波分解矩阵格式) 在函数空间$\mathcal{L}^2(\mathbf{R}^2)$的多分辨率分析$(\{\boldsymbol{Q}_j^{(0)}; j \in \mathbf{Z}\}, Q^{(0)}(x,y) = \varphi(x)\varphi(y))$基础上,$\mathscr{D}_{j+1}^{(0)} = \{d_{j+1,m,n}^{(0)}; (m,n) \in \mathbf{Z}^2\}$和$\mathscr{D}_j^{(l)} = \{d_{j;u,v}^{(l)}; (u,v) \in \mathbf{Z}\times\mathbf{Z}\}, l = 0,1,2,3$存在如下的矩阵分块分解计算公式:

$$\left(\frac{\mathscr{D}_j^{(0)} | \mathscr{D}_j^{(1)}}{\mathscr{D}_j^{(2)} | \mathscr{D}_j^{(3)}}\right) = \mathcal{A}^*\mathscr{D}_{j+1}^{(0)}\bar{\mathcal{A}} = \left(\frac{\mathcal{H}_0^*}{\mathcal{H}_1^*}\right)\mathscr{D}_{j+1}^{(0)}(\bar{\mathcal{H}}_0 | \bar{\mathcal{H}}_1) = \left(\frac{\mathcal{H}_0^*\mathscr{D}_{j+1}^{(0)}\bar{\mathcal{H}}_0 | \mathcal{H}_0^*\mathscr{D}_{j+1}^{(0)}\bar{\mathcal{H}}_1}{\mathcal{H}_1^*\mathscr{D}_{j+1}^{(0)}\bar{\mathcal{H}}_0 | \mathcal{H}_1^*\mathscr{D}_{j+1}^{(0)}\bar{\mathcal{H}}_1}\right)$$

证明 回顾定理 4.23 的结果结合这里引入的数字图像或无穷维矩阵记号的定义即可完成证明,建议读者写出完整的证明过程。

注释 $\mathscr{D}_{j+1}^{(0)}$是一个 $\infty\times\infty$ 的数字图像$\{d_{j+1;m,n}^{(0)}; (m,n) \in \mathbf{Z}\times\mathbf{Z}\}$,而另外 4 个矩阵$\mathscr{D}_j^{(0)}$、$\mathscr{D}_j^{(1)}$、$\mathscr{D}_j^{(2)}$、$\mathscr{D}_j^{(3)}$是$(0.5\infty)\times(0.5\infty)$的数字图像,$\{d_{j;u,v}^{(l)}; (u,v) \in \mathbf{Z}^2\}, l=0,1,2,3$是纵横方向的数字分辨率皆减半的矩阵。因此,数字图像小波分解分块矩阵格式给出的结果直观表达了二维小波分解降分辨率的图像实质,即获得 4 个纵横分辨率同时减半的小图像。利用这 4 个小图像可以完美重建原始的高分辨率数字图像,即二维小波分解过程本质上没有信息损失。

2. 数字图像小波合成矩阵表示

定理 4.26(数字图像小波合成矩阵格式)　在函数空间$\mathcal{L}^2(\mathbf{R}^2)$的多分辨率分析$(\{\boldsymbol{Q}_j^{(0)};j\in\mathbf{Z}\},Q^{(0)}(x,y)=\varphi(x)\varphi(y))$基础上,$\mathscr{D}_{j+1}^{(0)}=\{d_{j+1,m,n}^{(0)};(m,n)\in\mathbf{Z}^2\}$和$\mathscr{D}_j^{(l)}=\{d_{j;u,v}^{(l)};(u,v)\in\mathbf{Z}\times\mathbf{Z}\},l=0,1,2,3$存在如下的矩阵分块合成计算公式:

$$\mathscr{D}_{j+1}^{(0)}=\mathcal{A}\left(\frac{\mathscr{D}_j^{(0)}\mid\mathscr{D}_j^{(1)}}{\mathscr{D}_j^{(2)}\mid\mathscr{D}_j^{(3)}}\right)\mathcal{A}^{\mathrm{T}}=(\mathcal{H}_0\mid\mathcal{H}_1)\left(\frac{\mathscr{D}_j^{(0)}\mid\mathscr{D}_j^{(1)}}{\mathscr{D}_j^{(2)}\mid\mathscr{D}_j^{(3)}}\right)\left(\frac{\mathcal{H}_0^{\mathrm{T}}}{\mathcal{H}_1^{\mathrm{T}}}\right)$$

或者

$$\mathscr{D}_{j+1}^{(0)}=\mathcal{H}_0\mathscr{D}_j^{(0)}\mathcal{H}_0^{\mathrm{T}}+\mathcal{H}_0\mathscr{D}_j^{(1)}\mathcal{H}_1^{\mathrm{T}}+\mathcal{H}_1\mathscr{D}_j^{(2)}\mathcal{H}_0^{\mathrm{T}}+\mathcal{H}_1\mathscr{D}_j^{(3)}\mathcal{H}_1^{\mathrm{T}}$$

其中,$\mathcal{A}^{\mathrm{T}}$表示无穷维矩阵$\mathcal{A}$的转置矩阵。这就是数字图像小波合成 Mallat 算法的矩阵表达形式。

证明　根据定理 4.25 建立的数字图像二维小波分解矩阵表达公式

$$\left(\frac{\mathscr{D}_j^{(0)}\mid\mathscr{D}_j^{(1)}}{\mathscr{D}_j^{(2)}\mid\mathscr{D}_j^{(3)}}\right)=\mathcal{A}^*\mathscr{D}_{j+1}^{(0)}\bar{\mathcal{A}}=\left(\frac{\mathcal{H}_0^*}{\mathcal{H}_1^*}\right)\mathscr{D}_{j+1}^{(0)}(\bar{\mathcal{H}}_0\mid\bar{\mathcal{H}}_1)=\left(\frac{\mathcal{H}_0^*\mathscr{D}_{j+1}^{(0)}\bar{\mathcal{H}}_0\mid\mathcal{H}_0^*\mathscr{D}_{j+1}^{(0)}\bar{\mathcal{H}}_1}{\mathcal{H}_1^*\mathscr{D}_{j+1}^{(0)}\bar{\mathcal{H}}_0\mid\mathcal{H}_1^*\mathscr{D}_{j+1}^{(0)}\bar{\mathcal{H}}_1}\right)$$

利用无穷维矩阵(离散算子)$\mathcal{A}$的酉性,按照分块矩阵运算规则直接演算即可得到定理的全部证明。建议读者写出详细的证明过程。

这个定理表明,数字图像$\mathcal{H}_0\mathscr{D}_j^{(0)}\mathcal{H}_0^{\mathrm{T}}$、$\mathcal{H}_0\mathscr{D}_j^{(1)}\mathcal{H}_1^{\mathrm{T}}$、$\mathcal{H}_1\mathscr{D}_j^{(2)}\mathcal{H}_0^{\mathrm{T}}$、$\mathcal{H}_1\mathscr{D}_j^{(3)}\mathcal{H}_1^{\mathrm{T}}$是从 4 个低分辨率小图像$\mathscr{D}_j^{(0)}$、$\mathscr{D}_j^{(1)}$、$\mathscr{D}_j^{(2)}$、$\mathscr{D}_j^{(3)}$经过分辨率提升达到与$\mathscr{D}_{j+1}^{(0)}$同样的分辨率,之后它们的和正好是原始数字图像。这个过程说明数字图像二维小波算法是一个酉的过程或酉的算子。

4.3.3　图像小波算法的酉性

定理 4.27(数字图像小波算法的酉性)　在二元函数空间$\mathcal{L}^2(\mathbf{R}^2)$的多分辨率分析$(\{\boldsymbol{Q}_j^{(0)};j\in\mathbf{Z}\},Q^{(0)}(x,y)=\varphi(x)\varphi(y))$基础上,$\mathscr{D}_{j+1}^{(0)}=\{d_{j+1,m,n}^{(0)};(m,n)\in\mathbf{Z}^2\}$和$\mathscr{D}_j^{(l)}=\{d_{j;u,v}^{(l)};(u,v)\in\mathbf{Z}^2\},l=0,1,2,3$之间的矩阵表示关系是酉变换,即

$$\begin{aligned}\mathscr{D}_{j+1}^{(0)}&=\mathcal{A}\left(\frac{\mathscr{D}_j^{(0)}\mid\mathscr{D}_j^{(1)}}{\mathscr{D}_j^{(2)}\mid\mathscr{D}_j^{(3)}}\right)\mathcal{A}^{\mathrm{T}}=(\mathcal{H}_0\mid\mathcal{H}_1)\left(\frac{\mathscr{D}_j^{(0)}\mid\mathscr{D}_j^{(1)}}{\mathscr{D}_j^{(2)}\mid\mathscr{D}_j^{(3)}}\right)\left(\frac{\mathcal{H}_0^{\mathrm{T}}}{\mathcal{H}_1^{\mathrm{T}}}\right)\\&=\mathcal{H}_0\mathscr{D}_j^{(0)}\mathcal{H}_0^{\mathrm{T}}+\mathcal{H}_0\mathscr{D}_j^{(1)}\mathcal{H}_1^{\mathrm{T}}+\mathcal{H}_1\mathscr{D}_j^{(2)}\mathcal{H}_0^{\mathrm{T}}+\mathcal{H}_1\mathscr{D}_j^{(3)}\mathcal{H}_1^{\mathrm{T}}\end{aligned}$$

即它们在无穷维矩阵空间$l^2(\mathbf{Z}\times\mathbf{Z})$中的能量之间保持恒等式关系,有

$$\sum_{\varsigma=0}^{1}\sum_{\zeta=0}^{1}\|\mathcal{H}_\varsigma D_j^{(\varsigma\zeta)_2}\mathcal{H}_\zeta^{\mathrm{T}}\|_{l^2(\mathbf{Z}\times\mathbf{Z})}^2=\sum_{l=0}^{3}\|\mathscr{D}_j^{(l)}\|_{l^2(\mathbf{Z}\times\mathbf{Z})}^2=\|\mathscr{D}_{j+1}^{(0)}\|_{l^2(\mathbf{Z}\times\mathbf{Z})}^2$$

其中

$$\|\mathscr{D}_{j+1}^{(0)}\|_{l^2(\mathbf{Z}\times\mathbf{Z})}^2=\sum_{(m,n)\in\mathbf{Z}\times\mathbf{Z}}|d_{j+1;m,n}^{(0)}|^2=\sum_{l=0}^{3}\sum_{(u,v)\in\mathbf{Z}\times\mathbf{Z}}|d_{j;u,v}^{(l)}|^2=\sum_{l=0}^{3}\|\mathscr{D}_j^{(l)}\|_{l^2(\mathbf{Z}\times\mathbf{Z})}^2$$

而且,$l=(\varsigma\zeta)_2=0,1,2,3$时,有

$$\|\mathscr{D}_j^{(l)}\|_{l^2(\mathbf{Z}\times\mathbf{Z})}^2=\|\mathcal{H}_\varsigma D_j^{(\varsigma\zeta)_2}\mathcal{H}_\zeta^{\mathrm{T}}\|_{l^2(\mathbf{Z}\times\mathbf{Z})}^2=\sum_{(u,v)\in\mathbf{Z}\times\mathbf{Z}}|d_{j;u,v}^{(l)}|^2$$

证明 这个定理存在多种证明方法。数字图像小波算法的酉性存在多种体现形式。这里给出的证明主要依赖多分辨率分析理论的正交性以及二元函数 4 个正交投影的正交小波函数项级数之间的正交性。

回顾定理 4.25 和定理 4.26,图像小波分解和合成算法的矩阵格式为

$$\left(\frac{\mathscr{D}_j^{(0)} \mid \mathscr{D}_j^{(1)}}{\mathscr{D}_j^{(2)} \mid \mathscr{D}_j^{(3)}}\right) = \mathcal{A}^* \mathscr{D}_{j+1}^{(0)} \bar{\mathcal{A}} = \left(\frac{\mathcal{H}_0^*}{\mathcal{H}_1^*}\right) \mathscr{D}_{j+1}^{(0)} (\bar{\mathcal{H}}_0 \mid \bar{\mathcal{H}}_1)$$

而且

$$\mathscr{D}_{j+1}^{(0)} = \mathcal{A}\left(\frac{\mathscr{D}_j^{(0)} \mid \mathscr{D}_j^{(1)}}{\mathscr{D}_j^{(2)} \mid \mathscr{D}_j^{(3)}}\right) \mathcal{A}^{\mathrm{T}} = (\mathcal{H}_0 \mid \mathcal{H}_1)\left(\frac{\mathscr{D}_j^{(0)} \mid \mathscr{D}_j^{(1)}}{\mathscr{D}_j^{(2)} \mid \mathscr{D}_j^{(3)}}\right)\left(\frac{\mathcal{H}_0^{\mathrm{T}}}{\mathcal{H}_1^{\mathrm{T}}}\right)$$

这组算法的几何意义是函数的正交投影分解以及在尺度子空间和小波子空间规范正交基下正交小波函数项级数的正交投影分解和合成关系,即

$$f_{j+1}^{(0)}(x,y) = \sum_{l=0}^{3} f_j^{(l)}(x,y)$$

而且

$$\sum_{(m,n) \in \mathbf{Z}\times\mathbf{Z}} d_{j+1;m,n}^{(0)} Q_{j+1;m,n}^{(0)}(x,y) = \sum_{l=0}^{3} \sum_{(u,v) \in \mathbf{Z}\times\mathbf{Z}} d_{j;u,v}^{(l)} Q_{j;u,v}^{(l)}(x,y)$$

其中,$l = 0,1,2,3$,则

$$f_{j+1}^{(0)}(x,y) = \sum_{(m,n) \in \mathbf{Z}\times\mathbf{Z}} d_{j+1;m,n}^{(0)} Q_{j+1;m,n}^{(0)}(x,y)$$

$$f_j^{(l)}(x,y) = \sum_{(u,v) \in \mathbf{Z}\times\mathbf{Z}} d_{j;u,v}^{(l)} Q_{j;u,v}^{(l)}(x,y)$$

由于 $\{f_j^{(l)}(x,y); l = 0,1,2,3\}$ 是正交函数系,从而得到函数范数恒等式为

$$\| f_{j+1}^{(0)} \|_{\mathcal{L}^2(\mathbf{R}\times\mathbf{R})}^2 = \sum_{l=0}^{3} \| f_j^{(l)} \|_{\mathcal{L}^2(\mathbf{R}\times\mathbf{R})}^2$$

简单计算可得(每个都是正交小波函数项级数)

$$\| f_{j+1}^{(0)} \|_{\mathcal{L}^2(\mathbf{R}\times\mathbf{R})}^2 = \sum_{(m,n) \in \mathbf{Z}\times\mathbf{Z}} | d_{j+1;m,n}^{(0)} |^2 = \| \mathscr{D}_{j+1}^{(0)} \|_{l^2(\mathbf{Z}\times\mathbf{Z})}^2$$

$$\| f_j^{(l)} \|_{\mathcal{L}^2(\mathbf{R}\times\mathbf{R})}^2 = \sum_{(u,v) \in \mathbf{Z}\times\mathbf{Z}} | d_{j;u,v}^{(l)} |^2 = \| \mathscr{D}_j^{(l)} \|_{l^2(\mathbf{Z}\times\mathbf{Z})}^2, \quad l = 0,1,2,3$$

从而得到无穷维矩阵空间的矩阵范数恒等式为

$$\| \mathscr{D}_{j+1}^{(0)} \|_{l^2(\mathbf{Z}\times\mathbf{Z})}^2 = \sum_{(m,n) \in \mathbf{Z}\times\mathbf{Z}} | d_{j+1;m,n}^{(0)} |^2 = \sum_{l=0}^{3} \sum_{(u,v) \in \mathbf{Z}\times\mathbf{Z}} | d_{j;u,v}^{(l)} |^2 = \sum_{l=0}^{3} \| \mathscr{D}_j^{(l)} \|_{l^2(\mathbf{Z}\times\mathbf{Z})}^2$$

另外,回顾定理 4.25 和定理 4.26,图像小波算法的分解和合成的矩阵格式为

$$\left(\frac{\mathscr{D}_j^{(0)} \mid \mathscr{D}_j^{(1)}}{\mathscr{D}_j^{(2)} \mid \mathscr{D}_j^{(3)}}\right) = \mathcal{A}^* \mathscr{D}_{j+1}^{(0)} \bar{\mathcal{A}} = \left(\frac{\mathcal{H}_0^* \mathscr{D}_{j+1}^{(0)} \bar{\mathcal{H}}_0 \mid \mathcal{H}_0^* \mathscr{D}_{j+1}^{(0)} \bar{\mathcal{H}}_1}{\mathcal{H}_1^* \mathscr{D}_{j+1}^{(0)} \bar{\mathcal{H}}_0 \mid \mathcal{H}_1^* \mathscr{D}_{j+1}^{(0)} \bar{\mathcal{H}}_1}\right)$$

$$\mathscr{D}_{j+1}^{(0)} = \mathcal{A}\left(\frac{\mathscr{D}_j^{(0)} \mid \mathscr{D}_j^{(1)}}{\mathscr{D}_j^{(2)} \mid \mathscr{D}_j^{(3)}}\right) \mathcal{A}^{\mathrm{T}} = \sum_{\varsigma=0}^{1} \sum_{\zeta=0}^{1} \mathcal{H}_\varsigma \mathscr{D}_j^{(\varsigma\zeta)_2} \mathcal{H}_\zeta^{\mathrm{T}}$$

这组算法的几何意义是函数的正交投影分解以及在尺度子空间和小波子空间规范正交基

下正交小波函数项级数的正交投影分解和合成关系,即

$$f_{j+1}^{(0)}(x,y) = \sum_{l=0}^{3} f_j^{(l)}(x,y)$$

其中

$$\begin{aligned} f_{j+1}^{(0)}(x,y) &= \sum_{(m,n)\in\mathbf{Z}\times\mathbf{Z}} d_{j+1;m,n}^{(0)} Q_{j+1;m,n}^{(0)}(x,y) \\ &= \sum_{(m,n)\in\mathbf{Z}\times\mathbf{Z}} \left[\sum_{l=0}^{3} \sum_{(u,v)\in\mathbf{Z}\times\mathbf{Z}} h^{(l)}(m-2u,n-2v) d_{j;u,v}^{(l)} \right] Q_{j+1;m,n}^{(0)}(x,y) \end{aligned}$$

而且

$$\begin{aligned} \sum_{l=0}^{3} f_j^{(l)}(x,y) &= \sum_{l=0}^{3} \sum_{(u,v)\in\mathbf{Z}\times\mathbf{Z}} d_{j;u,v}^{(l)} Q_{j;u,v}^{(l)}(x,y) \\ &= \sum_{l=0}^{3} \sum_{(u,v)\in\mathbf{Z}\times\mathbf{Z}} \sum_{(m,n)\in\mathbf{Z}\times\mathbf{Z}} \overline{h}^{(l)}(m-2u,n-2v) d_{j+1;m,n}^{(0)} Q_{j;u,v}^{(l)}(x,y) \end{aligned}$$

此外

$$\begin{aligned} f_{j+1}^{(0)}(x,y) &= \sum_{(m,n)\in\mathbf{Z}\times\mathbf{Z}} d_{j+1;m,n}^{(0)} Q_{j+1;m,n}^{(0)}(x,y) \\ &= \sum_{(m,n)\in\mathbf{Z}\times\mathbf{Z}} d_{j+1;m,n}^{(0)} \sum_{l=0}^{3} \sum_{(u,v)\in\mathbf{Z}\times\mathbf{Z}} \overline{h}^{(l)}(m-2u,n-2v) Q_{j;u,v}^{(l)}(x,y) \\ &= \sum_{l=0}^{3} \sum_{(u,v)\in\mathbf{Z}\times\mathbf{Z}} \sum_{(m,n)\in\mathbf{Z}\times\mathbf{Z}} \overline{h}^{(l)}(m-2u,n-2v) d_{j+1;m,n}^{(0)} Q_{j;u,v}^{(l)}(x,y) \end{aligned}$$

而且,当 $l=0,1,2,3$ 时,有

$$\begin{aligned} f_j^{(l)}(x,y) &= \sum_{(u,v)\in\mathbf{Z}\times\mathbf{Z}} d_{j;u,v}^{(l)} Q_{j;u,v}^{(l)}(x,y) \\ &= \sum_{(u,v)\in\mathbf{Z}\times\mathbf{Z}} \sum_{(m,n)\in\mathbf{Z}\times\mathbf{Z}} h^{(l)}(m-2u,n-2v) d_{j;u,v}^{(l)} Q_{j+1;m,n}^{(0)}(x,y) \end{aligned}$$

其中利用了尺度方程和小波方程组

$$Q_{j;u,v}^{(l)}(x,y) = \sum_{(m,n)\in\mathbf{Z}\times\mathbf{Z}} h^{(l)}(m-2u,n-2v) Q_{j+1;m,n}^{(0)}(x,y), \quad l=0,1,2,3$$

及其等价逆方程组

$$Q_{j+1;m,n}^{(0)}(x,y) = \sum_{l=0}^{3} \sum_{(u,v)\in\mathbf{Z}\times\mathbf{Z}} \overline{h}^{(l)}(m-2u,n-2v) Q_{j;u,v}^{(l)}(x,y)$$

在这样的表达之下,详细计算的结果是

$$\| f_{j+1}^{(0)} \|_{\mathcal{L}^2(\mathbf{R}\times\mathbf{R})}^2 = \sum_{(m,n)\in\mathbf{Z}\times\mathbf{Z}} | d_{j+1;m,n}^{(0)} |^2 = \| \mathscr{D}_{j+1}^{(0)} \|_{l^2(\mathbf{Z}\times\mathbf{Z})}^2$$

而且,$l=(\varsigma\zeta)_2=0,1,2,3$ 时,有

$$\| f_j^{(l)} \|_{\mathcal{L}^2(\mathbf{R}\times\mathbf{R})}^2 = \| f_j^{(\varsigma\zeta)_2} \|_{\mathcal{L}^2(\mathbf{R}\times\mathbf{R})}^2 = \| \mathcal{H}_\varsigma D_j^{(\varsigma\zeta)_2} \mathcal{H}_\zeta^{\mathrm{T}} \|_{l^2(\mathbf{Z}\times\mathbf{Z})}^2$$

综合上述论证,最终得到

$$\sum_{\varsigma=0}^{1} \sum_{\zeta=0}^{1} \| \mathcal{H}_\varsigma D_j^{(\varsigma\zeta)_2} \mathcal{H}_\zeta^{\mathrm{T}} \|_{l^2(\mathbf{Z}\times\mathbf{Z})}^2 = \sum_{l=0}^{3} \| \mathscr{D}_j^{(l)} \|_{l^2(\mathbf{Z}\times\mathbf{Z})}^2 = \| \mathscr{D}_{j+1}^{(0)} \|_{l^2(\mathbf{Z}\times\mathbf{Z})}^2$$

完成定理的证明。

注释　这个证明方法的核心思想是,利用子空间 $\boldsymbol{Q}_{j+1}^{(0)}$ 的两个规范正交基

$$\{ Q_{j+1;m,n}^{(0)}(x,y);(m,n)\in\mathbf{Z}\times\mathbf{Z} \}$$

和

$$\{Q_{j;u,v}^{(l)}(x,y);(u,v)\in\mathbf{Z}\times\mathbf{Z},l=0,1,2,3\}=\bigcup_{l=0}^{3}\{Q_{j;u,v}^{(l)}(x,y);(u,v)\in\mathbf{Z}\times\mathbf{Z}\}$$

分别表示在二元函数正交投影分解等式

$$f_{j+1}^{(0)}(x,y)=\sum_{l=0}^{3}f_j^{(l)}(x,y)$$

的两端出现的 5 个二元函数$f_{j+1}^{(0)}(x,y)$,$f_j^{(l)}(x,y)$,$l=0,1,2,3$,之后直接计算 10 个正交小波函数项级数的范数平方。结合$\{f_j^{(l)}(x,y);l=0,1,2,3\}$是正交函数系推论得到的函数范数恒等式为

$$\|f_{j+1}^{(0)}\|_{\mathcal{L}^2(\mathbf{R}\times\mathbf{R})}^2=\sum_{l=0}^{3}\|f_j^{(l)}\|_{\mathcal{L}^2(\mathbf{R}\times\mathbf{R})}^2$$

即可完成定理的全部证明。

注释 这个定理的证明还可以选择另一种思路。所有的表达方式都集中在无穷维矩阵的希尔伯特空间 $l^2(\mathbf{Z}\times\mathbf{Z})$ 中。这种方法的关键点是利用无穷维分块矩阵$\mathcal{A}$是一个酉矩阵,即$\mathcal{A}\mathcal{A}^*=\mathcal{A}^*\mathcal{A}=\mathcal{I}$是单位矩阵(算子),说明矩阵$\mathcal{A}$的分块子矩阵$\mathcal{H}_0^*$,$\mathcal{H}_1^*$,$\mathcal{H}_0$,$\mathcal{H}_1$的正交性,即

$$\mathcal{A}\mathcal{A}^*=(\mathcal{H}_0|\ \mathcal{H}_1)\left(\frac{\mathcal{H}_0^*}{\mathcal{H}_1^*}\right)=\mathcal{H}_0\mathcal{H}_0^*+\mathcal{H}_1\mathcal{H}_1^*=\mathcal{I}$$

$$\mathcal{A}^*\mathcal{A}=\left(\frac{\mathcal{H}_0^*}{\mathcal{H}_1^*}\right)(\mathcal{H}_0|\ \mathcal{H}_1)=\begin{pmatrix}\mathcal{H}_0^*\mathcal{H}_0 & \mathcal{H}_0^*\mathcal{H}_1\\ \mathcal{H}_1^*\mathcal{H}_0 & \mathcal{H}_1^*\mathcal{H}_1\end{pmatrix}=\mathcal{I}$$

由此可得

$$\mathcal{H}_0^*\mathcal{H}_0=\mathcal{H}_1^*\mathcal{H}_1=\mathcal{I}_{(0.5\infty)\times(0.5\infty)},\quad \mathcal{H}_0^*\mathcal{H}_1=\mathcal{H}_1^*\mathcal{H}_0=\mathcal{O}_{(0.5\infty)\times(0.5\infty)}$$

因此,在表达式

$$\mathscr{D}_{j+1}^{(0)}=\mathcal{H}_0\mathscr{D}_j^{(0)}\mathcal{H}_0^{\mathrm{T}}+\mathcal{H}_0\mathscr{D}_j^{(1)}\mathcal{H}_1^{\mathrm{T}}+\mathcal{H}_1\mathscr{D}_j^{(2)}\mathcal{H}_0^{\mathrm{T}}+\mathcal{H}_1\mathscr{D}_j^{(3)}\mathcal{H}_1^{\mathrm{T}}$$

中的 4 个与$\mathscr{D}_{j+1}^{(0)}$同维的无穷维矩阵$\mathcal{H}_0\mathscr{D}_j^{(0)}\mathcal{H}_0^{\mathrm{T}}$,$\mathcal{H}_0\mathscr{D}_j^{(1)}\mathcal{H}_1^{\mathrm{T}}$,$\mathcal{H}_1\mathscr{D}_j^{(2)}\mathcal{H}_0^{\mathrm{T}}$,$\mathcal{H}_1\mathscr{D}_j^{(3)}\mathcal{H}_1^{\mathrm{T}}$在无穷维矩阵的希尔伯特空间 $l^2(\mathbf{Z}\times\mathbf{Z})$ 中是相互正交的,即

$$\langle\mathcal{H}_\varsigma D_j^{(\varsigma\zeta)_2}\mathcal{H}_\zeta^{\mathrm{T}},\mathcal{H}_\kappa D_j^{(\kappa\lambda)_2}\mathcal{H}_\lambda^{\mathrm{T}}\rangle_{l^2(\mathbf{Z}\times\mathbf{Z})}=\delta(\varsigma-\kappa)\delta(\zeta-\lambda)\|\mathcal{H}_\varsigma D_j^{(\varsigma\zeta)_2}\mathcal{H}_\zeta^{\mathrm{T}}\|^2$$

其中,$(\varsigma,\zeta,\kappa,\lambda)\in\{0,1\}\times\{0,1\}\times\{0,1\}\times\{0,1\}$。从而得范数恒等式为

$$\sum_{\varsigma=0}^{1}\sum_{\zeta=0}^{1}\|\mathcal{H}_\varsigma D_j^{(\varsigma\zeta)_2}\mathcal{H}_\zeta^{\mathrm{T}}\|_{l^2(\mathbf{Z}\times\mathbf{Z})}^2=\sum_{l=0}^{3}\|\mathscr{D}_j^{(l)}\|_{l^2(\mathbf{Z}\times\mathbf{Z})}^2=\|\mathscr{D}_{j+1}^{(0)}\|_{l^2(\mathbf{Z}\times\mathbf{Z})}^2$$

这样完成定理的证明。

4.4 物理图像小波包理论

图像理解为二元函数$f(x,y)$,它是能量有限或平方可积的二元函数,有时也称为物理图像$f(x,y)$,它们全体构成希尔伯特空间$\mathcal{L}^2(\mathbf{R}^2)=\mathcal{L}^2(\mathbf{R}\times\mathbf{R})$。在物理图像小波包理论的研究过程中,还将经常使用另一个希尔伯特空间,即平方可和无穷维矩阵构成的线性空间 $l^2(\mathbf{Z}\times\mathbf{Z})=l^2(\mathbf{Z}^2)$。

4.4.1　物理图像正交小波包投影

在二维多分辨率分析的理论框架下,利用尺度子空间、小波子空间及小波包子空间的正交直和分解,将二元函数空间$\mathcal{L}^2(\mathbf{R}^2)$上的任意物理图像$f(x,y)$向空间$\mathcal{L}^2(\mathbf{R}^2)$的这些小波包子空间进行正交投影,这里将研究这些正交小波包投影的表示方法以及这些投影之间的相互制约关系。

1. 物理图像正交小波包投影

定理 4.28(物理图像正交小波包投影)　在二元函数空间$\mathcal{L}^2(\mathbf{R}^2)$的多分辨率分析($\{\boldsymbol{Q}_j^{(0)};j\in\mathbf{Z}\}$,$Q^{(0)}(x,y)=\varphi(x)\varphi(y)$)基础上,如果将二元函数空间$\mathcal{L}^2(\mathbf{R}^2)$上任意物理图像$f(x,y)$在空间$\mathcal{L}^2(\mathbf{R}^2)$的小波包子空间$\boldsymbol{Q}_j^{(l)}$上的正交投影记为$f_j^{(l)}(x,y)$,$j\in\mathbf{Z}$,$l=0,1,2,\cdots$,那么,如下勾股定理成立:

$$f_j^{(l)}(x,y)=\sum_{(m,n)\in\mathbf{Z}\times\mathbf{Z}}d_{j;m,n}^{(l)}Q_{j;m,n}^{(l)}(x,y),\quad j\in\mathbf{Z},l=0,1,2,\cdots$$

$$\|f_j^{(l)}\|_{\mathcal{L}^2(\mathbf{R}^2)}^2=\sum_{(m,n)\in\mathbf{Z}\times\mathbf{Z}}|d_{j;m,n}^{(l)}|^2,\quad j\in\mathbf{Z},l=0,1,2,\cdots$$

此外,物理图像$f(x,y)$的这些正交小波包投影之间满足如下方程:

$$f_{j+1}^{(0)}(x,y)=\sum_{l=0}^{4^{k+1}-1}f_{j-k}^{(l)}(x,y),\quad k\geqslant 0$$

或者等价地,利用正交小波包规范正交基函数项级数表示为

$$\sum_{(m,n)\in\mathbf{Z}\times\mathbf{Z}}d_{j+1;m,n}^{(0)}Q_{j+1;m,n}^{(0)}(x,y)=\sum_{l=0}^{4^{k+1}-1}\sum_{(u,v)\in\mathbf{Z}\times\mathbf{Z}}d_{j-k;u,v}^{(l)}Q_{j-k;u,v}^{(l)}(x,y)$$

同时,如下范数恒等式成立:

$$\|f_{j+1}^{(0)}\|_{\mathcal{L}^2(\mathbf{R}^2)}^2=\sum_{l=0}^{4^{k+1}-1}\|f_{j-k}^{(l)}\|_{\mathcal{L}^2(\mathbf{R}^2)}^2$$

$$\sum_{(m,n)\in\mathbf{Z}\times\mathbf{Z}}|d_{j+1;m,n}^{(0)}|^2=\sum_{l=0}^{4^{k+1}-1}\sum_{(u,v)\in\mathbf{Z}\times\mathbf{Z}}|d_{j-k;u,v}^{(l)}|^2$$

如果引入无穷维矩阵记号

$$\mathscr{D}_j^{(l)}=\{d_{j;u,v}^{(l)};(u,v)\in\mathbf{Z}^2\}\in l^2(\mathbf{Z}\times\mathbf{Z}),\quad j\in\mathbf{Z},l=0,1,2,\cdots$$

那么,如下范数恒等式成立:

$$\|\mathscr{D}_{j+1}^{(0)}\|_{l^2(\mathbf{Z}\times\mathbf{Z})}^2=\sum_{l=0}^{4^{k+1}-1}\|\mathscr{D}_{j-k}^{(l)}\|_{l^2(\mathbf{Z}\times\mathbf{Z})}^2$$

而且,$l=0,1,\cdots,4^{k+1}-1$,有

$$\|\mathscr{D}_{j+1}^{(0)}\|_{l^2(\mathbf{Z}\times\mathbf{Z})}^2=\sum_{(m,n)\in\mathbf{Z}\times\mathbf{Z}}|d_{j+1;m,n}^{(0)}|^2$$

$$\|\mathscr{D}_{j-k}^{(l)}\|_{l^2(\mathbf{Z}\times\mathbf{Z})}^2=\sum_{(u,v)\in\mathbf{Z}\times\mathbf{Z}}|d_{j-k;u,v}^{(l)}|^2$$

证明　当$j\in\mathbf{Z}$,$l=0,1,2,3,\cdots$时,有

$$\boldsymbol{Q}_j^{(l)}=\text{Closespan}\{Q_{j;u,v}^{(l)}(x,y);(u,v)\in\mathbf{Z}^2\}$$

而且成立二维小波包子空间正交直和分解关系:对于任意的$k\in\mathbf{N}$,有

$$\boldsymbol{Q}_{j+1}^{(0)}=\bigoplus_{p=0}^{4^{k+1}-1}\boldsymbol{Q}_{j-k}^{(p)}$$

利用函数子空间的正交小波包子空间的正交直和分解关系以及这些相互正交的小波包子空间的规范正交基,任何物理图像在这些相互正交的闭子空间上的正交投影,必然存在正交小波包函数项级数表达式,而且,这些表达式之间因为正交性必然成立勾股定理关系,即能量守恒或者保持范数恒等式。建议读者补充必要的细节完成这个定理的全部证明。

2. 物理图像正交小波包级数

定理 4.29(物理图像正交小波包级数) 在二元函数空间$\mathcal{L}^2(\mathbf{R}^2)$的多分辨率分析$(\{\boldsymbol{Q}_j^{(0)};j\in\mathbf{Z}\},Q^{(0)}(x,y)=\varphi(x)\varphi(y))$基础上,如果将二元函数空间$\mathcal{L}^2(\mathbf{R}^2)$上任意物理图像$f(x,y)$在空间$\mathcal{L}^2(\mathbf{R}^2)$的小波包子空间$\boldsymbol{Q}_j^{(l)}$上的正交投影记为$f_j^{(l)}(x,y),j\in\mathbf{Z}$,$l=0,1,2,\cdots$,那么它们能写成如下正交小波包函数项级数:

$$f_j^{(l)}(x,y)=\sum_{(m,n)\in\mathbf{Z}\times\mathbf{Z}}d_{j;m,n}^{(l)}Q_{j;m,n}^{(l)}(x,y),\quad j\in\mathbf{Z},l=0,1,2,\cdots$$

而且

$$\|f_j^{(l)}\|_{\mathcal{L}^2(\mathbf{R}^2)}^2=\sum_{(m,n)\in\mathbf{Z}\times\mathbf{Z}}|d_{j;m,n}^{(l)}|^2,\quad j\in\mathbf{Z},l=0,1,2,\cdots$$

此外,图像$f(x,y)$的正交小波包投影之间满足如下方程:

$$f_{j+1}^{(p)}(x,y)=\sum_{l=0}^{4^{k+1}-1}f_{j-k}^{(4^{k+1}p+l)}(x,y),\quad k\geqslant 0,p\geqslant 0,j\in\mathbf{Z}$$

或者等价地表示为

$$\begin{aligned}\sum_{(m,n)\in\mathbf{Z}\times\mathbf{Z}}d_{j+1;m,n}^{(p)}Q_{j+1;m,n}^{(p)}(x,y)&=\sum_{l=0}^{4^{k+1}-1}\sum_{(u,v)\in\mathbf{Z}\times\mathbf{Z}}d_{j-k;u,v}^{(4^{k+1}p+l)}Q_{j-k;u,v}^{(4^{k+1}p+l)}(x,y)\\&=\sum_{l=4^{k+1}p}^{4^{k+1}p+(4^{k+1}-1)}\sum_{(u,v)\in\mathbf{Z}\times\mathbf{Z}}d_{j-k;u,v}^{(l)}Q_{j-k;u,v}^{(l)}(x,y)\end{aligned}$$

同时,如下范数恒等式成立:

$$\|f_{j+1}^{(p)}\|_{\mathcal{L}^2(\mathbf{R}^2)}^2=\sum_{l=0}^{4^{k+1}-1}\|f_{j-k}^{(4^{k+1}p+l)}\|_{\mathcal{L}^2(\mathbf{R}^2)}^2=\sum_{l=4^{k+1}p}^{4^{k+1}p+(4^{k+1}-1)}\|f_{j-k}^{(l)}\|_{\mathcal{L}^2(\mathbf{R}^2)}^2$$

或者等价地表示为

$$\sum_{(m,n)\in\mathbf{Z}\times\mathbf{Z}}|d_{j+1;m,n}^{(p)}|^2=\sum_{l=0}^{4^{k+1}-1}\sum_{(u,v)\in\mathbf{Z}\times\mathbf{Z}}|d_{j-k;u,v}^{(4^{k+1}p+l)}|^2=\sum_{l=4^{k+1}p}^{4^{k+1}p+(4^{k+1}-1)}\sum_{(u,v)\in\mathbf{Z}\times\mathbf{Z}}|d_{j-k;u,v}^{(l)}|^2$$

如果引入无穷维矩阵记号

$$\mathscr{D}_j^{(l)}=\{d_{j;u,v}^{(l)};(u,v)\in\mathbf{Z}^2\}\in l^2(\mathbf{Z}\times\mathbf{Z}),\quad j\in\mathbf{Z},l=0,1,2,\cdots$$

那么,如下范数恒等式成立:

$$\|\mathscr{D}_{j+1}^{(p)}\|_{l^2(\mathbf{Z}\times\mathbf{Z})}^2=\sum_{l=0}^{4^{k+1}-1}\|\mathscr{D}_{j-k}^{(4^{k+1}p+l)}\|_{l^2(\mathbf{Z}\times\mathbf{Z})}^2=\sum_{l=4^{k+1}p}^{4^{k+1}p+(4^{k+1}-1)}\|\mathscr{D}_{j-k}^{(l)}\|_{l^2(\mathbf{Z}\times\mathbf{Z})}^2$$

而且,当$l=4^{k+1}p,4^{k+1}p+1,\cdots,4^{k+1}p+(4^{k+1}-1)$时,有

$$\|\mathscr{D}_{j-k}^{(l)}\|_{l^2(\mathbf{Z}\times\mathbf{Z})}^2=\sum_{(u,v)\in\mathbf{Z}\times\mathbf{Z}}|d_{j-k;u,v}^{(l)}|^2,\quad \|\mathscr{D}_{j+1}^{(p)}\|_{l^2(\mathbf{Z}\times\mathbf{Z})}^2=\sum_{(m,n)\in\mathbf{Z}\times\mathbf{Z}}|d_{j+1;m,n}^{(p)}|^2$$

建议读者仿照定理 4.28 的证明过程完成这个定理的证明。

4.4.2 物理图像正交小波包算法

物理图像$f(x,y)$在各个正交小波包子空间上的正交小波包投影之间,存在正交分解

关系,即它们满足如下方程:

$$f_{j+1}^{(p)}(x,y)=\sum_{l=0}^{4^{k+1}-1}f_{j-k}^{(4^{k+1}p+l)}(x,y)=\sum_{l=4^{k+1}p}^{4^{k+1}p+(4^{k+1}-1)}f_{j-k}^{(l)}(x,y),\quad k\geqslant 0,p\geqslant 0,j\in\mathbf{Z}$$

或者等价地表示为

$$\begin{aligned}\sum_{(m,n)\in\mathbf{Z}\times\mathbf{Z}}d_{j+1;m,n}^{(p)}Q_{j+1;m,n}^{(p)}(x,y)&=\sum_{l=0}^{4^{k+1}-1}\sum_{(u,v)\in\mathbf{Z}\times\mathbf{Z}}d_{j-k;u,v}^{(4^{k+1}p+l)}Q_{j-k;u,v}^{(4^{k+1}p+l)}(x,y)\\&=\sum_{l=4^{k+1}p}^{4^{k+1}p+(4^{k+1}-1)}\sum_{(u,v)\in\mathbf{Z}\times\mathbf{Z}}d_{j-k;u,v}^{(l)}Q_{j-k;u,v}^{(l)}(x,y)\end{aligned}$$

如果在无穷维矩阵空间 $l^2(\mathbf{Z}\times\mathbf{Z})$ 中引入无穷维矩阵记号

$$\mathscr{D}_j^{(l)}=\{d_{j;u,v}^{(l)};(u,v)\in\mathbf{Z}^2\}\in l^2(\mathbf{Z}\times\mathbf{Z}),\quad j\in\mathbf{Z},l=0,1,2,\cdots$$

那么,因为上述过程完全是正交投影,所以在无穷维矩阵空间 $l^2(\mathbf{Z}\times\mathbf{Z})$ 中如下的范数恒等式成立:

$$\|\mathscr{D}_{j+1}^{(p)}\|_{l^2(\mathbf{Z}\times\mathbf{Z})}^2=\sum_{l=0}^{4^{k+1}-1}\|\mathscr{D}_{j-k}^{(4^{k+1}p+l)}\|_{l^2(\mathbf{Z}\times\mathbf{Z})}^2=\sum_{l=4^{k+1}p}^{4^{k+1}p+(4^{k+1}-1)}\|\mathscr{D}_{j-k}^{(l)}\|_{l^2(\mathbf{Z}\times\mathbf{Z})}^2$$

现在研究$\mathscr{D}_{j+1}^{(p)}$与$\{\mathscr{D}_{j-k}^{(4^{k+1}p+l)};l=0,1,\cdots,4^{k+1}-1\}$之间的相互转换关系,这就是以数字图像相互转换形式体现的物理图像的小波包算法。

1. 物理图像小波包分解

定理 4.30(物理图像小波包分解)　在二元函数空间$\mathcal{L}^2(\mathbf{R}^2)$的多分辨率分析($\{\boldsymbol{Q}_j^{(0)};j\in\mathbf{Z}\},Q^{(0)}(x,y)=\varphi(x)\varphi(y)$)基础上,将二元函数空间$\mathcal{L}^2(\mathbf{R}^2)$上任意物理图像$f(x,y)$在空间$\mathcal{L}^2(\mathbf{R}^2)$的小波包子空间$\boldsymbol{Q}_j^{(l)}$上的正交投影记为$f_j^{(l)}(x,y),j\in\mathbf{Z},l=0,1,2,\cdots$,并把它们写成如下正交小波包函数项级数:

$$f_{j+1}^{(p)}(x,y)=\sum_{(m,n)\in\mathbf{Z}\times\mathbf{Z}}d_{j+1;m,n}^{(p)}Q_{j+1;m,n}^{(p)}(x,y)$$

$$f_{j-k}^{(4^{k+1}p+l)}(x,y)=\sum_{(u,v)\in\mathbf{Z}\times\mathbf{Z}}d_{j-k;u,v}^{(4^{k+1}p+l)}Q_{j-k;u,v}^{(4^{k+1}p+l)}(x,y)$$

其中,$l=0,1,\cdots,4^{k+1}-1$。利用物理图像$f(x,y)$正交小波包投影的关系公式

$$f_{j+1}^{(p)}(x,y)=\sum_{l=0}^{4^{k+1}-1}f_{j-k}^{(4^{k+1}p+l)}(x,y)=\sum_{l=4^{k+1}p}^{4^{k+1}p+(4^{k+1}-1)}f_{j-k}^{(l)}(x,y)$$

可以得到无穷维系数矩阵$\mathscr{D}_{j+1}^{(p)}$与$\{\mathscr{D}_{j-k}^{(4^{k+1}p+l)};l=0,1,\cdots,(4^{k+1}-1)\}$之间的二维正交小波包分解公式为

$$d_{j;u,v}^{(4p+l)}=\sum_{(m,n)\in\mathbf{Z}^2}\overline{h}^{(l)}(m-2u,n-2v)d_{j+1;m,n}^{(p)},\quad l=0,1,2,3$$

其中$(u,v)\in\mathbf{Z}^2,p\in\mathbf{N}$,或者一般地

$$(u,v)\in\mathbf{Z}^2,\quad \xi=0,1,2,\cdots,k,\quad \lambda=4^{\xi}p,4^{\xi}p+1,\cdots,4^{\xi}p+4^{\xi}-1$$

$$d_{j-\xi;u,v}^{(4\lambda+l)}=\sum_{(m,n)\in\mathbf{Z}^2}\overline{h}^{(l)}(m-2u,n-2v)d_{j-\xi+1;m,n}^{(\lambda)},\quad l=0,1,2,3$$

而且,这个逐步迭代的过程可以示意性表示为

$$\mathscr{D}_{j+1}^{(p)} \mapsto \{\mathscr{D}_{j}^{(4p+l)}; l=0,1,\cdots,4^{1}-1\}$$

$$\boxed{\begin{array}{c}(\mathscr{D}_{j}^{(4p+l)} \mapsto \mathscr{D}_{j-1}^{(4(4p+l)+l')}; l'=0,1,2,3)\\ l=0,1,\cdots,4^{1}-1\end{array}}$$

$$\mapsto \{\mathscr{D}_{j-1}^{(4^2p+\lambda)}; \lambda=0,1,\cdots,4^{2}-1\}$$

$$\boxed{\begin{array}{c}(\mathscr{D}_{j-1}^{(4^2p+\lambda)} \mapsto \mathscr{D}_{j-2}^{(4(4^2p+\lambda)+l')}; l'=0,1,2,3)\\ \lambda=0,1,\cdots,4^{2}-1\end{array}}$$

$$\vdots$$

$$\mapsto \{\mathscr{D}_{j-(\xi-1)}^{(4^{\xi}p+\lambda)}; \lambda=0,1,\cdots,4^{\xi}-1\}$$

$$\boxed{\begin{array}{c}(\mathscr{D}_{j-(\xi-1)}^{(4^{\xi}p+\lambda)} \mapsto \mathscr{D}_{j-\xi}^{(4(4^{\xi}p+\lambda)+l')}; l'=0,1,2,3)\\ \lambda=0,1,\cdots,4^{\xi}-1\end{array}}$$

$$\vdots$$

$$\mapsto \{\mathscr{D}_{j-k}^{(4^{k+1}p+l)}; l=0,1,\cdots,4^{k+1}-1\}$$

这个过程的最终结果可以示意性表示为

$$\mathscr{D}_{j+1}^{(p)} \mapsto \{\mathscr{D}_{j-k}^{(4^{k+1}p+l)}; l=0,1,\cdots,4^{k+1}-1\}$$

证明 当$\xi=0,1,2,\cdots,k$时,物理图像$f(x,y)$的正交小波包投影以及正交小波包函数项级数满足:当$l=0,1,2,3,\lambda=4^{\xi}p,4^{\xi}p+1,\cdots,4^{\xi}p+4^{\xi}-1$时,有

$$f_{j-\xi+1}^{(\lambda)}(x,y)=\sum_{(m,n)\in\mathbf{Z}\times\mathbf{Z}} d_{j-\xi+1;m,n}^{(\lambda)} Q_{j-\xi+1;m,n}^{(\lambda)}(x,y)$$

$$f_{j-\xi}^{(4\lambda+l)}(x,y)=\sum_{(m,n)\in\mathbf{Z}\times\mathbf{Z}} d_{j-\xi;m,n}^{(4\lambda+l)} Q_{j-\xi;m,n}^{(4\lambda+l)}(x,y)$$

而且

$$f_{j-\xi+1}^{(\lambda)}(x,y)=\sum_{l=0}^{3} f_{j-\xi}^{(4\lambda+l)}(x,y)$$

或者等价地,写成正交小波包投影的正交小波包函数项级数公式,即

$$\sum_{(m,n)\in\mathbf{Z}\times\mathbf{Z}} d_{j-\xi+1;m,n}^{(\lambda)} Q_{j-\xi+1;m,n}^{(\lambda)}(x,y)=\sum_{l=0}^{3}\sum_{(u,v)\in\mathbf{Z}\times\mathbf{Z}} d_{j-\xi;u,v}^{(4\lambda+l)} Q_{j-\xi;u,v}^{(4\lambda+l)}(x,y)$$

接下来,仿照图像正交小波分解的证明方法并结合正交小波包函数系的定义即可完成定理的证明。比如用乘积因子$\overline{Q}_{j-\xi;u,v}^{(4\lambda+l)}(x,y)\mathrm{d}x\mathrm{d}y$乘上式两端进行积分,并利用小波包函数系如下形式的定义公式中的系数矩阵:

$$Q_{j-\xi;u,v}^{(4\lambda+l)}(x,y)=\sum_{(m,n)\in\mathbf{Z}\times\mathbf{Z}} h^{(l)}(m-2u,n-2v)Q_{j-\xi+1;m,n}^{(\lambda)}(x,y),\quad (u,v)\in\mathbf{Z}^2$$

其中,$l=0,1,2,3,\lambda=4^{\xi}p,4^{\xi}p+1,\cdots,4^{\xi}p+4^{\xi}-1$。建议读者完成证明。

2. 数字图像小波包分解

定理 4.31(数字图像小波包分解) 在二元函数空间$\mathcal{L}^2(\mathbf{R}^2)$的多分辨率分析$(\{\boldsymbol{Q}_j^{(0)}; j\in\mathbf{Z}\}, Q^{(0)}(x,y)=\varphi(x)\varphi(y))$基础上,将二元函数空间$\mathcal{L}^2(\mathbf{R}^2)$上任意物理图像$f(x,y)$在空间$\mathcal{L}^2(\mathbf{R}^2)$的小波包子空间$\boldsymbol{Q}_j^{(l)}$上的正交投影记为$f_j^{(l)}(x,y), j\in\mathbf{Z}, l=0,1,$

2,…,并把它们写成如下正交小波包函数项级数：

$$f_{j+1}^{(p)}(x,y)=\sum_{(m,n)\in \mathbf{Z}\times\mathbf{Z}} d_{j+1;m,n}^{(p)} Q_{j+1;m,n}^{(p)}(x,y)$$

$$f_{j-k}^{(4^{k+1}p+l)}(x,y)=\sum_{(u,v)\in \mathbf{Z}\times\mathbf{Z}} d_{j-k;u,v}^{(4^{k+1}p+l)} Q_{j-k;u,v}^{(4^{k+1}p+l)}(x,y),\quad l=0,1,\cdots,4^{k+1}-1$$

利用物理图像 $f(x,y)$ 正交小波包投影的关系公式

$$f_{j+1}^{(p)}(x,y)=\sum_{l=0}^{4^{k+1}-1} f_{j-k}^{(4^{k+1}p+l)}(x,y)=\sum_{l=4^{k+1}p}^{4^{k+1}p+(4^{k+1}-1)} f_{j-k}^{(l)}(x,y)$$

得数字图像(无穷维矩阵) $\mathscr{D}_{j+1}^{(p)}$ 与 $\{\mathscr{D}_{j-k}^{(4^{k+1}p+l)};l=0,1,\cdots,4^{k+1}-1\}$ 之间存在如下形式的二维正交小波包分解公式：

$$\left(\frac{\mathscr{D}_j^{(4p+0)} \mid \mathscr{D}_j^{(4p+1)}}{\mathscr{D}_j^{(4p+2)} \mid \mathscr{D}_j^{(4p+3)}}\right)=\mathcal{A}^*\mathscr{D}_{j+1}^{(p)}\bar{\mathcal{A}}=\left(\frac{\mathcal{H}_0^*\mathscr{D}_{j+1}^{(p)}\bar{\mathcal{H}}_0 \mid \mathcal{H}_0^*\mathscr{D}_{j+1}^{(p)}\bar{\mathcal{H}}_1}{\mathcal{H}_1^*\mathscr{D}_{j+1}^{(p)}\bar{\mathcal{H}}_0 \mid \mathcal{H}_1^*\mathscr{D}_{j+1}^{(p)}\bar{\mathcal{H}}_1}\right)$$

或者利用无穷维矩阵序列符号 $\mathcal{A}_{(\xi)}=(\mathcal{H}_0^{(\xi)} \mid \mathcal{H}_1^{(\xi)})_{(2^{-\xi}\infty)\times(2^{-\xi}\infty)}$，采用一般化表示方式将数字图像正交小波包迭代过程写成如下公式：

$$\left(\frac{\mathscr{D}_{j-\xi}^{(4\lambda+0)} \mid \mathscr{D}_{j-\xi}^{(4\lambda+1)}}{\mathscr{D}_{j-\xi}^{(4\lambda+2)} \mid \mathscr{D}_{j-\xi}^{(4\lambda+3)}}\right)=\mathcal{A}_{(\xi)}^*\mathscr{D}_{j-\xi+1}^{(\lambda)}\bar{\mathcal{A}}_{(\xi)}=\left(\frac{[\mathcal{H}_0^{(\xi)}]^*\mathscr{D}_{j-\xi+1}^{(\lambda)}\bar{\mathcal{H}}_0^{(\xi)} \mid [\mathcal{H}_0^{(\xi)}]^*\mathscr{D}_{j-\xi+1}^{(\lambda)}\bar{\mathcal{H}}_1^{(\xi)}}{[\mathcal{H}_1^{(\xi)}]^*\mathscr{D}_{j-\xi+1}^{(\lambda)}\bar{\mathcal{H}}_0^{(\xi)} \mid [\mathcal{H}_1^{(\xi)}]^*\mathscr{D}_{j-\xi+1}^{(\lambda)}\bar{\mathcal{H}}_1^{(\xi)}}\right)$$

其中，$\xi=0,1,2,\cdots,k;\lambda=4^{\xi}p,4^{\xi}p+1,\cdots,4^{\xi}p+4^{\xi}-1$。

证明　建议读者完成这个定理的证明。

注释和提示：回顾并充分利用矩阵符号 $\mathcal{A}_{(\xi)}=(\mathcal{H}_0^{(\xi)} \mid \mathcal{H}_1^{(\xi)})_{(2^{-\xi}\infty)\times(2^{-\xi}\infty)}$ 的定义。这个定理就是利用这些矩阵记号给出二元正交小波包分解的分块矩阵形式。

3. 物理图像小波包合成

这里研究物理图像正交小波包分解的逆过程，即物理图像的正交小波包合成过程及其计算方法。

定理 4.32(物理图像小波包合成)　在二元函数空间 $\mathcal{L}^2(\mathbf{R}^2)$ 的多分辨率分析 $(\{\boldsymbol{Q}_j^{(0)};j\in\mathbf{Z}\},Q^{(0)}(x,y)=\varphi(x)\varphi(y))$ 基础上，将二元函数空间 $\mathcal{L}^2(\mathbf{R}^2)$ 上任意物理图像 $f(x,y)$ 在空间 $\mathcal{L}^2(\mathbf{R}^2)$ 的小波包子空间 $\boldsymbol{Q}_j^{(l)}$ 上的正交投影记为 $f_j^{(l)}(x,y)$，$j\in\mathbf{Z},l=0,1,2,\cdots$，并把它们写成如下正交小波包函数项级数：

$$f_{j+1}^{(p)}(x,y)=\sum_{(m,n)\in \mathbf{Z}\times\mathbf{Z}} d_{j+1;m,n}^{(p)} Q_{j+1;m,n}^{(p)}(x,y)$$

$$f_{j-k}^{(4^{k+1}p+l)}(x,y)=\sum_{(u,v)\in \mathbf{Z}\times\mathbf{Z}} d_{j-k;u,v}^{(4^{k+1}p+l)} Q_{j-k;u,v}^{(4^{k+1}p+l)}(x,y),\quad l=0,1,\cdots,4^{k+1}-1$$

利用物理图像 $f(x,y)$ 正交小波包投影的关系公式

$$f_{j+1}^{(p)}(x,y)=\sum_{l=0}^{4^{k+1}-1} f_{j-k}^{(4^{k+1}p+l)}(x,y)=\sum_{l=4^{k+1}p}^{4^{k+1}p+(4^{k+1}-1)} f_{j-k}^{(l)}(x,y)$$

得数字图像(无穷维矩阵) $\mathscr{D}_{j+1}^{(p)}$ 与 $\{\mathscr{D}_{j-k}^{(4^{k+1}p+l)};l=0,1,\cdots,4^{k+1}-1\}$ 之间存在如下形式的二维正交小波包合成公式：

$$d_{j+1;m,n}^{(p)}=\sum_{l=0}^{3}\sum_{(u,v)\in \mathbf{Z}\times\mathbf{Z}} h^{(l)}(m-2u,n-2v)\,d_{j;u,v}^{(4p+l)},\quad (m,n)\in\mathbf{Z}^2,p\in\mathbf{N}$$

或者表示为

$$(m,n)\in\mathbf{Z}^2,\quad \xi=k,\cdots,1,0,\quad \lambda=4^{\xi}p,4^{\xi}p+1,\cdots,4^{\xi}p+4^{\xi}-1$$

$$d^{(\lambda)}_{j-\xi+1;m,n}=\sum_{l=0}^{3}\sum_{(u,v)\in\mathbf{Z}\times\mathbf{Z}}h^{(l)}(m-2u,n-2v)d^{(4\lambda+l)}_{j-\xi;u,v},(m,n)\in\mathbf{Z}^2$$

证明 仿照图像正交小波合成的证明方法并结合正交小波包函数系的定义即可完成定理的证明，这里乘积因子是 $\overline{Q}^{(\lambda)}_{j-\xi+1;s,t}(x,y)\,\mathrm{d}x\mathrm{d}y$，并利用小波包函数系定义公式：当 $l=0,1,2,3,\lambda=4^{\xi}p,4^{\xi}p+1,\cdots,4^{\xi}p+4^{\xi}-1$ 时，有

$$Q^{(4\lambda+l)}_{j-\xi;u,v}(x,y)=\sum_{(m,n)\in\mathbf{Z}\times\mathbf{Z}}h^{(l)}(m-2u,n-2v)Q^{(\lambda)}_{j-\xi+1;m,n}(x,y),\quad (u,v)\in\mathbf{Z}^2$$

建议读者补充必要的细节完成证明。

4. 数字图像小波包合成

定理 4.33（数字图像小波包合成） 在二元函数空间 $\mathcal{L}^2(\mathbf{R}^2)$ 的多分辨率分析 $(\{\boldsymbol{Q}^{(0)}_j;j\in\mathbf{Z}\},Q^{(0)}(x,y)=\varphi(x)\varphi(y))$ 基础上，将二元函数空间 $\mathcal{L}^2(\mathbf{R}^2)$ 上任意物理图像 $f(x,y)$ 在空间 $\mathcal{L}^2(\mathbf{R}^2)$ 的小波包子空间 $\boldsymbol{Q}^{(l)}_j$ 上的正交投影记为 $f^{(l)}_j(x,y),j\in\mathbf{Z},l=0,1,2,\cdots$，并把它们写成如下正交小波包函数项级数：

$$f^{(p)}_{j+1}(x,y)=\sum_{(m,n)\in\mathbf{Z}\times\mathbf{Z}}d^{(p)}_{j+1;m,n}Q^{(p)}_{j+1;m,n}(x,y)$$

$$f^{(4^{k+1}p+l)}_{j-k}(x,y)=\sum_{(u,v)\in\mathbf{Z}\times\mathbf{Z}}d^{(4^{k+1}p+l)}_{j-k;u,v}Q^{(4^{k+1}p+l)}_{j-k;u,v}(x,y),\quad l=0,1,\cdots,4^{k+1}-1$$

利用物理图像 $f(x,y)$ 正交小波包投影的关系公式

$$f^{(p)}_{j+1}(x,y)=\sum_{l=0}^{4^{k+1}-1}f^{(4^{k+1}p+l)}_{j-k}(x,y)=\sum_{l=4^{k+1}p}^{4^{k+1}p+(4^{k+1}-1)}f^{(l)}_{j-k}(x,y)$$

将物理图像 $f(x,y)$ 的各个正交小波包正交投影转换为无穷维系数矩阵对应的数字图像，那么数字图像 $\mathscr{D}^{(p)}_{j+1}$ 与 $\{\mathscr{D}^{(4^{k+1}p+l)}_{j-k};l=0,1,\cdots,4^{k+1}-1\}$ 之间存在如下形式的二维正交小波包合成公式：

$$\begin{aligned}\mathscr{D}^{(p)}_{j+1}&=\mathcal{A}\begin{pmatrix}\mathscr{D}^{(4p+0)}_{j} & \mathscr{D}^{(4p+1)}_{j}\\ \hline \mathscr{D}^{(4p+2)}_{j} & \mathscr{D}^{(4p+3)}_{j}\end{pmatrix}\mathcal{A}^{\mathrm{T}}=(\mathcal{H}_0|\mathcal{H}_1)\begin{pmatrix}\mathscr{D}^{(4p+0)}_{j} & \mathscr{D}^{(4p+1)}_{j}\\ \hline \mathscr{D}^{(4p+2)}_{j} & \mathscr{D}^{(4p+3)}_{j}\end{pmatrix}\begin{pmatrix}\mathcal{H}^{\mathrm{T}}_0\\ \hline \mathcal{H}^{\mathrm{T}}_1\end{pmatrix}\\&=\sum_{\varsigma=0}^{1}\sum_{\zeta=0}^{1}\mathcal{H}_{\varsigma}\mathscr{D}^{(4p+(\varsigma\zeta)_2)}_{j}[\mathcal{H}_{\zeta}]^{\mathrm{T}}\end{aligned}$$

或者利用无穷维矩阵序列符号 $\mathcal{A}_{(\xi)}=(\mathcal{H}^{(\xi)}_0|\mathcal{H}^{(\xi)}_1)_{(2^{-\xi}\infty)\times(2^{-\xi}\infty)}$，采用一般化表示方式将数字图像正交小波包迭代合成过程写成如下公式：

$$\begin{aligned}\mathscr{D}^{(\lambda)}_{j-\xi+1}&=\mathcal{A}_{(\xi)}\begin{pmatrix}\mathscr{D}^{(4\lambda+0)}_{j-\xi} & \mathscr{D}^{(4\lambda+1)}_{j-\xi}\\ \hline \mathscr{D}^{(4\lambda+2)}_{j-\xi} & \mathscr{D}^{(4\lambda+3)}_{j-\xi}\end{pmatrix}\mathcal{A}^{\mathrm{T}}_{(\xi)}=(\mathcal{H}^{(\xi)}_0|\mathcal{H}^{(\xi)}_1)\begin{pmatrix}\mathscr{D}^{(4\lambda+0)}_{j-\xi} & \mathscr{D}^{(4\lambda+1)}_{j-\xi}\\ \hline \mathscr{D}^{(4\lambda+2)}_{j-\xi} & \mathscr{D}^{(4\lambda+3)}_{j-\xi}\end{pmatrix}\begin{pmatrix}[\mathcal{H}^{(\xi)}_0]^{\mathrm{T}}\\ \hline [\mathcal{H}^{(\xi)}_1]^{\mathrm{T}}\end{pmatrix}\\&=\sum_{\varsigma=0}^{1}\sum_{\zeta=0}^{1}\mathcal{H}^{(\xi)}_{\varsigma}\mathscr{D}^{(4\lambda+(\varsigma\zeta)_2)}_{j-\xi}[\mathcal{H}^{(\xi)}_{\zeta}]^{\mathrm{T}}\end{aligned}$$

其中，$\xi=0,1,2,\cdots,k;\lambda=4^{\xi}p,4^{\xi}p+1,\cdots,4^{\xi}p+4^{\xi}-1$。

这个定理表达的是一个酉算子的逆算子及其表示问题，建议读者完成这个定理的证明。

4.5 光场小波与光场小波包理论

本节将引入小波光场、抽象光源、抽象数字图像、超级数字图像和基本物理图像等概念,研究它们的二维小波变换和二维小波包变换。同时说明小波光场和抽象光源与涉及光场的经典概念的差异。

4.5.1 小波光场与基本物理图像

在这里将把光场的概念从经典形式拓展到小波光场,把经典的点光源拓展为抽象光源,并据此引入超级数字图像或基本物理图像的概念。

1. 小波光场

把光场理解为平面上各个点上的点光源的叠加,这里的点光源不再是经典点光源,而是尺度函数点光源(尺度点光源)、小波函数点光源(小波点光源)、小波包函数点光源(小波包点光源),与经典点光源不同的是,尺度点光源、小波点光源和小波包点光源不再是没有大小的光源,它们都是具有一定尺寸和一定结构的数字点光源,这些数字点光源的尺寸由尺度函数、小波函数和小波包函数的尺度决定。这样的光场称为小波光场。

经典光场与小波光场另一个显著的区别是,经典光源构成光场的模式要求平面上每个点或者在某个矩形内的每个点都必须被考虑;而抽象光源构成小波光场的模式只考虑平面上的二进网格点,而且,当抽象光源的尺寸是 $s=2^{-j}$ 时,光场中的点就只包括形式为 $\{(2^{-j}m,2^{-j}n);(m,n)\in\mathbf{Z}\times\mathbf{Z}\}$ 的网格点。在这样的条件下,具体到每个网格点 $(2^{-j}m,2^{-j}n)$ 上的抽象光源,除去原点之外,最直接的也是尺寸最大的抽象光源就是尺度为 $s=2^{-j}$ 的二维尺度函数、二维小波函数和二维小波包函数,即

$$\{Q_{j;m,n}^{(p)}(x,y)=2^{j}Q^{(p)}(2^{j}x-m,2^{j}y-n);p=0,1,2,\cdots\}$$

除此之外,同样是在这个点上,还存在大量其他尺寸的抽象光源,只不过这些抽象光源的尺寸比此前罗列的都更小,实际上,对于任意的 $k>j$,若选择两个整数满足 $(u,v)=(2^{k-j}m,2^{k-j}n)$,那么,$(2^{-k}u,2^{-k}v)=(2^{-j}m,2^{-j}n)$,即纵横最小间隔为 2^{-j} 的网格点 $(2^{-j}m,2^{-j}n)$,同时也是纵横最小间隔为 2^{-k} 的网格点 $(2^{-k}u,2^{-k}v)=(2^{-j}m,2^{-j}n)$,只要 $(u,v)=(2^{k-j}m,2^{k-j}n)$ 即可。因此,每个网格点 $(2^{-j}m,2^{-j}n)$ 上的抽象光源,除了已经罗列出的抽象光源,还包括如下尺寸的抽象光源:

$$(u,v)=(2^{k-j}m,2^{k-j}n),\quad k=j+1,j+2,\cdots$$

$$\{Q_{k;u,v}^{(p)}(x,y)=2^{k}Q^{(p)}(2^{k}x-u,2^{k}y-v);p=0,1,2,\cdots\}$$

这样似乎产生了某种多样性,但是这没有任何问题,因为在这个理论的后续分析和研究过程中,每次使用的相互有关联的抽象光源都是正交的,虽然它们具有相同的中心位置,但因为它们是不同的二维小波包函数而且具有不同的尺寸,因此,按照二维小波包函数的定义关系产生的不同小波包级别的二维小波包函数系本身是整数平移规范正交系,同时,这些整数平移规范正交系之间也是相互正交的。这样,在平面上的每个网格点 $(2^{-j}m,2^{-j}n)$ 上,重重叠叠地存在大量相互正交的尺寸各不相同的小波包级别不同的抽象光源,其中,它们具备的正交性保证它们相互之间可以区分,而且,尺寸不同以及小波包级

别不同本质上预示它们的频率结构或者频带不同,这些思想暗示图像处理的新颖途径。

2. 数字图像小波包分解

按照上述方式理解抽象光源和小波光场,在抽象光源尺寸固定的条件下,对于固定的小波包级别 p,相应光场表现为平面固定间隔 2^{-j} 的全部网格点 $\{(2^{-j}m,2^{-j}n);(m,n)\in\mathbf{Z}\times\mathbf{Z}\}$ 上抽象光源的叠加,每个网格点上的抽象光源具有一定的幅度、强度或者能量,因此,如果只从平面网格点上抽象光源的强度数值分布来看,那么一个小波光场就很像一个数字图像。两者的本质差异在于,数字图像在网格点上的灰度值(或者光强)只是一个孤立的数字,而小波光场在网格点上的幅度、强度或者能量,代表一个最小的局部小波光场,即这个网格点上的抽象光源的总能量。正因为这样的差异,不妨把小波光场称为抽象数字图像,这个抽象数字图像在网格点或者像素 $(2^{-j}m,2^{-j}n)$ 上的表现不是一个灰度值,而是一个具有一定强度或者能量的抽象光源,即

$$d_{j;m,n}^{(p)}Q_{j;m,n}^{(p)}(x,y)=2^{j}d_{j;m,n}^{(p)}Q^{(p)}(2^{j}x-m,2^{j}y-n)$$

其中,$d_{j;m,n}^{(p)}$ 是这个抽象光源能量的表示;$Q_{j;m,n}^{(p)}(x,y)$ 是这个像素上的单位能量的抽象光源,即

$$\|Q_{j;m,n}^{(p)}\|_{\mathcal{L}^2(\mathbf{R}^2)}^2=\int_{\mathbf{R}\times\mathbf{R}}|Q_{j;m,n}^{(p)}(x,y)|^2\mathrm{d}x\mathrm{d}y=1$$

利用前面已经定义过的无穷维矩阵

$$\mathscr{D}_j^{(p)}=\{d_{j;m,n}^{(p)};(m,n)\in\mathbf{Z}^2\}\in l^2(\mathbf{Z}\times\mathbf{Z}),\quad j\in\mathbf{Z},p=0,1,2,\cdots$$

与之相应的物理图像 $f_j^{(p)}(x,y)$ 表现为如下的二维正交小波包函数项级数:

$$f_j^{(p)}(x,y)=\sum_{(m,n)\in\mathbf{Z}\times\mathbf{Z}}d_{j;m,n}^{(p)}Q_{j;m,n}^{(p)}(x,y)$$

在这种对应关系中,把无穷维矩阵 $\mathscr{D}_j^{(p)}=\{d_{j;m,n}^{(p)};(m,n)\in\mathbf{Z}^2\}$ 称为数字图像,但这个时候,与此相似的小波光场或者抽象数字图像可以表示为 $\mathfrak{D}_j^{(p)}$,有

$$\mathfrak{D}_j^{(p)}=\{d_{j;m,n}^{(p)}Q_{j;m,n}^{(p)}(x,y)=2^{j}d_{j;m,n}^{(p)}Q^{(p)}(2^{j}x-m,2^{j}y-n);(m,n)\in\mathbf{Z}\times\mathbf{Z}\}$$

与此相应地,把能量标志恒等于 1 的特殊小波光场称为超级数字图像或者基本物理图像

$$\mathscr{Q}_j^{(p)}=\{Q_{j;m,n}^{(p)}(x,y)=2^{j}Q^{(p)}(2^{j}x-m,2^{j}y-n);(m,n)\in\mathbf{Z}\times\mathbf{Z}\}$$

4.5.2 超级数字图像小波算法

因为基本物理图像或超级数字图像各个像素上的超级灰度值实际上就是各级二维小波包函数伸缩平移规范正交函数系,所以可以把基本物理图像或超级数字图像当作一个数字图像进行小波变换,这就是超级数字图像小波算法。这样的变换过程是酉变换。

1. 超级数字图像小波分解

定理 4.34(超级数字图像小波分解) 在二元函数空间 $\mathcal{L}^2(\mathbf{R}^2)$ 的多分辨率分析 $(\{\boldsymbol{Q}_j^{(0)};j\in\mathbf{Z}\},Q^{(0)}(x,y)=\varphi(x)\varphi(y))$ 基础上,5 个超级数字图像:

$$\mathscr{Q}_{j+1}^{(0)}=\{Q_{j+1;m,n}^{(0)}(x,y);(m,n)\in\mathbf{Z}^2\}$$

$$\mathscr{Q}_j^{(l)}=\{Q_{j;u,v}^{(l)}(x,y);(u,v)\in\mathbf{Z}^2\},\quad l=0,1,2,3$$

之间存在如下小波分解计算关系:

$$\left(\frac{\mathcal{Q}_j^{(0)} \mid \mathcal{Q}_j^{(1)}}{\mathcal{Q}_j^{(2)} \mid \mathcal{Q}_j^{(3)}}\right) = \mathcal{A}^{\mathrm{T}}\mathcal{Q}_{j+1}^{(0)}\mathcal{A} = \begin{pmatrix}\mathcal{H}_0^{\mathrm{T}} \\ \mathcal{H}_0^{\mathrm{T}}\end{pmatrix}\mathcal{Q}_{j+1}^{(0)}(\mathcal{H}_0 \mid \mathcal{H}_1) = \left(\frac{\mathcal{H}_0^{\mathrm{T}}\mathcal{Q}_{j+1}^{(0)}\mathcal{H}_0 \mid \mathcal{H}_0^{\mathrm{T}}\mathcal{Q}_{j+1}^{(0)}\mathcal{H}_1}{\mathcal{H}_0^{\mathrm{T}}\mathcal{Q}_{j+1}^{(0)}\mathcal{H}_0 \mid \mathcal{H}_0^{\mathrm{T}}\mathcal{Q}_{j+1}^{(0)}\mathcal{H}_1}\right)$$

或者

$$\mathcal{Q}_j^{(\varsigma\zeta)_2} = \mathcal{H}_\varsigma^{\mathrm{T}}\mathcal{Q}_{j+1}^{(0)}\mathcal{H}_\zeta, \quad (\varsigma\zeta)_2 = 0,1,2,3$$

证明　在二维多分辨率分析中，二维尺度子空间的正交直和分解关系

$$\boldsymbol{Q}_{j+1}^{(0)} = \boldsymbol{Q}_j^{(0)} \oplus \boldsymbol{Q}_j^{(1)} \oplus \boldsymbol{Q}_j^{(2)} \oplus \boldsymbol{Q}_j^{(3)}, \quad j \in \mathbf{Z}$$

完全来自于它们的规范正交基之间的如下关系：

$$\begin{cases} Q_{j;u,v}^{(0)}(x,y) = \sum\limits_{(m,n)\in\mathbf{Z}\times\mathbf{Z}} h^{(0)}(m-2u,n-2v)Q_{j+1;m,n}^{(0)}(x,y) \\ Q_{j;u,v}^{(1)}(x,y) = \sum\limits_{(m,n)\in\mathbf{Z}\times\mathbf{Z}} h^{(1)}(m-2u,n-2v)Q_{j+1;m,n}^{(0)}(x,y) \\ Q_{j;u,v}^{(2)}(x,y) = \sum\limits_{(m,n)\in\mathbf{Z}\times\mathbf{Z}} h^{(2)}(m-2u,n-2v)Q_{j+1;m,n}^{(0)}(x,y) \\ Q_{j;u,v}^{(3)}(x,y) = \sum\limits_{(m,n)\in\mathbf{Z}\times\mathbf{Z}} h^{(3)}(m-2u,n-2v)Q_{j+1;m,n}^{(0)}(x,y) \end{cases}$$

其中，$(u,v)\in\mathbf{Z}^2$。上述关系是从$\boldsymbol{Q}_{j+1}^{(0)}$的规范正交基$\{Q_{j+1;m,n}^{(0)}(x,y);(m,n)\in\mathbf{Z}^2\}$过渡到$\boldsymbol{Q}_{j+1}^{(0)}$的另一组规范正交基的计算关系，这组新的规范正交基由四组相互正交的规范正交函数系$\{Q_{j;u,v}^{(l)}(x,y);(u,v)\in\mathbf{Z}^2\}$，$l=0,1,2,3$组成，而它们分别是尺度子空间和小波子空间$\boldsymbol{Q}_j^{(l)}$，$l=0,1,2,3$的规范正交基。

采用分块矩阵乘法规则重新表达上述分解关系就得到定理的证明。例如，由

$$Q_{j;u,v}^{(0)}(x,y) = \sum_{(m,n)\in\mathbf{Z}\times\mathbf{Z}} h^{(0)}(m-2u,n-2v)Q_{j+1;m,n}^{(0)}(x,y), \quad (u,v)\in\mathbf{Z}\times\mathbf{Z}$$

可以直接验证$\mathcal{Q}_j^{(0)} = \mathcal{H}_0^{\mathrm{T}}\mathcal{Q}_{j+1}^{(0)}\mathcal{H}_0$。

注释　函数矩阵$\mathcal{Q}_{j+1}^{(0)} = \{Q_{j+1;m,n}^{(0)}(x,y);(m,n)\in\mathbf{Z}^2\}$是数字分辨率为$\infty\times\infty$的超级数字图像，它在像素$(m,n)\in\mathbf{Z}^2$处的"超级灰度值"是函数$Q_{j+1;m,n}^{(0)}(x,y)$，可以理解为超级数字图像$\mathcal{Q}_{j+1}^{(0)}$在像素$(m,n)\in\mathbf{Z}^2$处的"微光场"（经典数字图像在一个像素$(m,n)\in\mathbf{Z}^2$处的灰度值是一个数字$\overline{\omega}$，在这种情况下，"微光场"凝聚为绝对的点光场$\overline{\omega}\delta(x-m,y-n)$）。

另外，函数矩阵$\mathcal{Q}_j^{(l)} = \{Q_{j;u,v}^{(l)}(x,y);(u,v)\in\mathbf{Z}^2\}$，$l=0,1,2,3$是四个数字分辨率为$(0.5\infty)\times(0.5\infty)$的超级数字图像，它们在像素$(u,v)\in\mathbf{Z}\times\mathbf{Z}$处的超级灰度值分别是函数$Q_{j;u,v}^{(l)}(x,y)$，$l=0,1,2,3$。

2. 超级数字图像小波合成

定理 4.35（超级数字图像小波合成）　在二元函数空间$\mathcal{L}^2(\mathbf{R}^2)$的多分辨率分析$(\{\boldsymbol{Q}_j^{(0)};j\in\mathbf{Z}\},Q^{(0)}(x,y)=\varphi(x)\varphi(y))$基础上，5 个超级数字图像

$$\mathcal{Q}_{j+1}^{(0)} = \{Q_{j+1;m,n}^{(0)}(x,y);(m,n)\in\mathbf{Z}^2\}$$

$$\mathcal{Q}_j^{(l)} = \{Q_{j;u,v}^{(l)}(x,y);(u,v)\in\mathbf{Z}^2\}, \quad l=0,1,2,3$$

之间存在如下的小波合成计算关系：

$$\mathcal{Q}_{j+1}^{(0)} = \overline{\mathcal{A}}\left(\frac{\mathcal{Q}_j^{(0)} \mid \mathcal{Q}_j^{(1)}}{\mathcal{Q}_j^{(2)} \mid \mathcal{Q}_j^{(3)}}\right)\mathcal{A}^* = (\overline{\mathcal{H}}_0 \mid \overline{\mathcal{H}}_1)\left(\frac{\mathcal{Q}_j^{(0)} \mid \mathcal{Q}_j^{(1)}}{\mathcal{Q}_j^{(2)} \mid \mathcal{Q}_j^{(3)}}\right)\begin{pmatrix}\mathcal{H}_0^* \\ \mathcal{H}_1^*\end{pmatrix} = \sum_{\varsigma=0}^{1}\sum_{\zeta=0}^{1}\overline{\mathcal{H}}_\varsigma D_j^{(\varsigma\zeta)_2}\mathcal{H}_\zeta^*$$

其中，$\bar{\mathcal{A}}$ 表示矩阵$\mathcal{A}$的复数共轭矩阵，$\mathcal{A}^*$ 表示无穷维矩阵$\mathcal{A}$的复数共轭转置矩阵，即 $\mathcal{A}^* = \bar{\mathcal{A}}^{\mathrm{T}}$，$\mathcal{A}^{\mathrm{T}}$表示无穷维矩阵$\mathcal{A}$的转置矩阵。

证明 可以直接利用定理4.34的小波分解关系的逆给出证明。另一种证明方法是利用二维尺度方程和小波方程组的如下逆关系表达公式：

$$Q_{j+1;m,n}^{(0)}(x,y) = \sum_{\xi=0}^{3} \sum_{(u,v)\in\mathbf{Z}\times\mathbf{Z}} \overline{h}^{(\xi)}(m-2u,n-2v) Q_{j;u,v}^{(\xi)}(x,y), \quad (m,n)\in\mathbf{Z}^2$$

结合分块矩阵乘法规则能够直接验证定理。

4.6 图像金字塔理论

本节研究二维尺度子空间、二维小波子空间、二维小波包子空间及整个函数空间的金字塔结构。

4.6.1 超级数字图像小波和小波链

将原始超级数字图像表示为

$$\mathcal{Q}_j^{(p)} = \{ Q_{j;m,n}^{(p)}(x,y) = 2^j Q^{(p)}(2^j x - m, 2^j y - n);(m,n)\in\mathbf{Z}\times\mathbf{Z}\}$$

其中，$p=0,1,2,\cdots$ 表示小波包的级别；任意整数 $j\in\mathbf{Z}$ 表示对应小波包函数的离散尺度 $s=2^{-j}$，超级灰度值 $Q_{j;m,n}^{(p)}(x,y) = 2^j Q^{(p)}(2^j x - m, 2^j y - n)$ 表示超级数字图像$\mathcal{Q}_j^{(p)}$在像素$(m,n)\in\mathbf{Z}\times\mathbf{Z}$上的函数型灰度值。当尺度参数为$s=2^{-j}$时，这个像素$(m,n)\in\mathbf{Z}\times\mathbf{Z}$在几何平面网格$\{(2^{-j}u,2^{-j}v);(u,v)\in\mathbf{Z}\times\mathbf{Z}\}$中对应的网格点是$(2^{-j}m,2^{-j}n)$。

1. 超级数字图像小波算法

在二元函数空间$\mathcal{L}^2(\mathbf{R}^2)$多分辨率分析$(\{\boldsymbol{Q}_j^{(0)};j\in\mathbf{Z}\},Q^{(0)}(x,y)=\varphi(x)\varphi(y))$的基础上，尺度方程和小波方程可以表示为

$$Q_{j-\xi;u,v}^{(l)}(x,y) = \sum_{(m,n)\in\mathbf{Z}\times\mathbf{Z}} h^{(l)}(m-2u,n-2v) Q_{j+1-\xi;m,n}^{(0)}(x,y)$$

其中，$(u,v)\in\mathbf{Z}^2, j\in\mathbf{Z}, k\in\mathbf{N}, \xi=0,1,2,\cdots,k$。另外

$$Q_{j-\xi;u,v}^{(l)}(x,y) = 2^{j-\xi}Q^{(l)}(2^{j-\xi}x-u,2^{j-\xi}y-v), \quad l=0,1,2,3$$

或者等价地，利用超级数字图像符号表示为

$$\begin{pmatrix} \mathcal{Q}_{j-\xi}^{(0)} \mid \mathcal{Q}_{j-\xi}^{(1)} \\ \hline \mathcal{Q}_{j-\xi}^{(2)} \mid \mathcal{Q}_{j-\xi}^{(3)} \end{pmatrix} = \mathcal{A}^{\mathrm{T}}\mathcal{Q}_{j-\xi+1}^{(0)}\mathcal{A} = \begin{pmatrix} \mathcal{H}_0^{\mathrm{T}} \\ \hline \mathcal{H}_1^{\mathrm{T}} \end{pmatrix} \mathcal{Q}_{j-\xi+1}^{(0)} (\mathcal{H}_0 \mid \mathcal{H}_1) = \begin{pmatrix} \mathcal{H}_0^{\mathrm{T}}\mathcal{Q}_{j-\xi+1}^{(0)}\mathcal{H}_0 \mid \mathcal{H}_0^{\mathrm{T}}\mathcal{Q}_{j-\xi+1}^{(0)}\mathcal{H}_1 \\ \hline \mathcal{H}_1^{\mathrm{T}}\mathcal{Q}_{j-\xi+1}^{(0)}\mathcal{H}_0 \mid \mathcal{H}_1^{\mathrm{T}}\mathcal{Q}_{j-\xi+1}^{(0)}\mathcal{H}_1 \end{pmatrix}$$

其中，$\xi=0,1,2,\cdots,k$。或者反过来，有

$$Q_{j+1-\xi;m,n}^{(0)}(x,y) = \sum_{\xi=0}^{3} \sum_{(u,v)\in\mathbf{Z}\times\mathbf{Z}} \overline{h}^{(\xi)}(m-2u,n-2v) Q_{j-\xi;u,v}^{(\xi)}(x,y)$$

$$\mathcal{Q}_{j-\xi+1}^{(0)} = \bar{\mathcal{A}} \begin{pmatrix} \mathcal{Q}_{j-\xi}^{(0)} \mid \mathcal{Q}_{j-\xi}^{(1)} \\ \hline \mathcal{Q}_{j-\xi}^{(2)} \mid \mathcal{Q}_{j-\xi}^{(3)} \end{pmatrix} \mathcal{A}^* = (\bar{\mathcal{H}}_0 \mid \bar{\mathcal{H}}_1) \begin{pmatrix} \mathcal{Q}_{j-\xi}^{(0)} \mid \mathcal{Q}_{j-\xi}^{(1)} \\ \hline \mathcal{Q}_{j-\xi}^{(2)} \mid \mathcal{Q}_{j-\xi}^{(3)} \end{pmatrix} \begin{pmatrix} \mathcal{H}_0^* \\ \hline \mathcal{H}_1^* \end{pmatrix}$$

其中，$(m,n)\in\mathbf{Z}^2, \xi=0,1,2,\cdots,k$。

这就是在4.5中研究的超级数字图像的小波分解和合成。这本质上体现的是在尺度

子空间 $\boldsymbol{Q}_{j+1-\xi}^{(0)}$ 中，规范正交基 $\{Q_{j+1-\xi;m,n}^{(0)}(x,y);(m,n)\in\mathbf{Z}^2\}$ 和另一个规范正交基 $\bigcup_{l=0}^{3}\{Q_{j-\xi;u,v}^{(l)}(x,y);(u,v)\in\mathbf{Z}\times\mathbf{Z}\}$ 之间的过渡关系，同时，它也体现了尺度子空间 $\boldsymbol{Q}_{j+1-\xi}^{(0)}$ 的如下正交直和分解关系：

$$\boldsymbol{Q}_{j+1-\xi}^{(0)}=\boldsymbol{Q}_{j-\xi}^{(0)}\oplus\boldsymbol{Q}_{j-\xi}^{(1)}\oplus\boldsymbol{Q}_{j-\xi}^{(2)}\oplus\boldsymbol{Q}_{j-\xi}^{(3)}$$

其中

$$\begin{aligned}\boldsymbol{Q}_{j+1-\xi}^{(0)}&=\mathrm{Closespan}\{Q_{j+1-\xi;m,n}^{(0)}(x,y);(m,n)\in\mathbf{Z}^2\}\\&=\mathrm{Closespan}\{Q_{j-\xi;u,v}^{(l)}(x,y);(u,v)\in\mathbf{Z}\times\mathbf{Z},l=0,1,2,3\}\end{aligned}$$

$$\boldsymbol{Q}_{j-\xi}^{(l)}=\mathrm{Closespan}\{Q_{j-\xi;u,v}^{(l)}(x,y);(u,v)\in\mathbf{Z}\times\mathbf{Z}\},l=0,1,2,3$$

2. 超级数字图像小波链分解

本节利用分块矩阵方法给出超级数字图像的小波链分解计算公式。

定理4.36（超级数字图像小波链分解）　在二元函数空间 $\mathcal{L}^2(\mathbf{R}^2)$ 的多分辨率分析 $(\{\boldsymbol{Q}_j^{(0)};j\in\mathbf{Z}\},Q^{(0)}(x,y)=\varphi(x)\varphi(y))$ 基础上，按照纵横尺度同时倍增体现的逐步迭代方式，可以将超级数字图像 $\mathscr{Q}_{j+1}^{(0)}$ 的二维小波链分解过程用分块矩阵乘法表示为

$$\left(\begin{array}{c|c}\mathscr{Q}_{j-\xi}^{(0)}&\mathscr{Q}_{j-\xi}^{(1)}\\\hline\mathscr{Q}_{j-\xi}^{(2)}&\mathscr{Q}_{j-\xi}^{(3)}\end{array}\right)=\mathcal{A}_{(\xi)}^{\mathrm{T}}\mathscr{Q}_{j-\xi+1}^{(0)}\mathcal{A}_{(\xi)}=\left(\begin{array}{c|c}[\mathcal{H}_0^{(\xi)}]^{\mathrm{T}}\mathscr{Q}_{j-\xi+1}^{(0)}\mathcal{H}_0^{(\xi)}&[\mathcal{H}_0^{(\xi)}]^{\mathrm{T}}\mathscr{Q}_{j-\xi+1}^{(0)}\mathcal{H}_1^{(\xi)}\\\hline[\mathcal{H}_1^{(\xi)}]^{\mathrm{T}}\mathscr{Q}_{j-\xi+1}^{(0)}\mathcal{H}_0^{(\xi)}&[\mathcal{H}_1^{(\xi)}]^{\mathrm{T}}\mathscr{Q}_{j-\xi+1}^{(0)}\mathcal{H}_1^{(\xi)}\end{array}\right)$$

其中，$\xi=0,1,2,\cdots,k$。

将会产生 $4(k+1)$ 个小的超级数字图像。这个过程可以表示为

$$\mathscr{Q}_{j+1}^{(0)}\mapsto\mathscr{Q}_{j}^{(0)};\boxed{\mathscr{Q}_{j}^{(1)},\mathscr{Q}_{j}^{(2)},\mathscr{Q}_{j}^{(3)}}$$

$$\mathscr{Q}_{j}^{(0)}\mapsto\mathscr{Q}_{j-1}^{(0)};\boxed{\mathscr{Q}_{j-1}^{(1)},\mathscr{Q}_{j-1}^{(2)},\mathscr{Q}_{j-1}^{(3)}}$$

$$\vdots$$

$$\mathscr{Q}_{j-\xi+1}^{(0)}\mapsto\boxed{\mathscr{Q}_{j-\xi}^{(0)}};\boxed{\mathscr{Q}_{j-\xi}^{(1)},\mathscr{Q}_{j-\xi}^{(2)},\mathscr{Q}_{j-\xi}^{(3)}}$$

真正必须保留的分解结果可以表示为

$$\mathscr{Q}_{j+1}^{(0)}\mapsto\boxed{\mathscr{Q}_{j}^{(1)},\mathscr{Q}_{j}^{(2)},\mathscr{Q}_{j}^{(3)}}\boxed{\mathscr{Q}_{j-1}^{(1)},\mathscr{Q}_{j-1}^{(2)},\mathscr{Q}_{j-1}^{(3)}}\cdots\boxed{\mathscr{Q}_{j-\xi}^{(1)},\mathscr{Q}_{j-\xi}^{(2)},\mathscr{Q}_{j-\xi}^{(3)}}\boxed{\mathscr{Q}_{j-\xi}^{(0)}}$$

这些被保留的分解所得的小的超级数字图像可以用原始的大的超级数字图像直接表达为

$$\xi=0,1,2,\cdots,k,\quad(\varsigma\zeta)_2\in\{0,1\}\times\{0,1\},\quad(\varsigma\zeta)_2\neq(00)_2$$

$$\mathscr{Q}_{j-\xi}^{(\varsigma\zeta)_2}=[\mathcal{H}_\varsigma^{(\xi)}]^{\mathrm{T}}[\mathcal{H}_0^{(\xi-1)}]^{\mathrm{T}}\cdots[\mathcal{H}_0^{(1)}]^{\mathrm{T}}[\mathcal{H}_0^{(0)}]^{\mathrm{T}}\mathscr{Q}_{j+1}^{(0)}\mathcal{H}_0^{(0)}\mathcal{H}_0^{(1)}\cdots\mathcal{H}_0^{(\xi-1)}\mathcal{H}_\zeta^{(\xi)}$$

而且

$$\mathscr{Q}_{j-k}^{(00)_2}=[\mathcal{H}_0^{(k)}]^{\mathrm{T}}[\mathcal{H}_0^{(k-1)}]^{\mathrm{T}}\cdots[\mathcal{H}_0^{(1)}]^{\mathrm{T}}[\mathcal{H}_0^{(0)}]^{\mathrm{T}}\mathscr{Q}_{j+1}^{(0)}\mathcal{H}_0^{(0)}\mathcal{H}_0^{(1)}\cdots\mathcal{H}_0^{(k-1)}\mathcal{H}_0^{(k)}$$

证明　根据递推超级数字图像二维小波分解计算公式：$\xi=0,1,2,\cdots,k$

$$\left(\begin{array}{c|c}\mathscr{Q}_{j-\xi}^{(0)}&\mathscr{Q}_{j-\xi}^{(1)}\\\hline\mathscr{Q}_{j-\xi}^{(2)}&\mathscr{Q}_{j-\xi}^{(3)}\end{array}\right)=\mathcal{A}_{(\xi)}^{\mathrm{T}}\mathscr{Q}_{j-\xi+1}^{(0)}\mathcal{A}_{(\xi)}=\left(\begin{array}{c|c}[\mathcal{H}_0^{(\xi)}]^{\mathrm{T}}\mathscr{Q}_{j-\xi+1}^{(0)}\mathcal{H}_0^{(\xi)}&[\mathcal{H}_0^{(\xi)}]^{\mathrm{T}}\mathscr{Q}_{j-\xi+1}^{(0)}\mathcal{H}_1^{(\xi)}\\\hline[\mathcal{H}_1^{(\xi)}]^{\mathrm{T}}\mathscr{Q}_{j-\xi+1}^{(0)}\mathcal{H}_0^{(\xi)}&[\mathcal{H}_1^{(\xi)}]^{\mathrm{T}}\mathscr{Q}_{j-\xi+1}^{(0)}\mathcal{H}_1^{(\xi)}\end{array}\right)$$

逐步迭代即可得到定理的结果。

3. 超级数字图像小波链合成

定理4.37（超级数字图像小波链合成）　在二元函数空间 $\mathcal{L}^2(\mathbf{R}^2)$ 的多分辨率分析 $(\{\boldsymbol{Q}_j^{(0)};j\in\mathbf{Z}\},Q^{(0)}(x,y)=\varphi(x)\varphi(y))$ 基础上，已知超级数字图像 $\mathscr{Q}_{j+1}^{(0)}$ 的二维小波链分

解结果

$$\mathcal{Q}_{j-k}^{(0)}=[\mathcal{H}_0^{(k)}]^{\mathrm{T}}[\mathcal{H}_0^{(k-1)}]^{\mathrm{T}}\cdots[\mathcal{H}_0^{(0)}]^{\mathrm{T}}\mathcal{Q}_{j+1}^{(0)}\mathcal{H}_0^{(0)}\cdots\mathcal{H}_0^{(k-1)}\mathcal{H}_0^{(k)}$$

而且，当 $\xi=0,1,2,\cdots,k$ 时，$(\varsigma\zeta)_2\in\{0,1\}\times\{0,1\}$，$(\varsigma\zeta)_2\neq(00)_2$，有

$$\mathcal{Q}_{j-\xi}^{(\varsigma\zeta)_2}=[\mathcal{H}_\varsigma^{(\xi)}]^{\mathrm{T}}[\mathcal{H}_0^{(\xi-1)}]^{\mathrm{T}}\cdots[\mathcal{H}_0^{(1)}]^{\mathrm{T}}[\mathcal{H}_0^{(0)}]^{\mathrm{T}}\mathcal{Q}_{j+1}^{(0)}\mathcal{H}_0^{(0)}\mathcal{H}_0^{(1)}\cdots\mathcal{H}_0^{(\xi-1)}\mathcal{H}_\zeta^{(\xi)}$$

那么，利用这些小的超级数字图像逐步迭代重建原始的大的超级数字图像$\mathcal{Q}_{j+1}^{(0)}$的递归计算公式是

$$\mathcal{Q}_{j-\xi+1}^{(0)}=\bar{\mathcal{A}}_{(\xi)}\begin{pmatrix}\mathcal{Q}_{j-\xi}^{(0)} & \mathcal{Q}_{j-\xi}^{(1)}\\ \mathcal{Q}_{j-\xi}^{(2)} & \mathcal{Q}_{j-\xi}^{(3)}\end{pmatrix}\mathcal{A}_{(\xi)}^{*}=(\bar{\mathcal{H}}_0^{(\xi)} \mid \bar{\mathcal{H}}_1^{(\xi)})\begin{pmatrix}\mathcal{Q}_{j-\xi}^{(0)} & \mathcal{Q}_{j-\xi}^{(1)}\\ \mathcal{Q}_{j-\xi}^{(2)} & \mathcal{Q}_{j-\xi}^{(3)}\end{pmatrix}\begin{pmatrix}[\mathcal{H}_0^{(\xi)}]^{*}\\ [\mathcal{H}_1^{(\xi)}]^{*}\end{pmatrix}$$

其中，$\xi=k,k-1,\cdots,1,0$。或者写成

$$\mathcal{Q}_{j-\xi+1}^{(0)}=\bar{\mathcal{H}}_0^{(\xi)}\mathcal{Q}_{j-\xi}^{(0)}[\mathcal{H}_0^{(\xi)}]^{*}+\sum_{\substack{(\varsigma\zeta)_2\in\{0,1\}\times\{0,1\}\\(\varsigma\zeta)_2\neq(00)_2}}\bar{\mathcal{H}}_\varsigma^{(\xi)}\mathcal{Q}_{j-\xi}^{(\varsigma\zeta)_2}[\mathcal{H}_\zeta^{(\xi)}]^{*}$$

这个迭代计算过程等价于累积级数求和形式：

$$\begin{aligned}\mathcal{Q}_{j+1}^{(0)}=&\sum_{\xi=0}^{k}\sum_{\substack{(\varsigma\zeta)_2\in\{0,1\}\times\{0,1\}\\(\varsigma\zeta)_2\neq(00)_2}}\bar{\mathcal{H}}_0^{(0)}\bar{\mathcal{H}}_0^{(1)}\cdots\bar{\mathcal{H}}_0^{(\xi-1)}\bar{\mathcal{H}}_\varsigma^{(\xi)}\mathcal{Q}_{j-\xi}^{(\varsigma\zeta)_2}[\mathcal{H}_\zeta^{(\xi)}]^{*}[\mathcal{H}_0^{(\xi-1)}]^{*}\cdots\\&[\mathcal{H}_0^{(1)}]^{*}[\mathcal{H}_0^{(0)}]^{*}+\\&\bar{\mathcal{H}}_0^{(0)}\bar{\mathcal{H}}_0^{(1)}\cdots\bar{\mathcal{H}}_0^{(k-1)}\bar{\mathcal{H}}_0^{(k)}\mathcal{Q}_{j-k}^{(0)}[\mathcal{H}_0^{(k)}]^{*}[\mathcal{H}_0^{(k-1)}]^{*}\cdots[\mathcal{H}_0^{(1)}]^{*}[\mathcal{H}_0^{(0)}]^{*}\end{aligned}$$

证明　利用分解过程的酉变换性质容易得到逐步递归的合成过程，之后结合代入法即可得到等价的累积级数合成公式。从而完成定理的证明。

4.6.2　超级数字图像小波包

在二元函数多分辨率分析($\{\boldsymbol{Q}_j^{(0)};j\in\mathbf{Z}\}$，$Q^{(0)}(x,y)=\varphi(x)\varphi(y)$)基础上，研究小波包超级数字图像$\mathcal{Q}_{j+1}^{(p)}$的小波包分解和合成计算方法及其矩阵表达方法。

1. 超级数字图像小波包分解

定理 4.38(超级数字图像小波包分解)　在二元函数空间多分辨率分析($\{\boldsymbol{Q}_j^{(0)};j\in\mathbf{Z}\}$，$Q^{(0)}(x,y)=\varphi(x)\varphi(y)$)基础上，当 $p=0,1,\cdots$ 时，表示超级数字图像为$\mathcal{Q}_{j+1}^{(p)}=\{Q_{j+1;m,n}^{(p)}(x,y)=2^{j+1}Q^{(p)}(2^{j+1}x-m,2^{j+1}y-n);(m,n)\in\mathbf{Z}\times\mathbf{Z}\}$，那么，$\mathcal{Q}_{j+1}^{(p)}$与$\mathcal{Q}_j^{(4p+l)}=\{Q_{j;u,v}^{(4p+l)}(x,y);(u,v)\in\mathbf{Z}\times\mathbf{Z}\}$，$l=0,1,2,3$ 这 4 个小的超级数字图像之间存在小波包分解计算关系，当$(u,v)\in\mathbf{Z}\times\mathbf{Z}$，$l=0,1,2,3$ 时，有

$$Q_{j;u,v}^{(4p+l)}(x,y)=\sum_{(m,n)\in\mathbf{Z}\times\mathbf{Z}}h^{(l)}(m-2u,n-2v)Q_{j+1;m,n}^{(p)}(x,y)$$

证明　根据二维小波包函数序列的定义直接得到这个结果。

注释　超级数字图像小波包分解具有如下矩阵表达形式：

$$\begin{pmatrix}\mathcal{Q}_j^{(4p+0)} & \mathcal{Q}_j^{(4p+1)}\\ \mathcal{Q}_j^{(4p+2)} & \mathcal{Q}_j^{(4p+3)}\end{pmatrix}=\mathcal{A}^{\mathrm{T}}\mathcal{Q}_{j+1}^{(p)}\mathcal{A}=\begin{pmatrix}\mathcal{H}_0^{\mathrm{T}}\\ \mathcal{H}_1^{\mathrm{T}}\end{pmatrix}\mathcal{Q}_{j+1}^{(p)}(\mathcal{H}_0 \mid \mathcal{H}_1)=\begin{pmatrix}\mathcal{H}_0^{\mathrm{T}}\mathcal{Q}_{j+1}^{(p)}\mathcal{H}_0 & \mathcal{H}_0^{\mathrm{T}}\mathcal{Q}_{j+1}^{(p)}\mathcal{H}_1\\ \mathcal{H}_1^{\mathrm{T}}\mathcal{Q}_{j+1}^{(p)}\mathcal{H}_0 & \mathcal{H}_1^{\mathrm{T}}\mathcal{Q}_{j+1}^{(p)}\mathcal{H}_1\end{pmatrix}$$

证明　建议读者补充完成这个证明。

2. 超级数字图像小波包合成

定理 4.39（超级数字图像小波包合成）　在二元函数空间多分辨率分析（$\{\boldsymbol{Q}_j^{(0)};j\in\mathbf{Z}\}$，$Q^{(0)}(x,y)=\varphi(x)\varphi(y)$）基础上，当 $p=0,1,\cdots$ 时，表示超级数字图像为 $\mathcal{Q}_{j+1}^{(p)}=\{Q_{j+1;m,n}^{(p)}(x,y)=2^{j+1}Q^{(p)}(2^{j+1}x-m,2^{j+1}y-n);(m,n)\in\mathbf{Z}\times\mathbf{Z}\}$，那么，$\mathcal{Q}_{j+1}^{(p)}$ 与 $\mathcal{Q}_j^{(4p+l)}=\{Q_{j;u,v}^{(4p+l)}(x,y);(u,v)\in\mathbf{Z}\times\mathbf{Z}\}$，$l=0,1,2,3$ 这 4 个小的超级数字图像之间存在小波包合成关系，当 $(m,n)\in\mathbf{Z}\times\mathbf{Z}$ 时，有

$$Q_{j+1;m,n}^{(p)}(x,y)=\sum_{l=0}^{3}\sum_{(u,v)\in\mathbf{Z}\times\mathbf{Z}}\overline{h}^{(l)}(m-2u,n-2v)Q_{j;u,v}^{(4p+l)}(x,y)$$

建议读者完成这个定理的证明。

注释　超级数字图像小波包合成具有如下矩阵表达形式：

$$\mathcal{Q}_{j+1}^{(p)}=\bar{\mathcal{A}}\left(\frac{\mathcal{Q}_j^{(4p+0)}\mid\mathcal{Q}_j^{(4p+1)}}{\mathcal{Q}_j^{(4p+2)}\mid\mathcal{Q}_j^{(4p+3)}}\right)\mathcal{A}^*=\sum_{(\varsigma\zeta)_2\in\{0,1\}\times\{0,1\}}\bar{\mathcal{H}}_\zeta\,\mathcal{Q}_j^{(4p+(\varsigma\zeta)_2)}\mathcal{H}_\zeta^*$$

4.6.3　超级数字图像金字塔

在超级数字图像小波包算法逐步计算过程中出现的每个分解子图像，如果都被按照同样的分解矩阵进行分解，比如把第一次分解产生的 4 个纵横方向分辨率仅为原始超级数字图像一半的子图像都按照同样的分解格式进行再分解，那么，在第二次分解过程中将产生 16 个小的超级数字图像，它们在纵横方向的数字分辨率仅为原始超级数字图像的 1/4，继续这个过程将产生超级数字图像金字塔。本小节研究超级数字图像分解／合成金字塔理论。

1. 超级数字图像小波包链分解

在超级小波包数字图像 $\mathcal{Q}_{j+1}^{(p)}$ 的上下标 $p,j+1$ 共同作用下，超级小波包数字图像的小波包链分解表现为，当与尺度相关的下标 $j+1\to j$ 的同时，对应的与小波包级别相关的上标 $p\to 4p+0,4p+1,4p+2,4p+3$ 实现一变四分裂，同时，相应的超级小波包数字图像的数字分辨率从 $\infty\times\infty$ 变为 $(0.5\infty)\times(0.5\infty)$，实现超级数字图像由一个大图像变换成 4 个小子图像。

定理 4.40（超级数字图像小波包链分解）　在二元函数空间多分辨率分析（$\{\boldsymbol{Q}_j^{(0)};j\in\mathbf{Z}\}$，$Q^{(0)}(x,y)=\varphi(x)\varphi(y)$）基础上，当 $p=0,1,\cdots$ 时，表示超级数字图像为 $\mathcal{Q}_{j+1}^{(p)}=\{Q_{j+1;m,n}^{(p)}(x,y)=2^{j+1}Q^{(p)}(2^{j+1}x-m,2^{j+1}y-n);(m,n)\in\mathbf{Z}\times\mathbf{Z}\}$，那么，当 $\xi=0,1,2,\cdots,k$ 时，小波包链分解可表示为

$$\left(\frac{\mathcal{Q}_{j-\xi}^{(4(4^\xi p+\gamma)+0)}\mid\mathcal{Q}_{j-\xi}^{(4(4^\xi p+\gamma)+1)}}{\mathcal{Q}_{j-\xi}^{(4(4^\xi p+\gamma)+2)}\mid\mathcal{Q}_{j-\xi}^{(4(4^\xi p+\gamma)+3)}}\right)=\mathcal{A}_{(\xi)}^{\mathrm{T}}\mathcal{Q}_{j+1-\xi}^{(4^\xi p+\gamma)}\mathcal{A}_{(\xi)}$$

$$=\left(\frac{[\mathcal{H}_0^{(\xi)}]^{\mathrm{T}}\mathcal{Q}_{j+1-\xi}^{(4^\xi p+\gamma)}\mathcal{H}_0^{(\xi)}\mid[\mathcal{H}_0^{(\xi)}]^{\mathrm{T}}\mathcal{Q}_{j+1-\xi}^{(4^\xi p+\gamma)}\mathcal{H}_1^{(\xi)}}{[\mathcal{H}_1^{(\xi)}]^{\mathrm{T}}\mathcal{Q}_{j+1-\xi}^{(4^\xi p+\gamma)}\mathcal{H}_0^{(\xi)}\mid[\mathcal{H}_1^{(\xi)}]^{\mathrm{T}}\mathcal{Q}_{j+1-\xi}^{(4^\xi p+\gamma)}\mathcal{H}_1^{(\xi)}}\right)$$

其中，$\gamma=0,1,2,\cdots,4^\xi-1$。

注释　当尺度参数从 $s=2^{-(j+1)}$ 开始直到 $s=2^{-(j-k)}$，分解过程从原始超级数字图像 $\mathcal{Q}_{j+1}^{(p)}$ 开始，最终得到数字分辨率都是 $(2^{-(k+1)}\infty)\times(2^{-(k+1)}\infty)$ 的 4^{k+1} 个小的子超级数字

图像$\mathscr{Q}_{j-k}^{(4^{k+1}p+\gamma)}$，$\gamma=0,1,2,\cdots,4^{k+1}-1$。如果将$\gamma$按照$2(k+1)$位的二进制方式表示为

$$\gamma=\varepsilon_1\times2^{2k+1}+\varepsilon_0\times2^{2k}+\xi_1\times2^{2k-1}+\xi_0\times2^{2k-2}+\cdots+\varsigma_1\times2^1+\varsigma_0$$
$$=2\times(\varepsilon_1\times4^k+\xi_1\times4^{k-1}+\cdots+\varsigma_1)+(\varepsilon_0\times4^k+\xi_0\times4^{k-1}+\cdots+\varsigma_0)$$
$$=2\times(\varepsilon_1\xi_1\cdots\varsigma_1)_4+(\varepsilon_0\xi_0\cdots\varsigma_0)_4$$

那么，超级数字图像小波包链分解公式是：当$\gamma=(\varepsilon_1\varepsilon_0\xi_1\xi_0\cdots\varsigma_1\varsigma_0)_2$时

$$\mathscr{Q}_{j-k}^{(\gamma)}=\mathscr{Q}_{j-k}^{(\varepsilon_1\varepsilon_0\xi_1\xi_0\cdots\varsigma_1\varsigma_0)_2}=[\mathcal{H}_{\varepsilon_1}^{(0)}\mathcal{H}_{\xi_1}^{(1)}\cdots\mathcal{H}_{\varsigma_1}^{(k)}]^{\mathrm{T}}\mathscr{Q}_{j+1}^{(0)}[\mathcal{H}_{\varepsilon_0}^{(0)}\mathcal{H}_{\xi_0}^{(1)}\cdots\mathcal{H}_{\varsigma_0}^{(k)}]$$

而且

$$\mathscr{Q}_{j-k}^{(4^{k+1}p+\gamma)}=\mathscr{Q}_{j-k}^{(4^{k+1}p+(\varepsilon_1\varepsilon_0\xi_1\xi_0\cdots\zeta_1\zeta_0)_2)}=[\mathcal{H}_{\varepsilon_1}^{(0)}\mathcal{H}_{\xi_1}^{(1)}\cdots\mathcal{H}_{\varsigma_1}^{(k)}]^{\mathrm{T}}\mathscr{Q}_{j+1}^{(p)}[\mathcal{H}_{\varepsilon_0}^{(0)}\mathcal{H}_{\xi_0}^{(1)}\cdots\mathcal{H}_{\varsigma_0}^{(k)}]$$

注释 当$\xi=0,1,2,\cdots,k$时，超级小波包数字图像$\mathscr{Q}_{j+1}^{(0)}$被分别分解成4个，16个，64个，$\cdots$，4^{k+1}个超级小波包数字子图像。

建议读者完成证明。

注释 一个思考题。在上述定理的分解公式中，超级数字图像左右两边分别与适当的矩阵进行乘积的这种结构很容易猜想：$(\varepsilon_1\xi_1\cdots\varsigma_1)_2$，$(\varepsilon_0\xi_0\cdots\varsigma_0)_2$是两个$(k+1)$位的二进制整数，取值范围都是$0,1,2,\cdots,K=2^{k+1}-1$，定义分块矩阵

$$\mathscr{H}^{(k)}=(\mathscr{H}_0^{(k)}\mid\mathscr{H}_1^{(k)}\mid\cdots\mid\mathscr{H}_K^{(k)})_{\infty\times\infty}$$

其中

$$\mathscr{H}_{(\varepsilon_0\xi_0\cdots\varsigma_0)_2}^{(k)}=(\mathcal{H}_{\varepsilon_0}^{(0)}\mathcal{H}_{\xi_0}^{(1)}\cdots\mathcal{H}_{\varsigma_0}^{(k)})_{\infty\times(2^{-(k+1)}\infty)}$$

则有

$$[\mathscr{H}^{(k)}]^{\mathrm{T}}\mathscr{Q}_{j+1}^{(0)}[\mathscr{H}^{(k)}]=(\mathscr{K}_{m,n}=[\mathscr{H}_m^{(k)}]^{\mathrm{T}}\mathscr{Q}_{j+1}^{(0)}[\mathscr{H}_n^{(k)}];0\leqslant m,n\leqslant K)$$

能够获得$2^{k+1}\times2^{k+1}$个分辨率都是$(2^{-(k+1)}\infty)\times(2^{-(k+1)}\infty)$的超级数字图像。这是定理中给出的那$4^{k+1}$个超级数字图像的小波包分解子图像吗？这个猜想能够证实吗？

把这个问题留给读者思考。

2. 超级数字图像小波包链合成

从超级小波包数字图像$\mathscr{Q}_{j+1}^{(0)}$出发，经过一系列分解，当尺度参数从$s=2^{-(j+1)}$开始直到$s=2^{-(j-k)}$，那么，原始超级数字图像$\mathscr{Q}_{j+1}^{(0)}$被分解为4^{k+1}个小的超级数字图像$\mathscr{Q}_{j-k}^{(\gamma)}$，$\gamma=0,1,2,\cdots,4^{k+1}-1$，这就是超级数字图像二维小波包分解过程最终达到的结果。这里研究这个过程的反过程，即从这些分解得到的4^{k+1}个小的超级数字图像经过逐步合成得到原始的大的超级数字图像。

定理4.41（超级数字图像小波包链合成） 在二元函数空间多分辨率分析$(\{\boldsymbol{Q}_j^{(0)};j\in\mathbf{Z}\},Q^{(0)}(x,y)=\varphi(x)\varphi(y))$基础上，当$p=0,1,\cdots$时，表示超级数字图像为$\mathscr{Q}_{j+1}^{(p)}=\{Q_{j+1;m,n}^{(p)}(x,y)=2^{j+1}Q^{(p)}(2^{j+1}x-m,2^{j+1}y-n);(m,n)\in\mathbf{Z}\times\mathbf{Z}\}$，当尺度参数从$s=2^{-(j+1)}$开始直到$s=2^{-(j-k)}$，分解过程从原始超级数字图像$\mathscr{Q}_{j+1}^{(p)}$开始，最终得到数字分辨率为$(2^{-(k+1)}\infty)\times(2^{-(k+1)}\infty)$的$4^{k+1}$个小的超级数字图像$\mathscr{Q}_{j-k}^{(4^{k+1}p+\gamma)}=\{Q_{j-k;u,v}^{(4^{k+1}p+\gamma)}(x,y);(u,v)\in\mathbf{Z}\times\mathbf{Z}\}$，$\gamma=0,1,2,\cdots,4^{k+1}-1$，那么，如下迭代方法能从$\{\mathscr{Q}_{j-k}^{(4^{k+1}p+\gamma)};\gamma=0,1,\cdots,4^{k+1}-1\}$得到$\mathscr{Q}_{j+1}^{(p)}$：

$$\mathscr{Q}_{j+1-\xi}^{(4^\xi p+\gamma)}=\bar{\mathcal{A}}_{(\xi)}\left(\frac{\mathscr{Q}_{j-\xi}^{(4(4^\xi p+\gamma)+0)}\mid\mathscr{Q}_{j-\xi}^{(4(4^\xi p+\gamma)+1)}}{\mathscr{Q}_{j-\xi}^{(4(4^\xi p+\gamma)+2)}\mid\mathscr{Q}_{j-\xi}^{(4(4^\xi p+\gamma)+3)}}\right)\mathcal{A}_{(\xi)}^*$$

$$= \sum_{(\varsigma\zeta)_2 \in \{0,1\}\times\{0,1\}} \bar{\mathcal{H}}_{\varsigma}^{(\xi)} \mathscr{Q}_{j-\xi}^{(4(4\xi p+\gamma)+(\varsigma\zeta)_2)} [\mathcal{H}_{\zeta}^{(\xi)}]^*$$

$$= (\bar{\mathcal{H}}_0^{(\xi)} \mid \bar{\mathcal{H}}_1^{(\xi)}) \left(\frac{\mathscr{Q}_{j-\xi}^{(4(4\xi p+\gamma)+0)} \mid \mathscr{Q}_{j-\xi}^{(4(4\xi p+\gamma)+1)}}{\mathscr{Q}_{j-\xi}^{(4(4\xi p+\gamma)+2)} \mid \mathscr{Q}_{j-\xi}^{(4(4\xi p+\gamma)+3)}}\right) \left(\frac{[\mathcal{H}_0^{(\xi)}]^*}{[\mathcal{H}_1^{(\xi)}]^*}\right)$$

其中，$\gamma = 0,1,2,\cdots,4^{\xi}-1,\xi = k,\cdots,1,0$。

证明　这个定理所述的结果正好是如下过程的逆过程：

$$\left(\frac{\mathscr{Q}_{j-\xi}^{(4(4\xi p+\gamma)+0)} \mid \mathscr{Q}_{j-\xi}^{(4(4\xi p+\gamma)+1)}}{\mathscr{Q}_{j-\xi}^{(4(4\xi p+\gamma)+2)} \mid \mathscr{Q}_{j-\xi}^{(4(4\xi p+\gamma)+3)}}\right) = \mathcal{A}_{(\xi)}^{\mathrm{T}} \mathscr{Q}_{j+1-\xi}^{(4\xi p+\gamma)} \mathcal{A}_{(\xi)} = \left(\frac{[\mathcal{H}_0^{(\xi)}]^{\mathrm{T}}}{[\mathcal{H}_1^{(\xi)}]^{\mathrm{T}}}\right) \mathscr{Q}_{j+1-\xi}^{(4\xi p+\gamma)} (\mathcal{H}_0^{(\xi)} \mid \mathcal{H}_1^{(\xi)})$$

$$= \left(\frac{[\mathcal{H}_0^{(\xi)}]^{\mathrm{T}} \mathscr{Q}_{j+1-\xi}^{(4\xi p+\gamma)} \mathcal{H}_0^{(\xi)} \mid [\mathcal{H}_0^{(\xi)}]^{\mathrm{T}} \mathscr{Q}_{j+1-\xi}^{(4\xi p+\gamma)} \mathcal{H}_1^{(\xi)}}{[\mathcal{H}_1^{(\xi)}]^{\mathrm{T}} \mathscr{Q}_{j+1-\xi}^{(4\xi p+\gamma)} \mathcal{H}_0^{(\xi)} \mid [\mathcal{H}_1^{(\xi)}]^{\mathrm{T}} \mathscr{Q}_{j+1-\xi}^{(4\xi p+\gamma)} \mathcal{H}_1^{(\xi)}}\right)$$

其中，$\gamma = 0,1,2,\cdots,4^{\xi}-1$。利用分块矩阵$\mathcal{A}_{(\xi)} = (\mathcal{H}_0^{(\xi)} \mid \mathcal{H}_1^{(\xi)})$的酉性以及逆矩阵的表达形式容易得到定理的证明。建议读者完成这个证明。

注释　固定 ξ 的取值，利用尺度为 $s = 2^{-(j-\xi)}$ 对应的 $4^{\xi+1}$ 个小的超级数字图像 $\{\mathscr{Q}^{(4(4\xi p+\gamma)+(\varsigma\zeta)_2)}_{j-\xi};(\varsigma\zeta)_2 \in \{0,1\}\times\{0,1\},\gamma=0,1,\cdots,4^{\xi}-1\}$ 合成尺度$s=2^{-(j-\xi+1)}$的4^{ξ} 个较大的超级数字图像$\{\mathscr{Q}_{j-\xi+1}^{(4\xi p+\gamma)};\gamma=0,1,\cdots,4^{\xi}-1\}$。总是每次把尺度为$s=2^{-(j-\xi)}$的 4 个小的超级数字图像$\mathscr{Q}_{j-\xi}^{(4(4\xi p+\gamma)+(\varsigma\zeta)_2)}$，$(\varsigma\zeta)_2 \in \{0,1\}\times\{0,1\}$ 合成一个尺度 $s = 2^{-(j-\xi+1)}$ 的较大的超级数字图像$\mathscr{Q}_{j-\xi+1}^{(4\xi p+\gamma)}$。这样每步合并需要的次数是由 $\gamma = 0,1,2,\cdots,4^{\xi}-1$ 决定的4^{ξ} 次，得到4^{ξ} 个尺度 $s = 2^{-(j-\xi+1)}$ 的图像。

3. 超级数字图像金字塔算法

在超级数字图像小波包和小波包链理论中，分解和合成过程中出现的中间计算结果，尺寸或纵横分辨率低于原始的最大超级数字图像，这里将研究这些中间过程产生的小的子超级数字图像的另一种表达方法，在这样的表达方法下，这些低分辨率小图像将被表示为与原始超级数字图像同分辨率的超级数字图像。

定理 4.42（超级数字图像金字塔）　假设$(\{\boldsymbol{Q}_j^{(0)};j \in \mathbf{Z}\},Q^{(0)}(x,y)=\varphi(x)\varphi(y))$是二元函数空间多分辨率分析，当 $p = 0,1,\cdots$ 时，将原始超级数字图像表示为$\mathscr{Q}_{j+1}^{(p)} = \{Q_{j+1;m,n}^{(p)}(x,y) = 2^{j+1}Q^{(p)}(2^{j+1}x-m,2^{j+1}y-n);(m,n) \in \mathbf{Z}\times\mathbf{Z}\}$，当尺度参数从 $s = 2^{-(j+1)}$ 开始直到 $s = 2^{-(j-k)}$，分解过程从$\mathscr{Q}_{j+1}^{(p)}$开始最终得到 4^{k+1} 个数字图像$\mathscr{Q}_{j-k}^{(4^{k+1}p+\gamma)} = \{Q_{j-k;u,v}^{(4^{k+1}p+\gamma)}(x,y);(u,v) \in \mathbf{Z}\times\mathbf{Z}\},\gamma = 0,1,\cdots,4^{k+1}-1$，它们的分辨率都是$(2^{-(k+1)}\infty)\times(2^{-(k+1)}\infty)$。将 γ 表示为$2(k+1)$位二进制数，有

$$\gamma = \varepsilon_1 \times 2^{2k+1} + \varepsilon_0 \times 2^{2k} + \xi_1 \times 2^{2k-1} + \xi_0 \times 2^{2k-2} + \cdots + \varsigma_1 \times 2^1 + \varsigma_0$$

$$= 2 \times (\varepsilon_1 \times 4^k + \xi_1 \times 4^{k-1} + \cdots + \varsigma_1) + (\varepsilon_0 \times 4^k + \xi_0 \times 4^{k-1} + \cdots + \varsigma_0)$$

$$= 2 \times (\varepsilon_1\xi_1\cdots\varsigma_1)_4 + (\varepsilon_0\xi_0\cdots\varsigma_0)_4$$

并定义数字分辨率为 $\infty \times \infty$ 的小波包超级数字图像记号为

$$\mathscr{R}^{(\gamma)} = \mathscr{R}^{(\varepsilon_1\varepsilon_0\xi_1\xi_0\cdots\varsigma_1\varsigma_0)_2}$$

$$= [\bar{\mathcal{H}}_{\varepsilon_1}^{(0)}][\bar{\mathcal{H}}_{\xi_1}^{(1)}]\cdots[\bar{\mathcal{H}}_{\varsigma_1}^{(k)}] \mathscr{Q}_{j-k}^{(\varepsilon_1\varepsilon_0\xi_1\xi_0\cdots\varsigma_1\varsigma_0)_2} [\mathcal{H}_{\varsigma_0}^{(k)}]^* \cdots [\mathcal{H}_{\xi_0}^{(1)}]^* [\mathcal{H}_{\varepsilon_0}^{(0)}]^*$$

或者

$$\mathscr{R}^{(4^{k+1}+\gamma)} = \mathscr{R}^{(4^{k+1}+(\varepsilon_1\varepsilon_0\xi_1\xi_0\cdots\varsigma_1\varsigma_0)_2)}$$

$$= [\bar{\mathcal{H}}_{\varepsilon_1}^{(0)}][\bar{\mathcal{H}}_{\xi_1}^{(1)}]\cdots[\bar{\mathcal{H}}_{\varsigma_1}^{(k)}]\mathscr{Q}_{j-k}^{(4^{k+1}+(\varepsilon_1\varepsilon_0\xi_1\xi_0\cdots\varsigma_1\varsigma_0)_2)}[\mathcal{H}_{\varsigma_0}^{(k)}]^*\cdots[\mathcal{H}_{\varsigma_0}^{(1)}]^*[\mathcal{H}_{\varepsilon_0}^{(0)}]^*$$

或者

$$\mathscr{R}^{(4^{k+1}p+\gamma)} = \mathscr{R}^{(4^{k+1}p+(\varepsilon_1\varepsilon_0\xi_1\xi_0\cdots\varsigma_1\varsigma_0)_2)}$$

$$= [\bar{\mathcal{H}}_{\varepsilon_1}^{(0)}][\bar{\mathcal{H}}_{\xi_1}^{(1)}]\cdots[\bar{\mathcal{H}}_{\varsigma_1}^{(k)}]\mathscr{Q}_{j-k}^{(4^{k+1}p+(\varepsilon_1\varepsilon_0\xi_1\xi_0\cdots\varsigma_1\varsigma_0)_2)}[\mathcal{H}_{\varsigma_0}^{(k)}]^*\cdots[\mathcal{H}_{\xi_0}^{(1)}]^*[\mathcal{H}_{\varepsilon_0}^{(0)}]^*$$

这样的小波包超级数字图像共有 4^{k+1} 个。那么,超级小波包数字图像$\mathscr{Q}_{j+1}^{(p)}$的重建公式可以写成

$$\mathscr{D}_{j+1}^{(p)} = \sum_{\gamma=0}^{4^{k+1}-1}\mathscr{R}^{(4^{k+1}p+\gamma)}$$

$$= \sum_{(\varepsilon_1\varepsilon_0\xi_1\xi_0\cdots\varsigma_1\varsigma_0)_2\in\{0,1,2,\cdots,(4^{k+1}-1)\}}\mathscr{R}^{(4^{k+1}p+(\varepsilon_1\varepsilon_0\xi_1\xi_0\cdots\varsigma_1\varsigma_0)_2)}$$

$$= \sum_{(\varepsilon_1\varepsilon_0\xi_1\xi_0\cdots\varsigma_1\varsigma_0)_2=0}^{4^{k+1}-1}[\bar{\mathcal{H}}_{\varepsilon_1}^{(0)}][\bar{\mathcal{H}}_{\xi_1}^{(1)}]\cdots[\bar{\mathcal{H}}_{\varsigma_1}^{(k)}]\mathscr{Q}_{j-k}^{(4^{k+1}p+(\varepsilon_1\varepsilon_0\xi_1\xi_0\cdots\varsigma_1\varsigma_0)_2)}[\mathcal{H}_{\varsigma_0}^{(k)}]^*\cdots[\mathcal{H}_{\xi_0}^{(1)}]^*[\mathcal{H}_{\varepsilon_0}^{(0)}]^*$$

这是金字塔分解的逆并把迭代过程表示为累积公式,即小波包函数构成的超级数字图像的金字塔结构。建议读者完成详细证明。

4.7 多分辨率分析与金字塔理论

在一元函数空间多分辨率分析基础上,利用张量积方法建立了二元函数、物理图像或者数字图像的多分辨率分析,以及二维小波理论、二维小波链理论、二维小波包理论和二维小波包金字塔理论。

实际上,在整个论述过程中,这些内容最终都体现为金字塔理论的形式,只是有的表现为只有两层的金字塔,有的体现为多层但除了出发点之外每层都只有4个小图像(小波链),有的体现为多层但每层并不是满的(小波包链),具体表现各不相同,但是最完美的还是每层都是满的金字塔。这些金字塔理论结构的共同基础就是多分辨率分析理论框架。

第 5 章　量子小波与量子计算

本章研究量子比特小波理论,并建立能够实现这些量子比特小波的量子计算线路和量子计算线路网络。实现酉算子计算的计算复杂性理论,在经典计算理论和计算机理论研究领域中与在量子计算理论和计算机理论研究领域中存在十分显著的差异,甚至有时两者的计算实现效率会出现完全相反的状态。因此,建立量子比特小波理论和能够实现它们所需计算的量子计算线路和线路网络是一个具有重大理论意义和潜在技术价值的、具有极大挑战性的科学研究问题。

5.1　量子小波导言

小波思想或者小波方法与量子力学的研究密切相关,量子场论重正则化方法以及量子光学相干态和压缩态的研究显著推动了小波思想的产生和小波理论的形成,甚至早在1982 年(文献显示可能最早是在 1978 年)就出现了利用量子力学压缩态的思想建立同时具有伸缩平移功能的现代小波完美表达形式。在小波理论的后续研究过程中,虽然出现了各种形式的小波表达方法和小波理论,但时至今日这种伸缩平移小波思想仍然是各种小波理论和小波应用理论中最重要的科学思想。另外,为了简化量子力学问题的研究,如求解薛定谔方程等,以分数阶傅里叶变换(后来有文献称为傅里叶变换算子分数化)的形式建立了线性频率调制小波理论,即线性调频小波理论。这些研究成果充分体现了量子力学理论对小波理论的产生和完善所发挥的推动作用。因此,把小波称为量子态小波或者量子小波。

在范洪义(2012 年)发现并建立算子有序乘积积分方法之后,量子力学狄拉克符号体系方法得到进一步发展并被用于量子小波理论的研究中,出现了量子光学算子有序乘积积分方法,为出现在量子力学和量子光学中的许多复杂积分问题提供了简便的解决途径。这些开创性工作为表示小波思想中最核心的伸缩平移运算导致的压缩积分问题的解决奠定了理论基础,特别是范洪义等发现并建立的纠缠压缩变换与量子力学的关联关系,为量子态小波理论的建立奠定了量子力学方法基础。

另外,在量子力学理论基础上,量子计算机和量子计算理论的出现促使计算和计算机的概念发生了深刻的变化,涌现出实验性实现的量子算法及量子搜索算法等。在量子计算理论基础研究中,出现了各种高效量子计算算法,最著名的例子包括用于判定一个函数是否是偶的或平衡的 Deutsch 和 Jozsa 算法,整数素因子分解的 Shor 算法和在一个非结构化数据库中搜索一个项目的 Grover 算法等。

在 Fino 和 Alghazi(1977 年)建立的离散酉变换统一处理模式基础上,Loan(1992 年)建立了快速傅里叶变换的计算框架,之后的文献中出现了离散酉算子的量子计算实现方法、量子线路逼近酉算子、建立近似量子傅里叶变换并研究消相干的影响、建立实现基本代数运算的量子线路网络、建立和实现量子计数方法、多量子之间的通信复杂性、建立实现混合量子态的量子线路、证明 Grover 建立的量子搜索算法的最优性，Jozsa（1998 年）建立了量子傅里叶变换即量子比特快速傅里叶变换（FFT）这个主要理论方法。

在量子计算机量子线路和量子线路网络的基础上，Fijany 和 Williams（1999 年）建立了实现量子比特小波快速算法的完全量子线路网络。量子计算和量子酉变换研究的成果充分揭示了经典计算和量子计算在许多方面的差异，除了计算能力存在天壤之别外，对于几种最典型的基本酉算子的计算实现效率，两者也表现出了完全相反的状态。例如，置换算子类中的某些置换算子，在实现快速量子比特小波变换的过程中，其实现效率（时间开销和空间开销）远不如它在经典计算中的表现，甚至于其计算开销在实现过程中必须作为主要的或关键的难点，只有采取完全有别于经典计算实现的具有极大挑战性的、有悖常理的思路和途径才有可能得到解决。在完成各种计算任务的量子线路和量子线路网络的研究中，这些基本酉算子发挥着至关重要的核心关键作用。

量子计算机和量子计算理论取得的开创性成果为量子小波特别是量子比特小波的建立，以及量子计算网络的实现奠定了坚实的物理基础和算法理论基础。

总之，小波思想和小波理论的产生、发展和完善，量子力学理论体系特别是量子力学狄拉克符号体系的发展，量子力学狄拉克符号体系中算子有序乘积积分方法的产生和完善，量子计算机理论和量子计算理论的出现和快速发展，共同推动早在 20 世纪中叶就雏形初显的量子小波，先后分别以量子态小波和量子比特小波的形式获得系统的理论研究和量子线路实现研究。另外，在量子力学理论、量子计算机和量子计算理论基础上发展起来的量子比特小波理论和量子算法，是量子力学思想和小波思想的完美融合，从微观空间理论和微观计算理论的角度，充分展现了小波理论的伸缩、平移和局部化思想在描述刻画研究对象、分析表达研究对象和深刻认识研究对象各个方面的巨大作用。

本章后续部分研究量子比特小波、量子比特小波算子及其量子线路网络实现途径和方法。

5.2 量子计算与量子比特酉算子

在这里遵循量子计算机和量子比特计算理论研究量子比特酉算子的各种表达形式以及量子线路或者量子线路网络实现理论，为量子比特小波算子的有效表达和高效量子计算实现奠定一个基本的量子比特计算理论基础。

5.2.1 引言

因为量子力学要求量子计算机的运算是酉的，所以能够实现酉算子计算的快速量子算法理论和方法是非常重要的。本节将建立一种能够计算实现表达形式为通用克罗内克尔矩阵（算子）乘积的量子比特酉算子的量子计算程序，以便获得包括计算沃尔什 - 阿达玛变换和量子傅里叶变换等量子比特酉算子的量子计算网络，示范建立两个能够量子计算实现小波酉算子的量子计算网络，同时，研究非交换群傅里叶变换量子酉算子的量子计算方法。采用一种稍微宽松的注释说明,可以显著简化量子计算实现这些量子比特酉算子的分析过程和量子计算实现网络。最后为了量子计算实现亚循环群上的量子傅里叶酉算子,详细研究并建立能够高效量子计算实现这种量子比特酉算子的量子计算网络,作为这些计算方法和理论的应用,构建了能够快速实现量子纠错群上量子比特傅里叶酉算子的量子计算线路和网络。

有限傅里叶变换的量子计算实现(即量子傅里叶变换或者量子傅里叶算子)毫无疑问是迄今为止量子计算研究获得的最重要的酉变换。时至今日,它一直处于所有量子计算问题研究的核心位置。所有主要的量子算法,包括Shor的因子分解算法和Grover搜索算法,都把有限傅里叶变换的量子计算实现作为一个子程序。所有已知的互不相关的量子计算成果都建立在使用有限傅里叶变换的量子算法基础上。除此之外,量子纠错的基本概念完全建立在有限傅里叶变换量子计算实现的基础上。要想完全领悟和彻底理解此前量子计算研究领域取得的所有这些成果,量子傅里叶变换无疑是其中最重要的单个程序块。然而,这个看似简单的量子比特酉算子还远远没有得到充分的理解和最大限度的应用。

有限傅里叶变换通常不是指一个单一的变换,而是一个变换族。对于任意的正整数n以及任意的n维复向量空间V_n,可以定义一个有限傅里叶变换为F_n。

更一般地,给定r个正整数的序列$\{n_m;m=1,2,\cdots,r\}$和r个复数域上的向量空间$\{V_m;m=1,2,\cdots,r\}$,其中V_m是n_m维的,$m=1,2,\cdots,r$。在这r个线性空间产生的张量积空间$V_1\otimes\cdots\otimes V_r$上定义一个有限傅里叶变换,记为$F_{n_1}\otimes\cdots\otimes F_{n_r}$。

此前,已经获得量子傅里叶变换的一些定义,但是只知道其中极少数几个存在高效的量子计算网络。现在,对所有素因子小于$\log^c(n)$的整数n(这里c是某一个固定的常数),已经找到精确实现有限傅里叶变换算子F_n的高效量子线路网络。

任何有限傅里叶变换都可以用量子线路以任意精度进行有效逼近。此前研究建立的量子线路或者线路网络的共同特点是,这些量子比特酉算子都可以按照统一方式(比如量子逻辑门阵列)利用量子线路网络得到计算实现。

在这里将要研究的量子比特酉算子的计算理论和方法,不违背此前已经取得的量子计算理论成果和量子计算算法,从量子计算机和量子计算理论的角度来看,这代表了一种新的研究方向和发展趋势,而基本的研究对象是量子比特酉算子,它们可以被认为是量子比特形式的或经典意义下的特殊酉算子。按照这样的研究途径,寻找一个能够实现给定酉算子的有效量子算法问题就退化为把已知酉算子U分解成少数稀疏的酉算子,这样的稀疏酉算子应该是已知的而且是可高效量子计算实现的通用酉算子。比如,可以证明,实现量子傅里叶变换的量子网络容易由其经典形式的数学刻画推导获得。

本节的研究目标是建立分解酉算子和转换为有效量子计算线路或者线路网络的理论方法,用于寻找和构建能够量子计算实现任意已知酉算子U的量子线路或者线路网络。

可以证明,如果U可以被表示为一个广义的克罗内克尔(Kronecker)乘积(稍后给出定义),那么,只要给定能够实现该表达式中出现的每个因子酉算子的高效量子计算网络,就可以得到实现酉算子U的高效量子计算网络。广义克罗内克尔乘积能够表达一些新的变换或者算子,比如能够包含两类重要的正交小波变换或者正交小波算子,即哈尔小波算子和 Daubechies $D^{(4)}$ 小波算子,因此,可以设计实现这些量子比特小波算子的高效量子计算网络。

可以按照群论方法解释有限傅里叶变换,并据此建立有限傅里叶变换族与有限交换群之间的一一对应关系。为了进一步说明广义克罗内克尔乘积的作用,可以利用克罗内克尔乘积方法再次推演和建立单一交换群量子傅里叶变换。有限量子傅里叶变换可以推广到任意的有限非交换群,而且这里将给出一个特别的解释,这意味着可以由此建立一个实现这种非交换群傅里叶变换的量子计算网络。此外,利用一个不是十分严谨的解释,能够计算得到最多相差一个相位因子的量子傅里叶变换。在经典计算理论研究中,一个众所周知的事实是,把一个群上的有限傅里叶变换与其子群上的傅里叶变换联系起来的方法是非常有用的,可以证明,这个方法在量子计算理论研究中也是非常有用的,而且,借助于这个方法可以获得在量子计算机上计算实现四元素群傅里叶变换和一类亚循环群傅里叶变换的高效量子计算网络。

自从 Shor 证明利用一个简单的九位量子编码可以实现量子纠错以来,出现了几类新的量子编码方法,这些研究成果的一些典型实例中许多都是比较稳定的编码方法,它们都是某个非交换群 E_n 的子群。而利用广义克罗内克尔乘积能够得到量子计算实现这些非交换群傅里叶变换的高效量子计算线路和线路网络。此前已经出现了能够量子计算实现对称群有限傅里叶变换的量子计算网络。一个与此有关的颇具挑战性的开放性问题是,这些研究成果能否被用于构造解决图像同构问题的具有多项式复杂度的量子计算线路或者量子计算网络。

5.2.2 广义克罗内克尔乘积

说明 在这里使用的矩阵都是有限的;矩阵由粗体大写字母表示,矩阵元素由小写字母表示;矩阵的元素、行和列的指标都从零开始编号,$\boldsymbol{A}$ 的第(i,j) 个元素记为 a_{ij};如果一个方阵 $\boldsymbol{A}$ 是可逆的并且它的逆等于它的复共轭转置 $\boldsymbol{A}^*$,那么该方阵为酉矩阵;酉矩阵符号单个整数形式的下标表示矩阵的维数,例如,$\boldsymbol{I}_q$ 表示 $q \times q$ 单位矩阵;$\boldsymbol{A}$ 的转置记为 $\boldsymbol{A}^{\mathrm{T}}$;数 c 的复共轭表示为 $\bar{c}$。

1. 矩阵克罗内克尔乘积

矩阵克罗内克尔乘积:令 $\boldsymbol{A}$ 是一个 $p \times q$ 矩阵,$\boldsymbol{C}$ 是一个 $k \times l$ 矩阵,$\boldsymbol{A}$ 和 $\boldsymbol{C}$ 的左、右克罗内克尔乘积均是 $pk \times ql$ 矩阵,定义为

$$\boldsymbol{A} \otimes_{\mathrm{L}} \boldsymbol{C} = \begin{pmatrix} \boldsymbol{A}c_{00} & \cdots & \boldsymbol{A}c_{0,l-1} \\ \vdots & & \vdots \\ \boldsymbol{A}c_{k-1,0} & \cdots & \boldsymbol{A}c_{k-1,l-1} \end{pmatrix}, \quad \boldsymbol{A} \otimes_{\mathrm{R}} \boldsymbol{C} = \begin{pmatrix} a_{00}\boldsymbol{C} & \cdots & a_{0,q-1}\boldsymbol{C} \\ \vdots & & \vdots \\ a_{p-1,0}\boldsymbol{C} & \cdots & a_{p-1,q-1}\boldsymbol{C} \end{pmatrix}$$

其中,$\boldsymbol{A} \otimes_{\mathrm{L}} \boldsymbol{C}$ 表示左克罗内克尔乘积;$\boldsymbol{A} \otimes_{\mathrm{R}} \boldsymbol{C}$ 表示右克罗内克尔乘积。当一些性质同时满足这两个定义时,使用符号 $\boldsymbol{A} \otimes \boldsymbol{C}$。注意,矩阵的克罗内克尔乘积是一个双矩阵算子,它与张量积是不同的,后者是代数结构类似模块的双算子。克罗内克尔矩阵乘积理论存在多种不同的推广方式,为便于酉算子的分解和高效量子计算实现提供酉算子的表达方法,在这里遵循 Fino(1977 年)的方法和途径将克罗内克尔矩阵乘积推广到矩阵序列的克

罗内克尔乘积。

2. 矩阵序列克罗内克尔乘积

矩阵序列右克罗内克尔乘积：给定两个矩阵序列，一个是由 k 个 $p\times q$ 矩阵组成的 k - 矩阵组 $\mathcal{A}=(\boldsymbol{A}^{(\zeta)})_{\zeta=0}^{k-1}$，另一个是由 q 个 $k\times l$ 矩阵组成的 q - 矩阵组 $\mathcal{C}=(\boldsymbol{C}^{(\xi)})_{\xi=0}^{q-1}$，广义右克罗内克尔乘积或者矩阵序列右克罗内克尔乘积是 $pk\times ql$ 矩阵 $\boldsymbol{D}=\mathcal{A}\otimes_{\mathrm{R}}\mathcal{C}=(d_{ij})_{pk\times ql}$，其中矩阵元素可以表示为

$$d_{ij}=d_{uk+v,xl+y}=a_{ux}^{v}c_{vy}^{x}$$

并且 $0\leqslant u<p,0\leqslant v<k,0\leqslant x<q,0\leqslant y<l$。

显然广义右克罗内克尔乘积可从标准右克罗内克尔乘积得到。对于矩阵右克罗内克尔乘积中的每个子矩阵 $a_{ux}\boldsymbol{C}$，利用如下 $k\times l$ 子矩阵代替它即可：

$$\begin{pmatrix} a_{ux}^{0}c_{00}^{x} & \cdots & a_{ux}^{0}c_{0,l-1}^{x} \\ \vdots & & \vdots \\ a_{ux}^{k-1}c_{k-1,0}^{x} & \cdots & a_{ux}^{k-1}c_{k-1,l-1}^{x} \end{pmatrix}$$

类似地，广义左克罗内克尔乘积或者矩阵序列左克罗内克尔乘积是 $pk\times ql$ 矩阵 $\boldsymbol{D}=\mathcal{A}\otimes_{\mathrm{L}}\mathcal{C}$，其中第 (i,j) 元素为

$$d_{ij}=d_{up+v,xq+y}=a_{vy}^{u}c_{ux}^{y}$$

并且 $0\leqslant u<k,0\leqslant v<p,0\leqslant x<l,0\leqslant y<q$。

至于标准的克罗内克尔乘积，令 $\boldsymbol{D}=\mathcal{A}\otimes\mathcal{C}$ 表示这两个定义中的任何一个。如果矩阵 $\boldsymbol{A}^{(m)}=\boldsymbol{A}$ 都是相同的，同样 $\boldsymbol{C}^{(m)}=\boldsymbol{C}$，那么，广义（左右）克罗内克尔乘积 $\mathcal{A}\otimes\mathcal{C}$ 退化为标准克罗内克尔乘积 $\boldsymbol{A}\otimes\boldsymbol{C}$。

此外，$\mathcal{A}\otimes\mathcal{C}$ 表示一个由 k 个 $p\times q$ 矩阵组成的 k - 矩阵组 $\mathcal{A}=(\boldsymbol{A}^{(\zeta)})_{\zeta=0}^{k-1}$ 与另一个由 q 个满足 $\boldsymbol{C}^{(\xi)}=\boldsymbol{C},\xi=0,1,\cdots,q-1$ 的 $k\times l$ 矩阵组成的 q - 矩阵组 $\mathcal{C}=(\boldsymbol{C}^{(\xi)})_{\xi=0}^{q-1}$ 所定义的广义克罗内克尔乘积。类似地，也可以定义 $\boldsymbol{A}\otimes\boldsymbol{C}$。

假设 $\mathcal{A}=(\boldsymbol{A}^{(\zeta)})_{\zeta=0}^{k-1}=(\boldsymbol{A}^{(0)},\boldsymbol{A}^{(1)})$，而且 $\mathcal{C}=(\boldsymbol{C}^{(\xi)})_{\xi=0}^{q-1}=(\boldsymbol{C}^{(0)})$，其中

$$\boldsymbol{A}^{(0)}=\begin{pmatrix}1 & 1\\ 1 & -1\end{pmatrix},\quad \boldsymbol{A}^{(1)}=\begin{pmatrix}1 & 0\\ 0 & 1\end{pmatrix},\quad \boldsymbol{C}^{(0)}=\begin{pmatrix}1 & 1\\ 1 & -1\end{pmatrix}$$

那么，按照矩阵右克罗内克尔乘积定义可得如下数值演算结果：

$$\begin{aligned}\boldsymbol{D}_{\mathrm{R}}&=\mathcal{A}\otimes_{\mathrm{R}}\mathcal{C}=(\boldsymbol{A}^{(\zeta)})_{\zeta=0}^{k-1}\otimes_{\mathrm{R}}(\boldsymbol{C}^{(\xi)})_{\xi=0}^{q-1}=(\boldsymbol{A}^{(0)},\boldsymbol{A}^{(1)})\otimes_{\mathrm{R}}(\boldsymbol{C}^{(0)})\\ &=\left(\begin{pmatrix}1 & 1\\ 1 & -1\end{pmatrix},\begin{pmatrix}1 & 0\\ 0 & 1\end{pmatrix}\right)\otimes_{\mathrm{R}}\begin{pmatrix}1 & 1\\ 1 & -1\end{pmatrix}\\ &=\left(\begin{array}{cc:cc}1\times1 & 1\times1 & 1\times1 & 1\times1\\ 1\times1 & 1\times(-1) & 0\times1 & 0\times(-1)\\ \hdashline 1\times1 & 1\times1 & (-1)\times1 & (-1)\times1\\ 0\times1 & 0\times(-1) & 1\times1 & 1\times(-1)\end{array}\right)\end{aligned}$$

具体数值计算结果是

$$\boldsymbol{D}_{\mathrm{R}}=\begin{pmatrix}1&1&1&1\\1&-1&0&0\\1&1&-1&-1\\0&0&1&-1\end{pmatrix}$$

另外,按照矩阵序列左克罗内克尔乘积定义,可得

$$\boldsymbol{D}_{\mathrm{L}}=\mathcal{A}\otimes_{\mathrm{L}}\mathcal{C}=(\boldsymbol{A}^{(\zeta)})_{\zeta=0}^{k-1}\otimes_{\mathrm{L}}(\boldsymbol{C}^{(\xi)})_{\xi=0}^{q-1}=(\boldsymbol{A}^{(0)},\boldsymbol{A}^{(1)})\otimes_{\mathrm{L}}(\boldsymbol{C}^{(0)})$$

$$=\left(\begin{pmatrix}1&1\\1&-1\end{pmatrix},\begin{pmatrix}1&0\\0&1\end{pmatrix}\right)\otimes_{\mathrm{L}}\begin{pmatrix}1&1\\1&-1\end{pmatrix}$$

$$=\left(\begin{array}{cc:cc}1\times1&1\times1&1\times1&1\times1\\1\times1&(-1)\times1&1\times1&(-1)\times1\\\hdashline 1\times1&0\times1&1\times(-1)&0\times(-1)\\0\times1&1\times1&0\times(-1)&1\times(-1)\end{array}\right)$$

具体数值计算结果是

$$\boldsymbol{D}_{\mathrm{L}}=\begin{pmatrix}1&1&1&1\\1&-1&1&-1\\1&0&-1&0\\0&1&0&-1\end{pmatrix}$$

上述演算结果直观说明$(\boldsymbol{A}^{(\zeta)})_{\zeta=0}^{k-1}\otimes_{\mathrm{R}}(\boldsymbol{C}^{(\xi)})_{\xi=0}^{q-1}$与$(\boldsymbol{A}^{(\zeta)})_{\zeta=0}^{k-1}\otimes_{\mathrm{L}}(\boldsymbol{C}^{(\xi)})_{\xi=0}^{q-1}$这两种广义克罗内克尔乘积之间的差异,在一般情况下,两者并不相等,即

$$(\boldsymbol{A}^{(\zeta)})_{\zeta=0}^{k-1}\otimes_{\mathrm{R}}(\boldsymbol{C}^{(\xi)})_{\xi=0}^{q-1}\neq(\boldsymbol{A}^{(\zeta)})_{\zeta=0}^{k-1}\otimes_{\mathrm{L}}(\boldsymbol{C}^{(\xi)})_{\xi=0}^{q-1}$$

3. 完美交叠置换矩阵

为了分析广义克罗内克尔乘积,需要使用$2^n\times2^n$完美交叠置换矩阵$\boldsymbol{\Pi}_{2^n}$。

完美交叠置换矩阵$\boldsymbol{\Pi}_{2^n}$的经典描述可以通过它对给定向量的影响而获得。如果$\boldsymbol{Z}$是一个2^n-维列向量,将$\boldsymbol{Z}$上下对分,并将上半部分和下半部分的元素逐个相间排列产生向量$\boldsymbol{Y}=\boldsymbol{\Pi}_{2^n}\boldsymbol{Z}$。

如果按矩阵元素进行描述,$\boldsymbol{\Pi}_{2^n}=(\boldsymbol{\Pi}_{ij})_{i,j=0,1,\cdots,2^n-1}$,其中记号$\boldsymbol{\Pi}_{ij}$表示矩阵$\boldsymbol{\Pi}_{2^n}$的全部元素,$i,j=0,1,\cdots,2^n-1$,那么,矩阵元素的详细定义是

$$\boldsymbol{\Pi}_{ij}=\begin{cases}1, & j=0.5i,2\mid i;j=0.5(i-1)+2^{n-1},2\mid(i-1)\\0, & \text{其他}\end{cases}$$

按分块矩阵的方式,将$\boldsymbol{\Pi}_{2^n}$分块为左右两个子矩阵,即$\boldsymbol{\Pi}_{2^n}=(\boldsymbol{\Pi}^{(0)}\mid\boldsymbol{\Pi}^{(1)})$,其中$\boldsymbol{\Pi}^{(0)}$、$\boldsymbol{\Pi}^{(1)}$都是$2^n\times2^{n-1}$矩阵。假如$\boldsymbol{\Pi}^{(0)}$的行编号是$i=0,1,\cdots,2^n-1$,那么,它的第$i=1,3,\cdots,2^n-1$行共$2^{n-1}$个行向量都是0向量,即这些行的元素全都是0;而它的第$i=0,2,\cdots,2^n-2$行,共2^{n-1}个行向量,每个行向量唯一的非0元素都是1,而且,这个非0元素所在的列序号正好是其行编号的一半,即在第i行,其中$i=0,2,\cdots,2^n-2$,只有第$0.5i$列位置上的元素等于1,其余各位置上的元素都是0。更直观的说法是,分块矩阵

$\boldsymbol{\Pi}^{(0)}$ 是 $2^n \times 2^{n-1}$ 矩阵,完全由它的第 $j=0$ 列向量 $\boldsymbol{e}_0=(1,0,\cdots,0)^{\mathrm{T}}$(即只有第 0 个元素等于 1 其他元素都是 0 的 2^n 维向量)生成,这个列向量向右移动一列,其各行元素向下移动两行,原来最后的两行全 0 元素转移到新的列向量的首位两行,比如第 $j=1$ 列向量 $\boldsymbol{e}_2=(0,0,1,0,\cdots,0)^{\mathrm{T}}$,而最后一列即第 $j=2^{n-1}-1$ 列向量 $\boldsymbol{e}_{2(2^{n-1}-1)}=\boldsymbol{e}_{2^n-2}=(0,\cdots,0,1,0)^{\mathrm{T}}$。这样,可以按照列向量的方式简洁表示分块矩阵 $\boldsymbol{\Pi}^{(0)}$。

按同样方式可以生成 $2^n \times 2^{n-1}$ 的分块矩阵 $\boldsymbol{\Pi}^{(1)}$,$\tilde{\boldsymbol{e}}_0=(0,1,0,\cdots,0)^{\mathrm{T}}$,即只有第 1 个元素等于 1 其他元素都是 0 的 2^n 维向量,作为生成单元构成 $\boldsymbol{\Pi}^{(1)}$ 的第 $j=0$ 列向量。按列方式示意如下:

$$\boldsymbol{\Pi}^{(0)}=\begin{pmatrix}1&0&\cdots&0\\0&0&\cdots&0\\0&1&\cdots&0\\0&0&\cdots&0\\\vdots&\vdots&&\vdots\\0&0&\cdots&1\\0&0&\cdots&0\end{pmatrix}_{2^n\times 2^{n-1}},\quad \boldsymbol{\Pi}^{(1)}=\begin{pmatrix}0&0&\cdots&0\\1&0&\cdots&0\\0&0&\cdots&0\\0&1&\cdots&0\\\vdots&\vdots&&\vdots\\0&0&\cdots&0\\0&0&\cdots&1\end{pmatrix}_{2^n\times 2^{n-1}}$$

此外,也可以按行方式用 $\boldsymbol{\Pi}^{(0)}$ 说明 $\boldsymbol{\Pi}^{(1)}$:将 $\boldsymbol{\Pi}^{(0)}$ 的第 $i=0,1,\cdots,2^n-2$ 行依次下移一行构成 $\boldsymbol{\Pi}^{(1)}$ 的第 $i=1,\cdots,2^n-1$ 行,而 $\boldsymbol{\Pi}^{(0)}$ 的最后一行(其每个元素都是0),即第(2^n-1)行的 0 行向量,构成 $\boldsymbol{\Pi}^{(1)}$ 的首行,即第 $i=0$ 行。

利用 $2^n \times 2^n$ 循环下移置换矩阵 $\boldsymbol{\Theta}_{2^n}$,有

$$\boldsymbol{\Theta}_{2^n}=\begin{pmatrix}0&\cdots&0&1\\1&\cdots&0&0\\\vdots&&\vdots&\vdots\\0&\cdots&1&0\end{pmatrix}_{2^n\times 2^n}$$

可以将 $\boldsymbol{\Pi}^{(1)}$ 和 $\boldsymbol{\Pi}^{(0)}$ 的关系表示如下:

$$\boldsymbol{\Pi}^{(1)}=\boldsymbol{\Theta}_{2^n}\boldsymbol{\Pi}^{(0)}$$

这样,完美交叠算子 $\boldsymbol{\Pi}_{2^n}$ 的分块矩阵表示可以详细写为

$$\boldsymbol{\Pi}_{2^n}=(\boldsymbol{\Pi}^{(0)}\mid\boldsymbol{\Pi}^{(1)})=\left(\begin{array}{cccc|cccc}1&0&\cdots&0&0&0&\cdots&0\\0&0&\cdots&0&1&0&\cdots&0\\0&1&\cdots&0&0&0&\cdots&0\\0&0&\cdots&0&0&1&\cdots&0\\\vdots&\vdots&&\vdots&\vdots&\vdots&&\vdots\\0&0&\cdots&1&0&0&\cdots&0\\0&0&\cdots&0&0&0&\cdots&1\end{array}\right)_{2^n\times 2^n}$$

从而,列向量完美交叠置换线性变换关系 $\boldsymbol{Y}=\boldsymbol{\Pi}_{2^n}\boldsymbol{Z}$ 可以表示为

$$
\boldsymbol{Y}=\begin{pmatrix} y_0\\ y_1\\ y_2\\ y_3\\ \vdots\\ y_{2^n-2}\\ y_{2^n-1}\end{pmatrix}=\left(\begin{array}{cccccc|cccccc}
1&0&0&\cdots&0&0&0&0&0&\cdots&0&0\\
0&0&0&\cdots&0&0&1&0&0&\cdots&0&0\\
0&1&0&\cdots&0&0&0&0&0&\cdots&0&0\\
0&0&0&\cdots&0&0&0&1&0&\cdots&0&0\\
\vdots&\vdots&\vdots&&\vdots&\vdots&\vdots&\vdots&\vdots&&\vdots&\vdots\\
0&0&0&\cdots&0&1&0&0&0&\cdots&0&0\\
0&0&0&\cdots&0&0&0&0&0&\cdots&0&1
\end{array}\right)\begin{pmatrix} z_0\\ z_1\\ z_2\\ z_3\\ \vdots\\ z_{2^n-2}\\ z_{2^n-1}\end{pmatrix}=\begin{pmatrix} z_0\\ z_{2^{n-1}}\\ z_1\\ z_{2^{n-1}+1}\\ \vdots\\ z_{2^{n-1}-1}\\ z_{2^n-1}\end{pmatrix}
$$

另外,完美交叠算子 $\boldsymbol{\Pi}_{2^n}$ 的量子比特描述十分简单,具体可以表示为

$$\boldsymbol{\Pi}_{2^n}: |a_{n-1}a_{n-2}\cdots a_1a_0\rangle \mapsto |a_0a_{n-1}a_{n-2}\cdots a_1\rangle$$

即在量子计算机中,$\boldsymbol{\Pi}_{2^n}$ 就是 n 量子比特移位算子,体现为右移位。$\boldsymbol{\Pi}_{2^n}^{\mathrm{T}}$(T 表示转置)实现比特左移位操作,即 $\boldsymbol{\Pi}_{2^n}^{\mathrm{T}}: |a_{n-1}a_{n-2}\cdots a_1a_0\rangle \mapsto |a_{n-2}\cdots a_1a_0a_{n-1}\rangle$。

4. 广义克罗内克尔乘积的性质

在广义克罗内克尔矩阵乘积讨论过程中,需要使用形式为$(mn\times mn)$的完美交叠置换矩阵,记为 $\boldsymbol{\Pi}_{mn}$,是 $\boldsymbol{\Pi}_{(m,n)}$ 的简略表达式,定义为

$$\pi_{rs}=\pi_{dn+e,d'm+e'}=\delta_{de'}\delta_{d'e}$$

式中,$0\leqslant d,e'<m,0\leqslant d',e<n$;$\delta_{xy}$ 表示克罗内克尔 δ - 函数,即如果 $x\neq y$,则 $\delta_{xy}=0$,否则,$\delta_{xy}=1$。显然 $\boldsymbol{\Pi}_{mn}$ 是酉矩阵而且满足 $\boldsymbol{\Pi}_{mn}^{-1}=\boldsymbol{\Pi}_{mn}^{\mathrm{T}}=\boldsymbol{\Pi}_{nm}$。

给定两个矩阵列,由$(p\times r)$矩阵组成的 k - 元组$\mathcal{A}=(\boldsymbol{A}^{(\xi)})_{\xi=0}^{k-1}$ 和由$(r\times q)$矩阵组成的 k - 元组$\mathcal{C}=(\boldsymbol{C}^{(\xi)})_{\xi=0}^{k-1}$,令$\mathcal{B}=\mathcal{AC}$表示 k - 元组,其中第 ξ 个元素是$(p\times q)$矩阵 $\boldsymbol{B}^{(\xi)}=\boldsymbol{A}^{(\xi)}\boldsymbol{C}^{(\xi)}$,$0\leqslant\xi<k$,可以集中表示为

$$\mathcal{B}=\mathcal{AC}=(\boldsymbol{B}^{(\xi)})_{\xi=0}^{k-1}=(\boldsymbol{A}^{(\xi)}\boldsymbol{C}^{(\xi)})_{\xi=0}^{k-1}$$

为了简单起见,在不至于引起误解的情况下,克罗内克尔乘积有时被简称为克式乘积,相应地,广义克罗内克尔乘积称为广义克式乘积。

对任意矩阵 k - 元组$\mathcal{A}$,令 $\mathrm{Diag}(\mathcal{A})$ 表示矩阵 $\boldsymbol{A}^{(0)},\cdots,\boldsymbol{A}^{(k-1)}$ 的直和 $\bigoplus_{l=0}^{k-1}\boldsymbol{A}^{(\xi)}$。容易验证,广义克式乘积满足以下重要的对角化定理。

定理 5.1(广义克式乘积对角化定理) 令$\mathcal{A}=(\boldsymbol{A}^{(\xi)})_{\xi=0}^{k-1}$ 是由$(p\times q)$矩阵组成的 k - 元组,$\mathcal{C}=(\boldsymbol{C}^{(\xi)})_{\xi=0}^{q-1}$ 是由$(k\times l)$矩阵组成的 q - 元组,那么

$$\mathcal{A}\otimes_{\mathrm{R}}\mathcal{C}=(\boldsymbol{\Pi}_{pk}\mathrm{Diag}(\mathcal{A})\boldsymbol{\Pi}_{kq})\times\mathrm{Diag}(\mathcal{C})$$
$$\mathcal{A}\otimes_{\mathrm{L}}\mathcal{C}=\mathrm{Diag}(\mathcal{A})\times(\boldsymbol{\Pi}_{kq}\mathrm{Diag}(\mathcal{C})\boldsymbol{\Pi}_{ql})$$

利用广义克式乘积对角化定理可以得到如下重要推论:

推论 5.1 令$\mathcal{A}=(\boldsymbol{A}^{(\xi)})_{\xi=0}^{k-1}$ 是由$(p\times q)$矩阵组成的 k - 元组,$\mathcal{C}=(\boldsymbol{C}^{(\xi)})_{\xi=0}^{q-1}$ 是由$(k\times l)$矩阵组成的 q - 元组,那么

$$\mathcal{A}\otimes_{\mathrm{R}}\mathcal{C}=\boldsymbol{\Pi}_{pk}(\mathcal{A}\otimes_{\mathrm{L}}\mathcal{C})\boldsymbol{\Pi}_{lq}$$
$$\mathcal{A}\otimes_{\mathrm{L}}\mathcal{C}=\boldsymbol{\Pi}_{kp}(\mathcal{A}\otimes_{\mathrm{R}}\mathcal{C})\boldsymbol{\Pi}_{ql}$$

如果$\mathcal{A}=(\boldsymbol{A}^{(\xi)})_{\xi=0}^{k-1}$ 表示可逆矩阵的任意 k - 元组,令$\mathcal{A}^{-1}$表示一个矩阵的 k - 元组,其

中第 ξ 个矩阵等于 $\boldsymbol{A}^{(\xi)}$ 的逆 $(\boldsymbol{A}^{(\xi)})^{-1}$，$0 \leqslant \xi < k$。利用这些记号，广义克式乘积对角化定理还有如下形式的非常有用的推论：

推论 5.2　令 $\mathcal{A}$，$\mathcal{C}$ 是 $(n \times n)$ 矩阵的 m - 元组，$\mathcal{D}$，$\boldsymbol{\varepsilon}$ 是 $(m \times m)$ 矩阵的 n - 元组，那么，成立如下演算关系：

$$(\mathcal{AC}) \otimes (\mathcal{D}\boldsymbol{\varepsilon}) = (\mathcal{A} \otimes \boldsymbol{I}_m) \times (\mathcal{C} \otimes \mathcal{D}) \times (\boldsymbol{I}_n \otimes \boldsymbol{\varepsilon})$$

而且，如果 m - 元组 $\mathcal{A}$ 和 $\mathcal{C}$ 中的矩阵都是可逆的，那么

$$(\mathcal{A} \otimes_{\mathrm{R}} \mathcal{C})^{-1} = \boldsymbol{\Pi}_{nm}(\mathcal{C}^{-1} \otimes_{\mathrm{R}} \mathcal{A}^{-1})\boldsymbol{\Pi}_{mn} = \mathcal{C}^{-1} \otimes_{\mathrm{L}} \mathcal{A}^{-1}$$

$$(\mathcal{A} \otimes_{\mathrm{L}} \mathcal{C})^{-1} = \boldsymbol{\Pi}_{mn}(\mathcal{C}^{-1} \otimes_{\mathrm{L}} \mathcal{A}^{-1})\boldsymbol{\Pi}_{nm} = \mathcal{C}^{-1} \otimes_{\mathrm{R}} \mathcal{A}^{-1}$$

最后，如果 m - 元组 $\mathcal{A}$ 和 $\mathcal{C}$ 中的矩阵都是酉矩阵，那么，$\mathcal{A} \otimes \mathcal{C}$ 也是酉矩阵。

5.2.3　广义克式乘积的量子计算

本小节将研究能够高效计算任何给定广义克罗内克尔矩阵乘积的量子计算线路和量子计算网络的构造方法，建立高效实现酉算子或者酉矩阵量子计算的量子线路和量子网络，最后详细给出实现量子比特哈尔小波算子和 Daubechies $D^{(4)}$ 小波算子高效量子计算的量子线路和量子网络。

1. 酉算子的量子分解

在量子计算的量子门阵列模型基础上，建立广义克式乘积算子的量子因子分解和量子计算实现方法。

按照量子计算理论研究的惯例，令算子 $\tau: |u,v\rangle \mapsto |u, v \oplus u\rangle$ 表示 2 - 比特异或运算，U 表示所有 1 - 比特酉运算构成的集合。这样，一个基本运算意味着一个 U 运算或一个 τ 运算。任何有限的量子网络可以以任意精度被实现基本运算的量子门组成的量子网络 Q 近似，从这个意义上说，量子网络中的基本运算集合具有通用性和基本功能模块的意义。这里罗列几个最常使用的 1 - 比特酉算子或者酉运算，即

$$\boldsymbol{X} = \begin{pmatrix} 0 & 1 \\ 1 & 0 \end{pmatrix}, \quad \boldsymbol{Y} = \begin{pmatrix} 0 & -1 \\ 1 & 0 \end{pmatrix}, \quad \boldsymbol{Z} = \begin{pmatrix} 1 & 0 \\ 0 & -1 \end{pmatrix}, \quad \boldsymbol{W} = \frac{1}{\sqrt{2}}\begin{pmatrix} 1 & 1 \\ 1 & -1 \end{pmatrix}$$

给定一个酉矩阵 $\boldsymbol{C}$，当且仅当第 j 个寄存器等于 x 时，令 $\Lambda((j,x),(k,\boldsymbol{C}))$ 表示把 $\boldsymbol{C}$ 作用在第 k 个寄存器的量子变换，这类量子变换有时被称为受控量子变换或者条件量子变换。

给定酉矩阵序列或者酉矩阵的 n - 元组 $\mathcal{C} = (\boldsymbol{C}^{(\xi)})_{\xi=0}^{n-1}$。令 $\Lambda((j,\xi),(k,\boldsymbol{C}^{(\xi)}))_{\xi=0}^{n-1}$ 表示受控量子变换序列 $\Lambda((j,n-1),(k,\boldsymbol{C}^{(n-1)})),\cdots,\Lambda((j,0),(k,\boldsymbol{C}^{(0)}))$。

给定一个 k 次单位根 ω，即 $\omega^k = 1$，$\boldsymbol{\Phi}(\omega)$ 表示酉算子 $|u\rangle|v\rangle \mapsto \omega^{uv}|u\rangle|v\rangle$。如果第一个寄存器从 Z_n 中得到一个值，第二个寄存器从 Z_m 中得到一个值，那么，酉算子 $\boldsymbol{\Phi}(\omega) = \boldsymbol{\Phi}_{(n,m)}(\omega)$ 的量子计算实现最多需要 $\boldsymbol{\Theta}(\lceil \log n \rceil \lceil \log m \rceil)$ 个基本运算或者量子门构成的量子计算网络。

对于每一个自然数 $m > 1$，将量子酉算子 $|k\rangle|0\rangle \mapsto |k \operatorname{div} m\rangle|k \bmod m\rangle$ 用符号 $\mathfrak{S}_m$ 表示，将量子比特交换酉算子 $|u\rangle|v\rangle \mapsto |v\rangle|u\rangle$ 使用符号 $\mathfrak{S}$ 表示。那么，可以按照如下

方式利用$\mathscr{S}_m$及其逆算子$\mathscr{S}_m^{-1}$，以及算子$\mathscr{P}$实现完美交叠算子$\boldsymbol{\Pi}_{mn}$的量子计算：

$$\boldsymbol{\Pi}_{mn} \equiv \mathscr{S}_n^{-1}\mathscr{P}\mathscr{S}_m$$

2. 广义克式乘积量子分解

令$\mathcal{C}$是$(m\times m)$酉矩阵的一个n－元组或者矩阵序列$\mathcal{C}=(\boldsymbol{C}^{(\xi)})_{\xi=0}^{n-1}$，那么容易证明，利用$\mathscr{S}_m$及其逆算子$\mathscr{S}_m^{-1}$，以及受控量子变换序列可得

$$\Lambda((1,\xi),(2,\boldsymbol{C}^{(\xi)}))_{\xi=0}^{n-1}=\Lambda((1,n-1),(2,\boldsymbol{C}^{(n-1)})),\cdots,\Lambda((1,0),(2,\boldsymbol{C}^{(0)}))$$

按照如下方式可以实现量子直和$\mathrm{Diag}(\mathcal{C})=\bigoplus_{\xi=0}^{n-1}\boldsymbol{C}^{(\xi)}$：

$$\mathrm{Diag}(\mathcal{C})\equiv\mathscr{S}_m^{-1}\Lambda((1,\xi),(2,\boldsymbol{C}^{(\xi)}))_{\xi=0}^{n-1}\mathscr{S}_m$$

一般地，实现量子直和$\mathrm{Diag}(\mathcal{C})=\bigoplus_{\xi=0}^{n-1}\boldsymbol{C}^{(\xi)}$的量子计算时间开销正比于量子计算每个条件$\boldsymbol{C}^{(\xi)}$量子变换或者受控$\boldsymbol{C}^{(\xi)}$量子变换的时间消耗总和。将量子并行计算方法引入之后，可以显著降低量子直和$\mathrm{Diag}(\mathcal{C})=\bigoplus_{\xi=0}^{n-1}\boldsymbol{C}^{(\xi)}$的量子计算时间总开销。

令$\mathcal{A}$是$(n\times n)$酉矩阵的一个m－元组$\mathcal{A}=(\boldsymbol{A}^{(\xi)})_{\xi=0}^{m-1}$，$\mathcal{C}$是$(m\times m)$酉矩阵的一个$n$－元组$\mathcal{C}=(\boldsymbol{C}^{(\xi)})_{\xi=0}^{n-1}$，利用对角化方法可以得到广义克式乘积被分解为量子直和算子和量子完美交叠算子乘积的分解表达式为

$$\mathcal{A}\otimes_{\mathrm{R}}\mathcal{C}\equiv\mathscr{S}_m^{-1}\Lambda((2,\xi),(1,\mathcal{A}^{(\xi)}))_{\xi=0}^{m-1}\Lambda((1,\xi),(2,\mathcal{C}^{(\xi)}))_{\xi=0}^{n-1}\mathscr{S}_m$$

$$\mathcal{A}\otimes_{\mathrm{L}}\mathcal{C}\equiv\mathscr{S}_n^{-1}\Lambda((1,\xi),(2,\mathcal{A}^{(\xi)}))_{\xi=0}^{m-1}\Lambda((2,\xi),(1,\mathcal{C}^{(\xi)}))_{\xi=0}^{n-1}\mathscr{S}_n$$

显然，它们都可以用两个量子的直和算子和两个量子的完美交叠算子最后量子计算实现。比如，广义右克式乘积的量子计算实现可分为以下四个步骤：

第一步，应用量子酉算子$\mathscr{S}_m$；

第二步，对第二个寄存器应用受控量子酉算子序列$\mathcal{C}=(\boldsymbol{C}^{(\xi)})_{\xi=0}^{n-1}$；

第三步，对第一个寄存器应用受控量子酉算子序列$\mathcal{A}=(\boldsymbol{A}^{(\xi)})_{\xi=0}^{m-1}$；

第四步，即最后一步，应用量子酉算子$\mathscr{S}_m^{-1}$。

类似可以得到广义左克式乘积的量子计算实现步骤。

例　假设$\mathcal{A}=(\boldsymbol{A}^{(\xi)})_{\xi=0}^{3}$是由4个$2\times2$矩阵构成的矩阵序列或者4－元组，而且，$\mathcal{C}=(\boldsymbol{C}^{(\xi)})_{\xi=0}^{1}$是由2个$4\times4$矩阵构成的矩阵序列或者2－元组，那么，广义右克式矩阵乘积$\mathcal{A}\otimes_{\mathrm{R}}\mathcal{C}$可以利用如图5.1所示的量子计算网络实现量子计算。

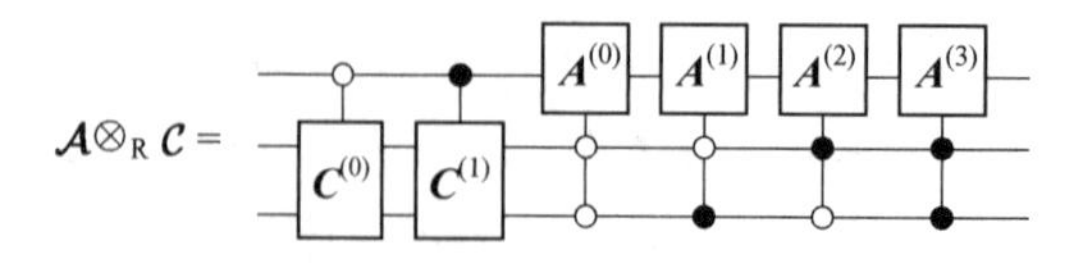

图5.1　广义右克式矩阵乘积的量子计算实现网络

在图5.1中，实心黑点和空心圆圈分别表示受控比特，如果实心黑点的数值为1，且空心圆圈的数值为0，那么，实施相应的量子算子，否则实施单位算子。

3. 量子比特小波的量子分解

酉算子对角化方法提供了一种通用的途径，借此方法之便能够快速发现并构建通过

量子计算实现高阶和超高阶酉矩阵(算子)的量子门阵列和量子计算网络。这样,如果利用广义克式乘积能够把任意阶酉矩阵$\mathcal{U}$分解成一些低阶的实现简单基本运算的酉算子的矩阵乘积,而且,这些简单的实现基本运算的酉算子存在高效量子计算门阵列或者高效量子计算网络,那么,借助上述方法就能够得到高效计算这个任意阶酉矩阵$\mathcal{U}$的量子计算门阵列或者量子计算网络。

在这里示范性给出利用这种方法建立高效量子计算实现两个量子比特小波算子的例子。

例　量子比特哈尔小波算子的量子计算网络。利用广义克式乘积方法将量子比特哈尔算子 $\boldsymbol{H}_{2^n}$ 按照量子比特位数 n 递归模式定义如下:

$$\boldsymbol{H}_{2^{n+1}} = \boldsymbol{\Pi}_{2,2^n} \times ((\boldsymbol{H}_{2^n},\boldsymbol{I}_{2^n}) \otimes_{\mathrm{R}} \boldsymbol{W}),\quad n = 1,2,\cdots$$

其中,初始状态是 2×2 的量子比特哈尔小波算子 $\boldsymbol{H}_2 = \boldsymbol{W}$。

利用前述已经建立的广义右克式矩阵乘积算子$\mathcal{A}\otimes_{\mathrm{R}}\mathcal{C}$的分解表达式:

$$\mathcal{A}\otimes_{\mathrm{R}}\mathcal{C} \equiv \mathfrak{S}_m^{-1}\Lambda((2,\xi),(1,\boldsymbol{A}^{(\xi)}))_{\xi=0}^{m-1}\Lambda((1,\xi),(2,\boldsymbol{C}^{(\xi)}))_{\xi=0}^{n-1}\mathfrak{S}_m$$

能够直接获得高效量子计算实现量子比特哈尔小波酉算子的量子计算门阵列和量子计算网络。

首先,定义一个能够高效量子计算实现的量子比特移位酉算子 $\boldsymbol{S}_{2^{n+1}}$,有

$$\boldsymbol{S}_{2^{n+1}}: |b_n\cdots b_1 b_0\rangle \longmapsto |b_0 b_n\cdots b_1\rangle$$

这是一个 $2^{n+1} \times 2^{n+1}$ 的酉矩阵或者$(n+1)$量子比特的量子酉算子。更重要的是,利用这个量子酉算子可以高效实现量子比特哈尔小波酉算子递归表达式中出现的量子酉算子 $\boldsymbol{H}_{2^{n+1}}$。

其次,以 $n = 3$ 为例,示范建立能够高效量子计算实现量子比特哈尔小波酉算子的量子门阵列和量子计算线路,量子比特哈尔小波的量子计算实现线路网络如图 5.2 所示。图中出现的量子计算基本酉算子应该是适当量子比特的量子酉算子。

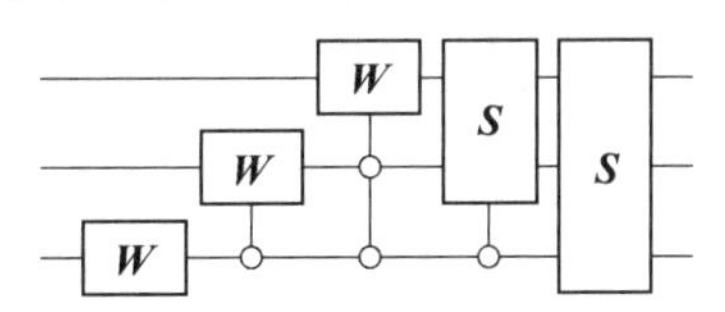

图 5.2　量子比特哈尔小波的量子计算实现线路网络

最后,利用广义克式矩阵乘积方法的如下性质:

$$(\mathcal{A}\mathcal{C}) \otimes (\mathcal{D}\boldsymbol{\varepsilon}) = (\mathcal{A}\otimes \boldsymbol{I}_m) \times (\mathcal{C}\otimes \mathcal{D}) \times (\boldsymbol{I}_n \otimes \boldsymbol{\varepsilon})$$

容易证明,可以将量子比特哈尔小波酉算子序列$\boldsymbol{H}_{2^n}$按照量子比特位数n进行递归表达的公式等价表示为如下的分解公式:

$$\boldsymbol{H}_{2^{n+1}} = \boldsymbol{\Pi}_{2,2^n} \times ((\boldsymbol{H}_{2^n},\boldsymbol{I}_{2^n}) \otimes_{\mathrm{R}} \boldsymbol{I}_2) \times (\boldsymbol{I}_{2^n} \otimes_{\mathrm{R}} \boldsymbol{W})$$

其中,$2^{n+1} \times 2^{n+1}$ 的酉矩阵或者$(n+1)$量子比特的量子酉算子$(\boldsymbol{I}_{2^n} \otimes_{\mathrm{R}} \boldsymbol{W})$被称为量子比特哈尔小波酉算子的尺度矩阵或者尺度算子。

实际上,这个表达量子比特酉算子的方法是具有通用意义的。比如,只要给出一个量子比特酉算子序列$\{\boldsymbol{D}_{2^l}; l \geqslant \xi\}$,令初始状态 $\boldsymbol{U}_{2^\xi} = \boldsymbol{D}_{2^\xi}$,并按照如下递归模式定义量子比特酉算子序列:

$$\boldsymbol{U}_{2^{n+\xi}} = \boldsymbol{\Pi}_{2,2^{n+\xi-1}}((\boldsymbol{U}_{2^{n+\xi-1}},\boldsymbol{I}_{2^{n+\xi-1}}) \otimes_{\mathrm{R}} \boldsymbol{I}_2)\boldsymbol{D}_{2^{n+\xi}}$$

其中,$n = 1,2,\cdots$,称量子比特酉算子序列$\{\boldsymbol{U}_{2^{n+\xi}};n = 1,2,\cdots\}$是量子比特小波酉算子,而且量子比特酉算子序列$\{\boldsymbol{D}_{2^l};l \geqslant \xi\}$称为这个量子比特小波酉算子序列的尺度矩阵序列或尺度算子序列。只要存在能够高效量子计算实现尺度酉矩阵序列的量子计算网络,就可以仿照前述方法构建高效量子计算实现量子比特小波酉算子序列的量子门阵列或者量子计算网络。

例 量子比特 Daubechies $D^{(4)}$ 小波酉算子量子计算。选择 Daubechies 4 号紧支撑正交小波的滤波器系数如下:

$$c_0 = \frac{1}{4\sqrt{2}}(3 + \sqrt{3}), \quad c_1 = \frac{1}{4\sqrt{2}}(3 - \sqrt{3}), \quad c_2 = \frac{1}{4\sqrt{2}}(1 - \sqrt{3}), \quad c_3 = \frac{1}{4\sqrt{2}}(1 + \sqrt{3})$$

令 $\boldsymbol{C}_0$ 和 $\boldsymbol{C}_1$ 表示两个 1 - 量子比特酉算子,有

$$\boldsymbol{C}_0 = 2\begin{pmatrix} c_3 & -c_2 \\ -c_2 & c_3 \end{pmatrix} = \frac{1}{2\sqrt{2}}\begin{pmatrix} 1+\sqrt{3} & -1+\sqrt{3} \\ -1+\sqrt{3} & 1+\sqrt{3} \end{pmatrix}$$

$$\boldsymbol{C}_1 = \frac{1}{2}\begin{pmatrix} \dfrac{c_0}{c_3} & 1 \\ 1 & \dfrac{c_1}{c_2} \end{pmatrix} = \frac{1}{2}\begin{pmatrix} \sqrt{3} & 1 \\ 1 & -\sqrt{3} \end{pmatrix}$$

现在假设$m \geqslant 4$是一个偶数,$(m \times m)$维的 Daubechies 4 号紧支撑正交小波算子的量子尺度酉矩阵用符号$\boldsymbol{D}_m^4 = (d_{ij})_{m \times m}$表示并详细给出如下:

$$d_{ij} = \begin{cases} c_{j-i+\chi_{ij}}, & \mathrm{mod}(i,2) = 0 \\ (-1)^j c_{2+i-j-\chi_{ij}}, & \mathrm{mod}(i,2) = 1 \end{cases}$$

$$\chi_{ij} = \begin{cases} 4, & i \geqslant m-2, j < 2 \\ 0, & \text{其他} \end{cases}$$

其中,为了表达方便,当$\zeta < 0$或者$\zeta > 3$时,令$c_\zeta = 0$。

令$\boldsymbol{P}_m = (p_{ij})_{m \times m}$表示一个$(m \times m)$置换矩阵,详细定义如下:

$$p_{ij} = \begin{cases} 1, & \mathrm{mod}(i,2) = 0, j = i \\ 1, & \mathrm{mod}(i,2) = 1, j = i + 2(\mathrm{mod}\ m) \\ 0, & \text{其他} \end{cases}$$

那么,$(m \times m)$维的 Daubechies 4 号小波算子的量子尺度酉矩阵$\boldsymbol{D}_m^4 = (d_{ij})_{m \times m}$可以按照如下方式分解为包含两个广义克式乘积的矩阵因子分解表达式:

$$\boldsymbol{D}_m^4 = (\boldsymbol{I}_{m/2} \otimes_{\mathrm{R}} \boldsymbol{C}_1)\boldsymbol{P}_m(\boldsymbol{I}_{m/2} \otimes_{\mathrm{R}} \boldsymbol{C}_0)$$

用$n = \lceil \log m \rceil$表示不超过$\log m$的最大整数,那么尺度酉矩阵$\boldsymbol{D}_m^4$因子分解式中置换变换$\boldsymbol{P}_m$的量子计算可以被$O(n)$个基本量子运算组成的计算网络实现,另外两个因子$(\boldsymbol{I}_{m/2} \otimes_{\mathrm{R}} \boldsymbol{C}_1)$和$(\boldsymbol{I}_{m/2} \otimes_{\mathrm{R}} \boldsymbol{C}_0)$都只需要一个基本量子运算即可实现。因此,Daubechies 4 号小波量子尺度酉矩阵$\boldsymbol{D}_m^4$可以用$O(n)$个基本量子运算组成的量子计算网络得到高效量子计算实现。利用量子尺度酉矩阵$\boldsymbol{D}_m^4$的上述分解构建的量子计算实现方案比直接定义方式至少节省m个加法运算。

此外,值得注意的是,$(\boldsymbol{I}_{m/2}\otimes_{R}\boldsymbol{C}_1)\times(\boldsymbol{I}_{m/2}\otimes_{R}\boldsymbol{C}_0)=\boldsymbol{I}_{m/2}\otimes_{R}\boldsymbol{W}$正好是可以被应用于实现量子比特哈尔小波酉算子的量子尺度酉矩阵。

5.2.4　群论方法与量子傅里叶算子

本小节用群表示理论研究量子傅里叶酉算子的表达和量子计算实现问题。

1. 群表示法

在这里用符号G表示一个有限群,乘法单位元是e,G的阶数是η。符号$\mathbf{C}G$表示G的复数群代数,$\mathcal{B}_{\text{time}}$表示$\mathbf{C}G$的标准基,即$\{g_1,\cdots,g_\eta\}$,另外,$G$的复数群代数$\mathbf{C}G$上的自然内积表示为$(u,v)=\sum_{g\in G}u(g)\overline{v}(g)$。符号$GL_d(\mathbf{C})$表示由$(d\times d)$可逆复数矩阵构成的乘法群。

回顾有限群线性表示理论的一些基本事实。G的一个复矩阵表示ρ是一个群同态ρ:$G\to GL_d(\mathbf{C})$。维数$d=d_\rho$叫作表示ρ的阶数或者维数。阶数同为d的两个表示ρ_1和ρ_2称为等价的,如果存在一个可逆的矩阵$\boldsymbol{A}\in GL_d(\mathbf{C})$使得对所有的$g\in G$,满足等式关系$\rho_2(g)=\boldsymbol{A}^{-1}\rho_1(g)\boldsymbol{A}$。一个表示$\rho:G\to GL_d(\mathbf{C})$称为是不可约的,如果不存在$\mathbf{C}^d$的非平凡子空间,使得对所有的$g\in G$,在$\rho(g)$下是不变子空间。$\rho:G\to GL_d(\mathbf{C})$被称为是酉的,如果所有的$g\in G$,$\rho(g)$是酉的,每一个表示都存在一个等价的酉表示。群$G$只存在有限个不可约表示,记为$v$,其个数等于$G$的不同共轭类的个数。

令$\mathcal{R}=\{\rho^1,\cdots,\rho^\nu\}$表示$G$的不等价的、不可约的和酉的群表示的完全集合,$d_l$等于$\rho^l$的阶数,$l=1,2,\cdots,\nu$。对于任意的表示$\rho\in\mathcal{R}$,向量$\boldsymbol{\rho}_{kl}\in\mathbf{C}G$被称为$\mathcal{R}$的一个矩阵系数,其含义是,对于每一个$g\in G$,向量$\boldsymbol{\rho}_{kl}$由$g\in G$的$(k,l)$元素所定义。$\mathcal{R}$的两个矩阵系数的内积是非零的,当且仅当它们是相等的。对于每个矩阵系数$\boldsymbol{\rho}_{kl}\in\mathbf{C}G$,令$b_{\rho,k,l}$表示规范化矩阵系数,并且令$\mathcal{B}_{\text{freq}}=\{b_{\rho,k,l}\}$表示规范正交矩阵系数的集合。容易证明,群表示$\rho^l\in\mathcal{R}$的阶数$d_l$,$l=1,2,\cdots,\nu$,满足恒等关系式$\sum_{l=1}^{\nu}d_l^2=\eta$,从而,$\mathcal{B}_{\text{freq}}=\{b_{\rho,k,l}\}$是向量空间$\mathbf{C}G$的一个规范正交基。

2. 有限群量子傅里叶变换

利用有限群表示方法和前述符号,作用在$\mathbf{C}G$上的一个线性算子$\boldsymbol{F}_G$,被称为$\mathcal{R}$上的关于$\mathbf{C}G$的傅里叶变换(算子),如果它把$\mathbf{C}G$中的按照标准基$\mathcal{B}_{\text{time}}$表达的向量$\boldsymbol{v}\in\mathbf{C}G$变换为或者映射为$\mathbf{C}G$中按照频率基$\mathcal{B}_{\text{freq}}$表达的向量$\hat{\boldsymbol{v}}\in\mathbf{C}G$,即$\boldsymbol{F}_G:\mathbf{C}G\to\mathbf{C}G,\boldsymbol{v}\mapsto\hat{\boldsymbol{v}}$,向量$\hat{\boldsymbol{v}}\in\mathbf{C}G$的每一个元素,记为$\hat{\boldsymbol{v}}(\rho_{kl})$或$\tilde{\rho}_{kl}$,称为向量$\boldsymbol{v}$在$\mathcal{R}$上的一个傅里叶系数。

关于有限群傅里叶变换计算问题的研究,在经典计算理论或者经典计算机上计算实现傅里叶变换的研究取得了大量成果,这里研究按照量子计算理论或者在量子计算机上计算实现有限群傅里叶变换的量子计算问题。按照量子力学的基本要求,量子计算的运算必须遵循酉性原则,因此,这里定义的有限群傅里叶变换比经典计算理论研究中常用的定义要稍微严格一些。

现在研究实现傅里叶变换的量子计算门阵列和量子线路网络。令$\boldsymbol{F}_G$表示$\mathcal{R}$上关于$\mathbf{C}G$的一个傅里叶变换,$E_{\text{time}}:\mathcal{B}_{\text{time}}\to\boldsymbol{Z}_\eta$和$E_{\text{freq}}:\mathcal{B}_{\text{freq}}\to\boldsymbol{Z}_\eta$是两个双射,令$E:\mathcal{B}_{\text{time}}\cup\mathcal{B}_{\text{freq}}\to$

$\mathbf{Z}_\eta$ 表示 E_{time} 和 E_{freq} 的共同延拓。这个双射映射关系 E 被称为线性变换 $\boldsymbol{F}_G$ 的一个编码。根据双射关系编码 E，傅里叶变换 $\boldsymbol{F}_G$ 可以看成 $GL_\eta(\mathbf{C})$ 中的一个矩阵 $\boldsymbol{F}_G$。根据前述构造过程和性质可知，这个矩阵 $\boldsymbol{F}_G$ 是一个酉矩阵，因此，必然存在量子计算实现算子 $\boldsymbol{F}_G$ 的量子计算门阵列和量子计算线路网络，称之为基于编码 E 计算有限群傅里叶变换的量子线路网络。

给定单位复数的 k 项序列或者单位复数 k - 元组 $(\overline{\omega}_\xi)_{\xi=1}^k=(\overline{\omega}_1,\overline{\omega}_2,\cdots,\overline{\omega}_k)$，按照如下方式定义酉对角矩阵：

$$\overline{\boldsymbol{\omega}}=\operatorname{diag}(\overline{\omega}_\xi;\xi=1,2,\cdots,k)=\operatorname{diag}(\overline{\omega}_1,\overline{\omega}_2,\cdots,\overline{\omega}_k)\in GL_k(\mathbf{C})$$

设 F_G 是 $\mathcal{R}$ 上关于 $\mathbf{C}G$ 的傅里叶变换，E 是 F_G 的一个编码，$\boldsymbol{F}_G$ 是对应的傅里叶变换矩阵。如果存在一个酉对角矩阵 $\overline{\boldsymbol{\omega}}\in GL_\eta(\mathbf{C})$，量子酉算子 $\boldsymbol{F}_G^{\overline{\omega}}=\overline{\boldsymbol{\omega}}\boldsymbol{F}_G$ 可以按照量子计算门阵列或者量子计算线路网络被量子计算实现，那么，称这样的量子线路为至多相差一个相位因子序列，能够量子计算实现 $\boldsymbol{F}_G$。如果存在至多相差一个相位因子序列能够量子计算实现 $\boldsymbol{F}_G$ 的高效量子计算线路网络，那么，按照首先实现 $\boldsymbol{F}_G^{\overline{\omega}}=\overline{\boldsymbol{\omega}}\boldsymbol{F}_G$，其次实现酉算子（酉变换）$\overline{\boldsymbol{\omega}}^{-1}=\overline{\boldsymbol{\omega}}^*$ 的过程即可建立精确计算 $\boldsymbol{F}_G$ 的高效量子计算线路网络。

注释 上述定义依赖于集合 $\mathcal{R}$ 以及 $\mathcal{B}_{\text{time}}$ 和 $\mathcal{B}_{\text{freq}}$ 上的编码 E。关于 $\mathbf{C}G$ 的一个傅里叶变换只依赖于 $\mathcal{R}$ 即可定义。此外，量子计算实现傅里叶变换的量子计算线路网络依赖于 $\mathcal{B}_{\text{time}}$ 和 $\mathcal{B}_{\text{freq}}$ 中基向量的编码 E 才得到定义和论述。

根据 $\mathcal{R}$ 和编码 E 定义的傅里叶变换 $\boldsymbol{F}_G$ 的量子计算时间用符号 $QT(G)(\mathcal{R},E)$ 表示，其含义是，能够量子计算实现 $\boldsymbol{F}_G$ 的量子计算线路网络所需基本量子运算的最小数量。关于 $\mathbf{C}G$ 的一个傅里叶变换的量子计算时间记为 $QT(G)$，基本含义是，基于 $\mathcal{R}$ 和 E 的所有可能选择产生的 $QT(G)(\mathcal{R},E)$ 的最小值，可以表示为

$$QT(G)=\min\{QT(G)(\mathcal{R},E);\mathcal{R},E\}$$

5.2.5 循环群量子傅里叶算子

在研究有限傅里叶变换的量子计算过程中，循环群量子傅里叶变换是其中最重要的也是最常使用的形式。这里将利用广义克式矩阵乘积方法及其量子计算实现的量子线路网络，建立有限傅里叶变换量子计算实现的高效量子线路网络及其循环群表示理论。

1. 量子傅里叶变换

在量子计算理论体系中，对于任意正整数 n，有限傅里叶变换 $\boldsymbol{F}_n$ 定义如下：

$$\boldsymbol{F}_n\mid x\rangle=\frac{1}{\sqrt{n}}\sum_{y=0}^{n-1}\omega_n^{xy}\mid y\rangle,\quad x=0,\cdots,n-1$$

其中 $\omega_n=\mathrm{e}^{2\pi\mathrm{i}/n}$ 是 n 次单位根，$\mathrm{i}=\sqrt{-1}$ 是满足 $\mathrm{i}^2=-1$ 的虚数单位。更一般形式的酉傅里叶变换 $\boldsymbol{F}_{nm}$ 可以根据 $\boldsymbol{F}_n$ 和 $\boldsymbol{F}_m$ 按照广义克式矩阵乘积定义为

$$\boldsymbol{F}_{nm}=\boldsymbol{\Pi}_{nm}\times(\boldsymbol{F}_n\otimes_{\mathrm{L}}\boldsymbol{I}_m)\times((\boldsymbol{D}_{nm}^s)_{s=0}^{m-1}\otimes_{\mathrm{L}}\boldsymbol{I}_m)\times(\boldsymbol{I}_n\otimes_{\mathrm{L}}\boldsymbol{F}_m)$$

其中，$s=0,1,\cdots,m-1,\omega=\omega_{nm},\boldsymbol{D}_{nm}^{(s)}=\operatorname{diag}(\omega^s)$。

傅里叶酉算子 $\boldsymbol{F}_{nm}$ 的上述广义克式矩阵乘积分解表达式提供了一种能够高效量子计算实现 $\boldsymbol{F}_{nm}$ 的量子计算线路网络，除基本的量子计算运算，它还需要利用实现量子酉算子

$\boldsymbol{F}_n$、$\boldsymbol{F}_m$ 和 $\boldsymbol{D}_{nm}^s$ 的高效量子计算线路网络。此外，$((\boldsymbol{D}_{nm}^s)_{s=0}^{m-1} \otimes_{\mathrm{L}} \boldsymbol{I}_m)$ 的高效量子计算实现途径是此前研究过的 $\overline{\boldsymbol{\omega}} = \mathrm{diag}(\overline{\omega}_\xi; \xi = 1,2,\cdots,k) \in GL_k(\mathbf{C})$ 这种类型的酉对角变换的直接应用。当 $\boldsymbol{F}_m$ 的阶数 m 是 2 的正整数幂次 $m = 2^\kappa$ 时，量子计算实现 $\boldsymbol{F}_{2^\kappa}$ 需要的基本量子运算的数量规模是 $O(\kappa^2)$。

2. 循环群量子傅里叶变换

下面说明有限傅里叶变换的著名的群表示理论。令 $G = \mathbf{Z}_n$ 是一个 n 阶的循环群。因为交换群的所有不可约表示都是一维的，所以等价表示都是相等的。这样，$\mathcal{R} = \{\zeta^0, \cdots, \zeta^{n-1}\}$，即存在由如下公式给出的 n 个互不相同的表示：

$$\zeta^i(j) = [\overline{\omega}_n^{ij}], \quad j \in \mathbf{Z}_n$$

而且，规范化矩阵系数集合是 $\mathcal{B}_{\mathrm{freq}} = \{b_{\zeta^0,1,1}, \cdots, b_{\zeta^{n-1},1,1}\}$，其中对于所有的 $j \in \mathcal{B}_{\mathrm{time}}$ 以及 $b_{\zeta^l,1,1} \in \mathcal{B}_{\mathrm{freq}}$，有 $(b_{\zeta^l,1,1}, j) = n^{-0.5}\overline{\omega}_n^{lj}$。故当 $b_{\zeta^l,1,1} \in \mathcal{B}_{\mathrm{freq}}$ 时，如下公式成立：

$$b_{\zeta^l,1,1} = n^{-0.5} \sum_{j \in \mathcal{B}_{\mathrm{time}}} \overline{\omega}_n^{lj} j$$

基于这样一些准备，通过选择由 $E_{\mathrm{time}}(j) = j$ 和 $E_{\mathrm{freq}}(b_{\zeta^l,1,1}) = l$ 这两个映射决定的编码 E，前述有限傅里叶变换定义公式构建的量子计算线路网络被认为是量子计算实现基于编码 E 的循环群 $\mathbf{Z}_n$ 上的量子傅里叶变换。按照广义克式矩阵乘积方法定义一般酉的量子傅里叶变换的计算公式也可以遵循群论进行解释。

3. 直积群量子傅里叶变换

在这里研究的问题是，在已经建立量子计算实现两个群代数 $\mathbf{C}G_1$ 和 $\mathbf{C}G_2$ 上量子傅里叶变换的量子计算线路网络的基础上，直积群代数 $\mathbf{C}G = \mathbf{C}(G_1 \times G_2)$ 上的量子傅里叶变换如何量子计算实现。

在经典计算理论中，这个问题有非常简单的解决方法。在这里研究利用量子计算的基本运算和量子计算线路构造这个问题的解决方案。

假设 G_1 和 G_2 是阶数分别为 η_1、η_2 的两个有限群，首先在群代数 $\mathbf{C}G_1 \times \mathbf{C}G_2$ 和群代数 $\mathbf{C}(G_1 \times G_2)$ 之间建立一个特定的同构 φ。用符号 $\mathcal{B}_{\mathrm{time}}^{(\xi)}$ 表示群代数 $\mathbf{C}G_\xi$ 的标准基，其中 $\xi = 1,2$，令 $\mathcal{B}_{\mathrm{time}} = \{(g_1, g_2); g_\xi \in G_\xi, \xi = 1,2\}$ 表示 $\mathbf{C}(G_1 \times G_2)$ 的标准基。用符号 $\mathbf{C}G_1 \times \mathbf{C}G_2$ 表示 $\mathbf{C}G_1$ 和 $\mathbf{C}G_2$ 的张量积代数，群代数 $\mathbf{C}G_1 \times \mathbf{C}G_2$ 和群代数 $\mathbf{C}(G_1 \times G_2)$ 之间的同构关系 $\varphi: \mathbf{C}G_1 \times \mathbf{C}G_2 \to \mathbf{C}(G_1 \times G_2)$ 定义为

$$\varphi: \mathbf{C}G_1 \times \mathbf{C}G_2 \to \mathbf{C}(G_1 \times G_2)$$
$$\varphi(g_1 \otimes g_2) = (g_1, g_2)$$
$$g_1 \otimes g_2 \in \mathcal{B}_{\mathrm{time}}^{(1)} \otimes \mathcal{B}_{\mathrm{time}}^{(2)}$$

利用这些定义和符号，可以将 $\mathcal{B}_{\mathrm{time}}$ 表示为

$$\mathcal{B}_{\mathrm{time}} = \varphi(\mathcal{B}_{\mathrm{time}}^{(1)} \otimes \mathcal{B}_{\mathrm{time}}^{(2)})$$

另外，用符号 $\mathcal{R}_\zeta$ 表示有限群 G_ζ 的不等价的、不可约的而且是酉的表示的完全集合，其中 $\zeta = 1,2$。那么容易证明

$$\mathcal{R} = \mathcal{R}_1 \otimes_{\mathrm{R}} \mathcal{R}_2 = \{\rho_1 \otimes_{\mathrm{R}} \rho_2 : \rho_\zeta \in \mathcal{R}_\zeta, \zeta = 1,2\}$$

是直积有限群 $G = G_1 \times G_2$ 的不等价、不可约且酉的完全集合。

令$\mathcal{B}_{\mathrm{freq}}^{(\zeta)}$表示$\mathcal{R}_\zeta$的规范正交矩阵系数集合，$\zeta=1,2$，$\mathcal{B}_{\mathrm{freq}}$表示$\mathcal{R}$的规范正交矩阵系数集合，$\mathcal{R}$的定义及表达式如前所述，于是可以进一步得到

$$\mathcal{B}_{\mathrm{freq}}=\varphi(\mathcal{B}_{\mathrm{freq}}^{(1)}\otimes\mathcal{B}_{\mathrm{freq}}^{(2)})$$

利用上述建立的同构映射方法，可以把 $\mathbf{C}G_1\times\mathbf{C}G_2$ 上的傅里叶变换计算问题简化为 $\mathbf{C}G_1$ 和 $\mathbf{C}G_2$ 上的傅里叶变换的计算问题。

实际上，如果令 F_ζ 是在$\mathcal{R}_\zeta$上关于群代数 $\mathbf{C}G_\zeta$ 的傅里叶变换，其中 $\zeta=1,2$，用如下公式定义 $\mathbf{C}(G_1\times G_2)$ 上的线性变换 F'_G：

$$F'_G(g_1\otimes g_2)=F_1(g_1)\otimes F_2(g_2)$$

那么，$F_G=\varphi F'_G\varphi^{-1}$ 是$\mathcal{R}=\mathcal{R}_1\otimes_{\mathrm{R}}\mathcal{R}_2$上关于 $\mathbf{C}G=\mathbf{C}(G_1\times G_2)$ 的傅里叶变换。

当然，这个结果只是表现为向量空间的抽象计算形式，未必可以直接据此建立量子计算实现在$\mathcal{R}=\mathcal{R}_1\otimes_{\mathrm{R}}\mathcal{R}_2$上关于 $\mathbf{C}G=\mathbf{C}(G_1\times G_2)$ 的傅里叶变换。为了真正获得量子计算线路网络实现直积群量子傅里叶变换，还需要在上述过程中恰当选择所涉及变换的基。

令 E_ζ 是 F_ζ 的一个编码，$\boldsymbol{F}_\zeta$ 是 F_ζ 的相应矩阵表示形式，$\zeta=1,2$。在量子力学狄拉克符号体系下，线性变换 F'_G可以表示为，对于所有 $g_1\otimes g_2\in\mathcal{B}_{\mathrm{time}}^{(1)}\otimes\mathcal{B}_{\mathrm{time}}^{(2)}$，成立如下映射：

$$|g_1\rangle|g_2\rangle\mapsto(\boldsymbol{F}_1|g_1\rangle)(\boldsymbol{F}_2|g_2\rangle)$$

按照如下方式定义两个双射 $E_{\mathrm{time}}:\mathcal{B}_{\mathrm{time}}\to\mathbf{Z}_{\eta_1\eta_2}$ 和 $E_{\mathrm{freq}}:\mathcal{B}_{\mathrm{freq}}\to\mathbf{Z}_{\eta_1\eta_2}$：

$$E_{\mathrm{time}}[\varphi(g_1\otimes g_2)]=\eta_2E_1(g_1)+E_2(g_2)$$

$$E_{\mathrm{freq}}[\varphi(b_1\otimes b_2)]=\eta_2E_1(b_1)+E_2(b_2)$$

令 E 表示 E_{time} 和 E_{freq} 的扩展，根据编码 E 的定义，此前定义的线性变换 F_G 具有如下的矩阵表示：

$$\boldsymbol{F}_G=\boldsymbol{F}_1\otimes_{\mathrm{R}}\boldsymbol{F}_2$$

因此，为了量子计算实现 $\boldsymbol{F}_G$，可以通过在最高量子比特位上应用量子算子 $\boldsymbol{F}_1$ 而且在最低量子比特位上应用 $\boldsymbol{F}_2$，从而实现计算 $\boldsymbol{F}_G$ 所需要的量子计算。经过前述研究可以建立重要的直积群量子傅里叶变换计算定理。

定理 5.2（直积群傅里叶变换量子计算定理） 假设 G_1 和 G_2 是阶数分别为 $\boldsymbol{\eta}_1$、$\boldsymbol{\eta}_2$ 的两个有限群，量子计算网络 $\boldsymbol{F}_1$ 和 $\boldsymbol{F}_2$ 能够分别计算实现基于编码 E_1 和 E_2 的关于群代数 $\mathbf{C}G_1$ 和 $\mathbf{C}G_2$ 的傅里叶变换，那么，图 5.3 所示量子计算网络能量子计算实现前述基于编码 E 关于直积群代数 $\mathbf{C}G=\mathbf{C}(G_1\times G_2)$ 的量子傅里叶变换。

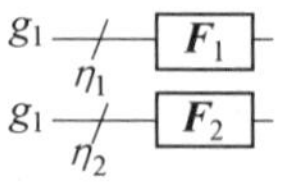

g_1 —/η_1— [$\boldsymbol{F}_1$] —
g_1 —/η_2— [$\boldsymbol{F}_2$] —

图 5.3

这个结果具有一些重要的应用，比如量子计算实现 Walsh - Hadamard 量子酉算子。对于任意正整数 n，定义 Walsh - Hadamard 量子酉算子为

$$\boldsymbol{W}_{2^n}|x\rangle=\frac{1}{\sqrt{2}}\sum_{y=0}^{2^n-1}(-1)^{\sum_{\zeta=0}^{n-1}x_\zeta y_\zeta}|y\rangle$$

其中，$x=0,\cdots,2^n-1$ 表示 n 位二进制字符串 $x=x_{n-1}\cdots x_0$；$y=0,\cdots,2^n-1$ 表示 n 位二进制字符串 $y=y_{n-1}\cdots y_0$。

利用标准的广义克式矩阵乘积方法,上述定义的 Walsh - Hadamard 量子酉算子可以按照如下方式实现量子计算:

$$\boldsymbol{W}_2=\boldsymbol{W},\quad \boldsymbol{W}_{2^{n+1}}=\boldsymbol{W}\otimes_{\mathrm{R}}\boldsymbol{W}_{2^n},\quad n=1,2,\cdots$$

根据这个量子计算公式,利用广义克式矩阵乘积程序,可直接获得在量子计算机上计算实现 Walsh - Hadamard 变换 $\boldsymbol{W}_{2^n}$ 的著名方法:在 n 量子比特的每一个量子位上应用变换 $\boldsymbol{W}$。容易验证,$\boldsymbol{W}$ 就是关于 2 阶循环群 $\boldsymbol{Z}_2$ 的傅里叶变换。

利用前述重要定理以及相关讨论立即得到一个事实,即按照群论方法,Walsh - Hadamard 变换与交换群 $\boldsymbol{Z}_2^n$ 的傅里叶变换是一致的。这种变换在量子算法理论研究中已经得到了十分广泛的应用。这个变换的显著优势之一是它的量子计算实现需要的基本量子运算个数是 $O(n)$ 个。

在这里容易提出一个非常直观的问题,即前述重要结果在一般意义下,关于子群是否成立?这个问题留待后面回答。

在前述研究过程中,严格区分了同构但不相同的向量空间。后面将使用简化形式进行讨论。令 U 和 V 分别是有规范正交基 $\{u_1,\cdots,u_m\}$ 和 $\{v_1,\cdots,v_n\}$ 的 m 维和 n 维内积空间。在由表达式 $\varphi(u_\zeta\otimes v_\xi)=(u_\zeta,v_\xi)$ 给出的自然同构 φ 下,张量积空间 $U\otimes V$ 和由 $\{(u_\zeta,v_\xi):1\leqslant\zeta\leqslant m,1\leqslant\xi\leqslant n\}$ 张成的向量空间是同构的。这样可不加区分使用 $u_\zeta\otimes v_\xi$ 和 (u_ζ,v_ξ),而 $\{u_\zeta\otimes v_\xi:1\leqslant\zeta\leqslant m,1\leqslant\xi\leqslant n\}$ 是 $U\otimes V$ 的一个规范正交基。

5.2.6　群表示与量子傅里叶变换

前述研究表明,直积群 $G=G_1\times G_2$ 量子傅里叶变换与 G_1 和 G_2 的量子傅里叶变换密切相关。在经典计算机和计算理论研究中,把一个群的傅里叶变换与它的子群傅里叶变换联系起来已经被证明是非常有用的。在量子计算机和量子计算理论研究中借鉴这种方法的核心困难是群的表述方法需要精心选择。

1. 子群的限制群表示方法

对于任意子群 $H\leqslant G$ 和 G 的任意表示 $\boldsymbol{\rho}$,令 $\boldsymbol{\rho}\downarrow H$ 表示通过在 H 上限制 $\boldsymbol{\rho}$ 得到的子群 H 的表示。子群表示 $\boldsymbol{\rho}\downarrow H$ 显然是酉性的,但未必是不可约的。

群表示完全集的子群适应:令 $H\leqslant G$ 是一个子群,$\mathcal{R}$是 G 的群表示完全集合。$\mathcal{R}$被称为是 H - 适应的,如果存在子群 H 的群表示完全集合$\mathcal{R}^H$,使得在$\mathcal{R}^H$中的受限群表示集合 $(\mathcal{R}\downarrow H)=\{\boldsymbol{\rho}\downarrow H:\boldsymbol{\rho}\in\mathcal{R}\}$ 是一个群表示矩阵直和的集合。完全集合$\mathcal{R}$被称为适应于一个子群链,如果它对子群链中的每一个子群都是适应的。

对于任意有限群和它的任意子群,总存在适应这个子群的群表示完全集。

令 $H\leqslant G$ 是一个子群,T 是 G 中的关于 H 的一个左截线。令$\mathcal{R}^H$是 H 的群表示完全集合,$\mathcal{R}$是 G 的群表示完全集合而且关于$\mathcal{R}^H$是 H - 适应的。令$\mathcal{B}_{\mathrm{freq}}^H$和$\mathcal{B}_{\mathrm{freq}}$分别表示 H 和 G 的规范化矩阵系数集合,令 $\boldsymbol{\rho}\in\mathcal{R}$是一个阶数为 d 的群表示。矩阵系数 $\boldsymbol{\rho}_{kl}\in\mathbf{C}G$ 可以写成 $\mathcal{B}_{\mathrm{time}}$ 的基的线性组合,即

$$\boldsymbol{\rho}_{kl}=\sum_{g\in G}\boldsymbol{\rho}_{kl}(g)g=\sum_{t\in T}\sum_{h\in H}\sum_{\zeta=1}^{d}\boldsymbol{\rho}_{k\zeta}(t)\boldsymbol{\rho}_{\zeta l}(h)th=\sum_{t\in T}\sum_{\zeta=1}^{d}\boldsymbol{\rho}_{k\zeta}(t)\Big[\sum_{h\in H}\boldsymbol{\rho}_{\zeta l}(h)th\Big]$$

因为假设$\mathcal{R}$是 H - 适应的,$\boldsymbol{\rho}$ 是$\mathcal{R}^H$中的群表示的矩阵直和,所以要么对所有的 $h\in H$,成立

$\boldsymbol{\rho}_{\zeta l}(h)=\mathbf{0}$，要么存在阶数是 d' 的群表示 $\boldsymbol{\rho}' \in \mathcal{R}^H$，使得当 $1 \leqslant \zeta', l' \leqslant d'$ 时，$\boldsymbol{\rho}_{\zeta l}(h)=\boldsymbol{\rho}'_{\zeta' l'}(h)$ 对所有 $h \in H$ 成立。在前一种情况下，令 $\boldsymbol{\rho}'_{\zeta' l'}$ 和 $\boldsymbol{b}_{\rho',\zeta',l'}$ 表示 $\mathbf{C}H$ 中的零向量，于是得到

$$\boldsymbol{\rho}_{kl}=\sum_{t\in T}\sum_{\zeta=1}^{d}\boldsymbol{\rho}_{k\zeta}(t)\left[\sum_{h\in H}\boldsymbol{\rho}'_{\zeta' l'}(h)th\right]$$

$$\boldsymbol{b}_{\rho,k,l}=\sum_{t\in T}\sum_{\zeta=1}^{d}\boldsymbol{b}_{\rho,k,\zeta}(t)\left[\sum_{h\in H}\boldsymbol{\rho}'_{\zeta' l'}(h)th\right]=\sum_{t\in T}\sum_{\zeta=1}^{d}m^{0.5}(d')^{-0.5}\boldsymbol{b}_{\rho,k,\zeta}(t)\left[\sum_{h\in H}\boldsymbol{b}_{\rho',\zeta',l'}(h)th\right]$$

一个傅里叶变换 F_G 本质上就是 $\mathbf{C}G$ 中基的变换，相当于从标准基到规范化矩阵系数基的变换。令 F_H 是 $\mathcal{R}^H$ 上关于 $\mathbf{C}H$ 的傅里叶变换，为了得到一种计算 F_G 的 H - 适应的方法，研究由如下形式的基张成的复向量空间：

$$T\otimes\mathcal{B}_{\text{time}}^{H}=\{t\otimes h: t\in T, h\in\mathcal{B}_{\text{time}}^{H}\}$$

在由 $\varphi(t\otimes h)=th$ 给出的自然映射 $\varphi:\langle T\otimes\mathcal{B}_{\text{time}}^{H}\rangle\to\langle\mathcal{B}_{\text{time}}^{H}\rangle$ 之下，这个复向量空间显然同构于 $\mathbf{C}G$，其中出现的符号，比如 $\langle\mathcal{B}_{\text{time}}^{H}\rangle$ 表示由 $\mathcal{B}_{\text{time}}^{H}$ 中的向量（或者基向量）张成的线性子空间，为了记号系统简单起见，此后在不至于引起混淆的条件下还将继续使用这样的记号。这个复向量空间的另一个基是

$$\mathcal{B}_{\text{temp}}=T\otimes\mathcal{B}_{\text{freq}}^{H}=\{t\otimes\boldsymbol{b}_{\rho',\zeta',l'}: t\in T, \boldsymbol{b}_{\rho',\zeta',l'}\in\mathcal{B}_{\text{freq}}^{H}\}$$

利用上述自然同构映射 φ 可得如下表示公式：

$$\boldsymbol{b}_{\rho,k,l}=\sum_{t\in T}\sum_{\zeta=1}^{d}m^{0.5}(d')^{-0.5}\boldsymbol{b}_{\rho,k,\zeta}(t)\varphi(t\otimes\boldsymbol{b}_{\rho',\zeta',l'})$$

令 $V:\langle\mathcal{B}_{\text{freq}}\rangle\to\langle\mathcal{B}_{\text{temp}}\rangle$ 表示如下变换：

$$V:\boldsymbol{b}_{\rho,k,l}\mapsto\sum_{t\in T}\sum_{\zeta=1}^{d}m^{0.5}(d')^{-0.5}\boldsymbol{b}_{\rho,k,\zeta}(t)t\otimes\boldsymbol{b}_{\rho',\zeta',l'}$$

根据 V 的构造方法可以得到如下算子恒等式：

$$(I\otimes F_H)\circ\varphi^{-1}=V\circ F_G$$

这个算子恒等式的映射关系链如图 5.4 所示。

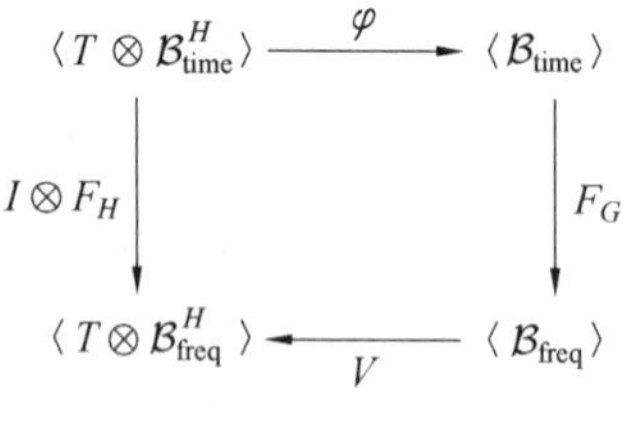

$$\begin{array}{ccc}\langle T\otimes\mathcal{B}_{\text{time}}^{H}\rangle & \xrightarrow{\varphi} & \langle\mathcal{B}_{\text{time}}\rangle\\ \downarrow{\scriptstyle I\otimes F_H} & & \downarrow{\scriptstyle F_G}\\ \langle T\otimes\mathcal{B}_{\text{freq}}^{H}\rangle & \xleftarrow[V]{} & \langle\mathcal{B}_{\text{freq}}\rangle\end{array}$$

图 5.4 算子恒等式的映射关系链

在图 5.4 中的符号含义如前。这里 φ 是同构，F_H 和 F_G 是酉算子，V 是可逆的。定义 $U:\langle\mathcal{B}_{\text{temp}}\rangle\to\langle\mathcal{B}_{\text{freq}}\rangle$ 表示 V 的逆，含义如下：

$$U:\sum_{t\in T}\sum_{\zeta=1}^{d}m^{0.5}(d')^{-0.5}\boldsymbol{b}_{\rho,k,\zeta}(t)t\otimes\boldsymbol{b}_{\rho',\zeta',l'}\mapsto\boldsymbol{b}_{\rho,k,l}$$

即变换算子 U 把由基 $\mathcal{B}_{\text{temp}}$ 张成或者表示的向量 $\tilde{\boldsymbol{v}}\in\langle\mathcal{B}_{\text{temp}}\rangle$ 映射为由基 $\mathcal{B}_{\text{freq}}$ 张成的群表示 $\hat{\boldsymbol{v}}\in\mathbf{C}G$。因此，可以把傅里叶变换 F_G 分解为三个酉算子或者酉变换按照如下顺序的乘积：

$$F_G = U \circ (I \otimes F_H) \circ \varphi^{-1}$$

利用这些记号和结果,可以按照如下方式得到一个量子计算线路网络,以实现计算傅里叶变换的前述方法。

给定一个向量 $\boldsymbol{v} \in \mathbf{C}G$,令 $\boldsymbol{v}_t \in \mathbf{C}G$ 表示只在陪集 tH 上非零的向量,而在陪集 tH 上,对所有的 $h \in H$,$\boldsymbol{v}_t$ 的定义和计算公式是 $\boldsymbol{v}_t(h) = \boldsymbol{v}(th)$。从初始的量子叠加态 $\boldsymbol{v} = \sum_{g \in \mathcal{B}_{\text{time}}} \boldsymbol{v}(g) \mid g\rangle$ 出发,最终需要计算叠加态 $\hat{\boldsymbol{v}} = \sum_{b_\zeta \in \mathcal{B}_{\text{freq}}} \hat{\boldsymbol{v}}(b_\zeta) \mid b_\zeta\rangle$。量子计算程序分为如下三个步骤。

第一步:利用逆同构映射 φ^{-1} 完成计算

$$\boldsymbol{v} = \sum_{g \in \mathcal{B}_{\text{time}}} \boldsymbol{v}(g) \mid g\rangle \mapsto \sum_{t \in T} \sum_{h \in \mathcal{B}_{\text{time}}^H} \boldsymbol{v}(th) \mid t\rangle \mid h\rangle = \sum_{t \in T} \mid t\rangle \left[\sum_{h \in \mathcal{B}_{\text{time}}^H} \boldsymbol{v}_t(h) \mid h\rangle \right]$$

第二步:把关于 $\mathcal{R}^H$ 的量子傅里叶变换 F_H 作用在第二个寄存器,得到

$$\sum_{t \in T} \mid t\rangle \left[\sum_{b'_\zeta \in \mathcal{B}_{\text{freq}}^H} \hat{\boldsymbol{v}}_t(b'_\zeta) \mid b'_\zeta\rangle \right] = \sum_{t \in T} \sum_{b'_\zeta \in \mathcal{B}_{\text{freq}}^H} \hat{\boldsymbol{v}}_t(b'_\zeta) \mid t\rangle \mid b'_\zeta\rangle = \tilde{\boldsymbol{v}}$$

第三步:利用 $V:\langle \mathcal{B}_{\text{freq}}\rangle \to \langle \mathcal{B}_{\text{temp}}\rangle$ 的逆变换 $U:\langle \mathcal{B}_{\text{temp}}\rangle \to \langle \mathcal{B}_{\text{freq}}\rangle$ 得到

$$\sum_{b_\zeta \in \mathcal{B}_{\text{freq}}} \hat{\boldsymbol{v}}(b_\zeta) \mid b_\zeta\rangle = \hat{\boldsymbol{v}}$$

值得注意的是,线性变换 $U:\langle \mathcal{B}_{\text{temp}}\rangle \to \langle \mathcal{B}_{\text{freq}}\rangle$ 是酉算子。因为,按照傅里叶变换 F_G 的如下分解表达式:

$$F_G = U \circ (I \otimes F_H) \circ \varphi^{-1}$$

其中,$(I \otimes F_H) \circ \varphi^{-1}$ 和 F_G 都是酉算子,从而可知 U 必然是酉算子。

2. 四元群及傅里叶变换

$4n$ 阶的四元群 Q_n 的定义如下:

$$Q_n = \{r, c; r^{2n} = c^4 = 1, cr = r^{2n-1}c, c^2 = r^n\}$$

这里只考虑 n 是偶数的情况。n 是奇数的情况留给读者补充完整。当 n 是偶数时,Q_n 有一个完全集 $\mathcal{R}$,其中包括如下的 4 个一维表示:

$$\rho^1 \equiv 1,\quad \rho^2(r) = \rho^2(-c) = 1,\quad \rho^3(-r) = \rho^3(c) = 1,\quad \rho^4(-r) = \rho^4(-c) = 1$$

和 $n-1$ 个二维表示:

$$\boldsymbol{\sigma}^\zeta(r) = \begin{pmatrix} \overline{\omega}^\zeta & 0 \\ 0 & \overline{\omega}^{-\zeta} \end{pmatrix},\quad \boldsymbol{\sigma}^\zeta(c) = \begin{pmatrix} 0 & (-1)^\zeta \\ 1 & 0 \end{pmatrix},\quad \zeta = 1, 2, \cdots, n-1$$

其中,$\omega = \omega_{2n}$。

该群具有一个由 Q_n 的两个指标中的指标 r 生成的循环子群 H,令 $T = \{e, c\}$ 是 Q_n 中 H 的一个左截线,写成 $Q_n = TH$。令 $\mathcal{R}^H$ 表示由循环群理论得到的 H 的 1-维群表示构成的完全集,$\mathcal{R}$ 的受限群表示集合是

$$(\mathcal{R} \downarrow H) = \{\zeta^0, \zeta^n\} \cup \{\zeta^l \oplus \zeta^{2n-l}; l = 1, 2, \cdots, n-1\}$$

所以,$\mathcal{R}$ 是 H-适合的。符号 $\mathcal{B}_{\text{time}}$、$\mathcal{B}_{\text{freq}}$、$\mathcal{B}_{\text{time}}^H$ 和 $\mathcal{B}_{\text{freq}}^H$ 的含义同 5.2.4 小节,定义如下符号:

$$\mathcal{B}_{\text{temp}} = T \otimes \mathcal{B}_{\text{freq}}^H = \{t \otimes b_{\zeta^l,1,1} : t \in T, b_{\zeta^l,1,1} \in \mathcal{B}_{\text{freq}}^H\}$$

演绎获得适当子群傅里叶变换的关键是确定并量子计算实现以逆变换形式出现的变换 U。为此,研究矩阵系数 $\sigma_{11}^\xi \in \mathbf{C}Q_n$,利用表达式

$$\sigma_{11}^{\xi} = \sum_{t \in T} \sum_{h \in H} \sigma_{11}^{\xi}(th) th = \sum_{x \in \mathbf{Z}_{2n}} \overline{\omega}^{\xi x} r^{x}$$

可以进一步演算得到如下结果：

$$b_{\sigma^{\xi},1,1} = (2n)^{-0.5} \sum_{x \in \mathbf{Z}_{2n}} \overline{\omega}^{\xi x} r^{x} = \varphi(e \otimes \zeta^{\xi})$$

其他各个傅里叶系数可以类似表示为基元$\mathcal{B}_{\text{time}}$的线性组合

$$\begin{cases} b_{\sigma^{l},1,1} = \varphi(e \otimes \zeta^{l}), & b_{\rho^{1},1,1} = 2^{-0.5}[\varphi(e \otimes \zeta^{0}) + \varphi(c \otimes \zeta^{0})] \\ b_{\sigma^{l},1,2} = (-1)^{l} \varphi(c \otimes \zeta^{2n-l}), & b_{\rho^{2},1,1} = 2^{-0.5}[\varphi(e \otimes \zeta^{0}) - \varphi(c \otimes \zeta^{0})] \\ b_{\sigma^{l},2,1} = \varphi(c \otimes \zeta^{l}), & b_{\rho^{3},1,1} = 2^{-0.5}[\varphi(e \otimes \zeta^{n}) + \varphi(c \otimes \zeta^{n})] \\ b_{\sigma^{l},2,2} = \varphi(e \otimes \zeta^{2n-l}), & b_{\rho^{4},1,1} = 2^{-0.5}[\varphi(e \otimes \zeta^{n}) - \varphi(c \otimes \zeta^{n})] \end{cases}$$

其中，$l = 1, \cdots, n-1$。这组公式实际上完全定义和限定了满足如下分解关系：

$$F_{G} = U \circ (I \otimes F_{H}) \circ \varphi^{-1}$$

所需要的变换 $U: \langle \mathcal{B}_{\text{temp}} \rangle \to \langle \mathcal{B}_{\text{freq}} \rangle$。为获得计算傅里叶变换 F_G 的具体量子计算线路网络，还必须建立适应这个变换所需要的基的编码。根据如下定义的编码：

$$E_{\text{time}}^{H}(r^{k}) = k, \quad E_{\text{freq}}^{H}(\zeta^{\xi}) = \xi$$

按照循环群量子傅里叶变换定义给出的群代数 $\mathbf{C}H$ 上的傅里叶变换 F_H 具有矩阵表示 $\boldsymbol{F}_H$。因此可以令$\mathcal{B}_{\text{time}}$的编码由 $E_{\text{time}}(c^{j} r^{k}) = 2nj + k$ 给出，$\mathcal{B}_{\text{temp}}$的编码由 $E_{\text{temp}}(c^{j} \otimes \zeta^{l}) = 2nj + l$ 给出。根据这个编码，变换$(I \otimes F_H) \circ \varphi^{-1}$ 具有矩阵表示$\boldsymbol{I}_2 \otimes_{\text{R}} \boldsymbol{F}_H$。关于$E_{\text{temp}}$ 的U变换计算问题将转化为公式

$$|j\rangle|l\rangle \mapsto \begin{cases} 2^{-0.5}[|0\rangle + (-1)^{j}|1\rangle]|l\rangle, & l = 0 \text{ 或 } l = n \\ (-1)^{j}|j\rangle|l\rangle, & l > n, l \equiv 1 \bmod (2) \\ |j\rangle|l\rangle, & \text{其他} \end{cases}$$

所以，只要量子计算实现$2n$ 阶循环群傅里叶变换 $F = F_{2n}$ 的量子计算线路网络给定，就可以按照如图5.5的方式构造量子计算实现四元群 Q_n 上傅里叶变换的量子计算线路网络。

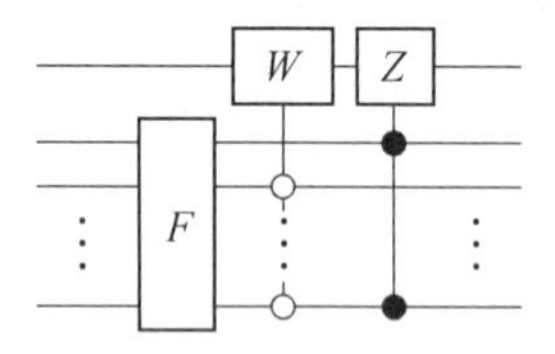

图 5.5　四元群量子傅里叶变换

值得注意的是，Z 和 W（以前已经被明确定义）只是对完全不同的量子比特位进行操作，因此，它们是可以相互交换的。假如把上述量子计算线路网络中的量子逻辑门 Z 移出，那么，就可以得到一个量子计算实现 $4n$ 阶二面角群和半二面角群傅里叶变换的量子计算线路网络。其实可以证明这绝非巧合。

3. 亚循环群及傅里叶变换

下面将研究建立量子计算实现亚循环群傅里叶变换的量子计算线路网络。

一个群被称为是亚循环的，如果它包含一个循环正规子群 H，使得商群 G/H 也是循环的。令 $G = \{b^{j} a^{\xi}; j = 0, 1, \cdots, q-1, \xi = 0, 1, \cdots, m-1\}$ 是一个亚循环群，群元素之间满足

如下运算关系：

$$b^{-1}ab = a^r,\quad b^q = a^s,\quad a^m = 1$$

令$(m,r)=1$表示m、r互素，$m\mid s(r-1)$表示$s(r-1)$被m整除，q是质数。将$(r-1)$与m的最大公因子表示为d，即$d=(r-1,m)$，那么，该群有一个由a形成的指数为q的循环子群H。令$T=\{b^j;j=0,1,\cdots,q-1\}$表示在$G$中关于$H$的一个左截线，写成$G=TH$。令$E_{\text{time}}:\mathcal{B}_{\text{time}}\to \mathbf{Z}_{qm}$是按照如下关系定义的$\mathcal{B}_{\text{time}}$的编码：

$$b^j a^\xi \mapsto mj+\xi$$

通过后续详细的推演将证明，按照图 5.6 的方式建立的量子计算线路网络，在至多相差一个相位因子序列的条件下，能够量子计算实现基于编码E_{time}的关于群代数$\mathbf{C}G$的傅里叶变换，其中$\omega=\omega_{qd}^s$。

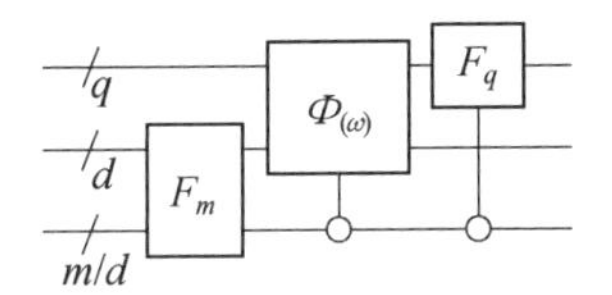

图 5.6　至多相差一个相位因子序列的量子傅里叶变换

为了更清楚明了地说明上述结果，先研究这个群的表示方法。实际上，这个群G具有qd个 1－维的群表示，$\{\rho^{\xi j};\xi=0,1,\cdots,d-1,j=0,1,\cdots,q-1\}$，具体表达形式如下：

$$\xi=0,1,\cdots,d-1,\quad j=0,1,\cdots,q-1$$
$$\rho^{\xi j}(a)=\overline{\omega}_d^{\xi},\quad \rho^{\xi j}(b)=\overline{\omega}_q^{j}\overline{\omega}_{qd}^{\xi s}$$

令$\mathcal{R}^H$表示此前已经多次出现过的H的群表示完全集。对于每一个$\zeta^\xi\in\mathcal{R}^H$，定义一个诱导的群表示$\overline{\zeta}^\xi:G\to GL_q(\mathbf{C})$，详细定义是

$$a\mapsto\begin{pmatrix}\overline{\omega}_m^{\xi} & & \\ & \ddots & \\ & & \overline{\omega}_m^{\xi r^{q-1}}\end{pmatrix},\quad b\mapsto\begin{pmatrix} & & \overline{\omega}_m^{\xi s}\\ 1 & & \\ & \ddots & \\ & & 1 \end{pmatrix}$$

群G有一个H－适应的群表示集合$\mathcal{R}$，它包含了qd个 1－维表示和$(m-d)/q$个q－维群表示。$\mathcal{R}$中的q－维群表示是全部诱导群表示。

矩阵系数$\rho^{\xi j}\in\mathbf{C}G$可以写成基元$\mathcal{B}_{\text{temp}}=T\otimes\mathcal{B}_{\text{freq}}^H$的一个线性组合，即

$$\begin{aligned}\rho^{\xi j}&=\sum_{g\in G}\rho^{\xi j}(g)g=\sum_{k\in\mathbf{Z}_q}\sum_{x\in\mathbf{Z}_m}\rho^{\xi j}(b^k a^x)b^k a^x=\sum_{k\in\mathbf{Z}_q}\rho^{\xi j}(b^k)\sum_{x\in\mathbf{Z}_m}\rho^{\xi j}(a^x)b^k a^x\\&=\sum_{k\in\mathbf{Z}_q}\overline{\omega}_q^{jk}(\overline{\omega}_{qd}^{s\xi k}\sum_{x\in\mathbf{Z}_m}\overline{\omega}_m^{x\xi m/d}b^k a^x)=\sqrt{m}\sum_{k\in\mathbf{Z}_q}\overline{\omega}_q^{jk}[\overline{\omega}_{qd}^{s\xi k}\varphi(b^k\otimes b_{\zeta^{\xi m/d},1,1})]\end{aligned}$$

因此，前面已经多次出现过的变换$U:\langle\mathcal{B}_{\text{temp}}\rangle\to\langle\mathcal{B}_{\text{freq}}\rangle$的逆可以表示为

$$U^{-1}:b_{\rho^{\xi j},1,1}\mapsto\frac{1}{\sqrt{q}}\sum_{k\in\mathbf{Z}_q}\overline{\omega}_q^{jk}(\overline{\omega}_{qd}^{s\xi k}b^k\otimes b_{\zeta^{\xi m/d},1,1})$$

这样，一个诱导群表示的矩阵系数被称为一个诱导矩阵系数。任意诱导矩阵系数$\overline{\zeta}_{kl}^\xi\in\mathbf{C}G$在$H$的一个陪集上是严格非零的。例如，$\overline{\zeta}_{kl}^\xi=\overline{\zeta}_{31}^\xi$在陪集$b^2H$上是严格非零的。一般地，矩阵系数$\overline{\zeta}_{kl}^\xi\in\mathbf{C}G$可以写成基元$\mathcal{B}_{\text{temp}}$的一个线性组合：

$$\overline{\zeta}_{kl}^{\xi} = \sum_{g \in G} \overline{\zeta}_{kl}^{\xi}(g)g = \sum_{t \in T} \sum_{h \in H} \overline{\zeta}_{kl}^{\xi}(th)th = \sum_{t \in T} \overline{\zeta}_{kl}^{\xi}(t) \sum_{h \in H} \overline{\zeta}_{ll}^{\xi}(h)th$$
$$= \overline{\zeta}_{kl}^{\xi}(b^{k-l}) \sum_{h \in H} \overline{\zeta}_{ll}^{\xi}(h) b^{k-l} h = \overline{\zeta}_{kl}^{\xi}(b^{k-l}) \sum_{x \in \mathbf{Z}_m} \overline{\omega}_m^{\xi r^l x} b^{k-l} a^x$$
$$= \sqrt{m}\chi\varphi(b^{k-l} \otimes b_{\zeta^{\xi r^l},1,1})$$

其中,$\chi = \overline{\zeta}_{kl}^{\xi}(b^{k-l})$ 是某一个 m 次单位根,所以

$$U^{-1}: b_{\overline{\zeta}^{\xi},k,l} \mapsto \chi b^{k-l} \otimes b_{\zeta^{\xi r^l},1,1}$$

即在最多相差一个相位因子的条件下,$b_{\overline{\zeta}^{\xi},k,l} \in \mathcal{B}_{\text{freq}}$ 被 U^{-1} 映射到 $\mathcal{B}_{\text{time}}$ 中的某个基元。为了找到 U 而不是 U^{-1} 的一个表达式,需要建立与诱导群表示和诱导矩阵系数相关的判断方法。

定理 5.3(可约诱导群表示判定定理) 诱导群表示 $\overline{\zeta}^{\xi}$ 可约,当且仅当 $1 \leqslant j \leqslant q-1$,存在一个 j,使得 $\xi r^j \equiv \xi(\bmod m)$。

诱导矩阵系数的性质 令 $\overline{\zeta}_{kl}^{\xi}$ 是任意诱导矩阵系数,如果 $\overline{\zeta}^{\xi}$ 是不可约的,那么 ξr^l 不是 m/d 的整倍数。

事实上,如果 $\xi r^l \equiv 0(\bmod m/d)$,那么,因为 $(r,m)=1$,$i \equiv 0(\bmod m/d)$,必然得到 $\xi d \equiv 0(\bmod m)$。再由 d 整除 $r-1$,得到 $ir \equiv i(\bmod m)$,利用可约诱导群表示判定的充分必要条件可知,诱导群表示 $\overline{\zeta}^{\xi}$ 可约。出现矛盾。

利用诱导矩阵系数的性质得到变换 $U:\langle \mathcal{B}_{\text{temp}} \rangle \to \langle \mathcal{B}_{\text{freq}} \rangle$ 的表达公式为

$$U(b^k \otimes b_{\zeta^x,1,1}) = \begin{cases} \chi b_{\xi}, & \text{mod}(x, m/d) \neq 0 \\ q^{-0.5} \omega_{qd}^{s\xi k} \sum_{j \in \mathbf{Z}_q} \omega_q^{jk} b_{\rho^{\xi j},1,1}, & x = \xi(m/d), \xi \in \mathbf{N} \end{cases}$$

其中,χ 是一个 m 次单位根,$b_{\xi} \in \mathcal{B}_{\text{temp}}$,它们都依赖于 k 和 x 的数值。

实际上,把$\mathcal{B}_{\text{temp}}$写成两个集合$\mathcal{B}_{\text{temp}}^1$和$\mathcal{B}_{\text{temp}}^2$的不相交的并集,其中$\mathcal{B}_{\text{temp}}^1$可以表达如下:

$$\mathcal{B}_{\text{temp}}^1 = T \otimes \{ b_{\zeta^x,1,1} : x = v(m/d), v \in \mathbf{N} \}$$

相似地,将$\mathcal{B}_{\text{freq}}$写成两个集合$\mathcal{B}_{\text{freq}}^1$和$\mathcal{B}_{\text{freq}}^2$的不相交的并集,$\mathcal{B}_{\text{freq}}^1$可表示为

$$\mathcal{B}_{\text{freq}}^1 = \{ b_{\rho^{\xi j},1,1} : 0 \leqslant \xi < d, 0 \leqslant j < q \}$$

利用上述假设,通过简单的参数计数分析即可证明如下张成空间等式:

$$\langle U^{-1}(\mathcal{B}_{\text{freq}}^2) \rangle = \langle \mathcal{B}_{\text{temp}}^2 \rangle$$

容易发现,对于具有 $q(m-d)$ 个元素的集合$\mathcal{B}_{\text{freq}}^2$中的每个元素 $b_{\overline{\zeta}^{\xi},k,l} \in \mathcal{B}_{\text{freq}}^2$,根据判定定理可知 $\zeta^i \in \mathcal{R}$必是不可约的。再由诱导矩阵系数性质知,ξr^l 不是 m/d 的整倍数,因此 $U^{-1}(b_{\overline{\zeta}^{\xi},k,l}) \in \langle \mathcal{B}_{\text{temp}}^2 \rangle$。由于$\mathcal{B}_{\text{freq}}^2$和$\mathcal{B}_{\text{temp}}^2$有相同的基数,而且线性变换 U 是酉变换,从而上述两个张成空间是相等的,即$\langle U^{-1}(\mathcal{B}_{\text{freq}}^2) \rangle = \langle \mathcal{B}_{\text{temp}}^2 \rangle$。这样,在$\xi r^l$ 不是m/d的整倍数的条件下,利用线性变换 U 的逆变换表达式

$$U^{-1}: b_{\overline{\zeta}^{\xi},k,l} \mapsto \chi b^{k-l} \otimes b_{\zeta^{\xi r^l},1,1}$$

直接得到变换 U 的第一个表达公式,即如果 $\text{mod}(x, m/d) \neq 0$,那么

$$U(b^k \otimes b_{\zeta^x,1,1}) = \chi b_{\xi}$$

除此之外,利用算子 U 的酉性还可以得到另一个张成空间恒等式,即

$$\langle U^{-1}(\mathcal{B}_{\text{freq}}^1) \rangle = \langle \mathcal{B}_{\text{temp}}^1 \rangle$$

实际上,酉算子 U^{-1} 在$\mathcal{B}_{\text{freq}}^1$上的作用可以表示为

$$U^{-1}:b_{\rho^{\xi j},1,1}\mapsto\frac{1}{\sqrt{q}}\sum_{k\in\mathbf{Z}_q}\overline{\omega}_q^{jk}(\overline{\omega}_{qd}^{s\xi k}b^k\otimes b_{\zeta^{\xi m/d},1,1})$$

那么,这个酉算子 U^{-1} 的逆算子即算子 U 在$\mathcal{B}_{\text{freq}}^1$上的作用就可以表示为

$$U(b^k\otimes b_{\zeta^x,1,1})=q^{-0.5}\omega_{qd}^{s\xi k}\sum_{j\in\mathbf{Z}_q}\omega_q^{jk}b_{\rho^{\xi j},1,1}$$

其中,$x=\xi(m/d),\xi\in\mathbf{N}$,即 x 是(m/d)的整数倍数。这就是在第二个条件下,酉算子 U 的表达式。

令 $U_1:\langle\mathcal{B}_{\text{temp}}\rangle\to\langle\mathcal{B}_{\text{freq}}\rangle$ 表示一个像 U 那样作用在$\mathcal{B}_{\text{temp}}^1$上的酉变换,它在$\mathcal{B}_{\text{temp}}^2$上的定义是 $b^{k-l}\otimes b_{\zeta^{\xi r^l},1,1}\mapsto b_{\overline{\zeta}^{\xi},k,l}$。这里关注的是仅在至多相差一个相位因子的条件下,建立能够量子计算实现关于群代数 $\mathbf{C}G$ 的傅里叶变换的量子计算线路网络。利用前面建立的关于酉算子 U 的表达式,在这里可以直接实现算子 U_1。作为一个推论可以证明,如下表达式给出的线性变换:

$$F_G=U_1\circ(I\otimes F_m)\circ\varphi^{-1}$$

是$\mathcal{R}$上关于群代数 $\mathbf{C}G$ 的傅里叶变换,至多相差一个相位因子,其中,$F_m=F_H$ 是在前面多次出现的关于群代数 $\mathbf{C}H$ 的傅里叶变换。

现在研究量子计算实现 F_G 的量子线路网络。编码 $E_{\text{time}}:\mathcal{B}_{\text{time}}\to\mathbf{Z}_{qm}$ 如前所述。此外,$E_{\text{temp}}:\mathcal{B}_{\text{temp}}\to\mathbf{Z}_{qm}$ 表示由 $b^j\otimes\zeta^{\xi}\mapsto mj+\xi$ 给出的编码。关于E_{time} 和E_{temp},酉变换$(I\otimes F_H)\circ\varphi^{-1}$ 可以由 $\boldsymbol{I}_q\otimes_{\mathrm{R}}F_m$ 实现量子计算。由一维群表示产生的矩阵系数编码 E_{freq} 直接表示为 $\rho^{\xi j}\mapsto jm+\xi(m/d)$。

关于编码 E_{temp} 和 E_{freq},酉变换 U_1 可以表示为

$$|km+\xi(m/d)+x\rangle\mapsto\begin{cases}|km+\xi(m/d)+x\rangle, & 1\leqslant x<m/d\\ \omega_{qd}^{s\xi k}q^{-0.5}\sum\limits_{j\in\mathbf{Z}_q}\omega_q^{jk}|jm+\xi(m/d)+x\rangle, & x=0\end{cases}$$

其中,$k\in\mathbf{Z}_q,\lambda\in\mathbf{Z}_d,x\in\mathbf{Z}_{m/d}$。

遵循广义克式矩阵(算子)乘积方法,可以将上式表示为

$$((\boldsymbol{F}_q\otimes_{\mathrm{R}}\boldsymbol{I}_d)\times\boldsymbol{\Phi}_{qd}(\omega_{qd}^s),\boldsymbol{I}_{qd},\cdots,\boldsymbol{I}_{qd})\otimes_{\mathrm{R}}\boldsymbol{I}_{m/d}$$

所以,关于编码 E_{time} 和 E_{freq},在至多相差一个相位因子序列的条件下,利用如下的量子计算线路网络,可以量子计算实现傅里叶变换 $\boldsymbol{F}_G$:

$$\boldsymbol{F}_G^{\overline{\omega}}=(((\boldsymbol{F}_q\otimes_{\mathrm{R}}\boldsymbol{I}_d)\times\boldsymbol{\Phi}_{qd}(\omega_{qd}^s),\boldsymbol{I}_{qd},\cdots,\boldsymbol{I}_{qd})\otimes_{\mathrm{R}}\boldsymbol{I}_{m/d})\otimes(\boldsymbol{I}_q\otimes_{\mathrm{R}}\boldsymbol{F}_m)$$

经过上述讨论证明,利用图 5.6 给出的量子计算线路网络,在至多相差一个相位因子序列的条件下,能够量子计算实现量子傅里叶变换。

5.2.7　量子纠错与量子傅里叶变换

本小节将研究正交群 $O(2^n)=\{\boldsymbol{A}\in GL_{2^n}(\mathbf{C}):\boldsymbol{A}\boldsymbol{A}^{\mathrm{T}}=\boldsymbol{I}\}$ 的某些子群 E_n 上量子傅里叶变换计算实现需要的量子线路网络。这些子群 E_n 之前出现在研究量子纠错编码需要的群论理论框架中。

对于所有 $\xi=1,\cdots,n$,定义

$$X_\xi = I_{2^{\xi-1}} \otimes_R X \otimes_R I_{2^{n-\xi}}, \quad Y_\xi = I_{2^{\xi-1}} \otimes_R Y \otimes_R I_{2^{n-\xi}}, \quad Z_\xi = I_{2^{\xi-1}} \otimes_R Z \otimes_R I_{2^{n-\xi}}$$

其中,$\boldsymbol{X}$、$\boldsymbol{Y}$ 和 $\boldsymbol{Z}$ 是最经常使用的 1 - 量子比特酉算子或者酉运算,有

$$X = \begin{bmatrix} 0 & 1 \\ 1 & 0 \end{bmatrix}, \quad Y = \begin{bmatrix} 0 & -1 \\ 1 & 0 \end{bmatrix}, \quad Z = \begin{bmatrix} 1 & 0 \\ 0 & -1 \end{bmatrix}$$

群 E_n 是由 $3n$ 个酉矩阵生成的群,它的阶是 2×4^n,其中每一个元素的平方要么是 $\boldsymbol{I}$ 要么是 $-\boldsymbol{I}$,任意两个元素要么是交换的要么是反交换的。当 $n=0$ 时,$E_n=\{[\pm 1]\}$ 是一个 2 阶循环群,如果 $n=1$,那么 E_n 同构于 D_4。对于更大的 n,E_n 同构于 D_4^n/K_n,其中 K_n 是一个同构于 $\mathbf{Z}_2^{n-1}$ 的正规子群。给定 $a,c\in\mathbf{Z}_2^n$,表示为 $a=(a_1,\cdots,a_n)$ 和 $c=(c_1,\cdots,c_n)$,令 $\boldsymbol{X}(a)=\prod_{\xi=1}^{n}\boldsymbol{X}_\xi^{a_\xi}$ 而且 $\boldsymbol{Z}(c)=\prod_{\xi=1}^{n}\boldsymbol{Z}_\xi^{c_\xi}$,那么,$E_n$ 的每个元素 g 都可以唯一地写成以下形式:

$$g = (-\boldsymbol{I})^\lambda \boldsymbol{X}(a)\boldsymbol{Z}(c)$$

式中,$\lambda\in\mathbf{Z}_2$,$a,c\in\mathbf{Z}_2^n$。这样可以用 3 - 元组 (λ,a,c) 表示 g,而且,g 的上述表述公式可以按照广义右克式矩阵乘积方法改写为

$$g=(\lambda,a,c)=[(-\boldsymbol{I}_2)^\lambda \boldsymbol{X}^{a_1}\boldsymbol{Z}^{c_1}]\otimes_R(\boldsymbol{X}^{a_2}\boldsymbol{Z}^{c_2})\otimes_R\cdots\otimes_R(\boldsymbol{X}^{a_n}\boldsymbol{Z}^{c_n})$$

对于 $n\geqslant 1$,子群 $H\leqslant E_n$ 是指数为 4 的子群 $\{(\lambda,a,c)\in E_n: a_n=c_n=0\}$,且在 E_n 中 E_{n-1} 等同于 H。写出表达式 $E_n=TE_{n-1}$,其中 $T=\{\boldsymbol{X}_n^{a_n}\boldsymbol{Z}_n^{c_n}: a_n,c_n\in\mathbf{Z}_2\}$ 是 E_n 中 E_{n-1} 的一个左截线。群 E_n 有一个包含了除一维群表示之外的全部共 $1+2^{2n}$ 个不等价、不可约而且酉的群表示组成的完全集 $\mathcal{R}_{(n)}$,只有 $n=0$ 需要排除在外时,E_n 有两个群表示,记为 ${}^{(0)}\rho$ 和 ${}^{(0)}\sigma$,它们是一维的。2^{2n} 个一维的群表示 $\{{}^{(n)}\rho^{xz}; x,z\in\mathbf{Z}_2^n\}$ 可以按照如下公式给出:

$${}^{(n)}\rho^{xz}(g)={}^{(n)}\rho^{xz}((\lambda,a,c))=(-1)^{x\cdot a+z\cdot c}$$

最后一个群表示,${}^{(n)}\sigma$ 维数是 2^n,是群自身。利用 $g\in E_n$ 的最后一个表达公式,对于群元素 $g=(\lambda,aa_n,cc_n)\in E_n$ 的第 (kk_n,ll_n) 个分量,$a,c,k,l\in\mathbf{Z}_2^{n-1}$,可以按照递归公式表示如下:

$${}^{(n)}\sigma_{kk_n,ll_n}((\lambda,aa_n,cc_n))=(-1)^{l_nc_n}\delta_{d_na_n}{}^{(n-1)}\sigma_{kl}((\lambda,a,c))$$

其中,$d_n=k_n\oplus l_n\in\mathbf{Z}_2$。所以 $\mathcal{R}_{(n)}$ 是关于 $\mathcal{R}_{(n-1)}$ 子群 E_{n-1} - 适应的。

下面研究如何利用适应性群表示概念建立群代数 $\mathbf{C}E_n$ 上的傅里叶变换。令基 $\mathcal{B}_{\text{time}}$、$\mathcal{B}_{\text{freq}}$、$\mathcal{B}_{\text{time}}^H$、$\mathcal{B}_{\text{freq}}^H$ 和 $\mathcal{B}_{\text{temp}}=T\otimes\mathcal{B}_{\text{freq}}^H$ 的定义如 5.2.4 小节所述,自然同构 $\varphi:\langle T\otimes\mathcal{B}_{\text{time}}^H\rangle\to\langle\mathcal{B}_{\text{time}}\rangle$ 的定义如 5.2.6 小节所述。

$\mathcal{R}_{(n)}$ 的矩阵系数可以按照 $\mathcal{B}_{\text{temp}}$ 中的基元素写成如下线性组合形式:

$$\begin{aligned}{}^{(n)}\rho^{xx_nzz_n} &= \sum_{\lambda\in\mathbf{Z}_2}\sum_{a,c\in\mathbf{Z}_2^n}{}^{(n)}\rho^{xx_nzz_n}((\lambda,a,c))(\lambda,a,c)\\ &=\sum_{a_n\in\mathbf{Z}_2}\sum_{c_n\in\mathbf{Z}_2}(-1)^{a_nx_n+c_nz_n}\varphi(\boldsymbol{X}_n^{a_n}\boldsymbol{Z}_n^{c_n}\otimes{}^{(n-1)}\rho^{xz})\end{aligned}$$

而且

$$\begin{aligned}{}^{(n)}\sigma_{kk_n,ll_n} &= \sum_{\lambda\in\mathbf{Z}_2}\sum_{a,c\in\mathbf{Z}_2^n}{}^{(n)}\sigma_{kk_n,ll_n}((\lambda,a,c))(\lambda,a,c)\\ &=\sum_{c_n\in\mathbf{Z}_2}(-1)^{c_nl_n}\Big[\sum_{\lambda\in\mathbf{Z}_2}\sum_{a,c\in\mathbf{Z}_2^{n-1}}{}^{(n-1)}\sigma_{kl}((\lambda,a,c))(\lambda,a\boldsymbol{D}_n,cc_n)\Big]\\ &=\sum_{c_n\in\mathbf{Z}_2}(-1)^{c_nl_n}\varphi(\boldsymbol{X}_n^{a_n}\boldsymbol{Z}_n^{c_n}\otimes{}^{(n-1)}\sigma_{kl})\end{aligned}$$

式中，$x,z,k,l \in \mathbf{Z}_2^{n-1}$，$\boldsymbol{D}_n = k_n \oplus l_n \in \mathbf{Z}_2$。所以，如下公式成立：

$$b_{(n)\rho^{xx_nzz_n},1,1} = 0.5\sum_{a_n\in\mathbf{Z}_2}\sum_{c_n\in\mathbf{Z}_2}(-1)^{a_nx_n+c_nz_n}\varphi(\boldsymbol{X}_n^{a_n}\boldsymbol{Z}_n^{c_n}\otimes b_{(n-1)\rho^{xz},1,1})$$

$$b_{(n)\sigma,kk_n,ll_n} = 2^{-0.5}\sum_{c_n\in\mathbf{Z}_2}(-1)^{c_nl_n}\varphi(\boldsymbol{X}_n^{a_n}\boldsymbol{Z}_n^{c_n}\otimes b_{(n-1)\sigma,k,l})$$

其中，$k_n = a_n \oplus l_n \in \mathbf{Z}_2$。

这个公式似乎具有这样的表现形式，即一维群表示ρ包含两个W变换，而且σ群表示只有单个W变换。在适当的编码方式下，这是真实成立的。选择编码$E^{(n)}:E_n \to \mathbf{Z}_2^{2n+1}$，$n\geqslant 0$，则

$$E_{\text{time}}^{(0)}((\lambda,\epsilon,\epsilon)) = \lambda$$

$$E_{\text{time}}^{(n)}((\lambda,aa_n,cc_n)) = E_{\text{time}}^{(n-1)}((\lambda,a,c))a_nc_n$$

$$E_{\text{temp}}^{(n)}(\boldsymbol{X}_n^{a_n}\boldsymbol{Z}_n^{c_n}\otimes{}^{(n-1)}\boldsymbol{\sigma}_{kl}) = E_{\text{freq}}^{(n-1)}({}^{(n-1)}\boldsymbol{\sigma}_{kl})a_nc_n$$

$$E_{\text{freq}}^{(0)}({}^{(0)}\boldsymbol{\rho}) = 0$$

$$E_{\text{freq}}^{(0)}({}^{(0)}\boldsymbol{\sigma}) = 1$$

$$E_{\text{freq}}^{(n)}({}^{(n)}\boldsymbol{\rho}^{xx_nzz_n}) = E_{\text{freq}}^{(n-1)}({}^{(n-1)}\boldsymbol{\rho}^{xz})x_nz_n$$

$$E_{\text{freq}}^{(n)}({}^{(n)}\boldsymbol{\sigma}_{kk_nll_n}) = E_{\text{freq}}^{(n-1)}({}^{(n-1)}\boldsymbol{\sigma}_{kl})a_n'l_n,(a_n' = k_n\oplus l_n)$$

由上述表达式的右边，容易联想到按照标准字符串级联的二进制字符串编码图像。根据这个编码规则，当$n\geqslant 1$时，变换$U:\langle\mathcal{B}_{\text{temp}}\rangle\to\langle\mathcal{B}_{\text{freq}}\rangle$可以表示为

$$|\lambda sa_nc_n\rangle\mapsto\begin{cases}0.5\sum\limits_{x_n\in\mathbf{Z}_2}\sum\limits_{z_n\in\mathbf{Z}_2}(-1)^{a_nx_n+c_nz_n}|\lambda sx_nz_n\rangle, & \lambda=0\\ 2^{-0.5}\sum\limits_{l_n\in\mathbf{Z}_2}(-1)^{c_nl_n}|\lambda sa_nl_n\rangle, & \lambda=1\end{cases}$$

其中$\lambda\in\mathbf{Z}_2$，$s\in\mathbf{Z}_2^{2n-2}$，$a_n,c_n\in\mathbf{Z}_2$。按照一个广义克式矩阵乘积方法，这个公式可以转换成如下量子计算线路网络模式：

$$[\boldsymbol{I}_2\otimes_{\mathrm{R}}(\boldsymbol{I}_{2^{2n-2}}\otimes_{\mathrm{R}}W,\boldsymbol{I}_{2^{2n-1}})]\otimes_{\mathrm{R}}W$$

对于$n\geqslant 1$，令E表示一个量子计算实现在$\mathcal{R}_{(n-1)}$上基于上述编码规则的关于群代数$\mathbf{C}E_{n-1}$的傅里叶变换的量子线路网络，那么，根据上面这个广义克式矩阵乘积公式可知，图5.7给出的量子计算线路网络能够计算实现在$\mathcal{R}_{(n)}$上基于上述编码规则的关于群代数$\mathbf{C}E_n$的傅里叶变换。

当$n=0$时，只由W变换组成的1－量子比特线路网络即可完成傅里叶变换的量子计算。因此，按照上述方式扩展这种递归定义的量子计算线路网络，可以得到主要结果，即如图5.8所给出的量子计算线路网络可以量子计算实现关于群代数$\mathbf{C}E_n$的一个傅里叶变换。

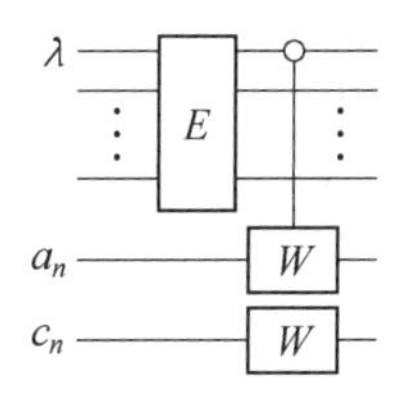

图5.7　量子傅里叶变换的混合量子计算实现网络

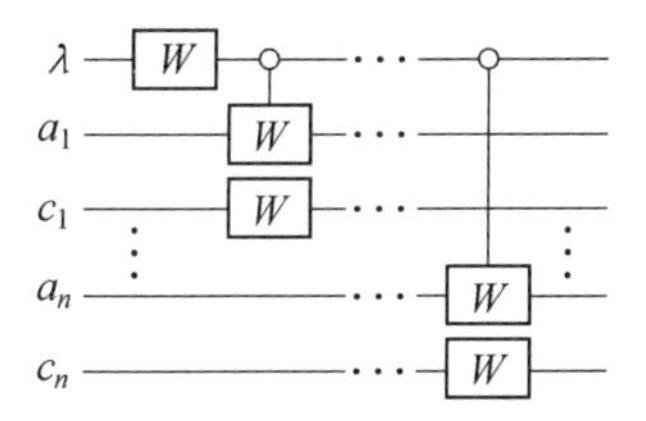

图5.8　量子傅里叶变换的量子计算实现网络

5.2.8 酉算子的量子计算讨论

量子计算实现酉算子的有效量子算法问题,可以归结为一个纯粹的矩阵分解和表示问题。令 $\mathscr{U}$ 是一个基本酉矩阵的集合,给定一个$(n \times n)$维的酉矩阵 $\boldsymbol{U}$,$\boldsymbol{U}$ 是否可以被分解成一些基本酉矩阵的乘积,使得酉矩阵乘积表达式中基本量子运算的数量可以表示为以 $\log n$ 为界的多项式? 在早期量子计算研究中,只允许在乘法和标准的克式矩阵乘积表达式中出现基本的二进制矩阵运算。前述研究结果表明,即使把克式矩阵乘积替换为描述范围得到显著扩张的广义克式矩阵乘积表达方式,仍然可以遵循一般化的过程建立并获得量子计算实现酉算子的高效量子计算线路网络。

这种广义量子运算具有多方面的优势。例如,在搜索便于量子计算实现的酉矩阵有效分解时,这种广义基本量子运算实质上提供了一种一般有效的理论方法,作为具体实例,回顾前述高效量子计算实现两个小波酉算子的量子计算线路网络的建立过程;又如,这种广义基本量子运算理论为各种复杂酉算子提供了优美紧凑的严谨数学公式刻画;另外,这种广义基本量子运算理论能够直接构造得到量子计算实现酉算子的量子计算线路网络。回顾高效量子计算实现有限交换群傅里叶变换算子的量子计算线路网络的建立过程具有典型的示范作用。

在具有通用意义的理论框架内,其他酉算子的量子计算实现问题也可能得到适当的解决。比如,有限非交换群傅里叶变换酉算子的有效量子计算实现问题。在这个问题的研究过程中,建立了更为宽松的量子傅里叶变换酉算子的概念,即在至多相差一个相位因子序列条件下的量子傅里叶变换酉算子的量子计算实现,为此构造获得量子计算实现一类亚循环群傅里叶变换的量子计算线路网络,即使不完全了解群的结构,也可以得到高效的量子计算线路网络。特别地,如果这些酉算子计算结束之后还需要实现量子测量,那么,这里研究的能够量子计算实现宽松量子傅里叶变换酉算子的高效量子计算线路网络,其意义就显得尤为重要,宽松量子傅里叶变换的定义就非常有用,实例可以参考 Deutsch 和 Jozsa 等各自建立的量子计算算法理论。

最后,这种广义量子运算理论可以被直接用于构造简单高效的量子计算线路网络,以实现用于量子纠错研究的一类群代数上的量子傅里叶变换。回顾对称群量子计算网络及量子傅里叶变换的量子计算网络等理论,自然想到一个非常具有挑战意义的问题:在这些理论表达方法中出现的量子酉算子、量子傅里叶酉算子、计算实现量子酉算子的高效量子计算线路网络等,能够具有什么样的既有真实意义、本质上又能够拓展科学视野的应用场景? 就像 Shor 量子算法中量子傅里叶变换被巧妙用于搜索循环群未知子群的阶数那样,这个思想在经典计算机和计算理论研究领域的对应版本是未知的。

5.3 量子比特小波与量子计算

量子比特小波是小波的量子比特表达形式,本质上是量子比特量子态空间中的一个酉线性算子。量子傅里叶变换(QFT)即一个经典傅里叶变换的量子态形式,在量子算法理论的发展过程中已被证实是一个强大的工具。在经典计算理论中的另一类正交变换或者酉变换(即小波变换) 和傅里叶变换一样有用。小波变换可用于揭示一个信号的多尺度结构,可以用于量子图像处理和量子数据压缩等。这里给出两个有代表性的量子小波,即量子哈尔小波和量子 Daubechies $D^{(4)}$ 小波,以及实现这些小波变换的完整、高效量子计算线路网络。

实现这些量子小波变换的方法是将它们在平凡规范正交基体系下对应的经典酉算子,分解为便于量子网络实现的典型、简单酉矩阵的直和、直积和乘积,置换矩阵作为一类特殊酉矩阵将发挥重要作用。令人惊讶的是,经典计算便于实现的简单操作,在量子计算机计算过程中却并不总是容易实现的,反之亦然。特别是在经典计算中计算成本几乎可以被忽略的置换矩阵,在量子计算中的实现成本显著增加以至于必须计入量子实现的时间开销和复杂度计量。在这里将详细研究构造量子比特小波算子的特殊置换矩阵集合,建立置换矩阵量子网络实现需要的有效量子线路,设计能够实现量子比特小波的有效完整量子网络。

5.3.1　量子比特小波与量子线路

在过去十几年中,量子计算机和量子计算理论的研究取得了重大进展,面貌已经焕然一新,一些著名的重要量子算法已经得以建立,此外,典型的量子计算机已经在核磁共振和非线性光学技术基础上建立起来了。虽然这些设备还远远不及通用计算机,然而,它们在实用量子计算的研制道路上奠定了重要的基础,具有里程碑式的重大意义。

1. 量子比特和量子算法

量子计算机是一种物理设备,随着时间的推移,它的自然演变可以被解释为执行一个有用的计算。量子计算机的基本单元是量子比特,物理上由一些简单的 2 - 状态的量子系统实现,如电子的自旋状态。在任何时刻,一个经典比特必须是0 或1,然而一个量子比特允许是一个同时有0 和1 的任意叠加态。为了生成一个量子存储寄存器,只考虑同步状态(可以是纠缠的) 量子比特的元组。

量子存储寄存器的状态,或任何其他孤立于量子系统的状态,根据一些正交变换随时间演变。因此,如果量子存储寄存器的演化状态被解释为已经实现了一些计算,这些计算必须可以被描述为酉算子。如果量子存储寄存器包含 n 量子比特,数学上,这个算子可以表示成 $2^n \times 2^n$ 维酉矩阵。

现在已经建立了几个非常有名的量子算法,其中最著名的例子有用于判定一个函数是否是偶的或平衡的 Deutsch 和 Jozsa 算法,分解复合整数的 Shor 算法,在一个非结构化数据库中搜索一个项目的 Grover 算法,以及 Hoyer(1997 年) 建立的广义克罗内克尔矩阵(序列) 乘积高效量子计算算法。这个领域发展迅速,每年都有新的量子算法被发现。最近提出的一些算法包括计算一个问题求解方案数量的量子算法,在一个量子搜索中嵌套另一个量子搜索来解决 NP - 完全问题的算法,以及分布式量子计算算法等。

事实上,利用酉变换描述量子算法对量子计算既有利又有弊。一方面,知道一台量子计算机必须执行一个正交变换,这使得关于量子计算机可以和不可以做的任务的判定理论得以证明。例如,已经证明 Grover 算法是最优的,另外也证明了涉及中间测量的量子算法不比一个直到正交演化阶段结束之后再进行所有测量的算法更有效。这两个证明依赖于量子算法的正交性。另一方面,许多希望完成操作的计算本质上不是由酉算子描述的,例如,所需的计算可能是非线性的、不可逆的或非线性且不可逆的。由于一个酉变换必须是线性的和可逆的,因此可能需要在量子计算机上具有极其突出创意的量子算法,才可能量子计算实现各种真正需要的酉算子的量子计算。不可逆性可以通过引入额外的“多余”量子比特解决,只需要记忆每一个输出对应的输入即可。但非线性算子的量子计算实现问题目前几乎束手无策。

2. 量子小波算法

有些重要的酉算子,如傅里叶变换、Walsh - Hadamard 变换和各种小波变换都是用酉算子描述的,而且傅里叶变换和 Walsh - Hadamard 变换已经得到广泛研究。大量事实表明,量子傅里叶变换在许多已知的量子算法中被认为是最关键的,量子 Walsh - Hadamard 变换是 Shor 算法和 Grover 算法的重要组成部分。小波变换像傅里叶变换一样有用,至少在经典计算机和经典计算理论研究中是这样,例如小波变换特别适合显示信号和图像的多尺度结构,在量子图像处理、量子图像加密和量子数据压缩等研究中,小波变换也是最经常使用的重要工具和方法。在量子计算机和量子计算理论研究中,建立能够量子计算实现小波酉算子的量子计算方法和构造量子计算线路网络具有非常重要的意义。

量子小波酉算子的量子计算实现是从一些特殊的酉算子开始的,接下来是建立小波酉算子量子计算实现的量子逻辑门阵列和量子计算线路网络。在量子计算实现过程中,需要把小波酉算子分解为规模更小的酉算子的直和、直积或点积,必要时还将利用广义克罗内克尔矩阵乘积方法,这些小规模酉算子对应于 1 - 量子比特和 2 - 量子比特的量子门。正因为这样,才将这种能够表示为可以高效量子计算实现的小波酉算子称为量子比特小波,而这个具体的量子计算实现过程被称为量子比特小波变换。

除此之外,为了保证量子计算实现量子比特小波的量子计算线路网络在物理上是可实现的,必须要求量子计算线路网络需要的基本量子逻辑门数量以量子比特数 n 的多项式为其上界。当然,寻找这样的量子计算分解公式和建立量子计算线路网络高效实现量子比特小波是非常具有挑战性的。例如,虽然有已知的代数算法能够分解一个任意的 $2^n \times 2^n$ 酉算子,比如任意离散酉算子的实验性量子计算实现方法中,分解过程需要指数级 $O(2^n)$ 规模的基本量子逻辑门阵列数量。这样的分解在数学上是有效的,但在物理上是不可实现的,因为在设计量子计算实现这个量子算法的量子线路网络时需要太多的基本量子逻辑门。实际上已经证明,如果只使用对应所有 1 - 量子比特旋转和 XOR(异或)的量子门,量子计算实现一个任意酉矩阵需要指数级数量的量子门。因此获得酉算子的高效量子计算实现线路网络(要求它具有多项式时间和空间复杂度)的关键是研究和构建给定酉算子的特殊表达和结构。

为了获得简洁有效的量子线路,最显著的例子是 Walsh - Hadamard 变换的量子计算实现问题。在量子计算中,当一个量子寄存器加载范围为 $0 \sim 2^n - 1$ 的所有整数时,就需要 Walsh - Hadamard 变换进行物理实现。在经典计算机及经典计算理论研究中,对一个长度为 2^n 的向量应用 Walsh - Hadamard 变换,其计算复杂度是 $O(2^n)$。然而,如果利用 Walsh - Hadamard 算子的克罗内克尔矩阵乘积分解表达式,那么,它可以由 n 个相同的

1 - 量子比特门量子计算实现,量子计算复杂度仅为 $O(1)$。同样,已经发现并构建获得高效量子计算线路网络,在满足多项式时间复杂度和空间复杂度的条件下,量子计算实现量子傅里叶变换酉算子。然而,建立小波酉算子的适当表达结构,以及构建量子计算实现量子比特小波的量子计算线路网络更具挑战性。

3. 置换矩阵的量子计算

在经典计算机和经典计算理论中,对于揭示和利用一个给定酉算子的特殊结构,最关键的技术是置换矩阵的使用。事实上,在经典计算理论中,大量的研究文献阐述如何利用置换矩阵获得酉变换的简单分解形式并设计高效的计算实现方法。不过,在经典计算中,利用置换矩阵的理论前提是假设这里出现的置换矩阵都可以低成本快速实现。事实上,置换矩阵的经典计算是如此简单,以至于在它们的实施成本研究中往往不包括复杂性分析。这是因为任何置换矩阵都可以利用它对向量元素顺序的影响得到直接描述。因此,它可以通过重新排列向量的元素简单地实现,这只涉及数据移动而不执行任何算术运算。实际上,置换矩阵在与小波变换相关联的酉算子分解过程中也将发挥举足轻重的作用,然而,与在经典计算机上和经典计算理论中不同的是,置换矩阵的量子计算实现成本在量子计算机上和量子计算理论中是显著且不可忽视的。为了得到量子比特小波的可行、高效量子计算线路网络,需要考虑的主要问题恰恰是某些关键的置换矩阵的有效量子计算实现线路的设计和实施。注意,任何作用在 n 量子比特上的置换矩阵,其数学描述由一个 $2^n \times 2^n$ 的酉算子表示。因此,使用通用技术分解任意置换矩阵是可能的,但这将导致一个指数规模的时间和空间复杂度。然而,由于置换矩阵的特殊结构,能够表示酉矩阵的一个非常特殊的子类,所以获得置换矩阵的高效量子计算实现的关键是开发和利用这种特殊结构。

围绕量子比特小波酉算子的量子计算实现问题,需要在量子计算实现量子比特小波酉算子和量子傅里叶酉算子过程中建立置换矩阵的高效量子计算线路网络。针对这些置换矩阵,存在三种典型的有效量子计算实现方法和技术,有助于实现量子比特小波酉算子的快速量子计算。

在第一种技术中,所处理的置换矩阵类被称为量子比特置换矩阵,可以由它们对量子比特排序的作用直接进行描述。这种量子描述与置换矩阵的经典描述非常类似。可以证明,出现在量子小波和量子傅里叶变换(以及在许多其他经典计算中的线性变换)中的完美交叠置换矩阵类 $\boldsymbol{\Pi}_{2^n}$ 和比特翻转置换矩阵类 $\boldsymbol{P}_{2^n}$,就是这类置换矩阵。一个新的量子逻辑门,记为量子交换门或 $\boldsymbol{\Pi}_4$,它将产生能够实现量子比特置换矩阵的高效量子计算线路网络。一个意外且有趣的结果是,$\boldsymbol{\Pi}_{2^n}$ 和 $\boldsymbol{P}_{2^n}$ 的量子实现量子计算线路网络的创立过程将导致这两个置换矩阵获得以前在经典计算理论中未知的小规模酉算子因子分解。

第二种技术基于置换矩阵的量子算法描述。下移置换矩阵类 $\boldsymbol{Q}_{2^n}$ 将在量子比特小波酉算子量子实现中发挥重要作用,同时它也经常出现在许多经典计算中。可以证明,$\boldsymbol{Q}_{2^n}$ 的量子描述可以由基本量子运算算子给出。这种描述方法有助于 $\boldsymbol{Q}_{2^n}$ 酉算子的量子计算实现。

第三种技术依赖于发展置换矩阵的全新因子分解。这种技术在绝大多数情况下是最具有挑战性的,甚至从经典计算的观点来说是违反直觉的。为了研究和阐述这种技术,再次考虑置换矩阵 $\boldsymbol{Q}_{2^n}$,并证明它可以按照有限傅里叶变换酉算子重新进行因子分解,其中涉及的有限傅里叶变换都可以利用量子傅里叶变换量子线路网络得到量子实现。同时,可以建立以前在经典计算中未知的 $\boldsymbol{Q}_{2^n}$ 的递归因子分解。这种递归因子分解将产生 $\boldsymbol{Q}_{2^n}$ 的一个直观、有效的量子实现线路网络。

通过有限个置换矩阵的分析,揭示量子计算与经典计算的关系。在经典计算中很难实现的某些操作在量子计算上更容易实现,反之亦然。比如,尽管 $\boldsymbol{\Pi}_{2^n}$ 和 $\boldsymbol{P}_{2^n}$ 的经典实现比 $\boldsymbol{Q}_{2^n}$ 更难,但它们的量子实现比 $\boldsymbol{Q}_{2^n}$ 容易。

在小波酉算子给定的条件下,小波的作用可以根据小波包算法或金字塔算法得到体现。按量子力学实现这两种小波算法需要形如 $\boldsymbol{I}_{2^{n-i}} \otimes \boldsymbol{\Pi}_{2^i}$ 和 $\boldsymbol{\Pi}_{2^i} \oplus \boldsymbol{I}_{2^n-2^i}$ 算子的有效量子线路,其中 $\otimes$ 和 $\oplus$ 分别表示矩阵或者算子的克罗内克尔乘积和算子直和运算。利用实现算子 $\boldsymbol{\Pi}_{2^i}$ 的量子线路可以有效量子实现这两种类型的算子演算。作为示范实例,考虑两个代表性小波酉算子,即哈尔小波酉算子和 Daubechies 4 号小波酉算子 $D^{(4)}$。前者需要建立满足多项式时间和空间复杂度的完整量子逻辑门级量子网络设计方案,以实现量子哈尔小波酉算子;后者建立 Daubechies 4 号小波酉算子 $D^{(4)}$ 的小波酉矩阵的三种因子分解,从而直接获得三种不同的量子逻辑门级量子网络实现。颇为意外的是,在量子傅里叶变换量子网络实现的基础上,其中有一种因子分解表达式可以转化为有效间接量子计算实现 Daubechies 4 号小波酉算子 $D^{(4)}$ 的小波包算法和金字塔算法的量子线路网络。

5.3.2 置换矩阵量子计算网络

置换矩阵或置换酉算子的量子计算实现是获得高效量子计算线路网络计算实现量子傅里叶变换和量子比特小波酉算子的主要途径,其中完美交叠算子 $\boldsymbol{\Pi}_{2^n}$ 和比特翻转算子 $\boldsymbol{P}_{2^n}$ 是这些置换矩阵中最重要的,在量子比特小波和量子傅里叶变换以及许多涉及正交变换的量子计算线路网络设计中得到了广泛应用。

下面研究量子计算实现这两种基本置换矩阵的量子线路网络。在量子计算中,这两种置换矩阵可以直接通过它们对量子比特序列的影响进行描述,而这种描述方式有利于获得实现完美交叠和比特翻转的高效量子网络。颇为有趣的是,完美交叠和比特翻转置换矩阵的这种量子网络实现居然提供了这两种置换矩阵(算子)在经典计算机和经典计算理论研究中从未出现过的因子分解表达形式。

1. 量子比特交叠置换矩阵

在 5.2 节中已经出现过的完美交叠算子 $\boldsymbol{\Pi}_{2^n}$ 既可以通过它对向量的影响获得经典描述,也可以按照量子比特模式或者量子比特字符串的方式进行描述。

如果 $\mathscr{f}$ 是一个 2^n - 维列向量,把列向量 $\mathscr{f}$ 均分为上下两个部分,并将上半部分和下半部分的元素逐个相间排列产生得到向量 $\mathscr{g} = \boldsymbol{\Pi}_{2^n}\mathscr{f}$,这个变换称为完美交叠置换,用完美交叠置换矩阵 $\boldsymbol{\Pi}_{2^n}$ 表示。

列向量之间的完美交叠置换变换关系 $\mathscr{g} = \boldsymbol{\Pi}_{2^n}\mathscr{f}$ 可以具体表示为

$$\mathscr{G}=\begin{pmatrix}g_0\\g_1\\g_2\\g_3\\\vdots\\g_{2^n-2}\\g_{2^n-1}\end{pmatrix}=\boldsymbol{\Pi}_{2^n}\begin{pmatrix}f_0\\f_1\\f_2\\f_3\\\vdots\\f_{2^n-2}\\f_{2^n-1}\end{pmatrix}=\begin{pmatrix}f_0\\f_{2^{n-1}}\\f_1\\f_{2^{n-1}+1}\\\vdots\\f_{2^{n-1}-1}\\f_{2^n-1}\end{pmatrix}$$

其中，$\mathscr{F}=(f_0,f_1,\cdots,f_{2^n-1})^{\mathrm{T}}$。

另外，完美交叠算子 $\boldsymbol{\Pi}_{2^n}$ 的量子描述十分简单，具体可以表示为

$$\boldsymbol{\Pi}_{2^n}:|a_{n-1}a_{n-2}\cdots a_1a_0\rangle\mapsto|a_0a_{n-1}a_{n-2}\cdots a_1\rangle$$

即在量子计算中，$\boldsymbol{\Pi}_{2^n}$ 是对 n 量子比特进行右移位的算子。注意，$\boldsymbol{\Pi}_{2^n}^{\mathrm{T}}$（T 表示转置）实现比特左移操作，即

$$\boldsymbol{\Pi}_{2^n}^{\mathrm{T}}:|a_{n-1}a_{n-2}\cdots a_1a_0\rangle\mapsto|a_{n-2}\cdots a_1a_0a_{n-1}\rangle$$

更详细的解释性说明参见 5.2.2 节的相关内容。比如按分块矩阵方式说明完美交叠置换矩阵 $\boldsymbol{\Pi}_{2^n}=(\boldsymbol{\Pi}^{(0)}\mid\boldsymbol{\Pi}^{(1)})$，其中 $\boldsymbol{\Pi}^{(0)}$、$\boldsymbol{\Pi}^{(1)}$ 都是 $2^n\times2^{n-1}$ 矩阵，利用 $2^n\times2^n$ 循环下移置换矩阵 $\boldsymbol{\Theta}_{2^n}$ 将 $\boldsymbol{\Pi}^{(1)}$ 和 $\boldsymbol{\Pi}^{(0)}$ 的关系表示为 $\boldsymbol{\Pi}^{(1)}=\boldsymbol{\Theta}_{2^n}\boldsymbol{\Pi}^{(0)}$。

2. 量子比特翻转置换矩阵

比特翻转置换矩阵既可以通过它对向量的影响获得经典描述，也可以按照量子比特模式或者量子比特字符串的方式进行描述。

比特翻转置换矩阵 $\boldsymbol{P}_{2^n}$ 的量子描述十分简单，具体表示为

$$\boldsymbol{P}_{2^n}:|a_{n-1}a_{n-2}\cdots a_1a_0\rangle\mapsto|a_0a_1\cdots a_{n-2}a_{n-1}\rangle$$

其中，$|a_{n-1}a_{n-2}\cdots a_1a_0\rangle$ 是 n 量子比特态矢，$a_l\in\{0,1\}$，$l=0,1,\cdots,n-1$，即 $\boldsymbol{P}_{2^n}$ 是翻转 n 量子比特顺序的算子。

容易发现，$\boldsymbol{P}_{2^n}$ 是对称的，即 $\boldsymbol{P}_{2^n}=\boldsymbol{P}_{2^n}^{\mathrm{T}}$。在矩阵或者算子 $\boldsymbol{P}_{2^n}$ 的量子描述中，这很容易证明。因为如果量子比特翻转两次就会恢复其原来的顺序，这表明恒等式 $\boldsymbol{P}_{2^n}\boldsymbol{P}_{2^n}=\boldsymbol{I}_{2^n}$ 成立。此外由于 $\boldsymbol{P}_{2^n}$ 是正交的，即 $\boldsymbol{P}_{2^n}\boldsymbol{P}_{2^n}^{\mathrm{T}}=\boldsymbol{I}_{2^n}$，从而 $\boldsymbol{P}_{2^n}=\boldsymbol{P}_{2^n}^{\mathrm{T}}$。

比特翻转置换矩阵 $\boldsymbol{P}_{2^n}$ 的经典描述通过它对列向量的作用进行说明。如果 $\mathscr{F}$ 和 $\mathscr{G}$ 都是 2^n - 维列向量且满足关系 $\mathscr{G}=\boldsymbol{P}_{2^n}\mathscr{F}$。令矩阵 $\boldsymbol{P}_{2^n}=(p_{ij})_{2^n\times2^n}$，将矩阵行列号 $i,j=0,1,\cdots,2^n-1$ 都写成二进制形式：

$$i=(i_0i_1\cdots i_{n-1})_2,\quad j=(j_0j_1\cdots j_{n-1})_2,\quad i_l,j_l\in\{0,1\},l=0,1,\cdots,n-1$$

这样矩阵 $\boldsymbol{P}_{2^n}$ 的元素 p_{ij} 可以给出如下：

$$p_{ij}=\begin{cases}1, & \boxed{\begin{array}{l}i=(i_0i_1\cdots i_{n-1})_2,j=(i_{n-1}\cdots i_1i_0)_2\\ i_l\in\{0,1\},l=0,1,\cdots,n-1\end{array}}\\ 0, & \text{其他}\end{cases}$$

于是，向量关系 $\mathscr{G}=\boldsymbol{P}_{2^n}\mathscr{F}$ 可以详细说明如下：当 $i=0,1,\cdots,2^n-1$ 时，$\mathscr{G}_i=\mathscr{F}_j$，其中 j 是将 i 的 n 位二进制表示字符串 $(i_0i_1\cdots i_{n-1})_2$ 颠倒顺序得到 $(i_{n-1}\cdots i_1i_0)_2$ 对应的自然数，即 $j=$

$(i_{n-1}\cdots i_1 i_0)_2$，或者具体表示为

$$\mathscr{G}_{(i_0 i_1 \cdots i_{n-1})_2} = \mathscr{F}_{(i_{n-1}\cdots i_1 i_0)_2}, \quad i_l \in \{0,1\}, l = 0,1,\cdots,n-1$$

利用各阶完美交叠置换矩阵 $\boldsymbol{\Pi}_{2^l}$ 可以将比特翻转置换矩阵 $\boldsymbol{P}_{2^n}$ 分解如下：

$$\boldsymbol{P}_{2^n} = \boldsymbol{\Pi}_{2^n}(\boldsymbol{I}_2 \otimes \boldsymbol{\Pi}_{2^{n-1}})\cdots(\boldsymbol{I}_{2^l} \otimes \boldsymbol{\Pi}_{2^{n-l}})\cdots(\boldsymbol{I}_{2^{n-3}} \otimes \boldsymbol{\Pi}_8)(\boldsymbol{I}_{2^{n-2}} \otimes \boldsymbol{\Pi}_4)$$

这个把比特翻转置换矩阵分解为完美交叠置换矩阵乘积的表达公式，在快速有限傅里叶变换算法的设计中发挥了十分重要的作用，比如 Loan(1992 年) 在研究快速傅里叶变换计算理论时曾经利用了这个结果。

比特翻转置换矩阵的量子描述也可以从 $\boldsymbol{P}_{2^n}$ 的上述公式分解表达式和置换矩阵类 $\boldsymbol{\Pi}_{2^l}$ 的量子描述直接得到。要注意到矩阵 $\boldsymbol{P}_{2^n}$ 的经典计算刻画和量子计算刻画之间的简繁差异：利用经典计算术语，比特翻转是指颠倒向量元素位置序号二进制表示字符串的顺序；利用量子计算术语，矩阵 $\boldsymbol{P}_{2^n}$ 描述量子态矢的量子比特顺序颠倒。

3. 量子比特翻转与量子傅里叶变换

回顾量子傅里叶变换算法，不仅有助于量子比特小波酉算子的表达和推导，而且，也可以更清晰地了解置换矩阵 $\boldsymbol{\Pi}_{2^n}$ 和 $\boldsymbol{P}_{2^n}$ 在量子计算实现量子傅里叶变换酉算子的量子线路网络构建中的作用，而这种作用恰恰是希望置换矩阵 $\boldsymbol{\Pi}_{2^n}$ 和 $\boldsymbol{P}_{2^n}$ 在量子比特小波酉算子的量子计算线路网络构造过程中同样能够发挥的。

在 Loan(1992 年) 建立的快速傅里叶变换计算理论中，一个 2^n - 维向量的经典有限傅里叶变换按 Cooley - Tukey 方式被分解表示为

$$\boldsymbol{F}_{2^n} = \boldsymbol{A}_n \boldsymbol{A}_{n-1}\cdots\boldsymbol{A}_1 \boldsymbol{P}_{2^n} = \underline{\boldsymbol{F}}_{2^n}\boldsymbol{P}_{2^n}$$

式中

$$\boldsymbol{A}_l = \boldsymbol{I}_{2^{n-l}} \otimes \boldsymbol{B}_{2^l}, \quad l = 1,2,\cdots,n$$

$$\boldsymbol{B}_{2^l} = \frac{1}{\sqrt{2}}\begin{pmatrix} \boldsymbol{I}_{2^{l-1}} & \boldsymbol{\Omega}_{2^{l-1}} \\ \boldsymbol{I}_{2^{l-1}} & -\boldsymbol{\Omega}_{2^{l-1}} \end{pmatrix}$$

$$\boldsymbol{\Omega}_{2^{l-1}} = \mathrm{Diag}\{1, \omega_{2^l}, \omega_{2^l}^2, \cdots, \omega_{2^l}^{2^{l-1}-1}\}$$

$$\boldsymbol{F}_2 = \boldsymbol{W} = \frac{1}{\sqrt{2}}\begin{pmatrix} 1 & 1 \\ 1 & -1 \end{pmatrix}$$

其中，$\boldsymbol{\Omega}_{2^{l-1}}$ 是一个 $2^{l-1} \times 2^{l-1}$ 对角矩阵，$\omega_{2^l} = \mathrm{e}^{-2\mathrm{i}\pi \times 2^{-l}}$。另外，算子 $\underline{\boldsymbol{F}}_{2^n}$ 的定义公式是

$$\underline{\boldsymbol{F}}_{2^n} = \boldsymbol{A}_n \boldsymbol{A}_{n-1}\cdots\boldsymbol{A}_1$$

它表示 Cooley - Tukey 形式的快速傅里叶变换的计算核(矩阵)，$\boldsymbol{P}_{2^n}$ 表示在将该向量代入计算核之前需要在输入向量的元素上执行比特翻转置换操作。注意，有限傅里叶变换分解表达式中的比特翻转置换矩阵 $\boldsymbol{P}_{2^n}$ 取决于前述给出的 $\boldsymbol{P}_{2^n}$ 的因子分解表达式给出的因子$(\boldsymbol{I}_{2^l} \otimes \boldsymbol{\Pi}_{2^{n-l}})$ 的累积乘积。

Gentleman - Sande 形式的有限傅里叶变换的因式分解可以利用 $\boldsymbol{F}_{2^n}$ 的对称性以及 Cooley - Tukey 因式分解的转置得到，有

$$\boldsymbol{F}_{2^n} = \boldsymbol{P}_{2^n}\boldsymbol{A}_1^{\mathrm{T}}\cdots\boldsymbol{A}_{n-1}^{\mathrm{T}}\boldsymbol{A}_n^{\mathrm{T}} = \boldsymbol{P}_{2^n}\underline{\boldsymbol{F}}_{2^n}^{\mathrm{T}}$$

其中

$$\underline{\boldsymbol{F}}_{2^n}^{\mathrm{T}} = (\boldsymbol{A}_n\boldsymbol{A}_{n-1}\cdots\boldsymbol{A}_1)^{\mathrm{T}} = \boldsymbol{A}_1^{\mathrm{T}}\cdots\boldsymbol{A}_{n-1}^{\mathrm{T}}\boldsymbol{A}_n^{\mathrm{T}}$$

表示 Gentleman - Sande 形式有限傅里叶变换的计算核，$\boldsymbol{P}_{2^n}$ 表示为了获得正确顺序的输出向量需要执行的比特翻转置换操作。

在研究量子傅里叶变换的近似量子计算与量子态消相干之间关系过程中，可以用算子 $\boldsymbol{B}_{2^l}$ 的矩阵因子分解构建量子计算实现 $\underline{\boldsymbol{F}}_{2^n}^{\mathrm{T}}$ 的量子路线网络：

$$\boldsymbol{B}_{2^l}=\frac{1}{\sqrt{2}}\begin{pmatrix}\boldsymbol{I}_{2^{l-1}} & \boldsymbol{\Omega}_{2^{l-1}}\\ \boldsymbol{I}_{2^{l-1}} & -\boldsymbol{\Omega}_{2^{l-1}}\end{pmatrix}=\frac{1}{\sqrt{2}}\begin{pmatrix}\boldsymbol{I}_{2^{l-1}} & \boldsymbol{I}_{2^{l-1}}\\ \boldsymbol{I}_{2^{l-1}} & -\boldsymbol{I}_{2^{l-1}}\end{pmatrix}\begin{pmatrix}\boldsymbol{I}_{2^{l-1}} & 0\\ 0 & \boldsymbol{\Omega}_{2^{l-1}}\end{pmatrix}$$

按照如下公式定义矩阵 $\boldsymbol{C}_{2^l}$：

$$\boldsymbol{C}_{2^l}=\begin{pmatrix}\boldsymbol{I}_{2^{l-1}} & 0\\ 0 & \boldsymbol{\Omega}_{2^{l-1}}\end{pmatrix}$$

那么，$\boldsymbol{A}_l$ 和 $\boldsymbol{B}_{2^l}$ 可以被改写成如下的矩阵因子分解形式：

$$\boldsymbol{A}_l=\boldsymbol{I}_{2^{n-l}}\otimes\boldsymbol{B}_{2^l}=(\boldsymbol{I}_{2^{n-l}}\otimes\boldsymbol{W}\otimes\boldsymbol{I}_{2^{l-1}})(\boldsymbol{I}_{2^{n-l}}\otimes\boldsymbol{C}_{2^l})$$

$$\boldsymbol{B}_{2^l}=(\boldsymbol{W}\otimes\boldsymbol{I}_{2^{l-1}})\boldsymbol{C}_{2^l}$$

算子 $\boldsymbol{C}_{2^l}$ 可以被分解为一系列 2 - 量子比特门的连续乘积：

$$\boldsymbol{C}_{2^l}=\boldsymbol{\theta}_{n-1,n-l}\boldsymbol{\theta}_{n-2,n-l}\cdots\boldsymbol{\theta}_{n-l+1,n-l}$$

其中，$\boldsymbol{\theta}_{j,k}$ 是一个作用在第 j 和第 k 量子比特上的 2 - 比特量子门。

在这些研究结果的基础上，可以按照图 5.9 所示的方式建立能够量子计算实现傅里叶算子 $\underline{\boldsymbol{F}}_{2^n}$ 的量子计算线路网络。

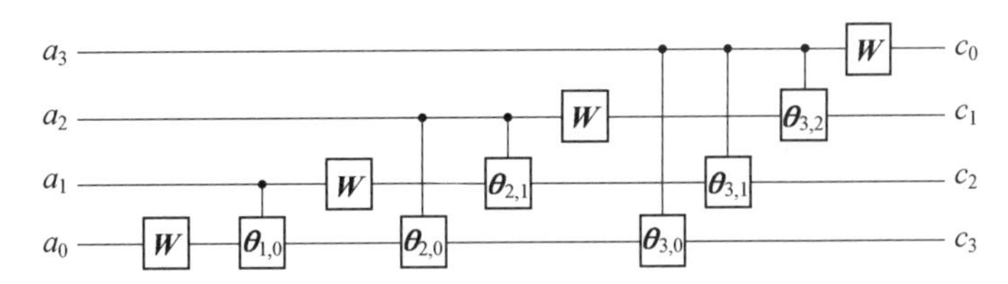

图 5.9　实现量子傅里叶变换的量子计算线路网络

事实上，Gentleman - Sande 形式的量子傅里叶变换酉算子的量子计算线路网络，也可以从图 5.9 所给出的量子线路网络得到：首先翻转量子门的顺序创建算子块 $\boldsymbol{A}_l$（然后创建算子 $\boldsymbol{A}_l^{\mathrm{T}}$），之后翻转代表算子 $\boldsymbol{A}_l$ 的块的顺序。因此，利用 Gentleman - Sande 建立的量子计算线路网络，能够以正确的顺序输入量子比特，而以相反的顺序得到输出量子比特。

在量子傅里叶酉算子高效、准确量子计算实现过程中，输入量子比特和输出量子比特的顺序至关重要，特别是当量子傅里叶酉算子在量子计算线路网络中只是作为一个子模块被使用的时候，其输入比特和输出比特各自的顺序就更重要。如果量子傅里叶酉算子作为一个独立模块在计算中作为最后输出被使用，那么利用 Gentleman - Sande 建立的量子计算线路网络会更有效，因为此时输出量子比特的顺序不会对最后的量子测量造成任何额外影响。如果量子傅里叶酉算子的量子计算实现线路网络被作为某个量子计算线路网络的第一阶段使用，那么利用 Cooley - Tukey 分解将更有效，因为它以相反的顺序制备输入量子比特。

注释　与在经典计算机及经典计算理论研究中一样，在一个给定的量子计算问题中，可以选择单个的 Cooley - Tukey 量子傅里叶变换因子分解和 Gentleman - Sande 量子傅里叶变换因子分解或者它们的一个组合,以避免直接实现需要翻转量子比特顺序的置换矩阵 $\boldsymbol{P}_{2^n}$,从而达到更高的量子计算效率。可以证明,在避免使用暗含量子比特翻转的置换矩阵 $\boldsymbol{P}_{2^n}$ 的量子计算线路网络的过程中,利用 Cooley - Tukey 因式分解比利用 Gentleman - Sande 分解效率更高。

4. 比特置换量子门

如果一个置换矩阵可以通过它对量子比特顺序的影响进行描述,那么,就可以设计能够直接实现这个置换矩阵的量子计算线路网络。将这类置换矩阵称为量子比特置换矩阵。

引进一些新的量子逻辑门,以便可以建立一系列能够量子计算实现量子置换矩阵的高效且可物理实现的量子计算线路网络,这样的量子逻辑门称为量子比特交换门,用符号 $\boldsymbol{\Pi}_4$ 表示,使用线性代数的术语,$\boldsymbol{\Pi}_4$ 就是如下矩阵:

$$\boldsymbol{\Pi}_4=\begin{pmatrix}1&0&0&0\\0&0&1&0\\0&1&0&0\\0&0&0&1\end{pmatrix}$$

另外,如果使用量子计算理论的术语,那么,$\boldsymbol{\Pi}_4$ 被称为量子比特交换算子,可以简洁表达为 $\boldsymbol{\Pi}_4:|a_1a_0\rangle\mapsto|a_0a_1\rangle$,其中 $a_1,a_0\in\{0,1\}$。量子比特交换门 $\boldsymbol{\Pi}_4$ 的定义如图 5.10(a) 所示,它可以由三个受控非(XOR)门实现,如图 5.10(b) 所示。

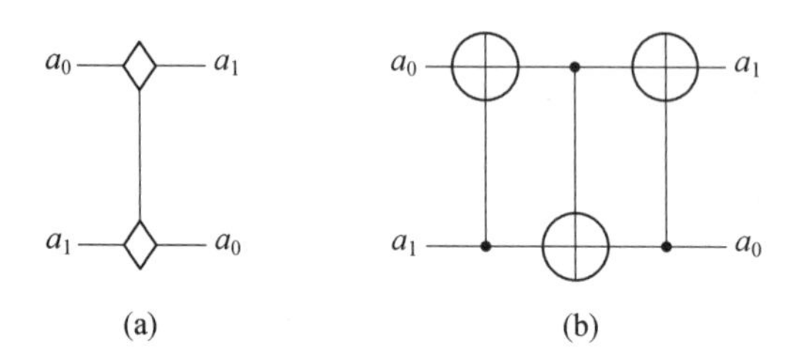

(a)$\boldsymbol{\Pi}_4$ 门量子定义　　(b) 三个 XOR 实现的 $\boldsymbol{\Pi}_4$ 门

图 5.10　$\boldsymbol{\Pi}_4$ 门

$\boldsymbol{\Pi}_4$ 门在实际执行时具有两个十分显著的优势:

(1)$\boldsymbol{\Pi}_4$ 门执行一个局部操作即交换相邻两个量子比特,这个局部性有利于量子网络实现。

(2) 利用 $\boldsymbol{\Pi}_4$ 门可以由三个 XOR 门(或受控非门) 实现这个基本事实,可以完成包含 $\boldsymbol{\Pi}_4$ 的条件算子的量子计算机实现,例如,利用受控 k - 非门实现形如 $\boldsymbol{\Pi}_4\oplus\boldsymbol{I}_{2^n-4}$ 的算子。

利用 $\boldsymbol{\Pi}_4$ 门可以构造实现完美交叠置换矩阵 $\boldsymbol{\Pi}_{2^n}$ 的量子计算线路网络,这里示范给出实现 $\boldsymbol{\Pi}_{16}$ 的量子计算线路网络,如图 5.11 所示。

利用 $\boldsymbol{\Pi}_4$ 门实现 $\boldsymbol{\Pi}_{2^n}$ 的量子计算线路网络的想法直观简单,即通过连续交换相邻的两个量子比特,利用数量规模为 $O(n)$ 的 $\boldsymbol{\Pi}_4$ 门即可量子计算实现 $\boldsymbol{\Pi}_{2^n}$,因此实现 $\boldsymbol{\Pi}_{2^n}$ 的复杂度为 $O(n)$。有些意外的是,这个量子计算线路网络将导致 $\boldsymbol{\Pi}_{2^n}$ 按照因子 $\boldsymbol{\Pi}_4$ 的如下分解表达式:

$$\begin{aligned}\boldsymbol{\Pi}_{2^n}=&(\boldsymbol{I}_{2^{n-2}}\otimes\boldsymbol{\Pi}_4)(\boldsymbol{I}_{2^{n-3}}\otimes\boldsymbol{\Pi}_4\otimes\boldsymbol{I}_2)\cdots(\boldsymbol{I}_{2^{n-l}}\otimes\boldsymbol{\Pi}_4\otimes\boldsymbol{I}_{2^{l-2}})\cdots\\&(\boldsymbol{I}_2\otimes\boldsymbol{\Pi}_4\otimes\boldsymbol{I}_{2^{n-3}})(\boldsymbol{\Pi}_4\otimes\boldsymbol{I}_{2^{n-2}})\end{aligned}$$

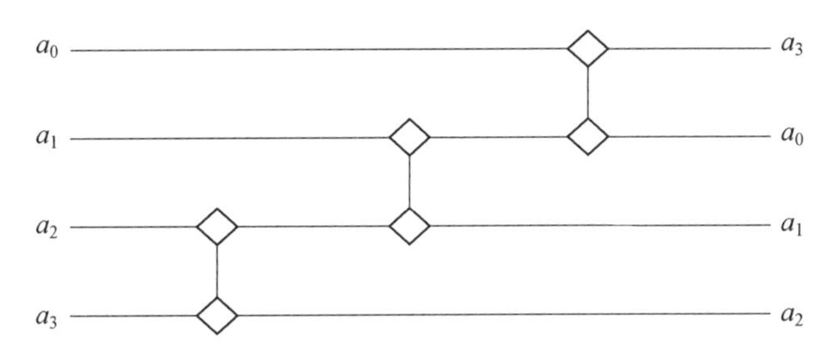

图 5.11　利用 $\boldsymbol{\Pi}_4$ 门实现完美交叠置换矩阵 $\boldsymbol{\Pi}_{2^n}$ 的量子计算线路网络

在 $\boldsymbol{\Pi}_{2^n}$ 的经典计算理论实现中,$\boldsymbol{\Pi}_{2^n}$ 的这个分解表达式比以前任何其他计算实现方案的实现效率都低。但这个算子因子分解是 $\boldsymbol{\Pi}_{2^n}$ 的高效量子计算实现,从某种意义上说,它也是唯一的高效量子计算实现线路网络。此外,根据图 5.11 可以直接导出计算实现 $\boldsymbol{\Pi}_{2^l}$ 的如下递归因子分解表达式:

$$\boldsymbol{\Pi}_{2^l}=(\boldsymbol{I}_{2^{l-2}}\otimes\boldsymbol{\Pi}_4)(\boldsymbol{I}_{2^{l-1}}\otimes\boldsymbol{\Pi}_2)$$

其中,$l=3,4,\cdots$。即把 $\boldsymbol{\Pi}_4$,$\boldsymbol{\Pi}_2$ 当作基本算子或者初始算子,那么,可以从 $\boldsymbol{I}_{2^{l-2}}$,$\boldsymbol{I}_{2^{l-1}}$ 递归产生 $\boldsymbol{\Pi}_{2^l}$,其中 l 逐渐递增地取正整数即可。

利用 $\boldsymbol{\Pi}_4$ 门实现 $\boldsymbol{P}_{2^n}$ 的量子计算线路网络如图 5.12 所示。

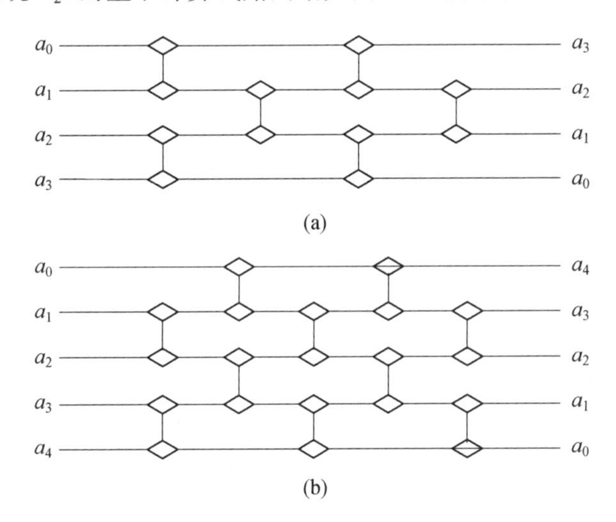

图 5.12　利用 $\boldsymbol{\Pi}_4$ 门实现 $\boldsymbol{P}_{2^n}$ 的量子计算线路网络

在这里基于一个简单直观的想法,利用 $\boldsymbol{\Pi}_4$ 门构造实现 $\boldsymbol{P}_{2^n}$ 的量子计算线路网络,即连续并行交换相邻两个量子比特,通过利用数量规模 $O(n^2)$ 的 $\boldsymbol{\Pi}_4$ 门即可量子计算实现量子置换矩阵 $\boldsymbol{P}_{2^n}$,因此,实现 $\boldsymbol{P}_{2^n}$ 的复杂度为 $O(n)$。这时候,利用 $\boldsymbol{\Pi}_4$ 门实现 $\boldsymbol{P}_{2^n}$ 的量子线路网络将得到只使用因子 $\boldsymbol{\Pi}_4$ 的量子置换矩阵 $\boldsymbol{P}_{2^n}$ 的如下因式分解表达公式:

$$\boldsymbol{P}_{2^n}=[(\underbrace{\boldsymbol{\Pi}_4\otimes\boldsymbol{\Pi}_4\otimes\cdots\otimes\boldsymbol{\Pi}_4}_{0.5n})(\boldsymbol{I}_2\otimes\underbrace{\boldsymbol{\Pi}_4\otimes\cdots\otimes\boldsymbol{\Pi}_4}_{0.5n-1}\otimes\boldsymbol{I}_2)]^{\frac{n}{2}}$$

其中,n 是偶数;或

$$\boldsymbol{P}_{2^n}=[(\boldsymbol{I}_2\otimes\underbrace{\boldsymbol{\Pi}_4\otimes\cdots\otimes\boldsymbol{\Pi}_4}_{0.5(n-1)})(\underbrace{\boldsymbol{\Pi}_4\otimes\cdots\otimes\boldsymbol{\Pi}_4}_{0.5(n-1)}\otimes\boldsymbol{I}_2)]^{\frac{n-1}{2}}(\boldsymbol{I}_2\otimes\underbrace{\boldsymbol{\Pi}_4\otimes\cdots\otimes\boldsymbol{\Pi}_4}_{0.5(n-1)})$$

其中,n 是奇数。

注释 在经典计算理论中,$\boldsymbol{P}_{2^n}$ 的这个因式分解比其他方案实现效率更低。比如将比特翻转置换矩阵 $\boldsymbol{P}_{2^n}$ 分解为完美交叠置换矩阵 $\boldsymbol{\Pi}_{2^l}$ 的表达式:

$$\boldsymbol{P}_{2^n}=\boldsymbol{\Pi}_{2^n}(\boldsymbol{I}_2\otimes\boldsymbol{\Pi}_{2^{n-1}})\cdots(\boldsymbol{I}_{2^l}\otimes\boldsymbol{\Pi}_{2^{n-l}})\cdots(\boldsymbol{I}_{2^{n-3}}\otimes\boldsymbol{\Pi}_8)(\boldsymbol{I}_{2^{n-2}}\otimes\boldsymbol{\Pi}_4)$$

这个分解表达式就可以更有效地计算实现置换矩阵 $\boldsymbol{P}_{2^n}$,但是按照此公式以及 $\boldsymbol{\Pi}_{2^n}$ 按照只包含 $\boldsymbol{\Pi}_4$ 门的如下分解表达式:

$$\begin{aligned}\boldsymbol{\Pi}_{2^n}=&(\boldsymbol{I}_{2^{n-2}}\otimes\boldsymbol{\Pi}_4)(\boldsymbol{I}_{2^{n-3}}\otimes\boldsymbol{\Pi}_4\otimes\boldsymbol{I}_2)\cdots(\boldsymbol{I}_{2^{n-l}}\otimes\boldsymbol{\Pi}_4\otimes\boldsymbol{I}_{2^{l-2}})\cdots\\&(\boldsymbol{I}_2\otimes\boldsymbol{\Pi}_4\otimes\boldsymbol{I}_{2^{n-3}})(\boldsymbol{\Pi}_4\otimes\boldsymbol{I}_{2^{n-2}})\end{aligned}$$

构建的量子计算实现$\boldsymbol{P}_{2^n}$却需要$O(n^2)$个$\boldsymbol{\Pi}_4$门,量子实现复杂度为$O(n^2)$,所以量子计算实现效率很低。

5.3.3 量子比特小波算法

为了建立能够高效量子计算实现小波酉算子的完整可行量子线路网络,需要一些特殊的技巧和结构,以实现形如 $\boldsymbol{\Pi}_{2^l}\oplus\boldsymbol{I}_{2^n-2^l}$ 和 $\boldsymbol{P}_{2^l}\oplus\boldsymbol{I}_{2^n-2^l}$ 的条件酉算子,其中 l 是特定自然数。量子计算实现这种条件酉算子的主要理论方法,此前已经以因子分解表达式的形式对其进行了充分讨论,除由 $\boldsymbol{\Pi}_4$ 构成的条件酉算子之外,还需要使用类似于图 5.11 和图 5.12 给出的量子计算线路网络。

1. 量子比特的金字塔算法和小波包算法

量子比特小波酉算子包括量子比特小波包酉算子和量子比特小波金字塔酉算子。量子计算实现量子比特小波酉算子的关键步骤是建立这些正交小波酉算子的因式分解理论。

研究 2^l 维 – Daubechies 4 号正交小波的变换核,记为 $\boldsymbol{D}_{2^l}^{(4)}$。在这种正交小波变换的正交小波包理论和正交金字塔理论中,2^n 维小波包酉算子$\mathscr{P}$和小波金字塔酉算子$\mathscr{Q}$可以按照克式矩阵乘积和矩阵直和形式被分解为如下表达公式:

$$\begin{aligned}\mathscr{P}=&(\boldsymbol{I}_{2^{n-2}}\otimes\boldsymbol{D}_4^{(4)})(\boldsymbol{I}_{2^{n-3}}\otimes\boldsymbol{\Pi}_8)\cdots(\boldsymbol{I}_{2^{n-l}}\otimes\boldsymbol{D}_{2^l}^{(4)})(\boldsymbol{I}_{2^{n-l-1}}\otimes\boldsymbol{\Pi}_{2^{l+1}})\cdots\\&(\boldsymbol{I}_2\otimes\boldsymbol{D}_{2^{n-1}}^{(4)})\boldsymbol{\Pi}_{2^n}\boldsymbol{D}_{2^n}^{(4)}\end{aligned}$$

而且

$$\begin{aligned}\mathscr{Q}=&(\boldsymbol{D}_4^{(4)}\oplus\boldsymbol{I}_{2^n-4})(\boldsymbol{\Pi}_8\oplus\boldsymbol{I}_{2^n-8})\cdots(\boldsymbol{D}_{2^l}^{(4)}\oplus\boldsymbol{I}_{2^n-2^l})(\boldsymbol{\Pi}_{2^{l+1}}\oplus\boldsymbol{I}_{2^n-2^{l+1}})\cdots\\&(\boldsymbol{D}_{2^{n-1}}^{(4)}\oplus\boldsymbol{I}_{2^{n-1}})\boldsymbol{\Pi}_{2^n}\boldsymbol{D}_{2^n}^{(4)}\end{aligned}$$

利用小波包酉算子$\mathscr{P}$和金字塔酉算子$\mathscr{Q}$的这些因式分解公式,可以分析它们的量子计算实现线路网络的可行性和量子计算效率。

假设存在而且已经构造获得实现小波酉算子 $\boldsymbol{D}_{2^l}^{(4)}$ 的切实可行有效量子算法,那么,可以利用 $\boldsymbol{D}_{2^l}^{(4)}$ 的这个高效量子算法进一步直接构建量子计算实现克式矩阵乘积形式的酉算子$(\boldsymbol{I}_{2^{n-l}}\otimes\boldsymbol{D}_{2^l}^{(4)})$的高效量子算法。

另外,利用 n 取值任意自然数的完美交叠酉算子 $\boldsymbol{\Pi}_{2^n}$ 的因式分解公式:

$$\boldsymbol{\Pi}_{2^n}=(\boldsymbol{I}_{2^{n-2}}\otimes\boldsymbol{\Pi}_4)(\boldsymbol{I}_{2^{n-3}}\otimes\boldsymbol{\Pi}_4\otimes\boldsymbol{I}_2)\cdots(\boldsymbol{I}_{2^{n-l}}\otimes\boldsymbol{\Pi}_4\otimes\boldsymbol{I}_{2^{l-2}})\cdots$$

$$(\boldsymbol{I}_2 \otimes \boldsymbol{\Pi}_4 \otimes \boldsymbol{I}_{2^{n-3}})(\boldsymbol{\Pi}_4 \otimes \boldsymbol{I}_{2^{n-2}})$$

可以构建得到量子计算实现克式酉算子$(\boldsymbol{I}_{2^{n-l}} \otimes \boldsymbol{\Pi}_{2^l})$的高效量子线路网络。

但是,利用量子计算实现小波酉算子 $\boldsymbol{D}_{2^l}^{(4)}$ 的有效量子算法,设计并获得实现矩阵直和型条件酉算子$(\boldsymbol{D}_{2^l}^{(4)} \oplus \boldsymbol{I}_{2^n-2^l})$的有效量子计算算法并不容易。因此,在正交小波金字塔酉算子的量子算法中,核心困难是如何利用实现小波酉算子 $\boldsymbol{D}_{2^l}^{(4)}$ 的有效量子算法构建条件算子$(\boldsymbol{D}_{2^l}^{(4)} \oplus \boldsymbol{I}_{2^n-2^l})$的可行、高效量子计算线路网络。不过,量子金字塔算法所需的条件算子$(\boldsymbol{\Pi}_{2^l} \oplus \boldsymbol{I}_{2^n-2^l})$,可以利用 n 为任意自然数的完美交叠酉算子 $\boldsymbol{\Pi}_{2^n}$ 的因式分解公式,以及条件 $\boldsymbol{\Pi}_4$ 门的有效量子计算线路网络最终得到快速有效的量子实现。

注释　上述这些分析结果适合任何量子小波酉算子:① 量子小波包矩阵的任何物理可实现的、有效的因式分解算法能够直接自动转换为量子实现量子小波包酉算子的物理可实现的、有效的量子计算线路网络。② 量子小波金字塔矩阵是一种物理可实现的、有效的因式分解算法,因为其中涉及矩阵直和型条件酉算子,因而未必能自动转换得到实现与小波金字塔算法有直接关联的条件酉算子的量子计算网络线路。不过根据完美交叠置换酉算子的 $\boldsymbol{\Pi}_4$ 门及其与单位酉算子克式乘积形式的因子分解公式:

$$\boldsymbol{\Pi}_{2^n} = (\boldsymbol{I}_{2^{n-2}} \otimes \boldsymbol{\Pi}_4)(\boldsymbol{I}_{2^{n-3}} \otimes \boldsymbol{\Pi}_4 \otimes \boldsymbol{I}_2)\cdots(\boldsymbol{I}_{2^{n-l}} \otimes \boldsymbol{\Pi}_4 \otimes \boldsymbol{I}_{2^{l-2}})\cdots$$
$$(\boldsymbol{I}_2 \otimes \boldsymbol{\Pi}_4 \otimes \boldsymbol{I}_{2^{n-3}})(\boldsymbol{\Pi}_4 \otimes \boldsymbol{I}_{2^{n-2}})$$

结合条件 $\boldsymbol{\Pi}_4$ 门的量子实现线路网络,能够具体构造得到条件算子$(\boldsymbol{\Pi}_{2^l} \oplus \boldsymbol{I}_{2^n-2^l})$的高效量子计算线路网络。

2. 哈尔小波因子分解与量子算法

哈尔变换或者哈尔小波酉算子,先后被 Fino(1977 年)和 Hoyer(1997 年)按照经典计算理论和量子计算实现方式进行过深入的研究。特别地,Hoyer 根据广义克式矩阵乘积方法使用哈尔矩阵的递归定义并建立了正交哈尔矩阵 $\boldsymbol{H}_{2^n}$ 的量子计算因式分解公式:

$$\boldsymbol{H}_{2^n} = \boldsymbol{H}_{2^n}^{(1)} \boldsymbol{H}_{2^n}^{(2)}$$

$$\boldsymbol{H}_{2^n}^{(1)} = (\boldsymbol{I}_{2^{n-1}} \otimes \boldsymbol{W})(\boldsymbol{I}_{2^{n-2}} \otimes \boldsymbol{W} \oplus \boldsymbol{I}_{2^n-2^{n-1}})\cdots(\boldsymbol{I}_{2^{n-l}} \otimes \boldsymbol{W} \oplus \boldsymbol{I}_{2^n-2^{n-l+1}})\cdots(\boldsymbol{W} \oplus \boldsymbol{I}_{2^n-2})$$

$$\boldsymbol{H}_{2^n}^{(2)} = (\boldsymbol{\Pi}_4 \oplus \boldsymbol{I}_{2^n-4})\cdots(\boldsymbol{\Pi}_{2^l} \oplus \boldsymbol{I}_{2^n-2^l})\cdots(\boldsymbol{\Pi}_{2^{n-1}} \oplus \boldsymbol{I}_{2^{n-1}})\boldsymbol{\Pi}_{2^n}$$

利用酉算子 $\boldsymbol{H}_{2^n}$ 的这个因式分解公式构建获得量子计算实现量子哈尔小波的分块量子线路网络的示意图(图 5.13)。

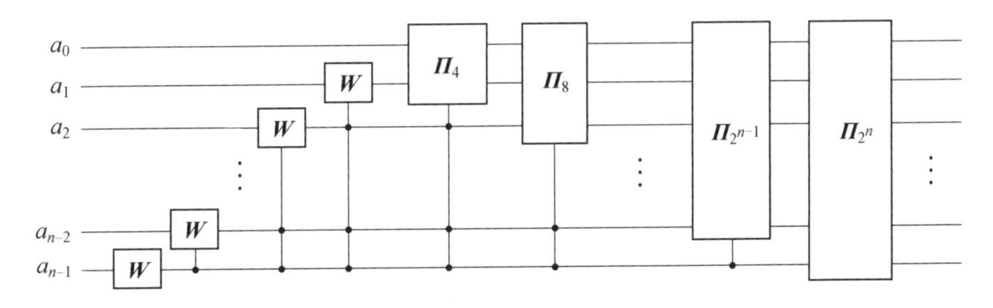

图 5.13　实现量子哈尔小波酉算子的分块量子线路网络

不过,这些研究结果仅部分解决了量子哈尔小波的量子实现和量子计算复杂性分析这两个问题。为了透彻理解这个事实,分别讨论通过矩阵乘积构成正交矩阵 $\boldsymbol{H}_{2^n}$ 的两个

酉算子 $\boldsymbol{H}_{2^n}^{(1)}$ 和 $\boldsymbol{H}_{2^n}^{(2)}$。显然，从这两个酉算子的定义表达形式可知，利用 $O(n)$ 个条件 $\boldsymbol{W}$ 门，按照量子计算复杂度为 $O(n)$ 就能够量子计算实现酉算子 $\boldsymbol{H}_{2^n}^{(1)}$。但是，只有在设计并构造得到量子计算实现酉算子 $(\boldsymbol{\Pi}_{2^l} \oplus \boldsymbol{I}_{2^n-2^l})$ 的物理可行、高效量子计算线路网络之后，酉算子 $\boldsymbol{H}_{2^n}^{(2)}$（从而按照因子分解表达的量子哈尔小波酉算子 $\boldsymbol{H}_{2^n}$）的量子计算实现物理可行性及量子计算的算法复杂度才能够得到彻底的分析和完整的评估。

回顾前述获得的完美交叠置换矩阵因子分解表达公式

$$\begin{aligned}\boldsymbol{\Pi}_{2^n} = &(\boldsymbol{I}_{2^{n-2}} \otimes \boldsymbol{\Pi}_4)(\boldsymbol{I}_{2^{n-3}} \otimes \boldsymbol{\Pi}_4 \otimes \boldsymbol{I}_2)\cdots(\boldsymbol{I}_{2^{n-l}} \otimes \boldsymbol{\Pi}_4 \otimes \boldsymbol{I}_{2^{l-2}})\cdots\\ &(\boldsymbol{I}_2 \otimes \boldsymbol{\Pi}_4 \otimes \boldsymbol{I}_{2^{n-3}})(\boldsymbol{\Pi}_4 \otimes \boldsymbol{I}_{2^{n-2}})\end{aligned}$$

以及图 5.11 所示的因子分解公式和量子计算线路网络，容易证明，只需要 $O(l)$ 个条件 $\boldsymbol{\Pi}_4$ 门（或受控 k - 非量子门）就可以在计算复杂度为 $O(l)$ 的规模下量子计算实现酉算子 $(\boldsymbol{\Pi}_{2^l} \oplus \boldsymbol{I}_{2^n-2^l})$。由此可以得到一个重要结论，即酉算子 $\boldsymbol{H}_{2^n}^{(2)}$，从而按照因子分解表达的量子哈尔小波酉算子 $\boldsymbol{H}_{2^n}$，需要使用 $O(n^2)$ 个量子逻辑门按照 $O(n^2)$ 的量子计算复杂度才能得到量子计算实现。

这样，不仅具体构造得到了实现哈尔小波变换或酉算子 $\boldsymbol{H}_{2^n}$ 的第一个物理可行的量子计算线路网络，同时建立了这个量子小波算子 $\boldsymbol{H}_{2^n}$ 的量子计算实现的时间复杂度和空间（量子逻辑门）复杂度。

总之，利用前述因式分解算法和量子计算实现酉算子 $\boldsymbol{H}_{2^l}$ 的量子线路网络，两个酉算子 $(\boldsymbol{I}_{2^n-2^l} \otimes \boldsymbol{H}_{2^l})$ 和 $(\boldsymbol{H}_{2^l} \oplus \boldsymbol{I}_{2^n-2^l})$ 都能够得到直接物理可行和有效的量子计算实现。由此可以推论，利用这里建立的哈尔小波酉算子因式分解表达公式能够保证，量子小波包酉算子 $\mathscr{P}$ 和量子小波金字塔酉算子 $\mathscr{Y}$ 量子计算实现的物理可行性和量子计算有效性。

3. Daubechies **小波分解与量子算法**

将 2^n 维 Daubechies 4 号正交小波表示为如下的酉矩阵：

$$\boldsymbol{D}_{2^n}^{(4)} = \left(\begin{array}{cccccccccc}
c_0 & c_1 & c_2 & c_3 & & & & & & \\
c_3 & -c_2 & c_1 & -c_0 & & & & & & \\
 & & c_0 & c_1 & c_2 & c_3 & & & & \\
 & & c_3 & -c_2 & c_1 & -c_0 & & & & \\
 & & & & & \ddots & & & & \\
 & & & & & & c_0 & c_1 & c_2 & c_3 \\
 & & & & & & c_3 & -c_2 & c_1 & -c_0 \\
\hline
c_2 & c_3 & & & & & & & c_0 & c_1 \\
c_1 & -c_0 & & & & & & & c_3 & -c_2
\end{array}\right)_{2^n \times 2^n}$$

其中的 Daubechies 4 号小波系数是

$$c_0 = \frac{1}{4\sqrt{2}}(1+\sqrt{3}),\quad c_1 = \frac{1}{4\sqrt{2}}(3+\sqrt{3}),\quad c_2 = \frac{1}{4\sqrt{2}}(3-\sqrt{3}),\quad c_3 = \frac{1}{4\sqrt{2}}(1-\sqrt{3})$$

在经典计算理论中，利用上述矩阵的稀疏结构，实现小波算子 $\boldsymbol{D}_{2^n}^{(4)}$ 的最佳计算成本是 $O(2^n)$ 实现。上述稀疏结构的矩阵 $\boldsymbol{D}_{2^n}^{(4)}$ 不适合量子计算实现。为了得到一个物理可行的有效量子计算实现，需要建立量子小波酉算子 $\boldsymbol{D}_{2^n}^{(4)}$ 的一个合适的因式分解。容易证明，酉算子 $\boldsymbol{D}_{2^n}^{(4)}$ 可以典型地表示为如下的因式分解形式：

$$\boldsymbol{D}_{2^n}^{(4)} = (\boldsymbol{I}_{2^{n-1}} \otimes \boldsymbol{C}_1)\boldsymbol{S}_{2^n}(\boldsymbol{I}_{2^{n-1}} \otimes \boldsymbol{C}_0)$$

其中

$$\boldsymbol{C}_0 = 2\begin{pmatrix} c_3 & -c_2 \\ -c_2 & c_3 \end{pmatrix} = \frac{1}{2\sqrt{2}}\begin{pmatrix} 1-\sqrt{3} & -3+\sqrt{3} \\ -3+\sqrt{3} & 1-\sqrt{3} \end{pmatrix}$$

$$\boldsymbol{C}_1 = \frac{1}{2}\begin{pmatrix} \dfrac{c_0}{c_3} & 1 \\ 1 & \dfrac{c_1}{c_2} \end{pmatrix} = \frac{1}{2}\begin{pmatrix} -(2+\sqrt{3}) & 1 \\ 1 & 2+\sqrt{3} \end{pmatrix}$$

此外，$\boldsymbol{S}_{2^n} = (s_{kl})_{2^n\times 2^n}$ 是一个置换矩阵，其经典描述由下式给出：

$$s_{kl} = \begin{cases} 1, & l = k, k = 0\bmod(2) \\ 1, & l = (k+2)\bmod(2^n) \\ 0, & \text{其他} \end{cases}$$

或者

$$\boldsymbol{S}_{2^n} = \begin{pmatrix} 1 & 0 & & & & & & \\ & & 0 & 1 & & & & \\ & & 1 & 0 & & & & \\ & & & & \ddots & & & \\ & & & & & & 0 & 1 \\ & & & & & & 1 & 0 \\ 0 & 1 & & & & & 0 & 0 \end{pmatrix}_{2^n\times 2^n}$$

实际上，置换矩阵 $\boldsymbol{S}_{2^n} = (s_{kl})_{2^n\times 2^n}$ 的每一行和每一列都只有唯一一个数值等于 1 的非 0 元素，其余元素都是 0。具体地说，在矩阵 $\boldsymbol{S}_{2^n} = (s_{kl})_{2^n\times 2^n}$ 中，编号为 $k = 0, 2, \cdots, 2^n - 2$ 这些偶数行，其唯一的数值等于 1 的非 0 元素处于主对角线上，即 $s_{k,k} = 1$；对于编号为 $k = 1, 3, \cdots, 2^n - 3$ 这些奇数行，其唯一的数值等于 1 的非 0 元素是 $s_{k,k+2} = 1$，而当 $k = (2^n - 1)$ 时，即 $\boldsymbol{S}_{2^n} = (s_{kl})_{2^n\times 2^n}$ 的最后一行，其唯一的数值等于 1 的非 0 元素是 $s_{k,1} = s_{(2^n-1),1} = 1$。

按照量子小波酉算子 $\boldsymbol{D}_{2^n}^{(4)}$ 的前述因式分解，可以构造得到量子计算实现算子 $\boldsymbol{D}_{2^n}^{(4)}$ 的量子线路网络，如图 5.14 所示。

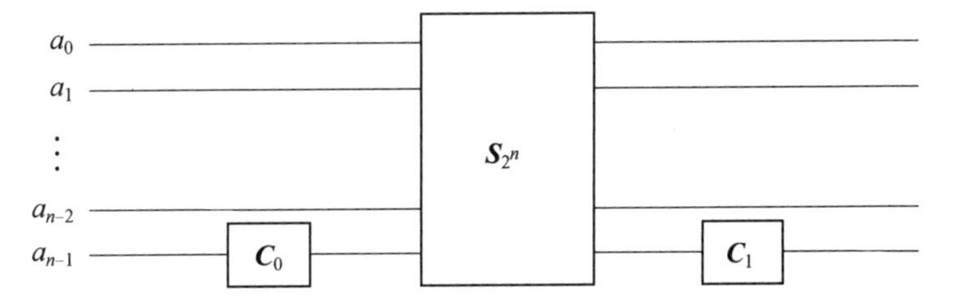

图 5.14　实现量子比特小波酉算子 $\boldsymbol{D}_{2^n}^{(4)}$ 的量子线路网络

显然,按照前述分解表达式,量子计算实现量子比特小波酉算子 $\boldsymbol{D}_{2^n}^{(4)}$ 的量子线路网络物理可行性和计算复杂度分析的关键问题,是置换矩阵 $\boldsymbol{S}_{2^n}$ 的量子计算实现问题。

置换矩阵 $\boldsymbol{S}_{2^n}$ 的量子算法描述可以给出如下:

$$\boldsymbol{S}_{2^n}:|a_{n-1}a_{n-2}\cdots a_1a_0\rangle \mapsto |b_{n-1}b_{n-2}\cdots b_1b_0\rangle$$

其中

$$(b_{n-1}b_{n-2}\cdots b_1b_0)_2=\begin{cases}(a_{n-1}a_{n-2}\cdots a_1a_0)_2, & a_0=0\\(a_{n-1}a_{n-2}\cdots a_1a_0)_2-2\mathrm{mod}(2^n), & a_0=1\end{cases}$$

置换矩阵 $\boldsymbol{S}_{2^n}$ 的量子描述的直观解释是:

(1)$a_0=1,b_0=a_0=1$,而且:

① 当 $a_{n-1}+\cdots+a_1\neq 0$ 时,$(b_{n-1}b_{n-2}\cdots b_1)_2=(a_{n-1}a_{n-2}\cdots a_1)_2-1$;

② 当 $a_{n-1}+\cdots+a_1=0$ 时,$b_{n-1}=\cdots=b_1=1$;

(2)$a_0=0,(b_{n-1}b_{n-2}\cdots b_1b_0)_2=(a_{n-1}a_{n-2}\cdots a_1a_0)_2$。

利用得到普遍认可的实现初等算术运算的量子线路网络,可以直接构建实现算子 $\boldsymbol{S}_{2^n}$ 的计算复杂度为 $O(n)$ 的量子线路网络。这样,形如($\boldsymbol{I}_{2^{n-l}}\otimes\boldsymbol{D}_{2^l}^{(4)}$)或($\boldsymbol{D}_{2^l}^{(4)}\otimes\boldsymbol{I}_{2^{n-l}}$)的酉算子及量子小波包酉算子都可以直接得到有效量子计算实现。不过,这些成果还不能直接运用到形如($\boldsymbol{I}_{2^n-2^l}\oplus\boldsymbol{D}_{2^l}^{(4)}$)或($\boldsymbol{D}_{2^l}^{(4)}\oplus\boldsymbol{I}_{2^n-2^l}$)的酉算子及量子小波金字塔酉算子的量子计算实现问题的研究中,这些酉算子的量子实现的物理可行性、有效性及计算复杂度有待进一步分析讨论。

5.3.4 Daubechies 小波的高效量子计算

本小节将研究 Daubechies 4 号正交小波矩阵 $\boldsymbol{D}^{(4)}$ 的由其他比特置换矩阵和量子傅里叶变换酉算子构成的因式分解表达式,并由此建立三个能够高效量子计算实现 Daubechies 4 号小波酉算子 $\boldsymbol{D}^{(4)}$ 的量子线路网络,其中有一个需要使用著名的量子傅里叶变换计算网络。

1. Daubechies 小波高效置换分解

为了构造 Daubechies 小波酉算子的高效置换矩阵分解表达式,首先将比特置换矩阵 $\boldsymbol{S}_{2^n}$ 按照如下方式写成两个置换矩阵 $\boldsymbol{Q}_{2^n}$ 和 $\boldsymbol{R}_{2^n}$ 的乘积:

$$\boldsymbol{S}_{2^n}=\boldsymbol{Q}_{2^n}\boldsymbol{R}_{2^n}$$

式中,$\boldsymbol{Q}_{2^n}$ 被称为下移置换矩阵,$\boldsymbol{R}_{2^n}$ 被称为多比特泡利 - X 量子门,具体为

$$\boldsymbol{Q}_{2^n}=\begin{pmatrix}0 & 1 & & \\ \vdots & \vdots & \ddots & \\ 0 & 0 & \cdots & 1\\ 1 & 0 & \cdots & 0\end{pmatrix},\quad \boldsymbol{R}_{2^n}=\begin{pmatrix}0 & 1 & & & \\ 1 & 0 & & & \\ & & \ddots & & \\ & & & 0 & 1\\ & & & 1 & 0\end{pmatrix}$$

如果使用张量积方法和泡利 - X 量子门,那么,矩阵 $\boldsymbol{R}_{2^n}$ 可以表示为

$$\boldsymbol{R}_{2^n}=\boldsymbol{I}_{2^{n-1}}\otimes\boldsymbol{N},\quad \boldsymbol{N}=\boldsymbol{X}=\begin{pmatrix}0 & 1\\ 1 & 0\end{pmatrix}$$

其中，$\boldsymbol{N}$ 就是量子力学中经常使用的泡利 $-X$ 量子门（单比特量子非门）。

利用量子比特小波 $\boldsymbol{D}_{2^n}^{(4)}$ 的已知因子分解表达式

$$\boldsymbol{D}_{2^n}^{(4)} = (\boldsymbol{I}_{2^{n-1}} \otimes \boldsymbol{C}_1)\boldsymbol{S}_{2^n}(\boldsymbol{I}_{2^{n-1}} \otimes \boldsymbol{C}_0)$$

结合这里给出的置换矩阵 $\boldsymbol{R}_{2^n}$ 和 $\boldsymbol{S}_{2^n}$ 分解表达式，得到量子比特小波酉算子 $\boldsymbol{D}_{2^n}^{(4)}$ 的如下高效置换矩阵分解表达式：

$$\boldsymbol{D}_{2^n}^{(4)} = (\boldsymbol{I}_{2^{n-1}} \otimes \boldsymbol{C}_1)\boldsymbol{Q}_{2^n}(\boldsymbol{I}_{2^{n-1}} \otimes \boldsymbol{N})(\boldsymbol{I}_{2^{n-1}} \otimes \boldsymbol{C}_0) = (\boldsymbol{I}_{2^{n-1}} \otimes \boldsymbol{C}_1)\boldsymbol{Q}_{2^n}(\boldsymbol{I}_{2^{n-1}} \otimes \boldsymbol{C}_0')$$

$$\boldsymbol{C}_0' = \boldsymbol{N} \cdot \boldsymbol{C}_0 = 2\begin{pmatrix} -c_2 & c_3 \\ c_3 & -c_2 \end{pmatrix} = \frac{1}{2\sqrt{2}}\begin{pmatrix} -3+\sqrt{3} & 1-\sqrt{3} \\ 1-\sqrt{3} & -3+\sqrt{3} \end{pmatrix}$$

利用量子比特小波酉算子 $\boldsymbol{D}_{2^n}^{(4)}$ 的这个分解表达式，可以构建量子计算实现酉算子 $\boldsymbol{D}_{2^n}^{(4)}$ 的分块量子线路网络，如图 5.15 所示。

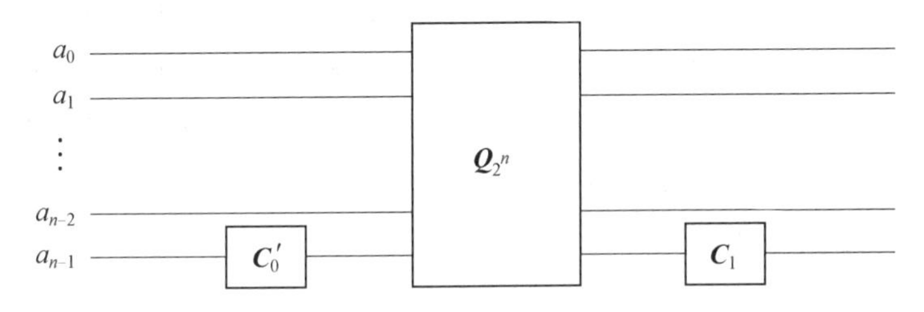

图 5.15　实现量子比特小波酉算子 $\boldsymbol{D}_{2^n}^{(4)}$ 的分块量子计算网络

显然，按照量子比特小波酉算子 $\boldsymbol{D}_{2^n}^{(4)}$ 的前述分解表达式，算子 $\boldsymbol{D}_{2^n}^{(4)}$ 的物理可行量子比特门阵列实现，以及对应的时间复杂度和空间（量子门）复杂度分析的核心问题，是量子计算实现置换矩阵 $\boldsymbol{Q}_{2^n}$ 的物理可行、计算高效的量子计算线路网络的构造问题。为此在后续的研究中，将构造和建立三种物理可行的高效量子计算实现置换矩阵 $\boldsymbol{Q}_{2^n}$ 的量子线路网络，为量子比特小波酉矩阵 $\boldsymbol{D}_{2^n}^{(4)}$ 的量子实现奠定量子力学和量子计算基础。

2. 下移置换量子算法

将置换矩阵 $\boldsymbol{Q}_{2^n}$ 作为一个量子算术运算算子进行描述，根据这样的描述可以构造得到实现置换矩阵 $\boldsymbol{Q}_{2^n}$ 的第一个量子计算线路网络。

在这里观察得到置换矩阵 $\boldsymbol{Q}_{2^n}$ 的一种如下形式的量子算术运算描述：

$$\boldsymbol{Q}_{2^n}: |a_{n-1}a_{n-2}\cdots a_1a_0\rangle \mapsto |b_{n-1}b_{n-2}\cdots b_1b_0\rangle$$

$$(b_{n-1}b_{n-2}\cdots b_1b_0)_2 = (a_{n-1}a_{n-2}\cdots a_1a_0)_2 - 1\bmod(2^n)$$

在这里把一个 n 位的二进制字符串比如 $a_{n-1}a_{n-2}\cdots a_1a_0$ 理解为 $(a_{n-1}a_{n-2}\cdots a_1a_0)_2$，即一个 n 位的二进制形式的自然数，有

$$(a_{n-1}a_{n-2}\cdots a_1a_0)_2 = a_{n-1}\times 2^{n-1} + a_{n-2}\times 2^{n-2} + \cdots + a_1\times 2^1 + a_0\times 2^0 = \sum_{\xi=0}^{n-1} a_\xi \times 2^\xi$$

利用复杂度为 $O(n)$ 的量子算术运算线路网络，从置换算子 $\boldsymbol{Q}_{2^n}$ 的这个量子描述即可构造能够量子计算实现 $\boldsymbol{Q}_{2^n}$ 的量子线路网络。值得注意的是，算子 $\boldsymbol{Q}_{2^n}$ 的这种算术运算描述比 $\boldsymbol{S}_{2^n}$ 更简单，因为它不涉及条件量子算术运算操作（即相同的算术操作将被作用于所有量子比特），因此它能够比 $\boldsymbol{S}_{2^n}$ 更容易按照量子网络线路完成量子计算。置换算子 $\boldsymbol{Q}_{2^n}$ 和量子比特小波酉矩阵 $\boldsymbol{D}_{2^n}^{(4)}$ 的量子算术算法，可以直接扩展到如 $(\boldsymbol{I}_{2^{n-l}} \otimes \boldsymbol{D}_{2^l}^{(4)})$ 或

$(\boldsymbol{D}_{2^l}^{(4)} \otimes \boldsymbol{I}_{2^{n-l}})$ 这样的酉算子及量子比特小波包酉算子的量子计算实现。

但是,形如$(\boldsymbol{I}_{2^n-2^l} \oplus \boldsymbol{D}_{2^l}^{(4)})$ 或$(\boldsymbol{D}_{2^l}^{(4)} \oplus \boldsymbol{I}_{2^n-2^l})$ 的酉算子及量子比特小波金字塔算法量子计算实现的物理可实现性和计算有效性都还需要更深入的分析讨论。

3. 下移置换的 QFT 分解算法

利用有限傅里叶变换的量子计算算法即 QFT 算法,可以直接得到实现置换矩阵 $\boldsymbol{Q}_{2^n}$ 的一种物理可行的高效因式分解和量子计算网络。

因为置换矩阵 $\boldsymbol{Q}_{2^n}$ 的行向量是周期循环的,即置换矩阵 $\boldsymbol{Q}_{2^n}$ 的全部行向量可以由它的任何一个行向量每次向右循环位移一列依次经过(2^n-1) 次循环位移得到,同时,置换矩阵 $\boldsymbol{Q}_{2^n}$ 的列向量也是周期循环的,即置换矩阵 $\boldsymbol{Q}_{2^n}$ 的全部列向量可以由它的任何一个列向量每次向下循环位移一行依次经过(2^n-1) 次循环位移得到,因此,$2^n \times 2^n$ 的有限傅里叶变换可以使置换矩阵 $\boldsymbol{Q}_{2^n}$ 对角化,对角线上的元素正好是 $\boldsymbol{Q}_{2^n}$ 的特征值,而且,因为置换矩阵 $\boldsymbol{Q}_{2^n}$ 的全部行向量正好是 2^n 维向量空间的平凡规范正交基,因此,$2^n \times 2^n$ 的有限傅里叶变换矩阵 $\boldsymbol{F}_{2^n}$ 的全部列向量正好是置换矩阵 $\boldsymbol{Q}_{2^n}$ 的一组完全的规范正交特征向量系,同时,对应的特征值序列是 $\lambda_k = \omega_{2^n}^k, k = 0,1,\cdots,2^n-1$,其中 $\omega_{2^n} = \mathrm{e}^{-2\pi\mathrm{i}\times 2^{-n}}$。

这样,利用置换矩阵 $\boldsymbol{Q}_{2^n}$ 的矩阵形式特征方程

$$\boldsymbol{Q}_{2^n}\boldsymbol{F}_{2^n} = \boldsymbol{F}_{2^n}\boldsymbol{T}_{2^n}$$

可以直接得到置换矩阵 $\boldsymbol{Q}_{2^n}$,根据有限傅里叶变换矩阵 $\boldsymbol{F}_{2^n}$ 构成的因式分解

$$\boldsymbol{Q}_{2^n} = \boldsymbol{F}_{2^n}\boldsymbol{T}_{2^n}\boldsymbol{F}_{2^n}^*$$

其中,$\boldsymbol{T}_{2^n} = \mathrm{Diag}\{1,\omega_{2^n},\omega_{2^n}^2,\cdots,\omega_{2^n}^{2^n-1}\}$ 是一个对角矩阵;上标 * 表示矩阵的复数共轭转置。

回顾 Loan(1992 年)所建立的快速傅里叶变换计算方法,其中将一个 2^n - 维向量的经典有限傅里叶变换按 Cooley - Tukey 方式分解表示为

$$\boldsymbol{F}_{2^n} = \underline{\boldsymbol{F}}_{2^n}\boldsymbol{P}_{2^n}$$

利用酉算子 $\boldsymbol{F}_{2^n}$ 的这个高效 Cooley - Tukey 因式分解,可以将置换矩阵 $\boldsymbol{Q}_{2^n}$ 再次分解表达如下:

$$\boldsymbol{Q}_{2^n} = \underline{\boldsymbol{F}}_{2^n}\boldsymbol{P}_{2^n}\boldsymbol{T}_{2^n}\boldsymbol{P}_{2^n}\underline{\boldsymbol{F}}_{2^n}^*$$

容易证明,对角矩阵 $\boldsymbol{T}_{2^n}$ 有如下因式分解:

$$\begin{aligned}\boldsymbol{T}_{2^n} = &[\boldsymbol{G}(\omega_{2^n}^{2^{n-1}}) \otimes \boldsymbol{I}_{2^{n-1}}][\boldsymbol{I}_{2^1} \otimes \boldsymbol{G}(\omega_{2^n}^{2^{n-2}}) \otimes \boldsymbol{I}_{2^{n-2}}]\cdots[\boldsymbol{I}_{2^{l-1}} \otimes \boldsymbol{G}(\omega_{2^n}^{2^{n-l}}) \otimes \boldsymbol{I}_{2^{n-l}}]\cdots\\ &[\boldsymbol{I}_{2^{n-2}} \otimes \boldsymbol{G}(\omega_{2^n}^{2^1}) \otimes \boldsymbol{I}_{2^1}][\boldsymbol{I}_{2^{n-1}} \otimes \boldsymbol{G}(\omega_{2^n}^{2^0})]\end{aligned}$$

其中

$$\boldsymbol{G}(\omega_{2^n}^{2^k}) = \mathrm{Diag}(1,\omega_{2^n}^{2^k}) = \begin{pmatrix}1 & 0\\ 0 & \omega_{2^n}^{2^k}\end{pmatrix}, \quad k = 0,1,\cdots,n-1$$

利用对角矩阵 $\boldsymbol{T}_{2^n}$ 的这个因子分解公式,使用 n 个单量子比特 $\boldsymbol{G}(\omega_{2^n}^{2^k})$ 门即可直接建立实现算子 $\boldsymbol{T}_{2^n}$ 的高效量子计算线路网络,如图 5.16 所示。

将这些结果与实现置换算子 $\boldsymbol{P}_{2^n}$ 和 QFT 的物理可行的高效量子计算网络相结合,就得到量子计算实现量子比特小波酉矩阵 $\boldsymbol{D}_{2^n}^{(4)}$ 的一个完整的物理可行、计算高效的量子逻

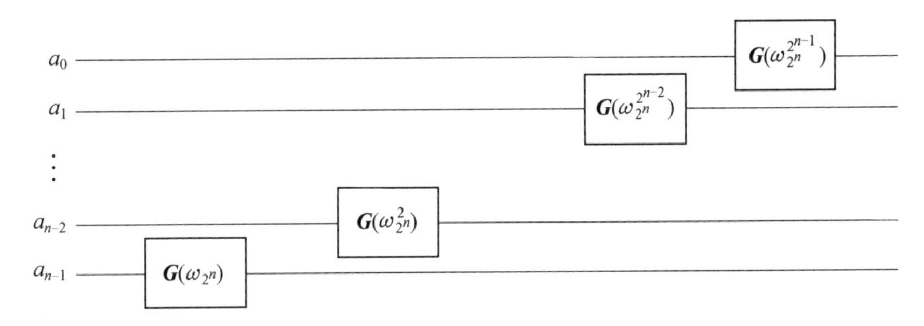

图5.16　量子计算实现对角算子 T_{2^n} 的高效量子线路网络

辑门阵列线路网络。

易证只需简单翻转图5.16中各个量子门的顺序,按照如下表达形式就可以得到实现酉算子 $P_{2^n}T_{2^n}P_{2^n}$ 的物理可行、计算高效的量子逻辑门阵列线路网络:

$$P_{2^n}T_{2^n}P_{2^n}=P_{2^n}[G(\omega_{2^n}^{2^{n-1}})\otimes I_{2^{n-1}}][I_{2^1}\otimes G(\omega_{2^n}^{2^{n-2}})\otimes I_{2^{n-2}}]\cdots$$
$$[I_{2^{l-1}}\otimes G(\omega_{2^n}^{2^{n-l}})\otimes I_{2^{n-l}}]\cdots[I_{2^{n-2}}\otimes G(\omega_{2^n}^{2^1})\otimes I_{2^1}][I_{2^{n-1}}\otimes G(\omega_{2^n}^{2^0})]P_{2^n}$$

这样,在不需要利用额外实现算子 P_{2^n} 的量子线路网络前提下,可以建立实现量子比特小波酉矩阵的更高效量子计算线路网络。这个重要结论需要由以下三个酉矩阵恒等式给出的酉算子交换性才能够得到理论保证:

$$P_{2^n}[G(\omega_{2^n}^{2^{n-1}})\otimes I_{2^{n-1}}]=[I_{2^{n-1}}\otimes G(\omega_{2^n}^{2^{n-1}})]P_{2^n}\quad ①$$

$$P_{2^n}[I_{2^{n-l}}\otimes G(\omega_{2^n}^{2^{n-l}})\otimes I_{2^{l-1}}]=[I_{2^{l-1}}\otimes G(\omega_{2^n}^{2^{n-l}})\otimes I_{2^{n-l}}]P_{2^n},\quad l=1,2,\cdots,n-2\quad ②$$

$$P_{2^n}[I_{2^{n-1}}\otimes G(\omega_{2^n}^{2^0})]=[G(\omega_{2^n}^{2^0})\otimes I_{2^{n-1}}]P_{2^n}\quad ③$$

实际上,按照出现在这三个恒等式中的各个酉算子的物理意义,稍加解释即知这几个恒等式的成立几乎是不证自明的。

在公式①中,等式左侧的意义是,首先对最后一个量子比特(最高位)应用 $G(\omega_{2^n}^{2^{n-1}})$,然后在所有量子比特上应用 P_{2^n},即翻转量子比特的顺序。然而,这等价于先翻转比特顺序,即应用置换算子 P_{2^n},之后在第一个量子比特(最低位)上应用操作 $G(\omega_{2^n}^{2^{n-1}})$,这就是第一个公式等式右边描述的运算。显然,这两者应该具有相同的作用。

在公式②中,等式左边的量子计算含义是,先对第 $(n-l)$ 个量子比特应用 $G(\omega_{2^n}^{2^{n-l}})$,然后翻转量子比特顺序。这显然等价于先翻转量子比特顺序,然后对第 l 个量子比特应用 $G(\omega_{2^n}^{2^{n-l}})$,这正好就是这个等式右侧描述的量子运算。

在公式③中,公式左侧表示对第一个量子比特(最低位)先应用 $G(\omega_{2^n})$,然后翻转量子比特顺序,这明显等价于先翻转量子比特的顺序,之后对最后一个量子比特(最高位)应用 $G(\omega_{2^n})$,此即等式右侧量子运算的含义。

在酉算子 $P_{2^n}T_{2^n}P_{2^n}$ 的前述因子分解表达式中,从左到右逐次应用这三个恒等式,并利用算子 P_{2^n} 的对称性以及结果 $P_{2^n}P_{2^n}=I_{2^n}$,简单明了构造性得到酉算子 $P_{2^n}T_{2^n}P_{2^n}$ 的只包含量子逻辑门 $-G(\omega_{2^n}^{2^{n-l}})$ 门,其中 $l=0,1,\cdots,n-1$ 的因子分解表达公式:

$$P_{2^n}T_{2^n}P_{2^n}=[I_{2^{n-1}}\otimes G(\omega_{2^n}^{2^{n-1}})][I_{2^{n-2}}\otimes G(\omega_{2^n}^{2^{n-2}})\otimes I_{2^1}]\cdots[I_{2^{n-l}}\otimes G(\omega_{2^n}^{2^{n-l}})\otimes I_{2^{l-1}}]\cdots$$
$$[I_{2^1}\otimes G(\omega_{2^n}^{2^1})\otimes I_{2^{n-2}}][G(\omega_{2^n}^{2^0})\otimes I_{2^{n-1}}]$$

由此可知,通过翻转图5.16中各个量子门的顺序即可得到量子计算实现$P_{2^n}T_{2^n}P_{2^n}$的物理可行高效量子计算线路网络,如图5.17所示。

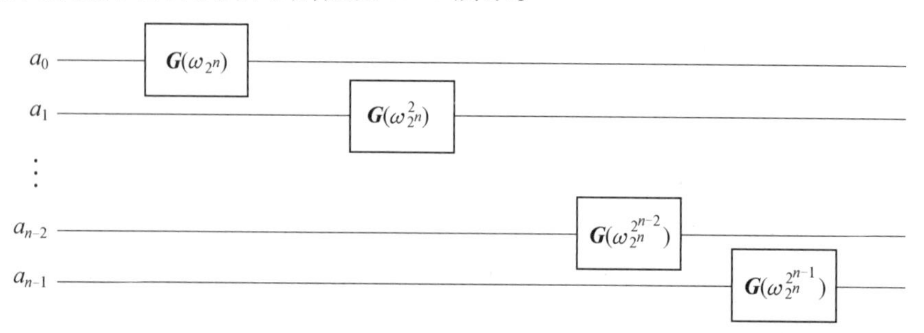

图5.17 实现酉算子$P_{2^n}T_{2^n}P_{2^n}$的量子门阵列高效量子计算线路网络

事实上,酉算子P_{2^n}的这个因式分解表达式是Cooley – Tukey因式分解的一个直接推论,它同时保证了在不利用额外实现算子P_{2^n}的量子计算网络前提下,直接利用置换矩阵Q_{2^n}的因子分解公式$Q_{2^n}=F_{2^n}T_{2^n}F_{2^n}^*$构造量子计算实现置换矩阵$Q_{2^n}$的物理可行高效量子线路网络。

总之,利用置换矩阵Q_{2^n}的因子分解$Q_{2^n}=F_{2^n}T_{2^n}F_{2^n}^*$和酉算子$P_{2^n}T_{2^n}P_{2^n}$的因子分解,得到一个十分重要的结论,即量子计算实现置换矩阵Q_{2^n}及量子比特小波酉算子$D_{2^n}^{(4)}$的量子计算复杂度,与QFT是一样的:精确量子计算实现需要的复杂度为$O(n^2)$,而m阶近似实现需要的复杂度为$O(nm)$。

利用实现置换矩阵Q_{2^n}和酉算子$P_{2^n}T_{2^n}P_{2^n}$的量子网络,结合由量子比特小波酉算子$D_{2^n}^{(4)}$的因子分解公式

$$D_{2^n}^{(4)}=(I_{2^{n-1}}\otimes C_1)Q_{2^n}(I_{2^{n-1}}\otimes N)(I_{2^{n-1}}\otimes C_0)=(I_{2^{n-1}}\otimes C_1)Q_{2^n}(I_{2^{n-1}}\otimes C_0')$$

利用衍生构造的物理可行高效量子计算线路网络,可直接获得物理可行高效量子计算实现$(I_{2^{n-l}}\otimes D_{2^l}^{(4)})$和$(D_{2^l}^{(4)}\oplus I_{2^n-2^l})$的量子线路网络。这个结果说明,根据量子比特小波酉算子$D_{2^n}^{(4)}$的这种量子算法,可以同时保证按照量子计算实现量子比特小波包算法和量子比特小波金字塔算法的物理可行性和量子计算有效性。

4. 下移置换的递归因式分解

在这里将利用完美交叠置换矩阵Π_{2^n}获得下移置换矩阵Q_{2^n}的一个相似变换,并据此构造置换矩阵Q_{2^n}的便于量子计算实现的递归因式分解表达式。

根据下移置换矩阵Q_{2^n}和完美交叠置换矩阵Π_{2^n}的定义,容易得到分块 – 反对角化表达式为

$$\Pi_{2^n}^{\mathrm{T}}Q_{2^n}\Pi_{2^n}=\begin{pmatrix}0 & I_{2^{n-1}}\\ Q_{2^{n-1}} & 0\end{pmatrix}$$

按照酉算子的张量积、直和和乘积形式将上式转换为

$$\Pi_{2^n}^{\mathrm{T}}Q_{2^n}\Pi_{2^n}=\begin{pmatrix}0 & I_{2^{n-1}}\\ I_{2^{n-1}} & 0\end{pmatrix}\begin{pmatrix}Q_{2^{n-1}} & 0\\ 0 & I_{2^{n-1}}\end{pmatrix}=(N\otimes I_{2^{n-1}})(Q_{2^{n-1}}\oplus I_{2^{n-1}})$$

其中,$N=X$是量子力学中的泡利 – X量子门(单量子比特非门)。

这样,得到 $\boldsymbol{Q}_{2^n}$ 的第一个递归形式的因式分解表达式为

$$\boldsymbol{Q}_{2^n}=\boldsymbol{\Pi}_{2^n}(N\otimes\boldsymbol{I}_{2^{n-1}})(\boldsymbol{Q}_{2^{n-1}}\oplus\boldsymbol{I}_{2^{n-1}})\boldsymbol{\Pi}_{2^n}^{\mathrm{T}}$$

将其中的 n 替换为 $n-1$ 就得到 $\boldsymbol{Q}_{2^{n-1}}$ 的一个类似因式分解,两者结合可得

$$\boldsymbol{Q}_{2^n}=\boldsymbol{\Pi}_{2^n}(N\otimes\boldsymbol{I}_{2^{n-1}})\{[\boldsymbol{\Pi}_{2^{n-1}}(N\otimes\boldsymbol{I}_{2^{n-2}})(\boldsymbol{Q}_{2^{n-2}}\oplus\boldsymbol{I}_{2^{n-2}})\boldsymbol{\Pi}_{2^{n-1}}^{\mathrm{T}}]\oplus\boldsymbol{I}_{2^{n-1}}\}\boldsymbol{\Pi}_{2^n}^{\mathrm{T}}$$

利用矩阵恒等式

$$\boldsymbol{\Pi}_{2^{n-1}}\boldsymbol{A}\boldsymbol{\Pi}_{2^{n-1}}^{\mathrm{T}}\oplus\boldsymbol{I}_{2^{n-1}}=(\boldsymbol{I}_2\otimes\boldsymbol{\Pi}_{2^{n-1}})(\boldsymbol{A}\oplus\boldsymbol{I}_{2^{n-1}})(\boldsymbol{I}_2\otimes\boldsymbol{\Pi}_{2^{n-1}}^{\mathrm{T}})$$

其中,$\boldsymbol{A}\in\mathbf{R}^{2^{n-1}\times2^{n-1}}$ 是任意的 $2^{n-1}\times2^{n-1}$ 矩阵,进一步得到 $\boldsymbol{Q}_{2^n}$ 的简化表达式为

$$\boldsymbol{Q}_{2^n}=\boldsymbol{\Pi}_{2^n}(N\otimes\boldsymbol{I}_{2^{n-1}})(\boldsymbol{I}_2\otimes\boldsymbol{\Pi}_{2^{n-1}})(N\otimes\boldsymbol{I}_{2^{n-2}})[(\boldsymbol{Q}_{2^{n-2}}\oplus\boldsymbol{I}_{2^{n-2}})\oplus\boldsymbol{I}_{2^{n-1}}](\boldsymbol{I}_2\otimes\boldsymbol{\Pi}_{2^{n-1}}^{\mathrm{T}})\boldsymbol{\Pi}_{2^n}^{\mathrm{T}}$$

容易验证如下酉算子恒等式成立:

$$\begin{aligned}(N\otimes\boldsymbol{I}_{2^{n-2}})(\boldsymbol{Q}_{2^{n-2}}\oplus\boldsymbol{I}_{2^{n-2}})\oplus\boldsymbol{I}_{2^{n-1}}&=(N\otimes\boldsymbol{I}_{2^{n-2}}\oplus\boldsymbol{I}_{2^{n-1}})(\boldsymbol{Q}_{2^{n-2}}\oplus\boldsymbol{I}_{2^{n-2}}\oplus\boldsymbol{I}_{2^{n-1}})\\&=(N\otimes\boldsymbol{I}_{2^{n-2}}\oplus\boldsymbol{I}_{2^{n-1}})(\boldsymbol{Q}_{2^{n-2}}\oplus\boldsymbol{I}_{3\times2^{n-2}})\end{aligned}$$

利用这个公式,再次改写 $\boldsymbol{Q}_{2^n}$ 的表达式如下:

$$\boldsymbol{Q}_{2^n}=\boldsymbol{\Pi}_{2^n}(N\otimes\boldsymbol{I}_{2^{n-1}})(\boldsymbol{I}_2\otimes\boldsymbol{\Pi}_{2^{n-1}})(N\otimes\boldsymbol{I}_{2^{n-2}}\oplus\boldsymbol{I}_{2^{n-1}})(\boldsymbol{Q}_{2^{n-2}}\oplus\boldsymbol{I}_{2^n-2^{n-2}})(\boldsymbol{I}_2\otimes\boldsymbol{\Pi}_{2^{n-1}}^{\mathrm{T}})\boldsymbol{\Pi}_{2^n}^{\mathrm{T}}$$

对所有 $\boldsymbol{Q}_{2^k}$,按照 $k=n-3,\cdots,2,1$ 顺序重复上述过程,注意到 $\boldsymbol{Q}_2=\boldsymbol{N}$,可得

$$\boldsymbol{Q}_{2^n}=\boldsymbol{\Pi}_{2^n}(N\otimes\boldsymbol{I}_{2^{n-1}})\boxed{(\boldsymbol{I}_2\otimes\boldsymbol{\Pi}_{2^{n-1}})(N\otimes\boldsymbol{I}_{2^{n-2}}\oplus\boldsymbol{I}_{2^{n-1}})\cdots(\boldsymbol{I}_{2^{n-2}}\otimes\boldsymbol{\Pi}_4)(N\otimes\boldsymbol{I}_2\oplus\boldsymbol{I}_{2^n-4})}$$
$$(N\oplus\boldsymbol{I}_{2^n-2})\boxed{(\boldsymbol{I}_{2^{n-2}}\otimes\boldsymbol{\Pi}_4^{\mathrm{T}})\cdots(\boldsymbol{I}_2\otimes\boldsymbol{\Pi}_{2^{n-1}}^{\mathrm{T}})\boldsymbol{\Pi}_{2^n}^{\mathrm{T}}}$$

为了进一步简化置换矩阵 $\boldsymbol{Q}_{2^n}$ 的因式分解表达式,先给出并证明如下关于算子组 $\boldsymbol{I}_{2^k}\otimes\boldsymbol{\Pi}_{2^{n-k}}$ 和算子组$(N\otimes\boldsymbol{I}_{2^{n-j}}\oplus\boldsymbol{I}_{2^n-2^{n-j+1}})$之间的交换性:

当$k=n-2,\cdots,2,1,j=k,k-1,\cdots,1$时,算子$(N\otimes\boldsymbol{I}_{2^{n-j}}\oplus\boldsymbol{I}_{2^n-2^{n-j+1}})$与算子$\boldsymbol{I}_{2^k}\otimes\boldsymbol{\Pi}_{2^{n-k}}$的乘积是可交换的,即

$$(\boldsymbol{I}_{2^k}\otimes\boldsymbol{\Pi}_{2^{n-k}})(N\otimes\boldsymbol{I}_{2^{n-j}}\oplus\boldsymbol{I}_{2^n-2^{n-j+1}})=(N\otimes\boldsymbol{I}_{2^{n-j}}\oplus\boldsymbol{I}_{2^n-2^{n-j+1}})(\boldsymbol{I}_{2^k}\otimes\boldsymbol{\Pi}_{2^{n-k}})$$

分成两个步骤完成这个交换性的证明。

首先考虑$j\geqslant2$的情况:即在假设条件$k=n-2,\cdots,2,1,j=k,k-1,\cdots,2$成立时,能够得到如下交换乘积等式:

$$(\boldsymbol{I}_{2^k}\otimes\boldsymbol{\Pi}_{2^{n-k}})(N\otimes\boldsymbol{I}_{2^{n-j}}\oplus\boldsymbol{I}_{2^n-2^{n-j+1}})=(N\otimes\boldsymbol{I}_{2^{n-j}}\oplus\boldsymbol{I}_{2^n-2^{n-j+1}})(\boldsymbol{I}_{2^k}\otimes\boldsymbol{\Pi}_{2^{n-k}}).$$

因为张量积矩阵 $\boldsymbol{I}_{2^k}\otimes\boldsymbol{\Pi}_{2^{n-k}}$ 是一个分块对角矩阵,所以可得如下表达式:

$$\boldsymbol{I}_{2^k}\otimes\boldsymbol{\Pi}_{2^{n-k}}=\boldsymbol{I}_2\otimes\boldsymbol{\Pi}_{2^{n-j}}\oplus\boldsymbol{I}_{2^j-2}\otimes\boldsymbol{\Pi}_{2^{n-j}}$$

通过直接演算可以证明

$$(\boldsymbol{I}_2\otimes\boldsymbol{\Pi}_{2^{n-j}}\oplus\boldsymbol{I}_{2^j-2}\otimes\boldsymbol{\Pi}_{2^{n-j}})(N\otimes\boldsymbol{I}_{2^{n-j}}\oplus\boldsymbol{I}_{2^n-2^{n-j+1}})=N\otimes\boldsymbol{\Pi}_{2^{n-j}}\oplus\boldsymbol{I}_{2^j-2}\otimes\boldsymbol{\Pi}_{2^{n-j}}$$

而且

$$(N\otimes\boldsymbol{I}_{2^{n-j}}\oplus\boldsymbol{I}_{2^n-2^{n-j+1}})(\boldsymbol{I}_2\otimes\boldsymbol{\Pi}_{2^{n-j}}\oplus\boldsymbol{I}_{2^j-2}\otimes\boldsymbol{\Pi}_{2^{n-j}})=N\otimes\boldsymbol{\Pi}_{2^{n-j}}\oplus\boldsymbol{I}_{2^j-2}\otimes\boldsymbol{\Pi}_{2^{n-j}}$$

到此证明的第一个步骤完成。

剩余的工作是证明形如$\boldsymbol{I}_{2^k}\otimes\boldsymbol{\Pi}_{2^{n-k}}$的算子与算子$N\otimes\boldsymbol{I}_{2^{n-1}}$可交换。直接按照定义可以验证如下公式:

$$\boldsymbol{I}_{2^k}\otimes\boldsymbol{\Pi}_{2^{n-k}}=\boldsymbol{I}_2\otimes(\boldsymbol{I}_{2^{k-1}}\otimes\boldsymbol{\Pi}_{2^{n-k}})$$

于是可得矩阵乘积演算关系为

$$[\boldsymbol{I}_2 \otimes (\boldsymbol{I}_{2^{k-1}} \otimes \boldsymbol{\Pi}_{2^{n-k}})](\boldsymbol{N} \otimes \boldsymbol{I}_{2^{n-1}}) = \boldsymbol{N} \otimes \boldsymbol{I}_{2^{k-1}} \otimes \boldsymbol{\Pi}_{2^{n-k}}$$
$$= (\boldsymbol{N} \otimes \boldsymbol{I}_{2^{n-1}})[\boldsymbol{I}_2 \otimes (\boldsymbol{I}_{2^{k-1}} \otimes \boldsymbol{\Pi}_{2^{n-k}})]$$

即

$$(\boldsymbol{I}_{2^k} \otimes \boldsymbol{\Pi}_{2^{n-k}})(\boldsymbol{N} \otimes \boldsymbol{I}_{2^{n-1}}) = (\boldsymbol{N} \otimes \boldsymbol{I}_{2^{n-1}})(\boldsymbol{I}_{2^k} \otimes \boldsymbol{\Pi}_{2^{n-k}})$$

成立。证明的第二个步骤完成。

利用这里建立并证明的矩阵乘积交换性质,将置换矩阵 $\boldsymbol{Q}_{2^n}$ 的表达式改写为

$$\boldsymbol{Q}_{2^n} = \boxed{\boldsymbol{\Pi}_{2^n}(\boldsymbol{I}_2 \otimes \boldsymbol{\Pi}_{2^{n-1}})(\boldsymbol{I}_4 \otimes \boldsymbol{\Pi}_{2^{n-2}})\cdots(\boldsymbol{I}_{2^{n-2}} \otimes \boldsymbol{\Pi}_4)}$$
$$\boxed{(\boldsymbol{N} \otimes \boldsymbol{I}_{2^{n-1}})(\boldsymbol{N} \otimes \boldsymbol{I}_{2^{n-2}} \oplus \boldsymbol{I}_{2^{n-1}})\cdots(\boldsymbol{N} \otimes \boldsymbol{I}_2 \oplus \boldsymbol{I}_{2^n-4})(\boldsymbol{N} \oplus \boldsymbol{I}_{2^n-2})}$$
$$\boxed{(\boldsymbol{I}_{2^{n-2}} \otimes \boldsymbol{\Pi}_4^{\mathrm{T}})(\boldsymbol{I}_{2^{n-3}} \otimes \boldsymbol{\Pi}_8^{\mathrm{T}})\cdots(\boldsymbol{I}_2 \otimes \boldsymbol{\Pi}_{2^{n-1}}^{\mathrm{T}})\boldsymbol{\Pi}_{2^n}^{\mathrm{T}}}$$

因为比特翻转置换矩阵 $\boldsymbol{P}_{2^n}$ 可以分解为各阶完美交叠置换矩阵 $\boldsymbol{\Pi}_{2^l}$ 与单位矩阵张量积的连乘积形式,即

$$\boldsymbol{P}_{2^n} = \boldsymbol{\Pi}_{2^n}(\boldsymbol{I}_2 \otimes \boldsymbol{\Pi}_{2^{n-1}})\cdots(\boldsymbol{I}_{2^l} \otimes \boldsymbol{\Pi}_{2^{n-l}})\cdots(\boldsymbol{I}_{2^{n-3}} \otimes \boldsymbol{\Pi}_8)(\boldsymbol{I}_{2^{n-2}} \otimes \boldsymbol{\Pi}_4)$$

这样可得置换矩阵 $\boldsymbol{Q}_{2^n}$ 的便于量子计算实现的一个分解表达式为

$$\boldsymbol{Q}_{2^n} = \boldsymbol{P}_{2^n}(\boldsymbol{N} \otimes \boldsymbol{I}_{2^{n-1}})(\boldsymbol{N} \otimes \boldsymbol{I}_{2^{n-2}} \oplus \boldsymbol{I}_{2^{n-1}})\cdots(\boldsymbol{N} \otimes \boldsymbol{I}_2 \oplus \boldsymbol{I}_{2^n-4})(\boldsymbol{N} \oplus \boldsymbol{I}_{2^n-2})\boldsymbol{P}_{2^n}$$

回顾量子比特小波酉算子 $\boldsymbol{D}_{2^n}^{(4)}$ 的如下高效置换矩阵分解表达式:

$$\boldsymbol{D}_{2^n}^{(4)} = (\boldsymbol{I}_{2^{n-1}} \otimes \boldsymbol{C}_1)\boldsymbol{Q}_{2^n}(\boldsymbol{I}_{2^{n-1}} \otimes \boldsymbol{N})(\boldsymbol{I}_{2^{n-1}} \otimes \boldsymbol{C}_0) = (\boldsymbol{I}_{2^{n-1}} \otimes \boldsymbol{C}_1)\boldsymbol{Q}_{2^n}(\boldsymbol{I}_{2^{n-1}} \otimes \boldsymbol{C}_0')$$

将置换矩阵 $\boldsymbol{Q}_{2^n}$ 的分解表达式代入上式右边,得到量子比特小波酉算子 $\boldsymbol{D}_{2^n}^{(4)}$ 的新的分解表达式为

$$\boldsymbol{D}_{2^n}^{(4)} = (\boldsymbol{I}_{2^{n-1}} \otimes \boldsymbol{C}_1)\boldsymbol{P}_{2^n}(\boldsymbol{N} \otimes \boldsymbol{I}_{2^{n-1}})(\boldsymbol{N} \otimes \boldsymbol{I}_{2^{n-2}} \oplus \boldsymbol{I}_{2^{n-1}})\cdots$$
$$(\boldsymbol{N} \otimes \boldsymbol{I}_2 \oplus \boldsymbol{I}_{2^n-4})(\boldsymbol{N} \oplus \boldsymbol{I}_{2^n-2})\boldsymbol{P}_{2^n}(\boldsymbol{I}_{2^{n-1}} \otimes \boldsymbol{C}_0')$$

最后,利用前面已经证明的三个关于酉算子乘积可交换性的恒等式,得到量子比特小波酉算子 $\boldsymbol{D}_{2^n}^{(4)}$ 的便于量子计算实现的因子分解公式为

$$\boldsymbol{D}_{2^n}^{(4)} = \boldsymbol{P}_{2^n}(\boldsymbol{C}_1 \otimes \boldsymbol{I}_{2^{n-1}})(\boldsymbol{N} \otimes \boldsymbol{I}_{2^{n-1}})(\boldsymbol{N} \otimes \boldsymbol{I}_{2^{n-2}} \oplus \boldsymbol{I}_{2^{n-1}})\cdots$$
$$(\boldsymbol{N} \otimes \boldsymbol{I}_2 \oplus \boldsymbol{I}_{2^n-4})(\boldsymbol{N} \oplus \boldsymbol{I}_{2^n-2})(\boldsymbol{C}_0' \otimes \boldsymbol{I}_{2^{n-1}})\boldsymbol{P}_{2^n}$$

据此因式分解公式可以构造得到量子计算实现量子比特 Daubechies 4 号小波酉算子 $\boldsymbol{D}_{2^n}^{(4)}$ 的一个物理可行计算高效的量子计算线路网络,如图 5.18 所示。

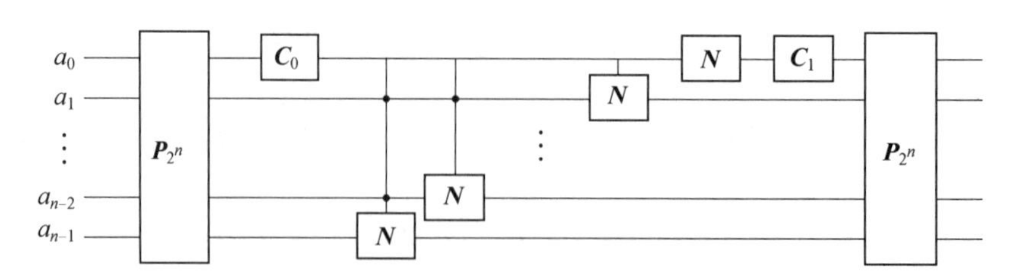

图 5.18 利用 $\boldsymbol{Q}_{2^n}$ 的递归因式分解构造的实现 $\boldsymbol{D}_{2^n}^{(4)}$ 的量子网络

将图 5.12 所示的实现 $\boldsymbol{P}_{2^n}$ 的量子线路网络与利用 $\boldsymbol{Q}_{2^n}$ 的递归因式分解公式建立的实现 $\boldsymbol{D}_{2^n}^{(4)}$ 的量子网络线路相结合,就得到实现量子比特 Daubechies 4 号小波 $\boldsymbol{D}_{2^n}^{(4)}$ 的一个完整的具有最低复杂度 $O(n)$ 的量子逻辑门阵列量子计算网络。

根据量子比特小波酉算子 $\boldsymbol{D}_{2^n}^{(4)}$、量子比特翻转置换矩阵 $\boldsymbol{P}_{2^n}$ 的因子分解公式,可以构造得到实现量子酉算子($\boldsymbol{I}_{2^{n-k}} \otimes \boldsymbol{D}_{2^k}^{(4)}$) 的量子计算线路网络,其时间和空间复杂度是 $O(k)$。结合量子比特小波酉算子 $\boldsymbol{D}_{2^n}^{(4)}$ 的因子分解算法,可以确保量子比特小波包算法量子计算实现的物理可行性和计算有效性。但是,对于量子酉算子($\boldsymbol{D}_{2^k}^{(4)} \oplus \boldsymbol{I}_{2^n-2^k}$) 以及量子小波金字塔算法的量子实现而言,这个量子计算的实现效率不高。为了说明这个事情,只需要注意到,利用量子比特小波酉算子 $\boldsymbol{D}_{2^n}^{(4)}$ 的因子分解公式,实现形如($\boldsymbol{D}_{2^k}^{(4)} \oplus \boldsymbol{I}_{2^n-2^k}$) 的酉算子需要引入条件算子($\boldsymbol{P}_{2^k} \oplus \boldsymbol{I}_{2^n-2^k}$) 的量子网络实现。但这些条件算子不能利用量子比特翻转置换矩阵 $\boldsymbol{P}_{2^n}$ 的因子分解公式直接构造得到物理可行的高效量子计算线路网络。一种备选的解决方案是,利用量子比特翻转置换矩阵 $\boldsymbol{P}_{2^n}$ 的如下因子分解公式:

$$\boldsymbol{P}_{2^n} = \boldsymbol{\Pi}_{2^n}(\boldsymbol{I}_2 \otimes \boldsymbol{\Pi}_{2^{n-1}})\cdots(\boldsymbol{I}_{2^l} \otimes \boldsymbol{\Pi}_{2^{n-l}})\cdots(\boldsymbol{I}_{2^{n-3}} \otimes \boldsymbol{\Pi}_8)(\boldsymbol{I}_{2^{n-2}} \otimes \boldsymbol{\Pi}_4)$$

以及条件算子($\boldsymbol{\Pi}_{2^k} \oplus \boldsymbol{I}_{2^n-2^k}$) 的量子计算线路网络,但这样一来,实现酉算子($\boldsymbol{P}_{2^k} \oplus \boldsymbol{I}_{2^n-2^k}$) 和($\boldsymbol{D}_{2^k}^{(4)} \oplus \boldsymbol{I}_{2^n-2^k}$) 的量子计算线路网络的时间和空间复杂度将达到 $O(k^2)$。因此,虽然这里所建立的量子比特小波酉算子 $\boldsymbol{D}_{2^n}^{(4)}$ 的因子分解公式对于量子计算实现量子比特小波酉算子 $\boldsymbol{D}_{2^n}^{(4)}$ 及量子比特小波包算法是最优的,但对量子实现量子比特小波金字塔算法而言,其实现效率却并不高。

需要强调的是,在经典计算方法中没有发现置换矩阵 $\boldsymbol{Q}_{2^n}$ 的这种递归因式分解。在经典计算机和经典计算理论中,实现置换矩阵 $\boldsymbol{\Pi}_{2^n}$,特别是 $\boldsymbol{P}_{2^n}$ 的计算方法比 $\boldsymbol{Q}_{2^n}$ 要困难得多。即从经典计算的角度来看,$\boldsymbol{Q}_{2^n}$ 的这样直接递归因式分解是反直觉的,因为它涉及置换矩阵 $\boldsymbol{\Pi}_{2^n}$ 和 $\boldsymbol{P}_{2^n}$ 的潜在使用,并因此决定了 $\boldsymbol{Q}_{2^n}$ 的这种经典计算实现方法是非常低效的。

5.3.5　量子小波算法注释

前面建立了实现量子小波、量子比特小波包和小波金字塔算法的物理可行高效量子计算线路网络。利用小波包算法和小波金字塔算法的高效率因式分解表达式,得到了实现量子小波酉算子的一个有效量子线路,同时分析证明量子小波的小波包算法和小波金字塔算法量子计算实现的物理可行性和计算有效性。

在代表性的哈尔小波和 Daubechies 4 号小波 $\boldsymbol{D}^{(4)}$ 的量子计算实现过程中,详细分析并构造得到了可行有效且完整的量子门阵列量子线路网络。完整分析获得了量子比特哈尔小波酉算子实现的时间复杂度和空间复杂度,构建了三种能够量子计算实现 Daubechies 4 号小波酉算子 $\boldsymbol{D}^{(4)}$ 的完整量子门阵列计算网络,特别地,严格证明了可以利用 QFT 量子线路高效实现 Daubechies 4 号量子比特小波酉算子 $\boldsymbol{D}^{(4)}$。

面对实际计算问题的一个关键问题是发掘量子计算并行性。为此,简短分析前述量子算法的并行效率,讨论建立更有效并行量子计算实现量子小波酉算子的途径。

在实现量子小波的量子网络研究过程中,置换矩阵发挥了至关重要的作用,它们不仅出现在量子小波包算法和量子小波金字塔算法中,还在量子小波矩阵的因式分解中也起着关键作用。在经典计算方法中,置换矩阵的实现是容易的、低成本的。但在量子计算机和量子计算理论研究中,置换矩阵的量子网络实现是一个颇具挑战性的任务,甚至需要崭新的、非常规的甚至违反直觉(从经典计算角度)的巧妙技术,才可能获得具有现实意义的研究成果。前述研究中建立的置换矩阵$\boldsymbol{\Pi}_{2^n}$、$\boldsymbol{P}_{2^n}$和$\boldsymbol{Q}_{2^n}$的大多数因式分解,在经典计算理论中都没有发现类似的表达形式,当然这种表达形式在经典计算实现中也不是有效的。

与经典计算相比,置换矩阵的量子计算实现过程,揭示了量子计算的一些优势,某些很难在经典计算机上解决的计算问题,在量子计算方法中解决起来却容易得多,反之亦然。比如按照前述分析,置换矩阵$\boldsymbol{\Pi}_{2^n}$和$\boldsymbol{P}_{2^n}$的经典实现比置换矩阵$\boldsymbol{Q}_{2^n}$更难,但它们的量子实现比$\boldsymbol{Q}_{2^n}$更容易而且更有效。

这里重点研究了量子计算实现量子比特小波酉算子需要的一些置换矩阵,并建立了三种实现置换矩阵的物理可行且计算高效的量子计算线路网络。

当然,在研究其他酉算子的量子网络线路实现时,在探索和利用这些算子的特殊结构推导获得它们的如具有多项式时间复杂度和空间复杂度的紧凑高效因式分解过程中,置换矩阵也发挥了至关重要的作用。有理由相信,深入系统研究置换矩阵有助于探索和洞悉能够解决计算问题的高效量子线路网络方法。通过这些研究有可能发现构建能够量子计算实现酉变换,特别是一般量子比特小波酉算子的高效量子线路网络的新方法。

参 考 文 献

[1] 成礼智,王红霞,罗永. 小波的理论与应用[M]. 北京:科学出版社,2004.

[2] 邓东皋,彭立中. 小波分析[J]. 数学进展,1991,20(3):40-56.

[3] 范洪义. 量子力学表象与变换论:狄拉克符号法进展[M]. 2版. 合肥:中国科学技术大学出版社,2012.

[4] 顾德门. 傅里叶光学导论[M]. 詹达三,董经武,顾本源,译. 北京:科学出版社,1976.

[5] 迈耶. 小波与算子. 第一卷,小波[M]. 尤众,译. 北京:世界图书出版公司,1992.

[6] 迈耶,科伊夫曼. 小波与算子. 第二卷,Calderon-Zygmund 算子和多重线性算子[M]. 王耀东,译. 北京:世界图书出版公司,1995.

[7] 冉启文,冉冉. 小波与量子小波. 第一卷,小波简史与小波基础理论[M]. 北京:科学出版社,2019.

[8] 冉启文,冉冉. 小波与量子小波. 第二卷,图像小波与小波应用[M]. 北京:科学出版社,2019.

[9] 冉启文,冉冉. 小波与量子小波. 第三卷,调频小波与量子小波[M]. 北京:科学出版社,2019.

[10] 冉启文,吕春玲,冉冉. 小波与科学数字课程[M]. 北京:高等教育出版社, 高等教育电子音像出版社,2021.

[11] 冉启文,谭立英. 分数傅里叶光学导论[M]. 北京:科学出版社,2004.

[12] 冉启文,谭立英. 小波分析与分数傅里叶变换及应用[M]. 北京:国防工业出版社,2002.

[13] 冉启文. 小波变换与分数傅里叶变换理论及应用[M]. 哈尔滨:哈尔滨工业大学出版社,2001.

[14] 冉启文. 小波分析方法及其应用[M]. 哈尔滨:哈尔滨工业大学出版社,1995.

[15] 王建中. 小波理论及其在物理和工程中的应用[J]. 数学进展, 1992,21(3):35-62.

[16] ASHMEAD J. Morlet wavelets in quantum mechanics[J]. Quanta, 2012, 1(1): 58-70.

[17] BOHR N. Can quantum-mechanical description of physical reality be considered complete? [J]. Physical Review, 1935, 48(8): 696-702.

[18] BARGMANN V. On a Hilbert space of analytic functions and an associated integral transform, Part Ⅰ[J]. Communications on Pure and Applied Mathematics, 1961, 14(3): 187-214.

[19] BARGMANN V. On a Hilbert space of analytic functions and an associated integral transform, Part Ⅱ[J]. Communications on Pure and Applied Mathematics, 1967, 20

(1): 1-101.

[20] CANDÈS E J, DONOHO D L. Ridgelets: A key to higher-dimensional intermittency? [J]. Philosophical Transactions of the Royal Society of London Series A: Mathematical, Physical and Engineering Sciences, 1999, 357(1760): 2495-2509.

[21] COHEN P J. The independence of the continuum hypothesis[J]. Proceedings of the National Academy of Sciences of the United States of America, 1963, 50(6): 1143-1148.

[22] COHEN P J. The independence of the continuum hypothesis, II[J]. Proceedings of the National Academy of Sciences of the United States of America, 1964, 51(1): 105-110.

[23] COIFMAN R R, WICKERHAUSER M V. Entropy-based algorithms for best basis selection[J]. IEEE Transactions on Information Theory, 1992, 38(2): 713-718.

[24] CONDON E U. Immersion of the Fourier transform in a continuous group of functional transformations[J]. Proceedings of the National Academy of Sciences of the United States of America, 1937, 23(3): 158-164.

[25] CURTIS C, REINER I. Representation theory of finite groups and associative algebras [M]. Providence, Rhode Island: American Mathematical Society, 2006.

[26] DAUBECHIES I. Orthonormal bases of compactly supported wavelets[J]. Communications on Pure and Applied Mathematics, 1988, 41(7): 909-996.

[27] DAUBECHIES I. Ten lectures on wavelets[M]. Philadelphia, PA: Society for Industrial and Applied Mathematics, 1992.

[28] DEUTSCH D. Quantum computational networks[J]. Proceedings of the Royal Society of London A Mathematical and Physical Sciences, 1989, 425(1868): 73-90.

[29] DIRAC P A M. The principles of quantum mechanics[M]. Oxford: Clarendon Press, 1930.

[30] EINSTEIN A, PODOLSKY B, ROSEN N. Can quantum-mechanical description of physical reality be considered complete? [J]. Physical Review, 1935, 47(10): 777-780.

[31] FIJANY A, WILLIAMS C P. Quantum wavelet transforms: Fast algorithms and complete circuits[M]. Williams C P, ed. Quantum Computing and Quantum Communications. Berlin, Heidelberg: Springer Berlin Heidelberg, 1999.

[32] FINO B J, ALGAZI V R. A unified treatment of discrete fast unitary transforms[J]. SIAM Journal on Computing, 1977, 6(4): 700-717.

[33] GABOR D. Theory of communication-Part 1: The analysis of information [J]. Journal of Institute of Electrical and Electronic Engineers, 1946, 93 (3): 429-457.

[34] GÖDEL K. The consistency of the axiom of choice and of the generalized continuum-hypothesis[J]. Proceedings of the National Academy of Sciences of the United States of America, 1938, 24(12): 556-557.

[35] GOODMAN J W. Introduction to Fourier optics[M]. San Francisco: McGraw-

Hill, 1968.

[36] GROSSMANN A, MORLET J. Decomposition of Hardy functions into square integrable wavelets of constant shape[J]. SIAM Journal on Mathematical Analysis, 1984, 15(4): 723-736.

[37] GROSSMANN A, MORLET J, PAUL T. Transforms associated to square integrable group representations. I: General results[J]. Journal of Mathematical Physics, 1985, 26(10): 2473-2479.

[38] GROSSMANN A, MORLET J, PAUL T. Transforms associated to square integrable group representations. II: Examples[J]. Annales De L'I H P Physique Théorique, 1986, 45(3): 293-309.

[39] HAAR A. Zur theorie der orthogonalen funktionensysteme[J]. Mathematische Annalen, 1910, 69(3): 331-371.

[40] HEISENBERG W. Über den anschaulichen Inhalt der quantentheoretischen Kinematik und Mechanik[J]. Zeitschrift Für Physik, 1927, 43(3): 172-198.

[41] HØYER P. Efficient quantum transforms[J]. Quantum Physics, 1997,10(1): 1-22.

[42] JOZSA R. Quantum algorithms and the Fourier transform[J]. Proceedings of the Royal Society of London Series A: Mathematical, Physical and Engineering Sciences, 1998, 454(1969): 323-337.

[43] KLAPPENECKER A. Wavelets and wavelet packets on quantum computers [J]. Proceedings of SPIE, 1999, 3813: 703-713.

[44] KLAUDER J R, SUDARSHAN E C G. Fundamentals of quantum optics[M]. New York: W. A. Benjamin, 1968.

[45] VAN LOAN C. Computational frameworks for the fast Fourier transform [M]. Philadelphia: Society for Industrial and Applied Mathematics, 1992.

[46] MALLAT S G. Multiresolution approximations and wavelet orthonormal bases of $\boldsymbol{L}^2(\mathbf{R})$ [J]. Transactions of the American Mathematical Society, 1989, 315(1): 69-87.

[47] NAMIAS V. The fractional order Fourier transform and its application to quantum mechanics[J]. IMA Journal of Applied Mathematics, 1980, 25(3): 241-265.

[48] RAN Q W, WANG L, MA J, et al. A quantum color image encryption scheme based on coupled hyper-chaotic Lorenz system with three impulse injections [J]. Quantum Information Processing, 2018, 17: 188.

[49] REGALIA P A, MITRA S K. Kronecker products, unitary matrices, and signal processing applications[J]. SIAM Review, 1989, 31(4): 586-613.

[50] SERRE J P. Linear representations of finite groups[M]. New York: Springer, 1977.

[51] SONG J, HE R, YUAN H, et al. Joint wavelet-fractional Fourier transform[J]. Chinese Physics Letters, 2016, 33(11): 18-21.

[52] SWELDENS W. The lifting scheme: A custom-design construction of biorthogonal wavelets[J]. Applied and Computational Harmonic Analysis, 1996, 3(2): 186-200.

[53] WANG L, RAN Q W, MA J, et al. QRCI: A new quantum representation model of color digital images[J]. Optics Communications, 2019, 438: 147-158.

[54] WANG L, RAN Q W, MA J. Double quantum color images encryption scheme based on DQRCI[J]. Multimedia Tools and Applications, 2020, 79(9): 6661-6687.

[55] WANG L, RAN Q W, DING J R. Quantum color image encryption scheme based on 3D non-equilateral Arnold transform and 3D logistic chaotic map[J]. International Journal of Theoretical Physics, 2023, 62:36.

[56] WANG L, RAN Q W, DING J R. A three-layer quantum multi-image encryption scheme [J]. Quantum Information Processing, 2024, 23(4): 123.